U0287104

"十四五"时期国家重点出版物出版专项规划项目

材料先进成型与加工技术丛书

申长雨　总主编

金属材料高性能化原理与方法（上）

陈　光等　著

科学出版社

北京

内 容 简 介

本书为“材料先进成型与加工技术丛书”之一。金属材料是人类使用最广泛的材料之一，在国防建设和国民经济发展中发挥着不可替代的作用。随着科学技术的进步，金属材料朝着高性能化、功能化等方向快速发展，以满足新型装备对力学、物理、化学等性能更高更广泛的要求。本书总结了作者团队在超高强度钢、新型高温合金、非晶合金及其复合材料、高强韧镁合金等金属结构材料的最新研究成果，详细探讨了提高金属材料力学和理化性能的新原理与新方法。

本书可作为普通高等学校材料类、机械类相关专业学生和教师的参考书，也可用作研究机构和企业中相关工作人员的技术参考。

图书在版编目（CIP）数据

金属材料高性能化原理与方法. 上 / 陈光等著. -- 北京 : 科学出版社，2024. 9. -- (材料先进成型与加工技术丛书 / 申长雨总主编).
ISBN 978-7-03-079407-9

Ⅰ. TG14

中国国家版本馆 CIP 数据核字第 20240JY572 号

丛书策划：翁靖一
责任编辑：翁靖一　李丽娇 / 责任校对：杜子昂
责任印制：徐晓晨 / 封面设计：东方人华

科学出版社出版
北京东黄城根北街 16 号
邮政编码：100717
http://www.sciencep.com
北京中科印刷有限公司印刷
科学出版社发行　各地新华书店经销
*
2024 年 9 月第　一　版　开本：720 × 1000　1/16
2024 年 9 月第一次印刷　印张：21 1/2
字数：415 000

定价：198.00 元

（如有印装质量问题，我社负责调换）

材料先进成型与加工技术丛书

编 委 会

《金属材料高性能化原理与方法（上）》

各章作者名单

第 1 章　超高强度钢　郑功、陈旸、周浩、肖礼容、徐驰、卜春成、陈光

第 2 章　新型高温合金　祁志祥、陈旸、相恒高、许昊、石爽、陈奉锐、周冰、陈光

第 3 章　非晶合金及其复合材料　成家林、李峰、陈光

第 4 章　高强韧镁合金　赵永好、周浩、丁志刚、肖礼容、刘伟、杨月、李政豪

《金属材料高性能化原理与方法（下）》

各章作者名单

第 5 章　高强高导铜及其复合材料：魏伟、赵永好、毛庆忠、陈光

第 6 章　高强韧铝基复合材料：聂金凤、陈玉瑶

第 7 章　晶界强化金属材料：杨森、冯文、李泓俊、黄鸣

第 8 章　磁相变合金及其磁驱动效应：徐锋、刘俊、龚元元、缪雪飞

第 9 章　新型热电材料：唐国栋、李爽、贡亚茹、刘宇齐、陈光

第 10 章　其他金属材料新进展：赵永好、胡佳俊、姜伟

材料先进成型与加工技术丛书

总　　序

核心基础零部件（元器件）、先进基础工艺、关键基础材料和产业技术基础等四基工程是我国制造业新质生产力发展的主战场。材料先进成型与加工技术作为我国制造业技术创新的重要载体，正在推动着我国制造业生产方式、产品形态和产业组织的深刻变革，也是国民经济建设、国防现代化建设和人民生活质量提升的基础。

进入 21 世纪，材料先进成型加工技术备受各国关注，成为全球制造业竞争的核心，也是我国“制造强国”和实体经济发展的重要基石。特别是随着供给侧结构性改革的深入推进，我国的材料加工业正发生着历史性的变化。**一是产业的规模越来越大。**目前，在世界 500 种主要工业产品中，我国有 40%以上产品的产量居世界第一，其中，高技术加工和制造业占规模以上工业增加值的比重达到 15%以上，在多个行业形成规模庞大、技术较为领先的生产实力。**二是涉及的领域越来越广。**近十年，材料加工在国家基础研究和原始创新、“深海、深空、深地、深蓝”等战略高技术、高端产业、民生科技等领域都占据着举足轻重的地位，推动光伏、新能源汽车、家电、智能手机、消费级无人机等重点产业跻身世界前列，通信设备、工程机械、高铁等一大批高端品牌走向世界。**三是创新的水平越来越高。**特别是嫦娥五号、天问一号、天宫空间站、长征五号、国和一号、华龙一号、C919 大飞机、歼-20、东风-17 等无不锻造着我国的材料加工业，刷新着创新的高度。

材料成型加工是一个“宏观成型”和“微观成性”的过程，是在多外场耦合作用下，材料多层次结构响应、演变、形成的物理或化学过程，同时也是人们对其进行有效调控和定构的过程，是一个典型的现代工程和技术科学问题。习近平总书记深刻指出，“现代工程和技术科学是科学原理和产业发展、工程研制之间不可缺少的桥梁，在现代科学技术体系中发挥着关键作用。要大力加强多学科融合的现代工程和技术科学研究，带动基础科学和工程技术发展，形成完整的现代科学技术体系。”这对我们的工作具有重要指导意义。

过去十年，我国的材料成型加工技术得到了快速发展。**一是成形工艺理论和技术不断革新。**围绕着传统和多场辅助成形，如冲压成形、液压成形、粉末成形、注射成型，超高速和极端成型的电磁成形、电液成形、爆炸成形，以及先进的材料切削加工工艺，如先进的磨削、电火花加工、微铣削和激光加工等，开发了各种创新的工艺，使得生产过程更加灵活，能源消耗更少，对环境更为友好。**二是以芯片制造为代表，微加工尺度越来越小。**围绕着芯片制造，晶圆切片、不同工艺的薄膜沉积、光刻和蚀刻、先进封装等各种加工尺度越来越小。同时，随着加工尺度的微纳化，各种微纳加工工艺得到了广泛的应用，如激光微加工、微挤压、微压花、微冲压、微锻压技术等大量涌现。**三是增材制造异军突起。**作为一种颠覆性加工技术，增材制造（3D 打印）随着新材料、新工艺、新装备的发展，广泛应用于航空航天、国防建设、生物医学和消费产品等各个领域。**四是数字技术和人工智能带来深刻变革。**数字技术——包括机器学习（ML）和人工智能（AI）的迅猛发展，为推进材料加工工程的科学发现和创新提供了更多机会，大量的实验数据和复杂的模拟仿真被用来预测材料性能，设计和成型过程控制改变和加速着传统材料加工科学和技术的发展。

当然，在看到上述发展的同时，我们也深刻认识到，材料加工成型领域仍面临一系列挑战。例如，“双碳”目标下，材料成型加工业如何应对气候变化、环境退化、战略金属供应和能源问题，如废旧塑料的回收加工；再如，具有超常使役性能新材料的加工技术问题，如超高分子量聚合物、高熵合金、纳米和量子点材料等；又如，极端环境下材料成型技术问题，如深空月面环境下的原位资源制造、深海环境下的制造等。所有这些，都是我们需要攻克的难题。

我国“十四五”规划明确提出，要“实施产业基础再造工程，加快补齐基础零部件及元器件、基础软件、基础材料、基础工艺和产业技术基础等瓶颈短板”，在这一大背景下，及时总结并编撰出版一套高水平学术著作，全面、系统地反映材料加工领域国际学术和技术前沿原理、最新研究进展及未来发展趋势，将对推动我国基础制造业的发展起到积极的作用。

为此，我接受科学出版社的邀请，组织活跃在科研第一线的三十多位优秀科学家积极撰写“材料先进成型与加工技术丛书”，内容涵盖了我国在材料先进成型与加工领域的最新基础理论成果和应用技术成果，包括传统材料成型加工中的新理论和新技术、先进材料成型和加工的理论和技术、材料循环高值化与绿色制造理论和技术、极端条件下材料的成型与加工理论和技术、材料的智能化成型加工理论和方法、增材制造等各个领域。丛书强调理论和技术相结合、材料与成型加工相结合、信息技术与材料成型加工技术相结合，旨在推动学科发展、促进产学研合作，夯实我国制造业的基础。

本套丛书于 2021 年获批为“十四五”时期国家重点出版物出版专项规划项目，具有学术水平高、涵盖面广、时效性强、技术引领性突出等显著特点，是国内第一套全面系统总结材料先进成型加工技术的学术著作，同时也深入探讨了技术创新过程中要解决的科学问题。相信本套丛书的出版对于推动我国材料领域技术创新过程中科学问题的深入研究，加强科技人员的交流，提高我国在材料领域的创新水平具有重要意义。

最后，我衷心感谢程耿东院士、李依依院士、张立同院士、韩杰才院士、贾振元院士、瞿金平院士、张清杰院士、张跃院士、朱美芳院士、陈光院士、傅正义院士、张荻院士、李殿中院士，以及多位长江学者、国家杰青等专家学者的积极参与和无私奉献。也要感谢科学出版社的各级领导和编辑人员，特别是翁靖一编辑，为本套丛书的策划出版所做出的一切努力。正是在大家的辛勤付出和共同努力下，本套丛书才能顺利出版，得以奉献给广大读者。

中国科学院院士
工业装备结构分析优化与 CAE 软件全国重点实验室
橡塑模具计算机辅助工程技术国家工程研究中心

前言

金属材料是以金属元素为主或由金属元素构成的具有金属特性的材料的统称。自人类发现“百炼成钢”的奥秘开始，金属材料就因其耐热、耐蚀以及良好的导电性等特性，成为使用最广泛的材料之一。在交通运输、建筑结构、武器装备等领域，金属材料都发挥着不可替代的作用，是国防和国民经济建设的重要基础。

随着科学技术的进步，人类对金属材料提出了新要求：一是要最大限度地提高已有金属材料的性能，挖掘其潜力，使其产生最大效益；二是开拓金属材料新功能，以满足新型装备对力学、物理、化学等性能更高更广泛的要求。发展高性能金属材料的途径主要有两种：一是开发性能更加优异的新型金属材料；二是利用新原理、新工艺提升已有金属材料的性能。

传统金属材料高性能化手段主要有细晶强化、固溶强化、第二相强化、加工硬化等，这些手段大多以牺牲材料某一性能为代价从而提高材料的其他性能，很难实现金属材料综合性能的同步全面提升。金属材料中的晶界、孪晶界等，对材料强度、塑性、磁性、电导率等性能具有显著影响。通过设计调控缺陷的种类、尺度、密度及分布等可以实现材料性能的提升。近年来，材料学家从自然界中获取灵感设计出一些新颖的微观结构，如模仿坚硬贝壳设计的梯度结构，以及模仿坚韧竹子设计的片层结构等，已被证实能够有效提升材料性能。但这些金属材料缺陷及新结构中蕴含的高性能化原理与方法尚未得到系统阐释。

作者团队开展了系统的理论研究和技术攻关，发现定向凝固特殊现象，提出固态相变晶体取向调控原理，发明了液-固与固-固相变协同控制的晶体生长方法，揭示了金属材料室温/高温变形机理与强韧化机制。在此基础上，将高性能化新原理与新方法应用于不同种类金属材料的制备与改性，开发了性能优异的超高强度钢、新型高温合金、非晶合金及其复合材料、高强韧镁合金、高强高导铜及其复合材料、高强韧铝基复合材料、晶界强化金属材料、磁相变合金、新型热电材料等，实现了金属材料高性能化，在国际科技竞争前沿刻下了自己的印迹。相关成果获国家技术发明奖二等奖、国防科学技术进步奖一等奖、教育部技术发明奖一等奖、江苏省科学技术奖一等奖等。

“一代材料、一代装备、一代产业”，高性能金属材料是高端装备性能跃升的基础，应用前景广阔、市场潜力巨大。国内很多高校已将金属材料相关课程作为本科生或研究生的必修课或选修课，旨在传授金属材料高性能化原理与方法，以提升未来相关技术领域从业人员的学术水平和能力，推动金属材料性能的不断提升。虽然金属材料高性能化新原理与新方法研究已取得了许多新进展，但与之相关的专著仍较为罕见，限制了相关成果的推广应用与人才培养。为满足高等学校教学以及各研究机构和企业相关技术人员学习、科研和工作的需要，作者团队基于多年研究成果，并参阅国内外同行最新研究进展，较为系统地撰写了本书。为便于读者更全面地查阅与学习，每章都列出了参考文献。

本书的主要特点在于：①学术性强。内容涵盖金属材料从成分设计到制备加工，再到服役性能考核及高性能化原理等方面较新较全的代表性科研成果，较全面地揭示了金属材料高性能化的新原理与新方法，可为相关专业学生自学及后续科研提供参考。②实用性强。内容涵盖常用金属材料的高性能化设计与制备加工技术、后处理方法与工艺以及综合性能评价等，可为研究机构、企业技术人员开发同类材料提供实际参考。③内容丰富。全书涵盖超高强度钢、新型高温合金、非晶合金及其复合材料、高强韧镁合金、高强高导铜及其复合材料、高强韧铝基复合材料、晶界强化金属材料、磁相变合金、新型热电材料等，便于读者了解和掌握不同种类金属材料高性能化的最新研究成果。

全书由南京理工大学陈光主持撰写并统稿，所涉及的研究新成果是作者团队教师和研究生们多年研究工作的总结和凝练，在此表示感谢。本书作者还有：郑功、祁志祥、陈旸、相恒高、许昊、石爽、陈奉锐、周浩、肖礼容、成家林、李峰、赵永好、丁志刚、刘伟、魏伟、聂金凤、杨森、黄鸣、徐锋、刘俊、龚元元、缪雪飞、唐国栋、周冰、徐驰、卜春成、杨月、李政豪、毛庆忠、陈玉瑶、冯文、李泓俊、李爽、贡亚茹、刘宇齐、胡佳俊、姜伟。

由于本书涉及内容广泛，信息量大，加之新成果不断涌现，以及作者水平有限，不足之处在所难免，敬请广大读者批评指正。

陈　光

2024 年 6 月

目　录

（下）

第1章 超高强度钢

超高强度钢是在普通合金结构钢的基础上发展而来的，抗拉强度超过 1400 MPa，屈服强度超过 1300 MPa，且具有良好的塑性和韧性、较小的缺口敏感性以及较高的抗疲劳强度和优异的抗高速冲击防护性能等。可广泛应用于火箭发动机外壳、汽车部件、飞机着陆部件、长跨度悬桥的缆绳、常规武器上的某些构件、助推器、高压容器、防弹钢板、深层地下结构体以及高压容器等重要钢结构的制造，是国民经济建设和国防领域不可或缺的关键材料。

超高强度钢按合金含量分为低合金超高强度钢、中合金超高强度钢和高合金超高强度钢三类。随着社会的发展，为了满足高强度构件领域提出的更高要求，近年来纳米相强化超高强度钢、低合金超高强度钢、界面偏析纳米异构超高强度钢等一些兼具超高强度、高塑韧性和优异的耐蚀性与焊接性的先进超高强度钢应运而生，为超高强度钢的发展提供了方向。

1.1 纳米相强化超高强度钢

传统超高强度钢均以增加 C 或合金元素 Co、Ni 等元素含量作为提高强度的基础，虽在一定程度上获得了超高强度，但高碳不可避免会引起较差的焊接性及塑韧性，高的合金含量使得成本较高。近年来，纳米科技的发展为超高强度钢的设计和发展开辟了新路径。纳米析出强化在金属材料中表现出高效的强韧化机制，使该合金在低碳低合金的基础上兼具超高强度、高塑韧性和优异的耐蚀性与焊接性，可充分满足经济建设中结构和功能的需要，具有广阔的应用前景。

1.1.1 纳米相种类

具有面心立方晶体结构的合金元素和 C 在体心立方结构的铁素体中溶解度非

常低，随着温度的降低，这些元素的固溶度减小。利用热处理工艺，使得面心立方合金元素和 C 过饱和析出，以纳米相的形式均匀分布在铁素体基体上。常见的纳米相种类有纳米碳化物、纳米金属间化合物和富 Cu 纳米相。

1. 纳米碳化物

Fe-C 基低合金钢中添加强碳化物形成元素 Nb、V、Ti、Mo 等，会形成纳米尺度 MC（M = Nb、V、Ti、Mo 等）型碳化物。碳化物通常以两种方式析出：一是在奥氏体中析出，包括静态析出和应变诱导析出；二是在铁素体中析出，包括相间沉淀和回火析出[图 1.1（a）]。然而，奥氏体中析出碳化物时的温度高，碳化物快速粗化至微米尺度，因此析出强化效果较差。以相间沉淀析出时，纳米碳化物形成于奥氏体分解相变时的奥氏体/铁素体界面处，并在铁素体晶粒内留下周期出现的线状排列纳米碳化物。相间沉淀发生时的温度较低，可以保留细小尺度，并获得显著的强化效果。相间沉淀的另一大优势是从高温奥氏体区冷却至低温即能获得高强度，因此省去了后续热处理。应该指出的是，马氏体或贝氏体基体高温回火时也能析出纳米尺度碳化物[图 1.1（b）]，造成回火过程中强度提升，称为二次硬化。Li 和 Chen[1]研究发现，碳化物在马氏体板条界、晶界等不同形核位置存在多种形貌，其形貌取决于界面能和共格应变能，且在回火过程中碳化物数量、形貌、分布演变同马氏体回复相互影响（图 1.2，图 1.3）。回火时纳米碳化物析出在大幅提高强度的同时不明显损害塑性，并且作为不可逆氢陷阱，降低氢脆敏感性，因此受到广泛关注。

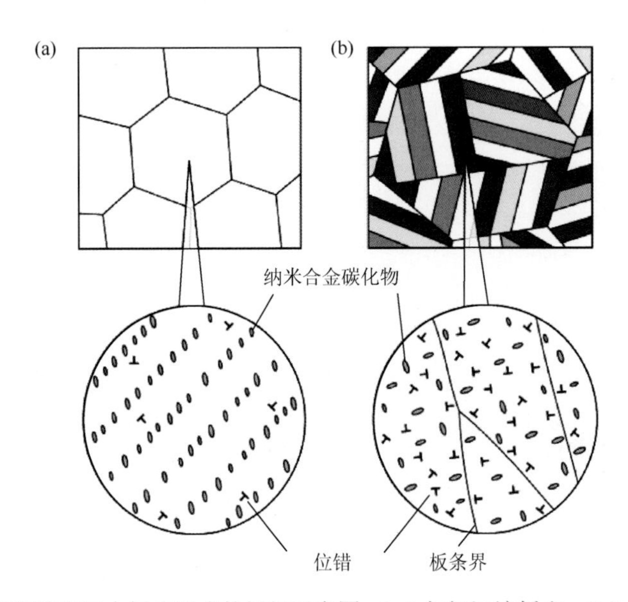

图 1.1　碳化物相间沉淀和回火析出形成的组织示意图：（a）相间沉淀析出；（b）马氏体或贝氏体回火析出

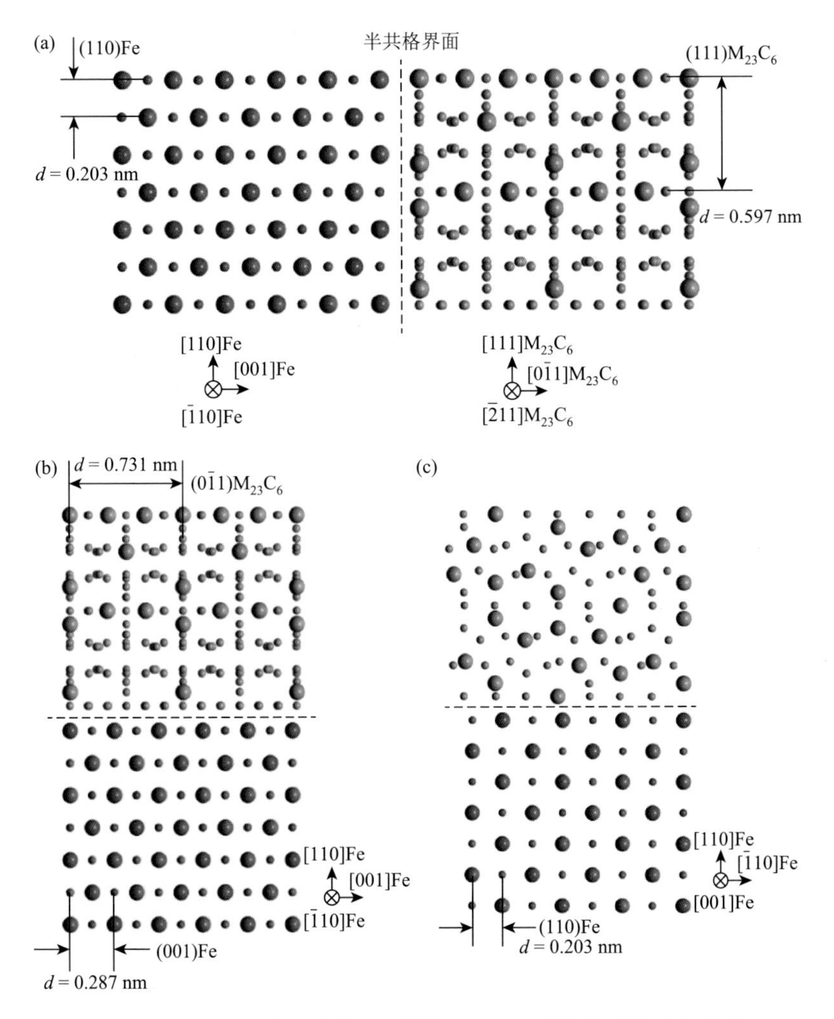

图 1.2　从不同晶向观察的 Fe 基体与 $M_{23}C_6$ 碳化物晶格匹配关系

蓝色球代表 $M_{23}C_6$ 中的 Cr 原子，红色球代表 Fe 原子，放大的球代表顶层的原子

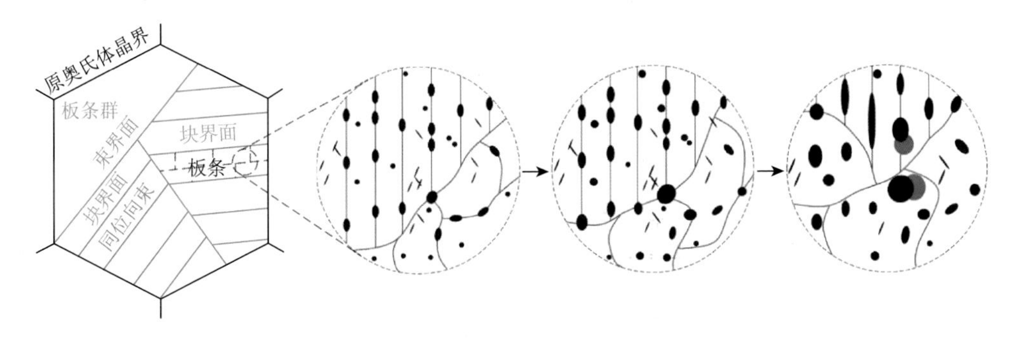

图 1.3　马氏体回复与析出相演变关系示意图

2. 纳米金属间化合物

Fe-Ni 基超高强度钢通过固溶加时效可获得高密度金属间化合物析出相。NiAl 金属间化合物是一类重要的析出强化相，其与低碳马氏体基体的晶体结构相同，晶格错配度为 0.14%，可以大量均匀形核析出。NiAl 相尺寸小于 45 nm 时保持球形，随后转变为立方形貌，尺寸达到 150～300 nm 时失去共格关系[2,3]。Jiang 等[4]通过调整 Mo、Nb 等元素含量，调节 NiAl 与 Fe 基体的晶格常数，使形核初期的错配度进一步降低至 0.03%，降低了 NiAl 形核能垒，形成了极高密度和细小尺寸的 NiAl 相，强度达 2.2 GPa（图 1.4）。在含 Ni 的金属间化合物相中，Mn 可部分取代 Ni 形成 Ni(Mn, Al) 相从而降低成本。除 NiAl 外，常见的金属间化合物析出相还有 $Ni_3(Ti, Al)$、Fe_2Mo 等，它们与 Fe 基体的晶体结构及晶格常数均有很大差异，共格性差，一般为半共格关系。这类金属间化合物尺寸粗大，强化作用不足，还会促进裂纹产生，导致脆性增加。

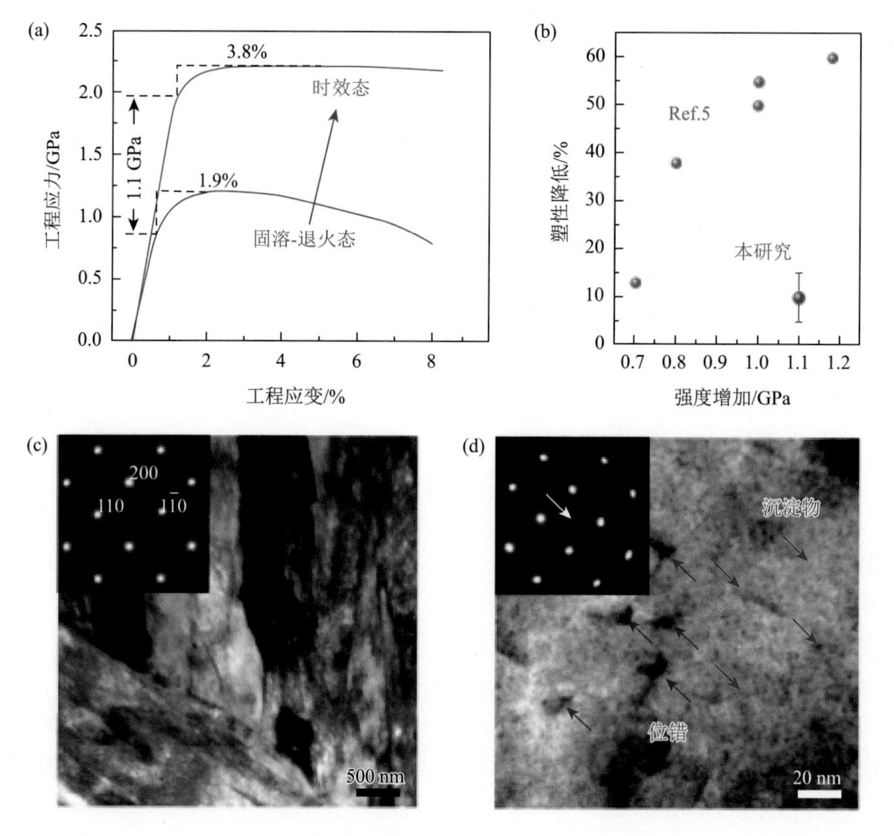

图 1.4 Ni(Al, Fe)马氏体时效钢力学性能和组织：(a) 应力-应变拉伸曲线；(b) 时效后的强度、塑性变化对比；(c) 固溶后的 STEM 明场像；(d) 时效后的 STEM 明场像

(b) 中 Ref.5 指本章参考文献[4]原文中所引用的文献 5。STEM 指扫描透射电子显微镜

3. 富 Cu 纳米相

Cu 的熔点为 1083.4℃，并且易在晶界处与 P、S 等杂质元素结合形成低熔点化合物，在高温轧制或焊接过程中，这些晶界低熔点相会发生熔化，显著降低晶界强度，增加缺口敏感性，即造成热脆现象。此外，Cu 的添加会使钢坯表面生成难以去除的氧化皮，降低制品表面质量。基于上述原因，Cu 元素在钢中曾一度被当作杂质元素而尽可能减少或消除。

近年来，随着钢铁冶炼设备和技术的不断升级进步，尤其是热机械控制工艺（TMCP）（控轧控冷）的发明，以及 20 世纪 70 年代纯净钢的提出和发展，使 Cu 析出强化高强度钢的实际应用成为可能。20 世纪 80 年代后，美国率先提出了新一代高强度低合金（HSLA）舰船用钢的开发计划，用以替代上一代 HY 系列马氏体相变强化型热处理钢。HSLA 钢与传统调质型船体钢完全不同，为 Ni-Cr-Mo-Cu-Nb 合金化钢，采用低碳甚至超低碳的成分设计，通过纳米 ε-Cu 沉淀以及超细贝氏体组织强化，获得了高强度和高低温韧性的优异综合性能。ε-Cu 的沉淀强化弥补了降碳引起的强度损失，强度级别与 HY 系列钢相当。由于碳含量降低，可以实现 0℃焊接不预热，显著简化了造船工艺，提高了生产效率，降低了成本，形成了大型水面舰船结构用钢的新体系。其中 HSLA-100（屈服强度 100 ksi，1 ksi = 6.895 MPa）已成为美国海军舰艇壳体、航母甲板的主要结构用钢。

Fe-Cu 二元合金中，Cu 的脱溶存在一系列结构转变[5-8]。脱溶初期为富 Cu 原子的偏聚区，并且与 α-Fe 同为 BCC 结构，由于 Cu 原子与 Fe 原子的半径差不到 0.3%，与 α-Fe 保持相同结构可以获得最小的应变能。随后，富 Cu 原子的偏聚区逐渐长大，至 4 nm 时，转变为具有孪晶结构的 9R 结构，此结构是一种长周期密集结构，其 $(009)_{9R}$ 密排面上的原子堆垛顺序为 ABC/BCA/CAB/ABC……。9R 结构的颗粒尺寸在 4～17 nm 范围内。随着颗粒的长大，9R 结构不断发生孪生，孪晶密度增加。当尺寸超过 17 nm 后，密排面上孪晶界发生运动而消失，有序堆垛顺序发生改变，结构进行第二次转变，成为稳定性更高的 3R 结构。随后，3R 结构中发生共格平面旋转和晶面间距改变，并开始向更稳定的 FCC 结构转变。在 FCC 结构之前形成亚稳定的过渡 9R 和 3R 结构可以降低 Cu 颗粒的体积自由能。变为 FCC 结构后，仍保持球状，但进一步长大则从球状转变为棒状。棒状的 Cu 相与基体满足 K-S 位相关系，即棒的轴向保持 $[110]_{\varepsilon\text{-Cu}}//[111]_{\alpha\text{-Fe}}$ 的位相关系，形成棒状形貌的原因是共格应变能降低。

在含 Cu 钢中，Ni 是重要的合金化元素，可以与 Cu 结合成高熔点相，防止了 Cu 在晶界处的偏聚，从而减少热变形及焊接过程中的热裂倾向[9]。Mn 常与 Ni 共同添加到钢中，可以达到替代部分 Ni 的效果。Ni 和 Mn 与 Cu 的结合将影响 Cu 的析出过程。

在 Fe-Cu-Ni-Mn-Al 合金[10-19]中，通过控制处理工艺可以形成单一的富 Cu 纳米团簇，其中 Ni、Al 等溶质均可溶于该富 Cu 纳米团簇中；也可以在形成富 Cu 纳米团簇的过程中使 Ni、Al 析出到纳米团簇界面形成以富 Cu 纳米相为核心，由富 Ni、

Al 金属间化合物相[B2-Ni(Mn, Al)]附着或包围的复相层级结构，如图 1.5 所示。这一层级结构降低了 Cu 纳米团簇的界面能，促进了其形核，同时也缓解了 BCC 富 Cu 沉淀相与 α-Fe 基体的晶格畸变，阻碍了富 Cu 沉淀相与 Fe 基体间的原子扩散，可以避免富 Cu 沉淀相的长大粗化。随着 Ni 和 Al 含量增加，共沉淀纳米相的尺寸可由 10 nm 细化至 1～5 nm。Cu 沉淀颗粒时效初期形成富含 Ni、Mn、Al、Cu 的区域。随着时效进行，Cu 发生偏聚，形成富 Cu 的核心，Ni、Mn、Al 被排斥到富 Cu 核心外部，形成包裹富 Cu 核心的壳状结构。Jiao 等[20]提出，Cu/Ni 比和 Cu/Al 比对 Cu/NiAl 共沉淀相的析出路径产生重要影响，析出过程如图 1.6 所示。

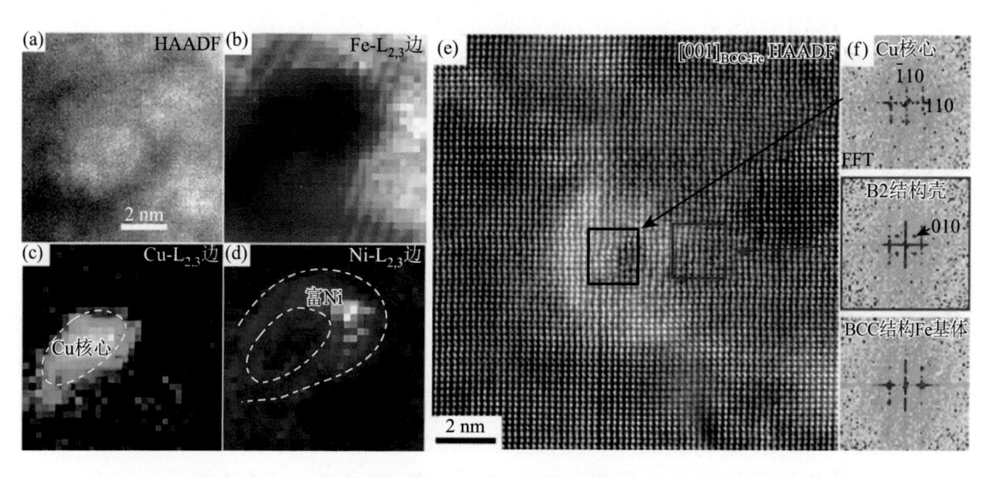

图 1.5 壳核结构纳米相扫描透射电镜-电子能量损失谱（STEM-EELS）图[10]

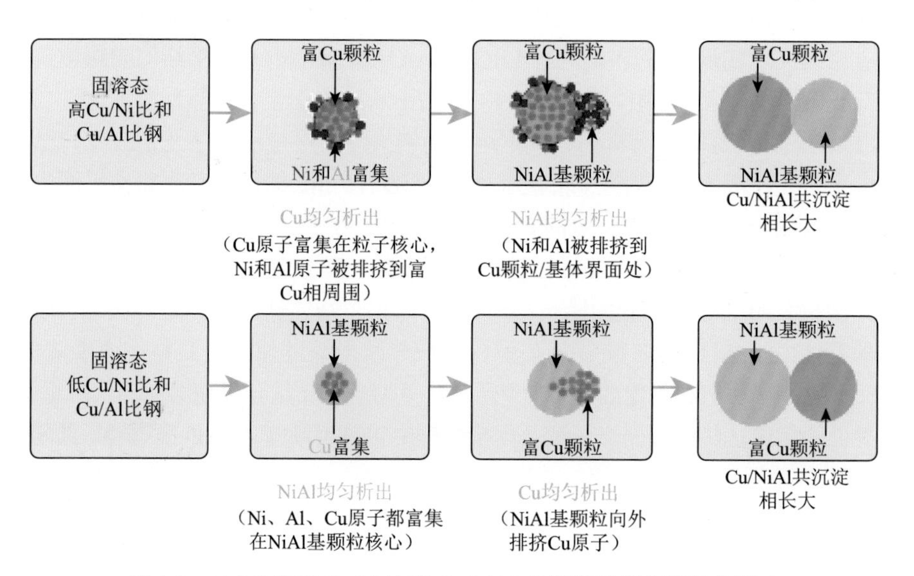

图 1.6 Cu/Ni 比和 Cu/Al 比对 Cu/NiAl 共沉淀相析出路径的影响

在高 Cu/Ni 比和 Cu/Al 比的钢中，富 Cu 相形核具有高的化学驱动力，富 Cu 相首先析出，其内含有少量 Ni 和 Al。随着纳米相长大，Ni 和 Al 排挤到富 Cu 相周围，形成 NiAl 金属间化合物。在低 Cu/Ni 比和 Cu/Al 比的钢中，富含 Cu 原子的 NiAl 纳米颗粒首先析出，在时效过程中 Cu 被排挤到 NiAl 周围，因此 Cu 在 NiAl 外部异质形核。

1.1.2　纳米相的热稳定性

尽管纳米结构材料在力学性能和物理性能上体现出许多独特和优异的特点，但纳米结构处于高度非平衡状态，极易发生粗化，向热力学稳定的状态转变。

纳米结构的典型特征是具有很高的界面能。10 nm 尺寸的纳米晶合金通常具有高密度的界面，达到 $6\times10^{25}m^{-3}$。高密度的晶界中储存了大量的焓[21]，例如，平均晶粒尺寸＜40 nm 的超细晶 Cu 具有的晶界储存焓超过 5 J/g，而 100%冷加工变形的纯 Cu 晶界储存焓仅为 1.3 J/g。又如，平均晶粒尺寸 60 nm 的粉末压制 Ag 具有的晶界储存焓约 3 J/g，而 90%冷轧的纯 Ag 晶界储存焓约 0.8 J/g。熔点低于 600℃的单相纳米晶材料（如 Sn、Pb、Al、Mg）可在室温甚至更低温度下观察到显著的晶粒长大（24 h 内尺寸增长一倍）。为了提高纳米晶的热稳定性，通常有两种手段。一是从动力学角度钉扎晶界，降低晶界迁移能力。二是从热力学角度降低晶界的界面能，减小晶粒长大驱动力。动力学手段包括采用空隙拖曳、第二相拖曳、溶质拖曳、化学有序等方式阻碍晶界迁移。热力学手段通过额外溶质原子偏聚于晶界处从而降低界面能量，达到热力学较稳定的亚稳态。

大多数纳米相强化的钢铁材料在 500～600℃时效 50～500 h 后析出强化效果下降至不足 200 MPa[22]。纳米相的热稳定性是钢铁材料在飞机发动机、发电站等高温或辐照环境应用的重要考量因素。析出相的粗化速率与界面能、极限固溶度及溶质原子扩散速率呈正相关。因此，提高纳米相热稳定性主要从以上几个因素入手。Zhang 等[10, 11, 23-27]研究发现，在 Cu/NiAl 壳核结构纳米相中，壳层降低了富 Cu 纳米相与 Fe 基体的界面能，并阻碍了原子扩散，达到时效强化峰值的纳米沉淀物尺寸仅为 6 nm，如图 1.5 所示。相似地，BA-160 含铜高强低碳钢中纳米 M_2C 在纳米 Cu 上异质形核，阻碍 Cu 原子扩散，使纳米 Cu 的粗化速率低于稳态粗化模型预言的粗化速率[28]。Jiang 等[4]指出 NiAl 相形成时必须将扩散速率极低的 Mo 原子排挤到其周围，因此降低了 NiAl 相粗化速率。

钢中存在的位错等晶体学缺陷会导致析出相快速粗化，从而使提高纳米相热稳定性的种种手段失去效果。Maruyama 等[29]的研究表明，Cu 颗粒在板条内的位错处和板条界大量析出。然而，由于管道扩散和晶界扩散效应，位错和界面处的 Cu 颗粒在时效过程中迅速长大粗化，比基体中的 Cu 颗粒更早发生 9R 和 FCC 结构转变，因此时效强化增量很小。Xu 等[30]发现，位错密度在一定范围内对纳米相稳定性产生不利影响。如图 1.7 所示，位错密度极低或极高时，分别由均匀形核和异质形核为主导，析出相总数均很高。而位错密度在一定范围内时，异质形核先于均匀形核发生，异质形核总数较少，却剥夺了均匀形核所需溶质原子，阻碍了均匀形核，因此总的形核数下降。此外，低形核总数使基体中的过饱和度增大，加速了析出相的长大，一旦长大至结构转变临界尺寸并转变为非共格结构，就会使界面能陡然增加，并进一步加剧了 Ostwald 熟化，如图 1.8 所示。因此，为了提高纳米相热稳定性、最大化强化效果，在成分和处理工艺设计上需要避开位错的负面影响区间。

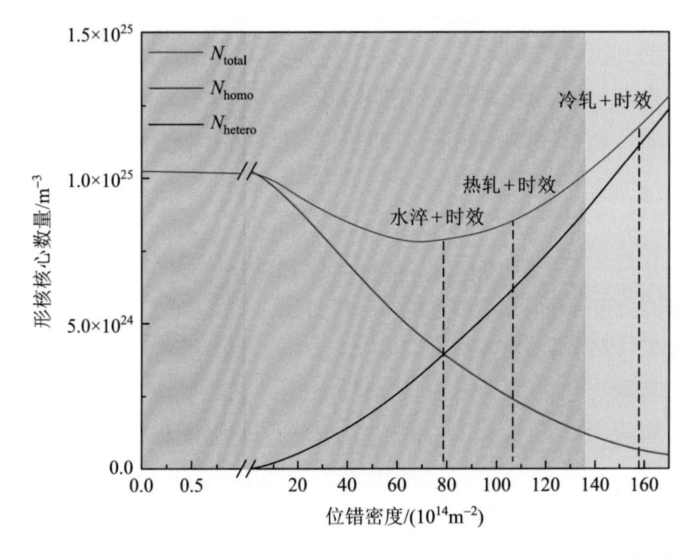

图 1.7　均匀形核数、异质形核数及形核总数与位错密度的关系

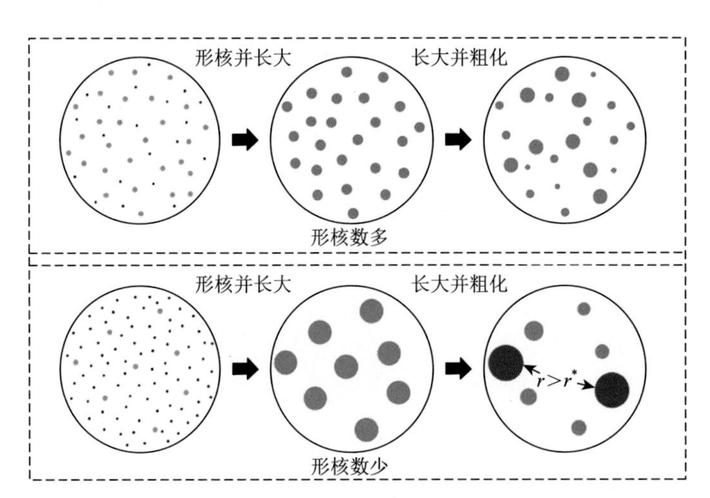

图 1.8　富 Cu 纳米相形核、长大、粗化过程示意图

黑点为溶质 Cu 原子，绿点为 Cu 晶核，蓝点为共格 BCC-Cu，红点为非共格 Cu

1.1.3　纳米相强化超高强度钢的性能

利用纳米 Y-Ti-O 团簇可显著提高铁素体的室温和高温性能，已开发出抗拉强度为 1200 MPa 以上的超高强度钢。

通过 Cu/NiAl 共沉淀形成壳核结构，可达到 1.9 GPa 的超高强度，同时保持伸长率 10%、断面收缩率 40%的优异塑性。在马氏体时效钢中调控共格 Ni(Al, Fe) 纳米金属间化合物析出，获得了 1947 MPa 的屈服强度和 2197 MPa 的抗拉强度，延伸率 8.2%。Zhou 等[31]以 NiAl 纳米析出强化钢为模型，探索了纳米相晶界不连续析出机制及调控机理，如图 1.9 所示，通过调控 Cu 元素在纳米尺度的偏析和配分，抑制了晶界不连续析出粗大 NiAl 相，NiAl 析出相的数量密度增加了 5 倍，析出强化效果提高了 2 倍，并显著改善了材料的抗过时效能力。经 Cu 元素调控后，NiAl 析出强化钢的屈服强度从 925 MPa 提高到 1400 MPa，并保持 10%的伸长率和 40%的断面收缩率，获得了良好的强塑性匹配。Kong 和 Chen 等[26]将低碳 Ni-Cu HSLA 钢在 600℃时效后进行水冷，获得了 1070 MPa 的超高屈服强度和–40℃冲击功 152 J 的优异低温韧性，而时效后空冷的低温冲击功仅为 19 J，从而规避了 HSLA 钢中常见的 300～600℃范围回火脆性。由层级结构 NiAl/Ni_2AlTi 共沉淀相强化的耐热钢，比传统 P92、P122、T91、12Cr 等钢种在 973 K 的稳态蠕变速率低 4 个数量级，蠕变寿命提高 2 个数量级以上。此外，纳米团簇、纳米金属间化合物均可不依赖 C、N 元素独立析出，摆脱了对 C、N 元素的依赖，消除了高 C 含量及粗大碳氮化物对焊接性能和韧塑性的危害。由于纳米相形成元素通常原子直径较大，扩散系数远低于 C，不需要高冷却速率来实现马氏体或贝氏体相变，可以选用韧性良好、生产工艺简单的铁素体为基体，克服了马氏体钢的快冷要求对材料尺寸的限制，可以利用连铸连轧技术生产，节约资源、简化工艺，具有极大的工艺和成本优势。

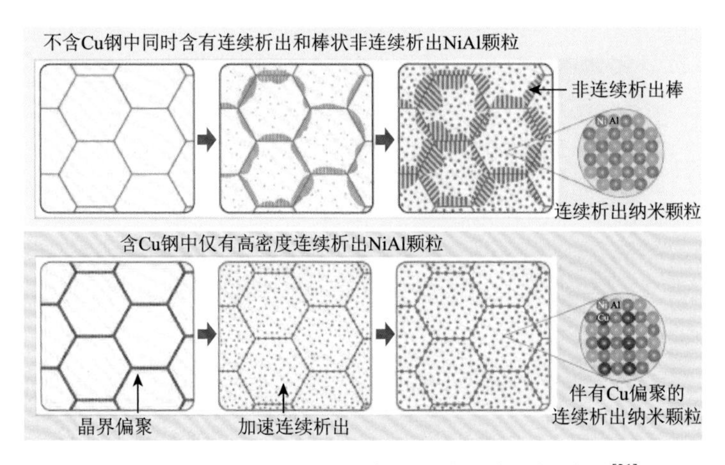

图 1.9　含 Cu 和不含 Cu 钢中 NiAl 析出机制示意图[31]

1.1.4 纳米相强化超高强度钢的应用

新型纳米相强化超高强度钢广泛应用于海洋平台、舰船壳体、高压锅炉、反应堆压力容器壳体、石油管道、建筑桥梁、车辆、防弹装甲等，充分满足低温、腐蚀、高温、辐照等严苛环境承力结构件的需求。

（1）舰船用钢。HSLA 钢是美国开发出的新一代舰船用钢，用于替代 HY 系列钢。HSLA-100、HSLA-115 钢已成为美国舰船、航母的主要结构用钢。我国舰船用钢主要采用 Ni-Cr-Mo-V 合金体系，如 921 钢，技术水平与美国的 HY 系列钢相当。代表最高强度级别的 HSLA-115 钢，屈服强度仅有 806 MPa，且合金含量高，尤其是大量使用了 Ni 元素，增加了成本。纳米钢在强度、塑性和低温韧性，以及成本方面具有明显的优势，是舰船用钢的理想材料。

（2）系泊链及海洋平台。据美国船级社（ABS）和挪威船级社（DNV）的规范要求，R5 级系泊链应具有高的强度和韧性，其抗拉强度≥1000 MPa，屈服强度≥760 MPa，冲击吸收功≥58 J，屈强比≤0.92。我国已经成功自主研制出当今世界上最高级别的 R6 系泊链新产品，于 2021 年配套安装在我国自主开发的 CM-SD1000 中深水半潜式钻井平台上。纳米相强化钢达到了 R6 级系泊链的性能要求，且 C、Si、Mn、Cr、Ni、Mo 等含量更低，价格优势明显。

（3）汽车用钢。汽车用钢，如无间隙原子（IF）钢和 C-Mn 系等钢中，碳含量很低，难以获得强化，屈服强度不足 400 MPa。通过较高碳合金化的相变诱导塑性（TRIP）钢和汽车高强双相（DP-CP）钢在室温形成复相组织，改善了钢的塑、韧性，使延伸率达 30%，但无法获得强度的显著提升，屈服强度一般不足 800 MPa。而纳米相强化钢的强度倍增，可节材 1/3～1/2，实现汽车轻量化，并提高车辆安全性。

（4）压力容器。2.25Cr-1Mo 钢具有较高的抗蠕变性能（材料抵抗缓慢塑性变形的能力）、抗氧化和氢脆性能（金属吸收氢后变得硬脆，韧性降低的现象），广泛应用于石油裂解、煤液化、反应堆压力壳等。然而此钢种的强度较低，且随服役温度升高不断下降。此外，在反应堆辐照环境中会产生脆性。纳米相强化钢的高温强度更高，在辐照环境中脆性倾向小，可完全替代 2.25Cr-1Mo 钢。

1.2 低合金超高强度钢

1.2.1 低合金超高强度钢发展历程

通常将合金总含量小于 5%、抗拉强度超过 1400 MPa、屈服强度超过 1300 MPa 的结构钢称为低合金超高强度钢，是超高强度钢中最早开发的钢种之一，因为其合金含量低、热加工工艺相对简单，可应用于火箭发动机外壳、飞机大梁、起落架、常规武器上的某些构件、螺栓、助推器、高压容器、防弹钢板等领域。

低合金超高强度钢是从调质结构钢发展而来的，其碳含量通常为中碳（0.20%～ 0.45%），调质结构钢经淬火加低温回火，便进入了超高强度钢的范畴。最早的机械结构钢是 AISI 4130，为取得较好的强韧配合，采用高温调质处理工艺，其强度并不高。1950 年美国在 AISI 4130 基础上，发展了一种新钢种 AISI 4340（40CrNiMo）[32]，其抗拉强度超过 1700 MPa，且塑、韧性较好（伸长率约为 10%），但仍存在高温回火脆性导致材料失效的问题，只能采用低温回火，回火温度不超过 200℃。AISI 4340 钢的研制成功，为后续超高强度钢的研制提供了新的思路和方向。1952 年美国国际镍公司在 AISI 4340 钢的基础上通过调整合金元素的含量，成功制备出 300 M 钢[33]。300M 钢自 1966 年开始使用于飞机起落架等飞机关键构件，到目前为止，已用于 F-15、F-16、DC-10、MD-11 以及波音 747 等几乎所有的军用和民用飞机。20 世纪 60 年代，美国开始研制 D6AC 合金钢[34]，D6AC 合金钢是在 AISI 4340 钢的基础上改良而成的低合金超高强度钢，该钢淬透性比 AISI 4340 钢更好，并且在高温下未显示回火脆性，能在高温下保持很高的强度。到了 70 年代中期，D6AC 合金钢被广泛用于制造战略导弹发动机壳体及飞机结构件，成为固体火箭发动机壳体的专用材料，已经成功用于美国“爱国者”新型地空导弹、大中型导弹“民兵”“北极星”“小型导弹”“红眼睛”“大力神”“潘兴”，以及航天飞机 Φ3.7 m 助推器和制造 F-111 飞机起落架等。俄罗斯几乎与美国同时开始研制低合金超高强度钢，在 30XTC 和 40XH2MA 钢基础上开发出 30XTCH2A 和 40XH2CMA 钢，随后，俄罗斯还成功制备出 35XCH3M1A 和 35XC2H3M1ΦA 低合金超高强度钢，抗拉强度分别为 1800～2000 MPa 和 1950～2150 MPa。

20 世纪 50 年代，我国开始致力于超高强度钢的研究，最开始仿制苏联 30XTCH2A 钢而成功研制出 30CrMnSiNi2A 钢。70 年代开始仿制美国的优异钢种，成功制备出 40CrNi2MoA（仿 AISI 4340）、40Si2Ni2CrMoVA（仿 300M）、45CrNiMo1VA（仿 D6AC）等钢种，为后续实现超高强度钢自主研发提供了理论和实验基础。我国研究人员在充分考虑国内矿产资源的情况下，自主研发出一系列性能优异的钢种，不含贵重金属元素 Ni 的 406 钢（屈服强度 $R_{p0.2}>$ 1862 MPa，断裂韧性 $K_{IC}>72$ MPa·m$^{1/2}$），成功解决了航天固体火箭发动机壳体用钢问题。又在 406 钢的基础上开发了 D406A 钢，D406A 钢韧性大大提高，成为我国大中型固体发动机、火箭发动机的指定用钢材料。随后又自主研制成功 35Si2Mn2MoVA 钢和 40CrMnSiMoVA 钢以及含有少量镍元素的 37Si2MnCrNiMoVA 钢、G50 钢等[35]。同时，为了降低生产成本，在含 Co 钢 AF1410、9Ni-5Co、G99 的基础上，成功研制出无 Co 低合金超高强度钢，生产成本大幅度降低。常用低合金超高强度钢力学性能如表 1.1 所示。

表 1.1 常用低合金超高强度钢力学性能

钢号	R_m/MPa	$R_{p0.2}$/MPa	A/%	Z/%	冲击功/J
AISI 4340（美）	1980	1860	11	39	20
300M（美）	2050	1670	8	32	24.4
D6AC（美）	2000	1760	8	27	
35Si2Mn2MoVA	1700		9	40	50
8640	1810	1670	8	26	11
6150	2050	1810	1	5	
4140	1965	1740	11	42	15
4130	1550	1340	11	38	

传统低合金超高强度钢生产成本低、热处理工艺简单，但是其强韧性匹配相对较差，无法满足更高强、高韧的要求，因此，研究开发新型低合金超高强度钢成为重要的发展方向。2002 年，英国的 Garcia-Mateo 等[36]研发了新型的超强纳米贝氏体钢，抗拉强度高达 2.5 GPa，硬度超过 600 HV，同时具有优良的断裂韧性（30～40 MPa·$m^{1/2}$）。2003 年，Matlock 等[37]在含 Mn-Si 的 TRIP 钢基础上，引入淬火-配分（Q&P）工艺获得马氏体 + 残余奥氏体的复相组织，极大地改善了钢的强度和韧性，为新型超高强度钢的研发提供了新思路。2007 年，徐祖耀院士[38]结合 ε 过渡碳化物的析出强化作用和下贝氏体的良好塑韧性等，成功设计出一种 2000 MPa 级一步和两步 Q&P 低合金超高强度结构钢，同时兼具良好的塑性。2016 年，Feng 和 Chen 等[39-41]设计并制备出 30Cr2NiSi2Mn2Mo 低合金超高强度钢，抗拉强度＞2200 MPa，延伸率＞8.4%，断面收缩率＞34%，–40℃冲击功＞13 J。2018 年，创新设计了 0.37% C、合金元素含量小于 4%的新型低合金超高强度钢[42]，结合 Q&P 工艺，抗拉强度＞2200 MPa，延伸率＞13%，断面收缩率＞42%，–40℃冲击功＞21 J，断裂韧性＞40 MPa·$m^{1/2}$，实现了超高强度与韧性的优异结合与跨越提升，成本远低于 2000 MPa 级马氏体时效钢和二次硬化钢。

1.2.2 低合金超高强度钢的合金成分设计

低合金超高强度钢的设计过程中，要充分考虑国家资源情况，减少贵重金属 Co、Ni、Mo 等的使用，因此，要求新型低合金超高强度钢的合金总含量＜10%。新型低合金钢的发展目标在于提高钢的强度，同时解决断裂韧性偏低的问题。新型低合金超高强度钢的设计需要满足足够的淬透性以保证大截面性能的均匀性，M_s 点不能过低，以免产生淬火裂纹；需具备超高强度和高屈强比，在满足强度要求的同时，降低其中的 C 含量；良好的塑性；高韧性；良好的焊接性能以及抗疲劳和抗应力腐蚀的性能。新型低合金超高强度钢的设计主要采用合金元素进行优化获得优异的力学性能，保证合金钢淬透性和改善过冷奥氏体的稳定性。合金元素主要包括：C、Si、Mn、Cr、Ni、Mo、Nb、Cu 等。

1. C 含量设计

C 是马氏体基体中最有效的强化元素之一。C 固溶于奥氏体中，可以扩大奥氏体区，显著提高奥氏体的稳定性。适当提高 C 含量，可使 C 曲线右移，推迟铁素体和贝氏体的转变温度，降低 M_s 点。C 含量过高会明显提高钢的韧脆转变温度，并损害钢的塑韧性、冷成型性和焊接性能。在低温回火的 0.2%～0.5% C 的低合金钢中，钢的抗拉强度（R_m）与 C 的质量分数（w_C）保持线性关系，如式（1.1）所示：

$$R_m = (294 \times w_C + 82) \times 9 \tag{1.1}$$

C 还可与其他某些特定的合金元素，如 Ti、Nb、V、Mo 共存，实现回火过程中的析出强化。C 在马氏体中引起间隙固溶强化，在随后的低温回火过程中，从马氏体中共格沉淀出 ε-碳化物并实现钢强度的再次提升。若继续增加 C 含量，虽然可以获得更高的强度，但会牺牲其他性能。因此，在保证钢强度的同时，应尽量降低其中的 C 含量，实现综合力学性能的改善。综上所述，低合金超高强度钢中的 C 含量不超过 0.5%。

2. Si 含量设计

Si 主要以固溶状态存在，产生明显的固溶强化作用，但 Si 含量过高会明显提高钢的韧脆转变温度，降低钢的均匀延伸率，钢的热轧性能和表面镀覆性能变差，产生较多的表面缺陷。另外，作为非碳化物形成元素，Si 在碳化物中的溶解度极低，Si 的添加使转变的奥氏体富 C，显著提高奥氏体的稳定性。因此，Si 的含量一般不超过 2%。

3. Mn 含量设计

合金钢中添加 Mn 可以降低钢的 M_s 点，增加残余奥氏体的含量，当钢中添加 1.5%～2.5%的 Mn，可以有效提高残余奥氏体的分解抗力。Mn 的添加可以促进贝氏体、马氏体等硬化相的形成，增加钢的淬透性。Mn 的成本较低，常采用 Mn 取代部分 Ni 元素添加到钢中，降低钢的生产成本。但是 Mn 含量过高，会造成铸坯中偏析严重，降低钢的韧性。因此，Mn 的含量一般不超过 3%。

4. Cr 含量设计

合金钢中 Cr 的添加用于提高钢的淬透性、硬度、强度和韧性，提高抗腐蚀能力。Cr 的添加可抑制热处理过程中碳化物的生长，增加钢的回火稳定性，降低碳的活性，减缓钢的脱碳倾向。同时，Cr 的添加可以促进贝氏体和马氏体的形成，复相组织有利于钢综合性能的提高。Cr 的含量一般不超过 2%。

5. Ni 含量设计

Ni 的添加可以提高淬透性，降低 M_s 点，增大奥氏体形成倾向，改善低温韧性。Ni 是普遍认可的提高冲击韧性的元素，但是作用机理至今尚不明确，Ni 可以增加 α-Fe 基体抗解离能力，从而提高基体的本征韧性。在钢中增加 Ni 含量，易生成棒状或针状的铁素体，珠光体的析出受到抑制，延长各种形貌的中温转变组织的析出时间。但是 Ni 属于单价较高的金属，过高的 Ni 含量造成钢的生产成本增加。因此，Ni 不超过 2%。

6. Mo 含量设计

Mo 具有较强的碳化物形成能力，即便在较低 C 含量的钢中仍可与 C 形成稳定的碳化物，提高钢的硬度。Mo 的添加还可以阻碍奥氏体化过程中晶粒的长大，细化钢的晶粒。另外，Mo 的添加还可以使 C 曲线右移，降低钢的过冷度，大幅度提高钢的淬透性。Mo 主要通过增加钢的淬硬性实现强度的提高，可以抑制硬化过程中先共析铁素体和珠光体的形成，形成少量的过时效马氏体岛，促进硬化相（如贝氏体和马氏体）的形成，实现钢屈服强度的增加。因此，Mo 的含量不超过 2%。

7. Nb 含量设计

Nb 的添加可以显著细化钢的晶粒，晶粒细化既可以实现钢强度的提高，又可以显著改善韧性，并通过析出强化和相变控制进一步提高钢的强度。Nb 还可以影响晶界的移动性，使碳在残余奥氏体中的含量升高，阻碍贝氏体的形成，促使马氏体形核，含量一般不大于 0.05%。

8. Cu 含量设计

Cu 是扩大奥氏体相区元素，在铁中的溶解度不大，在 α-Fe 中的溶解度随温度的降低而降低。钢中 Cu 含量为 0.4%～0.5%时，在 950～1150℃进行热加工会引起热脆现象，加入 Cu 含量一半以上的 Ni 可避免热脆的发生，这是由于 Ni 不易氧化，表面同时富集 Cu 和 Ni，其熔点将提高。低合金超高强度钢中 Cu 含量一般不大于 0.5%。常用低合金超高强度钢的成分如表 1.2 所示。

表 1.2　常用低合金超高强度钢成分[43, 44]　（%）

钢号	C	Mn	Si	Cr	Ni	Mo	V
AISI 4340	0.38～0.43	0.60～0.80	0.20～0.35	0.70～0.90	1.65～2.00	0.20～0.30	
300M	0.40～0.46	0.65～0.90	1.45～1.80	0.70～0.95	1.65～2.00	0.30～0.45	0.05～0.10
D6AC	0.42～0.48	0.60～0.90	0.15～0.30	0.90～1.20	0.40～0.70	0.90～1.10	0.05～0.10
30CrMnSiNi2A	0.27～0.34	1.00～1.30	0.90～1.20	0.90～1.20	1.40～1.80		
8640	0.38～0.43	0.75～1.00	0.20～0.35	0.40～0.6	0.40～0.70	0.15～0.25	
6150	0.48～0.53	0.70～0.90	0.20～0.35	0.80～1.1			
4140	0.38～0.43	0.75～1.00	0.20～0.35	0.80～1.1		0.15～0.25	
4130	0.28～0.33	0.40～0.60	0.20～0.35	0.80～1.1		0.15～0.25	

冯亚亚[41]在 30CrNiSiMoA 钢基础上，分别添加不同含量的 Si、Mn、Cr 等合金元素，发现 30CrNiSi2Mn2Mo 钢的基体组织由高位错密度的板条马氏体构成，基体中弥散分布有大量的球状碳化物，尺寸较小（＜200 nm），如图 1.10（a）所示。Si 含量增加可以降低碳在奥氏体中的溶解度，促使碳化物在奥氏体中析出，30CrNiSi3Mn2Mo 钢的组织由板条马氏体构成，板条间还有少量的亚晶（subgrain）、位错（dislocation）和碳化物[图 1.10（b）]。碳化物分别呈球状和颗粒状分布于钢的马氏体基体中，具有析出强化的作用，可以显著提高钢的强度。由图 1.10（c）可知，30CrNiSi2Mn3Mo 钢的基体组织为板条马氏体结构，Mn 含量越高，奥氏体的含量越多，针状奥氏体在同一板条处相遇概率越大。图 1.10（c）箭头处可以明显看到位错的交叉滑移（dislocation cross slip，DCS），位错交叉滑移的存在可以提高钢的塑性。在图 1.10（c）中可以观测到位错胞（dislocation cell，DC），位错胞是由位错运动、聚集及缠结等活动形成的，位错胞的存在导致残余奥氏体局部应力集中，从而快速转变成马氏体，残余奥氏体的稳定性下降，导致韧性降低。由图 1.10（d）可知，作为强碳化物形成元素，Cr 的添加可以显著促进碳化物的形成。30Cr2NiSi2Mn2Mo 钢的组织中析出大量的碳化物，碳化物弥散分布于钢的基体组织中。因此，在该合金体系中，随着合金元素含量的增加，马氏体基体中析出大量的第二相，其具有析出强化和“钉扎”晶界的作用，有利于钢强度的提高。

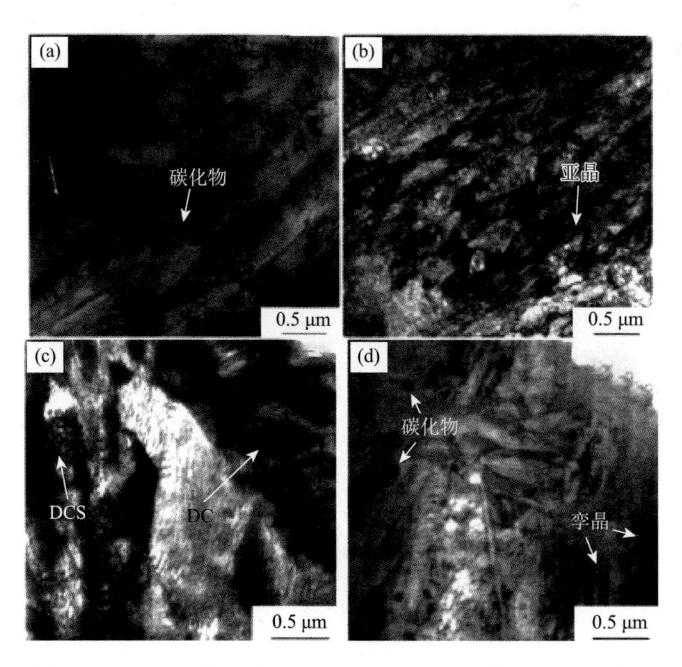

图 1.10　合金元素含量对 30CrNiSiMoA 钢显微组织的影响[41]

1.2.3 低合金超高强度钢的微观组织设计

许多从事新钢种研究的科研工作者一直在探索钢的成分、组织与力学性能之间的定量关系，这有助于在开发新钢种时，在化学成分和工艺参量设计方面进行合理的控制，以得到所需要的显微组织，达到预期的工艺性能和使用性能。低合金超高强度钢的组织根据热处理工艺大概分为：回火马氏体 + 碳化物组织、马氏体 + 残余奥氏体复相组织、纳米贝氏体组织等。

1. 回火马氏体 + 碳化物组织

传统低合金超高强度钢经过淬火处理，产生马氏体相变会导致强度提高，回火后组织为回火马氏体 + 碳化物 + 少量残余奥氏体，提高回火马氏体钢的塑性可以通过细化马氏体板条束和进行奥氏体向马氏体的剪切相变。Feng 和 Chen 等研究了 30Cr2NiSi2Mn2Mo 钢在不同奥氏体温度下的显微组织变化，发现实验钢油淬后的微观组织均为板条马氏体组织[40, 41]。由图 1.11 可知，当奥氏体温度由 860℃淬火后，奥氏体晶粒尺寸约为 10 μm，经过 920℃淬火后，奥氏体晶粒尺寸约为 30 μm，经过 980℃淬火后，奥氏体晶粒尺寸＞40 μm。随奥氏体温度的升高，奥氏体晶粒长大，淬火马氏体板条逐渐变宽，碳化物溶解。

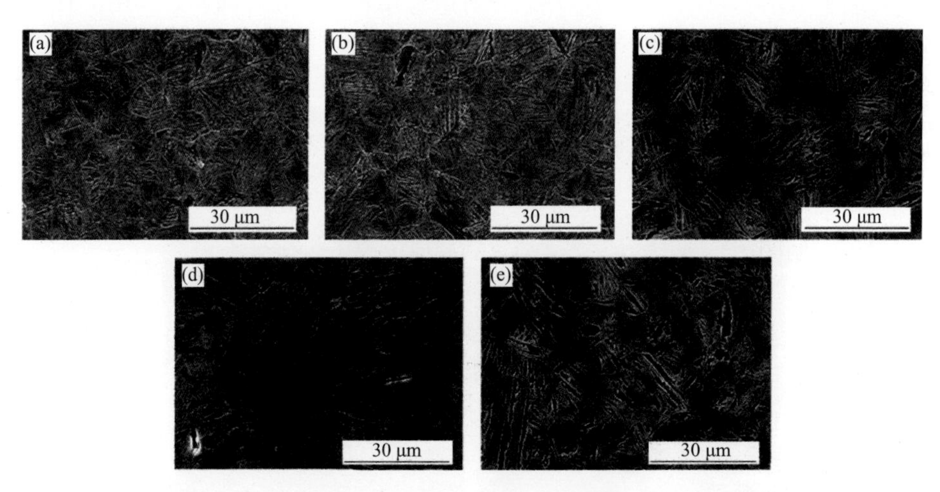

图 1.11 奥氏体温度对 30Cr2NiSi2Mn2Mo 钢微组织的影响[40]

（a）860℃；（b）890℃；（c）920℃；（d）950℃；（e）980℃

研究发现，新型低合金超高强度钢 30Cr2NiSi2Mn2Mo 的强度比 30CrNiSiMoA 钢的强度高将近 500 MPa，且两种钢强度随奥氏体温度升高，变化趋势相似，即随温度升高，强度先升高后降低，强度出现最大值。这主要是因为奥氏体温度影响晶粒的尺寸、马氏体微观组织以及合金元素在钢中的分布状态。随奥氏体温度的升高，碳化物的溶解加剧，基体中合金元素的含量逐渐增多，同时分布得更加均匀，经过高温淬火后，基体中合金元素的过饱和度增加，回火析出的碳化物含量相应增加，钢的强度和硬度增加；到特定的温度，钢中碳化物溶解完全，钢中合金元素的分布不变，此时，钢的强度和硬度不发生改变。而微合金化元素 Nb 的添加，促进 MC 型碳化物在较高的奥氏体化过程中形核析出，NbC 析出相具有很高的热稳定性，可以在高温条件下存在，从而能够使合金钢避免强度和硬度降低。同时，高温奥氏体化导致奥氏体晶粒长大，板条的尺寸增加，导致钢的强度和硬度下降。因此，在两种因素的作用下，合金钢的强度和硬度随奥氏体温度的升高先升高后下降。由图 1.12（b）可知，两种钢室温延伸率和断面收缩率随奥氏体温度升高变化不大。

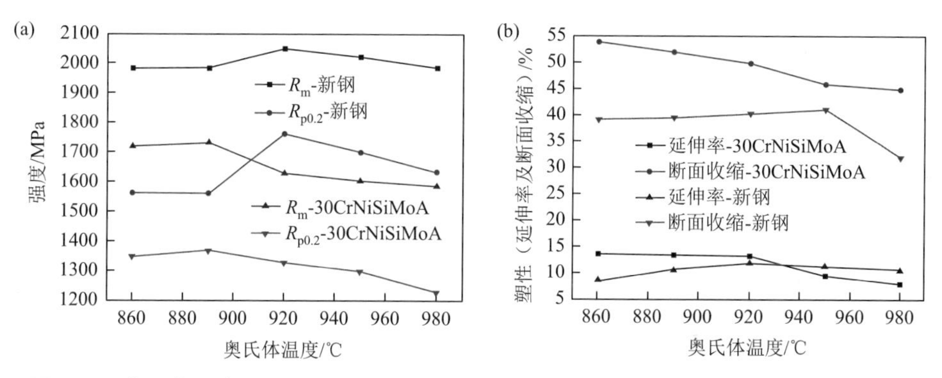

图 1.12　奥氏体温度对 30CrNiSiMoA 和 30Cr2NiSi2Mn2Mo（新钢）强度与塑性的影响

回火的过程包含碳化物的析出、残余奥氏体的分解以及马氏体结构的回复和再结晶过程。如图 1.13 所示，发现在经 200℃回火 2 h 热处理后，ε-碳化物（$Fe_{2.4}C$）析出，钢的基体组织中发现孪晶的存在，孪晶的厚度较小（<100 nm）。随温度升高到 300℃，Fe_3C 形成，在较低的回火温度下，Fe_3C 碳化物主要在马氏体板条边界析出；在较高的回火温度下，碳化物则主要在晶粒的边界析出。当回火温度超过 400℃，马氏体板条逐渐粗化，位错胞的边界逐渐消失，在组织中出现一种更加细小的胞状结构。高温回火（>500℃）的过程中，Fe_3C 会发生转化形成 Cr_7C_3。Fe_3C 并不能直接转化成 Cr_7C_3，而是先溶解到铁素体的基体中，然后才会导致 Cr_7C_3 的形核与长大。Fe_3C 在较低的回火温度下以针状的形式存在于基体中，而 Cr_7C_3 以球形的形式在较高的回火温度下析出在基体中。因此，Cr_7C_3 的形成来自于 Fe_3C 与基体的反应。

通过对奥氏体温度和回火温度对新型低合金超高强度钢 30Cr2NiSi2Mn2Mo 组织与力学性能的影响规律的研究，形成了 30Cr2NiSi2Mn2Mo 低合金超高强度钢的热处理工艺体系，提出其最佳热处理工艺为 920℃×1 h，油淬 + 200℃×2 h，空冷。

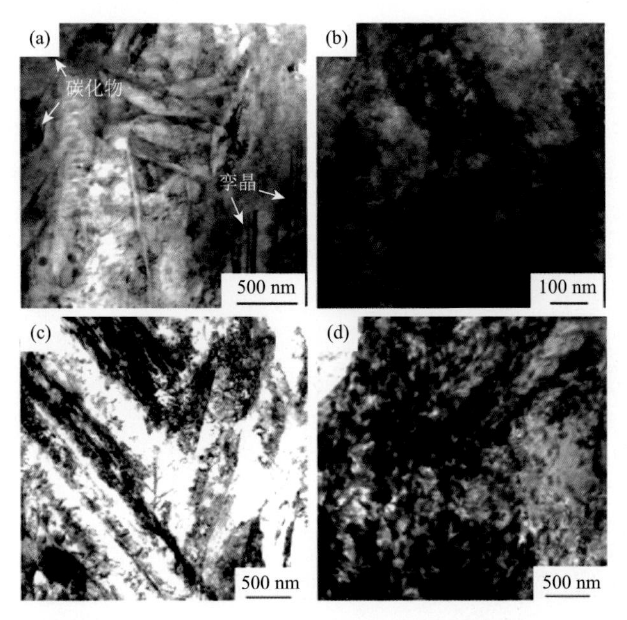

图 1.13 30Cr2NiSi2Mn2Mo 钢不同回火温度热处理后的透射电子显微镜（TEM）照片

（a）200℃×2 h；（b）300℃×2 h；（c）400℃×2 h；（d）500℃×2 h

2. 马氏体 + 残余奥氏体复相组织

邦武立郎[45]在某些低合金钢中发现，具有复相组织的钢的力学性能，尤其是强度和韧性要远高于具有单一组织的钢的强度和韧性，由此，研究人员开始了对复相组织的研究。常见复相组织包括：马氏体/残余奥氏体复相组织、铁素体/贝氏体复相组织、马氏体/贝氏体复相组织等。复相组织主要是在高强度马氏体组织的基础上引入少量的韧性相，达到改善钢材综合性能的目的。

陈光等通过合金成分设计结合淬火-配分工艺，获得的原始奥氏体晶粒细小[图 1.14（a）]，马氏体为高密度位错的细板条马氏体和细小共格纳米孪晶马氏体，马氏体板条间存在细小薄膜状残余奥氏体的理想组织[图 1.14（b）、（c）]。纳米孪晶马氏体结构的存在对钢具有附加强化作用，提高了钢的强度。孪晶也可以诱发塑性变形，改变晶体取向，实现硬取向向软取向转变，促进滑移产生，同时，残余奥氏体被纳米孪晶马氏体包围，薄膜状残余奥氏体在高应变下易发生协调变形，获得了优异的伸长率[图 1.14（d）]。

其组织演变过程如图 1.15 所示，钢经全奥氏体化后，转变为小尺寸全奥氏体组织，经过盐浴淬火到配分温度后转变为细小的片状、板条马氏体组织，同时还存在一部分块状未转变奥氏体。随着配分的进行，使碳由马氏体分配至残余奥氏体中。从配分温度水冷至室温后，块状残余奥氏体一部分被稳定在室温，一部分转变成纳米孪晶马氏体和细小的薄膜残余奥氏体，还有一部分可能转变成板条马氏体。

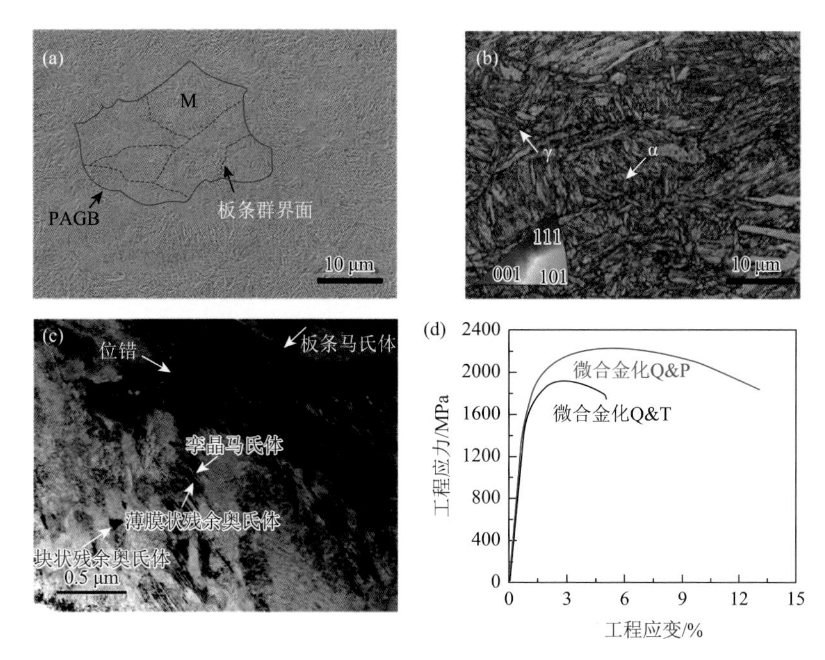

图 1.14　马氏体 + 残余奥氏体复相钢微观组织及力学性能图

M：马氏体；PAGB：原始奥氏体晶界；γ：奥氏体；α：铁素体；Q&P：淬火-配分；Q&T：淬火-回火

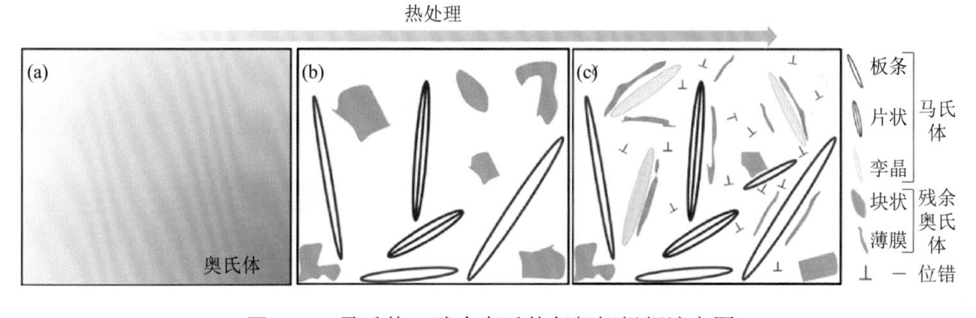

图 1.15　马氏体 + 残余奥氏体复相钢组织演变图

3. 纳米贝氏体组织

贝氏体钢的原形是由 Swinden 实验室研制成功的“Fortiweld”钢。Irvine 与 Pickering 指出贝氏体钢的强度可以通过控制奥氏体向贝氏体的相变温度进行改善，并且还可以通过调整合金元素的含量控制贝氏体开始的转变温度。碳含量的降低以及微合金化元素 Nb、Ti、B、Cu 等的加入有利于提高贝氏体钢的综合力学性能，从而实现在很宽的冷却速度范围内都可以得到贝氏体组织。贝氏体钢中添加少量的 B 元素，可以显著改善钢的淬透性，在加入少量 B 的同时，必须加入少量的 Ti 来固定合金中的 N，从而避免 B 与 N 的结合。B 还可以促进 Nb 的析出，析出的细小的 Nb(C, N)可以提高钢的强度。同时，Nb 与 Cu、B 等元素的相互结合，还可以降低相变的温度，为粒状贝氏体和针状铁素体的形成提供有效的形核位置，使贝氏体在较低的温度下就可以形成。

Garcia-Mateo 等[36]研发出新型的超强纳米贝氏体钢，该钢含有较高含量的 C 和 Si，高的 C 含量主要是降低合金的 M_s 和 B_s 温度，使得在较低的温度进行长时间等温处理能获得贝氏体组织，并且使获得的组织细化至纳米级；高的 Si 含量主要是抑制渗碳体的析出，以获得无碳化物贝氏体和残余奥氏体组织。

纳米贝氏体钢中含有合金元素相对较多，因此需要在 1200℃均匀化处理 2 天，以使得合金元素能够尽可能均匀分布。均匀化处理后，经奥氏体化一定时间后冷至 100～250℃进行长时间等温，能够形成 20～40 nm 厚的条状贝氏体铁素体组织，条间是薄膜状的残余奥氏体组织，典型的纳米贝氏体组织如图 1.16 所示。纳米贝氏体钢具有极好的力学性能，其抗拉强度高达 2.5 GPa，屈服强度超过 1.5 GPa，硬度超过 600 HV，且韧性为 30～40 MPa·m$^{1/2}$。这类钢的缺点是耐蚀、焊接性能差，且所需等温时间过长，有些需要几天甚至几十天，不适合大规模生产。

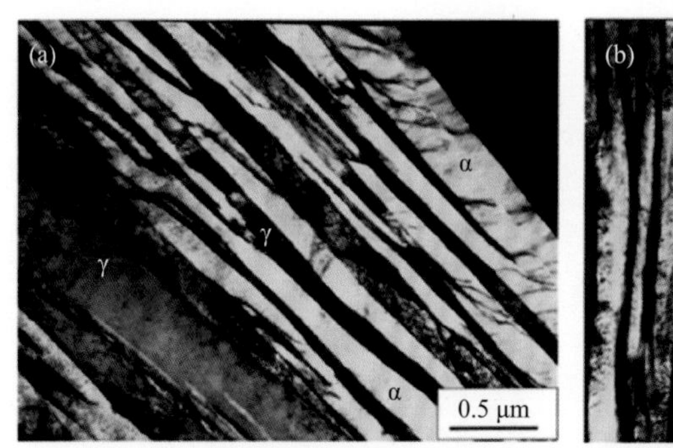

图 1.16　长时间等温纳米贝氏体组织 TEM 照片[36]

（a）250℃等温 30 h；（b）250℃等温 25 d

1.3　界面偏析纳米异构超高强度钢

1.3.1　纳米异构钢铁材料设计原理

1. 纳米异构材料的概念

金属材料的强度和拉伸塑性往往存在此消彼长的矛盾关系，兼顾材料的强度和塑性是永恒追求的主题。近年来，人们从自然界汲取灵感，把生物结构特征逐渐引入新材料的结构设计中。例如，木材、骨骼的微观结构具有典型的非均匀性特征，在受到外力载荷时表现出优于常规均质材料的综合性能。在金属结构材料领域，人们以纳米组织为基体，设计和制备出梯度结构、非均质片层结构、核壳结构、叠层结构等异构材料（heterostructured material），突破了传统均质金属材料难以兼顾强度与塑性的困境[46-49]。异构材料的主要特征是材料中至少存在两种性能差别较大的组织结构。图 1.17 为几种典型的异构材料的微观结构及对应的力学性能。

异构材料优异的综合力学性能主要来自于其独特的微观结构和变形行为。异构材料一般由软硬组元构成，组元之间存在巨大的强度差异，在变形过程中产生显著的力学不相容现象，所以变形过程通常包括三个阶段，如图 1.18（a）所示。第一阶段，异构材料中的软组元和硬组元都处于弹性变形阶段。第二阶段，当应力水平达到一定程度时，塑性变形首先在软组元中产生并伴随位错增殖、位错滑移等过程。此时，硬组元仍然处于弹性变形阶段，这种区域之间的变形不均匀性会在两者之间形成应变梯度。为了维持界面晶格的连续性，会产生大量几何必需位错（geometrically necessary dislocation，GND）来协调不均匀塑性变形。这个过程中形成明显的应变配分，软组元承担主要塑性变形获得明显强化，使材料整体屈服强度得到提高。第三阶段，材料中的软硬组元同时进行塑性变形。但是，两者之间的变形不均匀性依然存在。软组元维持着比硬组元大得多的应变水平，此时会发生进一步的应变配分。

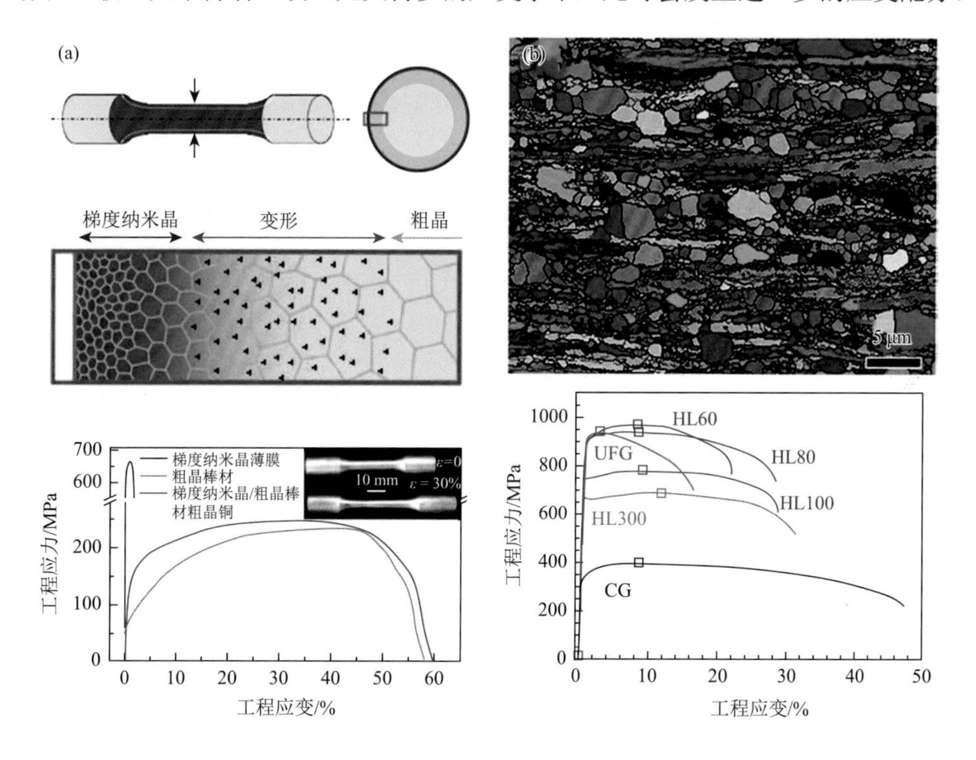

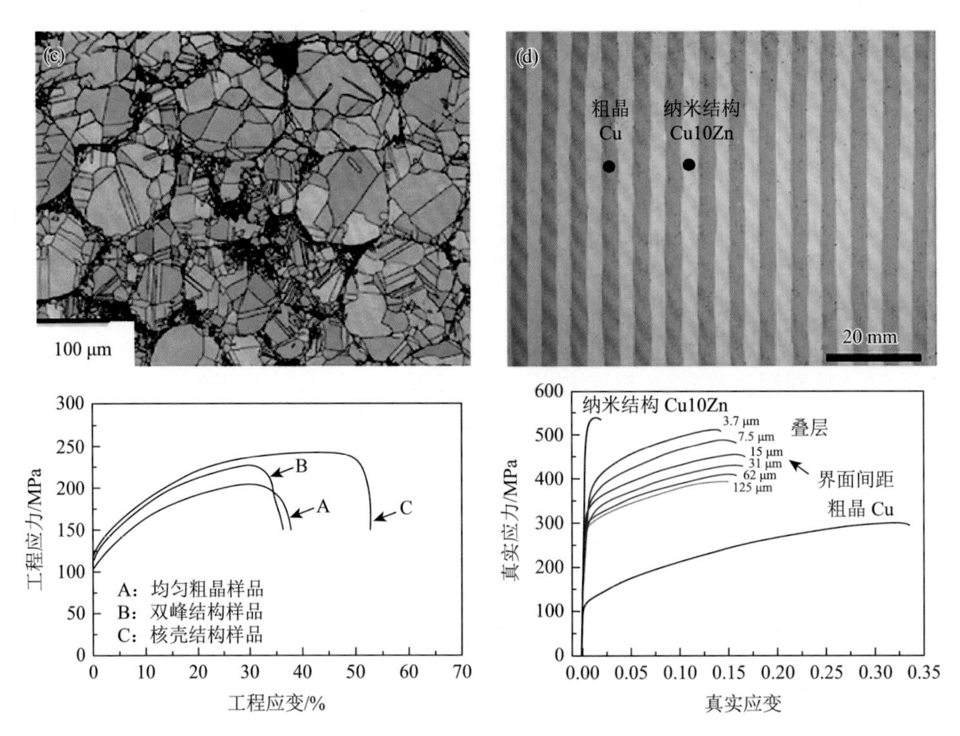

图 1.17 典型异构材料的微观结构和力学性能：（a）梯度结构；（b）非均质片层结构；（c）核壳结构；（d）叠层结构

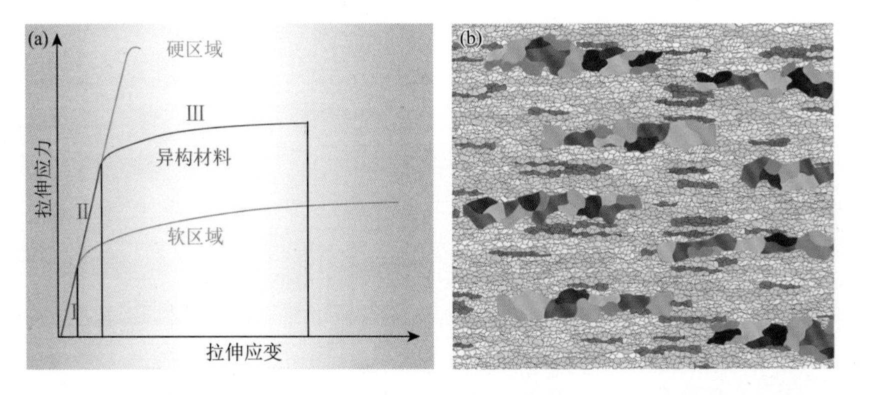

图 1.18 （a）异构材料的非均匀塑性变形的三个阶段；（b）理想的异构模型

当相邻组元之间存在较大应变差异时，在软硬区域界面附近会产生应变梯度，应变梯度随着应变配分的增加进一步增大，GND 在软硬组元界面附近大量增殖，并在软组元中形成高水平的长程内应力-背应力。软硬组元之间的相互作用产生显著的异变诱导（hetero-deformation induced，HDI）硬化[50]，额外的加工硬化有助于提高材料整体的应变硬化程度，在强化材料的同时提高延伸率。

异构材料在变形过程中产生的 HDI 硬化有助于提高材料的综合力学性能，因此，在异构材料结构设计时要使这种强化效果最大化。以上谈到 HDI 应力的产生与异构材料变形过程中的应变配分和 GND 在软硬组元界面处塞积有关。所以理想的异构材料微观结构需要满足两个准则：①有足够多的异构界面，并且界面间距可以满足位错在软组元中的有效塞积；②使软硬组元之间的应变配分最大化，这要求两者强度差尽量大而且组元的形状要有利于实现应变配分。根据理论预测，当形成图 1.18（b）所示的这种软组元被周围硬组元完全约束时，塑性变形无法改变软组元的形状直到周围的硬组元开始屈服。此时，GND 在软组元中有效增殖，无法穿越软硬组元的界面只能在界面附近塞积，产生显著的 HDI 应力。因此，这种少量软组元被周围硬组元约束的异构模型有利于 HDI 硬化最大化。

2. 纳米异构钢铁材料微观组织设计

异构材料各组元之间的强度差异可以来自成分不均匀、微观结构不均匀或者晶体结构不均匀。对于钢铁材料而言，可以十分灵活地调节材料微观结构的不均匀性。近年来，已有一些关于异构钢铁材料的研究。其中，可以通过对低碳钢进行表面机械研磨等方法获得从表层纳米晶到心部粗晶逐渐过渡的梯度结构；此外，还可以通过塑性变形及后续简单的热处理，在晶粒尺寸上获得不均匀分布，制备超细晶/纳米晶和粗晶组成的纳米异构钢；还可以通过将低碳钢和奥氏体不锈钢进行叠层热轧，然后通过调控后续热处理得到由两层马氏体层包裹奥氏体层的叠层异构钢铁材料；另外，铁素体-马氏体双相结构也是一种理想的异构材料模型。其中铁素体由于碳含量和位错密度低，其强度低；马氏体由于碳含量和位错密度高，其强度高。所以，铁素体和马氏体之间具有很大的强度差异，可以分别作为异构材料中的软硬结构组元。而且，对于低碳低合金钢而言，可以通过简单的热处理实现软硬相比例、尺寸、形貌及分布的调控。因此，本小节主要围绕低碳低合金钢，详细介绍纳米异构双相钢的微观结构调控、力学性能及强韧化机制。

3. 溶质原子偏析诱导纳米化

纳米异构材料的制备工艺通常包括塑性变形和热处理两个步骤。其中，塑性变形获得超细晶/纳米晶结构，为后续热处理调控异质结构提供前提。因此，通过常规塑性变形手段获得足够细小的组织至关重要。众所周知，塑性变形诱导的晶粒细化实际上是位错累积、动态回复、再结晶和晶界迁移等相互竞争的过程。为了促进晶粒细化，首先要提高变形过程中位错的产生效率；其次，需要抑制动态回复和再结晶的发生，提高纳米结构的稳定性。其中，位错累积程度受塑性变形方式和材料本身限制。而抑制动态回复和再结晶的方法也有多种。常见的包括降低变形温度缓解动态回复和再结晶[51]或者利用溶质原子钉扎界面和位错来提高纳米结构的稳定性[52]。溶质元素增强界面稳定性主要源于以下两方面：一方面，溶质元素的添加引起合金界面产生原子偏析或形成界面析出相，界面结构因此发生一定程度的化学有序性调整，降低了界面的流动性；另一方面，溶质原子在界面的偏析降低了界面能量，有效地维持了界面结构的稳定性。除了晶界外，金属材料的位错、层错等缺陷结构的应力集中区域都容易发生溶质元素的偏析。德国马克斯-普朗克研究所通过三维原子探针技术（APT）发现，在 Fe-Mn 合金加热过程中，会有 Mn 元素在位错核心位置形成偏析，形成局部的 FCC 区域[53]，这种具有 Mn 元素富集的 FCC 区域在继续加热的过程中不会发生明显的长大，从而维持了位错结构的稳定性。美国南安普敦大学利用 APT 发现 Al-Cu-Mg 合金中溶质团簇在位错处偏析，对位错的运动形成强烈的阻碍[54]。因此，利用溶质元素与界面和位错的交互作用，提高金属材料的细化效率是一种新的研究思路。对于低碳钢而言，间隙碳原子的热扩散能力强，易与界面和位错发生交互作用。因此，通过调控间隙碳原子偏析有望促进低碳钢的纳米化。

1.3.2 纳米异构超高强度钢微观结构调控

对低碳低合金钢进行双相异构化设计得到的超高强度纳米异构钢主要由铁素体和马氏体两相组成，其微观结构调控方法比较简单，主要通过常用的工业轧制和热处理调控异构双相的微观结构，包括两相比例、形貌、尺寸、分布以及间隙原子的热力学迁移等。

1. 软硬异构组元调控

1）调控热处理工艺

对于低碳低合金钢，主要通过改变热处理温度或者保温时间调控软硬组元的比例。根据 Fe-C 相图，临界热处理温度最直接的影响就是马氏体体积分数和马氏体中碳含量。对于给定碳含量的钢，临界热处理温度升高，奥氏体体积分数增大；此外，保温时间也对双相钢的微观结构具有重要的影响。当在 $\alpha+\gamma$ 两相区热处理时，奥氏体的形成通常分为三个阶段：珠光体中渗碳体溶解，转变成奥氏体；通过 C 元素在铁素体和奥氏体之间扩散和 Mn 元素的配分，奥氏体向铁素体区域生长；奥氏体和铁素体达到平衡状态。其中，奥氏体形核、长大可以瞬间完成，但是要达到奥氏体和铁素体平衡状态可能需要花费很长时间。所以，保温时间的长短直接影响双相钢中奥氏体形成以及后续淬火得到的马氏体体积分数。

图 1.19 所示为对冷轧低碳钢板进行不同温度临界热处理后得到的异构双相钢的微观结构[55]。在 780℃热处理后的样品中，冷轧组织中的层状结构基本消失，仅剩下少量的沿着轧制方向拉长的铁素体晶粒。这主要是由于大变形冷轧后样品具有高密度位错和变形储存能，在较长时间的临界热处理过程中铁素体发生明显的再结晶。同时，发现马氏体晶粒主要沿着铁素体晶界分布，形成“链条”状的网络结构，如图 1.19（a）所示。此外，在一些铁素体晶粒内部存在少量尺寸较小的岛状马氏体。随着临界热处理温度的升高，马氏体体积分数逐渐增大，铁素体

晶粒尺寸随之减小，被周围的马氏体相完全包裹。随着马氏体体积分数的增大，马氏体的形貌也从网络状逐渐演变成 840℃时的板条状，如图 1.19（d）所示。

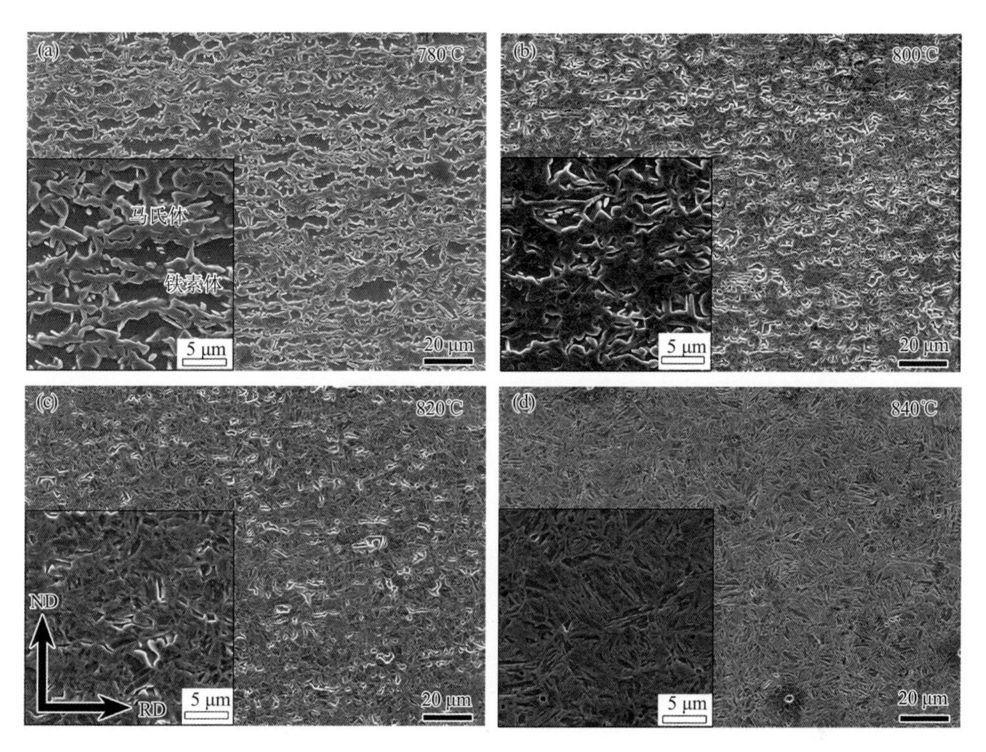

图 1.19　不同温度热处理后铁素体-马氏体双相钢扫描电子显微镜（SEM）照片

RD 表示轧制方向；ND 表示轧制面的法向

2）调控初始结构

除了热处理工艺，热处理前的初始组织对热处理后得到的微观结构具有重要影响。初始结构会影响热处理过程中的奥氏体形核和铁素体再结晶动力，从而影响异构双相钢软硬组元的形貌和分布。图 1.20 所示为对温轧（WR）低碳钢进行短时间临界热处理得到的纳米异构层状双相钢的微观结构[56]。图 1.20（a）和（b）所示为 40%温轧之后在 RD-ND 截面的 SEM 照片。温轧变形之后渗碳体发生明显球化，样品中出现了圆形的碳化物颗粒，这些纳米级的碳化物颗粒主要沿着铁素体晶界分布［即晶界碳化物（intergranular carbide）］，尺寸为 200～300 nm。在铁素体内部只有少量尺寸更小的晶界碳化物颗粒，尺寸在 80 nm 以下。图 1.20（c）所示为温轧低碳钢在热处理过程中的微观结构演变示意图。温轧变形导致的晶粒细化和渗碳体球化为热处理过程中的奥氏体形成提供了大量形核位置，提高了奥氏体形成的动力。除此以外，碳沿着晶界的扩散速度很快，也可以促进奥氏体形成。

因此，大量分布在晶界上的碳化物导致了热处理后马氏体沿铁素体晶界分布的特点，同时由于温轧有利于抑制热处理过程中的再结晶，最终形成了层状异构双相钢。不同温度短时热处理得到的层状异构双相钢的微观结构如图 1.20（d）～（f）所示。随着热处理温度升高，马氏体体积分数增大。由于临界热处理时间比较短，并且温轧有利于抑制后续热处理中的铁素体再结晶，因此热处理后层状结构可以基本保留下来。尤其在 780℃和 800℃时，双相钢中铁素体保持沿轧制方向拉长的形状，而且铁素体沿垂直于轧制方向的宽度与热处理前基本一致。马氏体主要沿着铁素体晶界分布形成网状结构，仅有少量的岛状马氏体分布在铁素体晶粒内部。840℃热处理得到的双相钢拥有最大的马氏体体积分数，此时细小的层状铁素体被周围的马氏体基体约束，同时基体中还零星分布着一些尺寸较大的铁素体。

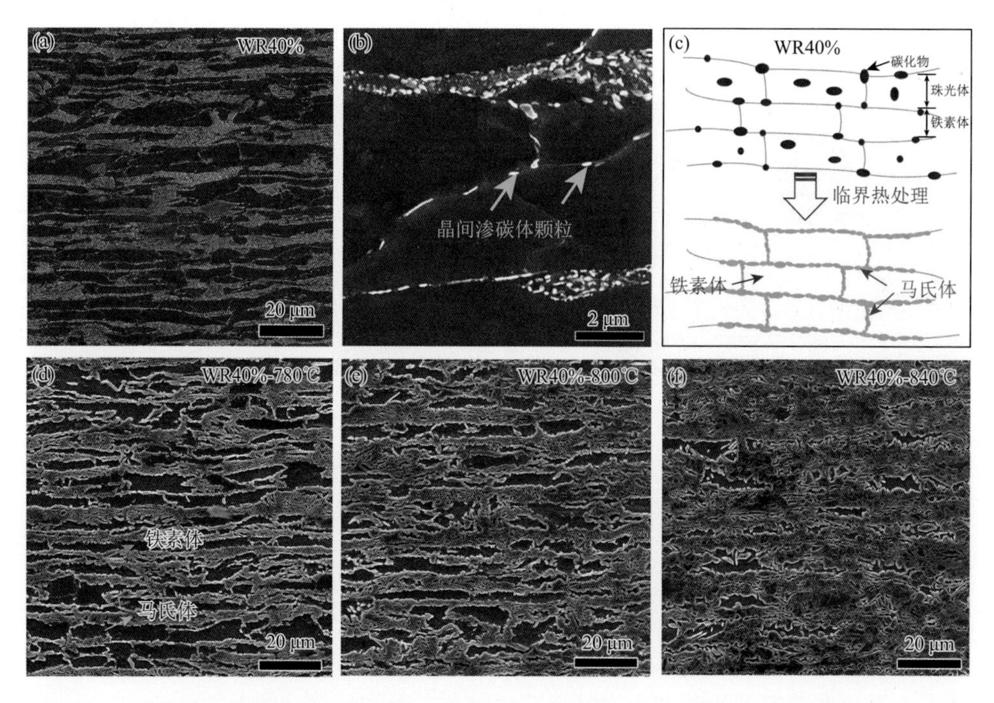

图 1.20　层状异构双相钢微观结构：（a）40%温轧样品截面 SEM 照片；（b）晶间碳化物局部放大图；（c）温轧样品临界热处理示意图；（d）～（f）温轧样品在 780℃、800℃和 840℃热处理得到的层状异构双相钢的微观形貌 SEM 照片

除了上述对铁素体-珠光体的结构进行温轧得到由铁素体和球状碳化物组成的初始结构外，还对纳米片层结构低碳钢进行异构热处理制备超细异构双相钢[57]。图 1.21 所示为对低碳马氏体进行循环退火冷轧之后得到的纳米片层结构。由图 1.21（a）和（b）可以看出，在大变形轧制后，组织显著细化，沿 RD 方向拉

伸，并在样品中出现了高密度微剪切带，这表明塑性变形时存在应变局部化。从图 1.21（c）的 TEM 照片中可以看出轧制 80%后得到了平行于剪切方向的纳米片层结构。由图 1.21(d)统计可知，片层尺寸在 20～100 nm 之间，平均尺寸约为 82.9 nm。

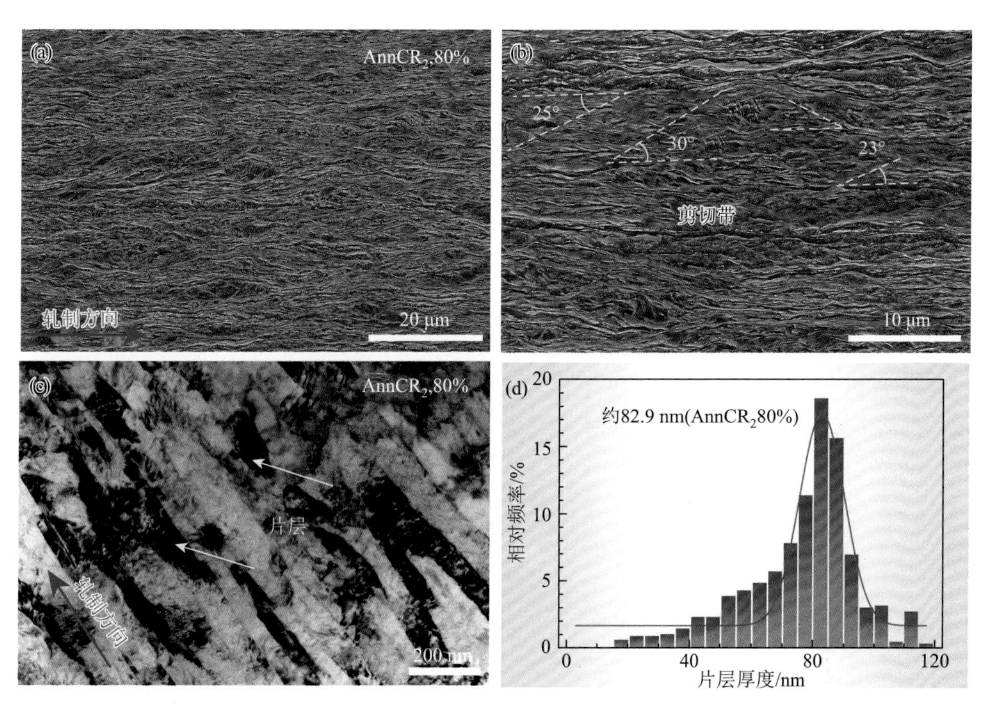

图 1.21　低碳马氏体循环退火冷轧后的微观结构：(a)、(b) 为循环退火轧制 80%的 SEM 照片；(c) 循环退火轧制 80%的片层结构的 TEM 照片；(d) 纳米片层尺寸分布图

AnnCR$_2$：循环退火冷轧

对上述纳米片层结构进行 780℃、800℃和 820℃临界退火 1 min 后分别得到 DP780、DP800、DP820 三种双相钢，其 SEM 照片如图 1.22（a）～（c）所示。三个样品基本都表现为均匀分布的等轴超细铁素体晶粒，细小的马氏体沿着铁素体的晶界分布。随着热处理温度升高，马氏体的体积分数从 39%逐渐增大至 44%和 50%，铁素体的平均晶粒尺寸略微减小，从 3.2 μm 减小至 2.8 μm 和 2.5 μm，如图 1.22（d）所示。这说明对纳米片层结构进行极短时间的临界热处理就可以得到超细异构双相组织。1 min 短时间临界热处理后形成的等轴状的铁素体晶粒和较大体积分数的马氏体，说明循环退火轧制形成的纳米片层结构在临界热处理过程中具有很强的相转变和再结晶动力。细化的纳米片层结构提供大量缺陷和界面为奥氏体形核提供了大量有利位置，短短 1 min 即形成大量马氏体。在临界退火过程中，铁素体的再结晶与长大和奥氏体形成同时进行，相互竞争。沿着铁素体晶

界优先形成的奥氏体可以有效阻碍铁素体晶界迁移，抑制铁素体晶粒过度长大，所以升高热处理温度后铁素体晶粒依然可以维持细小的状态。但是纳米片层极高的再结晶驱动力导致铁素体接近等轴状态，再结晶没有被完全抑制。

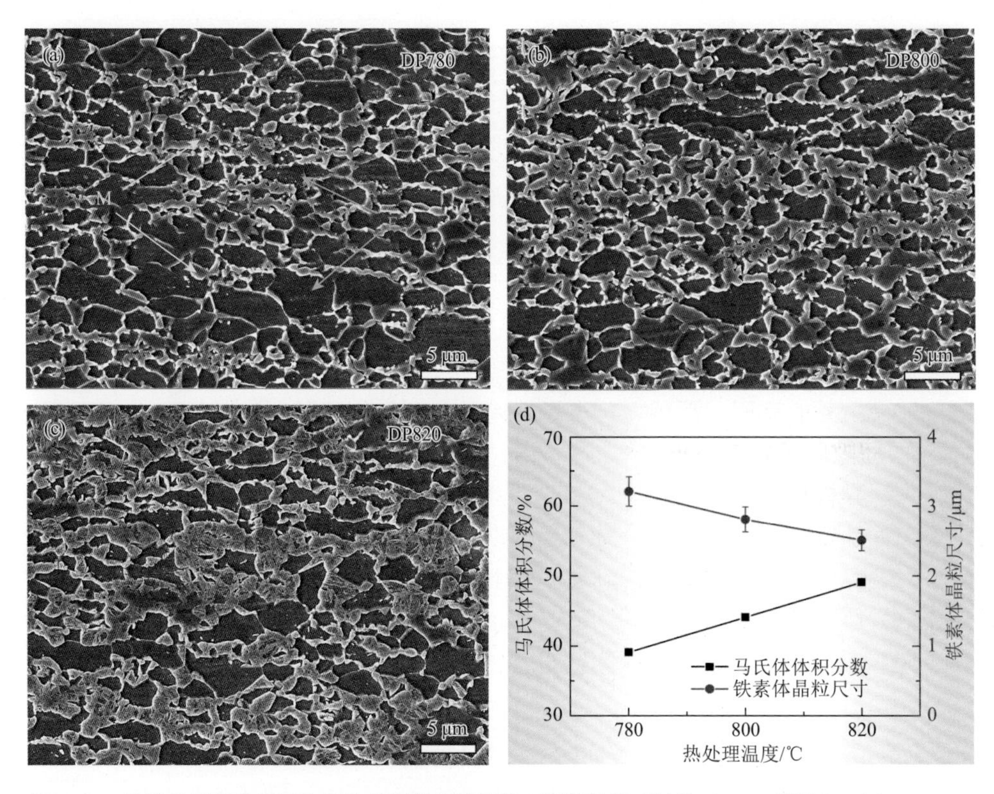

图 1.22 纳米片层结构经过临界热处理得到的异构双相钢的微观结构（SEM 照片）：（a）DP780；（b）DP800；（c）DP820。（d）异构双相钢中马氏体（M）体积分数和铁素体（F）晶粒尺寸随热处理温度的变化趋势

图 1.23（a）显示的是 DP780 样品的明场 TEM 照片，可以看出晶粒尺寸约为 3 μm 的等轴状铁素体晶粒通过铁素体晶界（FGB）连接，用橙色虚线表示。在铁素体晶界附近分布着少量尺寸在 200 nm 左右的马氏体岛，形成用蓝色虚线表示的 F/M 界面。在铁素体晶粒内部存在少量位错，这些位错主要是马氏体相变过程中周围的铁素体发生塑性变形造成的。如图 1.23（b）所示，随着热处理温度增加，在 DP800 样品中，沿着 FGB 形成更多细小的马氏体（约 1 μm）。同时，铁素体晶粒内的位错密度明显增加，主要集中在 F/M 界面附近。在 DP820 样品中，马氏体体积分数和尺寸继续增加，铁素体晶粒尺寸略微减小，如图 1.23（c）所示。此时，等轴的铁素体晶粒被周围马氏体完全包围，接近理想异构金属材料的结构模型，

有望获得良好的综合力学性能。DP820 样品也因为更高的 F/M 界面密度，铁素体晶粒内部位错密度更高。

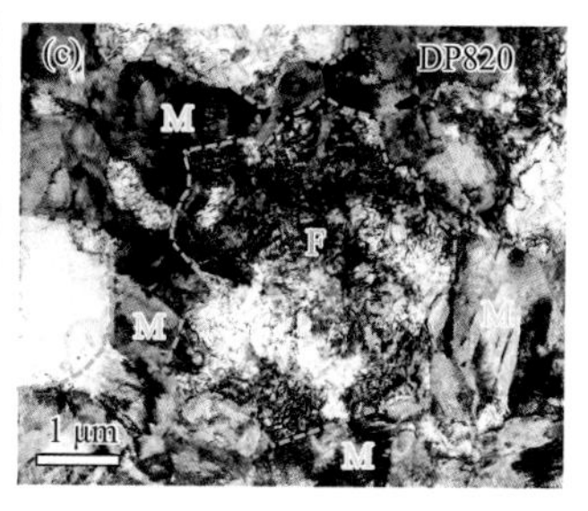

图 1.23　超细晶异构双相钢的 TEM 照片[57]：（a）DP780；（b）DP800；（c）DP820

综上，通过常规的工业轧制技术及热处理即可得到硬组元包围软组元的异构双相钢。通过调控热处理前的初始结构和热处理工艺参数可以进一步调节异构双相钢软硬组元的比例、形貌和分布等结构参数，获得不同的异构组态。

2. 间隙原子界面偏析调控

利用异构材料的理念设计低碳钢，可以有效利用异构材料软硬组元之间的力学不相容性及其产生的 HDI 强化效果，获得具有良好强塑性匹配的低碳钢。除此以外，还可以通过调节异构材料中软硬组元的力学不相容性来设计超高强度的纳米结构材料。塑性变形诱导的晶粒细化实际上是位错累积、动态回复、再结晶和晶界迁移等相互竞争的过程。为了促进晶粒细化，首先要提高变形过程中位错的产生效率；其次，需要抑制动态回复和再结晶的发生，提高纳米结构的稳定性。其中，位错累积程度受塑性变形方式和材料本身限制。过去的研究发现，可以利用材料微观结构的不均匀性来提高 GND 的产生效率。而利用溶质原子与界面和缺陷的交互作用是一种抑制动态回复和再结晶的有效方法。在适当温度下，溶质原子扩散运动能力提高，会在位错或者界面偏聚，从而使位错运动阻力增加，动态回复得到有效抑制从而提高位错累积效率和纳米结构的稳定性，促进微观结构细化。

为了调控间隙原子的热力学迁移，需要对低碳低合金钢进行“两步法”处理[58]。第一步，热处理细化，通过对原始铁素体 + 珠光体组织进行 950℃-1 h 热处理后淬火得到板条马氏体组织，然后对超细的板条马氏体进行 820℃-10 min 的临界热处理得到图 1.24（a）所示的超细纤维双相结构。第二步，轧制细化，对双相钢在室温和 300℃进行 90%变形量的轧制。冷轧（CR）和温轧（WR）样品的 SEM 照片如图 1.24（b）和（c）所示。室温轧制（冷轧）90%变形量后，铁素体和马氏体沿轧制方向排列，初始的纤维状马氏体板条在剪切应力作用下被破碎成若干个马氏体颗粒。马氏体颗粒相连处由于承受剧烈的剪切变形，尺寸较小，而马氏体颗粒中部的厚度超过 2 μm，说明在室温轧制时铁素体承担了主要的塑性变形，马氏体只承担很小的变形量而且变形不均匀，导致室温轧制的晶粒细化效果不佳。在 300℃温轧时，产生更多的剪切带[图 1.24（c）中箭头所示]，低变形温度时的大尺寸马氏体颗粒消失，铁素体和马氏体协同变形，均得到显著的细化并沿轧制方向拉长。从图 1.24（f）可以看出经过 90%室温轧制，晶粒尺寸得到明显细化，可以得到平均尺寸为（54.6±25）nm 的纳米片层结构。对比发现，300℃温轧可以得到平均尺寸更小的纳米片层结构，平均片层尺寸为（17.8±8.8）nm。

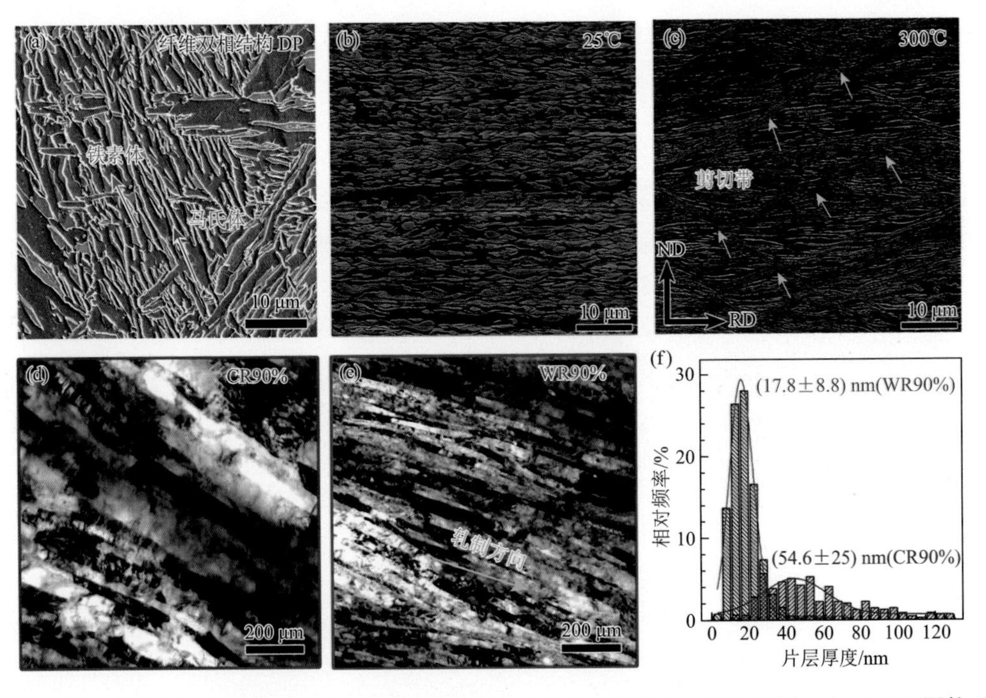

图 1.24 纳米片层结构低碳钢：（a）超细双相结构；（b）25℃冷轧 90% TEM 照片；（c）300℃温轧 90% TEM 照片；（d）冷轧 90%样品 TEM 照片；（e）温轧 90%样品 TEM 照片；（f）冷轧 90%和温轧 90%样品片层尺寸分布

90%温轧的样品能够产生比冷轧更显著的晶粒细化效果，首先得益于温轧时变形协调性（deformation compatibility）提高带来的双相协同变形。提高变形温度后马氏体的强度降低，可变形能力提高。图 1.25 所示为含碳量为 0.4 wt%（wt%表示质量分数）的马氏体（与双相组织中马氏体的平均碳含量相同）在不同压缩温度下的压缩应力-压缩应变曲线。可以看出，随着变形温度上升，马氏体的压缩强度降低。这说明了随着变形温度升高，马氏体的强度和变形抗力降低。此外，软化的马氏体与室温下的马氏体相比，在变形过程中可以承载更大的变形量而不发生开裂。

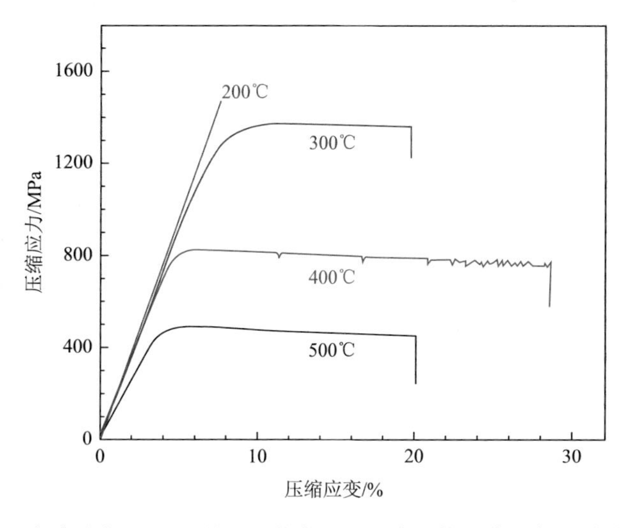

图 1.25　含碳量为 0.4 wt%的马氏体在不同温度下的压缩应力-压缩应变曲线

温轧可以极大程度地细化晶粒尺寸，除了与上述铁素体和马氏体之间变形协调性提高有关外，另一个重要的因素是纳米片层在 300℃具有很好的热稳定性。图 1.26 所示为不同变形量的温轧样品在不同温度退火 120 min 后的硬度变化。可以看出，30%变形量的样品在 300～450℃热处理后的硬度与热处理前相比基本不变。而 60%变形量的样品在 300～350℃加热 120 min 后硬度基本不变，但随着热处理温度继续升高，材料的硬度略有降低。在 450℃加热 120 min 后，HV 硬度与热处理前相比降低了约 100。90%温轧的样品初始 HV 硬度为 650 左右，当在 300℃

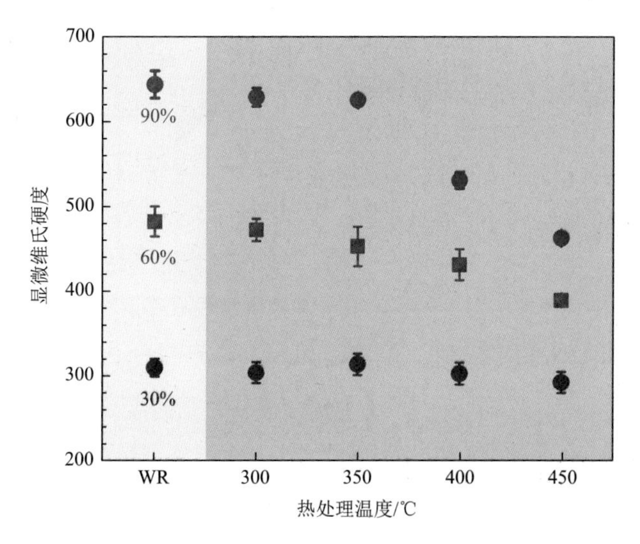

图 1.26　不同变形量温轧样品在不同温度退火 2 h 后硬度变化

和350℃加热120 min后，硬度也基本保持不变；而在400℃热处理后硬度快速下降，450℃时HV硬度已经下降至490。不同温轧变形量的样品在350℃之前都具有良好的热稳定性，400℃之后硬度开始下降，而且变形量更高的样品硬度下降的速度更快。这主要是由于更大变形量的样品具有更高的变形储存能，回复和再结晶的驱动力更高。

另外，还通过原位加热TEM观察了纳米片层结构在300℃热处理过程中的变化。图1.27所示为纳米片层在300℃加热120 min过程中的变化。加热过程中对同一区域分别在0 min、30 min、60 min、90 min和120 min时拍摄了对应的TEM明场照片，如图1.27（a）～（e）所示。同时统计了该区域内4个具有代表性的纳米片层的宽度（5～20 nm）随加热时间的变化，结果如图1.27（f）所示。统计结果显示纳米片层在300℃热处理过程中具有很强的热稳定性，加热至120 min后片层宽度依旧保持不变。

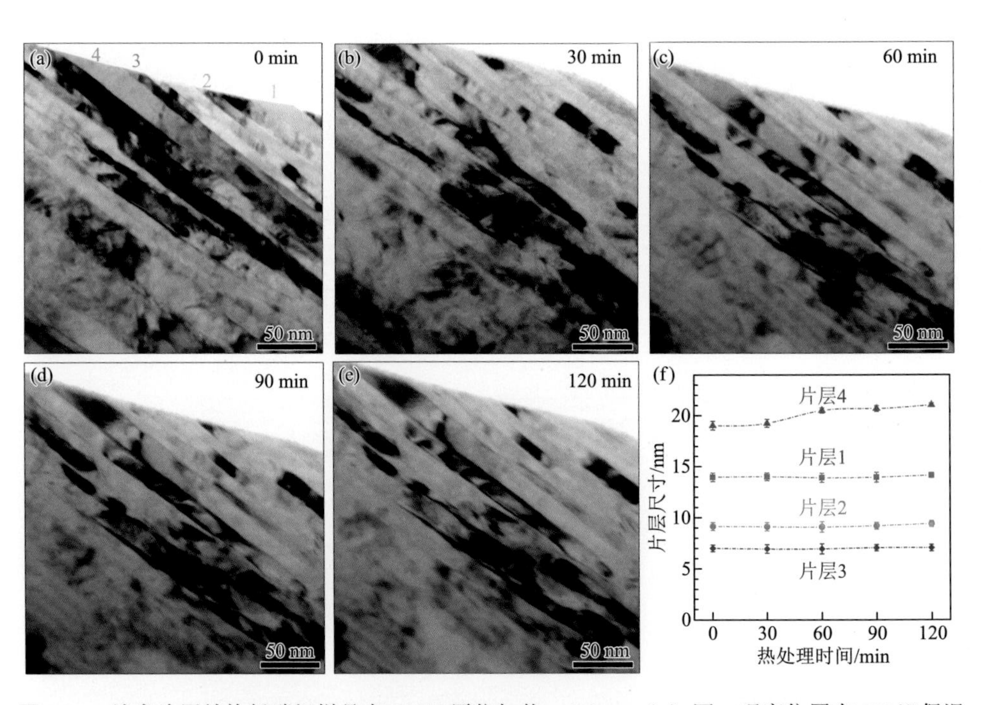

图1.27 纳米片层结构低碳钢样品在300℃原位加热：（a）～（e）同一观察位置在300℃保温0 min、30 min、60 min、90 min、120 min时片层结构TEM照片；（f）标记的几个典型纳米片层在加热过程中宽度的变化趋势

以上实验结果反映出，纳米片层结构低碳钢在300℃热处理时位错和片层结构都具有极好的热稳定性，这主要与温轧过程中间隙原子的运动有关。通过APT实验分析了温轧样品纳米片层中的元素分布。由图1.28（a）可以看出，温轧样品

中碳元素表现出明显呈条状的偏聚现象，而 Fe、Si 和 Mn 元素则在基体中呈均匀分布[图 1.28（b）]。此外，即使在偏聚附近的低碳含量区域，碳含量浓度也达到了 0.1 wt%，这远远超过了碳原子在铁素体中的固溶度。图 1.28（c）所示为各元素沿着图 1.28（a）中箭头所示方向的分布。可以看出相对于均匀分布的 Si、Mn 元素，碳元素的分布存在明显起伏。碳元素富集区域的碳含量在 1 wt%左右，而碳元素相对较低区域的碳浓度也都在 0.1 wt%以上。如图 1.28（d）所示，碳元素富集的条状区域的宽度在 3 nm 左右。结合 TEM 明场照片和 APT 分析中碳元素偏析的位置，可以确定碳元素偏析的位置是原先的马氏体的片层晶界和铁素体/马氏体界面。

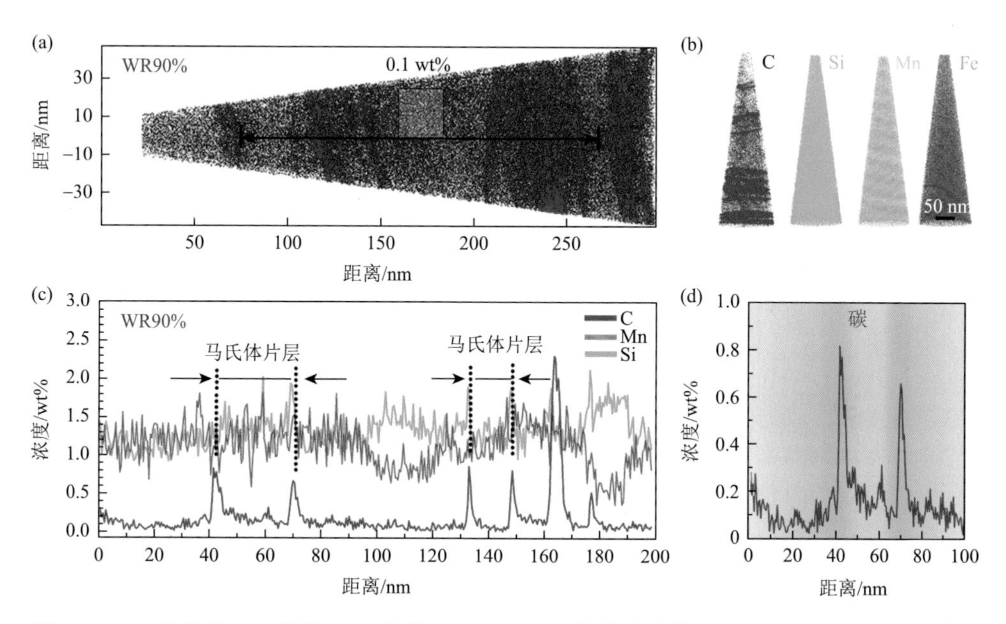

图 1.28　300℃温轧 90%样品 APT 分析：(a)、(b) 温轧样品中的 C、Si、Mn、Fe 元素分布；(c) 箭头方向上 C、Si、Mn 原子浓度分布；(d) 图 (c) 中 0～100 nm 范围内 C 原子浓度分布

图 1.29 所示为冷轧 90%样品纳米片层中的元素分布。图 1.29（a）中可以明显观察到一块碳元素富集区域，宽度在 50 nm 左右。类似地，Si 和 Mn 元素在基体中均匀分布[图 1.29（b）]。通过图 1.29（c）和（d）的元素线性分布图可以计算出碳浓度较高的区域内平均碳含量为 0.44 wt%；而附近低浓度区域的碳含量为 0.013 wt%，接近铁素体中的平衡碳浓度。显然，这两个具有明显碳含量差异的区域分别为马氏体和铁素体。

通过对比冷轧和温轧样品中碳元素的分布，可以确定温轧样品中碳原子倾向于在马氏体片层晶界和铁素体/马氏体界面处富集。此外，温轧还促进了碳原子向

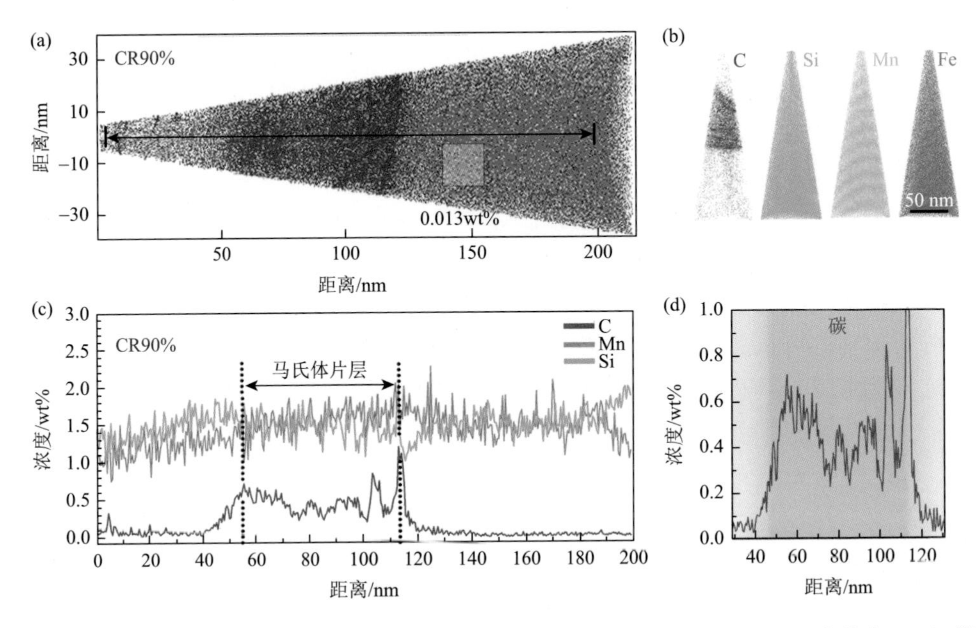

图 1.29 冷轧 90%样品 APT 分析：（a）、（b）冷轧样品中的 C、Si、Mn、Fe 元素分布；（c）箭头方向上 C、Si、Mn 原子浓度分布；（d）图（c）中 30～130 nm 范围内 C 原子浓度分布

旁边的铁素体区域扩散，形成具有过饱和碳的铁素体。因此，温轧过程中碳原子运动能力提高，发生了明显的扩散与重新分布。在此期间，碳原子倾向于在片层界面附近偏聚。碳原子的界面偏聚行为有利于释放局部应力。此外，元素在界面处偏聚可以降低界面迁移动力，从而提高纳米结构的稳定性。另外，在温轧过程中碳原子会钉扎位错，阻碍位错运动，有效抑制回复和再结晶发生，使纳米片层中可以保留高密度的位错。这主要与一定温度下间隙原子和位错的交互作用有关。在钢铁材料中碳原子作为最主要的间隙原子之一，其与位错的交互作用往往对材料的力学性能产生重要的影响。300℃温轧过程中，碳原子扩散至位错处形成科氏气团钉扎位错，在加热过程中位错结构稳定不易回复。最终在温轧过程中位错可以持续增殖，有利于微观结构细化。

1.3.3 纳米异构超高强度钢力学性能

1. 高强韧纳米异构双相钢

通过对低碳钢进行双相异构设计，可以大幅提高综合力学性能。图 1.30（a）和（b）所示分别为 40%和 60%温轧样品及其热处理得到的层状异构双相钢样品的拉伸性能曲线[56]。与温轧样品相比，热处理后的样品具有更优异的综合力学性能。随着热处理温度的升高，40%温轧样品的屈服强度从 677 MPa 增加至

776 MPa 和 1109 MPa，抗拉强度从 1183 MPa 增加至 1342 MPa 和 1559 MPa；而 60%温轧样品的屈服强度从 831 MPa 上升至 1017 MPa 和 1349 MPa，抗拉强度从 1361 MPa 增加至 1485 MPa 和 1648 MPa。层状异构双相钢的屈服强度和抗拉强度均随马氏体体积分数增大而增大，更大的马氏体体积分数也导致了均匀延伸率的减小，如图 1.30（c）所示。但是，40%温轧及热处理得到的层状异构双相钢的均匀延伸率下降速度远小于 60%温轧样品。其中 40%温轧样品在强度提高的同时还可以保持较高的均匀延伸率（＞7%），而 60%温轧样品的均匀延伸率从 8.4%迅速下降至 4.6%。40%温轧及热处理得到的层状异构双相钢的高延伸率主要得益于其高的加工硬化能力。如图 1.30（d）所示，40%-780DP 和 60%-780DP 样品在拉伸过程中拥有接近加工硬化速率，随着马氏体体积分数增加，双相钢的加工硬化能力有所下降。60%样品表现得尤为明显，通过 60%-780DP 和 60%-840 样品对比可以看出，两者加工硬化速率在变形初始阶段都呈现迅速下降的趋势，但是 60%-780DP 在变形量增加至 4%左右后加工硬化速率下降速度明显变慢，从而推迟颈缩的发生。

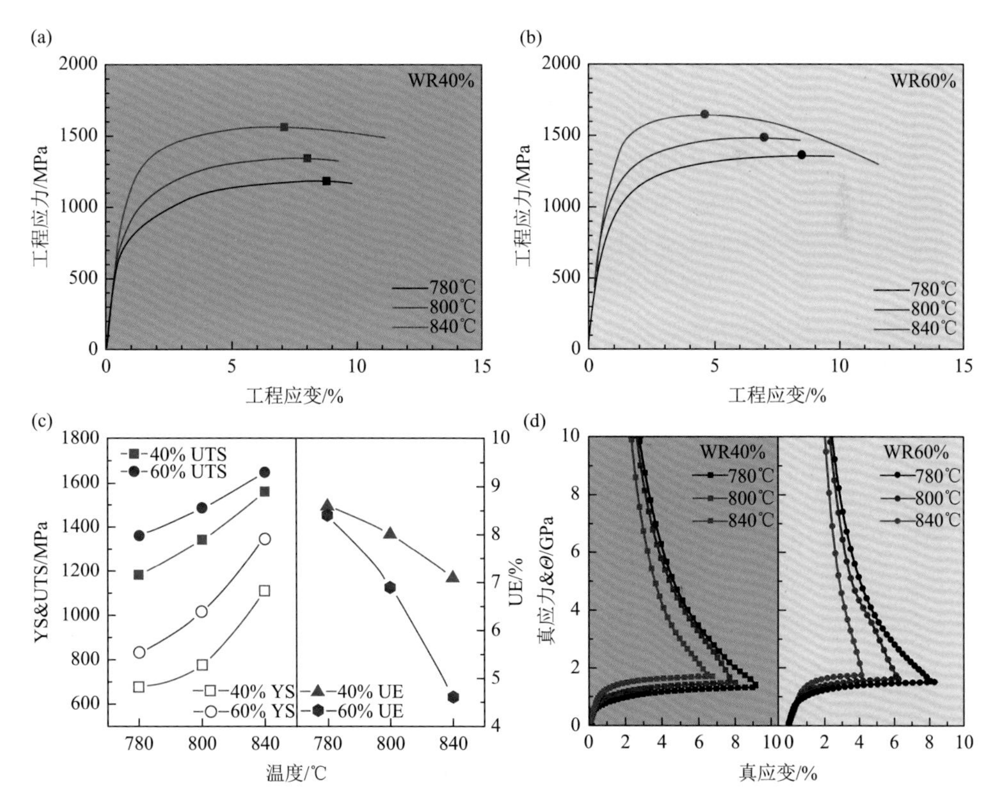

图 1.30　温轧变形量和热处理温度对力学性能的影响：（a）、（b）拉伸曲线；（c）强度、延伸率与热处理温度之间的关系；（d）真应力-真应变和加工硬化速率曲线

YS：屈服强度；UTS：抗拉强度；UE：均匀延伸率；Θ：加工硬化速率

通过图 1.31 可以看出，层状异构双相钢的力学性能也与马氏体体积分数有密切的关系。其中层状异构双相钢的屈服强度与马氏体体积分数成正比；抗拉强度先随马氏体含量的增加呈线性增加，后在 V_m 大于 80%后趋于达到平台。

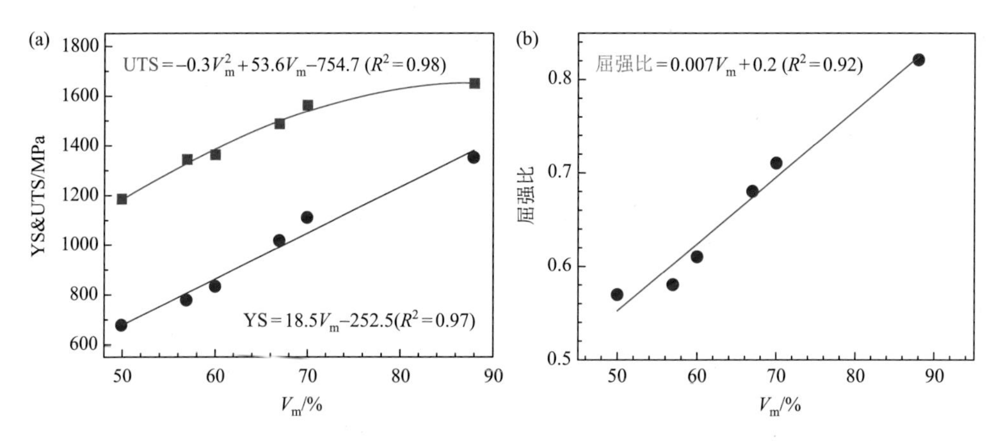

图 1.31 （a）层状异构双相钢屈服强度和抗拉强度；（b）屈强比与马氏体体积分数（V_m）的关系

此外，片层异构双相钢的屈强比与马氏体体积分数呈线性增加关系。传统的双相钢一般只包含 20%～30%以下的马氏体，其余为软的铁素体基体。在拉伸变形中铁素体晶粒受周围马氏体限制较小，在较小的应力条件下就可以发生屈服进行塑性变形，此时双相钢的屈服强度受铁素体基体控制，因此具有较低的屈服强度（<0.6）。本研究中的层状异构双相钢具有较高的马氏体体积分数，随着马氏体体积分数的增加，马氏体对铁素体的约束能力增加，导致铁素体需要达到更高的应力水平才能发生屈服。

异构双相钢在变形过程中，由于两相的力学不相容性，其变形过程通常分为三个阶段：第一个阶段铁素体和马氏体都处于弹性变形阶段；第二个阶段主要是软的铁素体基体发生塑性变形，此时的塑性应变主要集中在铁素体上；第三个阶段是铁素体和马氏体同时进行塑性变形。为了分析双相钢的加工硬化行为，通常将真应力-应变曲线中从塑性变形开始到颈缩这段区间内的点用修正的 *C-J* 关系分析（modified *C-J* analysis）。修正的 *C-J* 关系分析方法相比于其他加工硬化分析方法，如 Hollomon 分析方法，对双相结构更敏感，更有利于分析双相钢不同变形阶段的加工硬化行为。修正的 *C-J* 关系可以用式（1.2）表示：

$$\ln\frac{\mathrm{d}\sigma}{\mathrm{d}\varepsilon}=(1-m)\ln\sigma-\ln(k_s m) \tag{1.2}$$

式中，k_s 和 m 分别为与材料相关的常数和材料的加工硬化指数。

图 1.19 中的异构双相钢样品对应的 $\ln(\mathrm{d}\sigma/\mathrm{d}\varepsilon)$ 和 $\ln\sigma$ 的关系如图 1.32 所示。所有异构双相钢样品的 *C-J* 模型中均由几段拥有不同斜率的区域组成，图中的箭头指出了区域之间转变点的位置。每一个区域对应的斜率如图中数字所示，计算得到异构双相钢每个变形阶段的加工硬化指数 m 列在表 1.3 中。

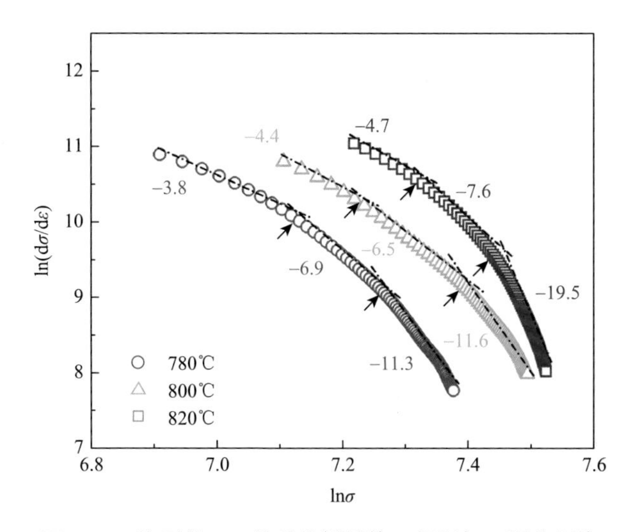

图 1.32　修正的 *C-J* 关系分析异构双相钢加工硬化行为

表 1.3　异构双相钢 *C-J* 模型中各个阶段的 m 值

温度/℃	m_1	m_2	m_3
780	4.8	7.9	12.3
800	5.4	7.5	12.6
820	5.7	8.6	20.5

由式（1.2）可以看出曲线的斜率与材料的加工硬化指数 m 有关，这也充分表明双相钢在变形过程中每一个变形阶段拥有不同的特征。这些都与双相钢的结构特征，如铁素体/马氏体晶粒尺寸、马氏体体积分数等微观结构参数有关[59]。在应变较低的阶段，变形主要集中在铁素体中，此时马氏体仍然处于弹性阶段；随着铁素体中应力应变水平增加，应力向马氏体传递，当应力达到临界值时，马氏体开始屈服。此时铁素体和马氏体同时发生塑性变形，加工硬化水平出现转变。异构双相钢的加工硬化还出现了明显的第二阶段至第三阶段的过渡，这可能与马氏体体积分数和马氏体组织不均匀有关。由于马氏体之间也存在强度差异以及异构双相钢中高马氏体体积分数使马氏体不可能在同一时间均发生塑性变形。当一部分马氏体开始屈服后，剩余的马氏体会逐渐从弹性阶段过渡至塑性变形阶段。从

第一阶段的 m 值可以发现不同异构双相钢在初始铁素体变形阶段的加工硬化水平也略有不同。随着马氏体体积分数增加，铁素体的硬化水平有所增加，这与铁素体中位错结构的变化有关。此外，在列出的三种异构双相钢中随着马氏体体积分数的增加，加工硬化水平从第一阶段到第二阶段的转变应变有减小的趋势（从1.3%下降至 1.1%），这说明随着马氏体体积分数的增加，马氏体可以更早地发生塑性变形。一方面，在异构双相钢中铁素体被周围马氏体完全约束，随着这种约束能力的提高，铁素体中的应力水平也会随之增加。铁素体中应力水平增加会促进周围马氏体开始塑性变形；另一方面，随着马氏体体积分数增加，马氏体中平均碳含量降低，更容易发生塑性变形。

2. 界面偏析纳米片层结构超高强度钢

图 1.33 所示为超细纤维双相结构在不同温度温轧 90%变形量后样品对应的工程应力-工程应变曲线及屈服强度和抗拉强度随温轧温度的变化趋势。可以发现，温轧温度对强度的影响十分明显。与微观结构反映的现象类似，材料的强度也在 300℃时出现拐点。轧制温度在室温至 200℃范围内，对材料的强度影响不大，90%变形量样品的强度在 1.7 GPa 左右。当轧制温度从 250℃开始，温轧可以明显提高材料的强度至 1.8 GPa。当轧制温度上升至 300℃时，材料的强度达到峰值2.15 GPa。随着轧制温度继续升高后，材料的强度又逐渐下降，350℃时为 1.9 GPa，400℃时强度下降至 1.65 GPa，而 500℃温轧后强度降低至 1.3 GPa。这反映出异构低碳钢随温轧温度先硬化后软化的特点。综合不同温度轧制后的微观结构和力学性能，300℃温轧 90%样品的晶粒细化效果和强化效果是最佳的，可以获得最小的晶粒尺寸和最高的强度。

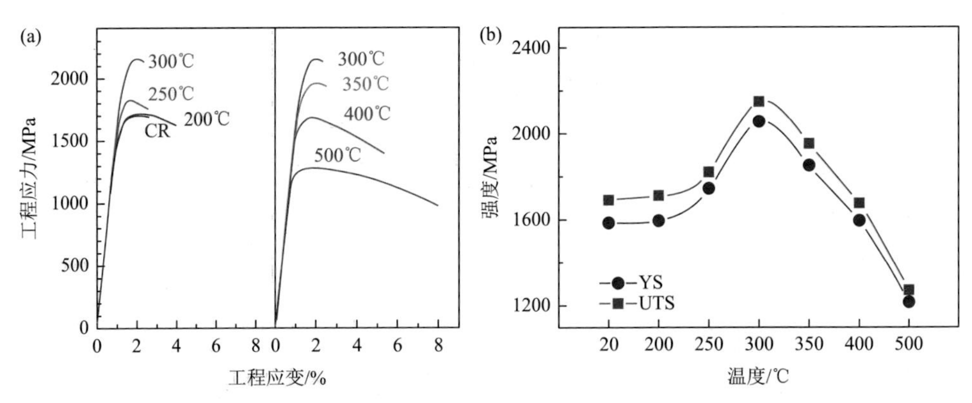

图 1.33 不同温度温轧样品的力学性能：(a) 工程应力-工程应变曲线；(b) 屈服强度和抗拉强度随温轧温度的变化

图 1.34（a）对冷轧和 300℃温轧不同变形量样品的力学性能进行了对比。冷轧 30%、60%和 90%的样品的屈服强度分别为 1.01 GPa、1.25 GPa 和 1.58 GPa。

相比之下，温轧 30%、60%和 90%样品的屈服强度可以高达 1.49 GPa、1.73 GPa 和 2.05 GPa。从图 1.34（b）也可以明显看出每个变形量对应的温轧样品的屈服强度和抗拉强度均高于冷轧样品，进一步说明温轧比冷轧具有更好的细化晶粒和强化材料的效果。

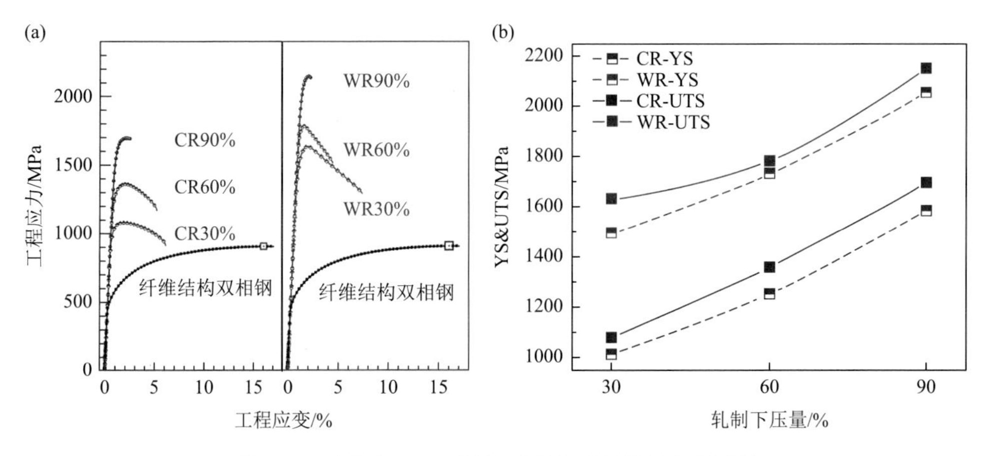

图 1.34　冷轧和 300℃温轧不同变形量样品力学性能

300℃温轧 90%样品的屈服强度和抗拉强度可以高达 2.05 GPa 和 2.15 GPa，创造了块体低碳低合金钢强度的新纪录[54]。如图 1.35（a）所示，与大塑性变形的低碳钢或者 IF 钢相比，温轧不需要很大的累积应变量就可以获得极高的强化效果。与马氏体变形相比，双相异构温轧在防止变形开裂方面具有很大的优势。尽管强度超过 2 GPa 的钢铁材料在过去的研究中也多有报道，但是这些材料一般具

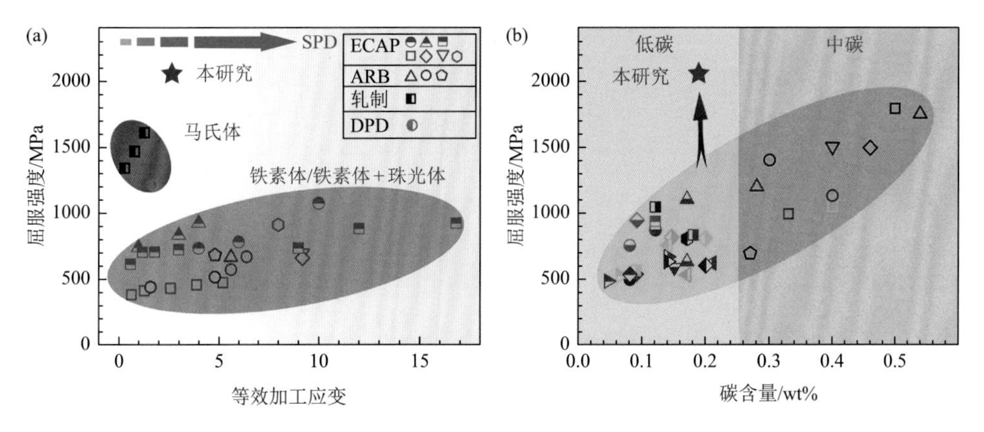

图 1.35　（a）不同加工方式低碳钢等效应变量和屈服强度的关系；（b）极限晶粒细化与增加碳含量对强度贡献的对比

ECAP：等通道转角挤压；ARB：叠轧；DPD：动态塑性变形；SPD：大塑性变形

有比较高的合金含量，主要通过合金元素的配分和控制析出相来获得优异的力学性能。通过添加大量合金元素的方式不仅会增加生产成本，同时还会影响材料的焊接性能。图 1.35（b）所示为钢铁材料中碳含量与屈服强度的关系。明显地，碳含量提高可以有效提高钢铁材料的强度，但是势必影响材料的成型性能。而通过对低碳低合金钢进行简单温轧得到的纳米片层结构低碳钢的强度可以超过很多中碳钢的强度，其强化效果显著高于增加碳含量的方式。

此外，由于采用的是最普通的低碳低合金钢，与添加了大量昂贵合金元素的马氏体时效钢相比，纳米片层结构低碳钢在强度相当的同时在原材料成本上具有很大优势。此外，与同样低成本的 IF 钢和低碳低合金钢相比，温轧制备的纳米片层结构低碳双相钢在强度方面具有显著的优势，如图 1.36 所示。综上，这种利用异构材料变形规律的塑性变形方法与传统的大塑性变形技术相比，在更小的应变量下可以实现更好的晶粒细化效果，同时异构材料理念降低了超高强度钢的原材料成本。这种简单的两步法是一种行之有效、经济节约并且适合大规模工业化应用的超高强度钢铁材料制备方法。

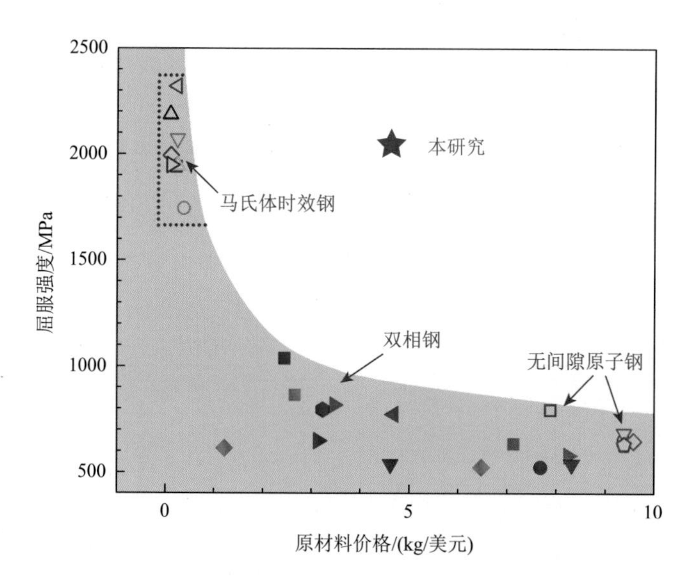

图 1.36　材料的原始材料成本及屈服强度的关系

1.3.4　纳米异构超高强度钢强韧化机制

1. 包辛格效应和异变诱导强化

异构双相钢优异的加工硬化能力通常来自于其双相复合的结构。异构双相钢中微观结构和力学性能的不均匀性会导致在拉伸变形过程中，铁素体和马氏体之间变形不均匀，在铁素体-马氏体界面处产生应变梯度以及来协调应变梯度的GND；或者导致具有不同力学性能的区域之间产生应力配分。这些过程都伴随着不同尺度内应力的变化，将会对异构材料的加工硬化产生重要的影响。前面将这种异构材料中由于结构组元不均匀性造成的变形过程中的内应力称为 HDI 应力。可以利用图 1.37（a）所示的循环加卸载实验来衡量层状异构双相钢的包辛格效应和 HDI 应力水平。当加载时，由于双相之间的应力传递，会出现峰值屈服应力；一旦马氏体出现屈服，双相界面处的弹性应力释放使屈服应力快速下降。DP820 更明显的屈服下降现象暗示了其在变形过程中软硬相之间更强烈的应力传递。HDI 应力的大小可以通过式（1.3）和式（1.4）计算得出[56]。

$$\sigma_{\mathrm{HDI}} = \sigma_{\mathrm{flow}} - \sigma_{\mathrm{eff}} \tag{1.3}$$

$$\sigma_{\mathrm{eff}} = \frac{\sigma_{\mathrm{flow}} - \sigma_{\mathrm{u}}}{2} + \frac{\sigma^{*}}{2} \tag{1.4}$$

式中，σ_{flow} 为流变应力；σ_{eff} 为有效应力；σ_{u} 为卸载曲线的下屈服点；σ^{*} 为黏性应力。从图 1.37（b）中发现，三个样品的 HDI 应力均随应变量的增加而持续上升，并且在 2%变形量之前快速上升，随后速度变缓。DP780 样品的 HDI 应力值从 336.5 MPa 增加至 568.5 MPa，DP800 样品的 HDI 应力值从 427 MPa 增加至 639.5 MPa，DP820 样品的 HDI 应力值从 542.5 MPa 增加至 714 MPa。此外还可以看出，超细异构双相钢的 HDI 应力水平随马氏体含量增加而增加，与之前的研究结果一致。更高水平的 HDI 应力为 DP820 更高的屈服强度做出了重要贡献。图 1.37（c）所示为根据 HDI 应力-真应变曲线得到的超细异构双相钢样品的 HDI 硬化曲线（$\Theta_{\mathrm{HDI}} = \mathrm{d}\sigma_{\mathrm{HDI}}/\mathrm{d}\varepsilon$）。三个样品对应的 HDI 硬化速率下降速度接近，在 2%变形量之前，HDI 硬化速率下降速度较快，随后缓慢减小。图 1.37（d）所示为超细异构双相钢总加工硬化速率与 HDI 硬化率的差值（$\Delta\Theta = \Theta_{\mathrm{total}} - \Theta_{\mathrm{HDI}}$）随应变的变化趋势，反映了超细异构双相钢变形过程中 HDI 硬化在整体加工硬化中的作用。三个异构双相钢样品的 $\Delta\Theta$ 均随变形量增加而下降，说明随着应变量增加，不均匀塑性变形导致 F/M 界面附近的 GND 不断累积，其产生的 HDI 硬化水平提高且占 Θ_{total} 的比例越来越大。其中，DP820 样品在 3%变形量之后，$\Delta\Theta$ 基本约等于零，说明此时加工硬化基本受 HDI 硬化控制。所以，HDI 硬化在 DP820 加工硬化过程中起更关键的作用。DP820 之所以更能充分发挥 HDI 硬化效果主要与其更理想的异质结构有关。首先，DP820 拥有更高的马氏体体积分数和相界面密度，铁素体可以被周围的马氏体完全约束；其次，被包围的软相铁素体具有足够的尺寸来允许 GND 塞积。这两点有利于在变形过程中产生更显著的 HDI 应力并发挥 HDI 硬化作用。所以，DP820 在超细结构和显著 HDI 强化共同作用下在拥有和淬火马氏体相同强度的同时还具有更好的均匀延伸率。

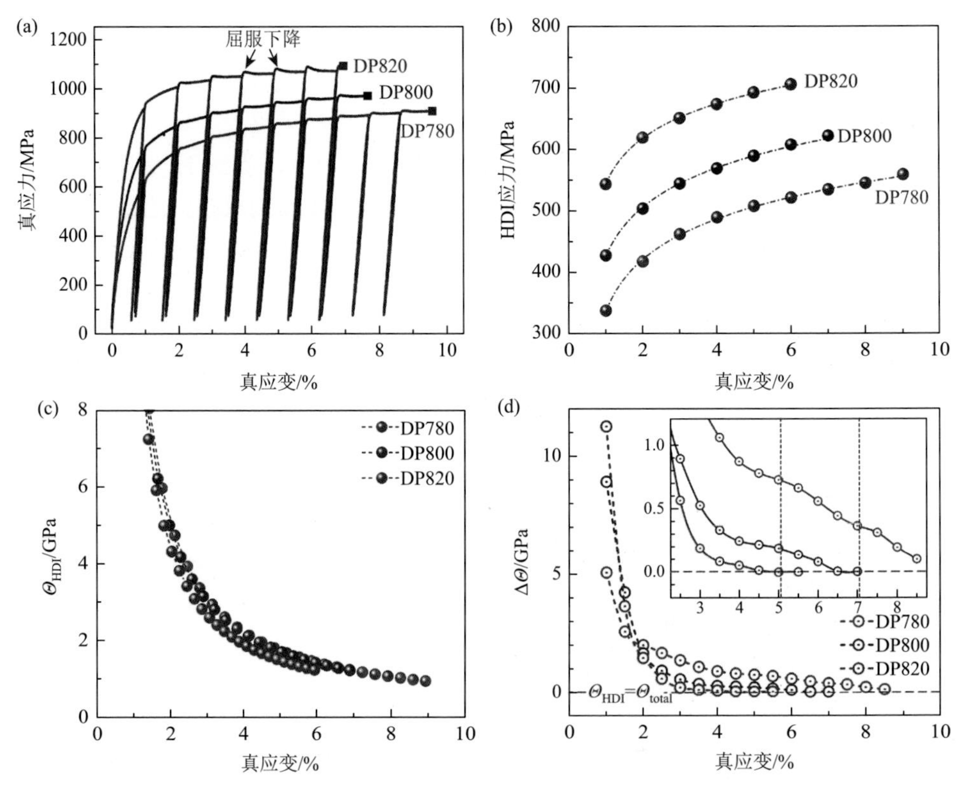

图 1.37　异构双相钢的循环加卸载实验：（a）DP780、DP800 和 DP820 加卸载曲线；（b）三种异构双相钢的 HDI 应力随真应变的变化；（c）Θ_{HDI} 随真应变的变化；（d）$\Delta\Theta$ 随真应变的变化

HDI 应力的产生在微观力学角度的解释是：为协调软硬组元之间的应变梯度，软组元内的某个 Frank-Read 位错源向界面附近发射多个具有相同伯格斯矢量（Burgers vector）的 GND，GND 塞积会在界面附近产生应力集中[50]。这种位错塞积会使滑移面弯曲并产生一个与所施加剪切应力相反的长程内应力，即背应力（back stress），阻碍位错源进一步发射位错，如果想要进一步发生塑性变形需要克服背应力。所以背应力的产生使软组元表现出更高的强度。如图 1.38（a）所示，在位错塞积的头部会产生大小为 $n\tau_a$ 的应力集中，其中 n 为发生塞积的 GND 的数量，τ_a 为施加在位错源上的剪切应力。这一应力集中通过界面施加在硬组元上。因为这个应力和施加的剪切应力的方向相同，所以称为前应力（forward stress）。换句话说，软组元中产生的背应力导致了硬组元中形成的前应力。

在前应力作用下，硬组元会有如下三种表现方式。

（1）硬组元强度小于软组元的强度，此时塞积中的第一个位错会进入界面并由界面向硬组元发射位错。这种情况下，背应力和前应力对材料力学性能的贡献是有限的，正如均质材料中 GND 在界面处塞积时一样。

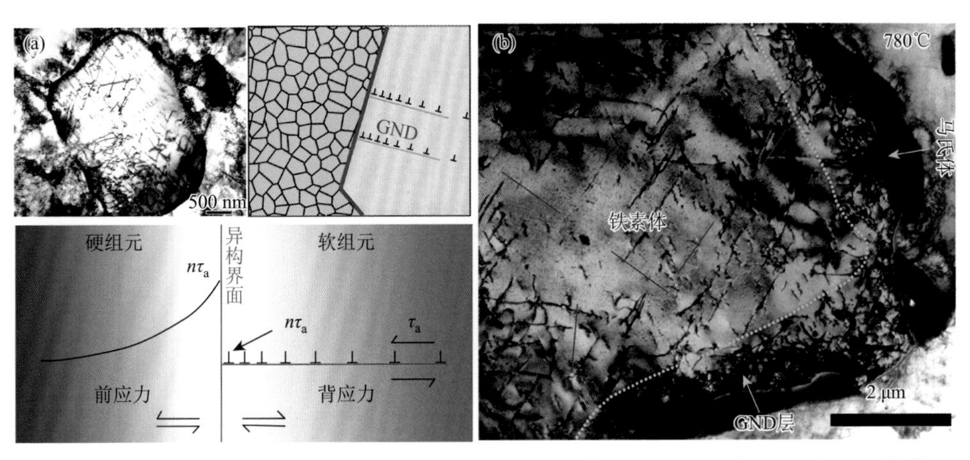

图 1.38　(a) 背应力和前应力的形成示意图；(b) 异构双相钢界面附近的几何必需位错

（2）硬组元比软组元强得多，此时界面可以有效阻碍位错运动。在软组元中产生足够大的背应力之前，硬组元可以依旧保持弹性变形状态。这种情况会使整体的屈服应力提高并提供额外的加工硬化。

（3）硬组元无法发生塑性变形，如第二相增强的金属基复合材料。在这种情况下，如果应力集中足够大，界面将会失效，样品出现断裂。

在异构双相钢中，铁素体和马氏体强度差异大，因此，铁素体-马氏体界面可以有效阻碍位错运动，在界面附近产生 GND 塞积，如图 1.38（b）所示。在变形过程中，非均匀塑性变形产生的 GND 塞积可以在软组元中产生背应力使其更强，在硬组元中产生前应力使其变弱，两者成对出现共同影响异构双相钢的力学性能。

2. 纳米片层结构的 Hall-Petch 强化

纳米异构双相钢可以有效利用异构材料软硬组元之间的力学不相容性及其产生的 HDI 强化效果，获得具有良好强塑性匹配的低碳钢。对于界面偏析诱导的纳米片层结构低碳钢，由于软硬相之间的力学不相容性降低，片层尺寸较小而且位错密度较高，导致变形过程中 HDI 强化作用有限。因此，纳米片层结构低碳钢的强化受其他因素影响。

对于金属材料而言，通过晶粒细化引入大量晶界可以提高金属材料的强度。过去的研究发现，材料的强度先随着晶粒尺寸减小而增加。但是，存在一个临界晶粒尺寸（处于 10～20 nm 范围），当超过这个临界尺寸之后，材料的强度随着晶粒尺寸的减小而降低。这是由于金属材料的变形机制从位错滑移主导向晶界运动主导转变。对于双金属片层结构的材料而言，通常将片层厚度与强度之间的关系归结为以下三个主要机制：①片层厚度在亚微米到微米尺度时，主要为位错累积机制；②片层厚度在几纳米到几十纳米时，位错累积伴随着有限的片层滑移；③当片层厚度减小至 1～2 nm 时，界面运动起主导作用。当由前两个机制占主导时，随着片层尺寸的减小，多层结构材料的强度提高。当片层厚度进一步减小至第三种机制占主导作用时，随片层厚度减小，材料的强度降低。分子动力学计算发现，与等轴纳米晶结构相比，层状结构具有更有效的阻碍塑性变形的作用。同时，也观察到在层状结构中，发生塑性变形机制转变的临界片层尺寸为 12.5 nm，要小于等轴纳米晶的临界尺寸 20 nm。

温轧制备的纳米片层结构低碳钢的平均尺寸为 17.8 nm。该片层尺寸大于文献中的临界尺寸，所以通常可以认为材料的强度和片层厚度依然满足 Hall-Petch 关系。图 1.39 所示为文献中一些 IF 钢和低碳钢的晶粒尺寸和屈服强度的关系。可以看出，IF 钢的晶粒尺寸直到减小至 20 nm 左右，其与屈服强度之间都可以满足 Hall-Petch 关系。而低碳钢屈服强度与晶粒尺寸之间也大致满足 Hall-Petch 关系，只是在相近的晶粒尺寸时低碳钢的强度略高于 IF 钢。所以，在温轧得到的纳米片层结构钢中，晶粒尺寸对强度的贡献也满足 Hall-Petch 关系。此外，纳米片层中的高密度位错也是纳米片层结构低碳钢具有超高强度的原因之一。

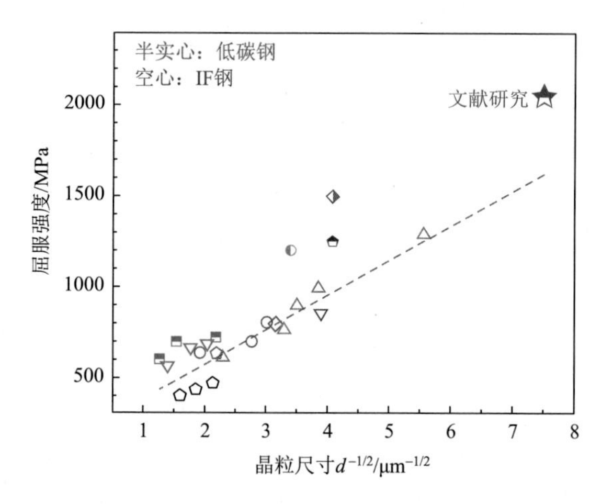

图 1.39 IF 钢和低碳钢晶粒尺寸和屈服强度之间的关系[58]

因此，纳米片层结构钢的屈服强度可以根据混合法则用式（1.5）～式（1.9）表示：

$$\sigma_y = \sigma_0 + \sigma_g + \sigma_d \tag{1.5}$$

$$\sigma_g = k_{HP} d^{-1/2} \tag{1.6}$$

$$k_{HP} = G_T (2b)^{1/2} \tag{1.7}$$

$$G_T = G/2\pi(1-\nu) \tag{1.8}$$

$$\sigma_d = M \alpha G \boldsymbol{b} \sqrt{\rho} \tag{1.9}$$

式中，σ_0 为体心立方结构钢的基础强度，约 50 MPa；σ_g 为晶粒细化所贡献的强度；k_{HP} 为 Hall-Petch 斜率，计算得到 k_{HP} 约为 126 MPa·μm$^{1/2}$；G 为剪切模量，低碳钢取 $G = 80$ GPa；ν 为泊松比，取 0.3；d 为平均晶粒尺寸；σ_d 为位错对强化做出的贡献；M 为 Taylor 因子，取 3.06；α 为一个常数，当位错密度较大时取 0.2；$\boldsymbol{b}$ 为伯格斯矢量，取 0.248 nm；ρ 为位错密度。将平均片层尺寸 17.8 nm 和温轧 90%样品的位错密度 $3.79\times10^{15}\text{m}^{-2}$ 代入以上公式，计算得到 σ_g 为 945 MPa，σ_d 为 748 MPa，最终根据式（1.5）计算得到的屈服强度为 1.75 GPa，略低于实际样品的屈服强度，这可能与计算过程中相关参数的取值与实际值之间的误差、位错密度统计误差、合金元素的固溶强化效果未统计在内等因素有关。但是，从计算结果可以看出晶粒细化的 Hall-Petch 强化和位错强化为纳米片层结构双相钢的超高强度做出了主要贡献。

3. 间隙原子偏析的强化效应

在钢铁材料中碳原子作为最主要的间隙原子之一，其与位错的交互作用往往对材料的微观结构和力学性能产生重要影响。例如，低碳钢中常见的拉伸过程中的不连续屈服现象，就是碳原子与位错之间的交互引起的。变形过程中碳原子钉扎位错，产生上屈服，当位错挣脱溶质原子后，应力释放，应力降低，如此反复的过程，形成了低碳钢的不连续屈服现象。类似地，钢铁材料中常见的动态应变时效（dynamic strain aging，DSA）也通常与碳原子和位错之间的相互作用有关。DSA 是指在 150～300℃范围内，碳原子或氮原子等间隙原子扩散至位错核附近形成科氏气团，科氏气团会对附近的位错产生强烈的钉扎作用，从而阻碍塑性变形过程中位错的运动。塑性变形如果继续进行，就必须产生更多的位错，进而导致位错不断累积。因此，DSA 常被用来促进钢铁材料的加工硬化和稳定位错结构，其产生的强化效果与变形过程中的应变速率和温度有关。

在超细纤维双相钢 300℃温轧过程中，间隙原子与微观结构之间类似于 DSA 的交互作用对最终的组织细化和性能提高起到重要作用。首先，由于异构材料的本质特征，双相结构在塑性变形时会产生大量的几何必需位错和统计存储位错。然后，如图 1.40 所示，在低温轧制时，碳原子主要集中在马氏体中，随着变形温度提高至 300℃，碳原子运动能力提高，在界面处偏聚稳定界面，扩散至位错处

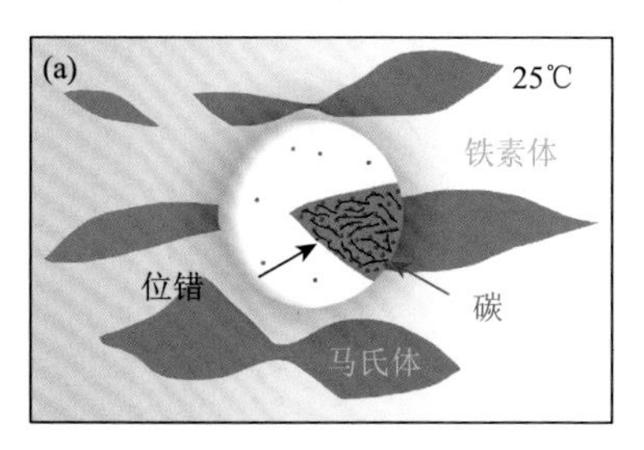

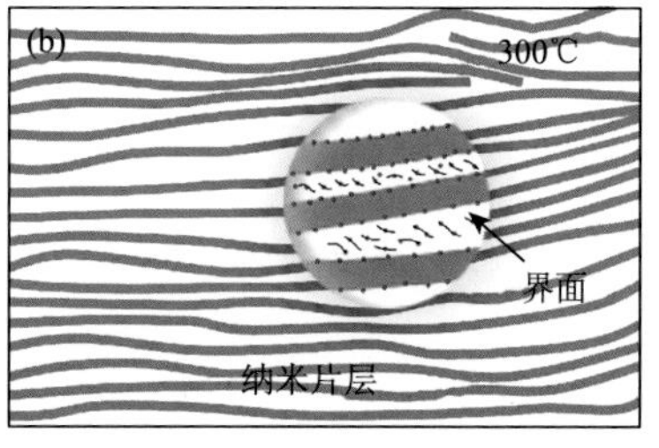

图 1.40　间隙碳原子与微观结构交互作用示意图：（a）室温轧制；（b）300℃温轧

形成科氏气团钉扎位错，阻碍位错运动，有效抑制回复和再结晶发生，使纳米片层中可以保留高密度的位错。最终，在温轧过程中纳米结构稳定性提高，位错可以持续增殖，有利于微观结构细化。

另外，温轧过程中间隙碳原子的热力学迁移使铁素体相得到进一步增强。首先，温轧形成细小的片层结构使原先的铁素体强度增加。此外，温轧过程中马氏体中的碳原子向周围铁素体中扩散，铁素体中过饱和的碳原子也增强了铁素体相，而且铁素体片层中的碳原子可以有效钉扎位错，提高片层的位错存储能力，进一步提高了铁素体的强度。在剧烈冷拔的珠光体组织中也发现有类似的碳原子在铁素体中的偏聚，并且随着等效应变量的增加，铁素体周围的珠光体逐渐分解，铁素体中的碳浓度随之升高[60]。获得这种具有过饱和碳原子的铁素体需要满足以下两个条件：①α-Fe 需要有过饱和碳含量；②足够大的晶格应变量。对于异构双相钢而言，一方面，马氏体中具有过饱和碳含量，与铁素体之间具有明显的碳浓度梯度，此外较高的变形温度促进了间隙原子运动；另一方面，温轧产生的细小片层结构以及片层中高密度的位错有利于促进碳原子向铁素体中转移，因为碳原子和位错之间具有很强的结合能。

借助上述间隙碳原子与低碳钢界面和缺陷的交互作用，还可以为设计新的高强度纳米结构低碳钢制备工艺提供新的思路。除了温轧工艺外，根据以上间隙碳原子与缺陷的作用规律，还开发了一种新型的循环退火轧制工艺[57]，可以将低碳马氏体结构充分细化，得到纳米片层结构。如图 1.41 所示，首先对低碳钢进行奥氏区加热和淬火得到马氏体结构，然后对其进行适当变形量的室温轧制，再进行适当温度的退火，待轧板空冷至室温；继续室温轧制，然后继续低温退火，重复以上步骤直至轧制到预定的变形量后，再次进行低温退火。其中每道次变形量及退火温度和时间根据具体材料而定。

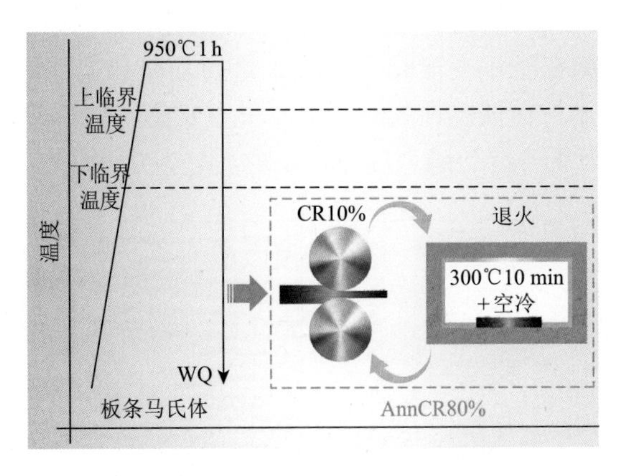

图 1.41 循环退火轧制工艺示意图

CR：冷轧；Ann：退火

循环退火轧制工艺的关键在于退火温度和时间，这主要是根据低碳钢在不同温度退火过程中的退火硬化程度来确定的。图 1.42（a）所示为室温冷轧 40%的 0.1C（wt%）马氏体钢在低温退火后的显微硬度。从中可以发现，0.1C 马氏体钢在室温轧制 40%后的 HV 硬度为 416，在 100～300℃温度下退火 60 min 过程中，硬度与轧制样品相比有了明显的提高；400℃退火 20 min 后材料开始出现软化，且随着时间的延长软化进一步加剧。此外，轧制样品在 100℃和 200℃退火 10 min 后硬度有了明显的提升，随着保温时间的进一步延长基本保持不变。而 300℃退火保温 10 min 后硬度达到峰值，继续增加保温时间后硬度有所降低。因此，300℃-10 min 可以作为该低碳钢循环退火轧制的退火工艺参数。循环退火轧制工艺的作用机制如图 1.42（b）所示，低碳马氏体循环退火轧制过程中，初始马氏体片层中的高密度位错以及轧制变形引入的高密度缺陷提高了整体的位错密度，在随后适当温度退火过程中，间隙碳原子运动能力提高，移动至位错附近形成科氏气团，强烈钉扎位错。这种强烈的钉扎作用抑制位错回复并促进后续变形过程中的位错累积，从而使在整个循环退火轧制过程中位错持续增殖，可以充分细化结构并提高强度。

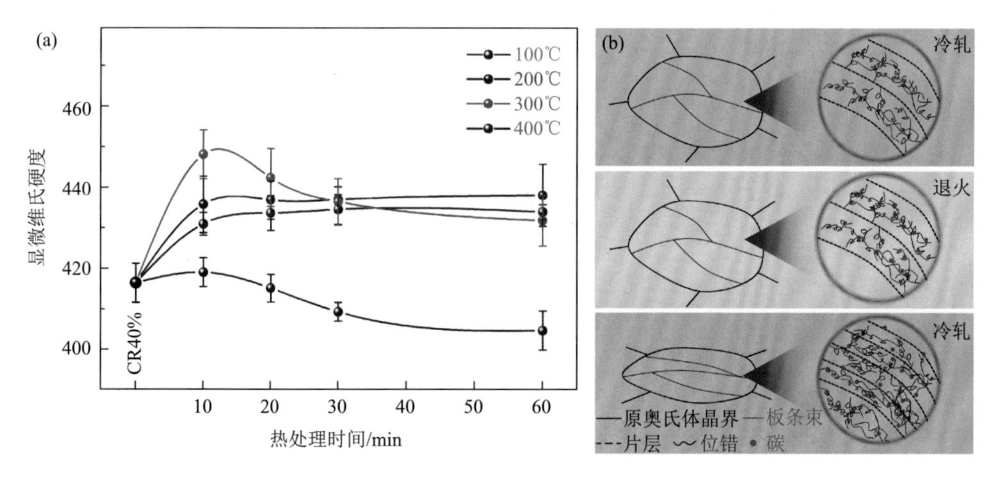

图 1.42　（a）低碳钢退火硬化现象；（b）循环退火轧制工艺的作用机制示意图

图 1.43 所示为 0.07C、0.1C 和 0.2C（wt%）三种低碳低合金钢经循环退火轧制和冷轧后的样品的力学性能。可以发现对于三种不同碳含量的低碳马氏体钢而言，在相同轧制变形量下，循环退火轧制样品的强度均高于冷轧样品。并且随轧制量的提高，两种轧制工艺制备样品的拉伸强度的差值逐渐增大。当轧制量高达 80%时，经过两种轧制方法得到的低碳马氏体钢的强度的差值均超过了 200 MPa。上述结果证明循环退火轧制比冷轧具有更好的强化效果，这主要

得益于循环退火轧制过程中发生的间隙碳原子与缺陷的交互作用。此外，可以发现循环退火轧制工艺的强化效果也受材料本身碳含量的影响，在相同变形量条件下，0.2C 低碳马氏体的强度更高。一方面，更高的碳含量使淬火后得到的马氏体本身具有更高的强度。另一方面，碳含量的增加提高了循环退火轧制过程中碳原子与位错的交互作用，有利于促进位错累积和晶粒细化，从而获得更高的强度。

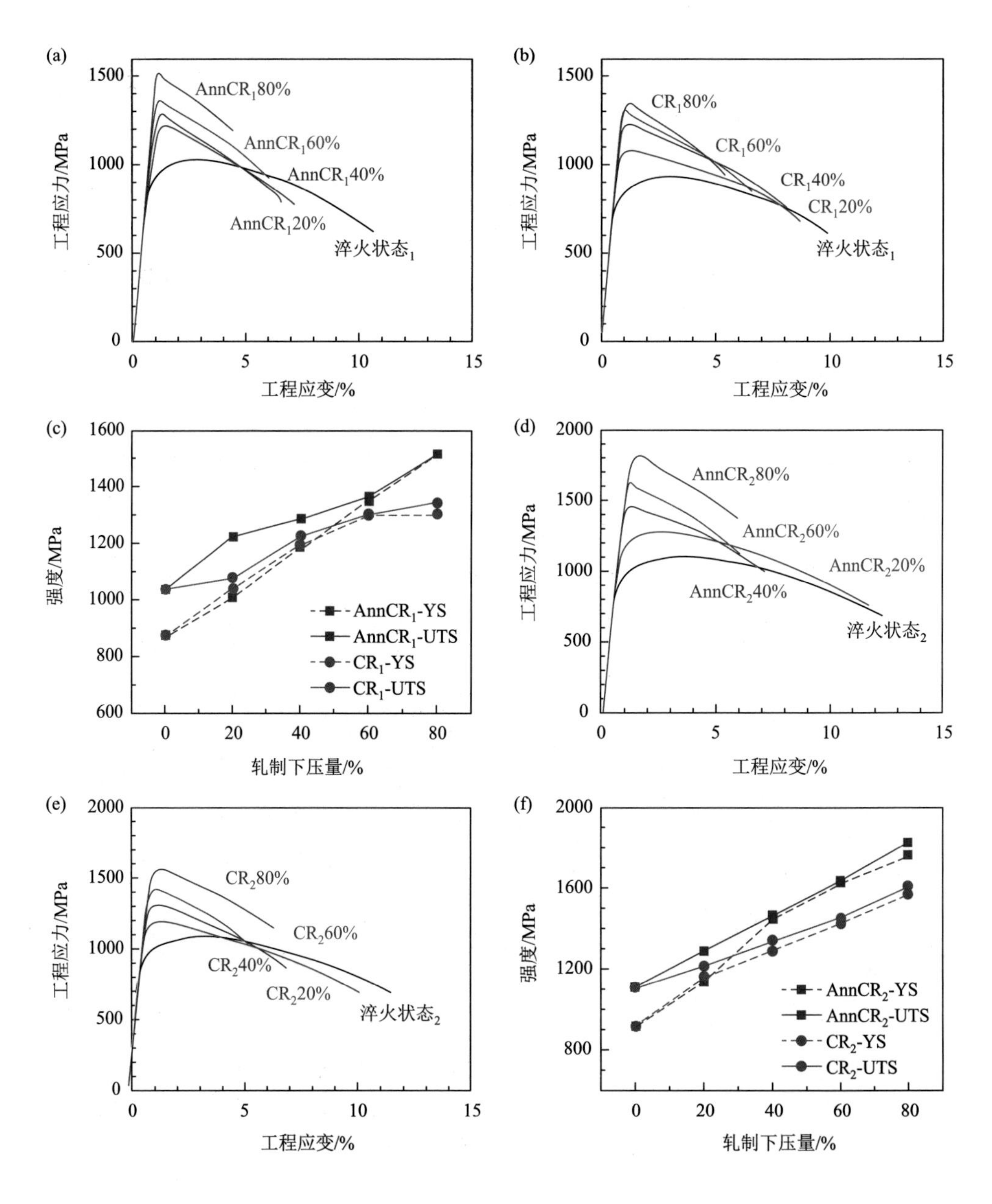

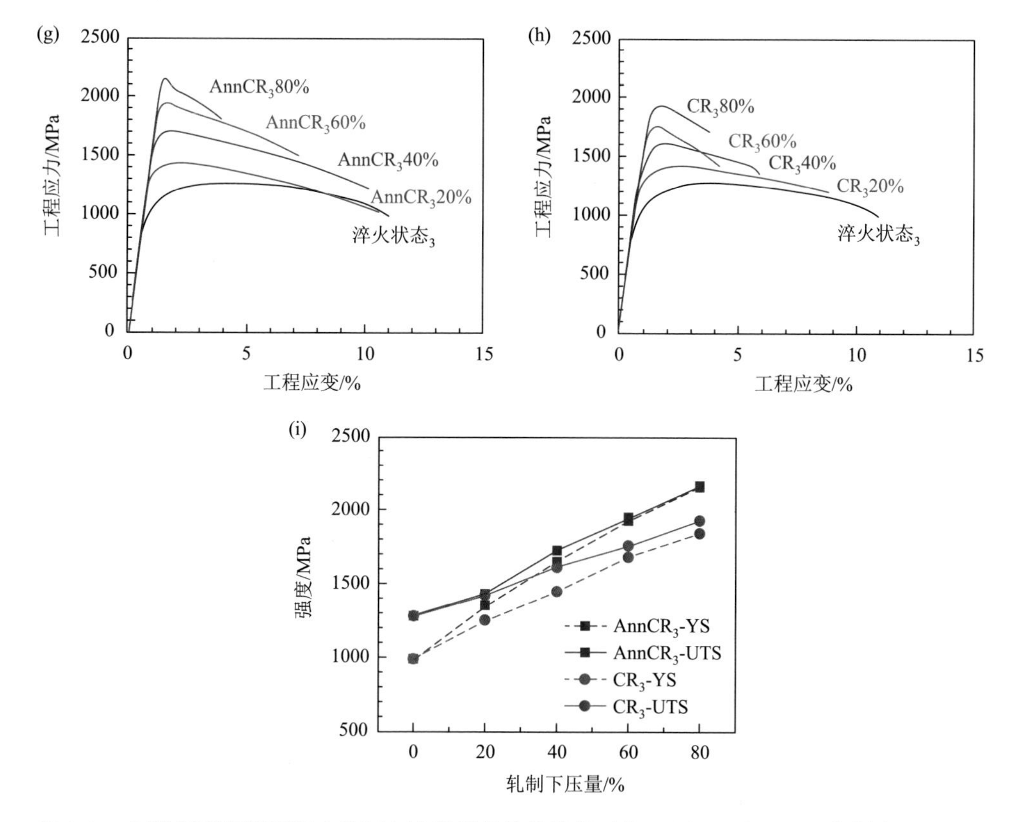

图 1.43　三种低碳钢循环退火轧制与冷轧样品拉伸性能对比：（a）、（d）、（g）分别为 0.07C、0.1C、0.2C 马氏体钢循环退火轧制后拉伸曲线；（b）、（e）、（h）分别为 0.07C、0.1C、0.2C 马氏体钢冷轧后拉伸曲线；（c）、（f）、（i）分别为 0.07C、0.1C、0.2C 马氏体钢循环退火轧制与冷轧样品拉伸强度的对比

参 考 文 献

[1]　Li J，Xu C，Zheng G，et al. On the microstructural origin of premature failure of creep strength enhanced martensitic steels[J]. Journal of Materials Science & Technology，2021，87：269-279.

[2]　Taillard R，Pineau A，Thomas B J. The precipitation of the intermetallic compound NiAl in Fe-19 wt%Cr alloys[J]. Materials Science and Engineering，1982，54（2）：209-219.

[3]　Seetharaman V，Sundararaman M，Krishnan R. Precipitation hardening in a PH 13-8 Mo stainless steel[J]. Materials Science and Engineering，1981，47（1）：1-11.

[4]　Jiang S H，Wang H，Wu Y，et al. Ultrastrong steel via minimal lattice misfit and high-density nanoprecipitation[J]. Nature，2017，544（7651）：460-464.

[5]　Lahiri S K，Fine M E，Lahiri S K，et al. Temperature dependence of yield stress in Fe-1.67 at. pct Cu and Fe-0.5 at. pct Au[J]. Metallurgical Transactions，1970，1（6）：1495-1499.

[6]　Urtsev V N，Mirzaev D A，Yakovleva I L，et al. On the mechanism of nucleation of copper precipitates upon aging

of Fe-Cu alloys[J]. Physics of Metals and Metallography，2010，110（4）：346-355.

[7] Othen P J，Jenkins M L，Smith G D W. High-resolution electron microscopy studies of the structure of Cu precipitates in α-Fe[J]. Philosophical Magazine A：Physics of Condensed Matter，Structure，Defects and Mechanical Properties，1994，70（1）：1-24.

[8] Keh A S，Leslie W C. Recent Observations on Quench-Aging and Strain-Aging of Iron and Steel[M]. Boston，MA：Materials Science Research，Springer，1963.

[9] Yin L，Sridhar S. Effects of small additions of tin on high-temperature oxidation of Fe-Cu-Sn alloys for surface hot shortness[J]. Metallurgical and Materials Transactions B：Process Metallurgy and Materials Processing Science，2010，41（5）：1095-1107.

[10] Zhang Z W，Liu C T，Miller M K，et al. A nanoscale co-precipitation approach for property enhancement of Fe-base alloys[J]. Scientific Reports，2013，3（1）：1327.

[11] Wen Y R，Hirata A，Zhang Z W，et al. Microstructure characterization of Cu-rich nanoprecipitates in a Fe-2.5 Cu-1.5 Mn-4.0 Ni-1.0 Al multicomponent ferritic alloy[J]. Acta Materialia，2013，61（6）：2133-2147.

[12] Isheim D，Kolli R P，Fine M E，et al. An atom-probe tomographic study of the temporal evolution of the nanostructure of Fe-Cu based high-strength low-carbon steels[J]. Scripta Materialia，2006，55：35-40.

[13] Wen Y R，Li Y P，Hirata A，et al. Synergistic alloying effect on microstructural evolution and mechanical properties of Cu precipitation-strengthened ferritic alloys[J]. Acta Materialia，2013，61（20）：7726-7740.

[14] Isheim D，Gagliano M S，Fine M E，et al. Interfacial segregation at Cu-rich precipitates in a high-strength low-carbon steel studied on a sub-nanometer scale[J]. Acta Materialia，2006，54（3）：841-849.

[15] Sun M，Xu Y，Wang J. Effect of aging time on microstructure and mechanical properties in a Cu-bearing marine engineering steel[J]. Materials，2020，13（16）：3638.

[16] Huang D，Yan J，Zuo X. Co-precipitation kinetics，microstructural evolution and interfacial segregation in multicomponent nano-precipitated steels[J]. Materials Characterization，2019，155：109786.

[17] Mulholland M D，Seidman D N. Nanoscale co-precipitation and mechanical properties of a high-strength low-carbon steel[J]. Acta Materialia，2011，59（5）：1881-1897.

[18] Jiao Z B，Luan J H，Miller M K，et al. Precipitation mechanism and mechanical properties of an ultra-high strength steel hardened by nanoscale NiAl and Cu particles[J]. Acta Materialia，2015，97：58-67.

[19] Prakash Kolli R，Seidman D N. The temporal evolution of the decomposition of a concentrated multicomponent Fe-Cu-based steel[J]. Acta Materialia，2008，56（9）：2073-2088.

[20] Jiao Z B，Luan J H，Miller M K，et al. Group precipitation and age hardening of nanostructured Fe-based alloys with ultra-high strengths[J]. Scientific Reports，2016，6（1）：21364.

[21] Malow T R，Koch C C. Thermal stability of nanocrystalline materials[J]. Materials Science Forum，1996，225：595-604.

[22] Kong H J，Liu C T. A review on nano-scale precipitation in steels[J]. Technologies，2018，6（1）：36.

[23] Zhang Z W，Liu C T，Guo S，et al. Boron effects on the ductility of a nano-cluster-strengthened ferritic steel[J]. Materials Science and Engineering：A，2011，528（3）：855-859.

[24] Zhang Z W，Liu C T，Wang X L，et al. Effects of proton irradiation on nanocluster precipitation in ferritic steel containing fcc alloying additions[J]. Acta Materialia，2012，60（6-7）：3034-3046.

[25] Zhang Z W，Liu C T，Wang X L，et al. From embryos to precipitates：A study of nucleation and growth in a multicomponent ferritic steel[J]. Physical Review B，2011，84（17）：174114.

[26] Kong H J，Xu C，Bu C C，et al. Hardening mechanisms and impact toughening of a high-strength steel containing

low Ni and Cu additions[J]. Acta Materialia，2019，172：150-160.

[27] Zhang Z W，Liu C T，Wen Y R，et al. Influence of aging and thermomechanical treatments on the mechanical properties of a nanocluster-strengthened ferritic steel[J]. Metallurgical and Materials Transactions A，2012，43（1）：351-359.

[28] Mulholland M D，Seidman D N. Multiple dispersed phases in a high-strength low-carbon steel：An atom-probe tomographic and synchrotron X-ray diffraction study[J]. Scripta Materialia，2009，60（11）：992-995.

[29] Maruyama N，Sugiyama M，Hara T，et al. Precipitation and phase transformation of copper particles in low alloy ferritic and martensitic steels[J]. Materials Transactions，JIM，1999，40（4）：268-277.

[30] Xu C，Dai W J，Chen Y，et al. Control of dislocation density maximizing precipitation strengthening effect[J]. Journal of Materials Science & Technology，2022，127：133-143.

[31] Zhou B C，Yang T，Zhou G，et al. Mechanisms for suppressing discontinuous precipitation and improving mechanical properties of NiAl-strengthened steels through nanoscale Cu partitioning[J]. Acta Materialia，2021，205：116561.

[32] Tomita Y. Low-temperature improvement of mechanical properties of AISI 4340 steelthrough high-temperature thermomechanical treatment[J]. Metallurgical and MaterialsTransactions A，1991，22（5）：1093-1102.

[33] Dilipkumar D，Wood W E. Acoustic-emission analysis of fracture-toughness tests[J]. Experimental Mechanics，1979，19（11）：416-420.

[34] Lee E W，Neu C E，Kozol J. Al-Li alloys and ultrahigh-strength steels for U. S. Navy aircraft[J]. Journal of the Minerals，1990，42（5）：11-15.

[35] Wang L Y，Li G S. Development of new cobalt-free high strength and high toughness steel G50 for aerospace[J]. Special Steel Technology，2003，（1）：2-8.

[36] Garcia-Mateo C，Caballero F G，Bhadeshia H K D H . Development of hard bainite[J]. Isij International，2003，43（8）：1238-1243.

[37] Matlock D K，Bräutigam V E，Speer J G . Application of the quenching and partitioning（Q&P）process to a medium-carbon，high-Si microalloyed bar steel[J]. Materials Science Forum，2003，426-432：1089-1094.

[38] 徐祖耀. 钢热处理的新工艺[J]. 热处理，2007，22（1）：1-11.

[39] Feng Y，Xu C，Bu C，et al. Research on austenitizing behavior and mechanical properties of 40CrNi2Si2MoVA steel[J]. Advances in Materials and Processing Technologies，2017，3（4）：616-626.

[40] Feng Y Y，Bu C C，Xu C，et al. Effect of austenitizing temperature on microstructure and mechanical properties of a new designed low alloy ultrahigh strength steel[J]. Heat Treatment of Metals，2018，43（2）：160-164.

[41] 冯亚亚. 2200MPa 级低合金钢设计制备与性能研究[D]. 南京：南京理工大学，2019.

[42] 陈光，卜春成，徐驰. 一种 2200MPa 级超高强度钢 XXX 方法：中国，201818001593.2[P]. 2018.

[43] Lee W S，Su T T. Mechanical properties and microstructural features of AISI 4340 high-strength alloy steel under quenched and tempered conditions[J]. Journal of Materials Processing Technology，1999，87（1-3）：198-206.

[44] Hudok D. Properties and selection：irons，steels，and high-performance alloys[J]. Metals Handbook，1990，1：200-211.

[45] Bai S B，Chen Y A，Sheng J，et al. A comprehensive overview of high strength and toughness steels for automobile based on QP process[J]. Journal of Materials Research and Technology，2023，27：2216-2236.

[46] Lu K. Making strong nanomaterials ductile with gradients [J]. Science，2014，345：1455-1456.

[47] Wu X L，Yang M X，Yuan F P，et al. Heterogeneous lamella structure unites ultrafine-grain strength with coarse-grain ductility[J]. Proceedings of the National Academy of Sciences，2015，112（47）：14501-14505.

[48] Sawangrat C，Kato S，Orlov D，et al. Harmonic-structured copper：performance and proof of fabrication concept

based on severe plastic deformation of powders[J]. Journal of Materials Science，2014，49（19）：6579-6585.

[49] Ma X，Huang C，Moering J，et al. Mechanical properties of copper/bronze la minates：Role of interfaces[J]. Acta Materialia，2016，116：43-52.

[50] Zhu Y T，Wu X L. Perspective on hetero-deformation induced（HDI）hardening and back stress[J]. Materials Research Letters，2019，7（10）：393-398.

[51] Li Y S，Tao N R，Lu K. Microstructural evolution and nanostructure formation in copper during dynamic plastic deformation at cryogenic temperatures[J]. Acta Materialia，2008，56（2）：230-241.

[52] Bergström Y，Roberts W. The application of a dislocation model to dynamical strain ageing in α-iron containing interstitial atoms[J]. Acta Metallurgica，1971，19（8）：815-823.

[53] Kuzmina M，Herbig M，Ponge D，et al. Linear complexions：Confined chemical and structural states at dislocations[J]. Science，2015，349（6252）：1080-1083.

[54] Chen Y，Gao N，Sha G，et al. Strengthening of an Al-Cu-Mg alloy processed by high-pressure torsion due to clusters，defects and defect-cluster complexes[J]. Materials Science and Engineering：A，2015，627：10-20.

[55] Gao B，Chen X F，Pan Z Y，et al. A high-strength heterogeneous structural dual-phase steel[J]. Journal of Materials Science，2019，54（19）：12898-12910.

[56] Gao B，Hu R，Pan Z Y，et al. Strengthening and ductilization of la minate dual-phase steels with high martensite content[J]. Journal of Materials Science & Technology，2021，65：29-37.

[57] Huang J X，Liu Y，Xu T，et al. Dual-phase hetero-structured strategy to improve ductility of a low carbon martensitic steel[J]. Materials Science and Engineering：A，2022，834：142584.

[58] Gao B，Lai Q Q，Cao Y，et al. Ultrastrong low-carbon nanosteel produced by heterostructure and interstitial mediated warm rolling[J]. Science Advances，2020，6（39）：eaba8169.

[59] 高波. 高强度异构低碳双相钢微观结构与力学性能研究[D]. 南京：南京理工大学，2021.

[60] Li Y J，Choi P，Borchers C，et al. Atomic-scale mechanisms of deformation-induced cementite decomposition in pearlite[J]. Acta Materialia，2011，59（10）：3965-3977.

第2章 新型高温合金

航空发动机被誉为现代工业的“皇冠”，叶片则被誉为“皇冠上的明珠”，镍基高温合金是应用最广泛的叶片材料，新型轻质耐热 TiAl 合金具有低密度、高比强以及良好的抗氧化、抗蠕变和抗疲劳性能等，作为发动机叶片材料可以带来巨大的减重效益，近年来受到广泛重视。

南京理工大学陈光教授自 20 世纪 90 年代开始一直从事高温合金材料技术研究，本章将首先介绍陈光课题组在镍基单晶高温合金熔体热处理、新型镍基单晶高温合金设计方面的研究成果，随后介绍近年来在铸造 TiAl 合金、变形 TiAl 合金以及定向凝固 TiAl 单晶领域的最新研究进展。

2.1 定向凝固镍基单晶高温合金

涡轮叶片是航空发动机中承受温度载荷最剧烈、工作环境最恶劣的部件之一，在高温、高压、高转速、长时间往复载荷下运动，对材料性能的要求极为苛刻。由于普通铸造合金中存在大量晶界，而晶界处杂质或析出物较多、原子排列不规则且扩散较快，是合金高温服役过程中的薄弱环节；尤其与应力轴垂直的晶界是合金在高温载荷下的主要裂纹源。1966 年，美国普惠公司发明了定向凝固技术，消除了横向晶界，得到了柱状晶合金甚至单晶合金，大幅提高了高温合金的抗蠕变性能和抗疲劳性能。到目前为止，镍基单晶高温合金已发展了四代（日本已经发展到第五代），综合性能逐代提高[1]。

第一代镍基单晶高温合金：添加了大量高熔点元素 W、Ta，去除了晶界强化元素，使合金初熔温度和高温蠕变性能得到大幅提升。其中最具代表性的是美国普惠公司的 PWA 1480、Canon-Muskegon 公司的 CMSX-2、GE 公司的 René N4 及英国 RR 公司的 SRR99 合金等。图 2.1 为镍基高温合金长时服役温度发展趋势。表 2.1 为典型镍基单晶高温合金牌号的成分及应用实例。

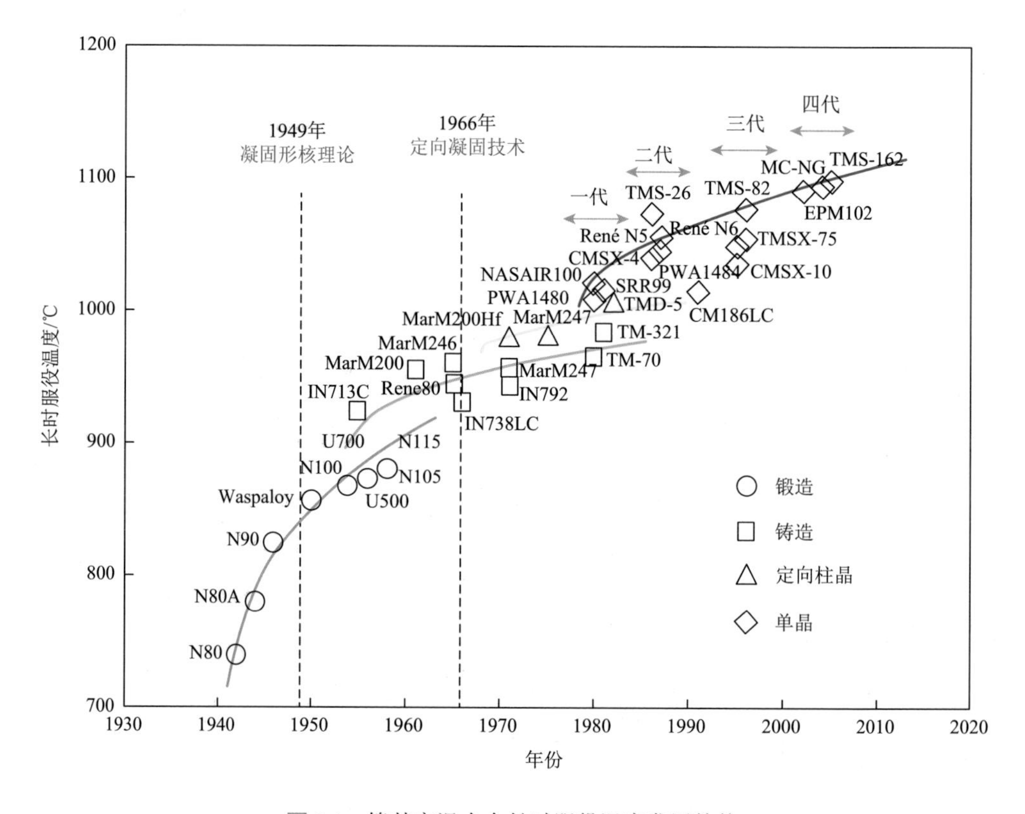

图 2.1 镍基高温合金长时服役温度发展趋势

图中英文字母及数字均为合金牌号

第二代镍基单晶高温合金：以 PWA1484 为代表，在第一代单晶合金的基础上添加了 3 wt%的 Re 元素，通过 γ 基体相固熔强化和抑制 γ'相的粗化，承温能力比第一代提高近 30℃。

第三代镍基单晶高温合金：以 René N6 和 CMSX-10 为代表，Re 含量增加到 6 wt%，同时难熔元素（Re、Ta、W 和 Mo 等）总量高达 20 wt%以上，相比第二代单晶合金，承温能力又提升近 30℃，同时合金具有更高的高温蠕变强度。

第四代、第五代单晶合金：分别以 TMS-138 和 TMS-162 为代表，合金中除添加 5 wt%的 Re 元素外，还分别加入了 2 wt%和 6 wt%左右的 Ru 元素，以改善合金服役过程中的组织稳定性。

可以发现，镍基单晶高温合金的发展是通过不断添加难熔贵金属元素（Re、Ru 等）来提高合金的承温能力。然而，贵金属元素的大量添加，使合金密度越来越大、成本越来越高。因此，通过制备工艺的革新优化提高合金性能或者研发低成本新型镍基单晶高温合金具有重要意义。

表 2.1　典型镍基单晶高温合金牌号的成分及应用实例[1]

代	牌号	国别	成分/at%（原子百分数）										密度/(g/cm^3)	发动机应用实例
			Cr	Co	Mo	W	Ta	Re	Hf	Al	Ti	Ni	其他		
第一代	PWA 1480	美	10	5	—	4	12	—	—	5	1.5	余量		8.70	F100-PW-220 PW2037，J79D
	René N4	美	9	8	2	6	4	—	—	3.7	4.2			8.56	F110-129，CME56-5
	SRR99	英	8	5	—	10	3	—		5.5	2.2			8.56	RB211，RB199
	RR2000	英	10	15	3	—	—	—	—	5.5	4		1V	7.87	RB199
	AM1	法	8	6	2	6	9	—	—	5.2	1.2			8.59	
	AM3	法	8	6	2	5	4	—	—	6	2			8.25	M88-2
	CMSX-2	美	8	5	6	8	6	—	—	5.6	1			8.56	Arriel
	CMSX-3	美	8	5	6	8	6	—	0.1	5.6	1			8.56	GMA2100
	CMSX-6	美	10	6	3	—	2	—	0.1	4.8	4.7				
	SC-16	法	16	—	2.8	—	3.5	—	—	3.5	3.5			7.98	
	AF-56	美	12	8	2	4	5	—	—	3.4	4.2				
	ЖС32	俄	5	9	1.1	8.5	4	—	—	6	—		0.15C 1.6Nb 0.04B	8.76	AJI-31Φ
	CNK7	俄	15	8.8	0.4	6.9	—	—	—	4.1	3.9		0.08C 0.01B		
	DD3	中	9.5	5	3.8	5.2	—	—	—	5.9	2.1			8.20	
	DD8	中	16	8.5	—	6	—	—	—	2.1	3.8			8.25	
第二代	PWA 1484	美	5	10	2	6	9	3	0.1	5.6	—	余量		8.95	PW4000，V2500
	René N5	美	7	8	2	5	7	3	0.15	6.2	—		0.05C 0.004B 0.01Y		GE90

续表

		国别	成分/at%（原子百分数）											密度/(g/cm³)	发动机应用实例
			Cr	Co	Mo	W	Ta	Re	Hf	Al	Ti	Ni	其他		
第二代	CMSX-4	美	6.5	9	0.6	6	6.5	3	0.1	5.6	1	余量		8.7	F402-RR-408 EJ200，RB211 CT-80
	SC180	美	5	10	2	5	8.5	3	0.1	5.2	1				
	MC2	法	8	5	2	8	6	—	—	5	1.5				
	ЖС36	俄	4.2	8.7	1	12	—	2	—	6	1.2		1Nb，Re		
	DD6	中	4.3	9	2	8	7.5	2	0.1	5.6	—		0.5Nb	8.6	涡扇-10 航空发动机
第三代	René N6	美	4.25～6	10～15	0.5～2	5～6.5	7～9.25	5～5.6	0.1～0.5	5～6.2		余量	0.02～0.07C 0.003～0.01B		
	CMSX-10	美	1.8～4	1.5～9	0.25～2	3.5～7.5	7～10	5～7	0.1～0.15	5～7	0.1～1.2		0.02C	9.05	
	TMS-75	日	3.0	12.0	2.0	6.0	5.0	0.1	6.0	—					
第四代	TMS-138	日	2.9	5.9	3.0	5.9	5.6	5.0	0.1	6	0.5	余量	2.0Ru		
	MC-NG	法	4	<0.2	5	1	5	4	0.1	6	0.5		4.0Ru		
第五代	TMS-162	日	2.9	5.8	4.0	5.8	5.6	5.0	0.1	6.0	—	余量	6.0Ru		

2.1.1　熔体热处理对镍基单晶高温合金组织性能的影响

1. 熔体热处理的基本思想

对于经由液态到固态相变过程获得的材料，其液态结构和性质，对固态组织、性能和质量有着直接的和重要的影响。Вертман 和 Самарин[2]指出，只有在获得可靠液态结构和性质的情况下，冶金学才能由技艺转变为一门科学；金属熔体的结构和性质是冶金学的重要问题。金属和合金的液态结构不仅与金属的种类及合金成分有关，也与熔体的温度以及熔体的热历史有关。

由于材料组织对材料性能具有重要影响，而材料的组织结构又主要是由凝固过程中的固液界面形态所决定，因此，凝固界面形态选择与演化[3]便成为凝固过程研究的核心。

南京理工大学陈光教授等[4]提出了通过熔体过热处理改变材料预结晶状态进而调控凝固过程的学术思想，即根据材料熔体结构与温度的对应关系及其在冷却和凝固过程中的演化规律，借助于一定的热作用人为地改变熔体结构以及变化进程，从而改善材料的组织、结构和性能。

熔体热处理有几个基本参数：熔体过热温度 T_S、熔体过热时间 t_S 以及熔体恒温静置时间 t_h。为了探究定向凝固的具体实验过程中在温度梯度、抽拉速率等工艺参数相同的条件下熔体热历史对定向凝固界面形态的影响，经反复实验探索，选定熔体在不同的过热温度 T_S 下保温 t_S（分钟）后迅速冷却至相同的定向温度 T_0，以保证定向凝固界面前沿具有相同的温度梯度，并在相同的抽拉速率下进行定向凝固。

熔体热历史制度如图 2.2 所示，其中 t_1 为升温结束的时间；t_2 为过热结束开始降温的时间；$t_S = t_2 - t_1$ 为熔体过热所经历的时间；t_3 为降温结束达到 T_0 温度开始恒温的时间；t_4 为开始抽拉的时间；$t_h = t_4 - t_3$ 为恒温静置所经历的时间。

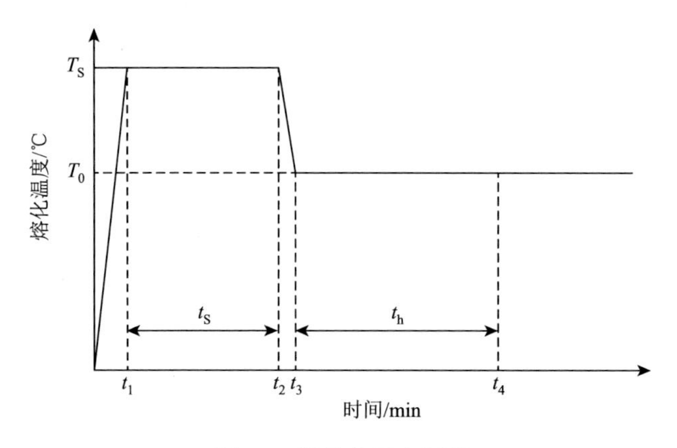

图 2.2　熔体热历史制度

下面分别论述熔体热处理的几个参数对镍基单晶高温合金组织性能的影响。

2. 熔体过热温度 T_S 对镍基单晶高温合金定向凝固界面形态的影响

在过热时间 $t_S = 30$ min、降温时间 $t_3 - t_2 = 5$ min、恒温静置时间 $t_h = 20$ min 保持不变的条件下，考察了熔体过热温度 T_S 对镍基单晶高温合金 DD3 定向凝固界面形态的影响。图 2.3 为在 $T_0 = 1400$℃、$V_0 = 0.9$ μm/s 条件下，镍基单晶高温合金 DD3 在 $T_S = 1400$～1700℃范围内定向凝固界面形态。由图可以看出，在 1400℃无过热直接定向凝固的界面形态为平界面[图 2.3（a）]，随着过热温度的提高，界面形态由平[图 2.3（a），$T_S = 1400$℃]→浅胞[图 2.3（b）和（c），$T_S = 1500$℃、1600℃]→胞状界面[图 2.3（d），$T_S = 1700$℃]演化。

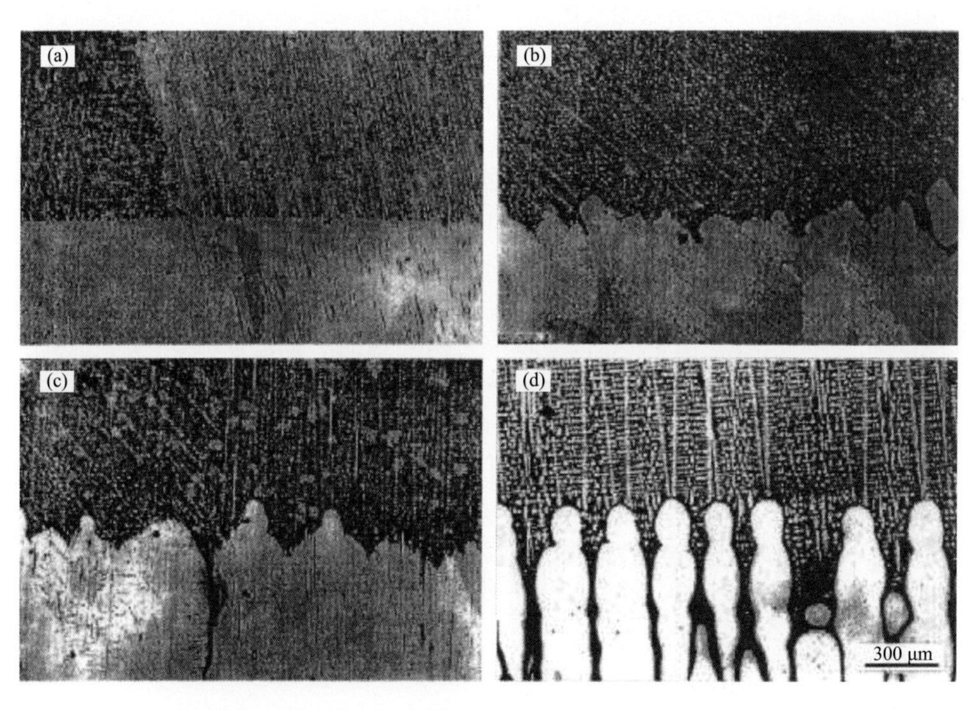

图 2.3　镍基单晶高温合金 DD3 熔体过热温度 T_S 对单向凝固界面形态的影响：（a）$T_S = 1400$℃；（b）$T_S = 1500$℃；（c）$T_S = 1600$℃；（d）$T_S = 1700$℃

3. 熔体过热时间 t_S 对定向凝固界面形态的影响

在非平衡体系中，一切态变量都是时间 t 和空间位置 $\bar{r}$ 的函数。体系从一个定态达到另一个定态需要一定的弛豫时间 τ。因此，当熔体由低温被加热到过热温度 T_S 时，熔体的结构状态将随着时间的延长而不断趋于 T_S 温度的平衡态。过热时间 t_S 达到或超过过程进行所需的弛豫时，熔体结构即达到 T_S 温度的平衡态。但当 $t_S < \tau$ 时，熔体结构状态将处于变化之中。所以，考察熔体过热时间 t_S 对实

用的镍基单晶高温合金以及定向凝固材料液固界面形态的影响具有特别重要的实际意义。

图 2.4 为镍基单晶高温合金 DD3 在 T_0 = 1400℃、V_0 = 0.9 μm/s、T_S = 1600℃、降温时间 $t_3 - t_2$ = 5 min、恒温静置时间 t_h = 20 min 等条件保持不变的情况下，过热时间 t_S = 60 min 和 t_S = 90 min 的定向凝固界面形态。由图可以看出，随着过热时间 t_S 的延长，液固界面形态由浅胞状[图 2.4（a），t_S = 60 min]→胞状[图 2.4（b），t_S = 90 min]演化，与过热温度 T_S 对定向凝固液固界面形态演化的影响规律一致，即随着过热时间 t_S 的延长和过热温度 T_S 的提高，液固界面稳定性降低。过热温度 T_S = 1600℃、过热时间 t_S = 90 min 的液固界面形态[图 2.4（b）]与过热温度 T_S = 1700℃、过热时间 t_S = 30 min 的液固界面形态[图 2.3（d）]相当。

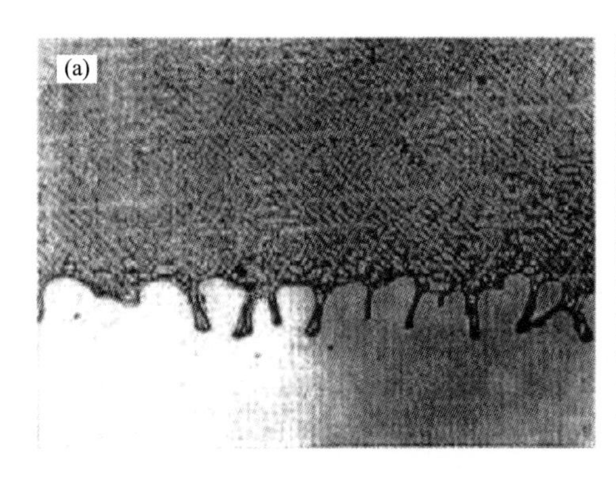

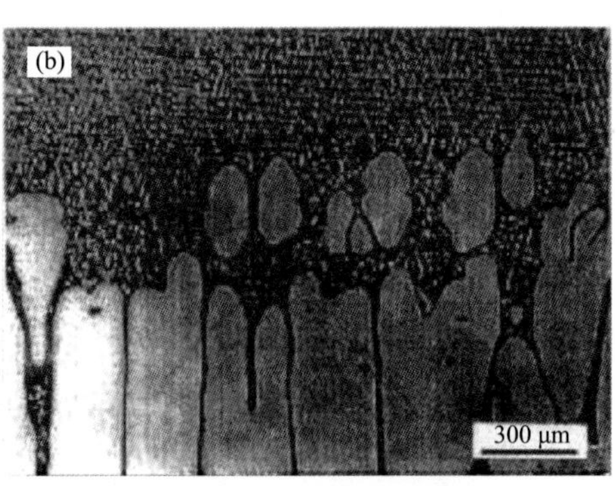

图 2.4　镍基单晶高温合金 DD3 熔体过热时间 t_S 对单向凝固界面形态的影响：（a）t_S = 60 min；（b）t_S = 90 min

由上述实验结果可推断，镍基单晶高温合金 DD3 熔体结构达到其平衡状态需要相当长的时间，在 1600℃过热 90 min 时与 1700℃过热 30 min 时的熔体结构状态相当；后续又将时间延长至 120 min，直到 t_S = 120 min 的界面形态都不同，说明至少在 120 min 以内，镍基单晶高温合金 DD3 熔体结构尚不能达到其 1600℃的平衡状态。

4．熔体恒温静置时间 t_h 对定向凝固界面形态的影响

弛豫过渡过程的存在是非平衡体系的重要标志。当高温熔体快速冷却到低温时，由于合金体系的热扩散系数与溶质扩散系数的数值不同，使得合金熔体在冷却过程中结构状态与热状态（温度）不能同步地发生变化。通常情况下，由于合金体系的热扩散系数比溶质扩散系数的数值大几个数量级，导致热量传输进行的速率比质量传输的速率也快几个数量级，即体系达到热平衡所需的弛豫时间ξ远小于达到结构平衡所需的弛豫时间ξ_0，因此，当高温熔体以相同的冷却速率快速冷却到低温时，熔体结构并不能同步地达到低温时相应的平衡状态，而是需要长得多的时间才能达到，而且，冷却速率越快，时间相差得也越长。也就是说，当高温熔体快速冷却到低温时，在经过足够长的恒温静置时间 t_h 达到低温时相应的平衡状态以前，合金的熔体结构状态是恒温静置时间 t_h 的函数。所以，考察熔体恒温静置时间 t_h 对定向凝固界面形态的影响规律，对于认识熔体结构状态变化的非平衡属性以及指导制定定向凝固合金材料熔体热处理工艺规程都具有重要的学术意义和实际意义。

图 2.5 为镍基单晶高温合金 DD3 在 $T_0 = 1400$℃、$V_0 = 0.9$ μm/s、过热温度 $T_S = 1600$℃、过热时间 $t_S = 120$ min、降温时间 $t_3 - t_2 = 5$ min 等条件保持不变的情况下，恒温静置时间 $t_h = 20$～150 min 范围内，经不同的恒温静置时间 t_h 后开始抽拉的定向凝固界面形态。由图可以看出，随着恒温静置时间 t_h 的延长，液固界面形态由树枝状[图 2.5（a），$t_h = 20$ min]→胞状[图 2.5（b），$t_h = 60$ min]→浅胞[近平界面，图 2.5（c），$t_h = 90$ min）]→平界面[图 2.5（d），$t_h = 150$ min）]演化，与过热温度 T_S 和过热时间 t_S 对定向凝固液固界面形态演化的影响规律恰好相反，即随着恒温静置时间 t_h 的延长，液固界面稳定性提高。也就是说，恒温静置时间 t_h 的延长，使得高温合金熔体过热处理对定向凝固液固界面稳定性影响的效果衰退。

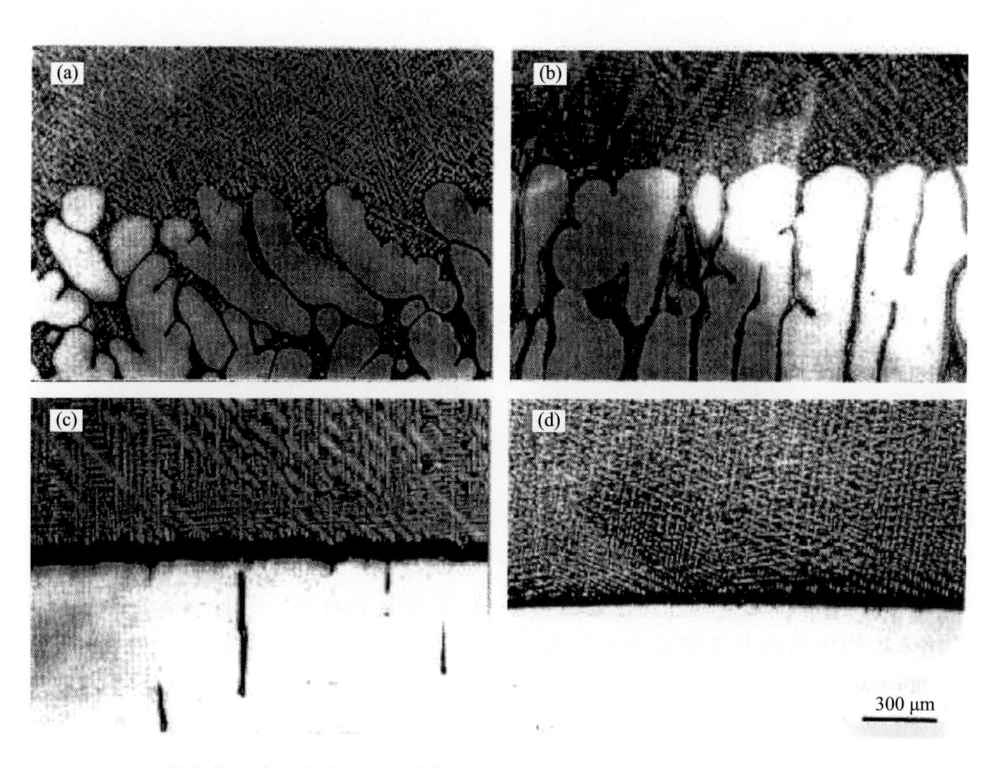

图 2.5 镍基单晶高温合金 DD3 熔体恒温静置时间 t_h 对单向凝固界面形态的影响：（a）$t_h = 20$ min；（b）$t_h = 60$ min；（c）$t_h = 90$ min；（d）$t_h = 150$ min

对照图 2.3 和图 2.5 可以发现，经 1600℃×120 min 高温熔体过热处理再迅速冷却到 1400℃恒温静置 150 min 以后开始抽拉的 DD3 镍基单晶高温合金定向凝固液固界面形态与 1400℃不经过熔体过热处理在相同条件下直接定向凝固的液固界面形态一致，见图 2.3（a）和图 2.5（d）。如前所述，熔体热历史在其他条件完全相同时对定向凝固液固界面形态影响的根本原因在于熔体热历史改变了熔体结构状态。因此可以推断，经 1600℃×120 min 高温熔体过热处理的 DD3 镍基单晶高温合金熔体结构在快速冷却至 1400℃恒温静置 150 min 时又恢复到了 1400℃未经过过热处理的熔体结构状态。也就是说，在 1400℃以上加热和冷却，该合金的熔体结构发生可逆转变，其不可逆类固型原子团簇完全转变的温度 $T_{is}\leqslant$1400℃，而经 1600℃×120 min 过热处理的合金熔体从 1600℃快速冷却到 1400℃达到结构平衡所需的弛豫时间为 90 min$<\xi_0\leqslant$150 min。

在所有的 DD3 镍基单晶高温合金定向凝固实验中，试样的抽拉长度均为 20 mm，所用抽拉时间均为 20×10^3 μm/（0.9×60 μm/min）= 370 min，再加上最短的恒温静置时间 t_h = 20 min，所以，合金熔体从过热温度 T_S 冷却到定向温度 T_0 开始直到液淬结束的实际时间最少需要 390 min，远大于达到结构平衡所需的弛豫时间 $\xi_0\leqslant$150 min，但上述实验结果却表明熔体热历史对定向凝固界面形态的影响能够长期存在。究其原因，可能是界面稳定性的历史相关性使得抽拉初期熔体结构状态所决定的界面形态得以长期保持的结果。但无论如何，熔体热历史对定向凝固界面形态及其稳定性的长期作用效果使得它具有了明确的实际意义。

定向凝固成分过冷理论给出了平界面临界失稳转变为胞状界面的判据[5]：

$$G_L/V\leqslant\Delta T_0/D_L \tag{2.1}$$

$$\Delta T_0 = mC_0(k_0-1)/k_0 \tag{2.2}$$

式中，G_L 为固/液界面前沿液相中的温度梯度；V 为界面生长速率；ΔT_0 为成分是 C_0 的合金液相线与固相线温度差；D_L 为液相中溶质扩散系数；m 为液相线斜率；C_0 为合金溶质含量；k_0 为平衡溶质分配系数。在 G_L/V 不变的条件下，当 $\Delta T_0/D_L$ 减小而趋近或小于 G_L/V 时，界面形态向平界面演化。因此，定向凝固过程中过热度不断提高，使 D_L 增加，并引起平胞转变的临界失稳判据中 $\Delta T_0/D_L$ 的减小，从而导致胞状界面形态向平界面演化。

研究表明[6, 7]，熔体过热处理影响定向凝固界面形态及其稳定性的根本原因在于熔体结构状态的非平衡弛豫过程和不可逆变化引起的滞后效应。熔体过热处理对平界面稳定性的影响，一方面包括了黏滞性系数 η 与溶质分配系数 k 对平界面稳定性的稳定化作用；另一方面又有过热度 ΔT 及其引起的高温“遗传”熵对平界面稳定性的减弱作用。当过热度 ΔT 低于临界过热度 ΔT_c 时，η 与 k 的稳定化作用占主导地位，使平界面稳定性随着 ΔT 的增加而提高；当 ΔT 超过 ΔT_c 时，高温

“遗传”熵使界面前沿成分过冷区增大，增大的成分过冷度成为降低平界面稳定性的主要因素，导致平界面失稳。

相同的规律对于其他的合金体系同样适用。对 Al-Cu 合金进行定向凝固，随着过热处理温度的升高，界面形态发生胞→平→平胞界面失稳演化[8]。对 Sb-Bi 合金的定向凝固熔体处理表明，过热温度的升高会使液/固界面形态发生胞→平→胞→树枝晶转变[9]。

综上所述，通过控制凝固过程对平衡偏离的程度所产生的非平衡效应，不仅可以减小偏析、扩大亚稳固溶度、细化组织、形成新的亚稳相[10]，对工程应用具有十分重要的实际意义。

2.1.2 新型无 Re 镍基单晶高温合金

以第二代镍基单晶高温合金 René N5 为基础，基于合金元素对单晶 γ'相强化效果组织稳定性的影响规律，综合运用电子空位理论和 d 电子理论，成功设计研制了新型无 Re 镍基单晶高温合金，成分为 Ni-7.5Cr-5Co-2Mo-8W-6.5Ta-6.1Al-0.15Hf-0.05C-0.004B-0.015Y，其初熔温度为 1323℃，理论密度约 8.63 g/cm^3。

1. 新型镍基单晶组织

镍基单晶高温合金的性能由合金成分、母合金熔炼工艺、单晶制备及热处理工艺决定。定向凝固是获得单晶的主要技术手段。定向凝固过程中固液界面前沿温度梯度和生长速率是单晶制备的两个重要工艺参数，直接决定铸态单晶的组织特征及最终力学性能。对于恒定的固液界面前沿温度梯度，通过改变单晶生长速率，可有效调控合金组织特征，提升单晶性能。

1）不同拉伸速率下的枝晶形貌

图 2.6 为加热温度 1550℃、不同抽拉速率下高温合金的铸态组织。可以发现，随着抽拉速率的提高，枝晶花样变细，枝晶间距变细，抽拉速率和一次枝晶间距 λ_1、二次枝晶间距 λ_2 的关系如图 2.7 所示，λ_1、λ_2 分别与 $v^{-1/4}$、$v^{-1/2}$ 呈线性关系[11, 12]。

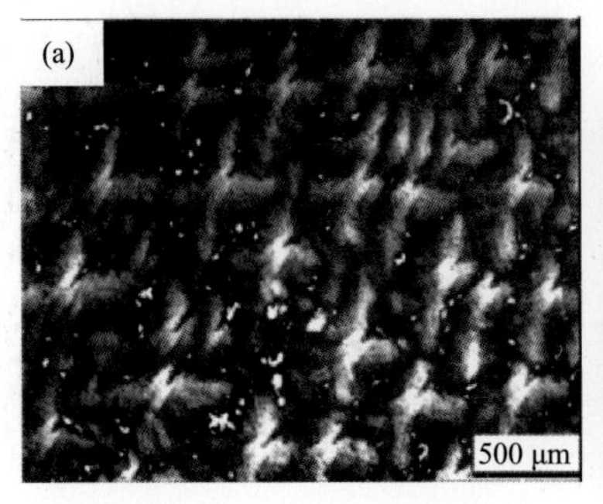

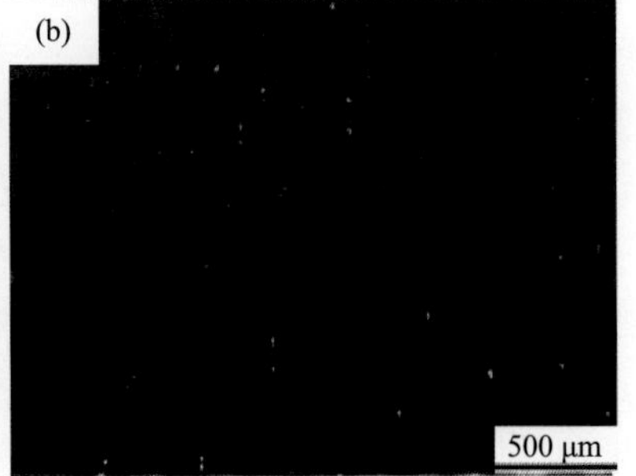

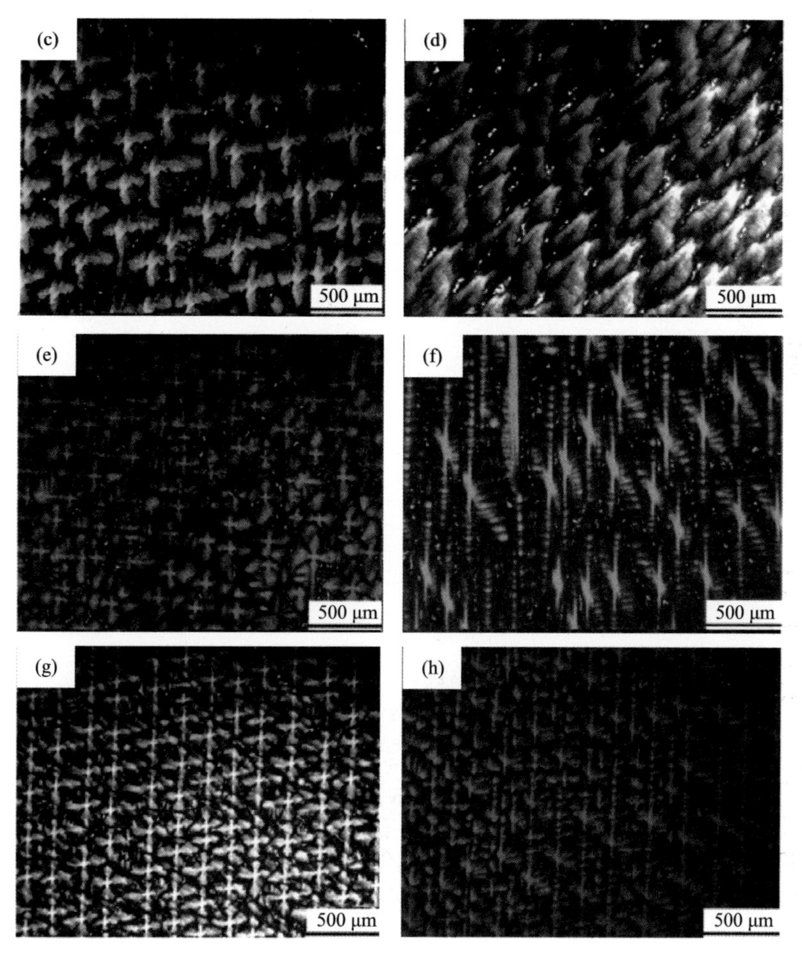

图 2.6　加热温度 1550℃、不同抽拉速率下的枝晶形貌：(a)、(b) 10 μm/s；(c)、(d) 20 μm/s；(e)、(f) 50 μm/s；(g)、(h) 80 μm/s

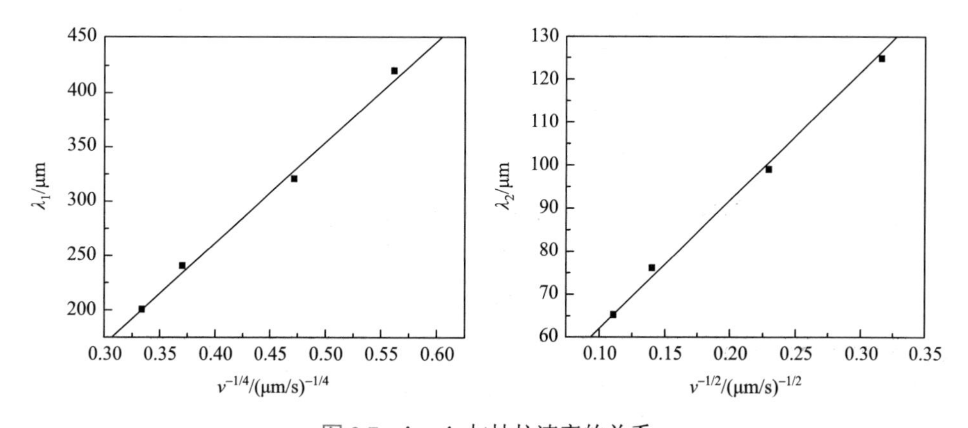

图 2.7　λ_1、λ_2 与抽拉速率的关系

2）不同抽拉速率下 γ′相的形貌

不同抽拉速率条件下，枝晶干和枝晶间的 γ′相形貌如图 2.8 所示。相同抽拉速率下，枝晶干区域 γ′相细小，枝晶间区域 γ′相粗大；随着抽拉速率的增加，枝晶干和枝晶间的 γ′相尺寸均减小（图 2.9），γ′相形貌更规则，体积分数增加。

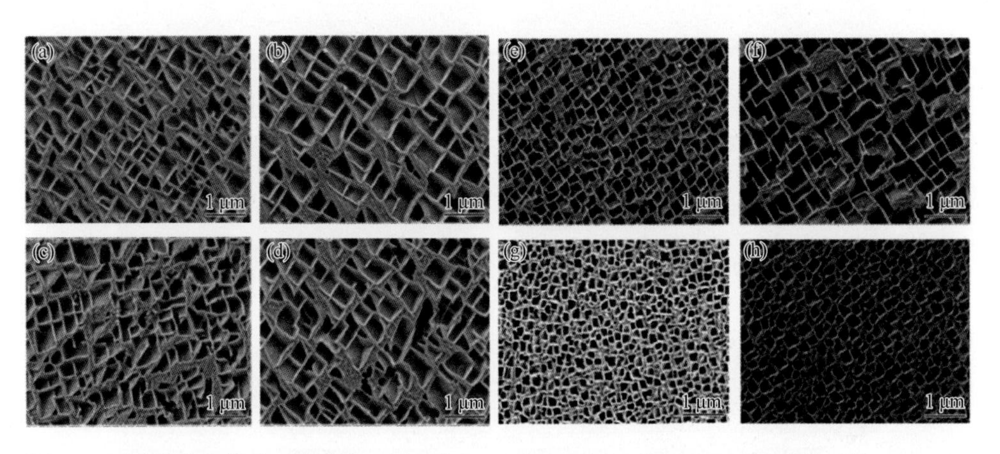

图 2.8　不同抽拉速率下 γ′相形貌：（a）、（b）10 μm/s；（c）、（d）20 μm/s；（e）、（f）50 μm/s；（g）、（h）80 μm/s

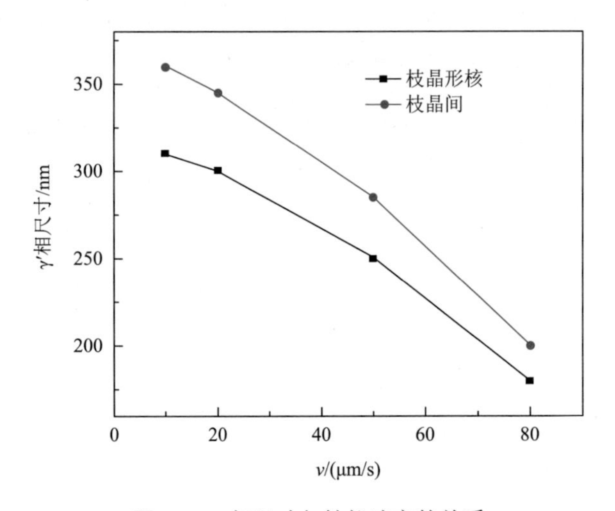

图 2.9　γ′相尺寸与抽拉速率的关系

3）不同抽拉速率下 γ/γ′共晶组织形貌及含量

不同抽拉速率条件下，合金典型的 γ/γ′共晶组织形貌如图 2.10 所示，图中可见，在区域 A 处 γ 相和 γ′相尺寸较小，排列规则，分布较为均匀，区域 B 处 γ′相较为粗大。在较低抽拉速率条件下，γ/γ′共晶组织尺寸较大、含量较少，共晶组织中含有粗大的块状初生 γ′相；随着抽拉速率的增加，合金中共晶组织尺寸逐渐变小、分散，数量有所增加，粗大的初生 γ′相减少，抽拉速率与 γ/γ′共晶含量的关系如图 2.11 所示，随着抽拉速率的增大，共晶组织含量也随之增加。

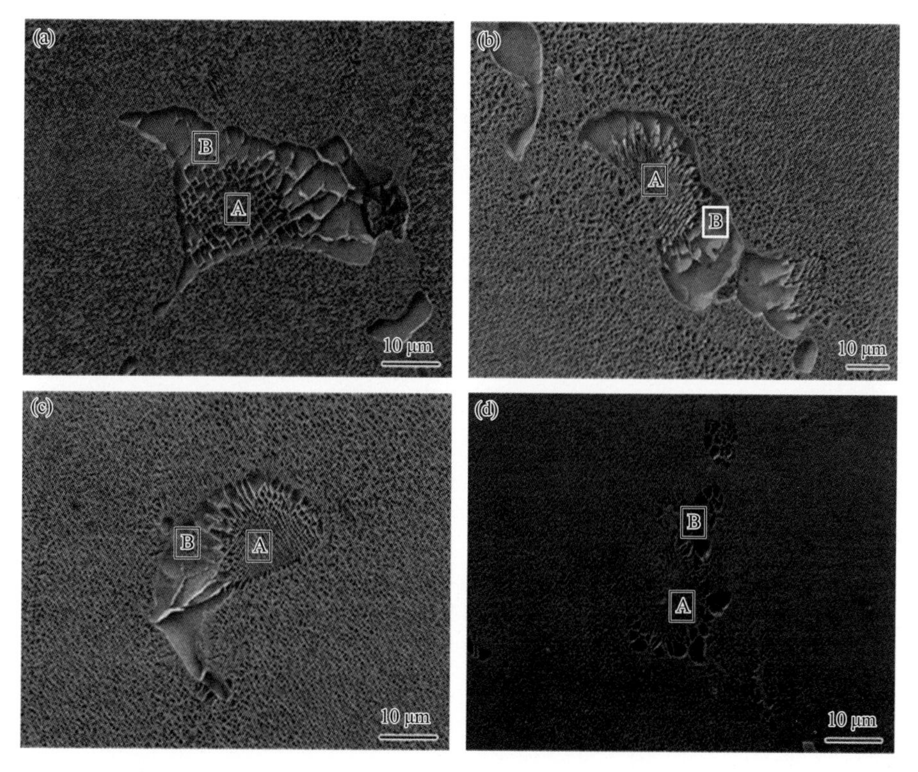

图 2.10　不同抽拉速率下 γ/γ′共晶组织形貌：(a) 10 μm/s；(b) 20 μm/s；(c) 50 μm/s；(d) 80 μm/s

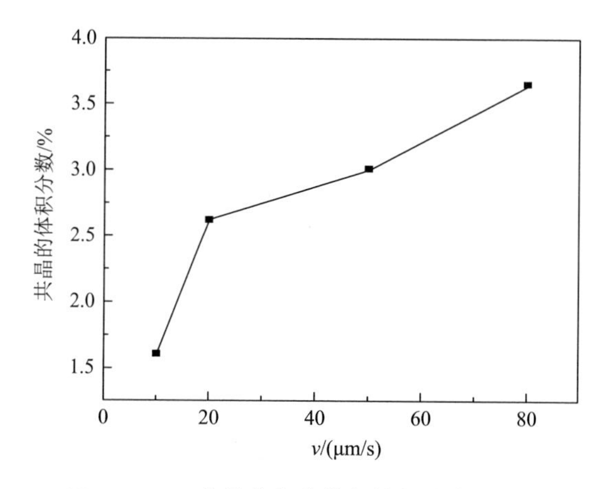

图 2.11　γ/γ′共晶体积分数与抽拉速率的关系

对所有抽拉速率的结果进行分析，最终选择保温温度 1550℃、抽拉速率 50 μm/s 作为单晶的最终制备工艺参数，得到的树枝晶形貌清晰可见，组织排列规整，横截面为“十”字形状二次枝晶形貌[图 2.12（a）]，纵截面为树干状的一次枝晶生长形貌[图 2.12（b）]，在枝晶间分布着大量的 γ/γ′共晶。经测算，一次枝晶间距平均为 280 μm，二次枝晶间距平均为 100 μm。经背散射 Laue 法测定一次枝晶生长方向为⟨001⟩，二次枝晶生长方向分别为⟨010⟩和⟨100⟩。枝晶干和枝晶间 γ′相形貌分别如图 2.13（a）和（b）所示，在枝晶干区 γ′相较细，体积分数约为 40%，枝晶间区 γ′相较粗，体积分数约为 55%。

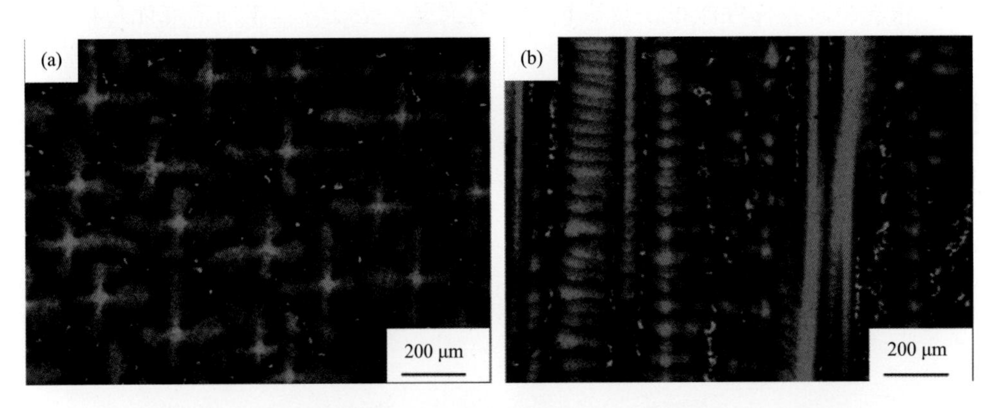

图 2.12　单晶镍基高温合金铸态组织形貌：（a）横截面；（b）纵截面

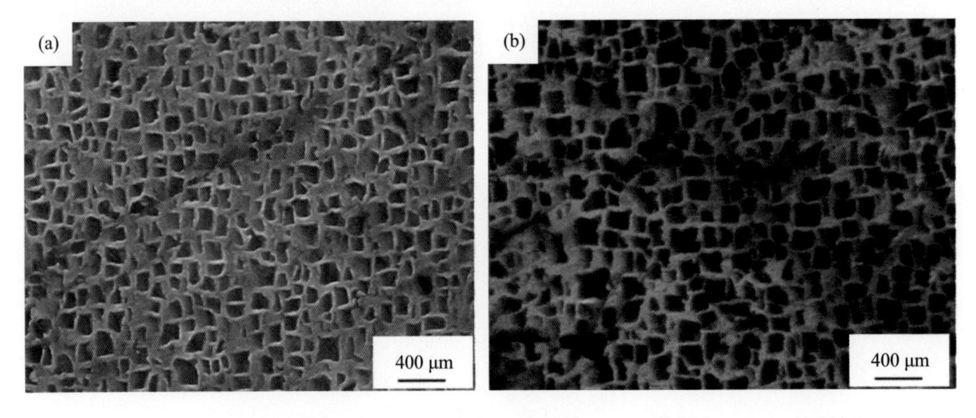

图 2.13　新型镍基单晶高温合金铸态 γ′相形貌：（a）枝晶干；（b）枝晶间

单晶高温合金定向凝固是一个非平衡凝固过程，在凝固过程中，单相 γ 固溶体由液相析出，以枝晶状生长，W、Mo 等高熔点元素向枝晶干聚集，Al、Ta 等 γ′相形成元素向枝晶间区域富集，在枝晶间区域形成大量 γ/γ′共晶组织。共晶反应结束后，凝固过程结束；继续降温，γ 相形成过饱和固溶体，并在后续过程中发生扩散型脱溶沉淀相变生成 γ'相。此时，由于非平衡凝固存在的成分偏析无法在定向凝固过程中扩散均匀化，形成了典型的树枝晶组织，在枝晶干区域的 γ'相较细且体积分数较少，后期凝固的枝晶间区域 γ'相较粗且体积分数较大。依据形成顺序，γ'相分为初生 γ'相和次生 γ'相，分别从液相中析出和从 γ 固溶体中脱溶形成，初生 γ'相比次生 γ'相形成温度高，因此，其形貌、尺寸及分布不均匀。

2. 新型镍基单晶高温合金性能

1）拉伸性能

室温瞬时拉伸性能可快速表征合金的强度、塑性等基本力学性能指标，是新型合金材料研发的重要参考指标。表 2.2 为新型无 Re 镍基单晶高温合金与 René N5 单晶高温合金在保温温度 1550℃、抽拉速率 50 μm/s 制备条件下的室温拉伸力学性能对比。新型无 Re 镍基单晶高温合金抗拉强度和屈服强度分别比 René N5 高 194 MPa 和 166 MPa，延伸率相当。

表 2.2　新型无 Re 镍基单晶高温合金与 René N5 单晶高温合金室温拉伸性能对比

合金	抗拉强度 (R_m)/MPa	屈服强度 ($R_{p0.2}$)/MPa	延伸率/%
René N5	1006	855	15.3
设计合金	1200	1021	15.5

图 2.14 所示为单晶经长期时效后的室温拉伸应力-应变曲线，由图可见，单晶经高温时效后，室温拉伸强度和屈服强度有所降低，抗拉强度由 1200 MPa 降低到 1150 MPa，拉伸延伸率有所减小，由 15.5%下降到 9.55%。

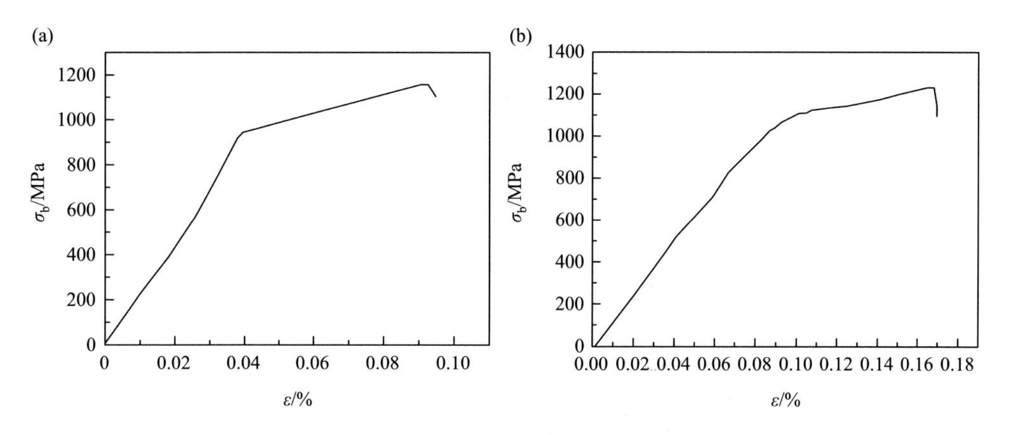

图 2.14　合金长期时效后的室温拉伸性能：（a）时效前；（b）时效后

断口形貌如图 2.15 所示，长期时效前后单晶试样没有发生明显的颈缩现象，断裂面与应力轴基本垂直，断裂类型为典型解理断裂，裂纹从试样表面形成后，迅速沿正应力最大方向扩展，最终发生断裂，整个断口上几乎未见裂纹扩展区域。时效后单晶断口可见粗大的析出相，为长期时效过程中长大的 γ′相。

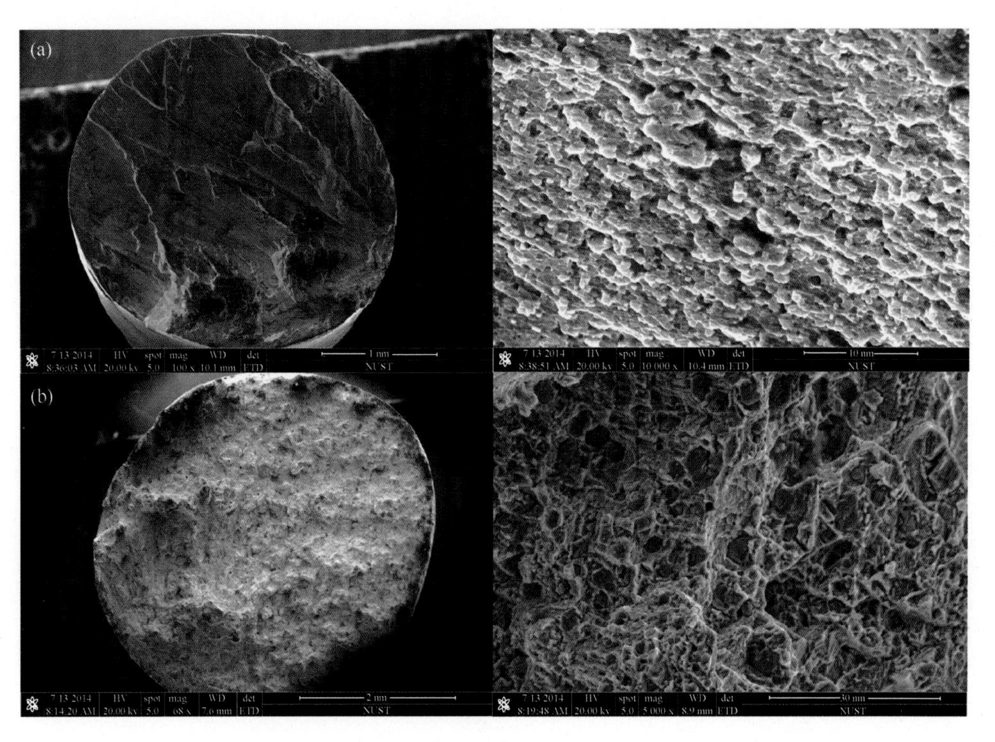

图 2.15 合金长期时效后的室温拉伸断口形貌：（a）时效前；（b）时效后

2）抗氧化性能

用作叶片的镍基单晶高温合金经受着长时间的高温氧化作用，在合金表面生成的氧化物会减少部件的有效截面积，增大局部应力；同时，合金元素，内氧化区域极易成为裂纹源，降低材料使用寿命。因此，抗氧化性是新型镍基单晶高温合金综合性能的重要指标。

图 2.16 为新型无 Re 镍基单晶高温合金与 René N5 单晶高温合金在 950℃恒温氧化 200 h 的氧化增重对比图，前者氧化增重为 1.92 mg/cm^2，后者为 1.39 mg/cm^2，新型无 Re 镍基单晶高温合金抗氧化性略低于 René N5 单晶高温合金，但都达到了抗氧化级别。

镍基高温合金在发生外氧化的同时，通常还伴随着元素的内氧化。镍基高温合金产生内氧化的条件为：①溶质元素氧化物的生成自由能要比基体元素镍生成

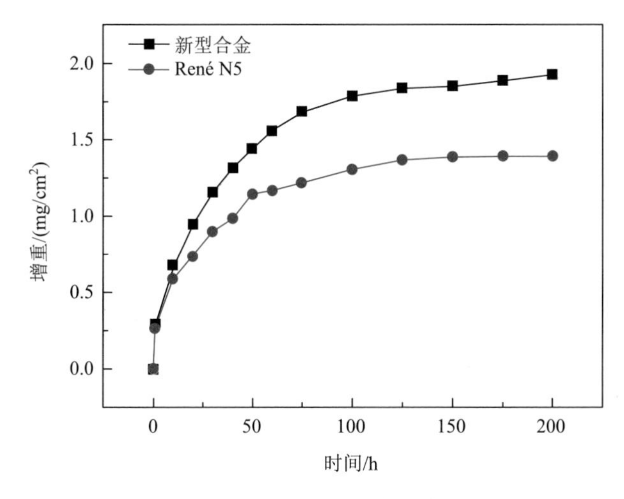

图 2.16 新型无 Re 镍基单晶高温合金与 René N5 单晶高温合金 950℃恒温氧化增重对比

氧化物的自由能更负，且溶质元素的浓度应低于临界值；②氧在基体元素中要有一定的溶解度，且氧在基体中的扩散速率大于氧在溶质元素中的扩散速率。

镍基高温合金发生内氧化的过程示意如图 2.17 所示。氧化初期，合金中的 Al、Cr 元素含量较大且活度较高，选择性地生成 Al_2O_3 和 Cr_2O_3，同时体积发生膨胀。其中形成 Al_2O_3 的体积膨胀为 92%，而形成 Cr_2O_3 的体积膨胀高达 117%，导致氧化膜与基体之间处于高应力状态。随着氧化的进行，氧化膜厚度增加，达到一定厚度后出现裂纹甚至剥落，剥落区域成为 O 相基体扩散的通道。另外，形成的 Al_2O_3 膜与外层 NiO 反应生成 $NiAl_2O_4$ 尖晶石层，引起内层的 Al_2O_3 膜在部分区域中断，也成为 O 相基体扩散的通道。同时，氧化膜的形成使合金基体内部与靠近氧化膜的基体存在 Al 浓度差，促使 Al 元素由基体内部向外扩散，当 Al 与 O 相遇时生成 Al_2O_3，即基体内部发生了 Al 的内氧化。

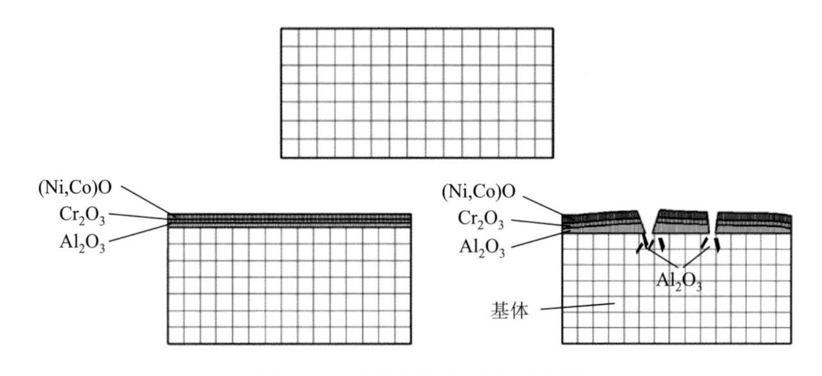

图 2.17 合金内氧化形成示意图

由内氧化形成的氧化物通常呈针状的钉楔结构，增加了氧化膜与基体的实际接触面积，延长裂纹的扩展距离，从而提高氧化膜的附着性，有利于合金的高温抗氧化。

合金中 W、Ta、Mo 等难溶元素的添加，极大地提高了合金的热激活能，对氧在基体中的扩散起到了阻碍作用，随着合金中难溶元素含量的增加，抑制氧扩散产生的氧化作用愈加明显，合金的内氧化现象将明显降低。

2.2 铸造 TiAl 合金

TiAl 金属间化合物是一种新型轻质高温结构材料，理论密度只有 3.9 g/cm^3，不到镍基高温合金的 1/2，具有高比强度、高比刚度、良好的耐蚀性、耐磨性以及较好的抗氧化和抗蠕变性能等优点，是迄今唯一能够在 600℃以上氧化环境长期使用的轻质金属材料，在航空发动机涡轮盘/涡轮叶片、航天飞行器蒙皮、汽车涡轮增压器等航空航天车辆领域热端部件极具应用潜力。

2012 年，美国 GE 公司成功将铸造 Ti-48Al-2Cr-2Nb 合金[48、2、2 表示原子百分数（at%），以下简称 4822 合金] 用于波音 787 飞机 GEnx^{TM} 发动机最后两级低压涡轮叶片，使单台发动机减重约 200 磅（90 kg）。然而，4822 合金铸造组织粗大且容易形成柱状晶组织，对力学性能不利。

陈光教授课题组系统研究了热处理保温温度、保温时间和冷却方式对 4822 和 Ti-48Al-2Cr-2Nb-V 合金组织转变的影响规律，设计了两步热处理和循环热处理工艺，得到了强塑性同步提高的细小片层组织，研究了合金微观组织与维氏硬度、断裂韧性等力学性能的关系。

2.2.1 Ti-48Al-2Cr-2Nb 合金

4822 合金的实际成分如表 2.3 所示。

表 2.3 4822 合金的实际成分

合金元素	Ti	Al	Nb	Cr
含量/%	49.39	47.56	1.69	1.36

图 2.18 是 4822 合金的铸态组织金相照片和 X 射线衍射（XRD）图谱，发现合金铸态时为粗大的全片层组织，晶粒尺寸为 1000～1500 μm，片层团界面处分布极少量的 γ 颗粒。片层间的亮区是 α 偏析，晶界处的枝晶形貌是 β 偏析。由 XRD 图谱可知，铸态组织由 γ 相、α_2 相和 β 相组成。经测试，4822 铸态合金的平均维氏硬度（HV）为 298。

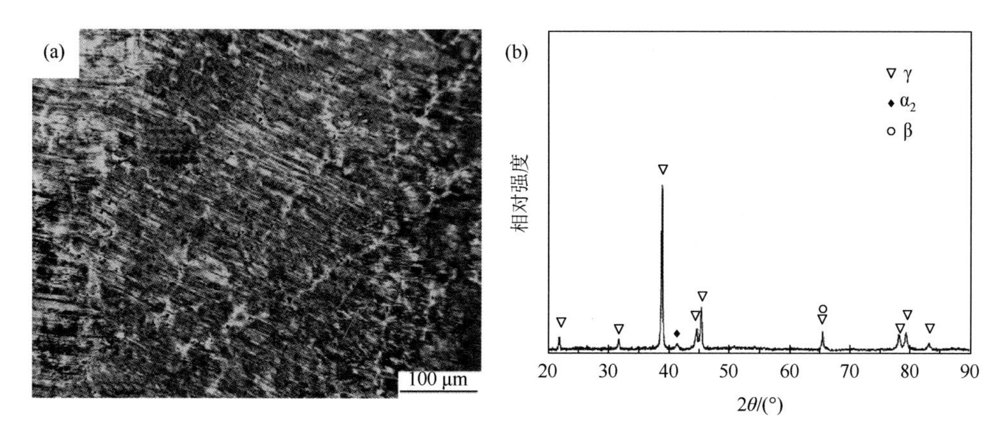

图 2.18　4822 合金的铸态组织金相照片及 XRD 图谱

图 2.19 是 4822 合金的差示扫描量热分析（DSC）升温曲线。4822 合金的凝固路径为：L→L + β→L + α + β→α→α + γ→α + α_2 + γ→α_2 + γ。分析可知，图中第一个相变吸热峰为共析转变温度（T_e），转变温度为 1206.7℃，相变过程为 α_2 + γ→α；第二个相变吸热峰为 α 转变开始温度（T_α），转变温度为 1305.9℃，相变过程为 α + γ→α。

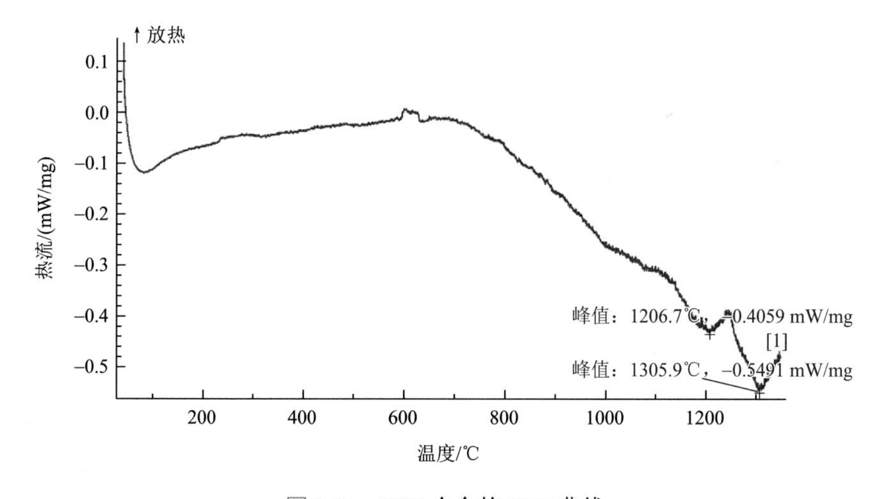

图 2.19　4822 合金的 DSC 曲线

4822 合金经过热等静压（HIP）处理（1260℃/4 h/150 MPa），得到近 γ 单相组织，晶粒尺寸约为 50 μm，如图 2.20 所示。

图 2.21 是 4822 合金近 γ 单相组织的室温拉伸曲线，表 2.4 是 4822 合金近 γ 单相组织的室温拉伸性能。

图 2.20　4822 合金 HIP 后的显微组织：（a）金相显微镜照片；（b）扫描电镜照片

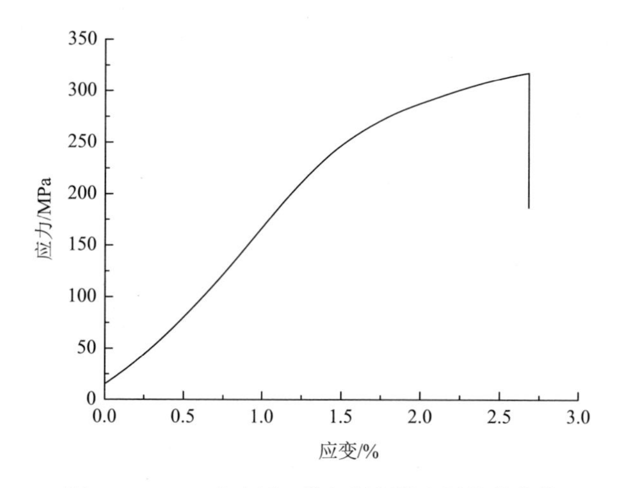

图 2.21　4822 合金近 γ 单相组织的室温拉伸曲线

表 2.4　4822 合金近 γ 单相组织的拉伸性能

组织形态	屈服强度 $\sigma_{0.2}$/MPa	抗拉强度 σ_b/MPa	延伸率/%
近 γ 单相组织	288	318	0.7

图 2.22 是 4822 合金近 γ 单相组织的室温拉伸断口，可以发现断口形貌区域平整，断裂模式以解理断裂为主。由图 2.22（c）可知，断裂方式既有解理断裂（穿晶断裂），也有沿晶断裂，解理断裂主要以河流花样的形式呈现，沿晶断裂的断口呈冰糖状，断面光滑且有梯度。裂纹由右上角向左下角方向扩展，四个圈分别是四个 γ 单相晶粒，裂纹从右上角第一个 γ 单相晶粒的晶界处萌发并沿着惯习面进行扩展，穿过 γ 单相晶粒一直延伸至另外一侧晶界，整个过程为解理断裂，然后裂纹继续在毗邻晶粒的晶界上萌生和扩展。图 2.22（d）中可以观察到二次裂纹，

二次裂纹的形成会消耗更多的能量，裂纹沿着晶界扩展，同时还观察到大量的穿晶断裂。

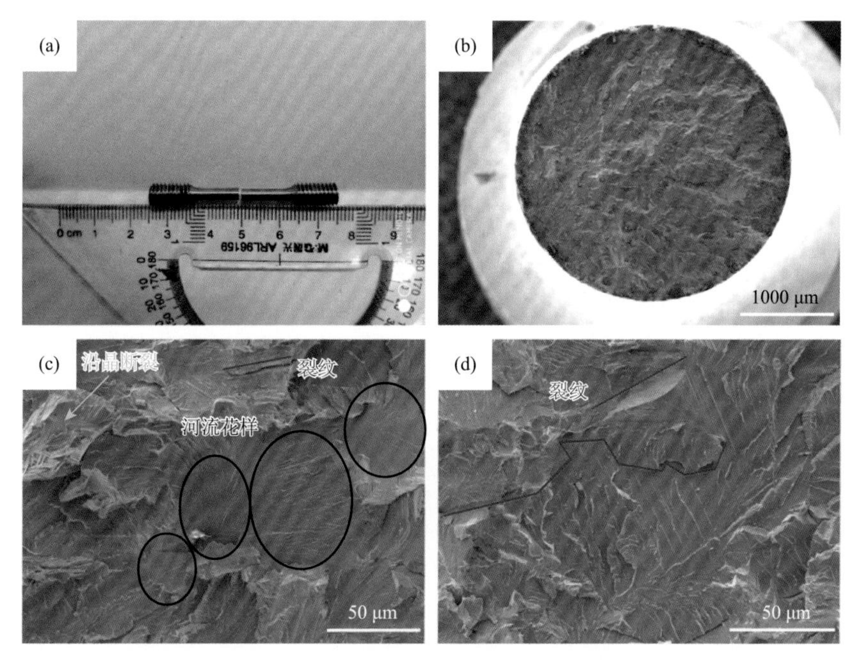

图 2.22　4822 合金近 γ 单相组织室温拉伸断口形貌图：(a) 试样断裂后照片；(b) 断口全局图；(c) 断口形貌 1；(d) 断口形貌 2

4822 合金近 γ 单相组织的室温断裂韧性载荷-位移曲线如图 2.23 所示，断裂韧性 K_{IC} 值如表 2.5 所示，平均 K_{IC} 值约为 8.1 MPa·m$^{1/2}$。

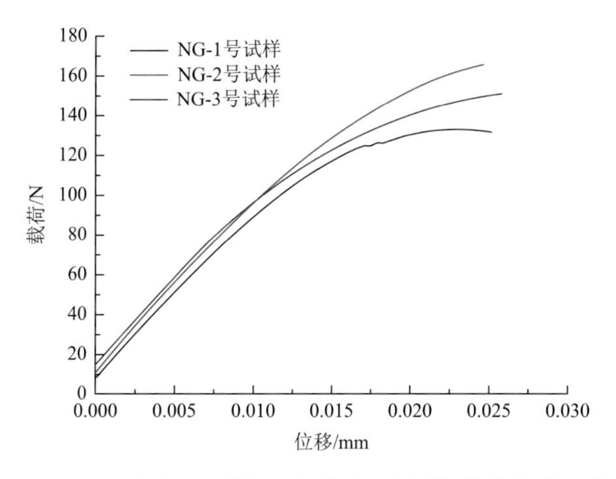

图 2.23　4822 合金近 γ 单相组织的室温断裂韧性载荷-位移曲线

表 2.5 三组试样的断裂韧性 K_{IC} 值及最大载荷 P_{max}

试样	最大载荷 P_{max}/N	断裂韧性 K_{IC}/(MPa·m$^{1/2}$)
近γ单相组织-1	130	7.76
近γ单相组织-2	165	8.74
近γ单相组织-3	150	7.81

图 2.24 为 4822 合金近γ单相组织的裂纹扩展图。可以看到裂纹扩展主要以穿晶断裂为主，包含少量的沿晶断裂。在图 2.24（a）和（c）中的主裂纹呈直线状，无明显弯曲，在图 2.24（b）中的预制裂纹前端，主裂纹附近还存在两条支裂纹。图 2.24（b）的试样断裂韧性更高，这是因为在受压过程中支裂纹的产生会使得材料应力降低，从而降低裂纹扩展的驱动力，也就提高了材料的断裂韧性值。

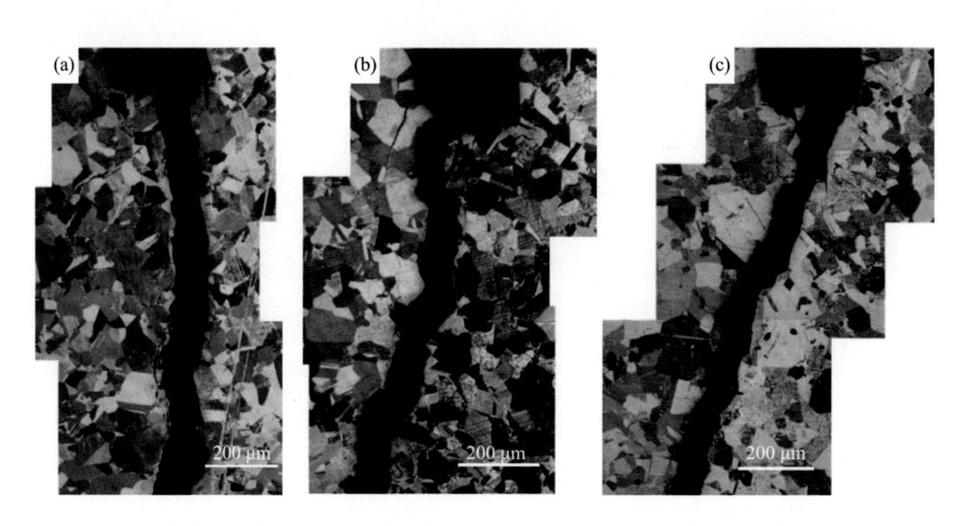

图 2.24 4822 合金近γ单相组织的裂纹扩展图：（a）1 号试样；（b）2 号试样；（c）3 号试样

图 2.25 为 4822 合金近γ单相组织的 1 号试样断口形貌图。由图 2.25（a）可以看出整个断面上的显微组织晶粒细小。图 2.25（b）为裂纹扩展最初始的地方，组织先发生沿晶断裂再发生穿晶断裂，发生穿晶断裂时主要是等轴状的γ相晶粒沿{111}面发生解理断裂，其断口形貌以河流花样为特征形态。图 2.25（c）为河流花样图，图中黑色箭头方向为解理裂纹扩展方向，白色箭头所标的是在发生解理断裂的过程中解理裂纹和螺形位错相遇形成的解理台阶。图 2.25（d）为主裂纹开始扩展的地方，可以看到片层团。主裂纹开始扩展时是先沿着片层团晶界发生沿晶断裂，然后发生了穿片层断裂。当片层团发生穿片层断裂时片层团内部的相界面也会发生分离从而造成沿片层板条方向的裂纹，称为撕裂棱。

图 2.25　4822 合金近 γ 单相组织的 1 号试样断口形貌图：（a）断口全局图；（b）断口局部图 1；（c）断口局部图 2；（d）断口局部图 3

综上，4822 合金近 γ 单相组织抵抗裂纹扩展的能力较差，呈现较低的断裂韧性值。

1. 保温温度的影响

研究不同保温温度、保温时间和冷却方式对 TiAl 合金组织转变的影响规律，对制定热处理工艺、调控合金组织和改善合金性能具有重要的意义。

为了研究热处理保温温度对片层组织转变的影响规律，设计 4822 合金热处理保温温度分别为 1340℃、1360℃、1370℃、1380℃、1390℃、1400℃和 1410℃，保温时间为 1 h，冷却方式为炉冷（FC），金相组织如图 2.26 所示。

图 2.26（a）热处理工艺为 1340℃/1 h/FC，为近 γ 组织，晶粒尺寸约为 79 μm。与初始组织相比，图 2.26（a）的近 γ 单相晶粒中形成了少量片层，这是因为 1340℃超过了 T_{α}（1305.9℃），在固溶处理过程中会有 α 相从 γ 相中析出，并在冷却过程中形成片层。

图 2.26（b）热处理工艺为 1360℃/1 h/FC，为双态组织，晶粒尺寸约为 94 μm。与图 2.26（a）相比，由于保温温度的升高，图 2.26（b）中从 γ 单相晶粒中析出的 α 相更多，冷却过程中在 γ 单相晶粒中形成了更多的片层组织，同时还能看到

少量γ单相晶粒的轮廓。

图 2.26（c）热处理工艺为 1370℃/1 h/FC，为双态组织，晶粒尺寸约为 153 μm。与图 2.26（b）相比，图 2.26（c）已经出现了完全的片层团，在片层团的周围可以观察到少量的γ单相晶粒，这是因为 1370℃只比α转变终止温度（1356℃）略高，还有一定量的γ单相晶粒来不及发生相变。

图 2.26（d）热处理工艺为 1380℃/1 h/FC，为全片层组织，晶粒尺寸约为 1231 μm。从图 2.26（d）中可以看到片层团晶界呈现不规则的锯齿形貌，这是因为片层相互交错生长进入到毗邻的晶粒内部，与图 2.26（c）相比，片层晶粒尺寸几乎增大了一个数量级，且片层转变很完全。

图 2.26（e）～（g）均为全片层组织，其中图 2.26（e）热处理工艺为 1390℃/1 h/FC，晶粒尺寸约为 1512 μm，图 2.26（f）热处理工艺为 1400℃/1 h/FC，晶粒尺寸约为 1691 μm，图 2.26（g）热处理工艺为 1410℃/1 h/FC，晶粒尺寸约为 1946 μm。对比图 2.26（e）～（g）三个全片层组织的晶界，可以看到图 2.26（e）中片层团晶界仍然呈现不规则的锯齿形貌，图 2.26（f）中片层团晶界锯齿形貌变得不明显，图 2.26（g）中片层团晶界愈发趋于平整。

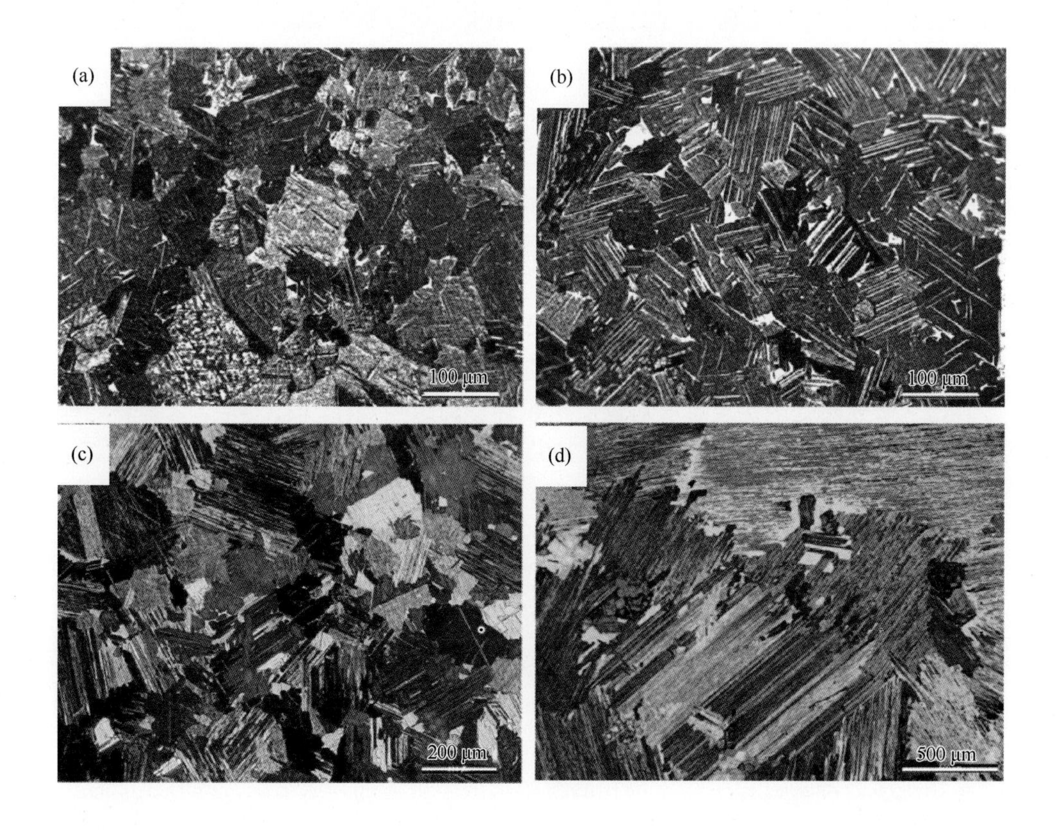

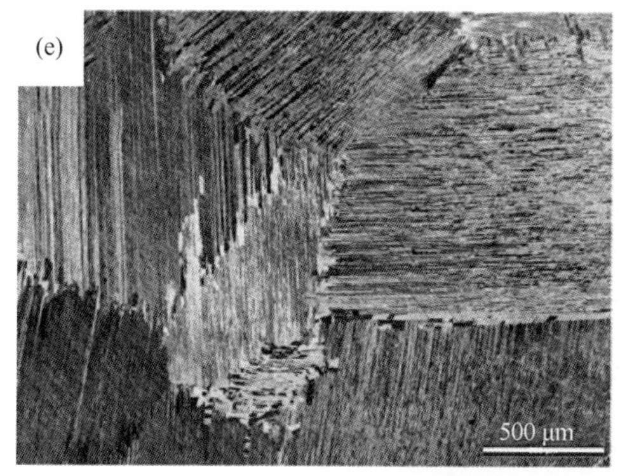

图 2.26　4822 合金在 1 h/FC 下不同热处理保温温度的显微组织金相照片：(a) 1340℃；(b) 1360℃；(c) 1370℃；(d) 1380℃；(e) 1390℃；(f) 1400℃；(g) 1410℃

表 2.6 为 4822 合金热处理保温温度-组织形态-晶粒尺寸之间的关系，可以发现：

（1）在 1 h/FC 的前提下，1360～1370℃进行热处理得到双态组织，1380℃以上热处理得到全片层组织。

（2）随着热处理温度的升高，晶粒尺寸逐渐增大，在 1380℃左右晶粒尺寸增大明显，提高了一个数量级。

（3）随着热处理温度的升高，片层团晶界由不规则的锯齿形貌逐渐趋于平整。

表 2.6　4822 合金热处理保温温度-组织形态-晶粒尺寸之间的关系

热处理工艺	组织形态	晶粒尺寸/μm
热等静压 + 1340℃/1 h/FC	近 γ 组织（NG）	79
热等静压 + 1360℃/1 h/FC	双态组织（DP）	94
热等静压 + 1370℃/1 h/FC	双态组织（DP）	153
热等静压 + 1380℃/1 h/FC	全片层组织（FL）	1231

续表

热处理工艺	组织形态	晶粒尺寸/μm
热等静压 + 1390℃/1 h/FC	全片层组织（FL）	1512
热等静压 + 1400℃/1 h/FC	全片层组织（FL）	1691
热等静压 + 1410℃/1 h/FC	全片层组织（FL）	1946

2. **保温时间的影响**

根据前文所述，当固溶时间为 1 h，热处理保温温度为 1370℃和 1380℃时，组织分别为双态组织和全片层组织。为了检验在延长保温时间的情况下是否会得到全片层组织，设计 4822 合金热处理保温时间分别为 1 h、1.5 h、2 h 和 5 h，保温温度为 1370℃，冷却方式为炉冷（FC），显微组织金相照片如图 2.27 所示。

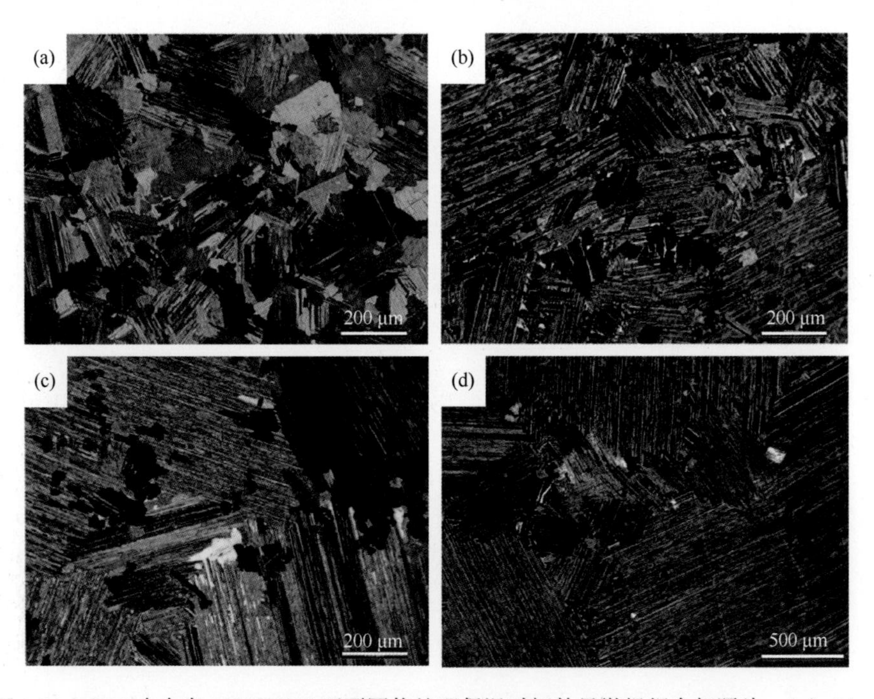

图 2.27　4822 合金在 1370℃/FC 下不同热处理保温时间的显微组织金相照片：（a）1 h；（b）1.5 h；（c）2 h；（d）5 h

图 2.27（a）热处理工艺为 1370℃/1 h/FC，为双态组织，晶粒尺寸约为 153 μm。

图 2.27（b）热处理工艺为 1370℃/1.5 h/FC，为近片层组织，晶粒尺寸约为 500 μm。在片层团的晶界交汇处和片层团内部存在 γ 单相晶粒，与图 2.27（a）相比，图 2.27（b）中片层团内部和晶界处的 γ 单相晶粒尺寸减小，数量变少。

图 2.27（c）热处理工艺为 1370℃/2 h/FC，为近片层组织，晶粒尺寸约为 1031 μm。与图 2.27（b）相比，图 2.27（c）中的片层转变更明显，晶粒尺寸更大，片层团的晶界呈现不规则的锯齿形貌，而 γ 单相晶粒的数量则减少许多。

图 2.27（d）热处理工艺为 1370℃/5 h/FC，为近片层组织，晶粒尺寸约为 1744 μm。与图 2.27（c）相比，片层团内部和晶界处出现的 γ 单相晶粒数量更少，晶粒尺寸更小，这是由于保温时间延长使得 γ→α 转变得更加彻底。

表 2.7 为 4822 合金热处理保温时间-组织形态-晶粒尺寸之间的关系，可以发现在热处理保温温度为 1370℃时，延长保温时间也很难得到全片层组织。

表 2.7　4822 合金热处理保温时间-组织形态-晶粒尺寸之间的关系

热处理工艺	组织形态	晶粒尺寸/μm
热等静压 + 1370℃/1 h/FC	双态组织（DP）	153
热等静压 + 1370℃/1.5 h/FC	近片层组织（NL）	500
热等静压 + 1370℃/2 h/FC	近片层组织（NL）	1031
热等静压 + 1370℃/5 h/FC	近片层组织（NL）	1744

综上，4822 合金的全片层转变温度约为 1380℃，高于 α 转变终止温度（1356℃）约 24℃，且在超过 1380℃热处理时晶粒粗化严重。

3. 冷却方式的影响

研究了空冷（AC）、炉冷和炉冷 + 空冷对 4822 合金片层组织转变的影响，设计 4822 合金保温温度为 1380℃，保温时间为 10 min，冷却方式分别为 AC、FC→1300℃/AC 和 FC。

图 2.28（a）和（b）热处理工艺为 1380℃/10 min/AC，金相组织为网篮组织，晶粒尺寸约为 80 μm。图 2.28（b）中 γ 单相晶粒内部析出的片层之间的夹角约为 70°，这是因为 γ 单相晶粒的$\{111\}_\gamma$之间的夹角约为 70.5°，同时 γ 相和 α_2 有着如下的晶体位相关系：$(0001)_{\alpha 2} // \{111\}_\gamma$。在加热的过程中经过 α + γ 两相区时，α 相将会从 γ 单相晶粒内的$\{111\}_\gamma$面析出片状 α 相，α 相会在随后的空冷过程中转变为 α_2/γ 片层束，这样在热处理后就会得到交叉排列的片层束，最终构成网篮组织。

图 2.28（c）热处理工艺为 1380℃/10 min/FC→1300℃/AC，金相组织为网篮组织，晶粒尺寸约为 40 μm。与图 2.28（a）和（b）相比，片层束更加细长，片层体积分数提高，并伴有细小的 γ 单相晶粒。

图 2.28（d）热处理工艺为 1380℃/10 min/FC，金相组织为近片层组织，晶粒尺寸约为 276 μm。与图 2.28（c）相比，片层体积分数增大，图 2.28（c）中的细长片层束转变为粗大片层团，同时在片层团内部和晶界处分布着细小的 γ 单相晶粒。

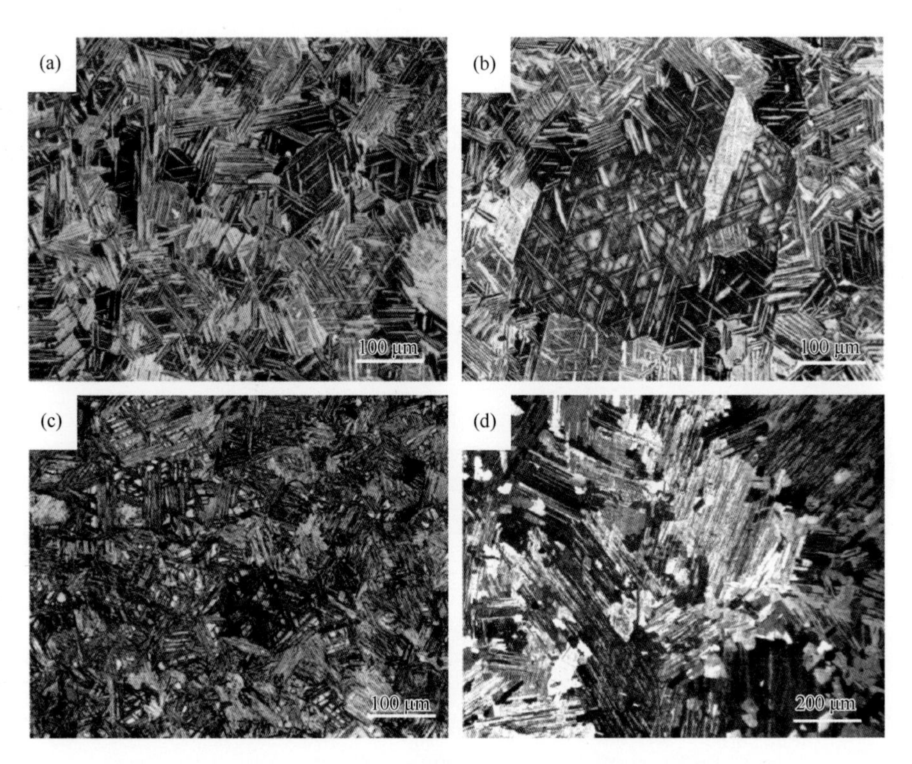

图 2.28 4822 合金在 1380℃/10 min 下不同冷却方式的显微组织金相照片：（a）、（b）AC；（c）FC→1300℃/AC；（d）FC

从图 2.28 中可以发现网篮组织的转变过程。

（1）α 相从 γ 相四个{111}面上析出，形成的片层在 γ 单相晶粒中互呈 70°夹角，构成网篮组织。

（2）随着组织转变的进行，片层不断生长且体积分数增大，原来的 γ 单相晶粒被分割成一个个的小晶粒，尺寸不断减小。

（3）冷速越快越容易形成网篮组织，冷速越慢，片层束体积分数增大，越容易形成近片层组织。

综上，4822 合金从近 γ 单相组织转变为近片层组织的过程如图 2.29 所示。首先，4822 合金在升温过程中会在 γ 单相晶粒内的$\{111\}_\gamma$面析出片状 α 相，在快冷下形成网篮组织，如图 2.29（b）所示。在此基础上，片层会长大形成片层束，同时被多个片层束包围的 γ 单相晶粒会被片层束吞噬并逐渐变小，片层体积分数增大，如图 2.29（c）所示。随着组织转变的进一步发生，片层束尺寸越来越大，在晶界处会有大量细小 γ 单相晶粒残留，合金组织转变为近片层组织，如图 2.29（d）所示。最后，片层束粗化转变为片层团并逐渐吞噬残留 γ 单相晶粒，如图 2.29（e）所示。

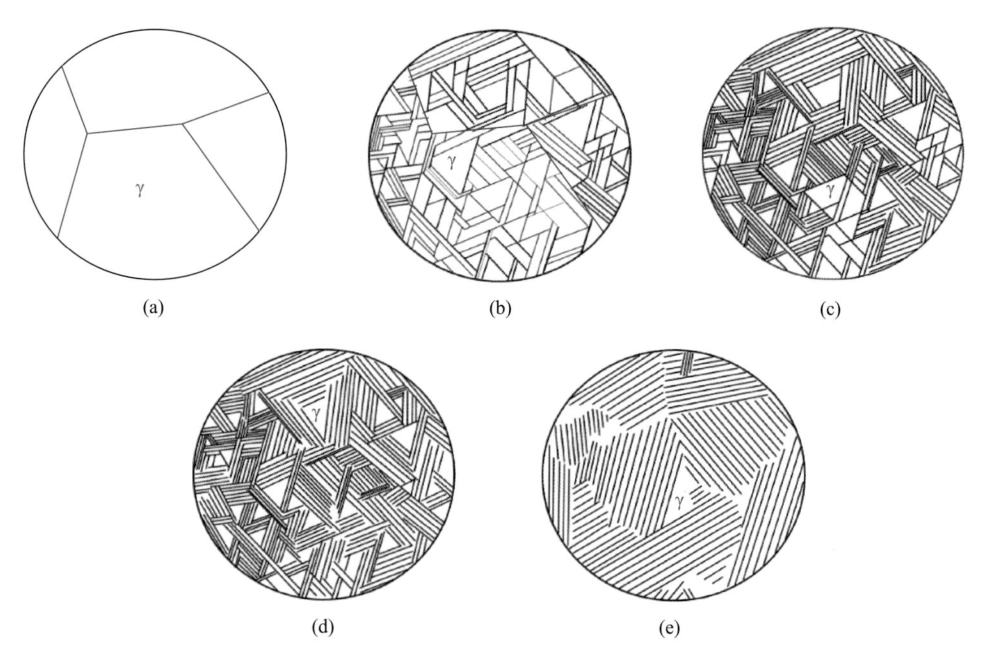

图 2.29　4822 合金近 γ 单相组织→网篮组织→近片层组织转变：（a）近 γ 单相组织；（b）初期网篮组织；（c）后期网篮组织；（d）初期近片层组织；（e）后期近片层组织

根据上述实验结果，发现采用炉冷 + 空冷组合的冷却方式，在 1380℃保温 10 min 进行固溶处理，得到了网篮组织，但是片层体积分数非常高。为了检验提高热处理保温温度能否得到全片层组织，设计 4822 合金热处理保温温度分别为 1380℃、1390℃和 1400℃，保温时间和冷却方式为 10 min/FC→1300℃/AC。

图 2.30（a）热处理工艺为 1380℃/10 min/FC→1300℃/AC，金相组织为网篮组织，晶粒尺寸约为 40 μm。

图 2.30（b）热处理工艺为 1390℃/10 min/FC→1300℃/AC，金相组织为近片层组织，晶粒尺寸约为 186 μm。可以发现片层团晶粒尺寸较小，在片层团的内部和晶界处存在一定量的细小 γ 单相晶粒。片层团的晶界呈现不规则的锯齿形貌，片层相互生长进入毗邻的晶粒内部。红圈标注的地方是片层转变不完全的组织，集中在多个片层团交界处。这是因为最先形成的片层团会向四周进行生长扩展，一些没有转变完全的细小晶粒则被夹在大片层团的晶界处，受到大片层团的挤压而难以转变和长大。

图 2.30（c）热处理工艺为 1400℃/10 min/FC→1300℃/AC，金相组织为全片层组织，晶粒尺寸约为 511 μm。与图 2.30（b）相比，图 2.30（c）中的 γ 单相晶粒完全消失，片层团晶界更加平整。

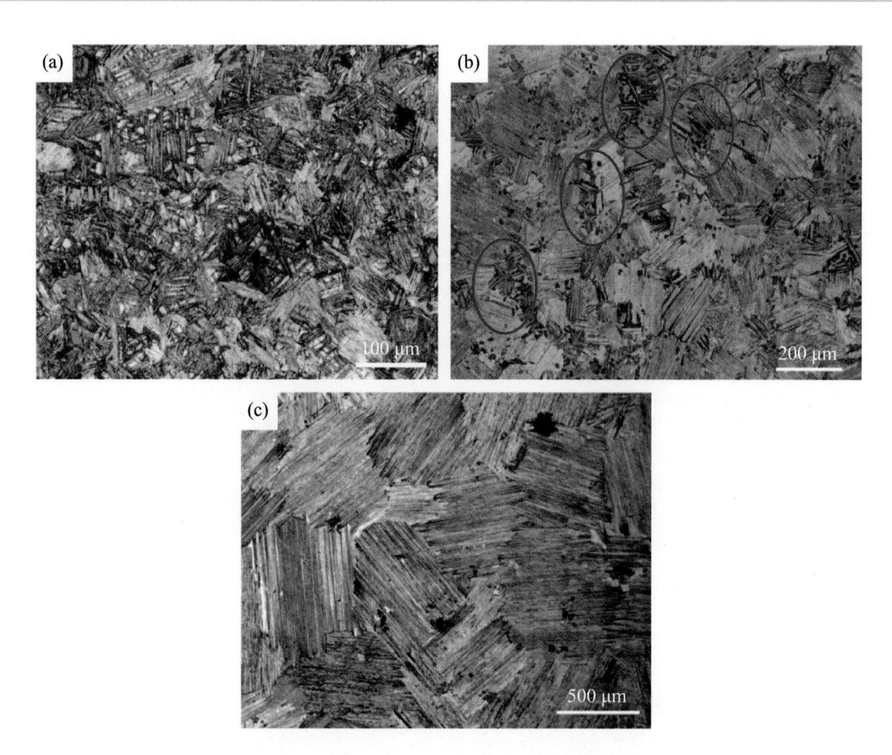

图 2.30 4822 合金在 10 min/FC→1300℃/AC 下不同热处理保温温度的显微组织金相照片：（a）1380℃；（b）1390℃；（c）1400℃

图 2.31 是 4822 合金在 1400℃/10 min/FC→1300℃/AC 热处理后的片层团晶界局部组织。图中的箭头代表片层团的方向，A 和 B 各代表一个片层团。图 2.31（a）中的 A 片层团尺寸较小，位于四个大片层团中间，A 片层团有许多细小的片层束和 B 片层团中的片层相互交错，编织成网状。图 2.31（b）中 A 片层团和 B 片层团的片层相互交错，这些交错的片层束将大大提高片层团晶界的结合力。

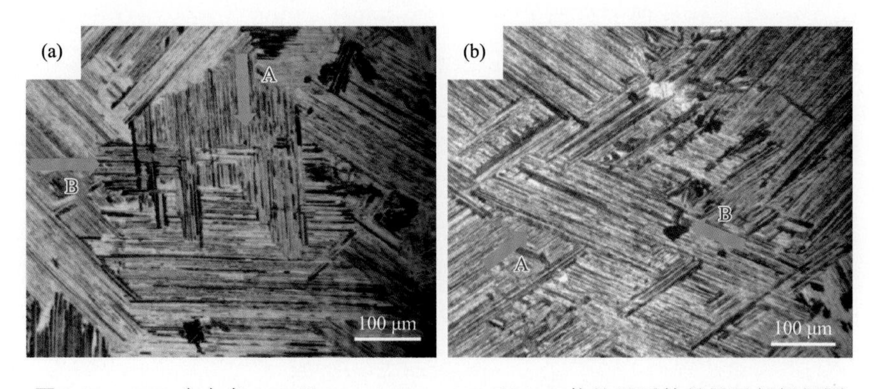

图 2.31 4822 合金在 1400℃/10 min/FC→1300℃/AC 热处理后的晶界局部组织图

表 2.8 为 4822 合金在炉冷 + 空冷组合的冷却方式下热处理保温温度-组织形态-晶粒尺寸之间的关系，可以发现随着热处理保温温度的升高，合金组织从网篮组织转变为近片层组织，最后变成全片层组织。采用 1390℃10 min/FC→1300℃/AC 的热处理工艺可以有效地让 4822 合金发生片层转变，且合金晶粒尺寸较小。

表 2.8　4822 合金炉冷 + 空冷下热处理保温温度-组织形态-晶粒尺寸之间的关系

热处理工艺	组织形态	晶粒尺寸/μm
热等静压 + 1380℃/10 min/FC→1300℃/AC	网篮组织	40
热等静压 + 1390℃/10 min/FC→1300℃/AC	近片层组织（NL）	186
热等静压 + 1400℃/10 min/FC→1300℃/AC	全片层组织（FL）	511

研究了水淬（WQ）、油淬（OQ）、空冷和炉冷对 4822 合金微观组织的影响，设计 4822 合金保温温度为 1320℃，保温时间为 10 min，冷却方式分别为 WQ、OQ、AC 和 FC。

图 2.32（a）为淬火试样的微观组织，由 α2/γ 片层组织、黑色块状 γm 和魏氏体组织组成。当冷却速度足够快时，高温 α 相会发生有序化转变，生成 γm。魏氏体是由 α 相孪生机制产生，α 相在高温冷却时会形成片层，通过孪生机制在一个晶粒中形成了多个片层取向，即魏氏体组织。淬火组织中出现了裂纹，裂纹沿着与片层平行的方向扩展。显微裂纹对合金性能的影响是致命的，大大限制了淬火工艺在 TiAl 合金热处理方面的应用。

图 2.32（b）是油淬试样的微观组织。黑色基体为片层组织，白色颗粒为细小 γ 相。由图可知，由于油淬冷速较快，抑制了冷却过程中晶粒的长大，且在晶界处形成细小的 γ 相，一定程度上细化了片层组织，但组织中仍然存在较大的片层团，出现了组织不均匀的现象。油淬存在较高的危险性，因此在工业应用中不是非常广泛。

图 2.32（c）为空冷试样的微观组织。黑色基体为片层组织，白色颗粒为细小 γ 相。由于冷却速度较慢，晶粒发生了剧烈长大，粗大的片层团占据主导，在晶界处细小的 γ 相很少，这是晶粒竞争生长的结果。空冷虽然一定程度能细化晶粒，但细化效果不如油淬。

图 2.32（d）为炉冷试样的微观组织，晶粒尺寸为 30～40 μm，由于炉冷的冷却速度较慢，当温度降低时，将形成更多的 γ 相，阻碍 α 相晶粒的长大，而 α 相晶粒的大小将决定最后的片层团大小，最终细化了片层组织。

综上，由于炉冷破碎了粗大的铸态片层晶团，并且更接近工业应用，同时其细化效果与油淬类似，因而首选炉冷对试样进行热处理。

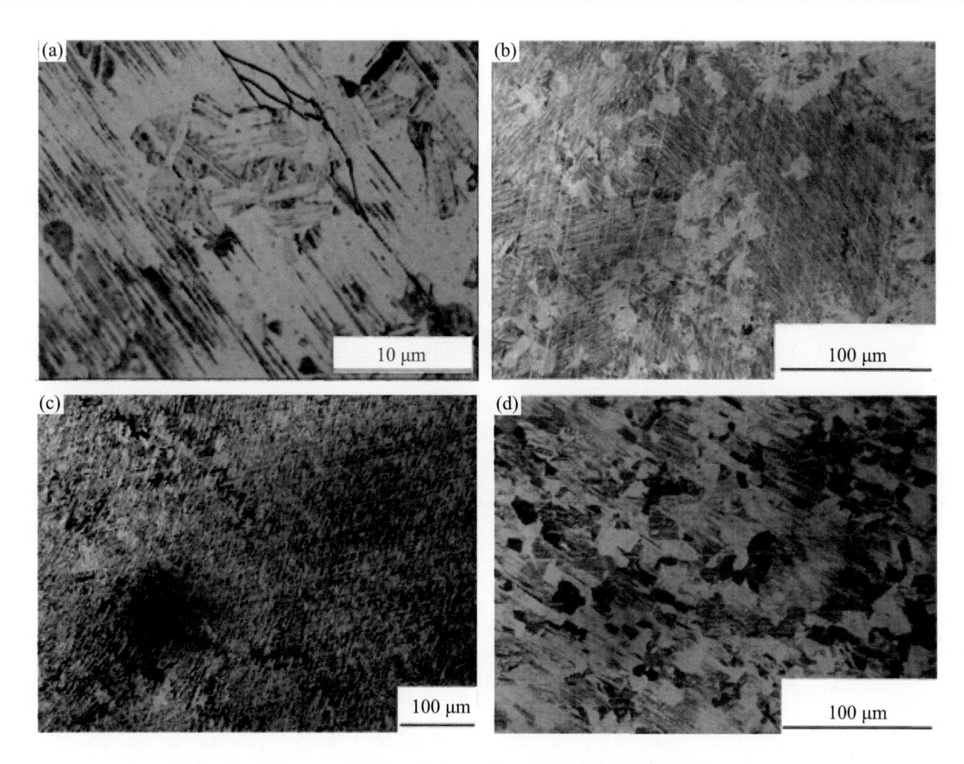

图 2.32　4822 合金 1320℃/10 min 不同冷却方式下微观组织金相照片：（a）WQ；（b）OQ；（c）AC；（d）FC

图 2.33 为不同冷却方式下的 XRD 图谱。水淬试样的 β 相含量较高，因为冷却速度较快，β 偏析中的 β 相稳定元素 Nb、Cr 没有及时扩散。

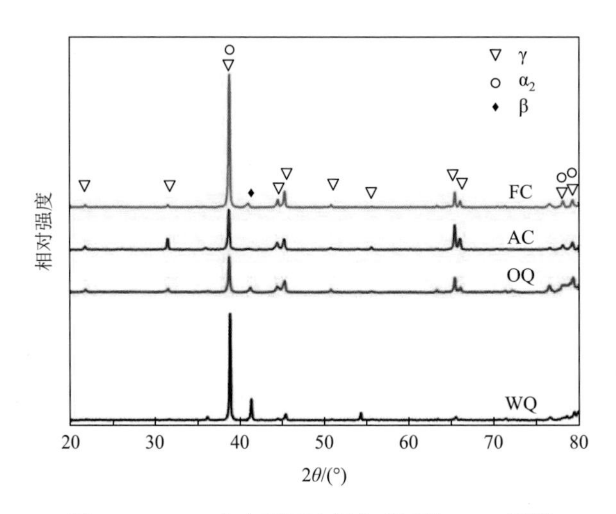

图 2.33　4822 合金不同冷却方式下的 XRD 图谱

油淬试样中 β 偏析明显减小，但并没有完全消除。冷却速度降低有利于 Nb、Cr 进行扩散，使 β 偏析减小，同时发生共析反应 $\alpha \rightarrow \alpha_2 + \gamma$，使 α_2 相含量增加。

对于空冷和炉冷试样，β 偏析明显减小，但也没有完全消除。冷却速度进一步降低有利于 Nb、Cr 进行扩散，减小 β 相含量，增加 α 相含量。同时共析反应 $\alpha \rightarrow \alpha_2 + \gamma$ 的程度进一步增加，使 α_2 相和 γ 相含量增加。炉冷试样的 γ 相含量明显高于空冷试样，因为炉冷的冷却速度更慢，更接近于平衡转变，因而有更多的时间进行扩散，有利于 γ 相的形成。

综上，在不同的冷却方式下，γ 相为主要相。冷却速度减小，扩散速度慢的 β 相稳定元素有更多的时间进行扩散，使 β 相含量减少，高温 α 相含量增加。同时高温 α 相发生共析反应 $\alpha \rightarrow \alpha_2 + \gamma$，使 γ 相和 α_2 相含量增加。

图 2.34 为 4822 合金不同冷却方式下的维氏硬度。随炉冷却时，合金的维氏硬度（HV）为 244，进一步提高冷却速度，空冷时，合金的维氏硬度增加至 262，油淬时，合金的维氏硬度明显增大（354）；虽然水淬的冷却速度最快，但合金的维氏硬度（347.6）略低于油淬。

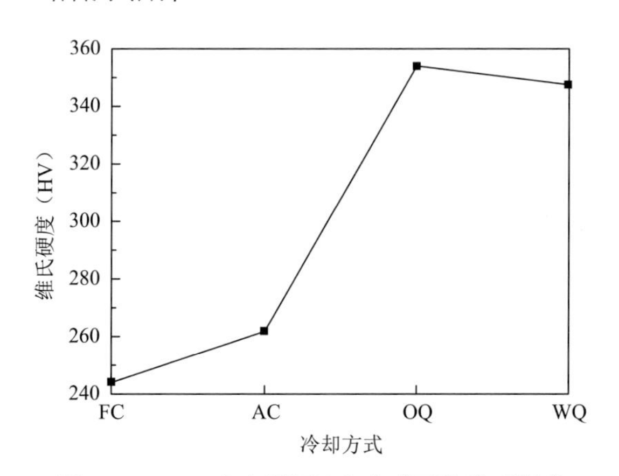

图 2.34　4822 合金不同冷却方式下的维氏硬度

综上，冷却速度对试样的维氏硬度影响较大。水淬和油淬的冷却速度快，使组织中产生大量的缺陷和内部应力，有利于硬度的提高。由于水淬试样中出现了裂纹，使试样的抗压能力减弱，降低了维氏硬度值。若无裂纹，水淬试样的维氏硬度应该高于油淬试样的维氏硬度。

试样经过空冷后，晶粒粗大，维氏硬度降低，而试样经过炉冷后，虽然组织发生了细化，但也消除了残余应力，同时合金的片层间距增大，因而维氏硬度发生了下降。

4. 两步热处理对组织性能的影响

设计 4822 合金第一步热处理保温温度分别为 1305.9℃、1310℃、1330℃和

1340℃，保温时间为 10 min，冷却方式为炉冷。

图 2.35 是 4822 合金第一步热处理不同温度对应的显微组织金相照片。图 3.35（a）保温温度是 1305.9℃，铸态组织部分发生细化，但仍然存在较大的片层团。由于测量误差±0.5℃的存在，样品并没有完全处于共析点，而是处于 $\alpha_2+\gamma$ 两相区。加热过程中，生成的 α 相含量极少，无法细化粗大的片层团。

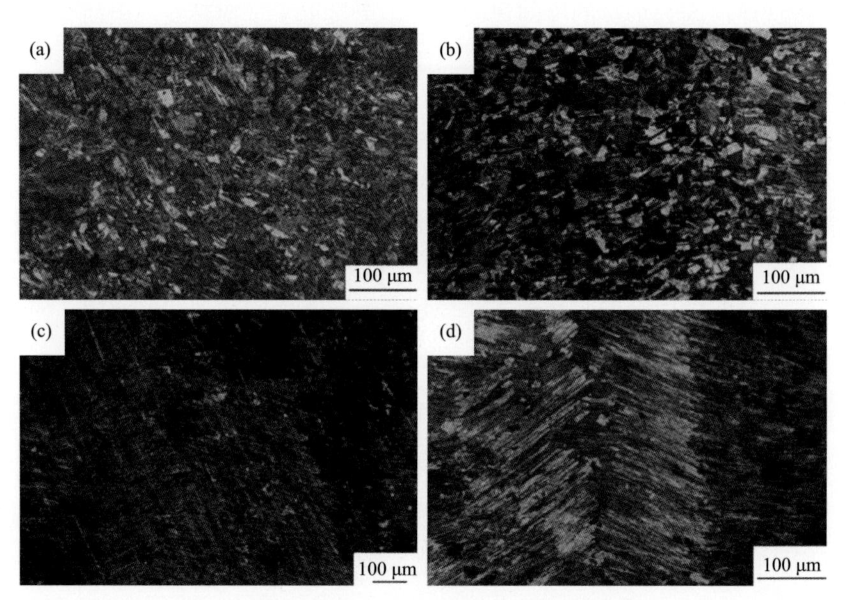

图 2.35　4822 合金第一步热处理不同温度对应的显微组织金相照片：（a）1305.9℃；（b）1310℃；（c）1330℃；（d）1340℃

图 2.35（b）保温温度是 1310℃，组织发生了明显的细化，片层团的平均晶粒尺寸为 30～40 μm，与图 2.32（d）1320℃退火组织类似。图 2.35（c）保温温度是 1330℃，铸态组织并没有细化，形成了粗大的全片层组织，晶粒尺寸为 200～300 μm，一方面，温度升高，α 相含量增加，γ 相抑制作用减弱；另一方面，高温使 α 晶粒明显长大，退火组织保留了高温 α 相的尺寸，铸态组织无法细化。图 2.35（d）保温温度是 1340℃，与图 2.35（c）的组织相似，热处理温度高于 T_α，导致高温 α 晶粒长大，难以细化组织。

综上，1310℃/10 min/FC 的晶粒细化效果最好，而且与 1320℃相比温度更低，经济成本降低，可作为第一步热处理来细化铸态组织。

图 2.36 是 4822 合金第一步热处理不同温度对应的 XRD 图谱。由图可知，第一步热处理基本消除了 β 偏析。当合金经过 1305.9℃/10 min/FC 后，β 相仍然存在，因为此时热处理温度较低，且热处理时间较短，Nb、Cr 等 β 相稳定元素扩散较慢，因而仍存在 β 相。当合金经过 1310～1330℃/10 min/FC 后，β 相基本消除，

因为此时热处理温度较高，有利于 Nb、Cr 等 β 相稳定元素充分扩散。当合金经过 1340℃/10 min/FC 后，仍存在少量的 β 相，因为此时热处理温度过高，合金存在成分和结构起伏，局部范围的贫 Al 区将会降低合金的 β 相转变温度，使合金局部进入（α + β）两相区，形成 β 相，而高温时的冷却速度较快，过多的 β 相无法通过 Nb、Cr 等 β 相稳定元素的扩散而消除。

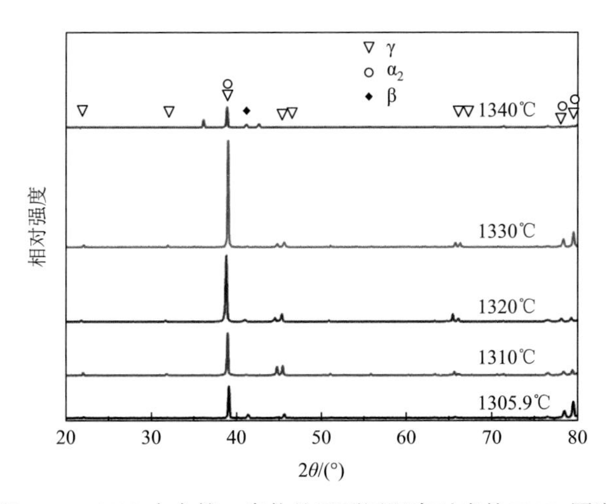

图 2.36　4822 合金第一步热处理不同温度对应的 XRD 图谱

图 2.37 是 4822 合金第一步热处理不同温度对应的维氏硬度值。当热处理温度为 1305.9℃时，合金的维氏硬度（HV）值最低（227）；当温度升至 1310℃时，合金的维氏硬度值达到最大值（256.6）；随着热处理温度进一步升高，合金的维氏硬度值逐渐降低，1320℃时的维氏硬度值为 244，1330℃时的维氏硬度值为 234.1，1340℃时的维氏硬度值为 230.1。

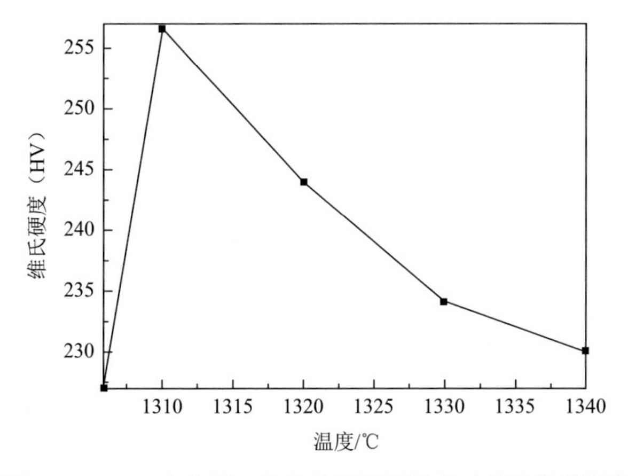

图 2.37　4822 合金第一步热处理不同温度对应的维氏硬度

当热处理温度为1305.9℃时，组织细化效果不明显，仍然存在粗大的片层团，因此硬度较低；当温度升高至1310℃，合金进入（$\alpha+\gamma$）相区，Cr和Nb快速扩散，在α晶粒中分布均匀，对合金进行了固溶强化，维氏硬度升高；当温度继续升高至1320～1340℃，晶粒发生了长大，避免了位错的塞积，减小了晶界间移动的阻力，维氏硬度下降。

综上，1310℃是一个临界温度，此时合金的晶粒尺寸最小、维氏硬度最高，因此其选择作为第一步热处理的温度。经过第一步热处理后4822合金中仍然存在粗大的α_2/γ片层团，因此需要第二步热处理来细化合金的组织，提高合金的综合性能。

在第一步热处理的基础上，设计 4822 合金第二步热处理保温温度分别为1310℃、1320℃、1330℃和1340℃，保温时间为10 min，冷却方式为FC。

图2.38是4822合金经过第二步热处理（1310～1340℃/10 min/FC）的显微组织金相照片。图2.38（a）对应1310℃，与图2.35（b）第一步热处理组织相比，大尺寸晶粒片层团数量明显减少，组织更加均匀，晶粒尺寸为30～40 μm。图2.38（b）对应 1320℃，与图 2.38（a）组织相似，晶粒进一步细化，并且组织非常均匀。热处理温度升高，α相形核率增加，并且含量增加，有利于合金的细化。图2.38（c）

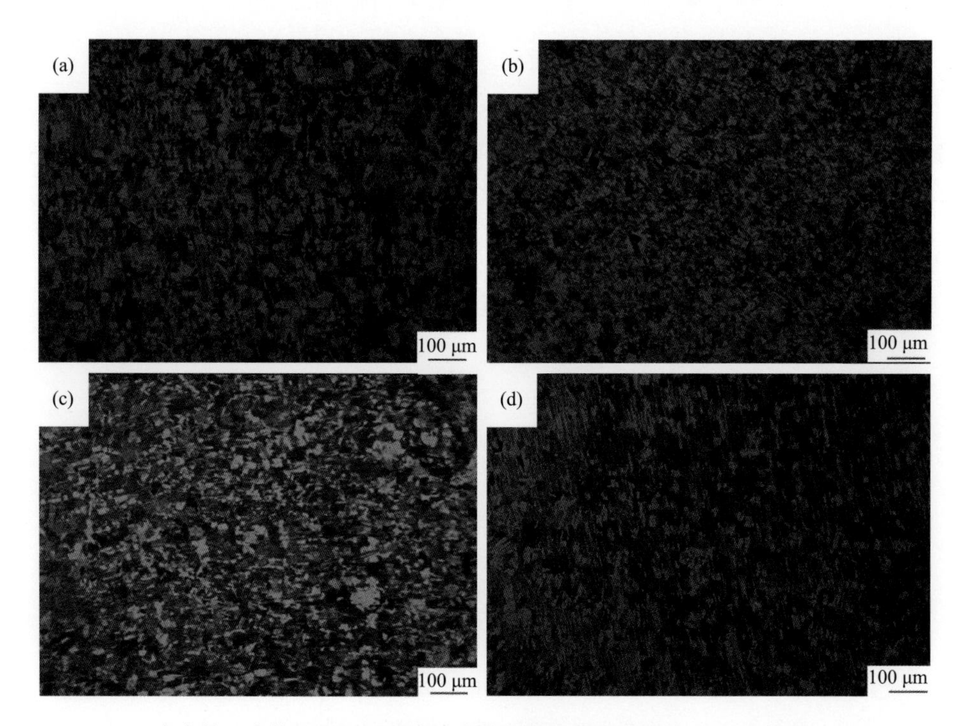

图2.38 4822合金第二步热处理不同温度对应的显微组织金相照片：（a）1310℃；（b）1320℃；（c）1330℃；（d）1340℃

对应 1330℃，温度高于 T_α，γ 含量较少，无法抑制 α 相长大，并且组织不均匀。图 2.38（d）对应 1340℃，组织中出现了 100 μm 以上的片层团，没有达到细化晶粒的作用。

图 2.39 是 4822 合金经过 1310℃/10 min/FC + 1310℃/10 min/FC 热处理的显微组织。可以看出，微观组织由 γ 相、片层和少量的 α_2 相组成。由于冷却速度较低，接近于平衡转变，高温时析出的 γ 相阻碍了 α 相的长大，实现了组织细化。

图 2.39　4822 合金 1310℃/10 min/FC + 1310℃/10 min/FC 的显微组织

图 2.40 是 4822 合金第二步热处理不同温度对应的 XRD 图谱。由图可知，第二步热处理消除了 β 偏析，γ 相仍然是主相。随着温度的升高，α_2 相含量增加，γ 相含量减少。1310℃热处理时，在 45°附近，存在 γ 相的峰，当温度升至 1320℃时，γ 相峰值略有减小，当温度进一步升高，γ 相峰明显减小，表明 α_2 相含量显著增加。

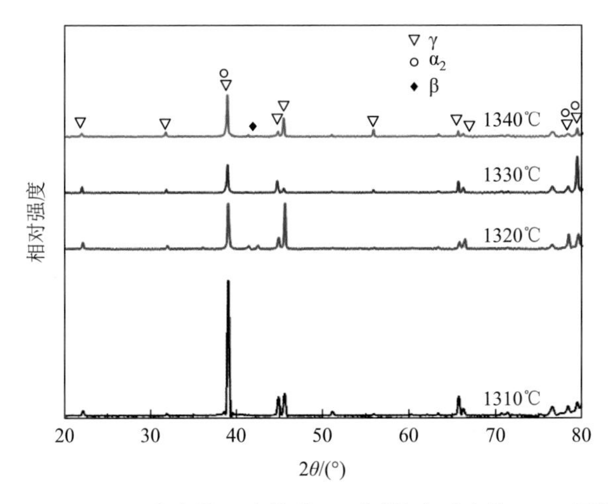

图 2.40　4822 合金第二步热处理不同温度对应的 XRD 图谱

通常，当合金中添加大量的β稳定元素（Nb、Cr）时，高温β相就可以保留至室温。高温时，β相是无序的BCC结构，随着温度的降低，β相会转变为B2相，B2相是有序CsCl结构。室温时，B2相较脆硬，非常容易成为裂纹源，这对合金的力学性能将是致命的伤害。因此通过两步热处理消除β偏析具有非常重要的意义。

图2.41是4822合金两步热处理不同温度对应的维氏硬度（HV）。经过两步热处理后，1310℃、1320℃、1330℃和1340℃的维氏硬度值分别为199.9、218.4、222.1和206。由于存在高温软化作用，第二步热处理的维氏硬度值均低于第一步热处理。在1320℃和1330℃，Nb与Cr的固溶强化作用一定程度上提高了合金的维氏硬度值。在1340℃时，合金晶粒发生长大，存在较大的片层团，降低了合金的维氏硬度值。

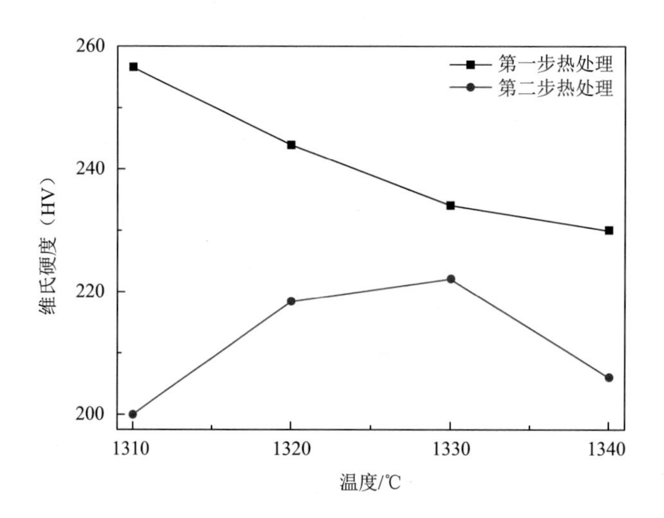

图2.41 4822合金两步热处理不同温度对应的维氏硬度

5. 循环热处理对组织性能的影响

现有研究表明细小的全片层组织具有良好的综合力学性能，而对于铸态组织，通过循环热处理可得到全片层组织。循环热处理原理是利用反复加热时的相变，打破α/γ片层团结构，最终通过在α单相区固溶处理得到细小全片层组织，从而达到细化晶粒的目的。

根据前面的热处理结果，对于4822合金而言，在α单相区固溶处理，采用较高的固溶温度、较短的固溶时间、FC + AC 的冷却方式可以得到片层转变程度大、晶粒尺寸小的组织。因此，设计的循环热处理工艺为1380℃/10 min/AC +（1330℃/1 h/AC）4次 + 1390℃/5 min/FC→1300℃/AC，如图2.42所示。

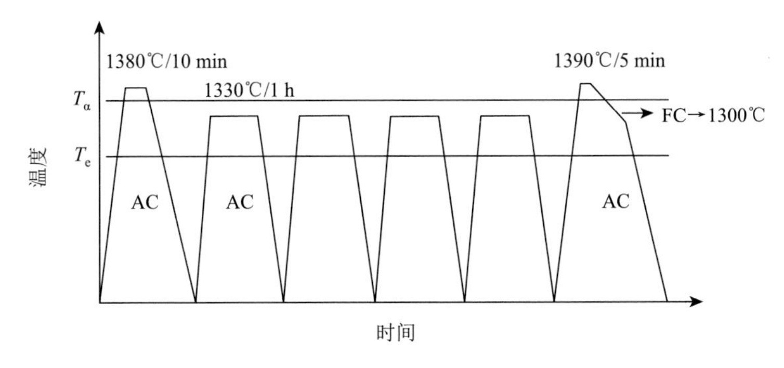

图 2.42　第一种循环热处理示意图

图 2.43 为循环热处理后得到的全片层组织，晶粒尺寸约为 100 μm。可以发现片层组织转变完全，且片层团呈现短条状，还有少量细小片层束残留于片层团晶界处。

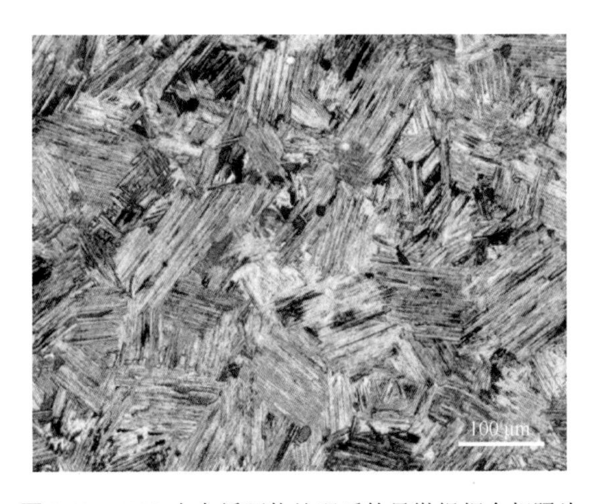

图 2.43　4822 合金循环热处理后的显微组织金相照片

在循环热处理过程中，首先近 γ 单相组织转变为网篮组织，α 相从 γ 单相晶粒的惯习面$\{111\}_\gamma$上析出，形成小于初始 γ 单相晶粒尺寸的 α/γ 片层团，冷却后形成 α_2/γ 片层，γ 单相晶粒被内部形成的片层组织分割成更加细小的 γ 单相晶粒。随后合金在（α + γ）双相区保温，四次循环后得到细小的 γ 单相晶粒和片层组织，接着将合金加热至 α 单相区固溶处理，γ 单相晶粒转变为 α 相固溶体，然后在炉冷过程中发生 α→α + γ，空冷过程中发生 $\alpha + \gamma \rightarrow \alpha + \alpha_2 + \gamma \rightarrow \alpha_2 + \gamma$，最终形成细小的全片层组织。

图 2.44 是 4822 合金循环热处理后细小全片层组织的室温拉伸曲线，表 2.9 是 4822 合金循环热处理后细小全片层组织的室温拉伸性能。

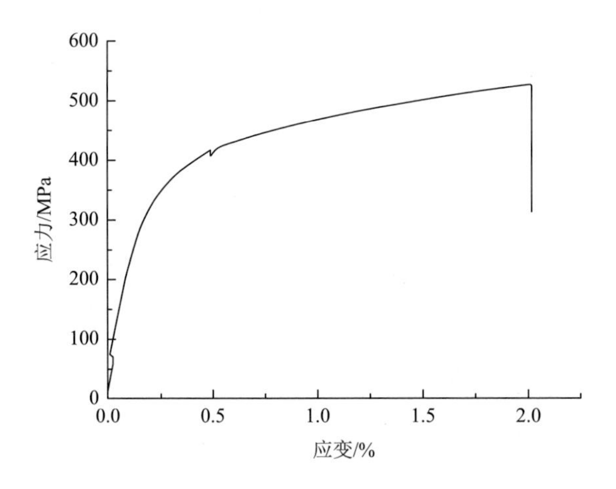

图 2.44　4822 合金循环热处理后细小全片层组织的室温拉伸曲线

表 2.9　4822 合金循环热处理后细小全片层组织的室温拉伸性能

组织形态	屈服强度 $\sigma_{0.2}$/MPa	抗拉强度 σ_b/MPa	延伸率/%
全片层组织	408	527	1.7

对比表 2.9 和表 2.4 可知，循环热处理后细小全片层组织的拉伸性能全面优于近 γ 单相组织的拉伸性能：抗拉强度由 318 MPa 提高到 527 MPa，提高了 65.7%；屈服强度由 288 MPa 提高到 408 MPa，提高了 41.7%；延伸率由 0.7%提高到 1.7%，提高了 143%。

图 2.45 是 4822 合金循环热处理后细小全片层组织的室温拉伸断口，从图 2.45（c）中可以看到合金的断口呈现混合断裂模式，既有穿片层断裂，又有沿片层断裂，还在一个片层团中出现了沿片层断裂加穿片层断裂的混合断裂现象。可以推断，显微裂纹有可能一开始是穿过片层发生穿片层断裂，也有可能沿着片层发生沿片层断裂，而当沿着片层难以扩展后便会发生穿片层断裂。从图 2.45（d）中可以发现二次裂纹，这些二次裂纹是在拉伸过程中伴随着主裂纹的扩展而形成的。

结合拉伸性能和断口形貌可知，片层组织抵抗裂纹扩展的能力要强于 γ 单相晶粒。这是因为在 γ 单相晶粒中，显微裂纹在相界处萌发，位错的移动沿着密排面的密排方向，在这个方向上的原子间距最小，因而原子迁移最容易，所需要的力最小。在片层团中，显微裂纹一般在片层界、片层团晶界或者片层界之间的交叉点处形核，由于片层紧密结合，同时裂纹扩展路径和片层具有一定的夹角，因此大大提高了片层组织抵抗裂纹扩展能力。

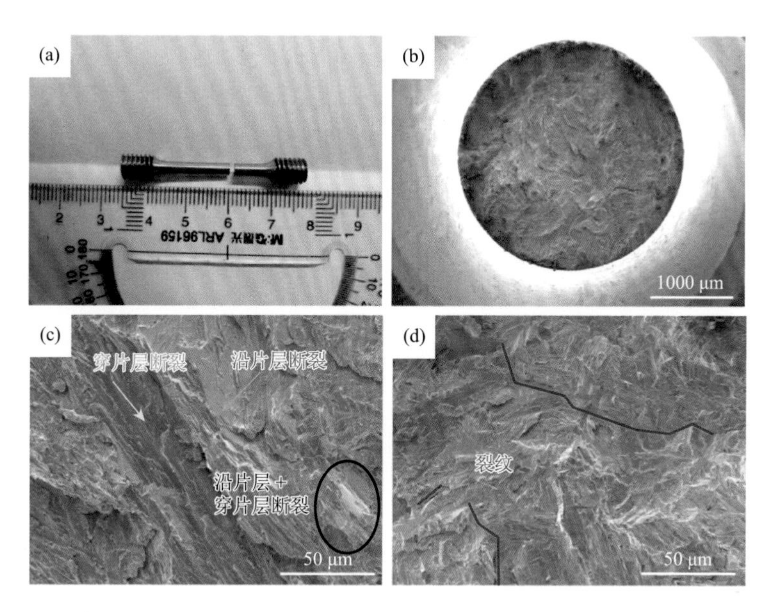

图 2.45　4822 合金循环热处理后细小全片层组织的室温拉伸断口形貌图：（a）试样断裂后照片；（b）断口全局图；（c）断口形貌 1；（d）断口形貌 2

设计了循环热处理工艺为（900℃/2 h + 1200℃/2 h）10 次 + 1180℃/100 h→1370℃/1 h/FC，如图 2.46 所示，原理是利用 $\alpha \rightarrow \alpha_2 + \gamma$ 共析转变，细化合金的组织，提高合金的强度与塑性。

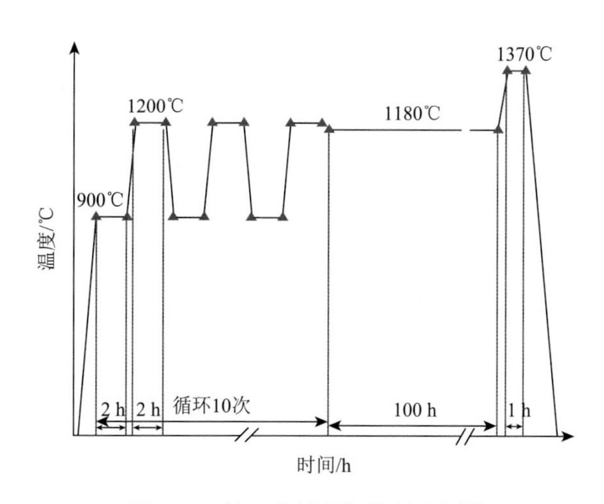

图 2.46　第二种循环热处理示意图

循环热处理过程中，α_2/γ 片层中的 α_2 片层首先发生了溶解相变和瑞利扰动，使得 α_2 片层发生了间断，同时在略高于 T_e 的热处理温度下，α_2 片层和 γ 片层发生了等轴化，其驱动力为表面张力。

经过循环热处理后，合金的抗拉强度达到了 561 MPa，屈服强度达到了 450 MPa，延伸率达到了 2.5%（图 2.47），合金的强度与塑性同步提高。循环热处理反复利用固态相变，获得了细小的近片层组织，平均晶粒尺寸为 70 μm[图 2.48（a）]。合金的断口呈现混合断裂模式，既存在穿片层断裂，也存在沿片层断裂，片层团中存在裂纹，同时存在河流花样[图 2.48（b）]。

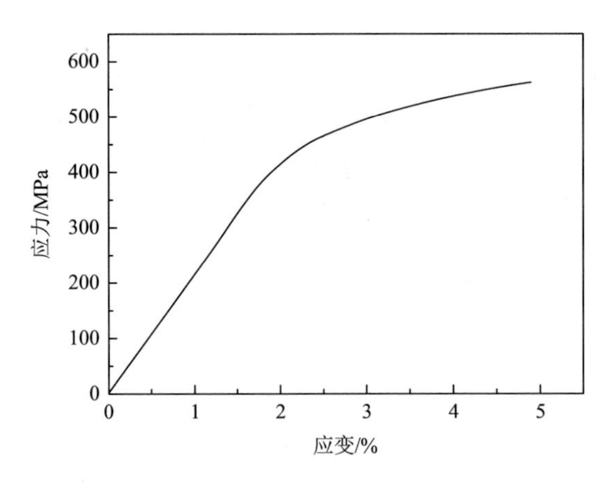

图 2.47 4822 合金循环热处理后细小近片层组织的室温拉伸曲线

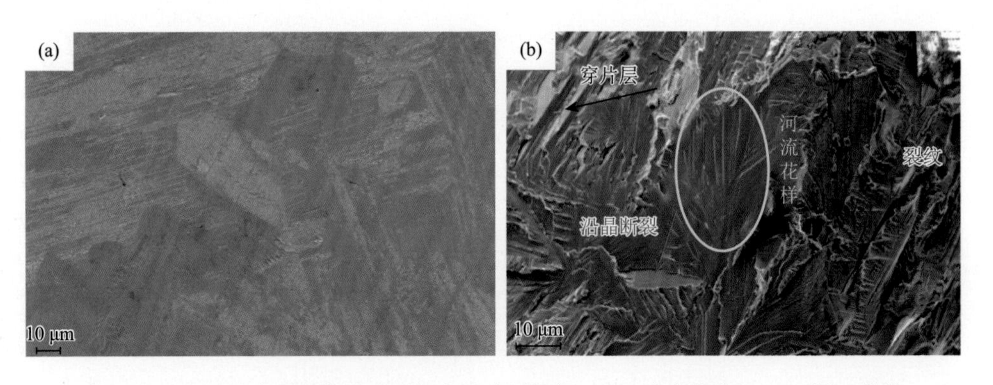

图 2.48 4822 合金循环热处理后细小近片层组织：（a）金相组织；（b）断口形貌

综上，第二种循环热处理工艺获得了均匀细小的近片层组织，突破了 4822 合金室温强度与塑性相互制约的瓶颈，实现了高强韧的理想匹配（$\sigma_b = 561$ MPa，$\sigma_{0.2} = 450$ MPa，$\delta_5 = 2.5\%$）。

6. 热处理态组织与断裂韧性的关系

图 2.49 是 4822 合金不同热处理态组织的断裂韧性载荷-位移曲线。可以发现，在曲线上升阶段，载荷与位移接近正比关系，说明此时裂纹还没有失稳扩展，试

样还在弹性阶段。随着载荷的提高，曲线逐渐偏离线性，通常当曲线上某一点与零点连线斜率比弹性段斜率小 5%时，认为发生了裂纹失稳扩展，该点载荷为 P，即裂纹失稳扩展时的载荷，而试样断裂前的最大载荷为 P_{max}。表 2.10 是 4822 合金不同热处理态组织对应的 P、最大载荷 P_{max} 和断裂韧性 K_{IC} 值。

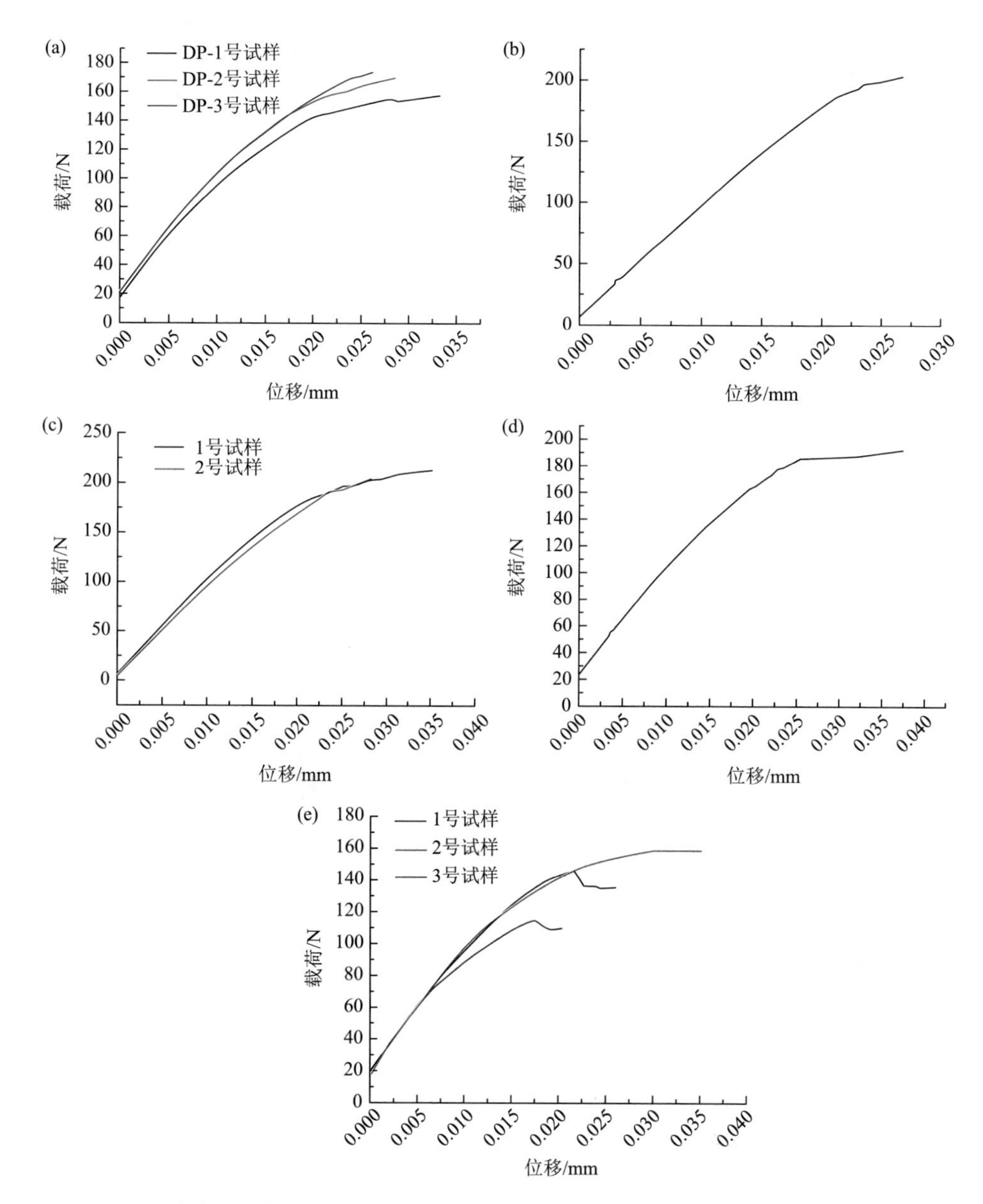

图 2.49　4822 合金不同热处理态组织的断裂韧性载荷-位移曲线：（a）双态组织；（b）细小全片层组织；（c）网篮组织；（d）细小近片层组织；（e）粗大全片层组织

表 2.10 4822 合金不同热处理态组织对应的 P、最大载荷 P_{max} 和断裂韧性 K_{IC} 值

试样	P/N	最大载荷 P_{max}/N	断裂韧性 K_{IC}/(MPa·m$^{1/2}$)
双态组织-1	100	157	8.27
双态组织-2	88	170	7.07
双态组织-3	116	174	9.627
细小全片层组织	185.8	203	15.4
网篮组织	144.8	212	12.02
网篮组织	146.7	226	13.6
细小近片层组织	129.58	192	11.32
粗大全片层组织-1	134.8	146.34	11.88
粗大全片层组织-2	132.3	159.97	11.44
粗大全片层组织-3	96.9	114.9	8.17

图 2.50 为 4822 合金双态组织的裂纹扩展图。可以看出裂纹扩展以穿晶断裂和沿晶断裂为主，穿晶断裂包括穿片层断裂、沿片层断裂和 γ 单相晶粒沿着{111}面的解理断裂，沿晶断裂包括沿 γ 晶界扩展和沿片层团晶界扩展，裂纹沿片层团晶界扩展一般发生在 $\gamma/(\alpha_2/\gamma)$ 晶界和 $(\alpha_2/\gamma)/(\alpha_2/\gamma)$ 晶界上。图 2.50（a）中的裂纹扩展前端组织为片层团和 γ 单相晶粒，图 2.50（b）中的裂纹扩展前端组织为 γ 单相晶粒。

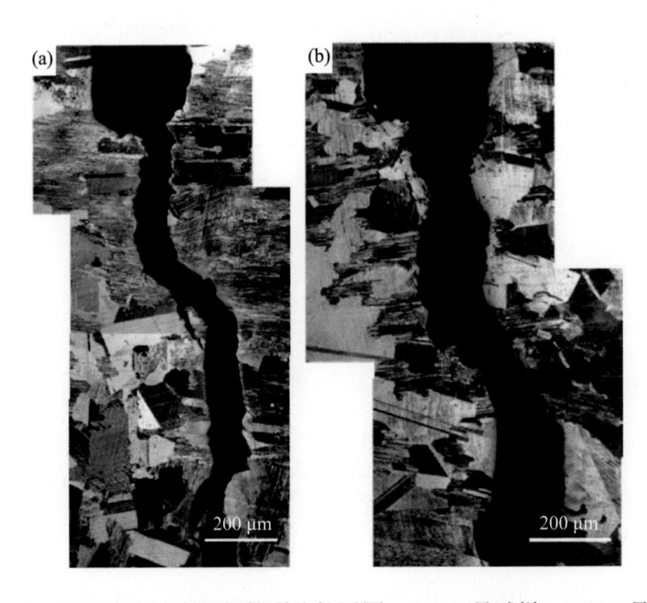

图 2.50 4822 合金双态组织的裂纹扩展图：（a）1 号试样；（b）2 号试样

图 2.51 为 4822 合金双态组织 1 号试样断口形貌图。从图 2.51（a）上可以观察到片层组织，断面呈起伏状。图 2.51（b）为裂纹开始扩展的地方，开始先发生沿片层团晶界断裂，随后发生穿片层断裂，在穿片层断裂的同时在晶粒内部的相界面也会发生分离从而造成沿片层板条方向的裂纹，如图 2.51（b）中黑色箭头所指的位置。裂纹穿过片层团遇到 γ 单相晶粒又发生了解理断裂。图 2.51（c）中，在一个片层团中同时发生了沿片层断裂和穿片层断裂。在图 2.51（d）中观察到一个较大的 γ 单相晶粒发生解理断裂。

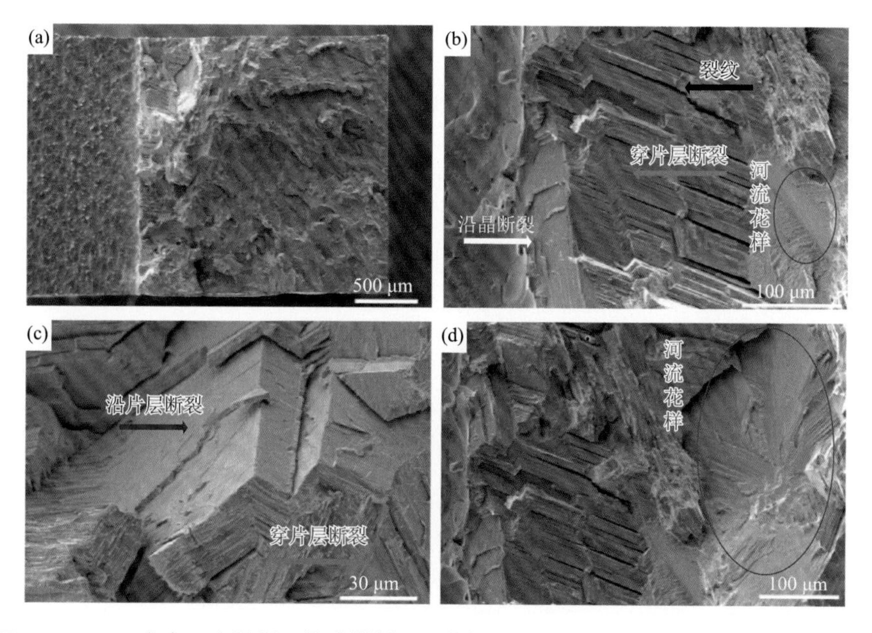

图 2.51　4822 合金双态组织 1 号试样断口形貌图：（a）断口宏观图；（b）断口形貌 1；（c）断口形貌 2；（d）断口形貌 3

图 2.52 为 4822 合金网篮组织的裂纹扩展图。可以发现网篮组织晶粒细小，组织均匀，裂纹扩展以穿晶断裂为主，并伴有少量沿晶断裂。

图 2.53 为 4822 合金网篮组织 1 号试样断口形貌图。图 2.53（a）为断口宏观图，观察到组织细小均匀且断面起伏较小。从图 2.53（b）可以发现片层束尺寸十分细小，这是因为初始组织 γ 单相晶粒细小，导致从惯习面{111}上析出的片层束尺寸十分细小，同时在片层团间发现 γ 单相晶粒的穿晶断裂和少量的河流花样。图 2.53（c）中的黄色线条表示从 γ 单相晶粒的惯习面{111}上形成的长条片层束，红色圆圈代表 γ 单相晶粒发生解理断裂形成的河流花样。长条片层束将 γ 单相晶粒分割成很多细小的 γ 单相晶粒，在裂纹扩展的过程中，相继发生片层的穿片层断裂和 γ 单相晶粒的解理断裂。图 2.53（d）中红色箭头代表着不同取向的片层团，

可以发现有一个小片层团的片层束生长进了毗邻的片层团，同时在片层团中还发现了未转变为片层的残留细小 γ 单相晶粒。

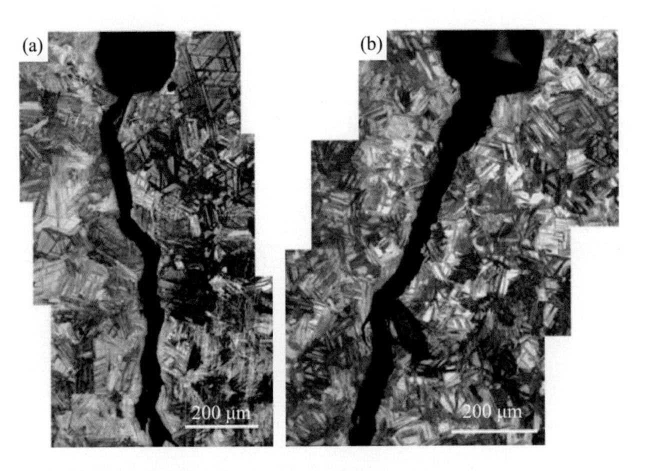

图 2.52 4822 合金网篮组织的裂纹扩展图：（a）1 号试样；（b）2 号试样

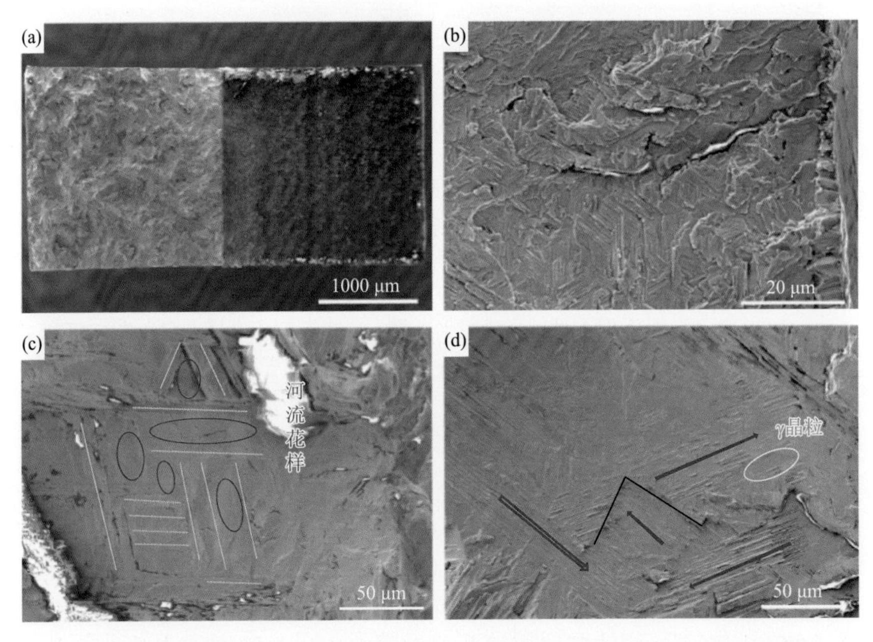

图 2.53 4822 合金网篮组织 1 号试样断口形貌图：（a）断口宏观图；（b）断口形貌 1；（c）断口形貌 2；（d）断口形貌 3

图 2.54 为 4822 合金片层组织的裂纹扩展图。从图中可以看到裂纹扩展的主要形式为穿片层断裂和沿片层断裂。

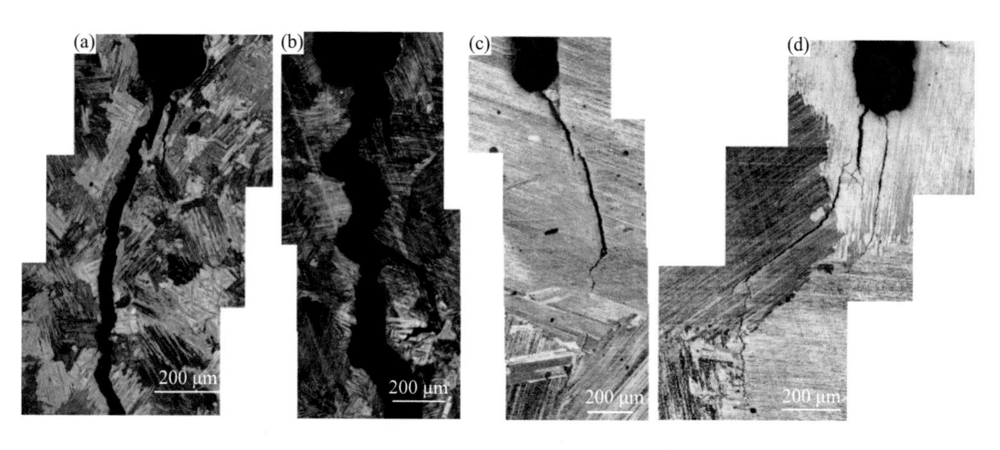

图 2.54　4822 合金片层组织的裂纹扩展图：（a）细小近片层；（b）细小全片层；（c）粗大全片层 1 号试样；（d）粗大全片层 3 号试样

图 2.54（a）是 4822 合金细小近片层组织的裂纹扩展图，可以看到裂纹主要以穿片层断裂为主，在裂纹的初始端存在二次裂纹。图 2.54（b）是 4822 合金细小全片层组织的裂纹扩展图，可以看到在主裂纹扩展的过程中形成了 2 道二次裂纹，这些二次裂纹的形成会让主裂纹在扩展的过程中消耗更多的能量，从而使合金呈现高的断裂韧性。图 2.54（c）和（d）分别为粗大全片层组织的裂纹扩展图，图 2.54（c）中发生了穿片层断裂，裂纹穿过 α_2/γ 片层并进行扩展，图 2.54（d）中发生了沿片层断裂，裂纹沿着片层相界面扩展，片层相界面发生分离，而相界面结合力较低，这是 3 号试样断裂韧性值低于 1 号试样的原因。

图 2.54（c）中可以观察到主裂纹在和片层团呈一定夹角扩展过程中，裂纹受阻，尖端发生钝化，钝化是由于裂纹尖端两侧的片层沿片层界面滑移产生的。界面滑移时在平行于主裂纹的右侧产生二次裂纹，随着加载力的增大，主裂纹尖端明显变宽，裂纹继续扩展极其困难，最终只能以剪切的方式撕裂片层组织进行扩展，同时在裂纹前端产生较大的塑性变形区。

图 2.54（d）的预制裂纹方向正好与片层取向一致，裂纹一开始就沿着相界面扩展，主裂纹的前端存在微裂纹，随着载荷增大，微裂纹逐渐长大，在桥接的地方发生剪切断裂，形成剪切带，主裂纹在扩展到片层团晶界处后继续沿着毗邻的片层团的片层方向扩展。

图 2.55 为 4822 合金片层组织的断口形貌图。图 2.55（a）为细小近片层组织的断口形貌，裂纹在扩展过程中最先发生穿片层断裂并形成二次裂纹，然后发生沿片层断裂和解理断裂。由于合金组织中的片层体积分数较大且裂纹扩展以穿片层为主，因此细小近片层组织抵抗裂纹扩展能力较强。

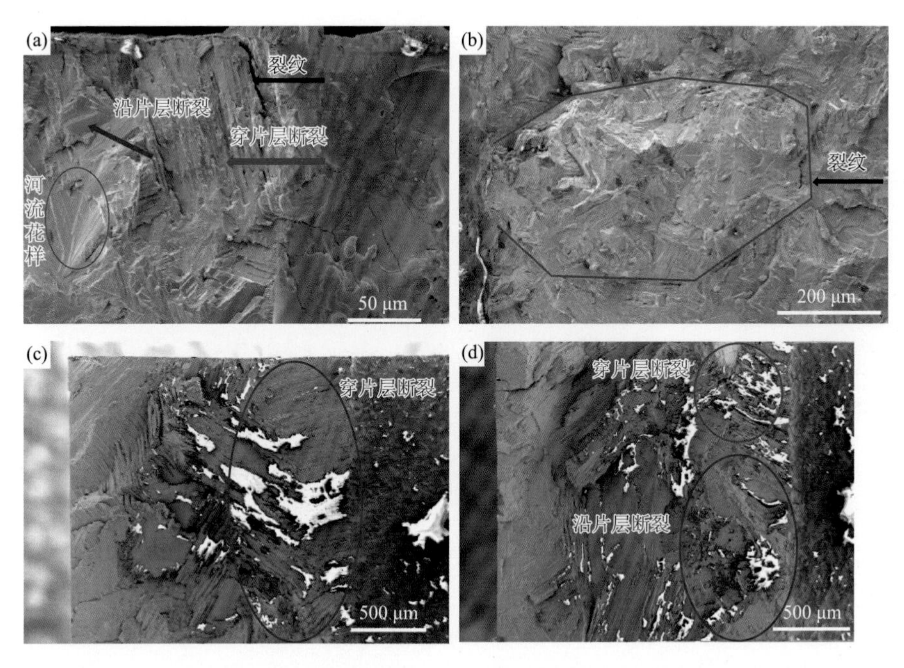

图 2.55 4822 合金片层组织的断口形貌图：（a）细小近片层；（b）细小全片层；（c）粗大全片层 1 号试样；（d）粗大全片层 3 号试样

图 2.55（b）为细小全片层组织的断口形貌，可以看到一条长长的二次裂纹围绕着一大块由细小片层团构成的大晶团，片层发生了穿片层断裂和沿片层断裂。细小片层团组织之所以有这么高的断裂韧性是因为晶界呈现锯齿状，而且片层束会相互交错生长进毗邻的片层团中，这会大大增加片层团间的结合力，使得裂纹不易沿着晶界扩展。

图 2.55（c）和（d）分别为粗大全片层组织 1 号试样和 3 号试样的断口形貌，从图 2.55（c）中可以看到裂纹在一开始扩展时发生的都是穿片层断裂，在图 2.55（d）中可以看到裂纹在一开始扩展时，2/3 的片层组织发生了沿片层断裂，1/3 的片层组织发生了穿片层断裂，这是 3 号试样断裂韧性值偏低的原因。

表 2.11 列出了 4822 合金铸态与热处理态组织的晶粒尺寸和断裂韧性。由表发现：晶粒尺寸约 50 μm 的近 γ 单相组织的断裂韧性 K_{IC} 值约为 8.1 MPa·m$^{1/2}$；晶粒尺寸约 100 μm 的双态组织的断裂韧性 K_{IC} 值约为 8.32 MPa·m$^{1/2}$；晶粒尺寸约 70 μm 的网篮组织的断裂韧性 K_{IC} 值约为 12.81 MPa·m$^{1/2}$；晶粒尺寸约 200 μm 的全片层组织的断裂韧性 K_{IC} 值约为 15.4 MPa·m$^{1/2}$；晶粒尺寸约 100 μm 的近片层组织的断裂韧性 K_{IC} 值约为 11.32 MPa·m$^{1/2}$；晶粒尺寸约 2000 μm 的全片层组织的断裂韧性 K_{IC} 值约为 10.5 MPa·m$^{1/2}$。

表 2.11　4822 合金显微组织与断裂韧性关系

组织形态	晶粒尺寸/μm	断裂韧性 K_{IC}/(MPa·m$^{1/2}$)
细小近 γ 单相组织（铸态）	50	8.1
细小双态组织（热处理态）	100	8.32
近片层组织（热处理态）	100	11.32
网篮组织（热处理态）	70	12.81
细小全片层组织（热处理态）	200	15.4
粗大全片层组织（热处理态）	2000	10.5

由表 2.11 可知，网篮组织的 K_{IC} 值比近 γ 单相组织高出 58%，比双态组织高出 54%。这是因为裂纹一开始在 γ 组织上形成，发生解理断裂，当裂纹扩展到细长的 α_2/γ 片层束晶界时，由于片层抵抗裂纹扩展能力很强，同时网篮组织中片层体积分数大，致密的片层束会有效阻止裂纹扩展，相应地也就提高了网篮组织的断裂韧性值。

总结 4822 合金不同显微组织的断裂韧性 K_{IC} 值，发现：细小全片层组织＞细小网篮组织＞细小近片层组织＞粗大全片层组织＞细小双态组织＞细小近 γ 单相组织。

2.2.2　Ti-48Al-2Cr-2Nb-V 合金

两步热处理工艺 1310℃/10 min/FC + (1310～1320℃)/10 min/FC 成功将 4822 合金晶粒细化至 20～30 μm，想要进一步提高合金的性能，就要考虑添加合金化元素。根据文献报道，V 可以细化晶粒，提高合金的性能，但其在热处理过程中的作用尚不清楚。为建立 Ti-48Al-2Cr-2Nb-V 合金适宜的热处理制度，王敏智研究了 Ti-48Al-2Cr-2Nb-V 合金铸态组织与性能，以及热处理对 Ti-48Al-2Cr-2Nb-V 合金组织与性能的影响。

1. 铸态组织与性能

图 2.56（a）～（c）为 Ti-48Al-2Cr-2Nb-xV(x = 1、2、3) 合金铸态组织的金相照片，从中可以看出，微观组织都是典型的全片层组织。当 V 含量为 1%时，晶粒尺寸为 400～500 μm；当 V 含量为 2%时，晶粒尺寸减小到 200～300 μm；当 V 含量为 3%时，晶粒尺寸降到 100 μm。

V 作为 β 相稳定元素，高温扩散速度较慢，随着其含量的提高，β 相含量增加，抑制了高温 α 晶粒长大，阻碍了粗大片层组织的形成，有效细化了 Ti-48Al-2Cr-2Nb-V 合金铸态组织。

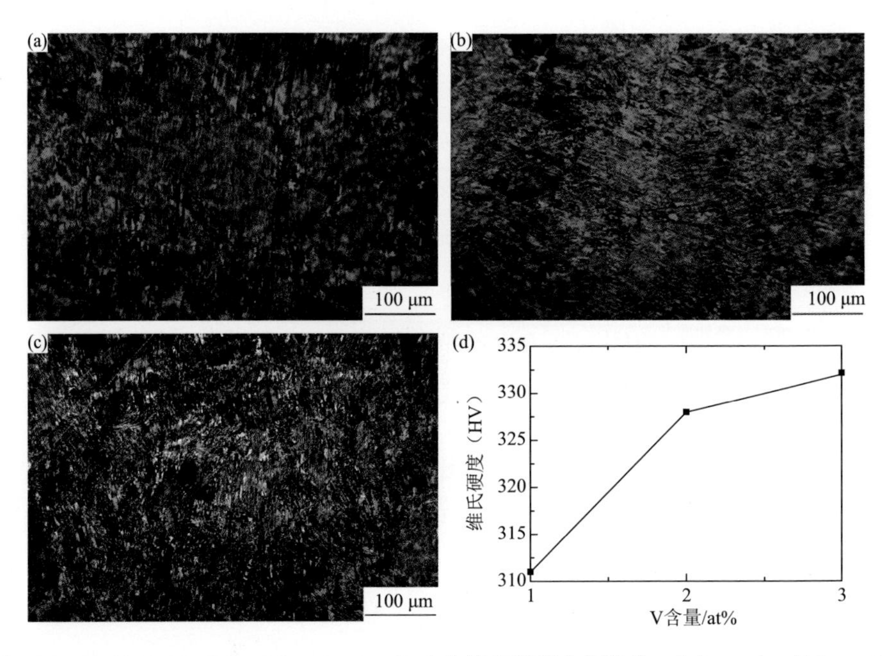

图 2.56　Ti-48Al-2Cr-2Nb-*x*V(*x* = 1、2、3) 合金铸态组织金相照片：（a）*x* = 1；（b）*x* = 2；（c）*x* = 3；（d）维氏硬度

4822 合金铸态组织的维氏硬度为 298，由图 2.56（d）可知，当 V 含量为 1%时，维氏硬度为 311；当 V 含量为 2%时，维氏硬度增加到 328；当 V 含量为 3%时，维氏硬度增加到 333。V 的固溶强化作用显著提高了合金的维氏硬度，同时随着 V 含量的增加，强化效果减弱，说明 V 对 4822 合金的强化效果有一定的范围。

图 2.57 是 Ti-48Al-2Cr-2Nb-*x*V(*x* = 1、2、3) 合金铸态组织的 SEM 照片。由图可知，当 V 含量为 1%时，铸态组织的片层间距为 870 nm，当 V 含量为 3%时，片层间距降低到 588 nm。

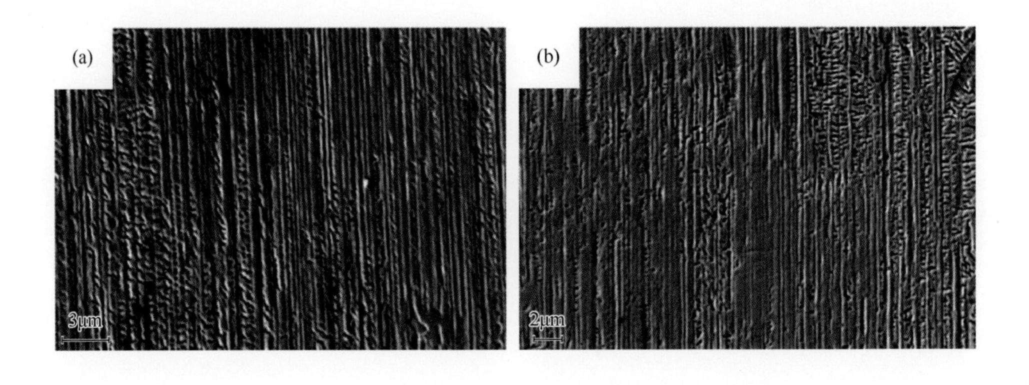

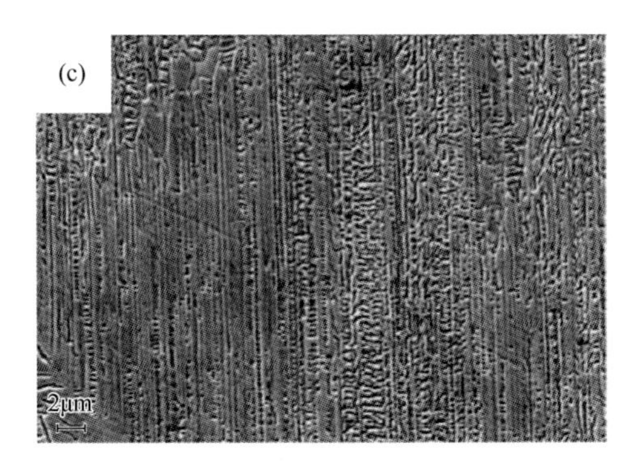

图 2.57　Ti-48Al-2Cr-2Nb-xV(x = 1、2、3)合金铸态组织的 SEM 照片：（a）x = 1；（b）x = 2；（c）x = 3

当 V 添加到 TiAl 合金中时，会在 γ/γ 以及 α_2/γ 界面发生偏析现象，对片层起到一定的钉扎作用，将会造成 γ 相与 α_2 相沿厚度方向生长受限，伴随着 V 含量的增加，这种钉扎作用越来越明显，最终使得 TiAl 合金的片层间距减小。

V 有效细化了 TiAl 合金的片层间距，而一般认为 TiAl 合金的室温强度与片层间距服从 Hall-Petch 关系，即片层间距越小，室温强度越高。

2. 淬火态组织性能

图 2.58 是 Ti-48Al-2Cr-2Nb-xV(x = 1、2、3)合金经过 1320℃/10 min/WQ 的金相照片和维氏硬度。由图可知，当 V 含量为 1%时，块状组织呈分散状，且数量较少；当 V 含量增加至 2%时，块状组织开始聚集，且数量增加；当 V 含量增加到 3%时，块状组织呈团簇状，数量显著增加。

TiAl 合金的块状组织是通过高温 α 相快速冷却获得的，块状组织是一种不规则状或羽毛状的非平衡组织，通常在母相晶界附近处形核，一般以球状或者块状的方式向晶粒内部快速长大。V 细化了铸态晶粒，增加了晶界的数量，因此增加了块状组织形核的位置，同时 V 的低扩散速率阻碍了由扩散控制的相变，但块状反应不需要扩散，因此更容易发生。

此外，当 V 含量为 1%时，淬火组织的裂纹数量非常少；当 V 增加到 2%时，裂纹数量显著增加；当 V 含量为 3%时，大量的块状组织掩盖了裂纹。裂纹数量的增加，表明 V 显著提高了 TiAl 合金淬火裂纹倾向性，限制了淬火工艺在 TiAl-V 合金热处理过程中的应用。

由图 2.58（d）可知，当 V 含量为 1%时，合金的维氏硬度（HV）为 378.6；当 V 含量为 2%时，合金的维氏硬度增加至 459；当 V 含量为 3%时，合金的维氏硬度降低至 432.9。

与图 2.56（d）相比，淬火工艺大大提高了合金的维氏硬度。但当 V 含量增加到 3%时，维氏硬度降低，因为此时组织存在大量的裂纹，使合金的抗压能力大大减弱。

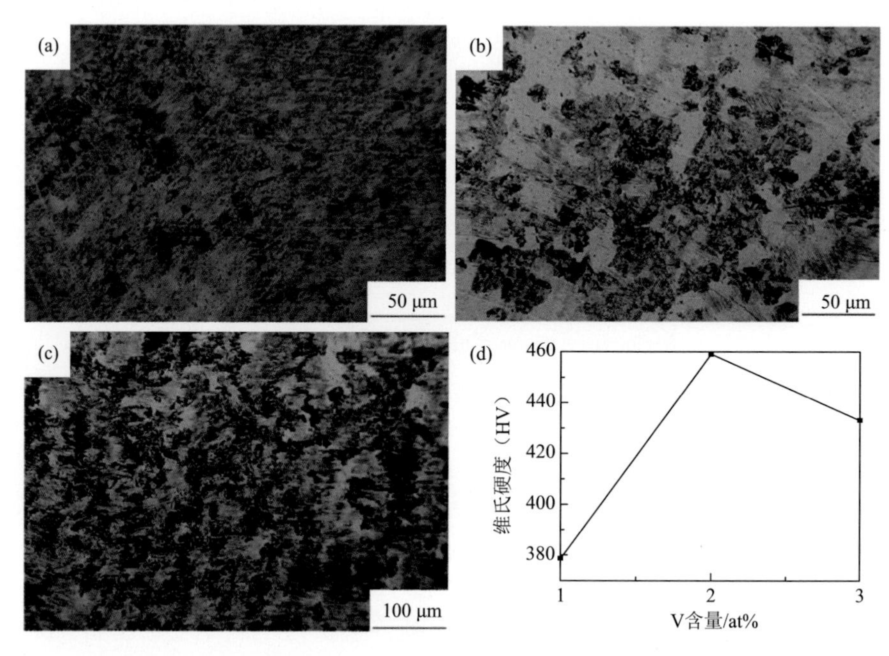

图 2.58 Ti-48Al-2Cr-2Nb-*x*V(*x* = 1、2、3)合金 1320℃/10 min/WQ 的金相照片和维氏硬度：（a）*x* = 1；（b）*x* = 2；（c）*x* = 3；（d）维氏硬度

因此，随着 V 含量的增加，呈团簇状的块状组织增加，同时裂纹的数量也显著增加，而合金的维氏硬度受两者的共同影响。

3. 两步热处理对组织性能的影响

设计 Ti-48Al-2Cr-2Nb-*x*V(*x* = 1、2、3) 合金第一步热处理保温温度为 1310℃和 1320℃，保温时间为 10 min，冷却方式为 FC。

图 2.59 是 Ti-48Al-2Cr-2Nb-*x*V(*x* = 1、2、3) 合金在 1320℃/10 min/FC 条件下的金相照片。由图 2.59（a）可知，1320℃/10 min/FC 可以细化 Ti-48Al-2Cr-2Nb-1V 合金，但组织中仍存在晶粒较大的全片层组织（100～150 μm）。由图 2.59（b）可知，Ti-48Al-2Cr-2Nb-2V 合金中存在较大的全片层组织（300 μm），因为 V 是 β 相稳定元素，随着 V 含量的增加，T_α 逐渐降低，导致合金在热处理过程中，处于 α 单相区的时间更长，高温 α 晶粒的长大更充分，因此需要进一步热处理细化组织并提高均匀性。由图 2.59（c）可知，1320℃/10 min 可以细化 Ti-48Al-2Cr-2Nb-3V 合金，但细化效果不如前两者，组织中出现了大于 300 μm 的全片层组织。

图 2.60 是 Ti-48Al-2Cr-2Nb-*x*V(*x* = 1、2、3) 合金在 1310℃/10 min/FC 条件下的金相照片。虽然组织中出现了细小的晶粒，但仍存在粗大的片层团，组织不均匀，并且随着 V 含量的增加，细化效果减弱。与图 2.59 相比，1310℃更靠近 T_α，γ 相含量较多，抑制 α 相长大的作用较强，增强了合金的细化效果。

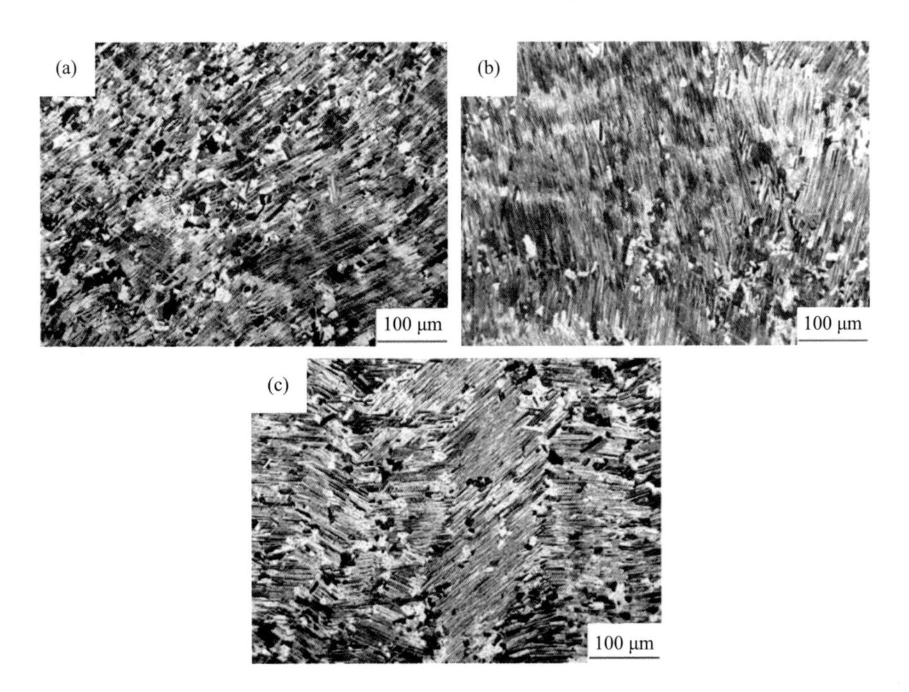

图 2.59　Ti-48Al-2Cr-2Nb-xV(x = 1、2、3) 合金 1320℃/10 min/FC 的金相照片：（a）x = 1；（b）x = 2；（c）x = 3

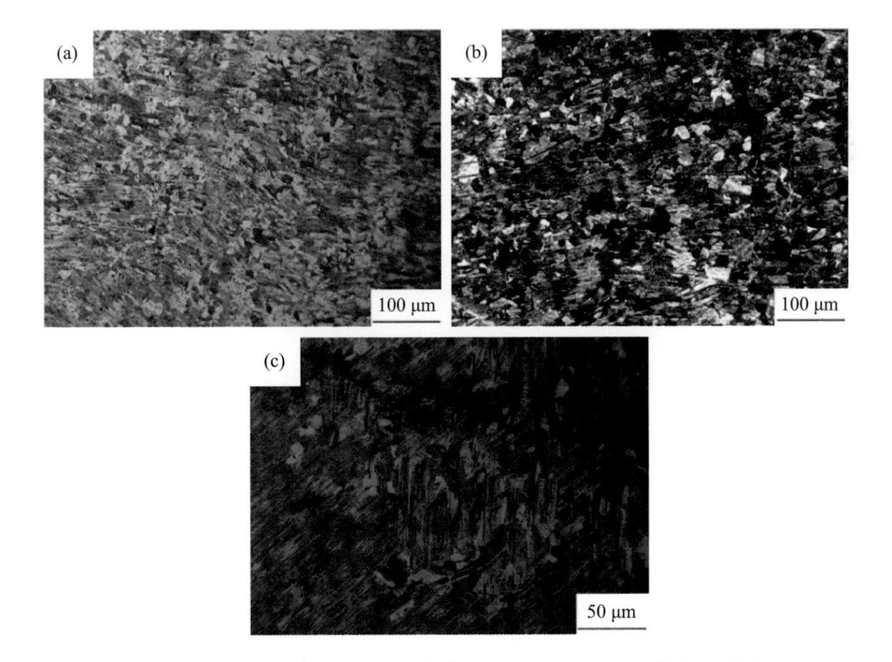

图 2.60　Ti-48Al-2Cr-2Nb-xV(x = 1、2、3) 合金 1310℃/10 min/FC 的金相照片：（a）x = 1；（b）x = 2；（c）x = 3

图 2.61 是 Ti-48Al-2Cr-2Nb-xV(x = 1、2、3) 合金第一步热处理不同温度对应的维氏硬度，由图可知，合金在 1310℃热处理的维氏硬度均高于在 1320℃热处理的维氏硬度。当 V 含量为 2%时，维氏硬度（HV）最大，分别为 308.3 和 294；当 V 含量为 1%时，维氏硬度最小，分别为 257.4 和 248；当 V 含量为 3%时，维氏硬度介于中间，分别为 292 和 271。

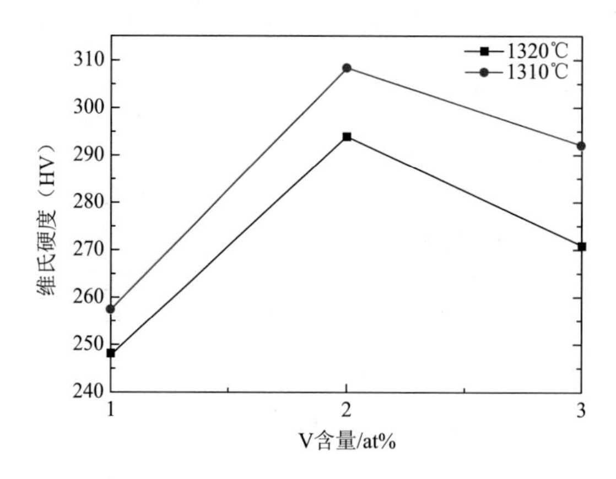

图 2.61 Ti-48Al-2Cr-2Nb-xV(x = 1、2、3) 合金第一步热处理不同温度对应的维氏硬度

合金在 1320℃热处理的维氏硬度低于在 1310℃热处理的维氏硬度，因为热处理温度较高时，有利于高温 α 晶粒的长大，导致室温组织晶粒粗大，降低合金的维氏硬度。当 V 含量小于 2%时，V 的固溶强化对合金的硬度起主要作用；当 V 含量为 3%时，大大降低了 T_α，随时间延长，高温 α 晶粒长大明显，导致室温晶粒尺寸增大，此时晶粒粗化对合金的硬度起主要作用。

综上，1310℃/10 min/FC 对 Ti-48Al-2Cr-2Nb-xV(x = 1、2、3) 合金的细化效果明显好于 1320℃/10 min/FC，并且维氏硬度较高，因此选择 1310℃/10 min/FC 作为第一步热处理。但经过第一步热处理后，合金的组织仍不均匀，需要进一步热处理提高均匀性与细化效果。

设计 Ti-48Al-2Cr-2Nb-xV(x = 1、2、3) 合金第二步热处理保温温度为 1310℃和 1320℃，保温时间为 10 min，冷却方式为 FC。

图 2.62 是 Ti-48Al-2Cr-2Nb-xV(x = 1、2、3)合金经过 1310℃/10 min/FC + 1320℃/10 min/FC 热处理后的金相照片。由图 2.62（a）可知 Ti-48Al-2Cr-2Nb-1V 合金组织得到细化，晶粒尺寸为 20～30 μm，但仍然存在 80～100 μm 的晶粒。由图 2.62（b）可知，Ti-48Al-2Cr-2Nb-2V 合金既出现了尺寸为 30～40 μm 的晶粒，也存在大量尺寸大于 600 μm 的晶粒，说明热处理温度远高于 T_α，高温时 α 晶粒发生了剧烈的长大。由图 2.62（c）可知，Ti-48Al-2Cr-2Nb-3V 合金既出现了尺寸为 30～40 μm 的细小晶粒，也存在尺寸大于 400 μm 的粗大晶粒。

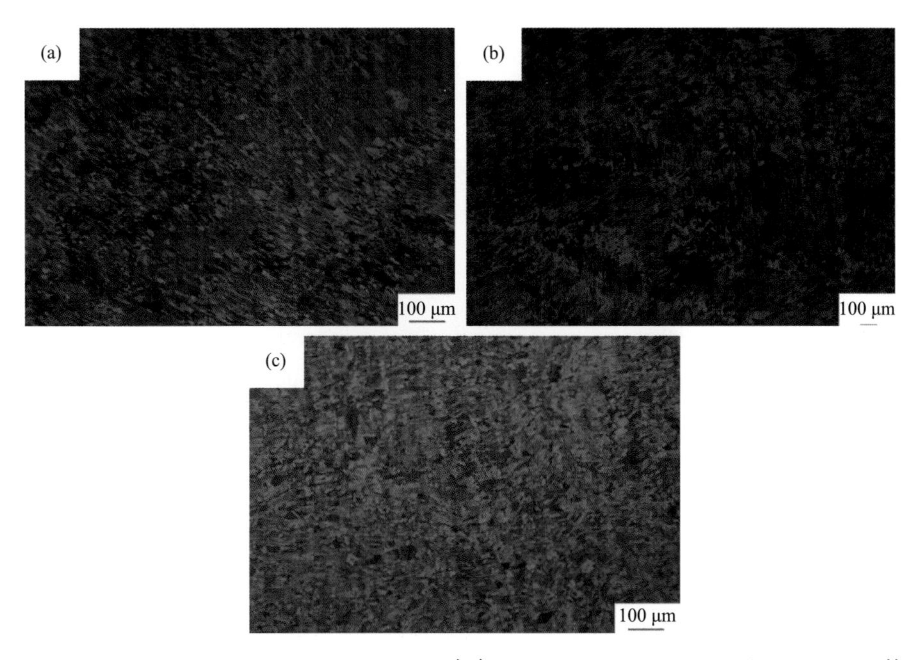

图 2.62　Ti-48Al-2Cr-2Nb-xV(x = 1、2、3) 合金 1310℃/10 min/FC + 1320℃/10 min/FC 的金相照片：（a）x = 1；（b）x = 2；（c）x = 3

综上，第二步 1320℃热处理对 Ti-48Al-2Cr-2Nb-xV(x = 1、2、3) 合金的细化效果不是非常明显，因此需要降低热处理温度，减少在 α 单相区的相变，达到细化组织的效果。

图 2.63 是 Ti-48Al-2Cr-2Nb-xV(x = 1、2、3) 合金经过 1310℃/10 min/FC + 1310℃/10 min/FC 热处理后的金相照片。由图 2.63（a）可知，Ti-48Al-2Cr-2Nb-1V 合金的铸态组织得到有效细化，晶粒尺寸在 30～40 μm，并且组织均匀；由图 2.63（b）可知，Ti-48Al-2Cr-2Nb-2V 铸态组织没有完全细化，组织中仍然存在 400 μm 以上的晶粒，并且组织不均匀性没有消除；由图 2.63（c）可知，Ti-48Al-2Cr-2Nb-3V 铸态组织均匀性提高了，但组织中仍然存在 400 μm 以上的晶粒。

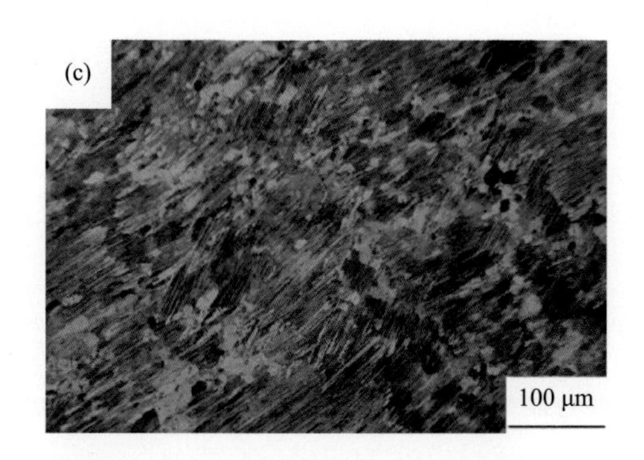

图 2.63 Ti-48Al-2Cr-2Nb-xV(x = 1、2、3) 合金 1310℃/10 min/FC + 1310℃/10 min/FC 的金相照片：（a）x = 1；（b）x = 2；（c）x = 3

V 降低了 TiAl 合金的 T_{α}，当 V 含量为 2%和 3%时，Ti-48Al-2Cr-2Nb-xV（x = 2、3）合金的 T_{α} 远低于 1310℃，合金在 α 单相区长大明显，并由于竞争生长的原因导致组织不均匀。因此，Ti-48Al-2Cr-2Nb-xV(x = 2、3) 合金铸态组织的热处理温度应该低于 1310℃。

图 2.64 是 Ti-48Al-2Cr-2Nb-xV(x = 1、2、3) 合金第二步热处理不同温度对应的维氏硬度。由图可知，对于 Ti-48Al-2Cr-2Nb-xV(x = 1、2) 合金，第二步热处理选择 1320℃时，合金的维氏硬度略高。这是由于较高的温度有利于 β 相稳定元素的扩散，减小了 β 相的含量，提高了合金的维氏硬度。Ti-48Al-2Cr-2Nb-2V 合金的维氏硬度高于 Ti-48Al-2Cr-2Nb-1V 合金，这是由于 V 的固溶强化作用。

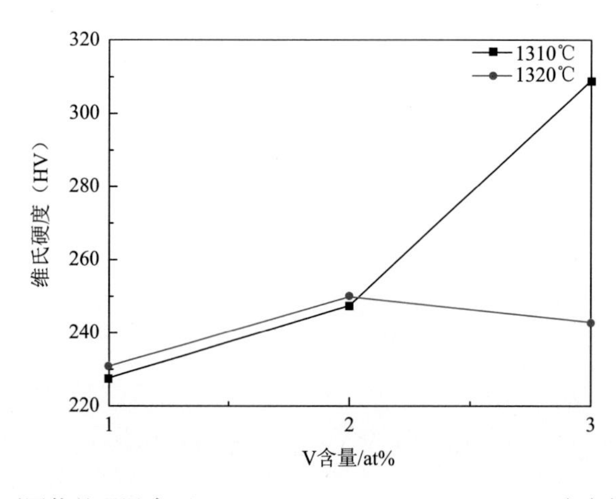

图 2.64 不同热处理温度下 Ti-48Al-2Cr-2Nb-xV(x = 1、2、3) 合金的维氏硬度

对于 Ti-48Al-2Cr-2Nb-3V 合金，当第二步热处理选择 1320℃时，维氏硬

度降低。由于 V 含量较高，大大降低了 T_α，使晶粒在 α 单相区发生了剧烈长大，降低了合金的维氏硬度；当第二步热处理选择 1310℃时，合金的维氏硬度较高，此时热处理温度更靠近 T_α，晶粒长大程度减小，同时 V 的固溶强化作用占据主导。

综上，1310℃/10 min/FC + 1310℃/10 min/FC 两步热处理对 Ti-48Al-2Cr-2Nb-3V 合金性能更加有利。

2.3 变形 TiAl 合金

在早期研究阶段，铸造 TiAl 合金引起了绝大多数研究者的重点关注，如 4822、45XD（Ti-45Al-2Nb-2Mn-0.8%TiB_2）和 47WSi（Ti-47Al-2W-0.5Si）合金。然而铸造 TiAl 合金的问题主要在于整个零件组织均匀性和致密性控制不够理想。为了在精确控制零件质量的同时进一步提高材料力学性能，研究人员针对 TiAl 合金开发出一系列变形工艺。因此，近十五年来的研究热点逐渐从铸造 TiAl 合金转移到变形 TiAl 合金。

在变形 TiAl 合金中，Ti42Al5Mn（简称 TiAlMn，at%）合金成本最低，热加工性能优异，具有在航空、航天和汽车发动机关键部件应用的潜在态势。许昊以 TiAlMn 合金为研究对象，系统地研究了该合金的热加工行为、连续冷却相转变行为以及热处理对合金组织与性能的影响。研究结果对掌握该合金相变规律及组织性能调控机制具有重要的科学意义，对该合金的工程化应用具有重要的指导价值。主要研究结果如下。

2.3.1 TiAlMn 合金热加工行为

本小节针对 TiAlMn 铸锭，首先进行不同温度和应变速率下的等温压缩实验，研究合金的热加工行为，建立合金的热加工图和本构方程，分析讨论等温压缩过程中 β、γ 和片层的变形机制。在此基础上，制定一系列锻造工艺，研究锻造温度、变形量等参数对锻造合金室温力学性能的影响，获得该合金理想的锻造工艺。

等温压缩实验后，不同温度和应变速率下压缩试样的宏观形貌如表 2.12 所示，可以发现，在较低的温度（1100℃、1150℃和 1200℃）或者较高的应变速率（1 s^{-1} 和 10 s^{-1}）条件下，也就是表 2.12 左下角红框区域，试样表面容易出现明显裂纹，而在其他条件下，试样均呈现完整的宏观形貌，即便是最低温度（1100℃-0.1 s^{-1}）或者最高应变速率（10 s^{-1}-1250℃）。

表 2.12　TiAlMn 合金不同温度和应变速率下压缩试样的宏观形貌

$\dot{\varepsilon}$ / s^{-1}	T/℃				
	1100	1150	1200	1250	1300
0.001					
0.01					
0.1			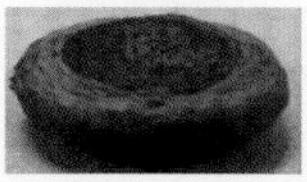	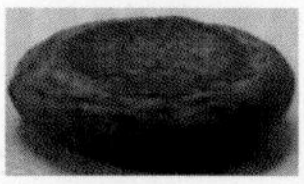	
1	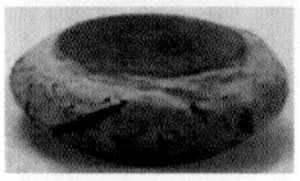			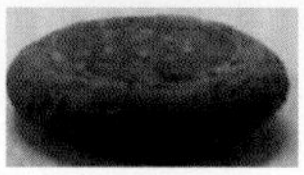	
10					

图 2.65 是 TiAlMn 合金的应力-应变曲线，根据等温压缩实验后直接得到的原始数据绘制而成，事实上，每个温度和应变速率都对应一条应力-应变曲线，但为了方便描述，分别给出典型温度（1200℃）和典型应变速率（0.1 s^{-1}）的应力-应变曲线。不难发现，图 2.65（a）和（b）中的应力随真应变的增加迅速升高到达 σ_p，紧接着在高温软化的作用下降低。应力在真应变大于 0.5 之后趋于稳定，最终达到 $\sigma_{0.7}$。图 2.65 还表明 σ_p 会随着应变速率增大和温度降低而右移。

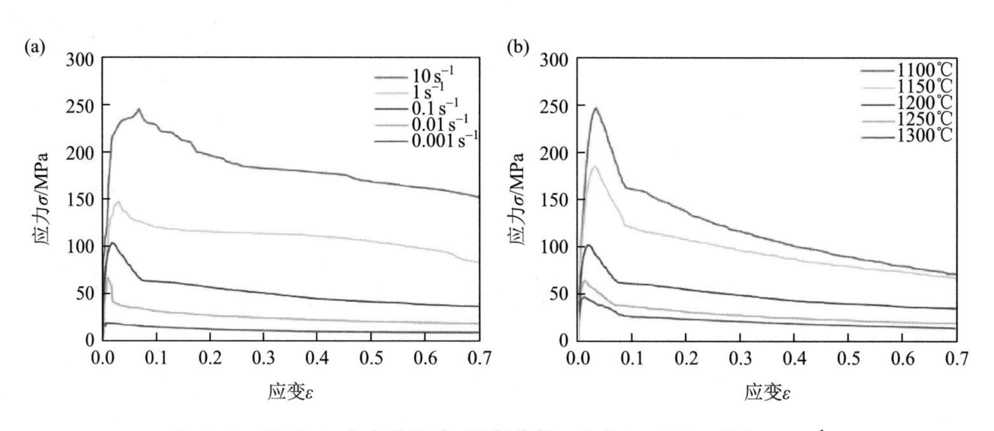

图 2.65　TiAlMn 合金的应力-应变曲线：（a）1200℃；（b）0.1 s^{-1}

图 2.66 是 TiAlMn 合金的应力变化曲线，其中（a）和（b）分别代表 $\sigma_{0.7}$ 和 σ_p 随温度和应变速率的变化，可以看出，$\sigma_{0.7}$ 和 σ_p 的大小均随着温度的降低和应变速率的升高而增大。

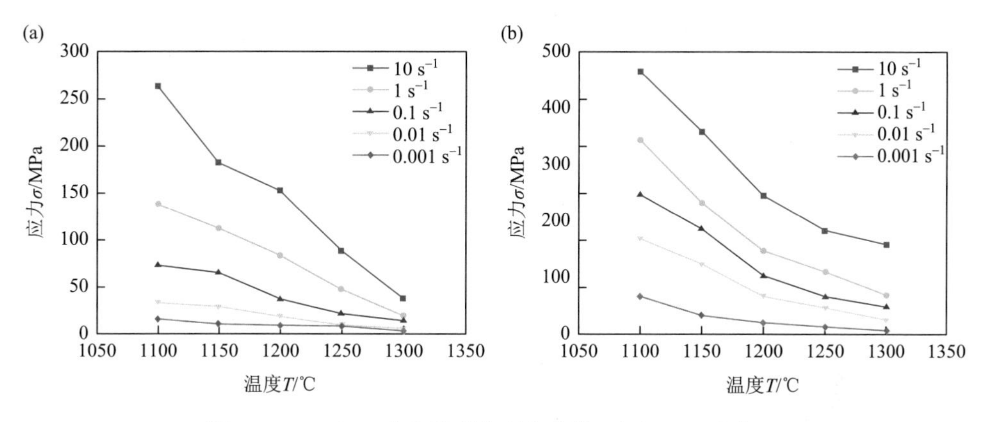

图 2.66　TiAlMn 合金的应力变化曲线：（a）$\sigma_{0.7}$；（b）σ_p

图 2.67 是 TiAlMn 合金真应变为 0.7 时的热加工图，其横坐标为温度，纵坐标为应变速率的对数，图中数字代表功率耗散因子 η，灰色区域代表塑性失稳参数 ξ。经过计算得知，η 介于 0.2～0.6 之间，ξ 介于–0.15～0.30 之间。图中橘黄色表示 η 介于 0.4～0.6 的区域，这也是 TiAlMn 合金的热加工好区。图中灰色表示 ξ 介于–0.15～0 的区域，这就是 TiAlMn 合金的热变形坏区。

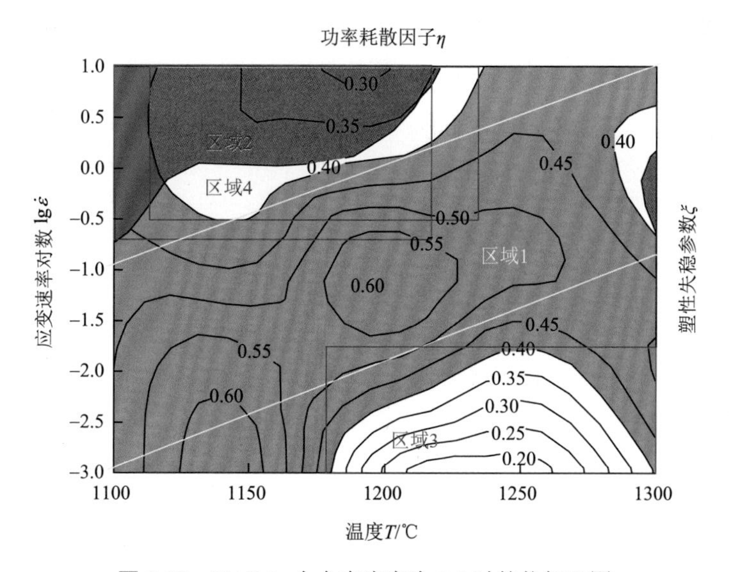

图 2.67　TiAlMn 合金真应变为 0.7 时的热加工图

由此可知，TiAlMn 合金适宜在区域 1 热加工，其范围横跨 1100～1300℃，相应的最大应变速率可分别达到 10 s^{-1} 和 0.1 s^{-1}。在区域 1 热加工既能保证材料在变形过程中能量利用率高，又能确保材料在变形过程中没有损坏，而且该区域也和压缩试样的宏观形貌一致。区域 2 温度范围为 1115～1235℃，应变速率范围为 0.3～10 s^{-1}，区域 3 范围为 1180～1300℃以及 0.001～0.015 s^{-1}，这两个区域的 η 值都比较小，在实际加工过程中不推荐选择这两个区域，因为材料在这两个区域热加工会导致系统能量利用率比较低，而大部分能量会以热量的形式逸散。区域 4（1100～1215℃以及 0.2～10 s^{-1}）显示合金在热加工时容易发生流变失稳，并有断裂倾向。因此对于 Ti42Al5Mn 合金而言，为了稳妥起见，热加工不适宜在温度低于 1215℃，或者应变速率高于 0.2 s^{-1} 时进行。

本构方程是基于 Arrhenius 方程和 Zener-Hollomon 参数通过一系列计算推导得到的，其中本构方程中的未知参数是通过线性拟合不同曲线得出。图 2.68 是不同温度和应变速率下的这些曲线的线性拟合结果，本构方程中涉及的 β、n_1、n 和 Q 数值分别由图 2.68（a）～（d）数据拟合得出，其中 $\beta = 0.0375$、$n_1 = 3.8979$、$n = 2.71$、$Q = 597$ kJ/mol，根据公式 $\alpha = \beta/n_1$ 可知 $\alpha = 0.0096$。

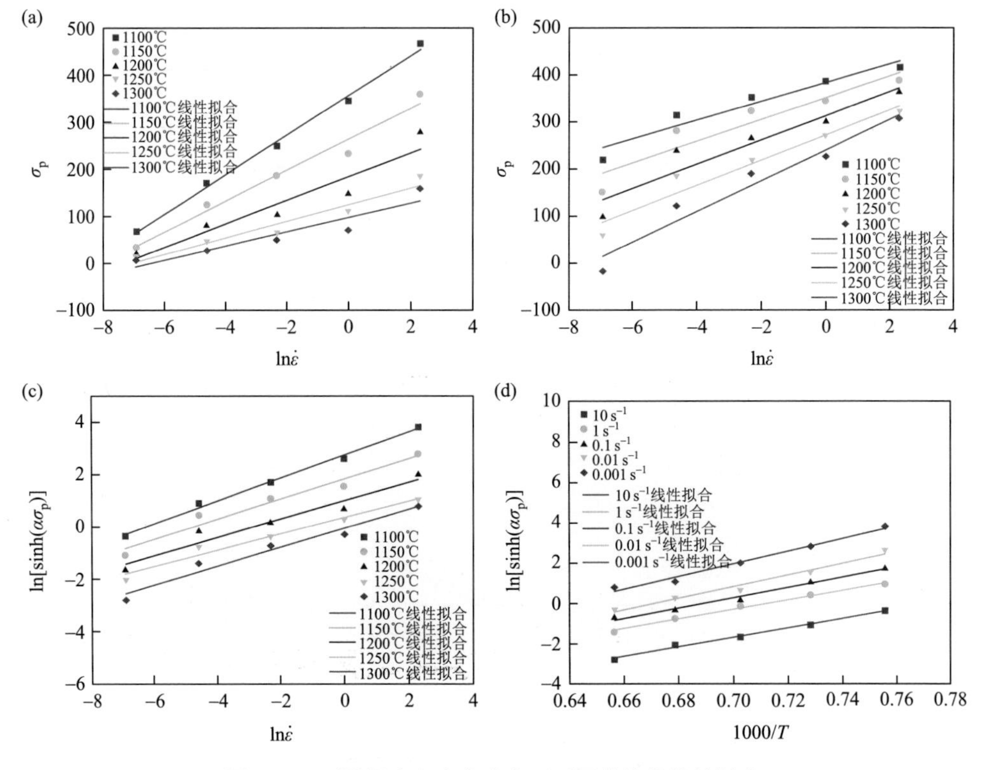

图 2.68 不同温度和应变速率下不同曲线的线性拟合

A 的计算如图 2.69 所示，将不同温度和应变速率下的 ln$Z$ 计算出来，绘成 $\ln Z$-$\ln[\sinh(\alpha\sigma_p)]$ 散点图，然后线性拟合出一条直线，通过截距求出 $A = 2.34\times10^{20}$，Pearson 相关系数 = 0.97797，该系数表明 ln$Z$ 和 $\ln[\sinh(\alpha\sigma_p)]$ 之间有非常优异的线性关系，也说明等温压缩实验结果和本构方程理论推导符合得很好。

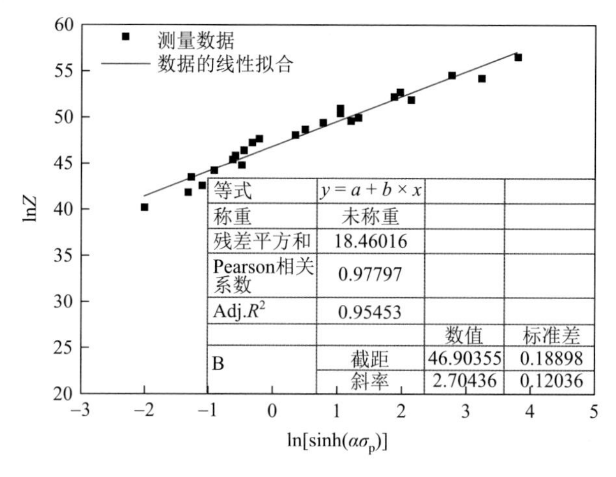

图 2.69　不同温度和应变速率下 ln$Z$-$\ln[\sinh(\alpha\sigma_p)]$ 的线性拟合

经拟合推导，得到 TiAlMn 合金的本构方程如下所示：

$$\dot{\varepsilon} = 2.34\times10^{20}[\sinh(0.0096\sigma)]^{2.71}\exp(-5.97\times10^5 / RT)$$

表 2.13 总结了最近 30 年使用热加工图来研究 γ-TiAl 和 β-γ-TiAl 合金热加工行为的相关工作。与一系列 γ-TiAl 和 β-γ-TiAl 合金相比，TiAlMn 合金可以在 10 s^{-1} 条件下变形，这几乎是 γ-TiAl 合金应变速率的 100 倍。如此高的应变速率是 TiAlMn 合金相对于其他 γ-TiAl 和 β-γ-TiAl 合金最大的优势。

表 2.13　近 30 年使用热加工图研究 TiAl 合金变形行为的相关工作

年份	合金	制备方法	微观组织晶粒尺寸/μm	实验参数	热加工窗口	表观活化能/(kJ/mol)	应力指数
1995	Ti-46.5Al-1Cr-2.5V(CG)	ISM + HT1	FL 305	1000～1250℃ 0.001～1 s^{-1}	1170～1250℃ 0.01 s^{-1}	381	3.08
2009	Ti-47Al-2Cr-0.2Mo(CG)	PREP + HIP	NG 15	1000～1150℃ 0.001～1 s^{-1}	1000～1150℃ 0.01 s^{-1}	313.53	3.03
2011	Ti-46Al-4Nb-2Cr-2Mn(CG)	PM + HIP	—	850～1050℃ 0.0001～10 s^{-1}	900～1050℃ 0.01 s^{-1}	387	4.4
2012	Ti-48Al-2Cr-2Nb-0.1B(CG)	PM + HIP	—	850～1250℃ 0.001～0.1 s^{-1}	950～1100℃ 0.003 s^{-1}	387.5	1.029
2012	Ti-46Al-2Cr-4Nb-0.2Y(CG)	ISM + HIP + HT2	NL 170	1100～1250℃ 0.01～1 s^{-1}	1200～1250℃ 0.1 s^{-1}	400.4	4.47

续表

年份	合金	制备方法	微观组织晶粒尺寸/μm	实验参数	热加工窗口	表观活化能/(kJ/mol)	应力指数
2014	Ti-43Al-4Nb-1Mo-0.1B(BSG)	PM + VAR + VIM + CC + HIP	β + γ + L≈40	1150～1300℃ 0.005～0.5 s^{-1}	1200～1300℃ 0.05 s^{-1}	600	6
2016	Ti-43Al-2Cr-2Mn-0.2Y(BSG)	VIM + HIP	β + γ + L>200	1100～1225℃ 0.01～0.5 s^{-1}	1100～1225℃ 0.1 s^{-1}	—	—
2016	Ti-43.9Al-4.3Nb-0.9Mo-0.1B-0.4Si (BSG)	VLM + HT3 + HIP	β + γ + L≈60	1100～1250℃ 0.01～1 s^{-1}	1150～1250℃ 0.5 s^{-1}	540.28	2.82

注：ISM：感应凝壳熔炼；FL：全片层；PREP：等离子旋转电极熔炼；HIP：热等静压；NG：近 γ；PM：粉末冶金；NL：近片层；L：片层；VIM：真空感应熔炼；VAR：真空自耗熔炼；CC：离心铸造；VLM：真空悬浮熔炼；HT：热处理；HT1：1200℃/24 h/FC；HT2：950℃/48 h/AC；HT3：950℃/54 h/FC。

另外，基于本构方程，TiAlMn 合金的 Q 值为 597 kJ/mol，该数值显著大于 Ti 的自扩散激活能（250 kJ/mol）和 Al 的自扩散激活能（360 kJ/mol）。根据前人的研究，TiAl 单相的互扩散激活能是 (295±10) kJ/mol，这同样低于 597 kJ/mol。事实上，从表 2.13 可知，β-γ-TiAl 合金的 Q 值通常要高于 γ-TiAl 合金，同样是 β-γ-TiAl 合金，TiAlMn 合金的 Q 值与 TNM 合金的 Q 值相近。

TiAlMn 合金具有如此高的表观活化能，即变形激活能，表明动态再结晶（DRX）出现在材料的变形过程中，并在软化过程中起主导作用。该现象已经被其他研究中不同合金所证实。例如，Li 提出了 Ti-43Al-4Nb-1.4W-0.6B 合金的 Q 值为 581 kJ/mol，并结合透射电镜观察发现了变形过程中的连续动态再结晶（CDRX）。同样，Bobbili 计算出 Ti-13Nb-13Zr 合金的 Q 值为 534 kJ/mol，与合金热加工过程中的动态回复（DRV）、动态再结晶（DRX）和片层结构粗化有关。

1）温度的影响

等温压缩实验之后，在应变速率不变的条件下，研究了不同变形温度对压缩组织的影响。为了将宏观形貌和微观组织联系起来，选择具有代表性的 1 s^{-1}，因为在应变速率为 1 s^{-1} 时，压缩试样在 1200℃、1250℃和 1300℃变形的宏观形貌完好无损，但在 1100℃和 1150℃变形时出现裂纹。由此可知，在压缩过程中，微观组织在不同温度下呈现不同特征，导致合金压缩行为出现显著差异。

图 2.70 是 TiAlMn 合金应变速率为 1 s^{-1} 时不同温度下的压缩组织。如图 2.70（a）和（b）所示，在 1100℃和 1150℃时 $α_2$/γ、γ 和 $β_o$ 相均沿着垂直于压缩方向被拉长，并在变形过程中发生破碎和分解。当温度达到 1200℃时，如图 2.70（c）所示，部分 $α_2$/γ 消失，出现少量灰色的 $α_2$ 相。在 1250℃时，如图 2.70（d）所示，合金处于（α + β）两相区。微观组织中 $α_2$/γ 完全消失，$β_o$ 相弥散分布在少量残余 γ 相周围。如图 2.70（e）所示，在 1300℃时，$α_2$ 相有所长大，说明在（α + β）两

相区内随着变形温度的升高，物相开始长大。总体来说，考虑到温度与相区的对应关系，变形温度会显著影响变形组织的构成类型。

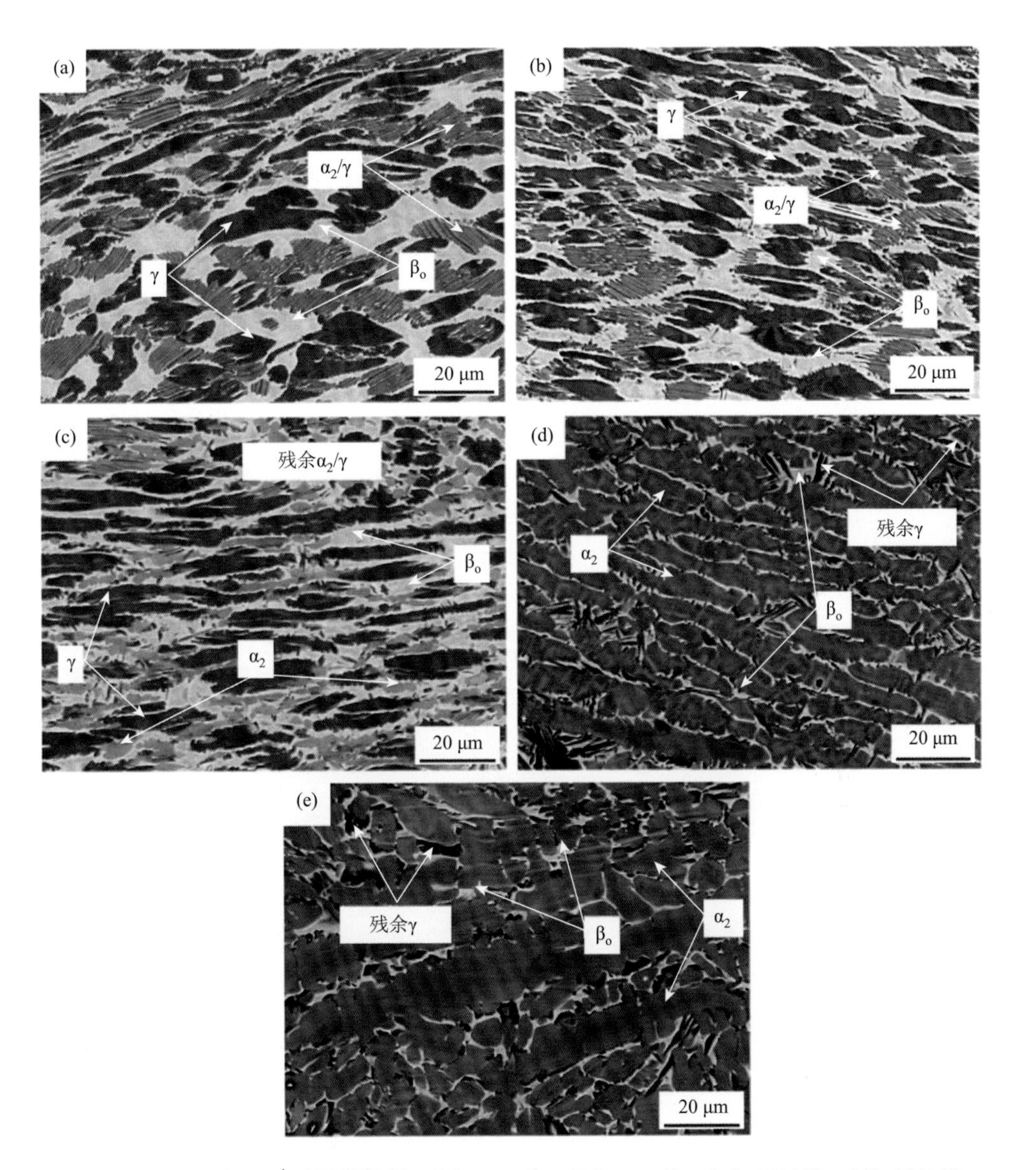

图 2.70　TiAlMn 在 1 s^{-1} 时压缩组织：（a）1100℃；（b）1150℃；（c）1200℃；（d）1250℃；（e）1300℃

对比来看，1300℃时的压缩组织主要由灰色的 α_2 相构成，这与 1300℃水冷组织有所区别。在水冷实验中，1300℃水冷组织由大量的 β_o 相和少量的 α_2 相组成，

其中 β_o 相的含量高达 90%，表明 β 相在变形过程中容易发生分解。由此可见，合金在压缩过程中发生了形变诱导相变，在（α + β）两相区中 β 相趋于失稳状态，并部分转变成更密排结构，即 α 相。结合表 2.12 中铸造 TiAlMn 合金应变速率为 1 s^{-1} 时压缩试样的宏观形貌可知，1100℃和 1150℃压缩时出现的宏观裂纹主要是由未分解的难变形 α_2/γ 引起。当温度达到 1200℃以上时，大部分难变形 α_2/γ 转变成相对容易变形的 α 相，合金在压缩时就不会出现表面裂纹。

2）应变速率的影响

通过固定温度来进一步研究应变速率对压缩组织的影响。根据宏观形貌，选择 1150℃的压缩组织，因为该温度下的压缩试样在 0.001～0.1 s^{-1} 时并未损坏，但在 1 s^{-1} 和 10 s^{-1} 时表面出现明显裂纹，所以，有必要探索特定应变速率下的组织特征。图 2.71 是 TiAlMn 合金 1150℃时不同应变速率下的压缩组织，如图 2.71（a）所示，在应变速率为 10 s^{-1} 时，α_2/γ、γ 和 β_o 相沿着垂直于压缩方向被拉长，形成了所谓的流线型组织。当应变速率为 1 s^{-1} 时，如图 2.71（b）所示，这种流线型组织逐渐消失，慢慢被小尺寸的 α_2/γ、γ 和 β_o 相取代。对比 10 s^{-1} 和 1 s^{-1} 发现，压缩组织的构成并未改变，这主要是因为合金在 1150℃时处于（β + α + γ）三相区。随着应变速率从 0.1 s^{-1} 降到 0.001 s^{-1}，如图 2.71（c）～（e）所示，γ 的尺寸迅速减小，形貌趋于球状，而且 α_2/γ 逐渐溶解，在 0.001 s^{-1} 时几乎全部转变为 α_2 相。

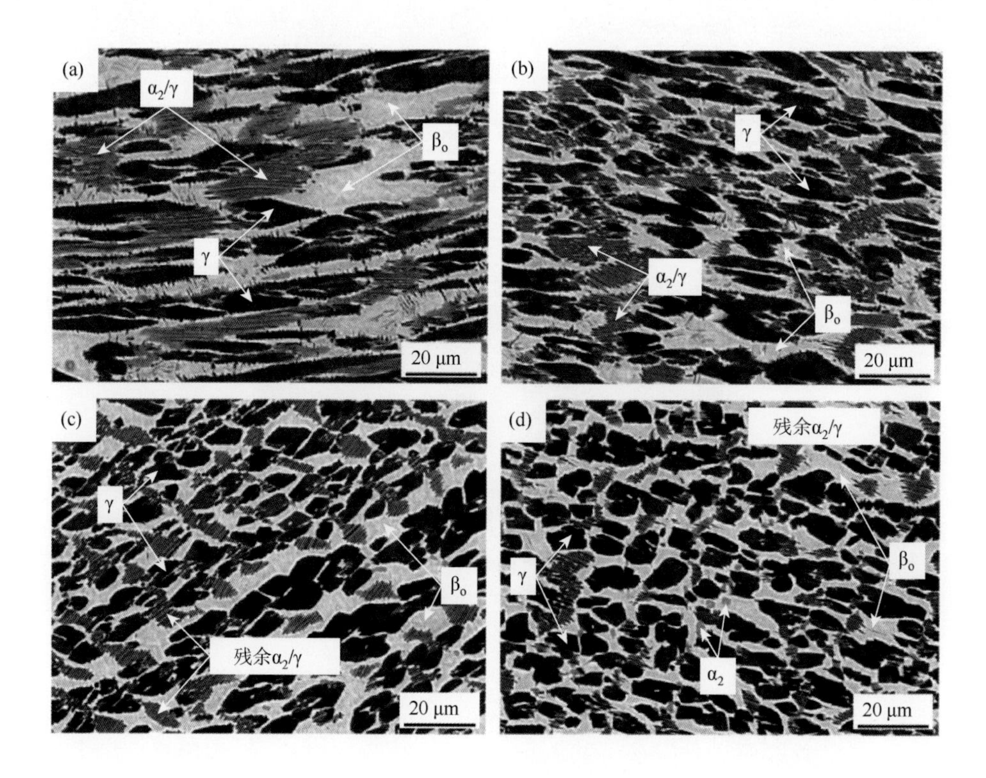

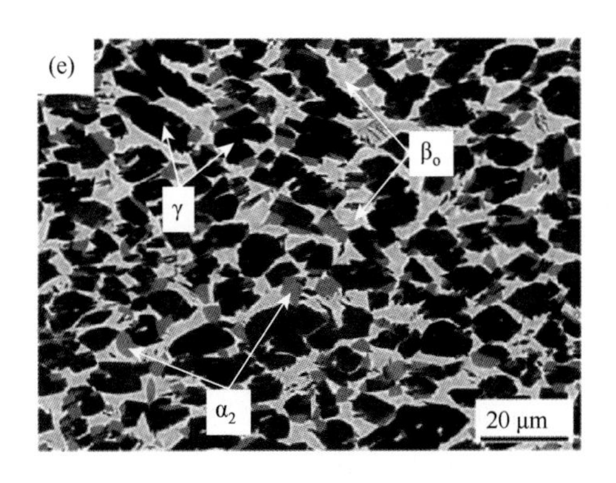

图 2.71　TiAlMn 合金在 1150℃时的压缩组织：（a）10 s^{-1}；（b）1 s^{-1}；（c）0.1 s^{-1}；（d）0.01 s^{-1}；（e）0.001 s^{-1}

结合表 2.12 中 TiAlMn 合金变形温度为 1150℃时压缩试样的宏观形貌可知，合金之所以在 1 s^{-1} 和 10 s^{-1} 出现表面裂纹，是因为组织中存在大量的大尺寸 α_2/γ，该类组织具有难变形的特点，从而不利于材料的热加工。随着应变速率的降低，即压缩时间的增加，组织中大块 α_2/γ 回溶，块状 γ 和 β_o 晶粒出现，大幅度提高了合金的热加工性。总之，应变速率对压缩组织的晶粒尺寸有着重要的影响。

动态再结晶可以导致 TiAlMn 合金具有较高的变形激活能，而且可能会在压缩样品的组织演变中出现。事实上，在等温压缩实验中，动态再结晶确实对压缩样品变形过程中的组织转变有着重要的影响。图 2.72 是铸造 TiAlMn 合金在 1200℃和 0.1 s^{-1} 条件下的压缩组织，由图可知，在该条件下压缩组织为 $\beta_o + \alpha_2 + \gamma$ + 少量残余的 α_2/γ，其中 β_o、α_2 和 γ 均匀分布在组织中。值得指出的是，组织中 γ 相存在两种尺寸，其中多数为大块状，少量为小尺寸形貌，推测后者为动态再结晶 γ 相。为了进一步表征这些组织组成的内部微观形貌，需要开展 TEM 实验。

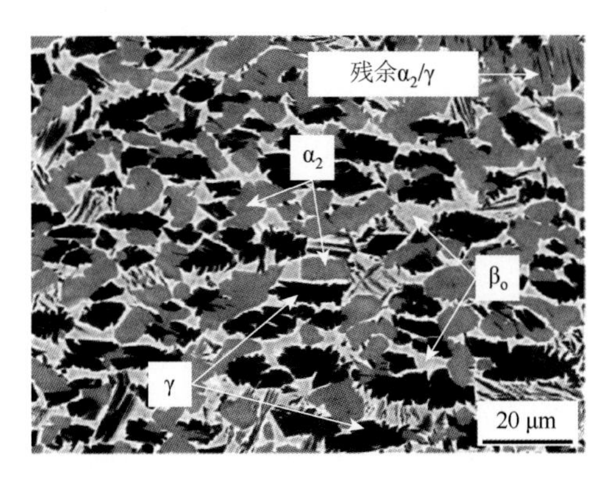

图 2.72　TiAlMn 合金在 1200℃和 0.1 s^{-1} 条件下的压缩组织

一般来说，γ-TiAl 合金会出现两种不同的变形机制：沿着 $1/6\langle 11\bar{2}\rangle(111)$ 滑移系的机械孪晶和沿着 $1/2\langle 110\rangle(111)$ 滑移系的位错滑移。对于 TiAlMn 合金而言，图 2.73 是铸造 TiAlMn 合金在 1200℃和 0.1 s^{-1} 条件下压缩组织的 TEM 结果，其中 β_o、γ 和 α_2/γ 的变形机制各不相同。

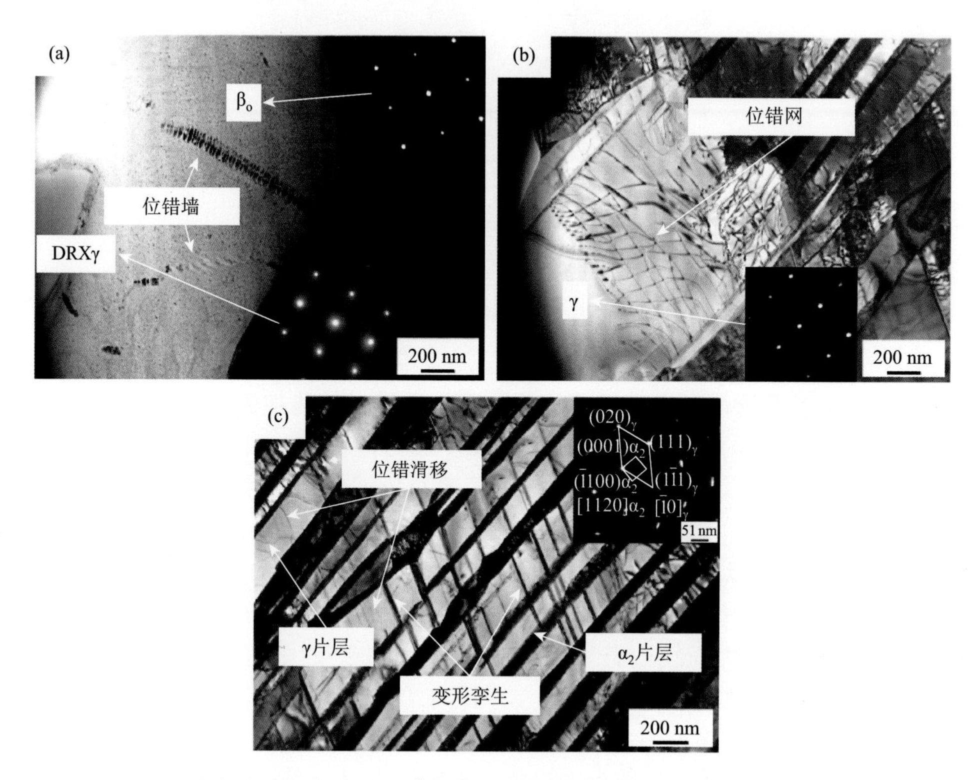

图 2.73　TiAlMn 合金在 1200℃和 0.1 s^{-1} 条件下压缩组织的透射电镜图片：（a）β_o 相中位错墙和 DRX 的 γ 相；（b）γ 相中位错网；（c）γ 片层中位错和孪晶

如图 2.73（a）所示，通过相应的衍射花斑，可以确定基体是 β_o 相，小尺寸再结晶晶粒是 γ 相。通常，动态再结晶 γ 会在 β_o 相边界或内部形核与长大，由于其堆垛层错能较低，因此位错密度也较低。此外，β_o 相中发现了明显的位错墙，从内部一直延伸到边界。图 2.73（b）表明在 β_o 相和 α_2/γ 之间分布着破碎的 γ，其中检测到一些复杂的位错网。根据传统理论，在变形过程中只有高密度的位错才能形成位错墙和位错网，在图 2.72 所示压缩组织中，由于 β_o 和 γ 的晶粒尺寸只有 1～2 μm，它们无法给位错滑移和攀移提供足够的空间，从而造成了位错堆积，形成了位错墙和位错网。如图 2.73（c）所示，位错在 α_2/γ 中的分布并不均匀，其中 γ 片层的位错密度高于 α_2 片层，与之前的研究结果不同的是，γ 片层内部发生了平行排列的孪晶，即 Q 型孪晶，这表明 α_2/γ 的变形机制同时受位错和孪晶的影响。

3）锻造工艺参数对合金组织与性能的影响

表 2.14 是 Z1 和 Z2 的实际锻造参数对比，其中只有始锻温度是变量，实际变形量是根据锻后尺寸计算的，与理论变形量稍有区别。

表 2.14　Z1 和 Z2 的实际锻造参数

编号	原始尺寸/mm	始锻温度/℃	终锻温度/℃	锻后尺寸/mm	变形量/%
Z1	$\Phi 50\times 110$	1300	1100	$\Phi 28\times 350$	69
Z2		1340			

图 2.74 是 Z1 和 Z2 的锻前和锻后照片，锻造样品表面状态良好，氧化皮呈黄色，表明合金可在 1300℃和 1340℃锻造。

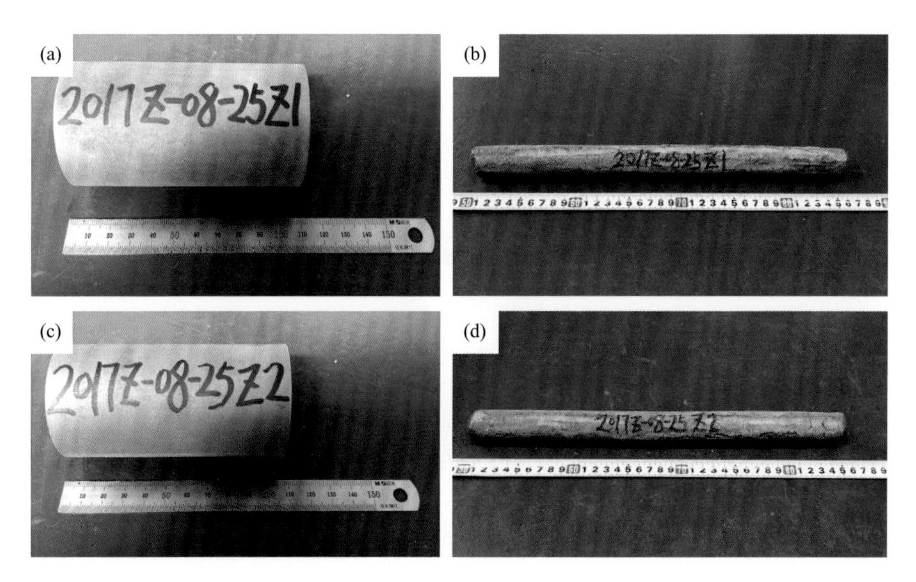

图 2.74　Z1 和 Z2 的锻前和锻后照片：（a）Z1 锻前；（b）Z1 锻后；（c）Z2 锻前；（d）Z2 锻后

图 2.75 是 Z1 和 Z2 锻造样品的电子探针组织，如图 2.75（a）所示，TiAlMn 合金 1300℃锻造组织为 $\beta_o+\gamma+\alpha_2/\gamma$，其中 γ 尺寸约为 5 μm，α_2/γ 呈等轴状，晶团尺寸约为 40 μm。而 TiAlMn 合金 1340℃锻造组织也是 $\beta_o+\gamma+\alpha_2/\gamma$，如图 2.75（b）所示，但区别有两点，其一是 γ 轻微长大，晶粒尺寸约为 8 μm；其二是 α_2/γ 变成长条状，类似于铸态组织。

表 2.15 是 Z1 和 Z2 的室温拉伸性能，对比发现 TiAlMn 合金 1300℃锻造样品无论是强度还是塑性都比 1340℃锻造样品优异。结合组织与性能分析认为，1340℃属于 β 单相区锻造，由于温度过高，合金在单相区内锻造时，一方面锻后

空冷近似于凝固过程，另一方面组织生长没有约束，得到的组织近似铸态，片层为长条状，而且 γ 尺寸较大；1300℃属于（$\beta+\alpha$）两相区锻造，由于温度适宜，锻造过程中引入了两相竞争机制，组织得到细化，片层为等轴状，γ 尺寸较小。研究认为，Z1 比 Z2 性能优异是等轴状 α_2/γ 和小尺寸 γ 的共同作用。

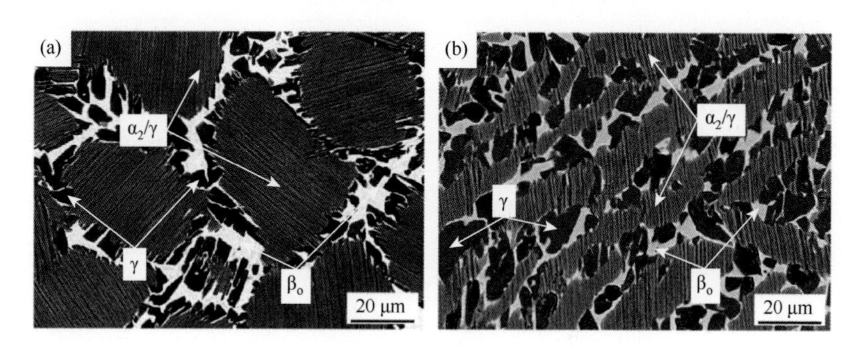

图 2.75　Z1 和 Z2 的锻后组织：（a）Z1；（b）Z2

表 2.15　Z1 和 Z2 的室温拉伸性能

编号	屈服强度/MPa	抗拉强度/MPa	伸长率/%
Z1	711	871	1.58
Z2	624	683	0.48

综上，TiAlMn 合金优先选择的始锻温度是 1300℃。

表 2.16 是 Z1 和 Z3 的实际锻造参数对比，其中只有变形量不同，同样地，表中变形量是根据锻后尺寸计算，因此与理论变形量稍有区别。

表 2.16　Z1 和 Z3 的实际锻造参数

编号	原始尺寸/mm	始锻温度/℃	终锻温度/℃	锻后尺寸/mm	变形量/%
Z1	Φ50×110	1300	1100	Φ28×350	69
Z3				Φ22×570	81

图 2.76 是 Z1 和 Z3 的锻前和锻后照片，锻造样品表面状态良好。

图 2.77 是 Z1 和 Z3 锻造样品的电子探针组织，如图 2.77（b）所示，TiAlMn 合金变形量为 81%的锻造组织仍由 $\beta_o+\gamma+\alpha_2/\gamma$ 构成，其中 γ 尺寸约为 3 μm，α_2/γ 呈等轴状，晶团尺寸约为 20 μm。与图 2.77（a）相比，不难发现图 2.77（b）有两点区别，一是 γ 尺寸轻微减小，二是 α_2/γ 尺寸显著减小。

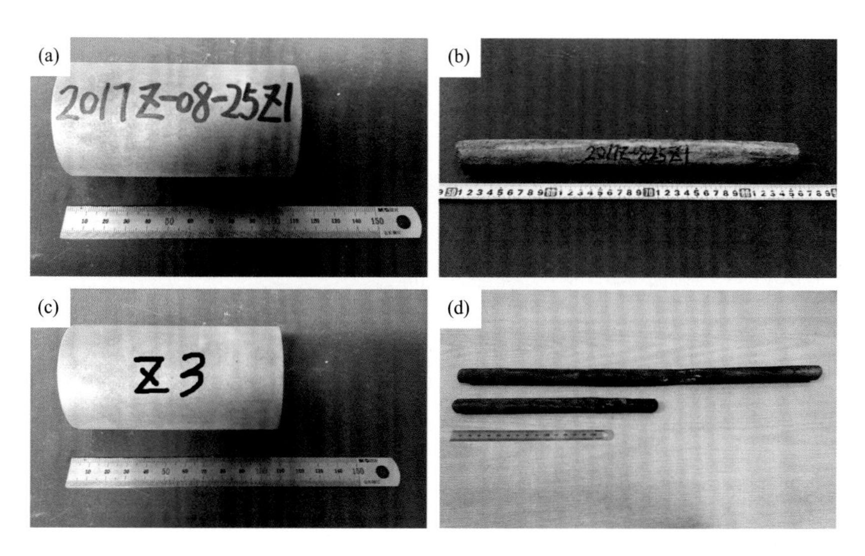

图 2.76　Z1 和 Z3 的锻前和锻后照片：（a）Z1 锻前；（b）Z1 锻后；（c）Z3 锻前；（d）Z3 锻后

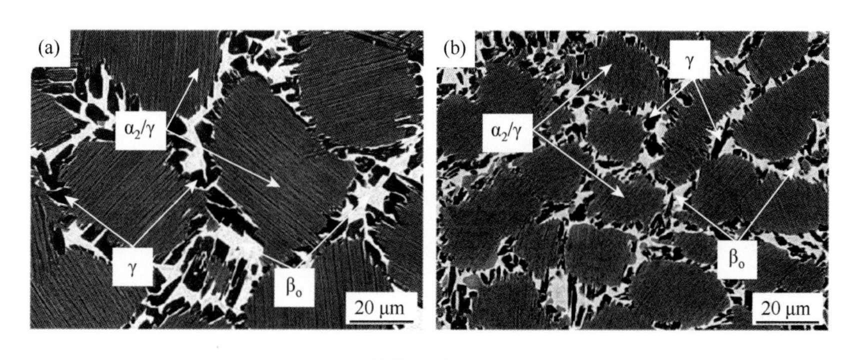

图 2.77　Z1 和 Z3 的锻后组织：（a）Z1；（b）Z3

表 2.17 是 Z1 和 Z3 的室温拉伸性能，可以发现 TiAlMn 合金变形量为 81%的锻造样品的屈服强度更高，而变形量为 69%的锻造样品的塑性更好。结合组织与性能分析认为，在变形量为 69%的锻造过程中，铸造组织在一定程度上破碎、再结晶和细化，γ 和 α_2/γ 尺寸在一定程度上减小；在变形量为 81%的锻造过程中，铸造组织充分破碎、再结晶和细化，从而获得了更小尺寸的 γ 和 α_2/γ，屈服强度提高，相应地，塑性有所降低。研究认为，Z1 和 Z3 的性能差异是 α_2/γ 和 γ 尺寸的共同作用。

表 2.17　Z1 和 Z3 的室温拉伸性能

编号	屈服强度/MPa	抗拉强度/MPa	伸长率/%
Z1	711	871	1.58
Z3	751	869	0.97

综上所述，从屈服强度方面考虑，TiAlMn 合金优先选择的变形量是 81%，从塑性方面考虑，TiAlMn 合金优先选择的变形量是 69%。

综上所述，本节针对 TiAlMn 铸锭，研究了合金在不同应变速率和温度条件下压缩过程中的组织演变和变形机制，获得了合金热加工窗口 1100℃-0.1 s^{-1}～1300℃-10 s^{-1}，以及本构方程，阐明了合金特征组织（β、γ 和 α_2/γ）在热加工过程中的变形机制。以此作指导，在始锻温度 1300℃、变形量 69%条件下，用常规锻造方式成功实现合金的热变形，变形合金屈服强度、抗拉强度、延伸率可分别达到 711 MPa、871 MPa、1.58%。

2.3.2 TiAlMn 合金连续冷却相转变行为

本小节针对锻态 TiAlMn 合金，采用 Gleeble 3800 热模拟实验机研究合金在（α + β）相区（常见锻造区间）的连续冷却相转变行为，获得合金连续冷却转变曲线，为合金性能热处理工艺参数的制定提供直接依据。

图 2.78 是锻态 TiAlMn 试样在不同冷却速度下的 XRD 结果。如图所示，在 0.1～200℃/s 冷速范围内连续冷却时，合金物相构成主要包括两种，一种是高冷速（WQ 和 200℃/s）对应的 $\beta_o + \alpha_2$，另一种是较低冷速（0.1～50℃/s）对应的 $\beta_o + \alpha_2 + \gamma$，当冷速降低到 50℃/s 以下时，γ 相开始出现。

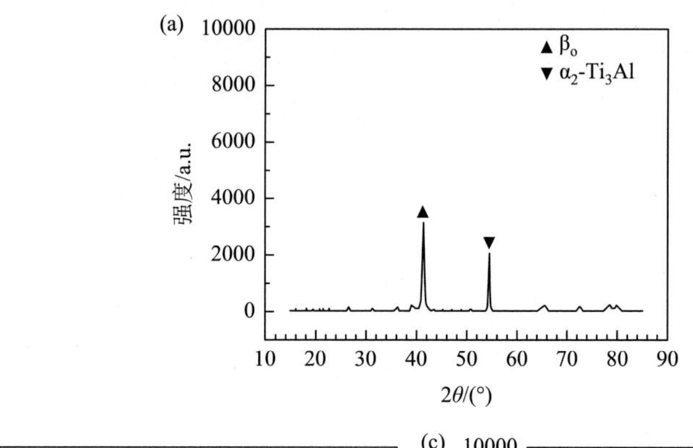

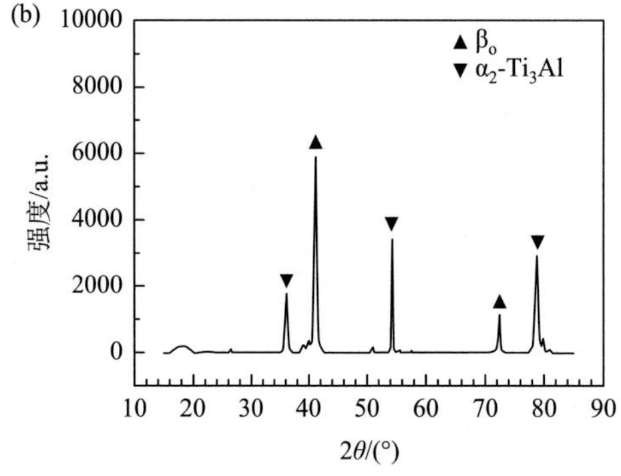

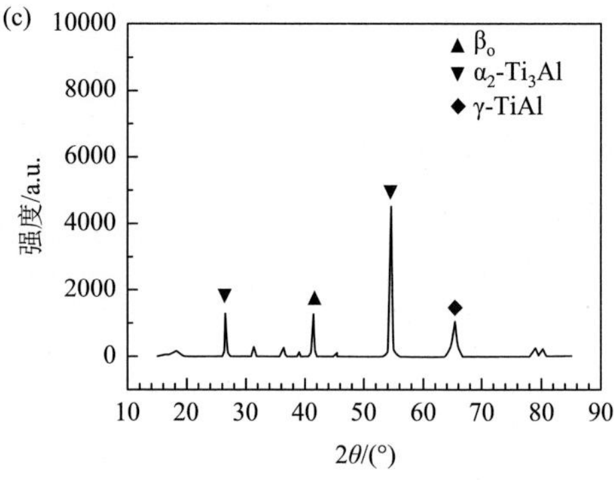

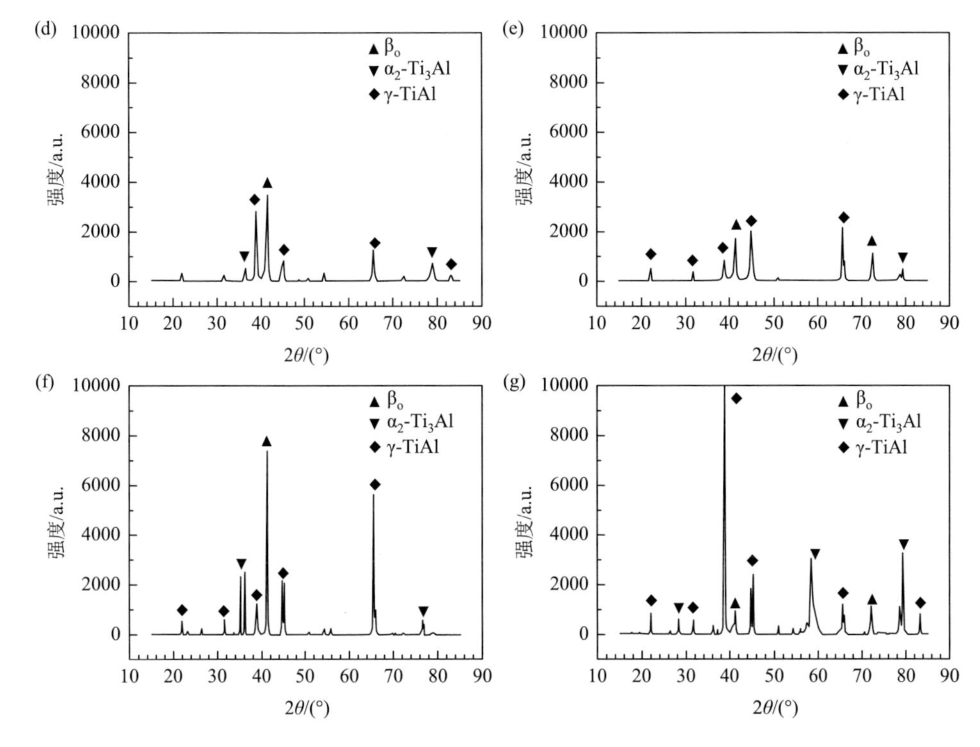

图 2.78 锻态 TiAlMn 试样在不同冷却速度下的 XRD 结果：（a）WQ；（b）200℃/s；（c）50℃/s；（d）10℃/s；（e）2℃/s；（f）0.5℃/s；（g）0.1℃/s

图 2.79 是锻态 TiAlMn 试样在不同冷却速度下的电子探针显微分析（EPMA）结果。对于不同冷却速度对应的组织特征整理如下。

（1）WQ：如图 2.79（a）所示，样品在 1300℃保温 5 min 后的水冷组织为 $\beta_o+\alpha_2+\alpha_2'$，$\alpha_2'$ 是通过切变型相变 $\beta\rightarrow\alpha'$ 反应生成的一种针状马氏体相，通常在淬火过程中出现在 β 相中，α_2' 的 TEM 形貌如图 2.80（a）所示。由此可以推断，水冷组织中存在的 α_2' 并不是高温存在相而是水冷过程中析出，因此，合金在 1300℃保温 5 min 后已完全位于（β + α）两相区。

（2）当冷速降到 200℃/s 时，如图 2.79（b）所示，组织由 β_o 和 α_2 相组成，即在 β_o 相中并未发现 α_2' 和 γ，同时在 α_2 相中也未析出 γ，这与 XRD 结果完全一致。将未析出片层的 α_2 定义为过饱和 α_2 相，如图 2.80（b）所示。也就是说，在 200℃/s 冷速下，$\beta\rightarrow\alpha_2'$、$\beta\rightarrow\gamma$ 和 $\alpha_2\rightarrow\alpha_2/\gamma$ 反应被完全抑制。

（3）当冷速降到 50℃/s 时，$\beta\rightarrow\gamma$ 反应开始发生，组织中出现极其细小的 γ 相，如图 2.79（c）所示，从 EPMA 组织中并未观察到片层组织，但结合 TEM 实验发现，其实在该冷速下已存在 $\alpha_2\rightarrow\alpha_2/\gamma$ 反应，且片层间距十分细小，如图 2.80（c）所示。根据观察，β_o 相中也未发现针状 α_2' 相。结合水冷、200℃/s 和 50℃/s 组织，可以认为，$\beta\rightarrow\alpha_2'$ 反应只在高冷速（WQ）下发生，随着冷却速度的降低该反应会被抑制。因此，$\beta\rightarrow\alpha_2'$ 不仅与初始冷却温度（即在 1240℃以上水冷时才出现 α_2' 相）有关，还与冷却速度有关。

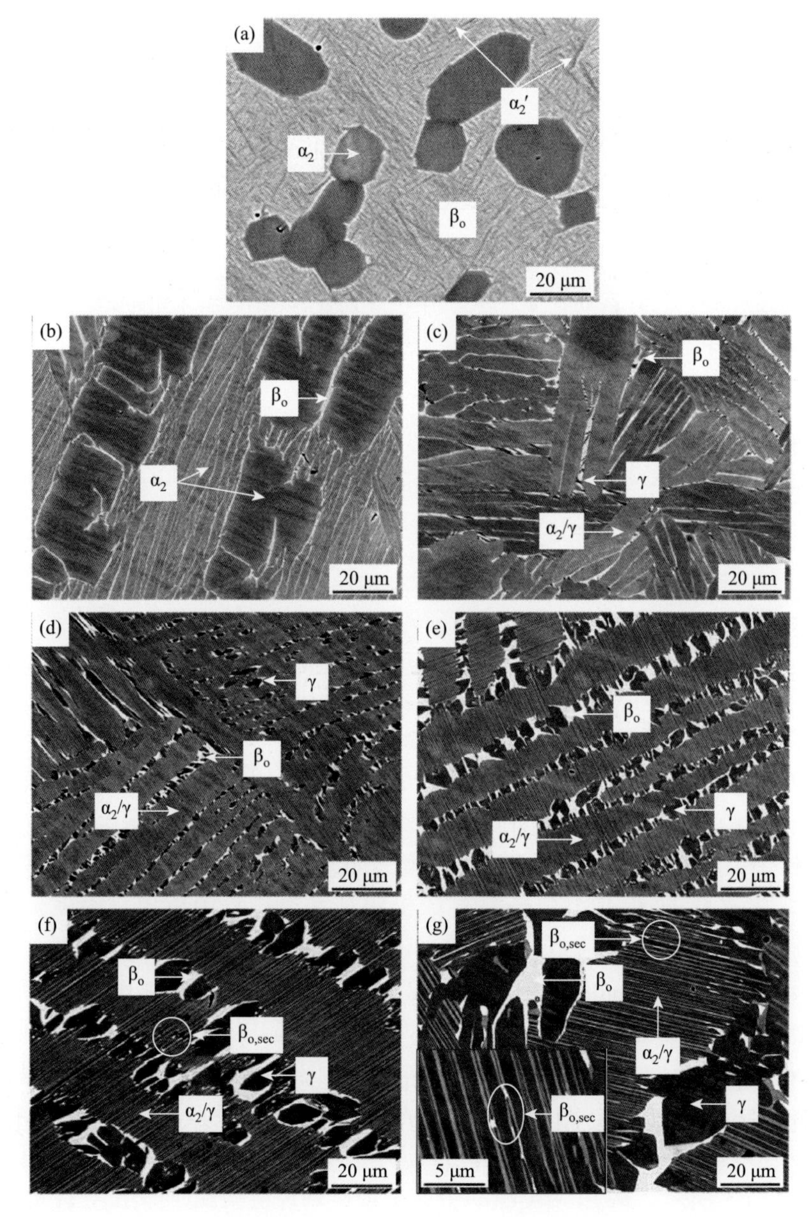

图 2.79 锻态 TiAlMn 试样在不同冷却速度下的 EPMA 结果：(a) WQ；(b) 200℃/s；(c) 50℃/s；(d) 10℃/s；(e) 2℃/s；(f) 0.5℃/s；(g) 0.1℃/s

（4）当冷速小于或等于 50℃/s 时（50℃/s、10℃/s、2℃/s、0.5℃/s 和 0.1℃/s），过饱和 α_2 相中会析出 γ 片层，对应组织为 $\beta_o + \alpha_2/\gamma + \gamma$，这与 XRD 结果保持一致。进一步研究发现，$\alpha_2/\gamma$ 片层间距、γ 晶粒尺寸和 γ 体积分数均随冷却速度的变化而变化。

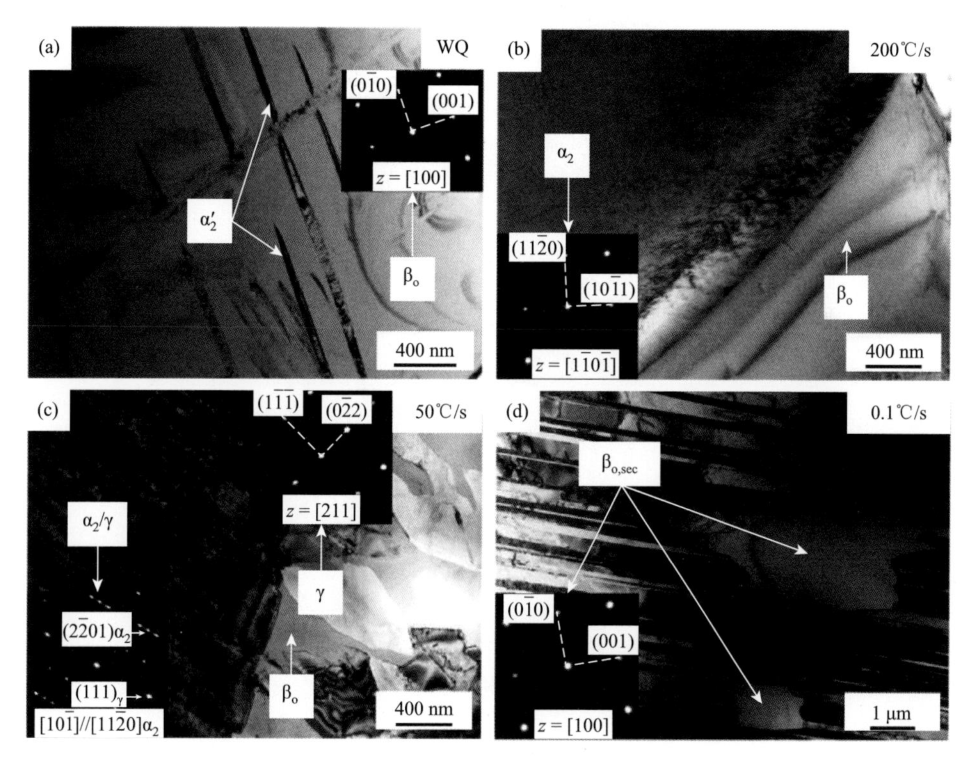

图 2.80 锻态 TiAlMn 试样在不同冷却速度下的 TEM 结果：（a）WQ 样品中 α_2'；（b）200℃/s 样品中 α_2；（c）50℃/s 样品中 α_2/γ；（d）0.1℃/s 样品中 $\beta_{o,sec}$

图 2.81 是锻态 TiAlMn 试样不同冷却速度下片层组织的 TEM 结果，由图可知，片层间距随冷却速度降低而显著增大。

锻态 TiAlMn 试样不同冷却速度下 λ 的统计结果如图 2.82（a）所示，片层间距从 50℃/s 的 26 nm 增大到 0.1℃/s 的 510 nm，表明片层间距对冷却速度非常敏感。对比 TiAlMn 和 Ti-42Al 合金的 λ-1/V_c 曲线，发现二者有显著区别，其中 V_c 表示冷却速度。如图 2.82（b）所示，Ti-42Al 合金的 λ-1/V_c 曲线为线性关系，其表达式为 $\lambda = -7.65 + 809 V_c^{-1}$，而 Ti42Al5Mn 合金的 λ-1/V_c 曲线为非线性关系，其表达式为 $\lambda = 236 V_c^{-0.34}$。对比这两个合金可以推断，5%Mn 的添加可以显著降低片层间距的长大速度。

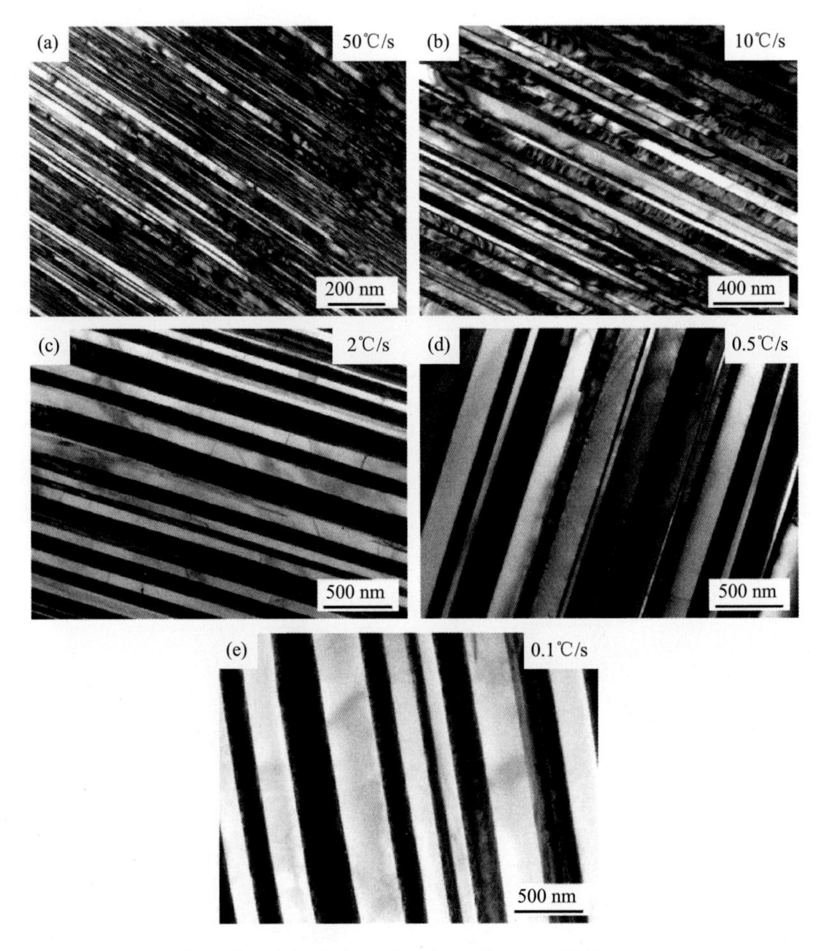

图 2.81　锻态 TiAlMn 试样不同冷却速度下片层组织的 TEM 结果：（a）50℃/s；（b）10℃/s；（c）2℃/s；（d）0.5℃/s；（e）0.1℃/s

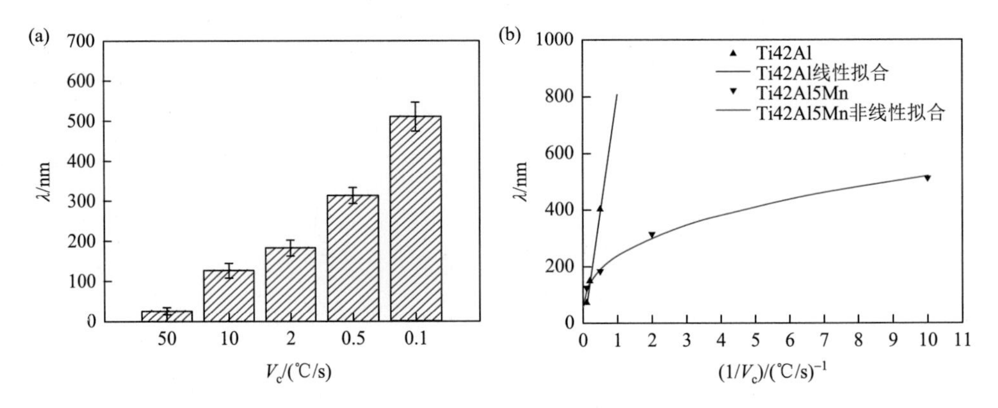

图 2.82　锻态 TiAlMn 试样不同冷却速度下 λ 的统计结果：（a）λ-V_c 曲线；（b）λ-$1/V_c$ 曲线

还有一个值得注意的现象是 γ 相的变化，如图 2.83（a）所示，γ 的晶粒尺寸从 50℃/s 的 0.85 μm 长大到 0.1℃/s 的 16.79 μm，而且 γ 的体积分数也从 50℃/s 的 1.31%增加到 0.1℃/s 的 34.94%，如图 2.83（b）所示，显示出 γ 相对冷却速度极其敏感，不同冷却速度条件下 γ 尺寸的变化也成为合金硬度变化的主要原因。

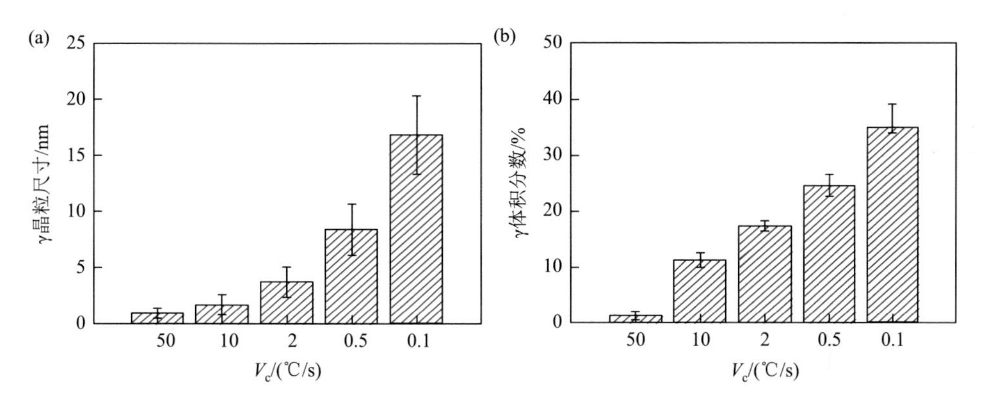

图 2.83　锻态 TiAlMn 试样不同冷却速度下 γ 的统计结果：（a）γ 晶粒尺寸；（b）γ 体积分数

值得一提的是，如图 2.79（f）～（g）所示，在低冷速（0.5℃/s 和 0.1℃/s）时，除了片层边界处的块状 β_o 相，在片层内部还发现了少量点状的 $\beta_{o,sec}$ 相。$\beta_{o,sec}$ 相对应的透射形貌和衍射斑点如图 2.80（d）所示。

通常 $\beta_{o,sec}$ 相被认为是通过胞状反应 $\alpha_2+\gamma\rightarrow\alpha_2+\beta_o+\gamma$ 生成的。胞状反应发生的原因在于，片层中的 α_2 片层通常被认为是处于非平衡状态，它会在随后的热处理和蠕变过程等热暴露过程中发生分解。根据相关文献可知，亚稳态 α_2 片层主要通过两种相变形式分解：其一是沿着 α_2 片层发生的 $\alpha_2\rightarrow\beta_o$ 反应，在 α_2 片层中形成颗粒状的 β_o；其二是在 α_2/γ 片层内部发生的 $\alpha_2/\gamma\rightarrow\beta_o$ 反应，α_2 片层中产生的 β_o 相并长大成不定形的块状 β_o。对于 $\alpha_2\rightarrow\beta_o$ 而言，该反应通常在长期时效和蠕变等过程中发生，研究证实 β_o 的存在阻碍了位错运动，可以提高合金蠕变抗力。而对于 $\alpha_2/\gamma\rightarrow\beta_o$ 来说，该反应主要在适宜的热处理过程中发生。Clemens 等通过对 TNM 合金热处理研究发现，合金在 $T_{\gamma,solv}$ 以上固溶 + 850～950℃甚至更高的温度时效处理后，在片层与片层周围 γ 和 β_o 相交界处可通过胞状反应形成大量细小的 $\beta_{o,sec}$，研究还证实胞状反应产生的 $\beta_{o,sec}$ 有助于改善合金的断裂韧性和蠕变性能。由此可见，从目前报道的结果看，合金在后续处理过程形成的 $\beta_{o,sec}$ 对合金蠕变性能的改善有益。基于图 2.80（d）中 $\beta_{o,sec}$ 的形貌，推测合金片层内部的 $\beta_{o,sec}$ 是通过 $\alpha_2/\gamma\rightarrow\beta_o$ 反应在片层内部形核，并沿着片层界面长大。

普遍观点认为，硬度和屈服强度通常存在线性关系，同时硬度也可间接表征材料组织的变化，研究人员常用硬度来预测材料的力学性能及组织的演变情况。

为进一步验证 TiAlMn 合金在连续冷却转变过程中组织的演变行为，对 CCT 试样显微组织的硬度进行了测量。

图 2.84 显示了锻态 TiAlMn 试样在不同冷却速度下的维氏硬度。一般来说，γ-TiAl 合金中各相硬度大小顺序如下：$\beta_o > \alpha_2 > \gamma$。综合各相硬度和尺寸，水冷样品因为 β_o 相含量最多，而且 β_o 相中 α_2' 尺寸较细，组织如图 2.79（a）所示，所以与其他冷速样品相比，硬度（HV）最高，达到了 523（WQ）。

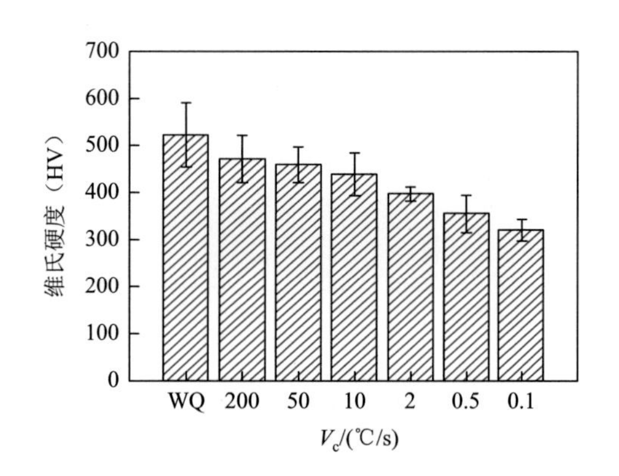

图 2.84　锻态 TiAlMn 试样在不同冷却速度下的维氏硬度

对比 200℃/s 和 50℃/s 试样，组织如图 2.79（b）和（c）所示，前者维氏硬度更高，这是因为结合 γ-TiAl 合金中各相硬度大小顺序可以推测：$\alpha_2 > \alpha_2/\gamma$。

对比 0.1～50℃/s 试样的硬度，可以发现维氏硬度随冷速降低而逐渐减小，最终降到 321（0.1℃/s）。结合组织和硬度，分析造成这一现象的原因有两个：第一个原因是片层间距随冷速降低而增大，如图 2.82（a）所示，这就导致在实验过程中硬度计压头与试样接触的特定区域中 α_2/γ 片层界面数量的减少，因此压头受到的阻力变小、压痕面积增大，最终造成测量出来的硬度值降低；第二个原因是 γ 的晶粒尺寸和体积分数随冷速降低而全部增大，如图 2.84 所示，因为 γ 相是 TiAlMn 合金相组成中硬度值最小的相，较多大尺寸 γ 相的存在势必会降低试样整体的硬度。

总之，锻态 TiAlMn 合金在连续冷却过程中的维氏硬度随冷却速度降低而减小。

合金的体积变化通常受两个因素影响：一个是温度引起的晶格常数变化，另一个是相变引起的晶体结构变化。普遍规律认为，前者是线性变化，而后者是非线性变化，相变往往是研究体积变化的重点，而相变温度则可以通过膨胀曲线上的体积变化进行读取。

图 2.85（a）是锻态 TiAlMn 试样在不同冷却速度下的膨胀曲线。如图所示，

低冷速（0.1℃/s、0.5℃/s 和 2℃/s）的膨胀曲线比高冷速（10℃/s、50℃/s 和 200℃/s）的变化更加明显。对膨胀曲线进行微分，可以得到对应的膨胀系数曲线，如图 2.85（b）所示，从而进一步明确冷却过程中的相变温度范围。

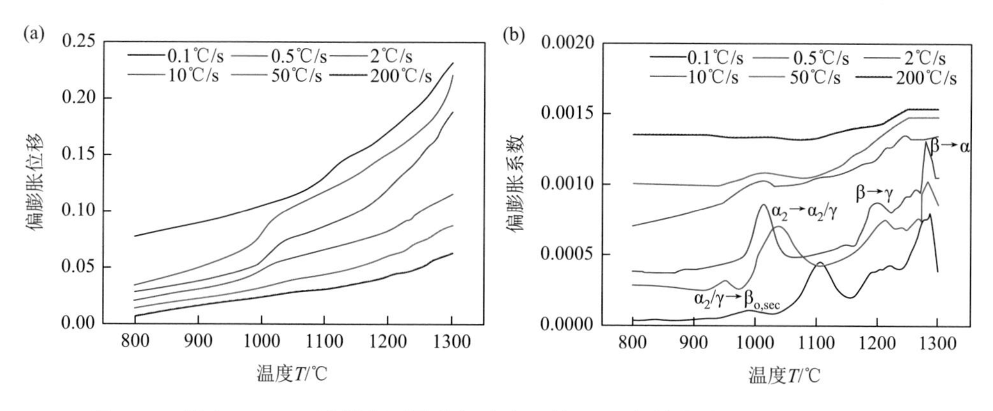

图 2.85　锻态 TiAlMn 试样在不同冷却速度下的 CCT 相关曲线：（a）膨胀曲线；（b）膨胀系数曲线

如图 2.85（b）所示，膨胀系数曲线表明在低冷速（0.1℃/s、0.5℃/s 和 2℃/s）时主要存在四个峰。第一个峰对应温度最高，它代表体心立方 β→密排六方 α 的相变过程，组织如图 2.79（b）所示。第二个峰对应体心立方 β→面心四方 γ（1150～1260℃），组织如图 2.79（c）所示。第三个峰最明显，对应密排六方 α_2→片层 α_2/γ（943～1137℃）。另外，有序化转变 β→β_o 和 α→α_2 没有体现在膨胀系数曲线中，因为这些相变与晶体结构变化没有直接关系。最后一个峰推测对应密排六方 α_2→体心立方 $\beta_{o,sec}$（918～1024℃），该反应只在低冷速时出现，即 0.1℃/s 和 0.5℃/s。

如前所述，研究人员曾报道过获得 $\beta_{o,sec}$ 的方法以及 $\beta_{o,sec}$ 对蠕变抗力的积极作用，但是 $\beta_{o,sec}$ 的具体析出温度几乎没有人关注过。根据本节实验结果，在 0.1℃/s 和 0.5℃/s 的实验条件下，α_2/γ→$\beta_{o,sec}$ 的相变区间为 918～1024℃。结合水冷实验结果可以发现，TiAlMn 合金在共析线转变温度以下（如 1120℃和 1040℃）保温水冷在片层组织中也发现 $\beta_{o,sec}$ 的存在，由此证实，$\beta_{o,sec}$ 可能具有较 1024℃更高的析出温度，本节得到的最高析出温度仅为 1024℃，主要是与合金的冷却速度有关。

以上研究了膨胀系数曲线中峰与相变的对应关系，除此之外，随着冷速的增加，图 2.85（b）中所有的峰都向低温偏移，这一现象也被其他研究工作所证实。同时还发现当冷速从 0.1℃/s 增加到 2℃/s 时，α_2→α_2/γ 对应峰比 β→γ 对应峰左移得更加明显，说明在低冷速条件下，冷却速度对 T_{eut}（α_2→α_2/γ）的影响比对 $T_{\gamma solv}$（β→γ）的影响更显著。

基于锻态 TiAlMn 试样在不同冷却速度下对应的组织特征和相变区间可以

得到合金的连续冷却转变（CCT）图，如图 2.86 所示，其中相变点 T_{β}（1311℃，$\beta \to \alpha$）、$T_{\gamma solv}$（1231℃，$\beta \to \gamma$）和 T_{eut}（1132℃，$\alpha_2 \to \alpha_2/\gamma$）为合金近平衡转变对应的温度点。

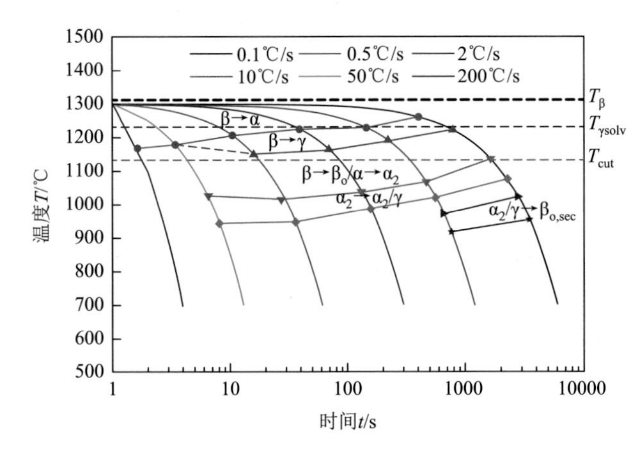

图 2.86　锻态 TiAlMn 试样在不同冷却速度下的 CCT 图

根据 CCT 图，可以发现各个相变的开始点和结束点随着冷速增加呈降低趋势。表 2.18 是锻态 TiAlMn 试样在不同冷却速度下的相变持续时间，可以发现表中四个相变的反应速率均随着冷速的增加而增大。总之，随着冷速的增加，锻态 TiAlMn 试样相变开始点和结束点降低，但是相变速度增大。

表 2.18　锻态 TiAlMn 试样在不同冷却速率下的相变持续时间

冷却速率/(℃/s)	持续时间/s			
	$\beta \to \gamma$	$\beta \to \beta_o/\alpha \to \alpha_2$	$\alpha_2 \to \alpha_2/\gamma$	$\alpha_2 \to \beta_{o,sec}$
0.1	380	<850	620	700
0.5	76	<246	94	108
2	30.5	<63	25	—
10	5.6	<11.5	8.7	—
50	—	—	1.64	—

进一步分析 CCT 图可知，TiAlMn 合金在 0.1～200℃/s 连续冷却过程中主要存在如下五种转变：$\beta \to \alpha$、$\beta \to \gamma$、$\beta \to \beta_o/\alpha \to \alpha_2$、$\alpha_2 \to \alpha_2/\gamma$ 和 $\alpha_2/\gamma \to \beta_{o,sec}$。当冷却速率足够大时，部分相变会被抑制。结合上节内容，TiAlMn 合金不同冷速条件下各个相变特征概括如下。

（1）$\beta\rightarrow\alpha$ 相变。由 CCT 图可知，在所有冷速下只能得到该相变的结束点。基于图 2.79（a）的组织形貌，TiAlMn 合金在 1300℃时处于（$\alpha+\beta$）两相区，即 $\beta\rightarrow\alpha$ 的开始点应高于 1300℃。

表 2.19 列出了锻态 TiAlMn 试样水冷条件下 α_2 和 β_o 相的化学成分，结果表明 Mn 含量在这两相中差异较大，这是因为 Mn 是典型的 β 稳定化元素。不仅如此，两相中的 Al 含量也存在一定差异。因此，分析认为在 $\beta\rightarrow\alpha$ 相变过程中应存在 Mn、Al 等元素的再分配，$\beta\rightarrow\alpha$ 相变应该是扩散型相变。

表 2.19　锻态 TiAlMn 试样水冷条件下 α_2 和 β_o 相的化学成分

相	Ti 原子分数/%	Al 原子分数/%	Mn 原子分数/%
α_2	54.40	39.08	4.52
β_o	57.41	31.75	10.84

（2）$\beta\rightarrow\gamma$ 相变。由 CCT 图可知，当冷速在 0.1～50℃/s 之间时，$\beta\rightarrow\gamma$ 的相变区间为 1150～1260℃。$\beta\rightarrow\gamma$ 相变在高冷速时（WQ 和 200℃/s）会被抑制。在低冷速时（0.1～50℃/s），γ 相形貌呈块状，如图 2.79（c）～（g）所示，从 β 相中直接形核长大。

γ 相的析出行为不同于有些高 Al 的 TiAl 合金。在高 Al 的 TiAl 合金中，如 46%～49%Al，DP 和 NG 组织中存在的 γ 普遍观点认为是在 α 相中形核长大。基于本节研究结果可知，对于 TiAlMn 等低 Al 的 TiAl 合金，γ 只在 β 相中形核长大。事实上，γ 无论是从 β 相中析出还是从 α 相中析出的转变方式，应与 TiAl 合金的凝固路线密切相关。对于高 Al 的 TiAl 合金，凝固过程如下：$L\rightarrow L+\beta\rightarrow\beta\rightarrow\beta+\alpha\rightarrow\alpha\rightarrow\alpha+\gamma\rightarrow\alpha_2+\gamma$。在低温时，β 相完全转变为 α 相。在这种情况下，γ 只能从 α 相中析出。然而对于低 Al 的 TiAl 合金，凝固路线如下：$L\rightarrow L+\beta\rightarrow\beta\rightarrow\beta+\alpha\rightarrow\beta+\alpha+\gamma\rightarrow\beta_o+\alpha_2+\gamma$。随着温度降低，$\beta+\alpha$ 会转变为 $\beta+\alpha+\gamma$。基于以上研究，γ 直接在 β 相中形核长大，同时 α 相中析出 γ，进而转变为 α_2/γ 片层。由此可以推测，在 TiAl 合金冷却转变时，$\beta\rightarrow\gamma$ 的转变倾向应大于 $\alpha\rightarrow\gamma$。不仅如此，研究发现 γ 的形成条件在高 Al 的 TiAl 合金和 TiAlMn 合金中不一样。在高 Al 的 TiAl 合金中，$\alpha\rightarrow\gamma$ 反应在中等冷速下进行。而在 TiAlMn 合金中，研究表明 $\beta\rightarrow\gamma$ 反应只在相对较低冷速下（如 50℃/s 以下）发生。

（3）$\beta\rightarrow\beta_o/\alpha\rightarrow\alpha_2$ 相变。如图 2.85（b）所示，目前从膨胀系数曲线中无法得到其具体转变范围，因此只能给出该反应的较宽转变范围。基于之前研究内容，$\beta\rightarrow\beta_o/\alpha\rightarrow\alpha_2$ 相变在近热力学平衡状态下通常发生在高于 T_{eut}（1132℃）时，也就是说有序化转变温度会比共析转变温度高。因此可以推测其相变区间介于 $\beta\rightarrow\gamma$ 和 $\alpha_2\rightarrow\alpha_2/\gamma$ 之间，本文给出的 $\beta\rightarrow\beta_o/\alpha\rightarrow\alpha_2$ 相变区间较为可信。

（4）$\alpha_2 \to \alpha_2/\gamma$ 相变。当冷速在 0.1～50℃/s 之间时，$\alpha_2 \to \alpha_2/\gamma$ 的相变区间为 943～1137℃。这里 γ 相通过共析反应生成，以片层形貌出现，如图 2.79（c）～（g）所示。需要注意的是，当冷速达到 200℃/s 时，$\alpha_2 \to \alpha_2/\gamma$ 反应完全被抑制。由此可见，$\alpha_2 \to \alpha_2/\gamma$ 应倾向为扩散型相变。事实上，结合相关文献可知，$\alpha_2 \to \alpha_2/\gamma$ 是一种扩散-切变型相变。

（5）$\alpha_2/\gamma \to \beta_{o,sec}$ 相变。与以上其他几种相变相比，该反应倾向于在低冷速下发生。本节研究发现 $\alpha_2/\gamma \to \beta_{o,sec}$ 在 0.1℃/s 和 0.5℃/s 时出现，这些冷速接近炉冷（FC≈20℃/ min）。之所以 $\beta_{o,sec}$ 主要在低冷速下析出，是因为低冷速接近平衡转变条件，从而给 $\alpha_2/\gamma \to \beta_{o,sec}$ 反应提供足够的转变时间。这就意味着 $\alpha_2/\gamma \to \beta_{o,sec}$ 反应是类似于 β→α、β→γ 和 $\alpha_2 \to \alpha_2/\gamma$ 的扩散型相变。

从现有文献报道看，在多数 β-γ-TiAl 合金低温转变过程中（$T < T_{eut}$），会存在 $\beta_o \to \omega$ 相变，且该反应通常在 700～950℃范围内发生。但是在本节研究中，并未发现 $\beta_o \to \omega$ 反应。根据相关文献，ω 相是具有六方 $D8_8$ 结构的富 Nb 相，该相会优先在含 Nb 的 TiAl 合金中形成，如 TNB 和 TNM 合金。对于含 Nb 的 TiAl 合金而言，如 Ti-45Al-8.5Nb-0.2B 合金，研究发现 0.5%Mn 的添加可以极大地抑制 ω 相的生长，甚至阻碍 ω 相的形成。因此做出以下推断：TiAlMn 合金相转变过程中未存在 $\beta_o \to \omega$ 相变应与合金不存在 Nb 和添加不利于相变发生的 Mn 元素有关。

综上所述，本节针对变形 TiAlMn，研究了合金在 1300℃（α + β 相区）的连续冷却相转变行为，获得了合金 CCT 曲线，明确了合金非平衡过程中的相变类型及其转变温度区间。合金以 0.1～200℃/s 连续冷却转变过程中主要存在五种相变：β→α、β→γ、$\beta \to \beta_o/\alpha \to \alpha_2$、$\alpha_2 \to \alpha_2/\gamma$ 以及 $\alpha_2/\gamma \to \beta_{o,sec}$。当冷却速率小于或等于 50℃/s 时，β→γ 相变会在 1150～1260℃范围内发生；当冷却速率在 0.1～50℃/s 范围内，$\alpha_2 \to \alpha_2/\gamma$ 相变会在 943～1137℃范围内发生。当冷却速率在 0.1～0.5℃/s 范围内，$\alpha_2/\gamma \to \beta_{o,sec}$ 相变会在 918～1024℃范围内发生。在上述冷却速率范围内，随着冷却速率由 0.1℃/s 增加至 50℃/s，组织的片层间距从 510 nm 显著降低至 26 nm，片层间距和冷却速率 V_c 之间的关系满足以下表达式：$\lambda = 236 V_c^{-0.34}$。

2.4 PST TiAl 单晶

如前所述，TiAl 合金已成功应用于航空航天领域的诸多场合，但现有 TiAl 合金还存在两大缺点：一是室温拉伸塑性低（伸长率＜2%），必须开发相应的半脆性材料加工、制造以及发动机装配工艺路径，增加了设计与制造成本，且不敢用于前部的压气机转子叶片。二是长时承温能力有限，强度从约 650℃开始下降，

700℃/3000 h 组织分解，限制了其长时服役温度不能超过 700℃（GEnx™-1B 发动机第 6 级、第 7 级低压涡轮叶片的服役温度分别约为 650℃和 600℃，第 5 级超过 700℃）。

镍基高温合金由传统多晶发展到定向凝固柱晶再到定向凝固单晶，承温能力不断提高。金属间化合物的室温脆性也在一定程度上与晶界弱化有关。因此，去除晶界，将多晶变为单晶是攻克 TiAl 合金上述两大难题的有效途径。

2.4.1　TiAl 单晶研究历程

TiAl 单晶是指由单个片层团晶粒组成的一个完整晶体，其内部不存在片层团晶粒之间的晶界，而仅由 α_2 和 γ 两相以片层状排列形成了一种片层结构组织——这与 Ni 基单晶高温合金类似，Ni 基单晶也由 γ 和 γ′两相组成。1990 年，日本科学家发现 TiAl 合金的两相片层状组织类似于矿物晶体中的片层结构[13]，首次借用矿物晶体学名词 polysynthetically twinned（PST）命名了 TiAl 合金的全片层晶体，并沿用至今，如图 2.87 所示。

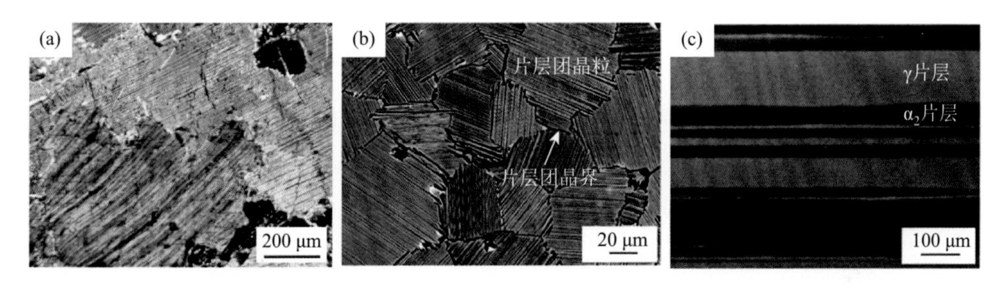

图 2.87　片层结构显微组织[1]：（a）矿物质 PST 晶体；（b）TiAl PST 晶体；（c）PST TiAl 单晶

早期研究人员无法制备得到整根 TiAl 单晶试棒，只能采用从大块 TiAl 多晶中切取出小块单个 PST 晶体试样的方法来进行单晶力学性能测试。通过这种方法，日本学者系统研究了 PST 晶体片层取向与力学性能之间的关系[13, 14]，发现 PST 晶体的力学性能具有明显的各向异性——当片层取向与应力加载方向呈 90°角时，合金的强度最高但塑性最差；当片层取向与应力加载方向的夹角在 30°～60°范围时，合金的塑性最佳但强度最低；当片层取向与应力加载方向呈 0°角时，合金具有一定的强度和塑性，居于两者之间，但屈服强度只有 300 MPa 左右，无法满足使用要求，如图 2.88 所示。PST 晶体的这种力学性能特性由合金的失效断裂模式决定，当片层界面平行于或垂直于应力加载方向时，γ 片层内沿{111}面的剪切应变需穿过大量片层界面，造成很大的变形阻力；当片层界面与应力加载方向呈 30°～60°角时，剪切应变可以沿着片层界面快速扩展。这种力学性能各向异性可以从室温一直保持到 1000℃，但其强度在约 800℃时会出现急剧下降的现象。研究人员不断尝试着向 PST 晶体中添加强化元素，但效果不佳[15]。

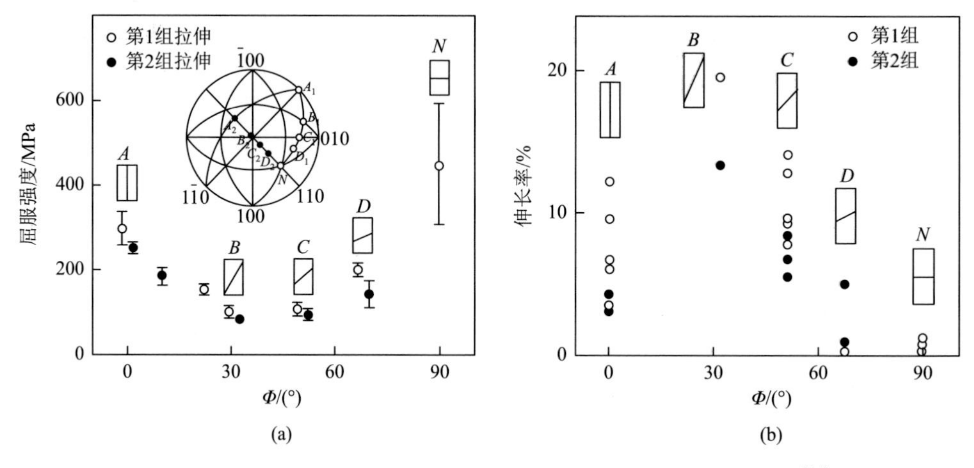

图 2.88 PST 晶体拉伸力学性能随片层与应力轴方向夹角的变化[14]

A、B、C、D 和 N 分别表示片层取向与应力轴方向夹角为 0°、31°、51°、68°和 90°

TiAl 单晶制备的难度在于 PST 晶体片层取向的控制，而 PST 晶体片层取向控制的难点在于 TiAl 合金凝固后存在的两次复杂固态相变过程：$\beta \rightarrow \alpha$ 和 $\alpha \rightarrow \alpha_2 + \gamma$，这两次固态相变过程分别遵循着 Burgers（伯格斯）、Blackburn[16]位相关系。Burgers 和 Blackburn 晶体学位相关系分别是体心立方 BCC 相生成密排六方 HCP 相，以及 HCP 相生成面心立方 FCC 相过程中，新相与母相之间遵循的位相关系，即$\{110\}_{BCC} // \{0001\}_{HCP}$和$\{0001\}_{HCP} // \{111\}_{FCC}$，如图 2.89 所示。TiAl 合金中的 β、α 和 γ 相分别为 BCC、HCP 和 FCC 结构，不同初生相 TiAl 合金在定向凝固及随后的固态相变规律如图 2.90 所示[17-19]。

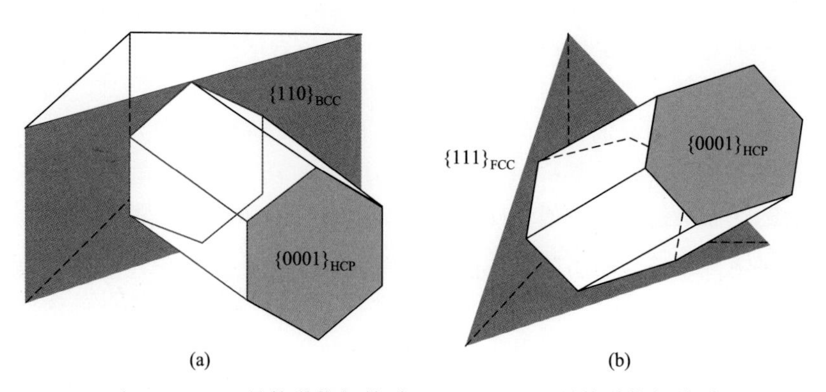

图 2.89 Burgers 和 Blackburn 晶体学位相关系：（a）Burgers 晶体学位相关系；（b）Blackburn 晶体学位相关系[16]

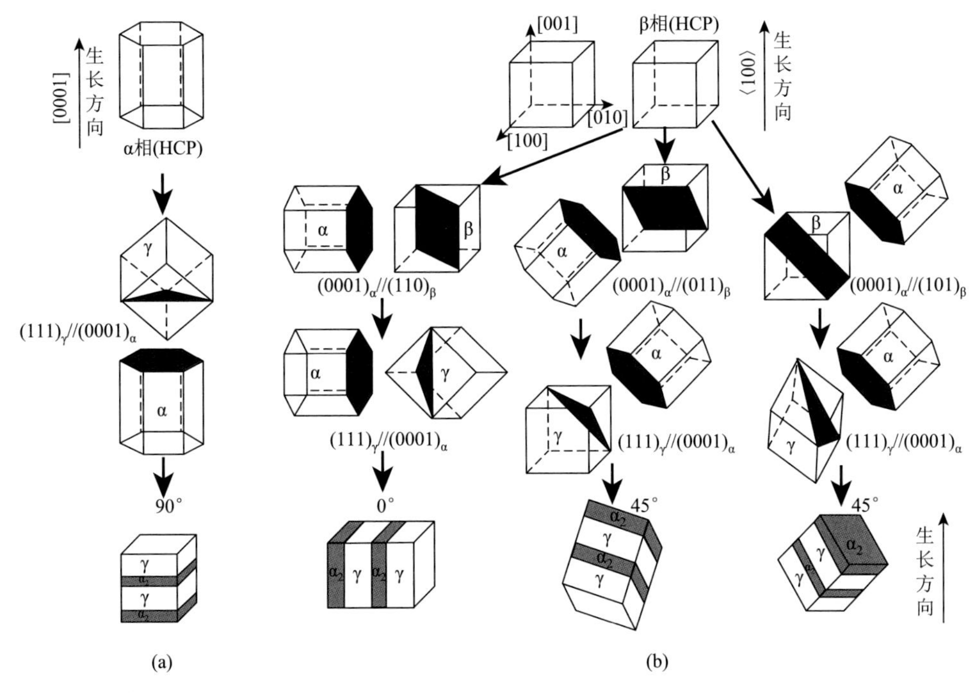

图 2.90　TiAl 合金定向凝固和定向固态相变过程：（a）初生 α 相 TiAl 合金；（b）初生 β 相 TiAl 合金[19, 20]

根据图 2.90，TiAl 合金定向凝固及随后的定向固态相变过程可分为两类：

（1）初生 α 相 TiAl 合金。定向凝固择优生长方向为[0001]，$\{0001\}_\alpha$ 晶面族与生长方向呈 90°，依据 Blackburn 晶体学位相关系 $\{0001\}_\alpha // \{111\}_\gamma$，α（HCP）→γ（FCC）固态相变过程中，新相 γ 的(111)面与母相 α 的(0001)面平行，最终形成片层取向与定向凝固生长方向垂直的 PST 晶体[图 2.90（a）]。TiAl 单晶片层取向与 α 相的基面{0001}一致。

（2）初生 β 相 TiAl 合金。定向凝固择优生长方向为⟨100⟩，$\{110\}_\beta$ 晶面族有 6 个取向，其中 2 个与生长方向呈 0°，4 个与生长方向呈 45°[图 2.90（b）]。根据伯格斯晶体学位相关系 $\{110\}_\beta // \{0001\}_\alpha$，β（BCC）→α（HCP）固态相变过程中，新相 α 的(0001)面与母相 β 的(110)面平行。此外由于 $\{110\}_\beta$ 晶面族中与生长方向平行的两个 β 变体会各自再生成 2 个 α 变体，因此得到 4 个 α 变体，其{0001}基面与生长方向平行，经历第二次固态相变后形成的 PST 晶体片层与生长方向呈 0°；同理，4 个与生长方向呈 45°的 β 变体会得到 8 个 α 变体，其{0001}基面与生长方向呈 45°，二次固态相变后形成的 PST 晶体片层与生长方向呈 45°。因此，初生 β 相 TiAl 合金定向凝固片层取向不可控，为随机事件，形成 0°片层和 45°片层的概率分别为 1/3 和 2/3。

为了达到仅有的 1/3 概率，获得 0°片层取向的 PST 晶体，研究人员对初生 β 相 TiAl 合金定向凝固法进行了诸多尝试。Kim 等对添加了 Nb、Cr、Mo 三种 β 相稳定元素的 TiAl 合金研究发现，生长速率对片层取向有明显的影响，随着凝固速率的降低，L + β→α 转变的温度线有向高 Al 含量移动的趋势，合金的片层取向也从 90°向 0°和 45°转变[21, 22]；Xiao 等对添加了 Nb 和 Cr 的合金研究发现，温度梯度与生长速率的比值 G/V，直接影响了最终的片层取向[23]。Lapin 等对添加了 Nb、W、Ta 元素合金的研究也表明，凝固参数（温度梯度和生长速率）对初生相的选择、凝固路径及微观组织都有显著的影响[24, 25]。但上述所有研究都表明，初生 β 相合金定向凝固过程中 0°和 45°取向片层组织会同时出现。

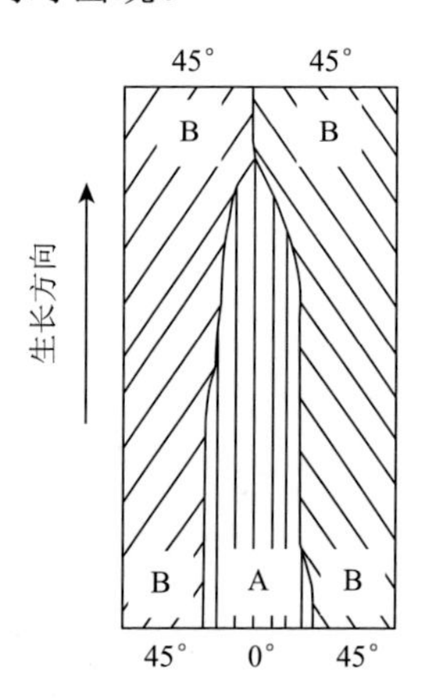

图 2.91　初生 β 相 TiAl 合金定向凝固过程中 0°取向片层被逐渐淘汰[26]

Jung 等研究发现尽管定向凝固初期同时产生了具有 0°和 45°片层取向的晶粒，但随着定向凝固的进行，45°片层取向晶粒会逐渐淘汰 0°片层取向晶粒（图 2.91），最终只能得到 45°片层取向 PST TiAl 晶体，得不到 0°片层取向的 TiAl 单晶[26]。至此，初生 β 相 TiAl 合金定向凝固从理论上的片层取向随机不可控，经过几十年的发展最终结论是实验中也无法获得 0°片层取向单晶[27]。

鉴于初生 α 相 TiAl 合金固态相变晶体取向关系一一对应，Johnson 等采用籽晶定向凝固法成功制备了 0°片层取向 TiAl 单晶[28, 29]。籽晶法虽可以控制片层取向，但仍存在诸多问题，如籽晶的合金成分单一（一般只能是 Ti-43Al-3Si）、制备工艺复杂、成功率低、得到的 PST 晶体性能不佳等。造成这些问题的根源依然是固态相变过程，因为作为籽晶的合金必须要保证在重熔及凝固过程中一直保持热力学稳定及晶体学取向不变，这在复杂的固态相变过程中是很难实现的。对此，Yamaguchi 等总结提出了籽晶法制备 TiAl 单晶必须严格满足的 4 个条件[30]：①α 相必须为凝固初生相；②籽晶在定向凝固加热到达到共析温度以上时，片层结构必须保持稳定；③在定向凝固过程中，α 相必须保持热力学稳定，即通过增厚 α 片层来实现体积分数的增加，而不能生成新的 α 相；④在冷却过程中，此过程是可逆的，还需维持原有的晶体学取向关系。要满足如此苛刻的条件显然非常困难，迄今为止，只有 Ti-Al-Si 系、Ti-Al-C 系等少数合金体系满足要求。但由于籽晶成分的限制，许多对提升 TiAl 合金性能有益的合金元素无法添加，如 Nb、Cr、Mo、W 等，导致籽晶法制备的 PST 晶体力学性能无法满足使用要求。

南京理工大学陈光教授团队经过长期深入研究，终于发现定向凝固存在的特殊现象，即固态相变新相的晶体取向与其在等温面上母相的界面能存在相互对应关系。据此提出了固态相变晶体取向调控原理，突破了基于伯格斯位相关系初生 β 相 TiAl 片层取向无法控制的理论，发明了液-固与固-固相变协同控制的非籽晶法 PST TiAl 单晶，打破了发达国家近 40 年 TiAl 单晶研究停滞不前的僵局[31, 32]。

2.4.2　PST TiAl 单晶力学性能与变形机制

1. γ 和 α_2 单相变形机制及力学性能

PST TiAl 单晶的微观组织是由 FCC-γ 相和 HCP-α_2 相按照一定取向关系排列形成的全片层结构。它的力学性能（如强度、延性和断裂韧性）具有明显的各向异性，与加载方向相对于片层界面的角度有关。由于 PST TiAl 晶体中存在大量的片层界面，其性能与 γ 和 α_2 片层的变形和运动方式有关。

与面心立方结构的金属类似，γ-TiAl（$L1_0$ 结构）中的位错主要在{111}密排面上沿着密排方向或相对密排的方向滑移。但由于 $L1_0$ 结构的对称性相对于 FCC 结构有所降低，因此，在 γ-TiAl 的{111}密排面上，常见的全位错的伯格斯矢量是 $b = 1/2\langle 1\bar{1}0]$ 的普通位错以及 $b = \langle 0\bar{1}1]$ 和 $b = 1/2\langle 11\bar{2}]$ 的超点阵位错，其中带混合括号的密勒指数是为了区分 $L1_0$ 结构中前两个等价的指数与第三个固定的指数。与 $\langle 0\bar{1}1]$ 超点阵位错相比，$1/2\langle 11\bar{2}]$ 超点阵位错只能在一个八面体{111}面上滑移。除此之外，还存在伯格斯矢量为 $b = \langle 110\rangle$ 的位错，但是其滑移面并非{111}密排面，因而实验上很少观察到这种位错。这类位错只有在高温变形条件下才会出现[33]。

除了位错滑移，研究发现 PST TiAl 单晶在变形过程中 γ 和 α_2 相中均有纳米孪晶产生，其中 γ 相中产生了两种类型变形孪晶：与初始片层界面平行的 P 型孪晶以及与初始界面呈 70°的 Q 型孪晶（图 2.92）。通过对比试样变形前后的微观结构可以发现，P 型孪晶显著细化了初始片层厚度，使单晶强度显著上升。由于 γ 相是 FCC 结构，其孪晶形成和纳米孪晶铜的形成过程具有相似之处，孪晶形核的初始状态是一个领先的 $1/6\langle 11\bar{2}]$ 不全位错片段，该片段包含一个内禀层错。这个过程增加了界面能，使孪晶形成能一部分来自内禀层错的产生，这对于后续大量 Q 型孪晶的生长是有利的。另外，Nb 元素的添加能够降低层错能，增加超位错的迁移率，促进孪生变形的发生。这些条件都可以使位错结构在变形过程中更容易转变为孪晶，进而在塑性提升的同时显著提高强度[34]。

研究发现在 PST TiAl 单晶 HCP-α_2 相中也可产生孪晶[35]，如图 2.93 所示。α_2-Ti_3Al 的塑性变形方式与无序 HCP 结构的 α-Ti 类似，其主要的滑移系是柱面滑移 $1/3\langle 11\bar{2}0\rangle\{1\bar{1}00\}$、基面滑移 $1/3\langle 11\bar{2}0\rangle\{0001\}$ 以及 I 型锥面滑移 $1/3\langle \bar{1}\bar{1}26\rangle\{20\bar{2}1\}$

和Ⅱ型锥面滑移 1/31/3$\langle\bar{1}\bar{1}26\rangle\{11\bar{2}1\}$。其中，柱面滑移最容易开动，其次是基面滑移和锥面滑移。目前，在 HCP 相中发现的孪生面主要包括$\{20\bar{2}1\}$、$\{31\bar{4}2\}$、$\{11\bar{2}1\}$和$\{10\bar{1}1\}$，其中最常见的是$\{20\bar{2}1\}$孪生。PST TiAl 单晶中观察到的 α_2 片层内孪晶属于$\{20\bar{2}1\}$孪生。

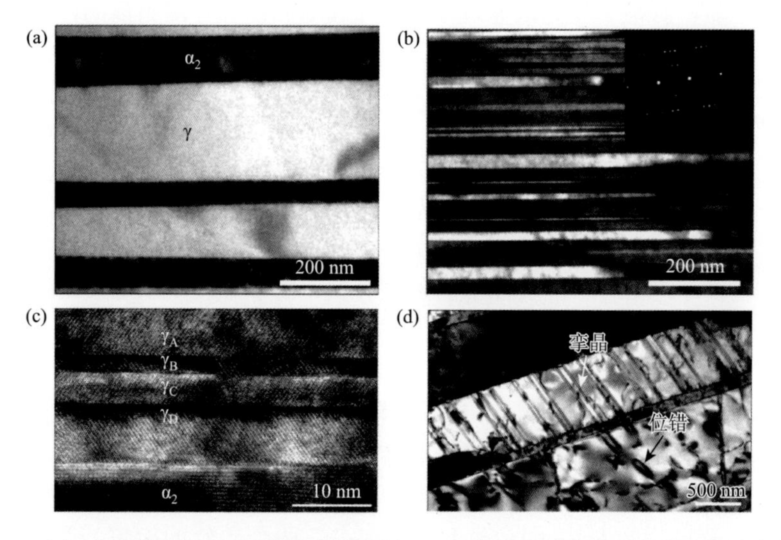

图 2.92 （a）未变形 PST TiAl 单晶片层组织；（b）室温拉伸变形后产生大量纳米孪晶；（c）与片层界面平行的 P 型纳米孪晶；（d）与片层界面呈 70°的 Q 型纳米孪晶[20]

图 2.93 （a）PST TiAl 单晶中$(2\bar{2}01)$ α_2 变形孪晶的 TEM 明场像形貌；（b）沿$[11\bar{2}0]$轴对应的选区电子衍射图，被红色圆圈包围的衍射斑点是双重衍射的结果；（c）是（b）的复合选区电子衍射示意图，其中红色和蓝色圆圈分别表示基体和孪晶的衍射斑点，十字表示双重衍射[35]

采用球差校正透射电镜系统研究了拉伸变形过程中形成的 $(2\bar{2}01)$ α_2 孪晶结构特征。图 2.93（a）和（b）分别为 α_2 变形孪晶的 TEM 明场像形貌和相应的选取电子衍射（SAED）图像，其中图 2.93（b）中的红色圆圈代表二次衍射，说明 α_2 变形孪晶的孪生面为 $(2\bar{2}01)$ 面[35]。对孪晶界面进行原子尺度的高分辨研究发现，α_2 孪晶界上存在一些台阶，并且台阶的高度为 $(2\bar{2}01)$ 孪生面的面间距（d_{TP}）。基体与孪晶之间的界面由平直的 $(2\bar{2}01)$ 孪晶界和 d_{TP} 台阶组成[图 2.94（b）]。由于界面 d_{TP} 台阶的存在，实际的孪晶界面偏离了理论的 $(2\bar{2}01)$ 孪生面，并且 d_{TP} 台阶总是与孪晶中的基面超点阵内禀层错（SISF）相连。对图中的 I 1 型基面 SISF 放大观察发现，1/3 $\langle 1\bar{1}00\rangle$ Shockley 不全位错在基面滑移时，所产生的基面 SISF 属于 I 2 型基面 SISF，如图 2.94（d）所示。图 2.95（a）为 α_2 孪晶尖端的原子分辨率 Z 衬度像，可以看到 α_2 孪晶尖端是由基面-锥面 0BPy、锥面-基面 0PyB 和 $(2\bar{2}01)$ 孪生面组成的，其中基面-锥面表示的是基体的基面与孪晶的 $(2\bar{2}01)$ 锥面平行，而锥面-基面表示的是基体的 $(2\bar{2}01)$ 锥面与孪晶的基面平行。此外，α_2 孪晶尖端存在两个明显的错配位错，图中用“⊥”表示。图 2.95（b）为（a）中白色虚线框所示错配位错的放大图，图中可见两个多余的半原子面，正好对应错配位错。错配位错之间的理论距离 D 可以通过下面的公式进行计算[36]：

$$D = \frac{d_1 d_2}{|d_1 - d_2|}$$

式中，d_1 和 d_2 分别表示基体 $(2\bar{2}01)$ 面和孪晶 (0001) 的面间距。计算发现，两个错配位错之间的理论距离为 4.3 nm。而图 2.95（a）中两个错配位错的实际距离约为 4.8 nm，接近理论计算值。

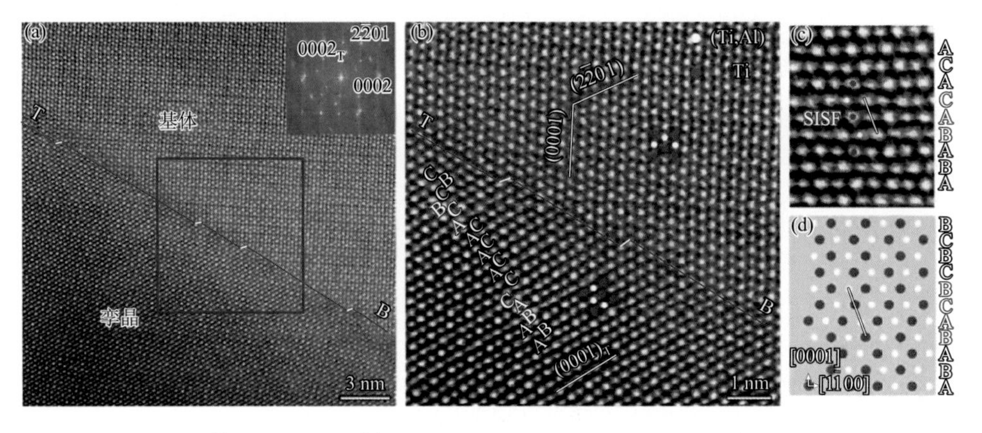

图 2.94　(a) 沿 $[11\bar{2}0]$ 轴拍摄的 $(2\bar{2}01)$ α_2 变形孪晶界面原子分辨率高角度环形暗场-扫描透射电子显微镜（HAADF-STEM）图像，右上角插图为相应快速傅里叶变换（FFT）图像；(b) 为 (a) 中的蓝色矩形框所包围区域的放大图像，其中共格孪晶界和台阶分别由红、白线表示；(c) 为 (b) 中包含 I 1 型 SISF 的放大图像；(d) Shockley 部分位错在基面上滑动产生 SISF 示意图[35]

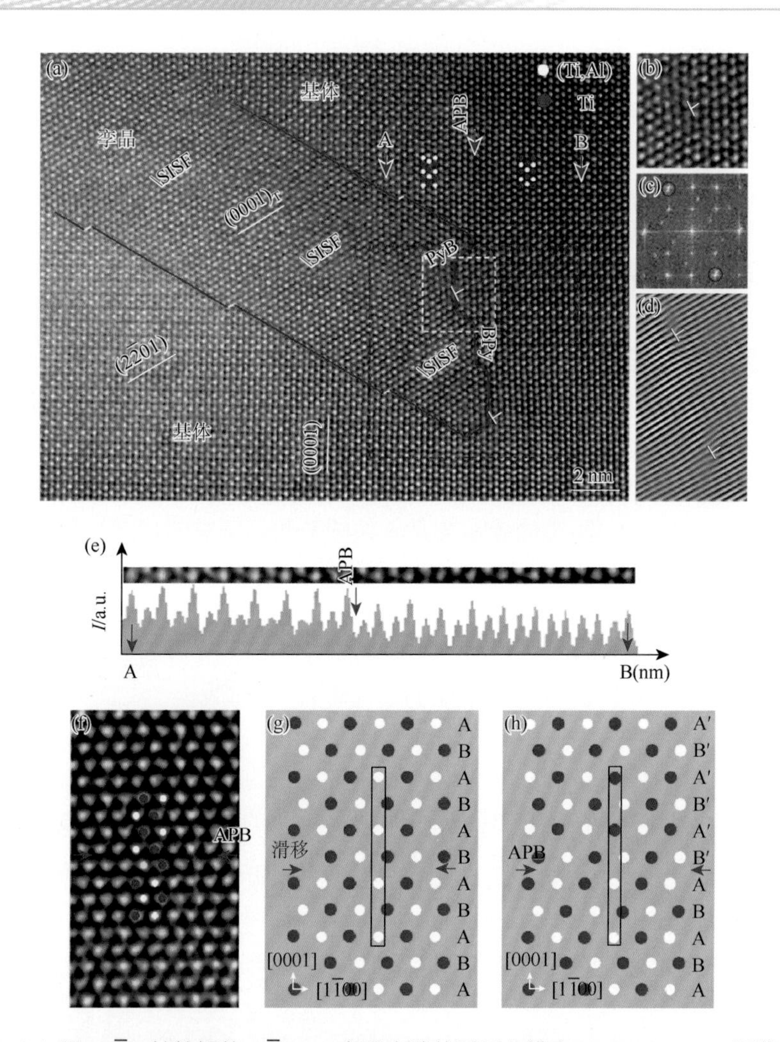

图 2.95 （a）沿[11$\bar{2}$0]轴拍摄的(2$\bar{2}$01) α_2孪晶尖端的原子分辨率 HAADF-STEM 图像；（b）为（a）中由白色虚线框包围的错配位错放大图像；（c）为（a）中由红色虚线框对应的快速傅里叶变换（FFT）图像；（d）为（a）中由红色虚线框对应的快速反傅里叶变换（IFFT）图像；（e）为（a）中沿 AB 方向的原子列的线强度分布；（f）反相畴界（APB）附近的原子排列；（g）α_2沿[11$\bar{2}$0]方向的原子投影；（h）超偏位错以 1/6[$\bar{2}$110]矢量在（g）中红色箭头所示的基面上滑动产生的 APB 示意图[35]

α_2孪晶(0001)基面上形成了大量的 I 1 型超晶格内禀层错，从而导致孪晶界面上形成台阶，台阶的高度等于(2$\bar{2}$01) 孪生面的间距。但是在α_2孪晶中形成的基面超晶格内禀层错还不能归因于 Shockley 超偏位错的滑动。基于经典孪晶理论对晶格的分析表明，复杂的原子重排和交换是α_2中孪晶和基面超晶格内禀层错形成的主要原因。基面 I 1 型超晶格内禀层错与台阶相连接，在α_2孪晶的生长中起到了重要作用。此外，在 α_2 孪晶尖端附近还形成了基面反相界面，以缓解错配位错造成的应力集中。

综上所述，针对 PST TiAl 单晶中纳米孪晶的产生机制，首次发现了 TiAl α_2 孪生变形现象，同时揭示了 HCP-α_2 相孪晶产生过程的微观机制，阐释了 PST TiAl 单晶高强高塑的本质原因，研究结果可为难变形 HCP 相产生纳米孪晶奠定基础，进而为提高材料综合力学性能提供理论指导。

从前述分析可以发现，PST TiAl 单晶中的两个片层相 γ 和 α_2 具有完全不同的变形特征，研究人员进一步采用原位手段对 γ 和 α_2 单相进行了微观力学性能测试分析[37]。

采用聚焦离子束（FIB）原位加工技术对单晶中的单个 γ 和 α_2 片层分别进行微纳加工，得到单相纳米微柱，随后对加工后的纳米微柱进行原位压缩，获得了单个 γ 和 α_2 相的屈服强度和塑性。图 2.96 为纳米微柱压缩后得到的典型工程应力-应变曲线，由于试样在屈服点后出现明显的滑移带，故其变形行为具有典型的弹塑性特征。图 2.96（a）显示了 γ 单相样品的结果，将曲线偏离弹性状态的位置定义为屈服点，计算屈服强度为约 1058 MPa。图 2.97 为压缩后的纳米微柱扫描电镜形貌，从图 2.97（a）的 SEM 图像可以看出，γ 单相的应力-应变曲线上出现了两个明显的滑移带，这些滑移带与压缩曲线上的主要载荷锯齿相对应。受扫描电镜空间分辨率限制，曲线上其他几个较小的载荷锯齿无法在 SEM 图片中显示。图 2.96（b）显示了 α_2 单相的工程压缩应力-应变曲线，从图中可以计算得到 α_2 相的屈服强度为约 1342 MPa，高于 γ 单相，证明 α_2 相在单晶的变形过程中属于硬相。与 γ 相比，α_2 相变形过程中产生了更多更明显的载荷锯齿，如图 2.96（b）中箭头所示。图 2.97（b）中的 SEM 图像显示了 α_2 相中几个明显的滑移带，它们对应于应力-应变曲线中的几个主要载荷锯齿。

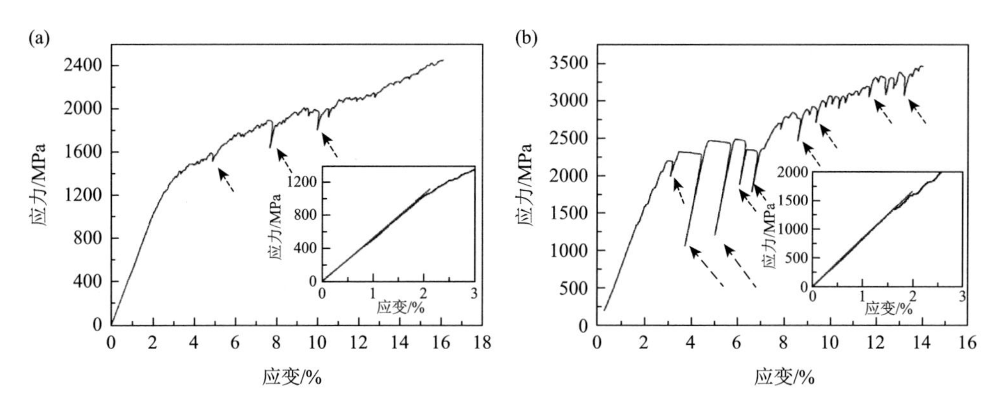

图 2.96　（a）PST TiAl 单晶 γ 相纳米微柱的压缩工程应力-应变曲线；（b）α_2 相纳米微柱的压缩工程应力-应变曲线。箭头表示屈服点之后明显的载荷锯齿[37]

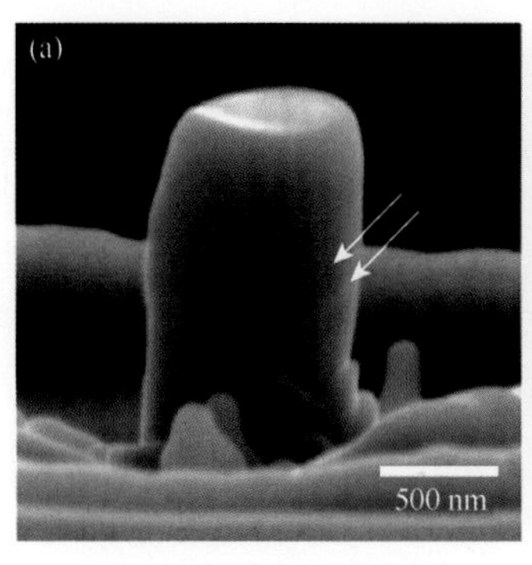

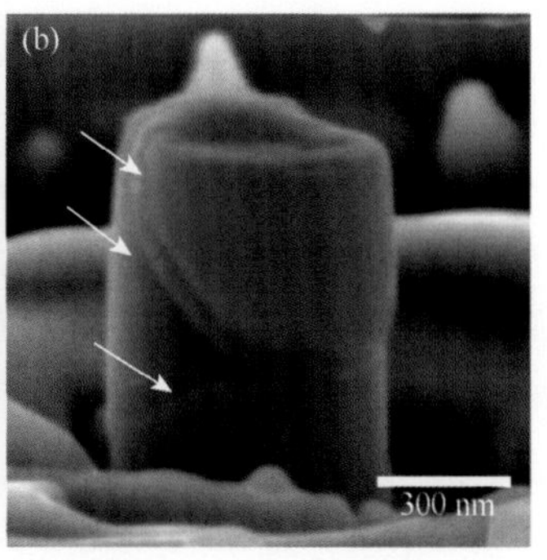

图 2.97 （a）0°取向 TiAl 单晶 γ 相纳米柱的 SEM 图像，其呈鼓状形貌；（b）α_2 相纳米柱的 SEM 图像，纳米柱发生脆性变形。图中箭头表示滑移带的位置[37]

2. PST TiAl 单晶拉伸性能及高温变形机制

研究发现0°片层取向的PST TiAl单晶在室温和高温塑性变形过程产生了大量纳米孪晶，使其具有优异的强塑综合力学性能：室温拉伸塑性高达 6.9%，屈服强度高达 708 MPa，断裂强度高达 978 MPa；同时 900℃时，屈服强度依旧高达 637 MPa[20]。PST TiAl 单晶室温和高温拉伸真应力-应变曲线如图 2.98 所示，蓝色和红色曲线分别代表真应力-应变曲线和加工硬化率曲线，从加工硬化率曲线可以看出变形过程可分为三个阶段：A，加工硬化率随应变的增加而降低，对应的变形方式由位错运动主导；B，加工硬化率逐渐升高，这是由于发生了由孪生控制的塑性变形；C，加工硬化率再次下降，说明位错主导的塑性变形再次发生。此外，图 2.98（b）中的 B 阶段并不像图 2.98（a）中的 B 阶段那么突出，这是因为高温下激活的位错削弱了孪晶界在塑性变形过程中的加工硬化[38]。

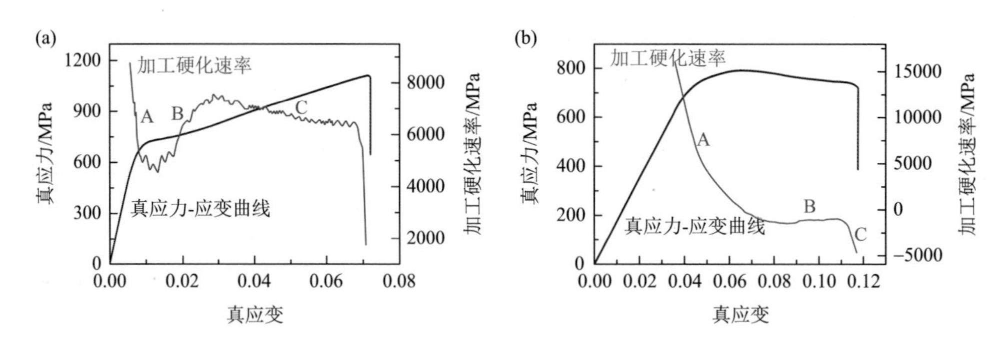

图 2.98 真应力-应变曲线和加工硬化速率曲线：（a）室温下获得；（b）900℃下获得[20, 38]

由于 PST TiAl 单晶在高温下具有优异的力学性能[20]，迫切需要可靠的原子间势函数来研究这种优异的高温力学性能的原子机制。团队开发了适用于高温变形的 Nb-Al-Ti 三元势函数，并进行了 300 K、600 K、900 K 和 1200 K 温度下的拉伸模拟。计算模型由 Nb 含量为 8%的 γ-TiAl 和 α_2-Ti_3Al 组成[图 2.99（a）]，模型设置基于实验结果，与 PST TiAl 单晶大致相同[39]。α_2-Ti_3Al 和 γ-TiAl 位相关系 $[11\bar{2}0]_{\alpha_2}//[10\bar{1}]_\gamma$、$[10\bar{1}0]_{\alpha_2}//[\bar{1}0\bar{1}]_\gamma$ 和 $[0001]_{\alpha_2}//[111]_\gamma$，分别与 x 方向、y 方向和 z 方向对应。所有模拟方向均采用周期性边界条件，模拟过程中拉伸应变率为 $2\times10^8\ s^{-1}$，拉伸方向沿 y 方向。

不同温度下的拉伸应力-应变曲线如图 2.99（b）所示。结果表明，在载荷下降之前，所有温度下的应力-应变曲线线性增加，对应于弹性变形阶段。之后，所有应力-应变曲线都在弹性极限处突然下降，这表明拉伸试样在所有模拟温度下都会发生塑性变形但是不同的试样发生塑性变形的极限应变不同。同时，材料的极限应力随着温度的升高而降低。这表明该材料具有明显的高温软化行为，与实验观察一致[20]。

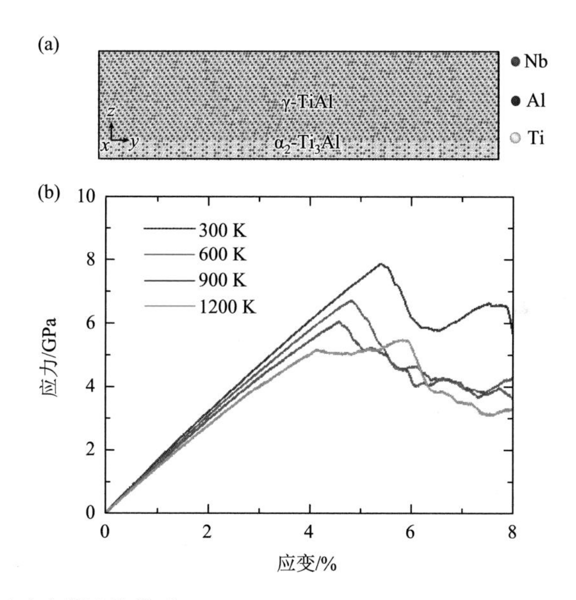

图 2.99　（a）分子动力学计算模型；（b）300 K、600 K、900 K、1200 K 下的拉伸应力-应变曲线[39]

为了阐明温度对层状 TiAl 单晶变形行为的影响，分析了不同温度下原子尺度变形与演变。图 2.100 为不同温度在应变为 8%的层状 TiAl(8Nb) 单晶变形机制。结果表明，在所有温度下的变形机制主要是 γ-TiAl 中的位错或堆垛层错。随着温度的升高，位错或堆垛层错变得更加显著。同时，随着温度的升高，非晶结构逐渐增加，这可能是高温软化的主要原因。图 2.101 给出了 1200 K 下不同应变拉伸算例的结构演化。可以看到孪晶随着应变的增加而出现。模拟结果与 TiAl 合金高温变形的实验结果一致[40, 41]，进一步证明了 Nb-Al-Ti 三元相互作用势在高温应用中的有效性。

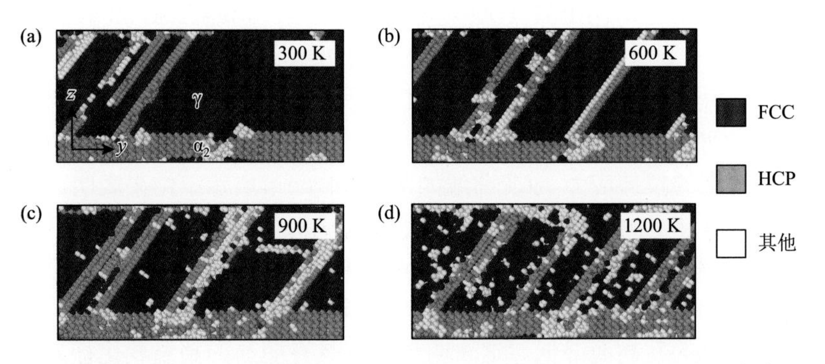

图 2.100 不同温度 300 K（a）、600 K（b）、900 K（c）和 1200 K（d）下在应变为 8%时层状 TiAl（8Nb）单晶的变形[39]

紫色代表 FCC 面心立方结构；黄色代表 HCP 密排六方结构；白色代表非晶结构

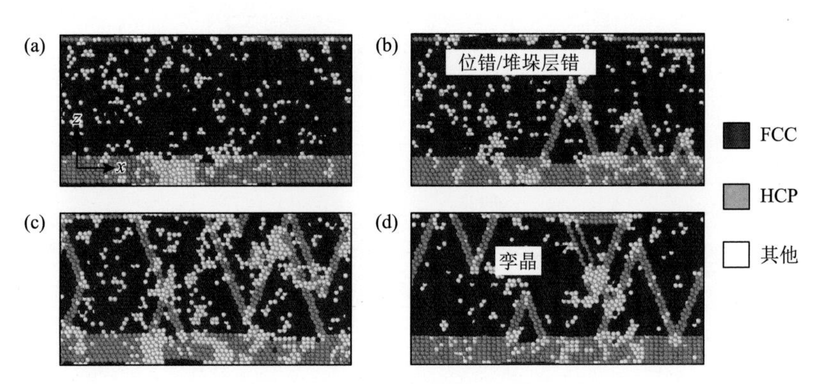

图 2.101 层状 TiAl（8Nb）单晶在 1200 K 不同应变 4%（a）、5%（b）、6%（c）和 8%（d）时的原子变形[39]

紫色代表 FCC 面心立方结构；黄色代表 HCP 密排六方结构；白色代表非晶结构

3. PST TiAl 单晶持久蠕变性能及变形机制

PST TiAl 单晶在 900℃蠕变温度及恒定载荷分别在 100 MPa、150 MPa 和 210 MPa 下的蠕变性能曲线如图 2.102（a）可以看出，PST TiAl 单晶在 900℃/100 MPa 蠕变 800 h 后，仍然在第二稳定蠕变阶段，也就是说蠕变寿命远大于该数值，而多晶 4822 和 4722 合金在相同蠕变条件下的寿命仅为 76.4 h 和 261.0 h。由于 PST TiAl 单晶在 900℃/100 MPa 蠕变 800 h 后仍然在第二稳定蠕变阶段，且从蠕变曲线上得出的蠕变速率仍然在不断减小，但基本已经接近稳定趋势，这里采用了 800 h 的蠕变速率作为该条件下的最小蠕变速率，约为 1.03×10^{-8} s^{-1}。而 4822 合金和 4722 合金的最小蠕变速率约为 1.03×10^{-7} s^{-1} 和

$8.83\times10^{-8}\ s^{-1}$。继续提高 900℃蠕变应力到 150 MPa 和 210 MPa 后，PST TiAl 单晶的蠕变寿命减小为 363 h 和 116 h，相对应的蠕变条件下最小蠕变速率为 $5.79\times10^{-8}\ s^{-1}$ 和 $1.74\times10^{-7}\ s^{-1}$，比 4822 合金低约两个数量级。从图 2.102（a）的 4822 蠕变曲线可以看出，随着蠕变施加应力的增大，4822 合金在 150 MPa 和 210 MPa 应力下第一蠕变阶段已经不再存在，直接进入第二蠕变阶段，而 PST TiAl 单晶仍然存在第一蠕变阶段。这可以从图 2.102（b）反应蠕变性能的应力敏感指数 n 中直接看出，PST TiAl 单晶蠕变性能对施加的应力不敏感，n 值为 3.8；而 4822 合金则显示出强烈的敏感性，蠕变应力越大，最小蠕变速率上升越快，抗蠕变性能变得越差，n 值约为 6.7。应该指出的是，由于 PST TiAl 单晶在 900℃/100 MPa 具有优异的抗蠕变性能，在 800 h 仍然在第二蠕变阶段，因此提高了载荷到 150 MPa。虽然 800 h 长期蠕变可能造成单晶的横截面面积小于初始的数值，也就是说实际施加 800 h 后的 PST TiAl 单晶的实际应力是大于 150 MPa 的，但该条件下的单晶在 85 h 后仍然保持稳定蠕变，其蠕变速率仅略微上升，约为 $8.78\times10^{-8}\ s^{-1}$，而对比其他工作中的具有全片层组织特征类型的相似成分 Ti-44Al-8Nb-(W, B, Y) 多晶在 900℃/140 MPa 的蠕变寿命只有 76 h。因此，继续提高了 PST TiAl 单晶的恒定载荷到 210 MPa，22.6 h 后发生断裂。

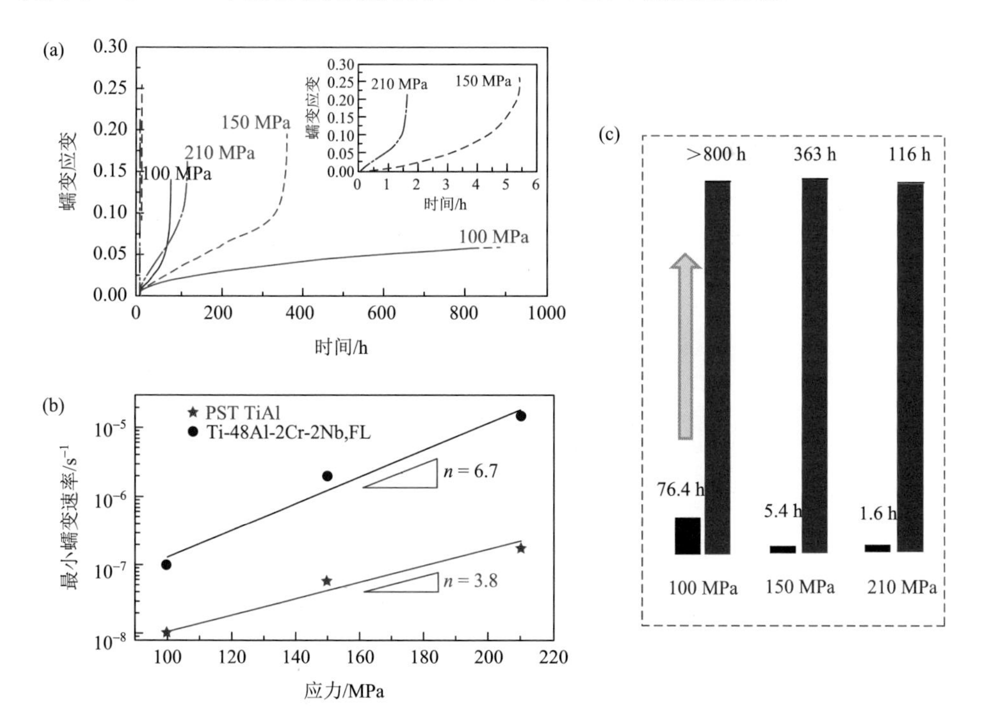

图 2.102　PST TiAl 单晶与 TiAl 多晶蠕变性能：（a）蠕变时间-应变曲线；（b）最小蠕变速率；（c）持久寿命[20]

以下两个原因可以解释 PST TiAl 单晶优异的抗蠕变性能。

（1）PST TiAl 单晶的蠕变抗力远高于相似成分的多晶合金，说明单晶组织是优异蠕变性能的一个重要原因。

（2）具有平行片层取向的 Ti-46Al 单晶在 820℃/160 MPa 蠕变条件下的最小蠕变速率为 $1.4\times10^{-7}\ s^{-1}$，远高于本工作中 PST TiAl 单晶相似条件下的最小蠕变速率，说明 Nb 的添加也是提高单晶抗蠕变性能的一个重要原因。

4. PST TiAl 单晶高温高周疲劳性能及变形机制

研究发现 PST TiAl 单晶 975℃时的疲劳强度＞275 MPa，显著优于传统 TiAl 合金，α_2 相的塑性变形是优异高温高周疲劳性能的主要来源，α_2 相可以形成堆垛层错，有利于协调局部应变[42]。

采用透射电子显微镜系统研究了 α_2 相堆垛层错的原子结构和形成机制，如图 2.103 所示。图 2.103（a）为 975℃高周疲劳变形后 PST TiAl 单晶 α_2 相层错结构的高分辨率透射电子显微镜图像，可以看到 α_2 相中出现了大量的堆垛层错；图 2.103（b）为沿 $\langle 2\bar{1}\bar{1}0\rangle$ 轴对应的 SAED 图，斑点中拉长的拖尾说明了堆垛层错的存在；图 2.103（c）为（a）中该断层白色虚线框放大图像，原子排布更清晰地显示了 α_2 相堆垛层错的结构；（d）、（e）、（f）分别为图 2.103（c）中该层错红色、蓝色、金色虚线框处的放大图像，分别显示了堆垛层错、$1/6\langle 2\bar{2}0\bar{3}\rangle$ Frank 不全位错和 $1/3\langle 11\bar{2}0\rangle$ Shockley 不全位错的结构。

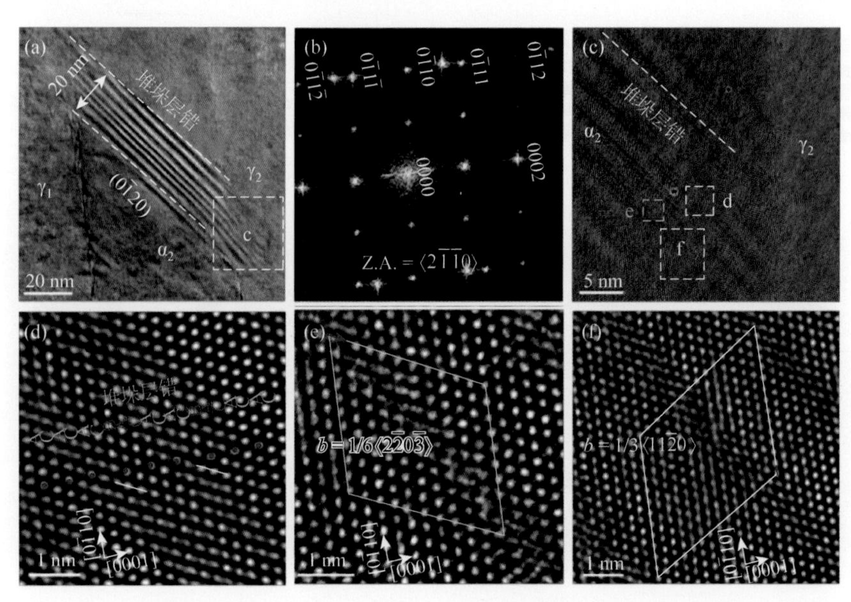

图 2.103　975℃高周疲劳变形后 PST TiAl 单晶 α_2 相层错的原子尺度微观形貌[42]：（a）高分辨率透射电子显微镜图像；（b）沿 $\langle 2\bar{1}\bar{1}0\rangle$ 带轴对应的选区衍射图像；（c）图（a）中该断层白色虚线框放大图像；（d）、（e）、（f）分别为图（c）中红色、蓝色、金色虚线框处的放大图像

分析发现在高温高周疲劳加载过程中，容易在 γ/α_2 相界产生位错塞积，诱导 α_2 硬相产生 $\langle c+a\rangle$ 位错并分解为 $1/6\langle 2\bar{2}0\bar{3}\rangle$ Frank 不全位错，Frank 不全位错的运动产生 I 1 层错带，缓解片层界面处应力集中。Frank 不全位错相较于片层界面产生的 Shockley 不全位错可以诱发更大的局部应变，更容易释放局部残余应力，有助于改善局部应变协调能力。同时， I 1 层错可以作为位错异质成核源，通过位错形核进一步协调变形。

同时通过分子动力学模拟，研究了高温循环变形过程中原子尺度的变化，发现塑性应变离域化有效提高 PST TiAl 单晶高温疲劳性能。模拟模型中置入一个初始 γ/α_2 界面和三个初始 γ/γ 孪晶界面[图 2.104（a）]，进行循环加载。由图 2.104（b）可以看出，位错和层错从初始层错结构中形核长大，并在 4.5 次循环后在 γ 相中扩展传播。当循环周次累积到 5.5 时，在 α_2 相中出现了明显的层错[图 2.104（c）箭头所示]，该层错是由伯格斯矢量为 $1/6\langle 2\bar{2}0\bar{3}\rangle$ 不全位错滑动后留下的，与实验结果一致。同时 PST TiAl 单晶独特的共格软/硬片层结构消除了 TiAl 多晶软取向片层团和非共格薄弱相界面，避免了疲劳过程中交变载荷导致“塑性应变局域化”，取而代之的是“塑性应变离域化”，也就是在每个薄片中，塑性变形均匀且充分，不易产生局部损伤累积，从而获得了优异的高温高周疲劳抗力。

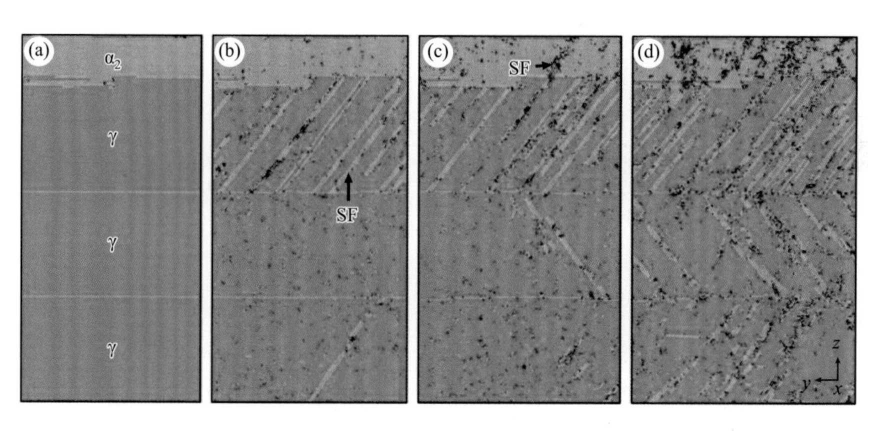

图 2.104　分子动力学模拟随循环加载周次 N 增加，两相片层中变形组织的演变：（a）$N=0$；（b）$N=4.5$；（c）$N=5.5$；（d）$N=6.5$

HCP 结构为黄色，FCC 为蓝色[42]

基于以上研究，作者研究团队提出了软/硬片层塑性应变离域化提高疲劳性能的观点，同时揭示了 γ 软相以层错和位错为塑性变形方式，变形充分且均匀。γ/α_2 相界处产生位错塞积，诱导 α_2 硬相产生 $\langle c+a\rangle$ 位错并分解为 Frank 不全位错，形成 I 1 层错带，缓解片层界面处应力集中，从而实现了塑性应变离域化。

5. PST TiAl 单晶的断裂行为

结合实验与模拟对 PST TiAl 单晶的变形特征和断裂行为进行了研究，分析了纳米孪晶与位错和片层界面的交互作用。研究了 PST TiAl 单晶中 TypeⅠ和 TypeⅡ裂纹尖端塑性变形机制及扩展行为，选取片层取向为 0°、轴向为$\langle 110\rangle_\gamma$的 PST TiAl 单晶试棒来制备断裂试样。从试样内切取 z 轴取向分别为$\langle 110\rangle_\gamma$和$\langle 112\rangle_\gamma$的 TypeⅠ（蓝色）和 TypeⅡ（绿色）单边 U 形缺口试样，$\langle 110\rangle_\gamma$和$\langle 112\rangle_\gamma$试样的 z 轴极图分别如图 2.105（b）和（c）所示，切取的四种试样分别为 TypeⅠ-$\langle 110\rangle$、TypeⅡ-$\langle 110\rangle$、TypeⅠ-$\langle 112\rangle$和 TypeⅡ-$\langle 112\rangle$。

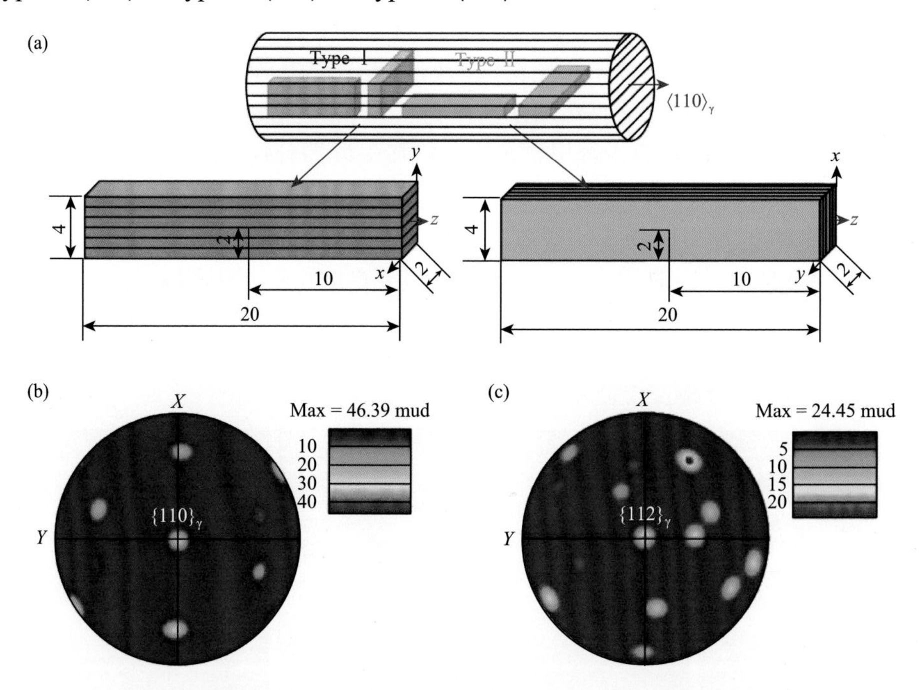

图 2.105 （a）从片层取向为 0°、轴向为$\langle 110\rangle_\gamma$的 PST TiAl 单晶中切取的用于断裂实验的 TypeⅠ和 TypeⅡ试样示意图；（b）和（c）分别为$\langle 110\rangle_\gamma$和$\langle 112\rangle_\gamma$试样 z 轴的极图[43]

mud 表示均匀分布的倍数

通过三点弯曲断裂实验，由载荷位移曲线计算的四种试样的断裂韧性表明，$\langle 110\rangle_\gamma$取向 TypeⅠ和 TypeⅡ试样的断裂韧性均大于$\langle 112\rangle_\gamma$取向，与文献报道的一致。这是因为$\langle 110\rangle_\gamma$试样除具有$\langle 112\rangle_\gamma$试样的基本韧性和片层增韧机制外，还可以通过裂纹偏转机制进一步提高韧性。晶体取向同为$\langle 110\rangle$或$\langle 112\rangle$取向时，TypeⅡ试样的断裂韧性均高于 TypeⅠ试样，且在达到峰值后的应力下降速率更快，表明 TypeⅡ的裂纹萌生阻力高于 TypeⅠ，但裂纹扩展阻力则低于 TypeⅠ（图 2.106），这一结果与已有文献报道的所有片层材料相反。

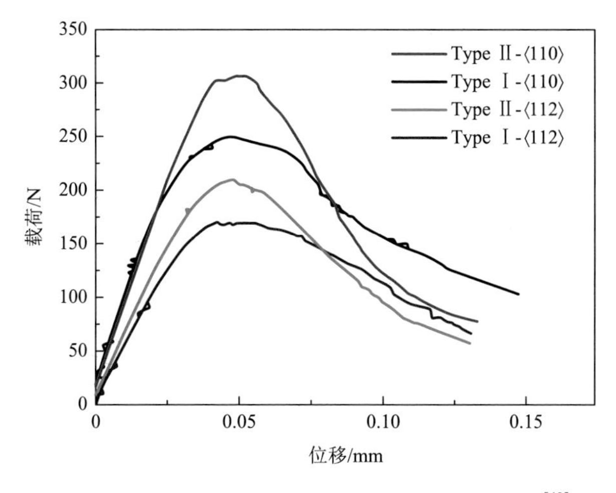

图 2.106　PST TiAl 单晶三点弯曲位移-载荷曲线[43]

为深入理解这种特殊现象，分析了 TypeⅠ和 TypeⅡ试样的侧面和断面形貌，如图 2.107 所示。其中，图 2.107（a）、（c）和（e）表征的是 TypeⅠ试样，而图 2.107（b）、（d）和（f）为 TypeⅡ试样，图中的橙色箭头均表示主裂纹扩展方向。从图 2.107（a）的 TypeⅠ试样侧面图可以看出，TypeⅠ试样中的主裂纹与缺口方向约呈 50°夹角，这意味着裂纹主要沿 $\langle 011\rangle_{\gamma}$ 滑移面在片层中扩展。虽然 TypeⅠ裂纹在扩展过程中发生了轻微的分层和偏转[图 2.107（a）中的放大图]，但其并未偏离初始扩展方向。而在 TypeⅡ试样中，主裂纹几乎平行于缺口方向[图 2.107（b）]，表明裂纹同时沿着所有片层向前扩展。对于 TypeⅡ试样，其主裂纹比 TypeⅠ更宽，意味着 TypeⅡ裂纹需要更大的张开缺口才能继续扩展。在 TypeⅡ扩展一段距离后发生裂纹偏转，主裂纹开始逐渐向下延伸。此外，图 2.107（b）中的放大图显示了 TypeⅡ试样在裂纹扩展区附近出现了许多小的二次裂纹，而 TypeⅠ试样中几乎观察不到二次裂纹，这说明 TypeⅡ裂纹在扩展过程中消耗的应变能更多。图 2.107（c）、（e）和图 2.107（d）、（f）分别给出了 TypeⅠ和 TypeⅡ试样缺口前沿的断面形貌，主裂纹均从左向右扩展。虽然两种试样的断裂模式均为穿片层断裂，但 TypeⅠ试样的断面较 TypeⅡ更为光滑，整体呈现河流状的解理式断裂，TypeⅡ试样在裂纹扩展时存在更多和更为显著的分层现象。TypeⅠ试样更平滑的断面和较少的二次裂纹意味着 TypeⅠ裂纹在扩展过程中受到比 TypeⅡ裂纹更小的阻力，具有更低的应变能耗散，导致 TypeⅠ试样较低的断裂韧性。

为深入理解 PST TiAl 单晶断裂过程的变形行为，采用分子动力学模拟对 TypeⅠ和 TypeⅡ型断裂过程进行了定性分析，如图 2.108 所示。微观组织演化过程分析发现，TypeⅡ的断面起伏更大且存在明显台阶，裂纹扩展过程中消耗

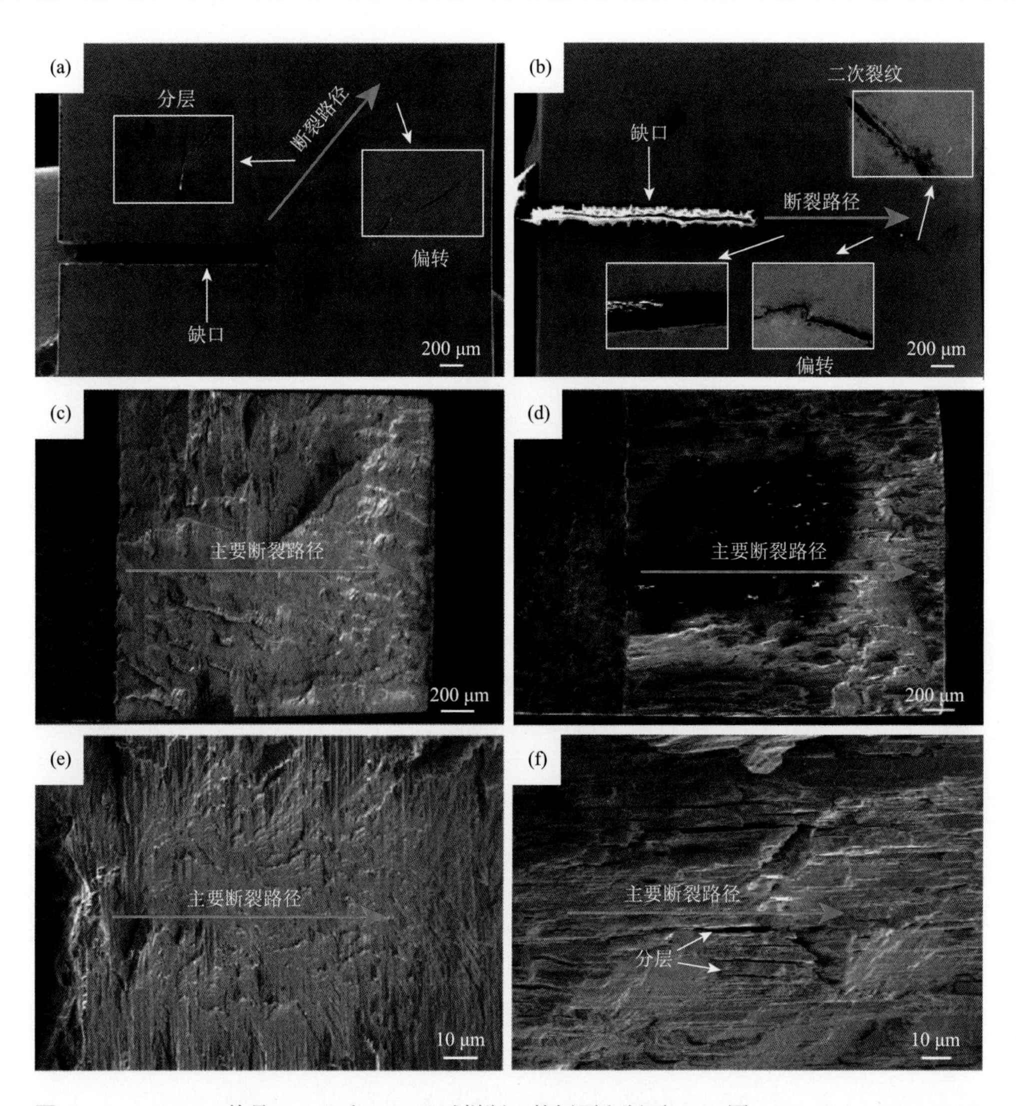

图 2.107 PST TiAl 单晶 Type I 和 Type II 试样断口的侧面和断面 SEM 图：(a)、(c)、(e) Type I 试样；(b)、(d)、(f) Type II 试样[43]

更多的能量。Type I 模型中的共格界面直到断裂都没有发生沿界面的分层现象。图 2.108（c）表明缺口前缘片层内大量变形孪晶产生，原子缺陷倾向在缺口前缘的变形孪晶上聚集，导致 Type I 裂纹沿聚集孪晶面快速扩展，降低了材料断裂韧性。图 2.108（d）和（e）则表明 Type II 裂纹前缘出现了交叉滑移，并且交叉滑移的数量随着应变增加而增加。这些相交滑移系上的位错缠结在裂纹前缘形成了“位错簇”，阻碍了裂纹的连续扩展并导致钝化[图 2.108（f）]，提升了材料断裂韧性。

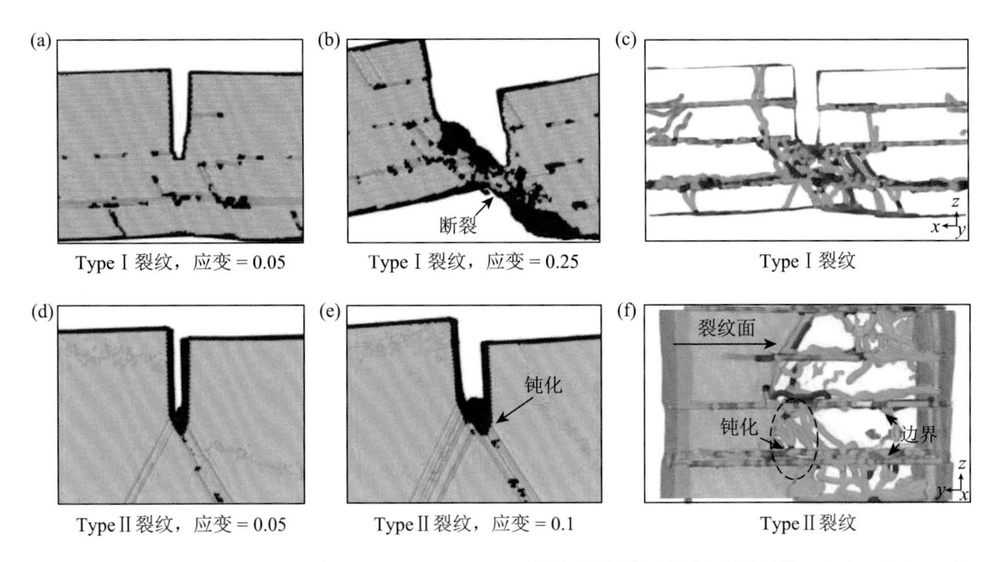

图 2.108　Type Ⅰ（a、b、c）和 Type Ⅱ（d、e、f）裂纹尖端附近的变形子结构：（a）、（b）、（d）、（e）通过共同近邻分析算法得到；（c）、（f）通过位错分析算法得到[43]

综上所述，PST TiAl 单晶中共格界面对裂纹扩展的影响规律：γ/γ 和 γ/α_2 界面两侧的原子排布匹配良好且没有明显畸变，这些共格界面的应变协调能力强，不容易发生分层，使材料具有较高的断裂韧性。将片层材料的 Type Ⅰ 与 Type Ⅱ 试样断裂韧性之比定义为 R_T 值，提出了片层材料界面特性与开裂行为之间的 R_T 判据：R_T 小于 1 为共格界面，Type Ⅱ 断裂韧性高于 Type Ⅰ；R_T 大于 1 为非共格界面，Type Ⅰ 断裂韧性高于 Type Ⅱ（图 2.109）。

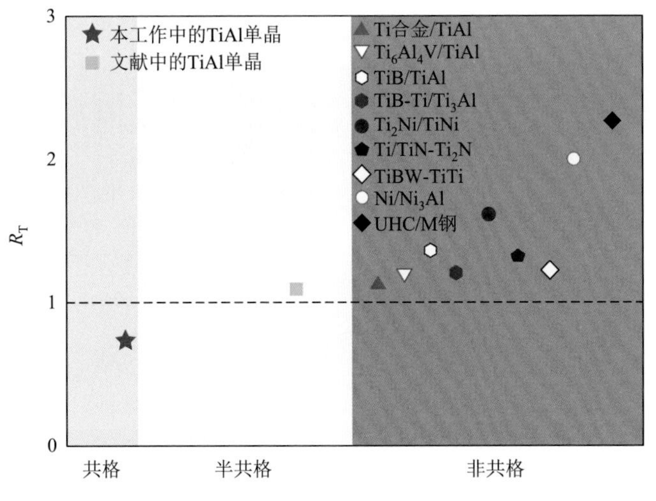

图 2.109　韧性比 R_T 与片层界面特性的关系[43]

2.4.3 TiAl 合金高温抗氧化涂层

TiAl 合金的应用还存在另外一个严重的问题，800℃以上的抗氧化性不足，这是由于形成了 TiO_2 和 Al_2O_3 混合的非保护性氧化皮[44]。研究表明在涂层和基体之间加入可以阻挡相互的扩散屏障时，可以大大提高涂层的效率。基于此，使用真空等离子喷涂在 Ti-42Al-5Mn（42、5 表示原子百分数，at%）合金基体上制备了两种双相涂层（NiCrAlY/Cr、NiCrAlY/Mo），并与传统的无屏障的 NiCrAlY 涂层进行了比较。对这三种涂层-基体体系的相互扩散行为和界面稳定性进行了综合分析和比较，发现 Cr 或 Mo 扩散势垒可以产生阻止元素相互扩散的积极作用，能够提升 TiAl 合金的抗氧化性[45]。

图 2.110 显示了 NiCrAlY 涂层在氧化 200 h 后的横截面图像和元素分布。在涂层上部，生长的 β-NiAl/α-Cr 相分布在 γ-Ni/γ′-Ni_3Al 基体中，同时空洞的尺寸增加，表明涂层发生了严重的退化[图 2.110（a）]。与氧化 60 h 相比，内扩散区氧化 200 h 后的各层化学成分仅略有增加，层 1 的 Ni 含量从 51.36 at%增加到 53.47 at%，从 17.82 at%至第 2 层中的 20.68 at%[图 2.110（b）]。然而，内扩散区的厚度从 60 h 氧化样品中的约 75 μm 增加到约 115 μm，在 200 h 的氧化样品中，这表明发生了非常严重的元素相互扩散。为了研究涂层和基材之间的扩散行为，通过能量色散 X 射线谱（EDS）接收到的元素浓度分布结果如图 2.110（c）所示。扫描方向遵循图 2.110（b）中的箭头，在涂层/基体界面处明显发现 Ti 和 Ni 原子在相反方向上的广泛扩散，这主要是由于明显的化学梯度。此外，Ni 原子向 TiAl 基体扩散并与 Ti 原子反应形成相互扩散层[图 2.110（b）]，这与图 2.110（c）中元素

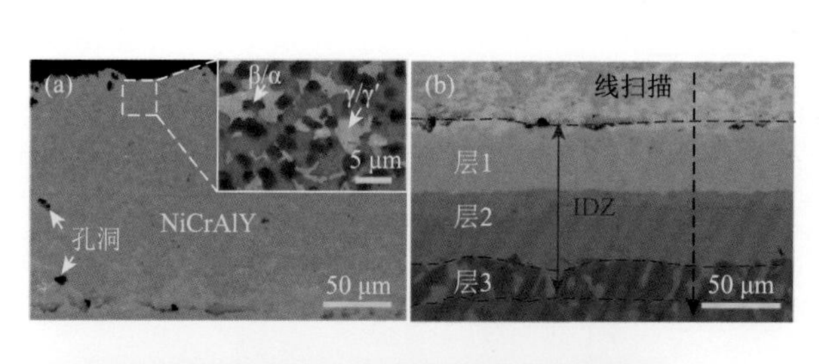

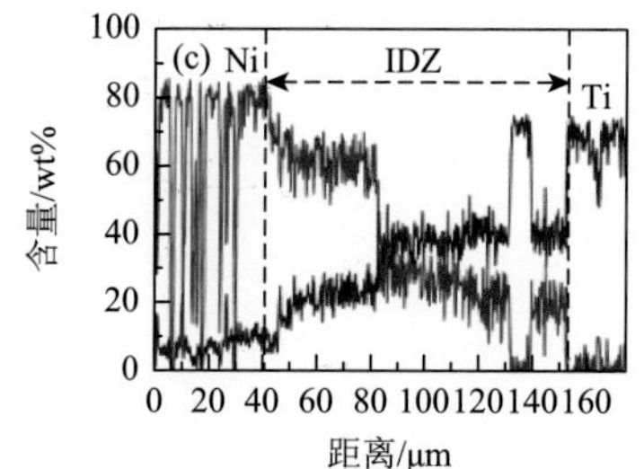

(e)	元素含量/at%				
	Ni	Cr	Ti	Al	Mn
层1	53.47	0.44	27.66	18.43	—
层2	20.68	0.40	41.48	29.73	7.70

图 2.110 NiCrAlY 涂层氧化 200 h 后的横截面图像（a、b）和 EDS 数据[（c）线扫描；（d）面扫描；（e）成分统计][45]

分布的结果一致。此外，在界面处形成了薄且不连续的富 Ti 层（EDS 进一步确定为 TiN），这可能是由于 NO_2 优先扩散到 TiAl 基底表面并在低氧分压下与 Ti 反应。

图 2.111 显示了 NiCrAlY/Cr 涂层在氧化 200 h 后的形貌和相关的 EDS 结果。可以看出，Ni 贫化区[图 2.111（a）]大幅增厚，原始涂层仅保留约 25 μm。此外，与氧化 60 h 的样品相比，图 2.111（b）中的层 1 保持在几微米以内，没有显著变化。从图 2.111（c）中的线扫描来看，内扩散区[图 2.111（b）]已增厚至约 80 μm，几乎是 NiCrAlY 涂层厚度的 2/3。此外，NiCrAlY/Cr 涂层的内扩散区中 Ni 和覆盖层中 Ti 的质量分数[图 2.111（c）]明显低于单一 NiCrAlY 涂层。这些现象表明，NiCrAlY 涂层和 TiAl 基体之间发生的元素相互扩散受到一定程度的抑制，但 Cr 扩散势垒不够稳定，Cr 原子也向基体扩散。此外，发现 Ti 的含量在 Cr/基体界面处呈现突然变化[图 2.111（c）]，表明在涂层/基体界面处也形成了 TiN。

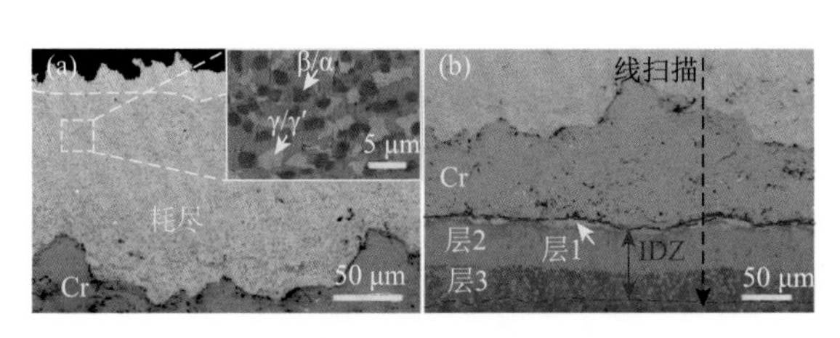

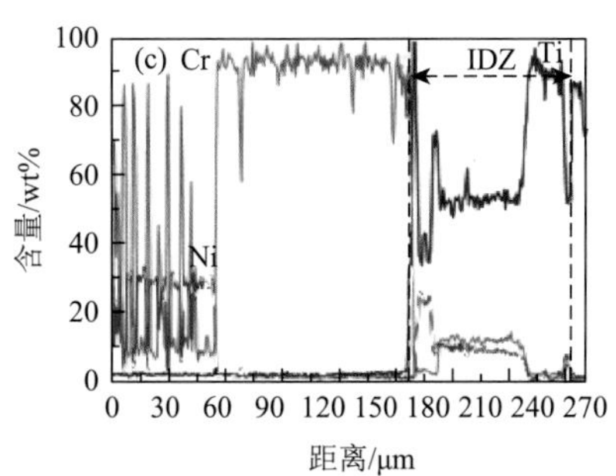

(e)

	元素含量/at%				
	Ni	Cr	Ti	Al	Mn
层1	51.37	0.85	23.83	23.60	0.36
层2	21.51	6.03	33.61	33.75	5.10

图 2.111　NiCrAlY/Cr 涂层氧化 200 h 后的形貌（a、b）及相关 EDS 结果[（c）线扫描；（d）面扫描；（e）成分统计][45]

图 2.112 显示了在 950℃下嵌入 NiCrAlY 涂层 TiAl 样品中的 Cr 或 Mo 扩散阻挡层的影响示意图，并描述了界面的发展过程。对于单一的 NiCrAlY 涂层，在界面处形成了多个相互扩散层，并且它们的特性随着时间的延长而变化。在氧化 60 h 和 200 h 后，内扩散区的厚度分别从约 75 μm 增加到约 115 μm。此外，Ni 的耗尽从约 100 μm 迅速增加到约 200 μm，表明由于 Ni 向内扩散，覆盖层已经彻底退化。已有研究成果表明，内扩散区会导致两个不利的结果：首先，相互扩散会导致有效抗氧化元素的损失，损害涂层的保护效果；其次，由于形成硬脆扩散层和一些柯肯德尔空洞，材料的力学性能将急剧恶化。因此，容易引起强烈的元素相互扩散，在氧化过程中会发生严重的相互反应，导致 NiCrAlY 涂层过早失效。

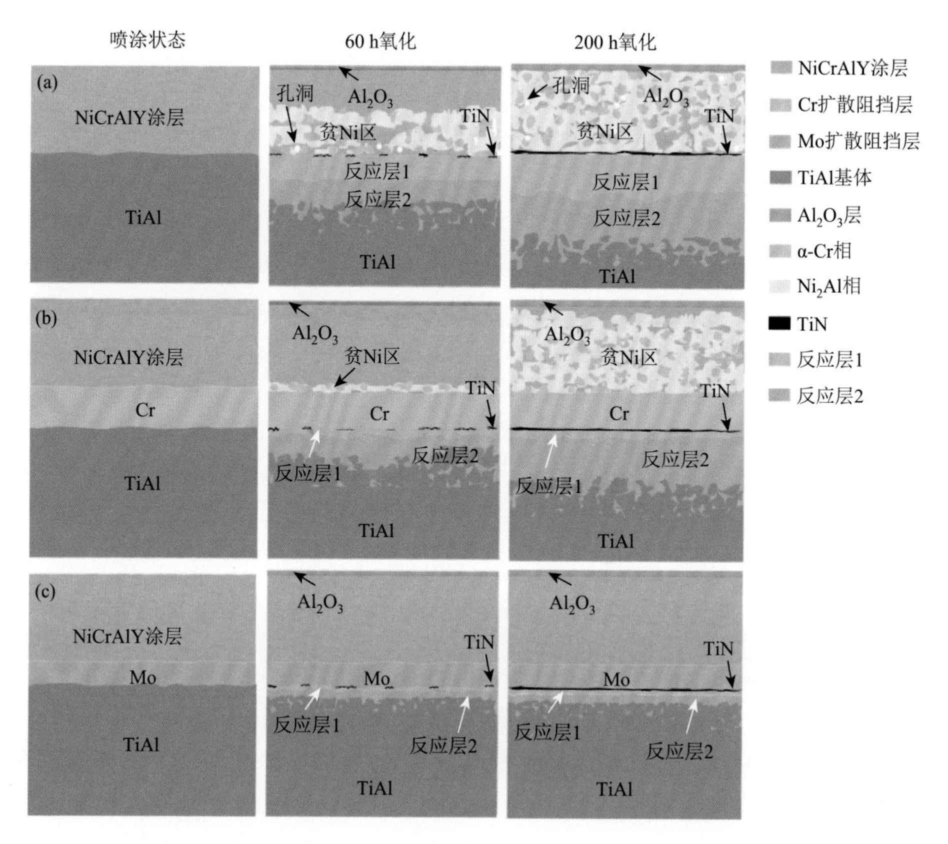

图 2.112　Cr 或 Mo 扩散势垒对 NiCrAlY 涂层和 TiAl 基体相互扩散影响的示意图[45]：（a）无扩散阻挡层；（b）具有 Cr 扩散阻挡层；（c）具有 Mo 扩散阻挡层

对于 NiCrAlY/Cr 涂层，Cr 夹层对元素扩散具有延迟作用，氧化 60 h 后，Ni 贫化区和反应层 1 比单层 NiCrAlY 涂层薄得多。然而，也可以发现 Cr 也扩散到基板。随着氧化时间增加到 200 h，NiCrAlY 覆盖层显著退化，内扩散区从 60 h 氧化的约 45 μm 增厚至约 80 μm，约为单层 NiCrAlY 涂层厚度的 2/3。因此，可以看出，NiCrAlY 涂层与 TiAl 合金之间的相互扩散可以被轻微抑制，并且随着 Cr 扩散阻挡层的添加，阻挡层功能受到限制。

至于 Mo 中间层，它表现出极好的扩散阻挡性能，几乎没有观察到 Ni 贫化区。此外，只有少量的 Ni 和 Mo 扩散到基体中，氧化 60 h 后内扩散区仅约为 25 μm，分别约为 NiCrAlY 和 NiCrAlY/Cr 涂层的 1/3。此外，需要强调的是，当氧化时间延长至 200 h 时，内扩散区的厚度几乎没有变化。综上所述，NiCrAlY/Mo 涂层体系表现出更有效和稳定的阻隔能力，当夹入 Mo 扩散阻隔层时，覆盖层的退化得到显著缓解。NiCrAlY/Cr、NiCrAlY/Mo 涂层的研究为后续 Ti-Al 单晶沉积涂层奠定了一定的基础。

参考文献

[1] 胡壮麒，刘丽荣，金涛，等. 镍基单晶高温合金的发展[J]. 航空发动机，2005，31（3）：1-7.

[2] Вертман А А, Самарин А М. Методы Исследования Свойств Металлических Расплавов[M]. Москва: Наука, 1969.

[3] 陈光，俞建威，谢发勤，等. 熔体过热历史对 Ni 基高温合金定向凝固界面形态的影响[J]. 金属学报，2001，（5）：488-492.

[4] 陈光，蔡英文，李建国，等. 熔体热处理研究及其应用[J]. 河北科技大学学报，1998，（3）：8-14.

[5] Tiller W A, Jackson K A, Rutter J W, et al. The redistribution of solute atoms during the solidification of metals[J]. Acta Metallurgica，1953，1（4）：428-437.

[6] 耿兴国，傅恒志. 熔体过热对定向凝固界面形态稳定性的影响[J]. 金属学报，2002，38（3）：225-229.

[7] 耿兴国，陈光，傅恒志. 过热合金熔体的几种物性滞后效应[J]. 材料科学与工程，2002，20（4）：549-551.

[8] Chen G A, Yu J W, Fu H Z. Influence of the melt heat history on the solid/liquid interface morphology evolution in unidirectional solidification[J]. Journal of Materials Science Letters，1999，18（19）：1571-1573.

[9] 陈光，俞建威，孙彦臣，等. 熔体热历史对 Al-Cu 合金定向凝固界面稳定性的影响[J]. 材料研究学报，1999，13（5）：497-500.

[10] 陈光，傅恒志. 非平衡凝固新型金属材料[M]. 北京：科学出版社，2004.

[11] Hunt J D. Solidification and Casting of Metals[C]. London：The Metal Society，1979.

[12] Tang X J，Zhang Y J，Li J G. Directional solidification of a Ni-based single crystal superalloy under high temperature gradient[J]. Rare Metal Materials and Engineering，2012，41（4）：738-742.

[13] Fujiwara T，Nakamura A，Hosomi M，et al. Deformation of polysynthetically twinned crystals of TiAl with a nearly stoichiometric composition[J]. Philosophical Magazine A，1990，61（4）：591-606.

[14] Inui H，Oh M H，Nakamura A，et al. Room-temperature tensile deformation of polysynthetically twinned（PST）crystals of TiAl[J]. Acta Metallurgica et Materialia，1992，40（11）：3095-3104.

[15] Lee H N, Johnson D R, Inui H. Microstructural control through seeding and directional solidification of TiAl alloys containing Mo and C[J]. Acta Materialia，2000，48（12）：3221-3233.

[16] Burgers W G. On the process of transition of the cubic-body-centered modification into the hexagonal-close-packed modification of zirconium[J]. Physica，1934，1（7）：561-586.

[17] 陈光，王建成，周雪峰，等. 一种定向 TiAl 基合金及其制备方法[P]. CN103789598A，2014.

[18] 陈光，彭英博，李沛，等. 一种片层取向完全可控的 TiAl 单晶合金及其制备方法[P]. CN104328501A，2015.

[19] 陈光，陈奉锐，祁志祥，等. 聚片孪生 TiAl 单晶及其应用展望[J]. 振动、测试与诊断，2019，39（5）：915-926.

[20] Chen G, Peng Y B, Zheng G, et al. Polysynthetic twinned TiAl single crystals for high-temperature applications[J]. Nature Materials，2016，15：876-881.

[21] Kim M C，Oh M H，Lee J H，et al. Composition and growth rate effects in directionally solidified TiAl alloys[J]. Materials Science and Engineering：A，1997，239：570-576.

[22] Kim M C，Oh M H，Wee D M，et al. Microstructure and mechanical properties of a two-phase TiAl alloy containing Mo in single-，DS- and poly-crystalline forms[J]. Materials Transactions，JIM，1996，37（5）：1197-1203.

[23] Xiao Z X，Zheng L J，Yan J，et al. Lamellar orientations and growth directions of β dendrites in directionally solidified Ti-47Al-2Cr-2Nb alloy [J]. Journal of Crystal Growth，2011，324（1）：309-313.

[24] Lapin J，Gabalcová Z. Solidification behaviour of TiAl-based alloys studied by directional solidification technique[J]. Intermetallics，2011，19（6）：797-804.

[25] Gabalcová Z，Lapin J，Pelachová T. Effect of Y_2O_3 crucible on conta mination of directionally solidified intermetallic Ti-46Al-8Nb alloy[J]. Intermetallics，2011，19（3）：396-403.

[26] Jung I S，Jang H S，Oh M H，et al. Microstructure control of TiAl alloys containing β stabilizers by directional solidification[J]. Materials Science and Engineering：A，2002，329：13-18.

[27] 陈光，彭英博，李沛，等. 一种高强高塑 TiAl 合金材料及其制备方法[P]. CN104278173A，2015.

[28] Johnson D R，Inui H，Yamaguchi M. Directional solidification and microstructural control of the TiAlTi$_3$Al lamellar microstructure in TiAl Si alloys[J]. Acta Materialia，1996，44（6）：2523-2535.

[29] Johnson D. Alig nment of the TiAl/Ti$_3$Al lamellar microstructure in TiAl alloys by growth from a seed material[J]. Acta Materialia，1997，45（6）：2523-2533.

[30] Yamaguchi M，Johnson D R，Lee H N，et al. Directional solidification of TiAl-base alloys[J]. Intermetallics，2000，8（5-6）：511-517.

[31] 郑功. β-TiAl 合金固态相变过程及片层组织形成机制研究[D]. 南京：南京理工大学，2017.

[32] 陈光，郑功，祁志祥，等. 受控凝固及其应用研究进展[J]. 金属学报，2018，54（5）：669-681.

[33] Appel F，Paul J D H，Oehring M. Gamma Titanium AluMinide Alloys：Science and Technology[M]. Weinheim：John Wiley & Sons，2011.

[34] 彭英博. TiAl 单晶组织与力学性能研究[D]. 南京：南京理工大学，2016.

[35] He N，Qi Z X，Cheng Y X，et al. Atomic-scale investigation on the interface structure of $\{22\bar{0}1\}$ α_2-Ti$_3$Al deformation twins in polysynthetically twinned TiAl single crystals[J]. Intermetallics，2021，128：106995.

[36] Ikuhara Y，Pirouz P，Heuer A H，et al. Structure of V-Al2，O_3 interfaces grown by molecular beam epitaxy[J]. Philosophical Magazine A，1994，70（1）：75-97.

[37] Wang D P，Qi Z X，Zhang H T，et al. Microscale mechanical properties of ultra-high-strength polysynthetic TiAl-Ti$_3$Al single crystals[J]. Materials Science and Engineering：A，2018，732：14-20.

[38] 祁志祥. PST TiAl 单晶高温性能研究[D]. 南京：南京理工大学，2019.

[39] Xiang H G，Guo W L. A newly developed interatomic potential of Nb-Al-Ti ternary systems for high-temperature applications[J]. Acta Mechanica Sinica，2022，38（1）：121451.

[40] Kishida K，Inui H，Yamaguchi M. Deformation of lamellar structure in TiAl-Ti$_3$Al two-phase alloys[J]. Philosophical Magazine A，1998，78（1）：1-28.

[41] Kishida K，Inui H，Yamaguchi M. Deformation of PST crystals of a TiAl/Ti$_3$Al two-phase alloy at 1000℃[J]. Intermetallics, 1999，7(10)：1131-1139.

[42] Chen Y，Cao Y D，Qi Z X，et al. Increasing high-temperature fatigue resistance of polysynthetic twinned TiAl single crystal by plastic strain delocalization[J]. Journal of Materials Science & Technology，2021，93：53-59.

[43] Yan S T，Qi Z X，Chen Y，et al. Interlamellar boundaries govern cracking[J]. Acta Materialia，2021，215：117091.

[44] Ding J，Zhang M H，Ye T，et al. Microstructure stability and micro-mechanical behavior of as-cast gamma-TiAl alloy during high-temperature low cycle fatigue[J]. Acta Materialia，2018，145：504-515.

[45] Han D J，Liu D D，Niu Y R，et al. Interface stability of NiCrAlY coating without and with a Cr or Mo diffusion barrier on Ti-42Al-5Mn alloy[J]. Corrosion Science，2021，188：109538.

第3章 非晶合金及其复合材料

液态金属或合金在较高的冷却速度下，液态原子结构被“冻结”下来不发生结晶现象得到的固体材料称为非晶态合金。不同于传统的晶体材料，非晶态合金是一类具有长程无序、短程有序结构的新材料，这种独特的结构使它具有一系列优异的力学、物理、化学性能[1-3]。在力学性能方面，非晶合金具有高强度、高硬度、低弹性模量，其强度为相应晶态合金的 2～3 倍。在物理性能方面，Fe 基金属玻璃具有优异软磁性能（低的矫顽力）以及高的磁导率。化学性能方面，块体非晶合金材料展现出了良好的耐蚀性和生物相容性。此外，非晶合金材料在过冷液相区还具有良好的超塑性及精密成型性能。这些优良的性能使非晶合金在未来的电子信息、航天航空、体育器材、精密机械和军事领域具有广阔的应用前景。因此，块体非晶合金已引起了科学界和工业界的广泛关注，成为当今材料界和物理界最为活跃的研究领域之一。本章将对非晶合金原子结构、非晶合金及其复合材料成分设计、非晶合金复合材料力学行为及腐蚀行为等方面进行论述。

3.1 非晶合金原子结构

材料的结构，特别是原子级别的结构，对材料的性能起着决定性作用。非晶结构基本特征被描述为“长程无序而短程有序”，尽管从整体来看非晶中的原子排列是无序的，但它的原子排列也不像理想气体那样完全无序[4]，实际上非晶结构中每个原子周围的结构都有一定的有序性，也就是说中心原子的近邻原子仍然呈现一定有序性的几何特征，也就是通常所说的拓扑短程序（TSRO）。非晶合金中的短程有序结构通常被分为几何短程序（GSRO）和化学短程序（CSRO）两大类[5]。拓扑短程序是指原子在一定范围内的排列在几何结构上呈现一定的规律性，而化学短程序是指不同种类的原子相互排列时表现出的规则性。近年来研究表明：非晶中除短程序（SRO）外还发现中程序（MRO）的存在，即在超出第一近邻的第二、第三近邻的范围内，仍然呈现出一定的有序性。相对于 SRO 结构，MRO 结构与非晶合金性能之间的联系更为密切。

3.1.1 非晶合金的结构模型

非晶态结构的描述和实验测定至今还存在很大的局限性。通常采用的对分布函数（PDF）是一种统计平均的近似，失去了不少结构信息，因此，晶体结构研究中采用的结构模型在非晶结构的研究上显得尤为重要。现在人们对非晶结构的了解，有相当一部分是通过模型而得以认识的，结构模型可以给出原子在空间分布的三维分布图像。由于非晶具有长程无序的结构特征，通常构造非晶态固体结构模型的主要根据是：结构中不能出现像晶体那样存在原子周期性规则排列的长程有序区域；同时，相应的结构应使在非晶体系中自由能是最小的；结构模型还应具有相容性[4]。

自从非晶制备出来之后，人们对其原子层次结构的探索就一直没有停止，目前非晶态结构的理论模型主要包括微晶模型、硬球无规密堆模型、连续无规网格模型、有效密堆团簇模型以及准等同团簇模型等。

1. 微晶模型

1947 年，Bragg 提出了微晶模型来描述晶体的结构[6]。微晶模型的基本结构是由微小的晶粒和晶界组成的，这个模型可以定性地解释一些非晶合金的性质，但是通过该模型获得的对分布函数与实验数据有很大差异。另外，该模型无法给出微晶和晶界区域具体的结构，因此并不适用于非晶合金结构的研究。

2. 硬球无规密堆模型

1959 年，Bernal 首次提出硬球模型来描述非晶结构[7]。在该模型中，非晶结构是由大量硬球原子无规律地致密堆垛而成的，不存在周期性和长程有序性，并且堆垛空隙中不能容纳另外的原子。基于此，Bernal 发现并提出非晶结构中主要包含五种多面体，后来也被称为 Bernal 多面体，如图 3.1 所示。Connel 和 Turnbull 对该模型进行了改进，提出用可压缩的软球代替硬球来描述非晶结构,发现原子间存在的软作用势可以导致径向分布函数与实验数据更加吻合[8]。M. R. Hoare 和 J. A. Barker 通过 Lennard-Jones 势对 Bernal 最初构造的模型进行了结构弛豫，发现其对分布函数曲线中的第一峰和第二峰的峰形与之前报道的实验结果更为吻合。由硬球无规密堆模型构造出的非晶结构可以定性地表征非晶合金的一些结构特征，如对分布函数第二峰的劈裂，但是径向分布函数曲线与实验曲线相差较大，并不能完全反映非晶合金的结构。

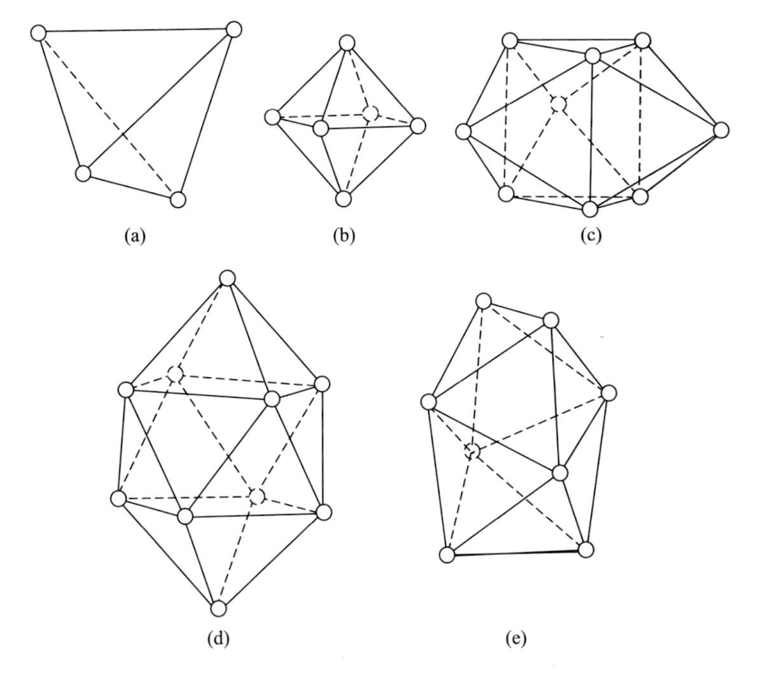

图 3.1　Bernal 多面体：（a）四面体；（b）八面体；（c）带三个半八面体的三角棱柱；（d）带两个半八面体的阿基米德反棱柱；（e）四角十二面体[7]

3. 连续无规网格模型

Gaskell 认为在非晶合金中存在局域结构单元，而且这些结构单元与某些晶体结构类似[9, 10]。这些结构单元的中程序与晶体的完全不同，它们随机地通过共点或者共面的形式连接形成空间网络，这才导致非晶合金具有与晶体材料不同的微观结构。Gaskell 提出非晶可分为两类，金属-金属和金属-非金属，在第二类金属-非金属中，绝大部分是由 Fe、Co、Ni、Pd 与 B、C、P、Si 形成的二元、三元非晶合金，非金属原子处于多面体间隙位置，与晶体结构的配位数类似。这一模型被称为连续无规网格模型，该模型认为非晶合金的结构单元是三角棱柱附带三个半八面体（tri-capped trigonal prism，TTP），其中原子之间的距离保持不变，为最近邻键长，键角关系也基本恒定，原子通过这些化学键无规律地连接成空间网络，图 3.2 为该模型的示意图。

但是，并不是每一种非晶合金都存在 TTP。Waseda 和 Chen[11]发现，Fe-B 非晶合金的微观结构与 Ni-P 非晶合金有很大差异，表明 Fe-B 非晶合金中起主要作用的结构单元并不是 TTP。Boudreaux 和 Frost[12]在研究 Fe-P、Fe-B 和 Pd-Si 非晶合金的微观结构时发现八面体和三棱柱才是它们的局域结构单元。这些研究结果表明，连续无规网格模型具有局限性。

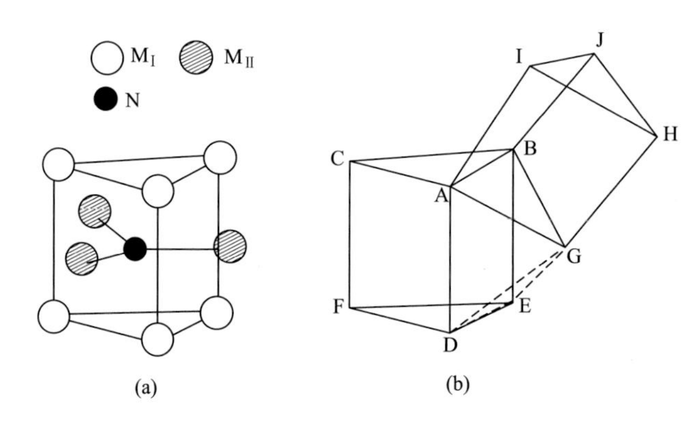

图 3.2 连续无规网格模型示意图：（a）常规三棱柱配位情况（图中 M_{I} 为近邻金属原子，M_{II} 为次近邻金属原子，N 为类金属元素）；（b）共面的多面体[10]

4. 有效密堆团簇模型

为了描述非晶合金的中程序结构，Miracle 在 2004 年提出有效密堆团簇（efficient cluster-packing，ECP）模型，以溶质原子为中心的团簇作为一个整体单元，然后将整体单元按晶格排列的方法放到晶格节点上，间隙位置上放入其他组元的原子[13, 14]。此模型将理想化后的团簇按照晶体结构中堆垛最为密集的 FCC 或 HCP 结构紧密排列，同时在团簇排列的过程中引入了实验上观测到的溶质原子有序化的概念。另外，所有团簇之间的公用原子均为溶剂原子，团簇之间通过共点、共线和共面的方式连接。图 3.3 所示的是 ECP 模型的二维和三维示意图。

Miracle[14]采用 ECP 模型成功预测了一些合金系中可以形成非晶合金的成分，与实验结果吻合较好。但是，ECP 模型仍存在一些问题。首先，在多组元非晶合金体系中，溶质原子的配位团簇可能由多种元素组成，无法计算半径比，ECP 模型

图 3.3 ECP 模型：（a）二维示意图；（b）三维示意图[14]

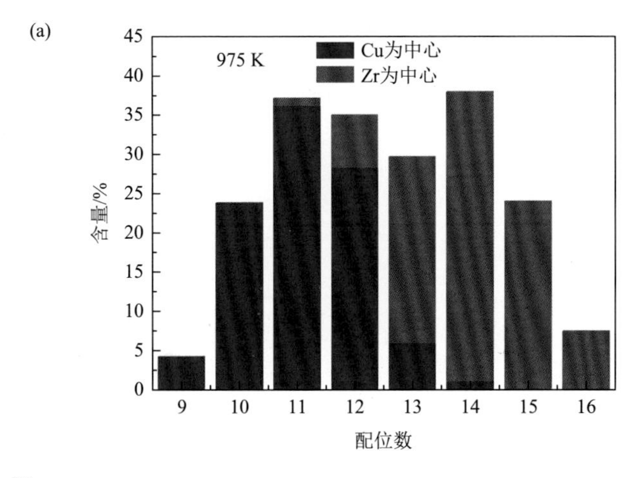

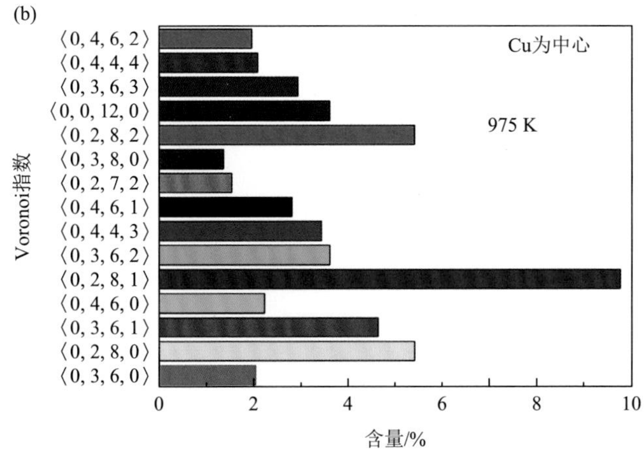

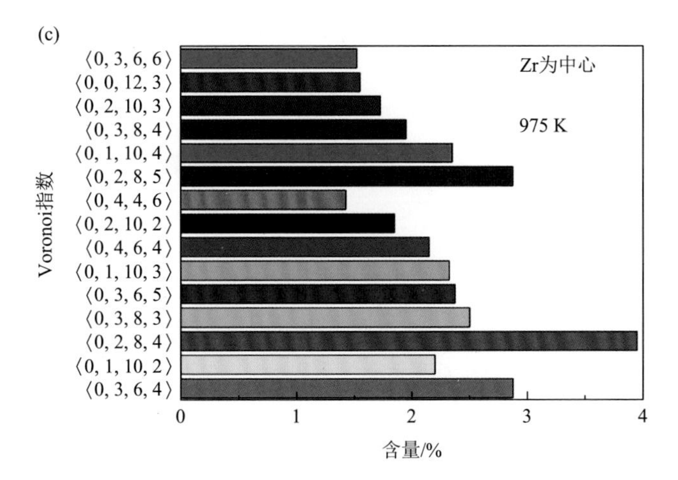

图 3.8　$Cu_{50}Zr_{50}$ 合金冷却过程中在 975 K 下 Cu、Zr 配位数分布（a）以及分别以 Cu（b）和 Zr（c）为中心的 Voronoi 多面体指数含量分布

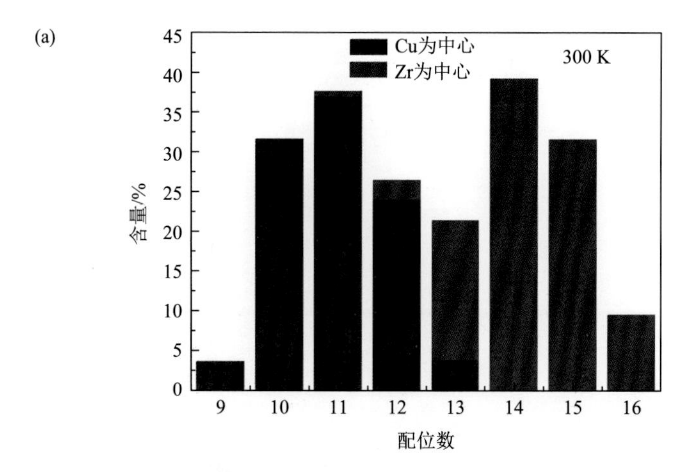

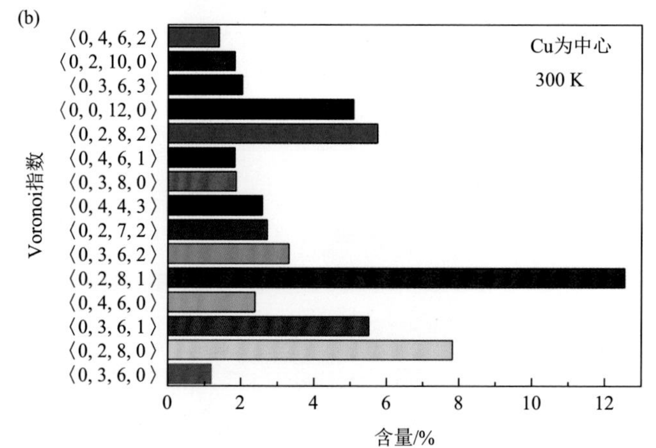

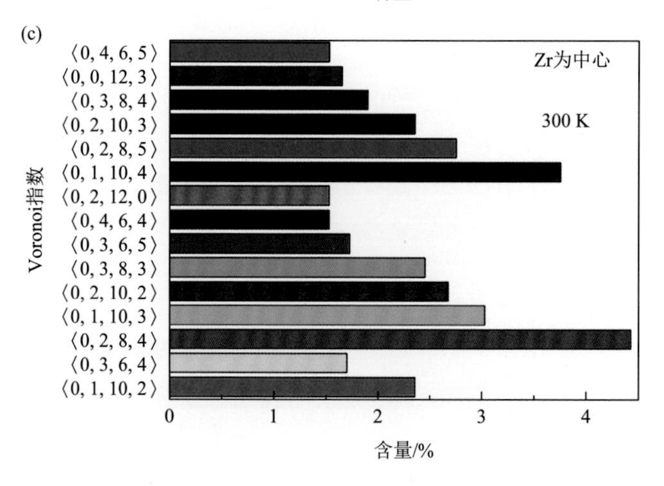

图 3.9 $Cu_{50}Zr_{50}$ 合金冷却过程中在 300 K 下 Cu、Zr 配位数分布（a）以及分别以 Cu（b）和 Zr（c）为中心的 Voronoi 多面体指数含量分布

图 3.10 给出了 $Cu_{64}Zr_{36}$ 合金 Voronoi 多面体指数 $\langle 0,0,12,0\rangle$、$\langle 0,2,8,2\rangle$ 和 $\langle 0,2,8,1\rangle$ 指数[26-28]的五次对称二十面体含量和在非晶形成过程中的变化规律，由图可知，二十面体结构含量在熔点 T_m（1224 K）和玻璃化转变温度 T_g 之间随温度降低显著增加，而当温度低于 T_g（744 K）非晶形成后二十面体含量几乎不变，维持在 24%左右。结果表明，二十面体有序结构在非晶形成过程中发挥重要作用，其含量变化可以作为衡量玻璃化转变温度的指标。

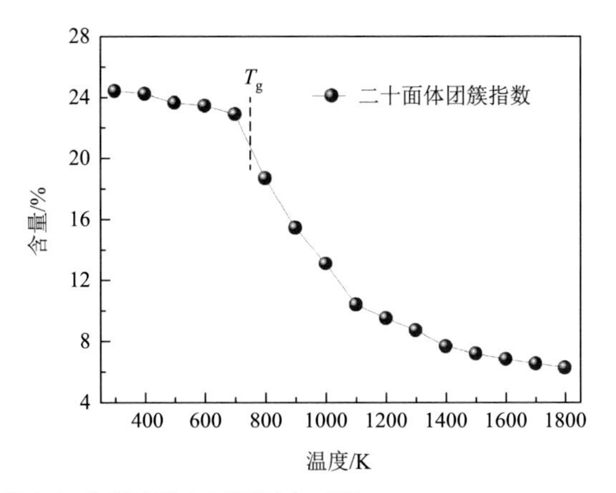

图 3.10　$Cu_{64}Zr_{36}$ 非晶合金形成过程中不同温度下的 $\langle 0,0,12,0\rangle$、$\langle 0,2,8,2\rangle$ 和 $\langle 0,2,8,1\rangle$ Voronoi 指数的二十面体含量之和

由键对分析和 Voronoi 多面体研究表明，在非晶形成过程中，具有五重对称性的二十面体结构占主导地位，为了进一步研究非晶形成过程中由完整二十面体短程序组成的中程序含量变化，图 3.11 给出了非晶形成过程中组成最大完整二十面体中程序的原子数（N_t）以及二十面体短程序个数（N_c）在 300～1000 K 温度

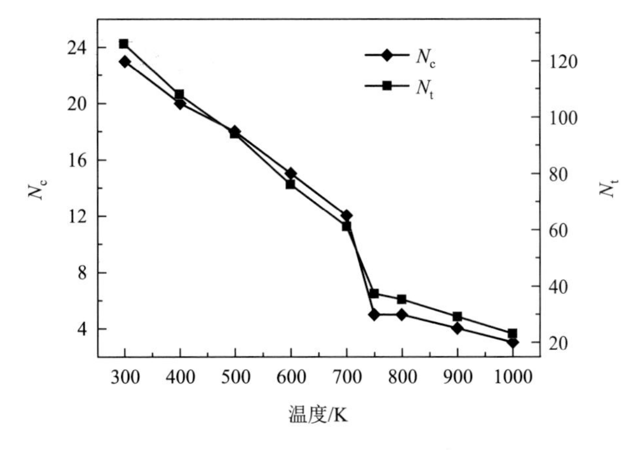

图 3.11　$Cu_{64}Zr_{36}$ 非晶合金形成过程中由完整二十面体短程序组成的最大二十面体

区间内随温度变化关系。由图可知，N_c 和 N_t 均随着温度的降低而增加，且在 1000 K 过冷液态中的最大中程序（MRO）是由 3 个完整二十面体组成的，含有 23 个原子，当温度降低到玻璃化转变温度附近的 750 K 时，最大的完整二十面体增加到由 5 个二十面体短程序组成，该中程序含有 37 个原子[26]。当温度降至低于 T_g 的 700 K 时，N_c 和 N_t 急剧增加，最大二十面体中程序由 12 个短程序组成（包含 61 个原子），需要引起注意的是在 700～750 K 仅有 50 K 的温度区间内，短程序个数 N_c 变化超过了 2 倍，正是这些完整二十面体中程序和其他畸变二十面体中程序组成了非晶合金的骨架，导致了非晶合金的形成。

2. 三元非晶合金形成过程中的结构转变

与 Cu-Zr 二元体系相比，Zr-Cu-Al 三元合金由于 Al 的加入具有更好的玻璃形成能力和机械性能。Cheng 提出了二十面体结构是 $Zr_{47}Cu_{46}Al_7$ 合金中基本的局域结构，而且 Al 的加入可以增加二十面体的数量[29]。Kim 等发现在 $Zr_{50}Cu_{50}$ 中加入 Al 可以增加二十面体结构的数量进而提高 $Cu_{47.5}Zr_{47.5}Al_5$ 的玻璃形成能力和强度。然而，以 Al 为中心的最近邻团簇和中程序结构稳定性不高，会使得结构更加无序。本部分从 Zr-Cu-Al 系列非晶合金中选择 $Zr_{55}Cu_{35}Al_{10}$ 合金为研究对象，主要研究 $Zr_{55}Cu_{35}Al_{10}$ 合金快速冷却过程中从熔体到过冷液体最后转变为非晶固体时结构和能量的演变[30]，更加深入地理解玻璃化转变过程的本质。

图 3.12 给出了 $Zr_{55}Cu_{35}Al_{10}$ 合金在快速冷却过程中平均原子势能随温度的变化关系。从图中可以看出，在冷却过程中并没有发生能量的突变，而是在 700～800 K 之间出现了能量变化的转折。可见没有发生晶化现象，而是发生了玻璃化转变。通过延长玻璃态和过冷液体对应的两段直线得到的交点，得到了玻璃化转变温度为 730 K，高于差热分析实验得到的 657 K[31]，主要原因是模拟的冷却速率比实验的冷却速率高好几个数量级。

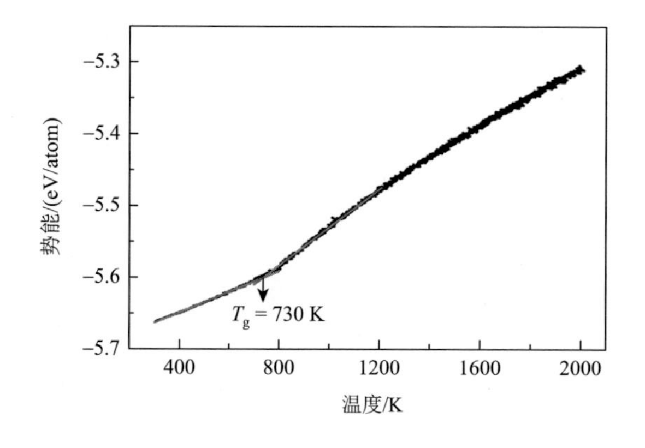

图 3.12 $Zr_{55}Cu_{35}Al_{10}$ 合金在快速冷却过程中平均原子势能随温度的变化关系

目前已有大量的关于 Zr-Cu 二元合金熔体和 Zr-Cu-Al 三元合金熔体、过冷液体以及玻璃态微观结构的研究[27, 32]，对分布函数和偏对分布函数曲线可以对原子之间的成键关系进行分析。图 3.13 和图 3.14 显示了 $Zr_{55}Cu_{35}Al_{10}$ 合金不同温度下的对分布函数曲线和偏对分布函数曲线。由图 3.13 可知，从 1900 K 快速冷却到 300 K，所有的对分布函数曲线中都没有出现尖锐的峰，且随着 r 的增大，峰强迅速减小而峰宽迅速增大。证明随着 r 的增加，结构变得越来越无序。在冷却过程中，第一峰的峰值增加而且宽度减小，说明随着温度的降低，原子的结构变得更加有序。从图 3.13 中还可以看出，从 700 K 开始，第二峰发生劈裂，而且随着温度的降低，劈裂越来越明显，证明了玻璃态的形成。

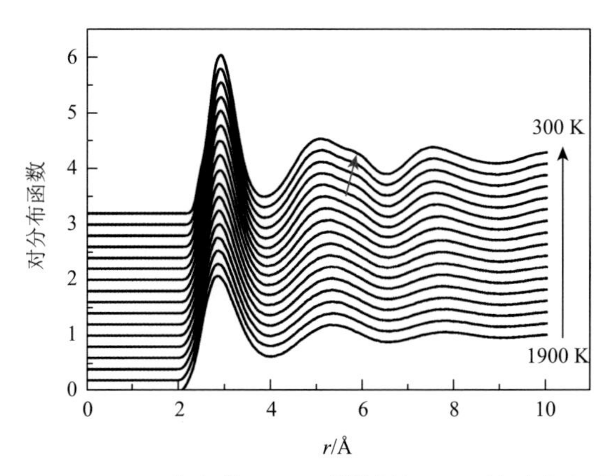

图 3.13　$Zr_{55}Cu_{35}Al_{10}$ 合金从 1900 K 降温到 300 K 的对分布函数曲线

从图 3.14 中的偏对分布函数曲线中可以看出，随着温度的降低，第一峰会变高变宽，而第一峰的峰位几乎保持不变，原子短程序结构变得有序。从不同键对的第一峰的峰值可以看出 Zr-Cu、Zr-Al 和 Cu-Al 异类原子形成的键对的有序程度是较高的，而 Zr-Zr、Cu-Cu 和 Al-Al 同类原子对的峰强较低，有序程度相对较小，说明冷却过程中更倾向于异类原子的结合。这可以从它们的混合热来进行解释，Zr-Cu、Zr-Al 和 Cu-Al 键对的混合热分别是−23 kJ/mol、−44 kJ/mol 和−1 kJ/mol，虽然 Al-Al 键对的混合热也是−1 kJ/mol，但是 Cu 的含量要比 Al 高很多，就会更加倾向于形成 Cu-Al 键对。对于所有的键对，它们的第二峰都会发生劈裂，劈裂程度有所不同，Zr-Zr 键对的第二峰劈裂最不明显。而在冷却的过程中，由于第二峰形成劈裂，第二峰的峰位会向左偏移，而劈裂出来的峰的峰位会向右偏移。

接下来分析 $Zr_{55}Cu_{35}Al_{10}$ 合金在快速冷却过程中团簇、过渡区和自由体积原子对数量的变化，如图 3.15 所示。从图 3.15（a）中可见，整个体系的团簇原子对含量是随着温度降低而增加，自由体积原子对的含量随着温度的降低而减少，而

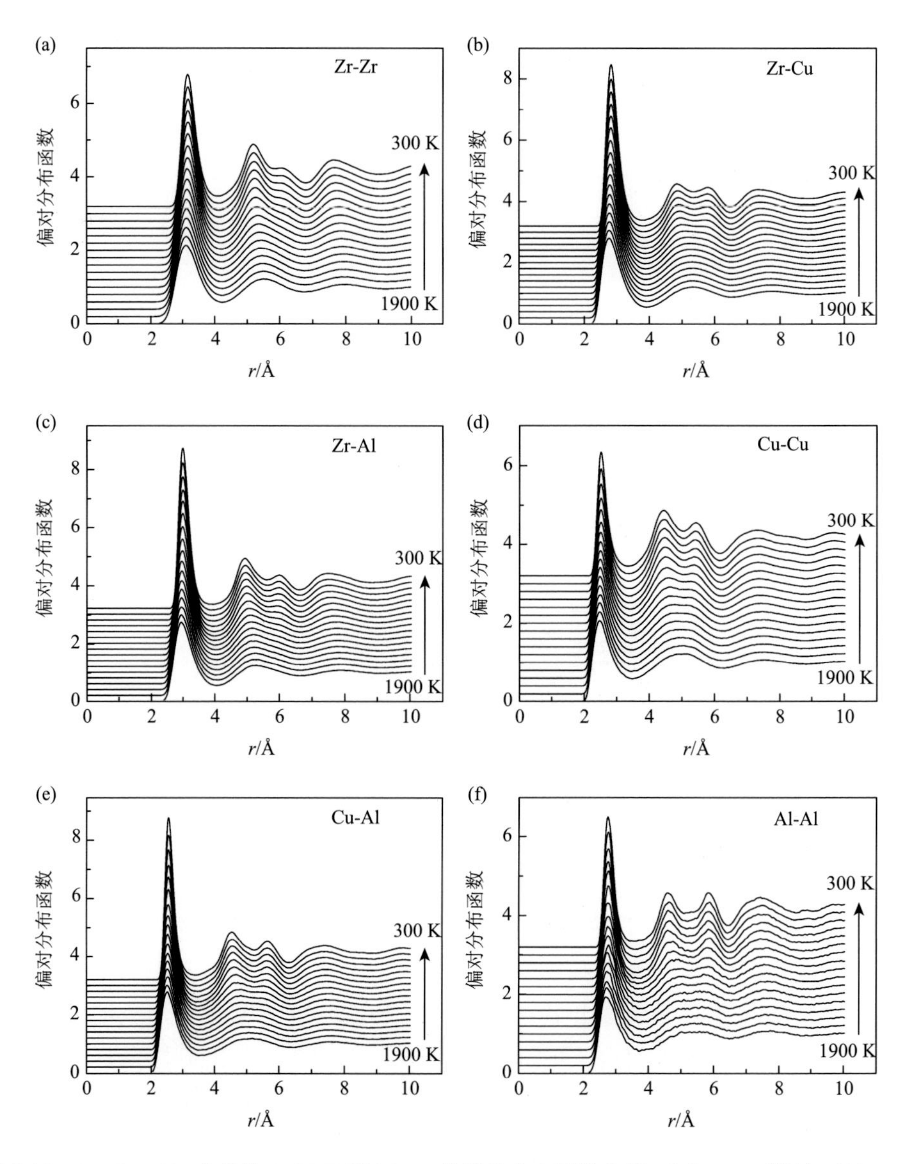

图 3.14 $Zr_{55}Cu_{35}Al_{10}$ 合金从 1900 K 到 300 K 的偏对分布函数曲线：(a) Zr-Zr 键对；(b) Zr-Cu 键对；(c) Zr-Al 键对；(d) Cu-Cu 键对；(e) Cu-Al 键对；(f) Al-Al 键对

过渡区原子对的含量在玻璃化转变温度以上是随着温度的降低不断增加的，而在玻璃化转变温度以下其含量基本不变。此外，团簇原子对及自由体积原子对的含量在玻璃化转变温度前后的变化有差异。通过计算含 Zr、Cu 和 Al 原子的团簇、过渡区和自由体积原子对的相对含量变化[图 3.15 (b)、(c) 和 (d)]，它们随温度的变化趋势基本上与整个体系的变化趋势是相同的。

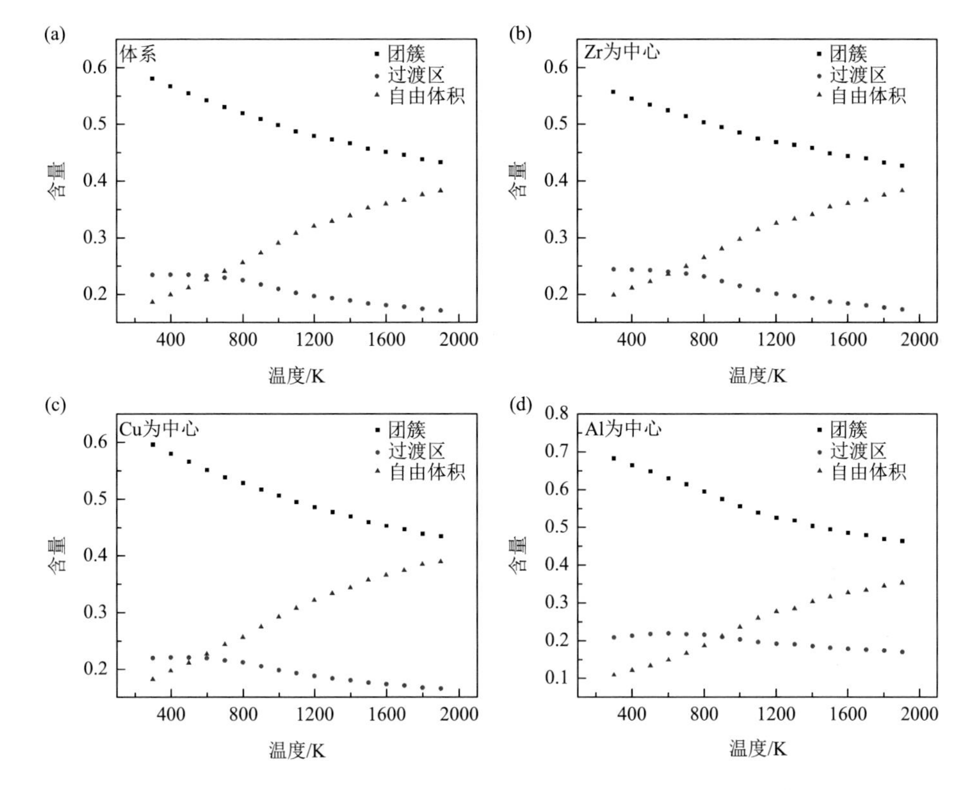

图 3.15　体系（a）以及 Zr（b）、Cu（c）、Al（d）原子为中心的最近邻配位多面体中团簇、过渡区、自由体积原子对含量随温度的变化

温度降低到 300 K 时，原子间大部分是通过团簇原子对的形式连接的，其含量占据了约 60%。其中含 Al 原子的团簇原子对含量是最高的，含 Al 原子的自由体积原子对的含量是最低的。在降温过程中含 Al 原子的团簇原子对的含量从 0.4631 增加到 0.6821，增大幅度是三者之中最大的。从图 3.15（d）中可以看到，在玻璃化转变温度以下时，与含 Zr 原子和含 Cu 原子的过渡区原子对含量有所增加不同，含 Al 原子的过渡区原子对的含量会随着温度的降低而有所减少，这是造成含 Al 原子的团簇原子对含量增幅最大的原因之一。同时含 Al 原子的自由体积原子对含量从 0.3533 减少到 0.1087，其减少的幅度也是三者之中最大的。

通过对各偏 PDF 在截断半径（PDF 曲线上的第一峰峰谷）处进行积分，可以得到冷却过程中不同温度下的偏配位数，进一步得到以 Zr、Cu、Al 原子为中心最近团簇的总的配位数以及体系的总配位数。从图 3.16（a）中可以看到，在玻璃化转变温度以上，温度较高，原子可以进行长距离的扩散，不同原子间的混合热就成为控制原子扩散的主要因素。体系总配位数增加，而对于以 Zr、Cu、Al 原子为中心的最近邻团簇而言，它们的变化趋势是不一样的。以 Zr 原子为中心的最近邻团簇配位数基本上是线性增加的，其中壳层 Zr、Cu 和 Al 原子都是增加的，主要是因为 Zr-Zr、Zr-Cu 和 Zr-Al 间具有较大的负混合热，Zr 原子很容易和 Zr、Cu 及 Al 原子结合。而对于 Cu 和 Al 原子为中心的最近邻团簇而言，它们的配位数呈现先增加后减小的趋势。其主要是因为 Cu-Al、Cu-Cu 和 Al-Al 的混合热接近于 0 甚至为正值，它们之间不易结合。在玻璃化转变温度以下，原子只可以进行短距离的移动，而冷却速率很快，没有足够的时间进行弛豫，因此体系总的配位数和以 Zr、Cu、Al 原子为中心的最近邻团簇的配位数变化都不大。

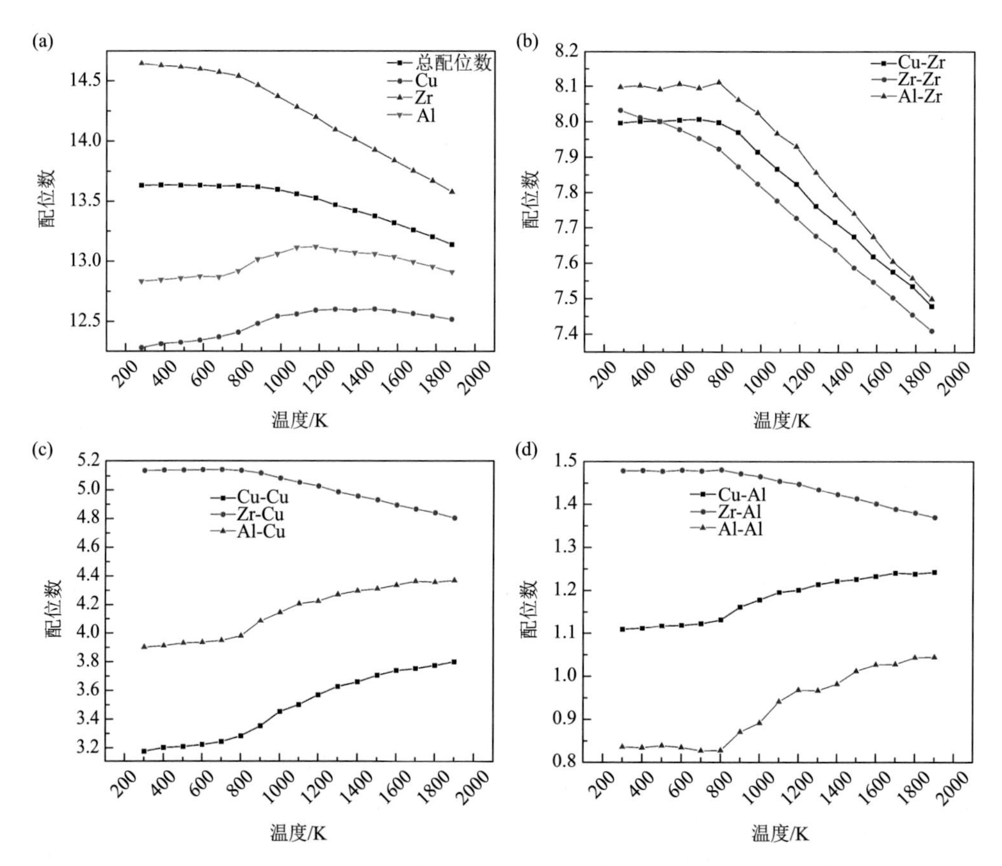

图 3.16 总配位数和偏配位数随温度的变化：（a）体系以及以 Zr、Cu、Al 原子为中心的最近邻团簇总配位数；（b）以 Zr、Cu、Al 原子为中心的最近邻团簇壳层 Zr 原子数；（c）以 Zr、Cu、Al 原子为中心的最近邻团簇壳层 Cu 原子数；（d）以 Zr、Cu、Al 原子为中心的最近邻团簇壳层 Al 原子数

图 3.17 是以 Zr、Cu 和 Al 原子为中心的不同配位多面体在三个不同温度（1300 K、800 K 和 300 K）的含量分布。对于 Zr 原子为中心的配位多面体，在 1300 K 降温到 800 K，即在处于过冷液体状态下降温时，CN = 15 配位多

面体增加，CN = 13 和 CN = 14 配位多面体减少，而在 800 K 降至 300 K，在玻璃态降温时，配位多面体的含量并没有发生明显的变化。最终以 Zr 原子为中心的 CN = 14、CN = 15 和 CN = 16 高配位多面体居多。对于 Cu 原子为中心的配位多面体而言，在 1300 K 降至 800 K 时，CN = 10 和 CN = 11 的配位多面体含量变化不大，CN = 12 的配位多面体增加比较明显。再降温至 300 K 时，CN = 12 配位多面体和 CN = 10 配位多面体增加，而 CN = 11 的配位多面体减少。在 300 K 时，CN = 10、CN = 11 和 CN = 12 的多面体成为最主要的团簇。以 Al 原子为中心的配位多面体在 1300 K 降至 300 K 时，CN = 11 和 CN = 13 的配位多面体一直在减少，而 CN = 12 的配位多面体的含量一直在增加，最终含量达到了 67.5%，成为最主要的配位多面体。可见在降温过程中，以 Zr 原子为中心的团簇是向高配位多面体的方向转变的，而以 Cu 和 Al 原子为中心的团簇更倾向于形成 CN = 12 的配位多面体。

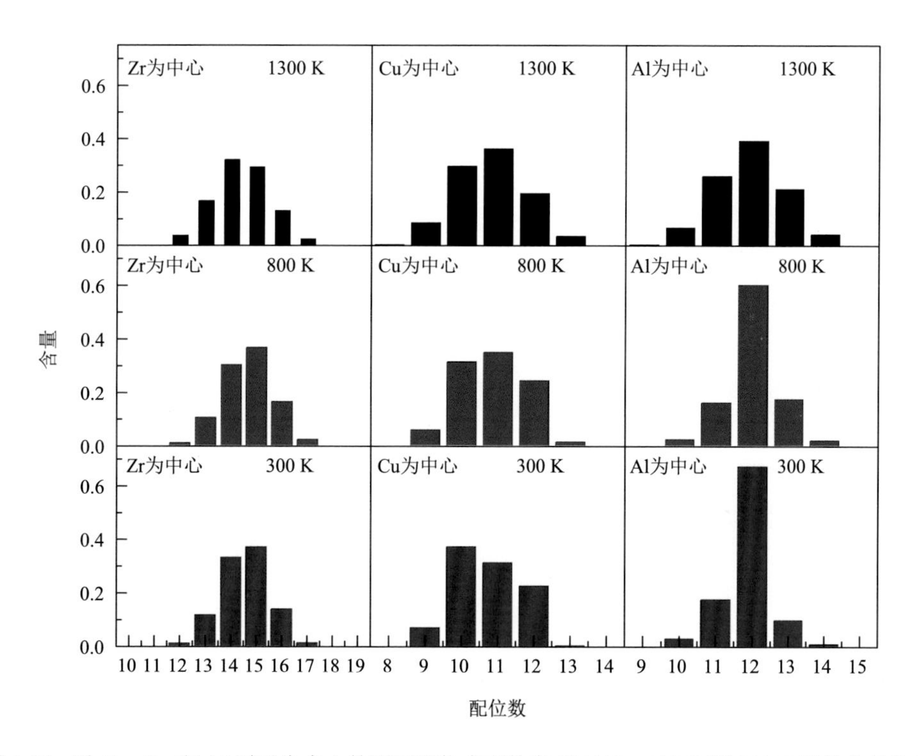

图 3.17　以 Zr、Cu 和 Al 原子为中心的不同配位多面体在 1300 K、800 K 和 300 K 下的含量分布

以 Zr、Cu 和 Al 原子为中心的最近邻团簇的能量的变化如图 3.18 所示。随着壳层 Al 原子的增加，三种最近邻团簇的能量都会线性降低，而以 Cu 原子为中心的团簇能量降低最为显著。

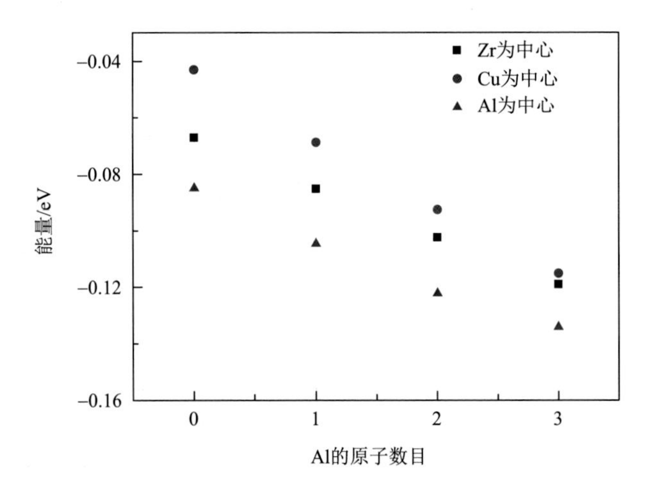

图 3.18 以 Zr、Cu 和 Al 原子为中心的配位多面体能量和有效半径随壳层 Al 原子数的变化

上述研究结果表明，在非晶形成过程中过冷液态和非晶态中二十面体结构的短程序占主导地位，液态中的短程序能够很好地遗传到非晶中，真正实现液态结构的“冻结”，有利于提高合金的玻璃形成能力，且这些短程序在非晶形成过程中其含量逐渐增加，二十面体短程序和中程序含量均在玻璃化转变温度 T_g 处发生转折。

3.1.3 非晶合金局域有序化原子结构及原子堆垛

相对于比较完善的晶体材料结构理论体系，非晶态合金结构理论还不够成熟，尽管人们已经提出多种结构模型来描述非晶态长程无序短程有序的结构堆垛方式，但至今对非晶态玻璃化转变的本质及非晶态合金的原子堆垛机制和各种有序结构的认识还不够完整，非晶态合金中有序结构的多样性还未被人所充分认识。这里选取 $Cu_{50}Zr_{50}$ 非晶合金为研究对象，研究非晶合金的局域原子结构及其堆垛机制，揭示非晶合金局域原子结构及短程序连接成中程序的方式。

图 3.9 给出了 300 K 下 $Cu_{50}Zr_{50}$ 非晶合金中 Cu、Zr 的配位数（CN）分布以及分别以 Cu 为中心[图 3.9（b）]和以 Zr 为中心[图 3.9（c）]的 Voronoi 多面体指数含量。由图 3.9（a）可知，Cu 的 CN 主要分布在 10～12，其含量之和约占总配位数的 92%，其中 CN 为 11 的含量最大，约占 37%。而 Zr 的 CN 含量较多的为 13～16，其中含量最大为 14，约占总原子数的 39%。由于 Cu 的原子半径小于 Zr，由此可知，半径小的 Cu 原子的 CN 分布范围明显小于大半径的 Zr 原子。由图 3.9（b）可知，以 Cu 为中心的 Voronoi 多面体指数中含量较高的是

⟨0, 2, 8, 1⟩、⟨0, 2, 8, 0⟩、⟨0, 2, 8, 2⟩、⟨0, 3, 6, 1⟩、⟨0, 0, 12, 0⟩，其中配位数为 10 具有 Bernal 多面体结构[16]的 Voronoi 多面体指数中含量最高的为⟨0, 2, 8, 0⟩，约占 7.8%；具有畸变二十面体结构[26-28]的配位数为 11 的多面体中⟨0, 2, 8, 1⟩含量最高，占 12.5%，这与图 3.9（a）中 Cu 的配位数为 11 含量最大相一致；而配位数为 12 时含量最大的是具有完整二十面体结构的⟨0, 0, 12, 0⟩，占 5.1%。由此可知，以 Cu 为中心的多面体中，二十面体短程序占主导地位，此外还有少量的 Bernal 多面体。这些以 Cu 为中心的二十面体结构使得 $Cu_{50}Zr_{50}$ 非晶合金具有更高的原子密堆度和更低的原子运动速率，进而提高合金的 GFA[29, 33]。由图 3.9（c）可知，以 Zr 为中心的 Voronoi 多面体中⟨0, 2, 8, 4⟩、⟨0, 1, 10, 4⟩、⟨0, 1, 10, 3⟩、⟨0, 2, 10, 2⟩、⟨0, 2, 8, 5⟩和⟨0, 3, 8, 3⟩指数含量较高。其中，指数含量最高的为表征 Frank-Kasper 多面体[34]结构的⟨0, 2, 8, 4⟩，所占比例达到 4.4%，这也与图 3.9（a）中 CN 分析中 CN = 14 含量较高相一致。此外，表征畸变二十面体结构的⟨0, 1, 10, 2⟩也在含量较高的 14 种多面体中。值得注意的是配位数为 15，表征 Frank-Kasper 多面体的 Voronoi 指数⟨0, 1, 10, 4⟩的含量居于 14 种含量较高多面体的第二位，含量达到 3.7%，且表征 Frank-Kasper 多面体的指数⟨0, 2, 8, 5⟩和⟨0, 2, 10, 3⟩的含量也较高。上述结果表明以 Zr 为中心的配位多面体 Frank-Kasper 多面体为主，同时存在一定量的畸变二十面体结构。综上，在 $Cu_{50}Zr_{50}$ 非晶合金中以 Cu 为中心的多面体主要是二十面体和一定量的 Bernal 多面体，以 Zr 为中心的配位环境主要是 Frank-Kasper 多面体以及一定量的二十面体结构。

为了研究以 Cu、Zr 原子为中心所形成的配位多面体，分别给出了与图 3.9（b）、（c）相对应的以 Cu、Zr 为中心的多面体结构，如图 3.19 和图 3.20 所示。由图 3.19 可知，在以 Cu 为中心的多面体中配位数含量最高的 CN = 11 多面体中，主要为 Cu_5Zr_7，而配位数为 CN = 9、10 和 12 时，多面体的成分是比较分散的，其中在 CN = 10 配位多面体中含有 Cu_4Zr_7、Cu_6Zr_5 和 Cu_5Zr_6，而 CN = 12 的配位多面体中成分更为分散，由图 3.9（a）可知，在以 Cu 为中心的配位数中 CN = 11 含量最高，因此可以得出以 Cu 为中心的配位环境以 Cu_5Zr_7 多面体为主。

图 3.20 给出了图 3.9（c）相对应的以 Zr 为中心的含量较高的 15 种多面体，由图可知，以 Zr 为中心的多面体中配位数含量最高的 CN = 14 的配位环境中，以 Cu_7Zr_8 多面体为主，而配位数 CN = 13、15、16 时，多面体的成分也是比较分散的。其中，配位数为 13 时，配位多面体为 Zr_7Cu_7 和 Zr_8Cu_6，配位数为 15 的多面体有 Zr_9Cu_7、Zr_8Cu_8 和 Zr_7Cu_9。由此可知，以 Zr 为中心的配位多面体主要为 Zr_8Cu_7。综上可知，在 $Cu_{50}Zr_{50}$ 非晶合金中 Cu_5Zr_7 和 Zr_8Cu_7 为主要的配位多面体。需要指出的是在 975 K 的过冷液态中 Cu_5Zr_7 和 Zr_8Cu_7

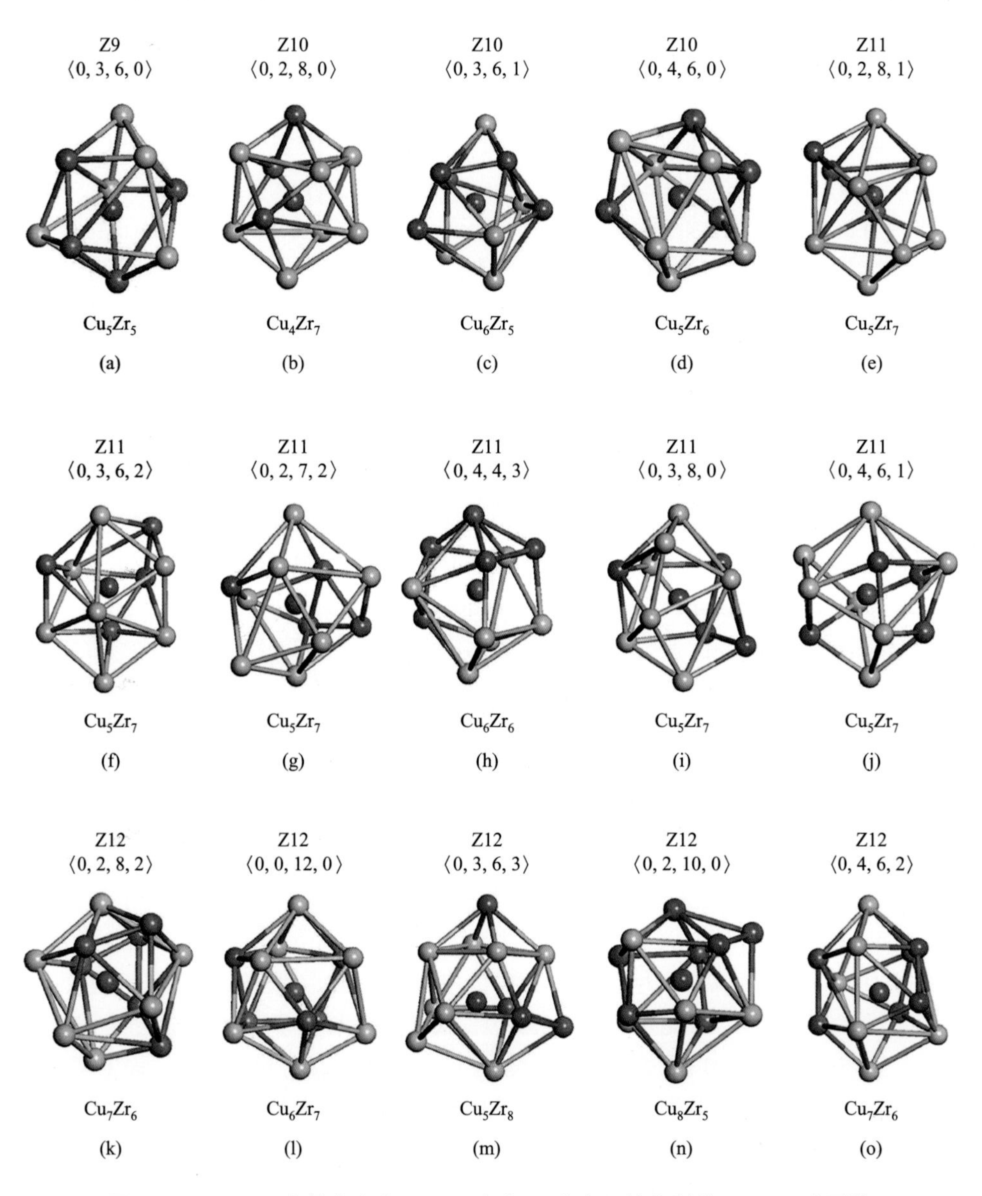

图 3.19　$Cu_{50}Zr_{50}$ 非晶合金在 300 K 时以 Cu 为中心的典型的 Voronoi 多面体

橙色和淡蓝色原子分别为 Cu 和 Zr 原子

也为主要的配位多面体。这与实验中所测得的晶化先析出相为 $Cu_{10}Zr_7$ 不同[35]，由于非晶结构中主要多面体与晶化先析出相具有不同的化学组成，也就是具有不同的结构对称性，两者难以发生相互转化，从而有利于非晶的形成，提高了 $Cu_{50}Zr_{50}$ 的 GFA。

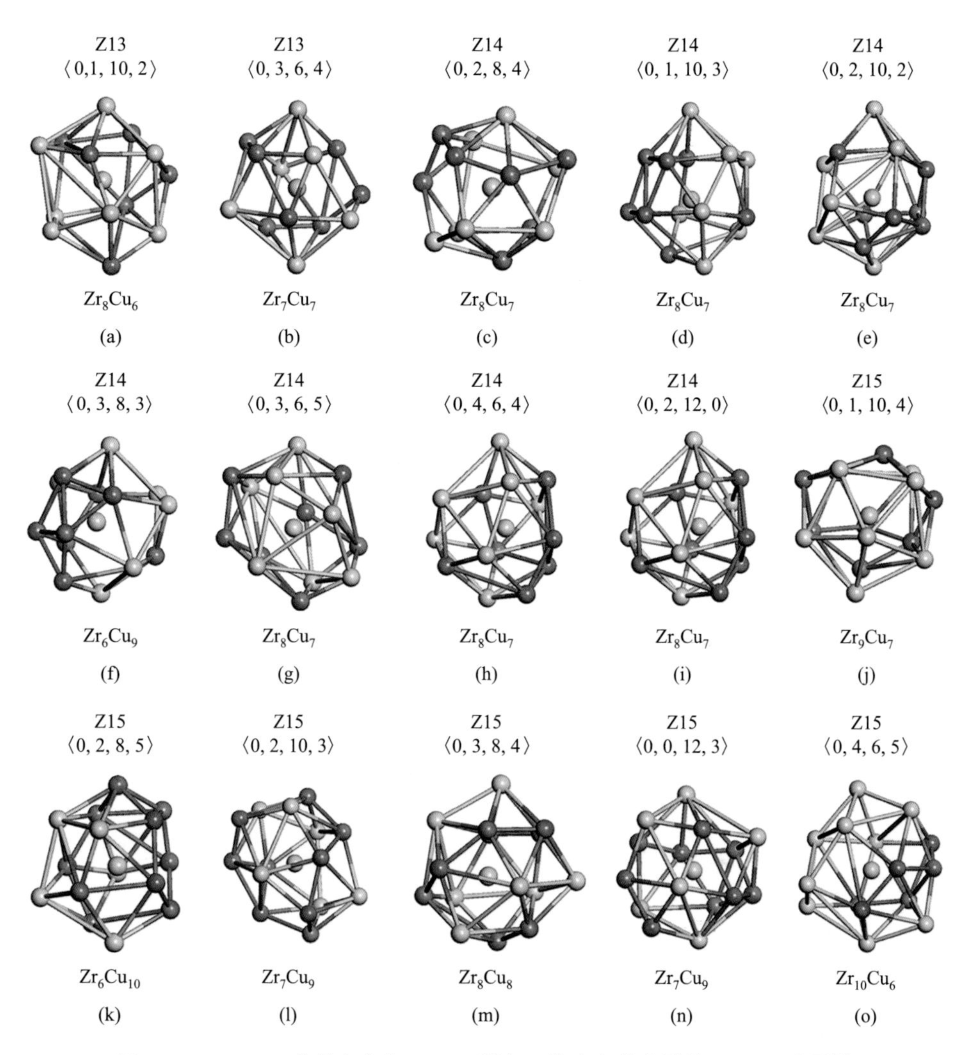

图 3.20　$Cu_{50}Zr_{50}$ 非晶合金在 300 K 时以 Zr 为中心的典型的 Voronoi 多面体

橙色和淡蓝色原子分别为 Cu 和 Zr 原子

由于缺乏有效的实验和理论分析手段，非晶中的中程序（MRO）结构至今还未被人们所清楚地认识，因此研究非晶合金的 MRO 非常重要。研究 MRO 首先需要了解短程序（SRO）扩展成 MRO 的连接方式，研究发现短程序之间彼此相连的方式共有 4 种：①共点（VS）：两个 SRO 共享一个原子，如图 3.21（a）所示；②共线（ES）：共享两个原子，如图 3.21（b）所示；③共面（FS）：共享三个原子，如图 3.21（c）所示；④嵌套（IS）：两个 SRO 的中心原子互为对方的近邻原子，如图 3.21（d）所示。由 3 个以 Cu 为中心和 3 个以 Zr 为中心的 SRO 组成的 MRO，如图 3.21（e）所示， 由图可知体系包含 54 个原子， 配位数为 CN = 10、

11、12、14、15 的六个多面体构成 MRO。六个多面体通过共点、共线、共面、嵌套的方式连接成 MRO，主要通过 IS 和 ES 方式连接。图中可以看到以 Cu（粉色原子）为中心的多面体包括两个畸变二十面体（Cu_5Zr_7 和 Cu_7Zr_6）和 1 个 Bernal 多面体 Cu_6Zr_5，而以 Zr（绿色原子）为中心的多面体包含 2 个 Frank-Kasper 多面体 Zr_8Cu_7 和一个 Frank-Kasper 多面体 Zr_7Cu_9[25]。

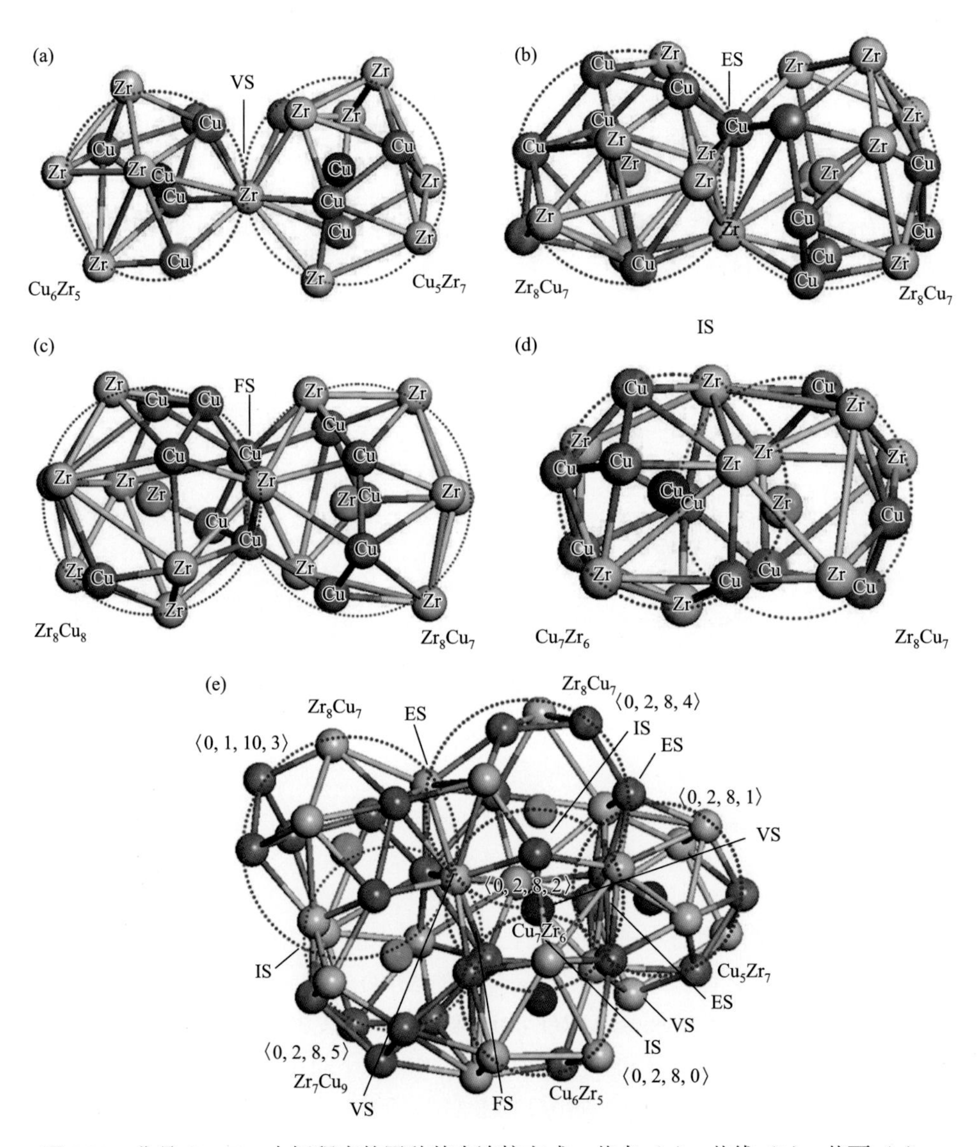

图 3.21　非晶 $Cu_{50}Zr_{50}$ 中短程序的四种基本连接方式：共点（a）、共线（b）、共面（c）、嵌套（d），以及短程序扩展成的中程序（e）

橙色和淡蓝色原子分别为 Cu、Zr 原子

综上，在玻璃形成能力较强的非晶合金中具有五次对称的二十面体占主导地位，非晶合金中主要结构单元与非晶晶化先析出相结构对称的不相容性，使其难以发生晶化，容易得到非晶，增加了合金的 GFA；短程序通过共点、共线、共面和嵌套的方式扩展成中程序。

3.1.4　冷却速率对非晶合金微观结构的影响

由于冷却速率的不同而得到不同微观结构的非晶合金进而影响其物理、化学和力学性能，因此研究冷却速率对非晶合金结构影响具有重要意义。根据冷却速率影响非晶合金的凝固路径，这里分别计算了 10 K/ps、5 K/ps、1 K/ps、0.5 K/ps 和 0.1 K/ps 五种冷却速率下从 1800 K 至 300 K 的 $Cu_{64}Zr_{36}$ 非晶合金的冷却过程，势能随温度和冷却速率变化的关系如图 3.22 所示。

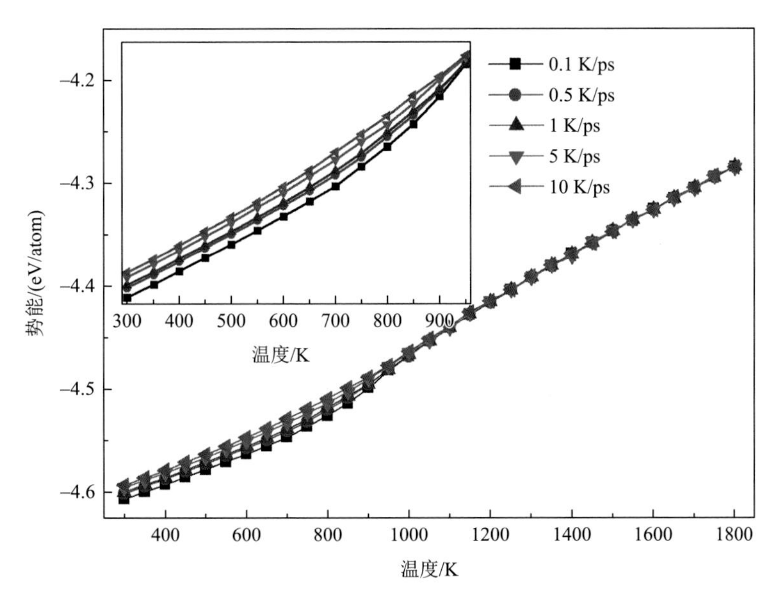

图 3.22　$Cu_{64}Zr_{36}$ 非晶合金冷却过程中不同温度下势能随冷却速率变化的关系，插图为低温区（300～950 K）的放大图

由图 3.22 可知，在五种不同冷却速率下势能随温度变化曲线均为连续性变化，在 T_g 上下发生转折，没有发生结晶的一级相变，表明了非晶结构的形成。同时，由图中可以看到 $Cu_{64}Zr_{36}$ 非晶合金在冷却过程中，势能随温度的降低而减小，在高温区（高于 950 K）基本吻合，而低温区（低于 900 K）略有差距。为了研究低温区能量的区别，给出了低温区的放大图，图中可以看出，冷却速率越低，模拟体系的势能越小，表明冷却速率越低，结构越稳定。

为了研究冷却速率对 T_g 的影响，分别计算了五种冷却速率下形成非晶 $Cu_{64}Zr_{36}$ 的 T_g，如图 3.23 所示。$Cu_{64}Zr_{36}$ 在形成非晶过程中，势能随温度变化曲线在 T_g 处发生转折，通过线性拟合，两直线的交点即为 T_g[19]，可以得出 10 K/ps、5 K/ps、1 K/ps、0.5 K/ps 和 0.1 K/ps 五种冷却速率下的 T_g 分别为 786 K、770 K、764 K、758 K 和 744 K，接近实验值 736 K[36]，表明了计算模型建立和参数选择的合理性和可靠性。由图可知，T_g 随着 $\lg Q$（Q 为冷却速率）线性增加，表明 T_g 随着冷却速率的增加而增大。这主要是由于随着冷却速率的增大，原子弛豫的时间缩短，原子没有充分的时间运动到平衡位置，从而在较高的温度下发生玻璃化转变。

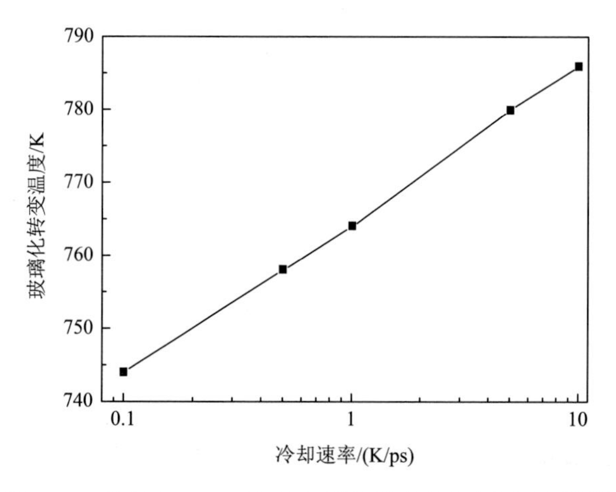

图 3.23　非晶 $Cu_{64}Zr_{36}$ 不同冷却速率下的玻璃化转变温度

图 3.24 给出了 $Cu_{64}Zr_{36}$ 非晶合金不同冷却速率下 300 K 时的对分布函数，结果表明，300 K 时不同原子对间不同冷却速率的径向分布函数基本一致，第二峰均发生了劈裂，在 r 较大处，$g(r)$值趋近于 1，表明了短程有序长程无序的结构特征，属于非晶体的典型特征。只是在劈裂峰特别是劈裂第二峰第一亚峰的强度存在差异，通过将对分布函数第二峰放大，可以发现，随着冷却速率的减小，峰的强度逐渐增大，即有序化结构越多，有序性越强，与势能随冷却速率变化关系的结果一致。

图 3.25 为 $Cu_{64}Zr_{36}$ 非晶合金不同冷却速率下 300 K 时的键对含量[23]，结果表明，在不同冷却速率下表征完整二十面体结构的 1551 键对和表征畸变二十面体的 1541、1431 键对占主导地位，且随着冷却速率的降低，1551 键对的含量逐渐增大，而 1541、1431 键对的含量略有下降，这也进一步表明完整二十面体结构有序化程度随着冷却速率的降低而增强。而表征 FCC/HCP 的 1421、1422 键对和表征BCC 的 1441 和 1661 键对在不同冷却速率下含量较低且几乎保持不变。

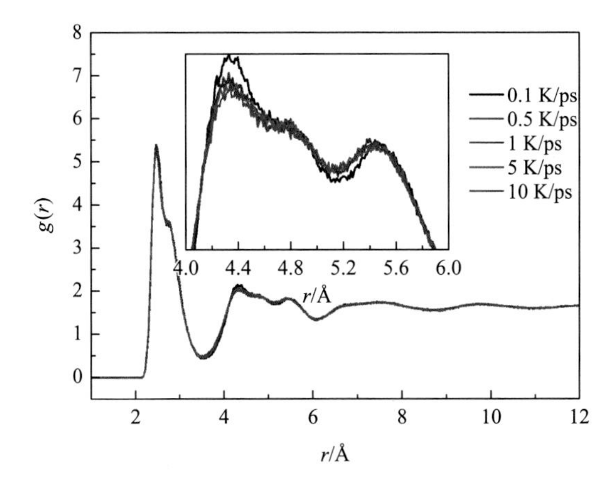

图 3.24　不同冷却速率下非晶合金 $Cu_{64}Zr_{36}$ 在 300 K 的径向分布函数

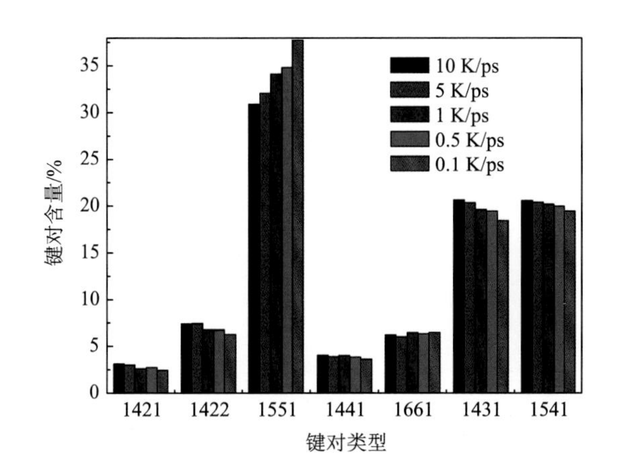

图 3.25　不同冷却速率下非晶合金 $Cu_{64}Zr_{36}$ 在 300 K 的键对含量

$Cu_{64}Zr_{36}$ 非晶合金不同冷速下 300 K 时的 Voronoi 多面体指数含量如图 3.26 所示，由 Voronoi 多面体分析可知，表征完整和畸变二十面体的指数 $\langle 0, 0, 12, 0\rangle$、$\langle 0, 2, 8, 1\rangle$ 和 $\langle 0, 2, 8, 2\rangle$ [26-28]在不同冷却速率下的非晶合金中占主导地位，而且完整二十面体在不同冷却速率下含量最高且随着冷却速率的降低而增大，这一结果与前述的键对分析结果相一致。

图 3.27 给出了 $Cu_{64}Zr_{36}$ 非晶合金不同冷却速率下 300 K 时由二十面体短程序（ISRO）组成的最大二十面体中程序（IMRO），N_t 代表组成最大 IMRO 的原子数，N_c 表示组成 IMRO 的 ISRO 个数，研究发现 10 K/ps、1 K/ps 和 0.1 K/ps 冷却速率得到的组成最大的 IMRO 的原子数分别为 67、90 和 126，组成中程序的 ISRO 数量分别为 15、19 和 23。结果表明，随着冷却速率的降低，二十面体中程序的范围和尺度不断增大。

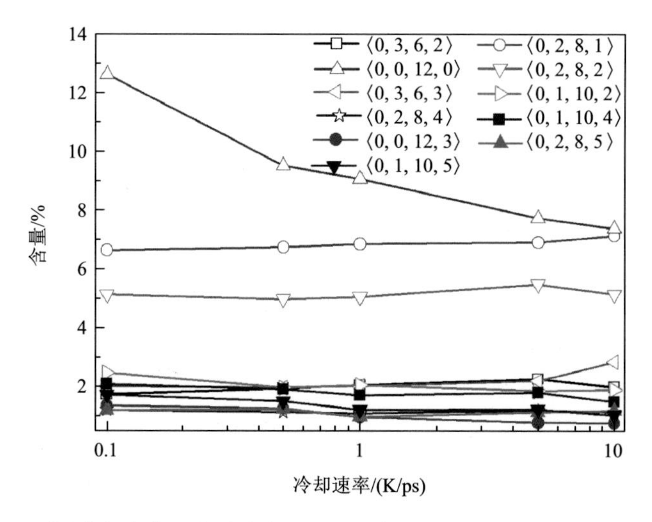

图 3.26 不同冷却速率下非晶合金 $Cu_{64}Zr_{36}$ 在 300 K 的 Voronoi 多面体指数含量

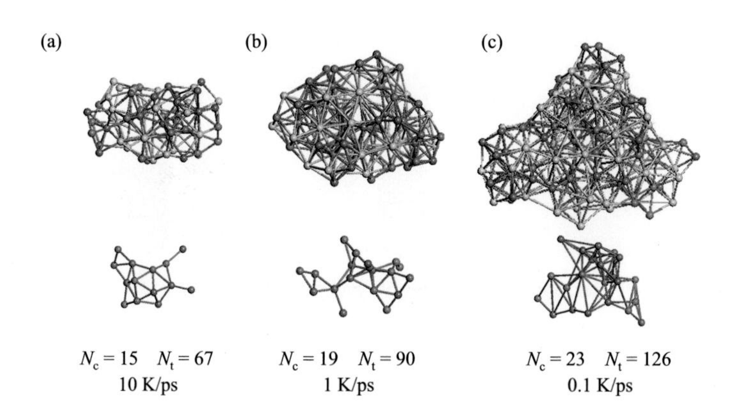

图 3.27 非晶合金 $Cu_{64}Zr_{36}$ 不同冷却速率下的中程序瞬时构型及中心原子的组成：(a) 10 K/ps；(b) 1 K/ps；(c) 0.1 K/ps

综上，随着冷却速率的增加，非晶合金的玻璃化转变温度逐渐升高，由径向分布函数、键对分析和 Voronoi 多面体分析以及中程序尺度和范围随冷却速率变化关系可知，随着冷却速率的降低，二十面体结构特别是完整二十面体结构含量逐渐增加。

3.1.5 成分对非晶合金微观结构的影响

为了理解非晶合金的结构本质，成分对于结构和性能的影响是长期存在的问题，在几十年实验和模拟的研究之后已经有了长足的进步。通过合金化方法改变合金的原子结构，也是促进合金 GFA 提高的重要原因。比如，在 Zr-Cu 二元系中加入少量的 Al、Ag 元素，明显改善了合金中的原子堆垛结构特征，从而显著提高了合金的 GFA[27, 29]。合金的 GFA 与非晶结构密切相关，并得到了初步探讨[27, 33, 37-39]。Cheng 等研究了 Al 元素添加对 $Zr_{54}Cu_{46}$ 合金中合金原子结构和 GFA 的影响，认为 Al 元素添加导致合金中二十面体有序团簇的增加是提高合金 GFA 的主要原因[29]。而 Hui 和 Peng 等研究结果表明，除二十面体有序团簇外其他各种有序局域原子结构对合金 GFA 的影响也非常重要[33, 39]。

这里研究了 Al 元素添加对 CuZr 非晶合金结构的影响，选择 7%的 Al 取代 $Cu_{52}Zr_{48}$ 合金中的 Cu 即 $Cu_{45}Zr_{48}Al_7$ 合金，Al 的添加可以得到 8 mm 的 $Cu_{45}Zr_{48}Al_7$[40]，显著提高了 $Cu_{52}Zr_{48}$ 的玻璃形成能力（1 mm）[36]。这里将从能量、密堆度和原子层次结构揭示 Al 添加对 CuZr 影响的结构起源。

图 3.28 给出了 $Cu_{45}Zr_{48}Al_7$ 和 $Cu_{52}Zr_{48}$ 合金在 0.1 K/ps 冷却速率下的势能和体积随温度的变化。由图可知，两种合金冷却过程中势能和体积没有发生结晶的突变，而是呈现明显的连续降低，为典型的非晶形成过程。在势能-温度变化曲线中将高温区和低温区分别线性拟合，其交点即为玻璃化转变温度。计算得到 $Cu_{45}Zr_{48}Al_7$ 和 $Cu_{52}Zr_{48}$ 的玻璃化转变温度分别为 721 K 和 681 K，非常接近其实验值 708 K 和 684 K[40]，表明了计算的可靠性和合理性。进一步研究发现，在高温区（1300～1800 K）两种合金的势能几乎一致，但是在 300～1300 K 的低温区，由于 Al 的添加，三元非晶 $Cu_{45}Zr_{48}Al_7$ 的势能低于二元非晶，即三元非晶相比于二元非晶能量更低，体系更稳定，有利于三元合金 GFA 增强。由图 3.28（b）可知，在 1000～1800 K 高温段时由于 Al 原子直径较大，故体积比二元略大，但是值得注意的是到达低温段时（300～1000 K）$Cu_{45}Zr_{48}Al_7$ 体积小于 $Cu_{52}Zr_{48}$ 二元合金。经过分析可知 $Cu_{45}Zr_{48}Al_7$ 和 $Cu_{52}Zr_{48}$ 在 300 K 的

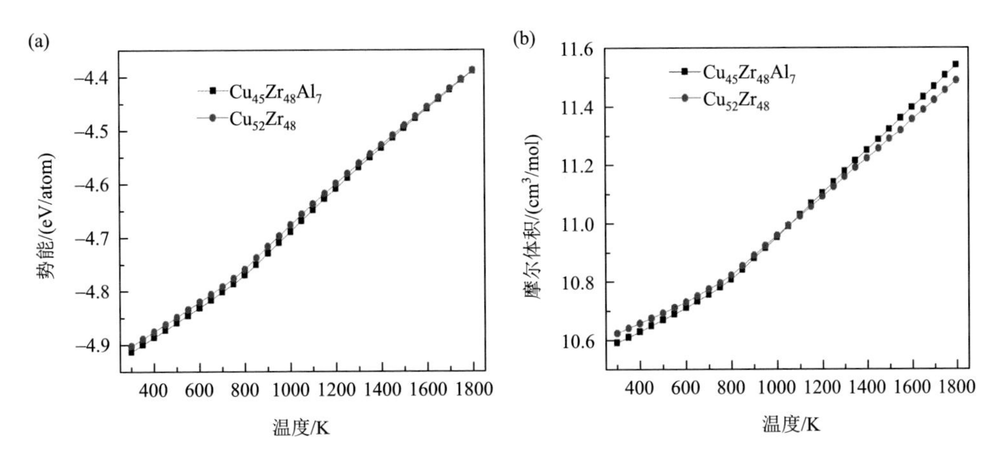

图 3.28　$Cu_{52}Zr_{48}$ 和 $Cu_{45}Zr_{48}Al_7$ 非晶在 0.1 K/ps 冷却速率下的势能（a）和体积（b）随温度的变化

体积分别为 10.59 cm^3/mol 和 10.63 cm^3/mol，原子数密度分别为 56.85 nm^{-3} 和 56.63 nm^{-3}，表明 $Cu_{45}r_{48}Al_7$ 具有更加密堆的结构，使得三元非晶 GFA 更强。

$Cu_{45}Zr_{48}Al_7$ 和 $Cu_{52}Zr_{48}$ 非晶在 0.1 K/ps 冷却速率下 300 K 的偏 PDF 如图 3.29 所示，右上角插图为两种非晶合金的构型，橙色、淡蓝色和粉色分别为 Cu、Zr 和 Al 原子。由图 3.29（b）可知，尽管在三元非晶合金中只有 7%的 Al，但是 Cu-Al 和 Zr-Al 异类原子对的偏 PDF 第一峰特别明显，高于其他原子对的强度。同时 $Cu_{45}Zr_{48}Al_7$ 非晶中 Cu-Zr 原子对的偏 PDF 第一峰高度也略高于 $Cu_{52}Zr_{48}$ 非晶合金。因此，7%的 Al 取代 Cu 增强了三元非晶中异类原子对间的作用，此外，由图可知两种非晶的偏 PDF 均发生劈裂，为形成非晶的典型特征。由图 3.29（b）可以看到，Al-Al 原子对间 PDF 的第一峰强度低于第二峰，表明了 Al-Al 原子对间的作用较弱。

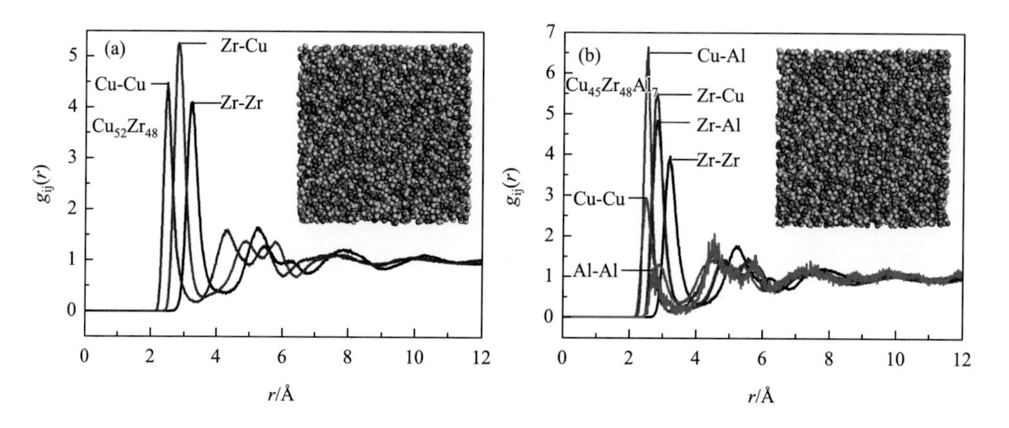

图 3.29　$Cu_{52}Zr_{48}$（a）和 $Cu_{45}Zr_{48}Al_7$（b）非晶在 300 K 的偏对分布函数，插图为两种非晶的构型

为了更进一步比较 $Cu_{45}Zr_{48}Al_7$ 和 $Cu_{52}Zr_{48}$ 非晶合金的结构差异，采用 HA 键对分析两种合金的微观结构，如图 3.30 所示。两种非晶合金中表征二十面体结构的 1551、1541 和 1431 键对含量最高，而表征 BCC 结构的 1661、1441 键对和表征 HCP/FCC 结构的 1421、1422 键对含量较低，低于 8%，表明在这两种非晶合金中二十面体结构占主导地位。进一步研究发现 $Cu_{45}Zr_{48}Al_7$ 二十面体结构含量为 72.5%，高于 $Cu_{52}Zr_{48}$ 的 70.3%，而且 $Cu_{45}Zr_{48}Al_7$ 中完整二十面体 1551 键对含量高于 $Cu_{52}Zr_{48}$ 非晶合金。因此，加入了 Al 之后，表征完整二十面体的键对含量明显升高，即完整二十面体含量增大，有序性增强，使得非晶形成能力更强。

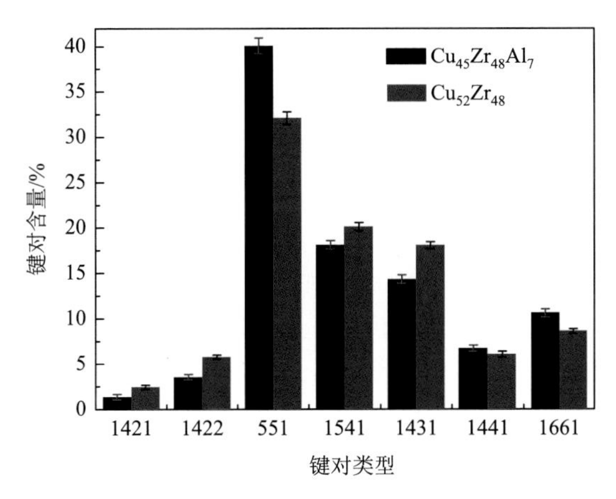

图 3.30　$Cu_{52}Zr_{48}$ 和 $Cu_{45}Zr_{48}Al_7$ 非晶在 300 K 的键对分析对比

图 3.31 给出了 $Cu_{45}Zr_{48}Al_7$ 和 $Cu_{52}Zr_{48}$ 非晶合金整个体系和分别以 Cu、Zr、Al 为中心的团簇的 Voronoi 多面体（VP）指数。由图 3.31（a）可以发现 VP 指数可以分为三类：CN = 10 的 Bernal 多面体[7]、CN = 11～13 的二十面体短程序（ISRO）[26-28]和 CN = 14～16 的 Frank-Kasper[41]多面体。由图可知，在 $Cu_{45}Zr_{48}Al_7$ 三元非晶合金中超过 2%的 VP 种类要高于 $Cu_{52}Zr_{48}$ 非晶，在二元非晶中占主导地位的 12 种 VP 的含量和是 31.5%，要低于三元合金的 34.6%，说明三元非晶的 VP 分布更加集中。此外，可以看到 ISRO 的含量在两种非晶合金中最高且 $Cu_{45}Zr_{48}Al_7$ 三元非晶合金中含量更高。需要指出的是，具有完整二十面体的 $\langle 0, 0, 12, 0\rangle$ VP 在两种非晶合金中含量差最大，表明 Al 的添加显著提升了完整二十面体的含量。图 3.31（b）分别给出了以 Cu、Zr 和 Al 原子为中心的多面体指数。由图可知，以 Cu 和 Al 为中心的团簇配位数 CN≤12，而以 Zr 为中心的多面体 CN＞12。其中以 Cu 为中心的多面体中，占主导地位的 VP 是 $\langle 0, 0, 12, 0\rangle$ 和 $\langle 0, 2, 8, x\rangle$（$x = 0$、1、2）。表征完整 ISRO 的 VP $\langle 0, 0, 12, 0\rangle$ 在 $Cu_{45}Zr_{48}Al_7$ 中的含量为 3.6%，高于二元非晶合金的 3.5%，表明尽管三元非晶合金中 7%的 Al 取代了 Cu，但是并没有降低以 Cu 为中心的完整 ISRO 含量。此外，以 Al 为中心的多面体中表征完整二十面体的指数含量最高达到 1.7%，因此 Al 的添加使 CuZrAl 三元非晶合金中完整 ISRO 的含量大于二元非晶。此外，表征畸变二十面体的指数 $\langle 0, 2, 8, 2\rangle$ 在三元非晶合金中的含量也大于二元非晶合金的含量。以 Zr 为中心的 Voronoi 多面体主要是 CN＞13 的 Frank-Kasper 多面体，其中 $\langle 0, 1, 10, 4\rangle$ 的含量最高，同样三元非晶合金中以 Zr 为中心的 12 种含量最高的 Voronoi 指数含量大于二元非晶。由于二十面体具有低的能量和高的密堆度，使得玻璃形成能力增强，这些完整和畸变二十面体含量增加是使非晶玻璃形成能力增强的原因之一。

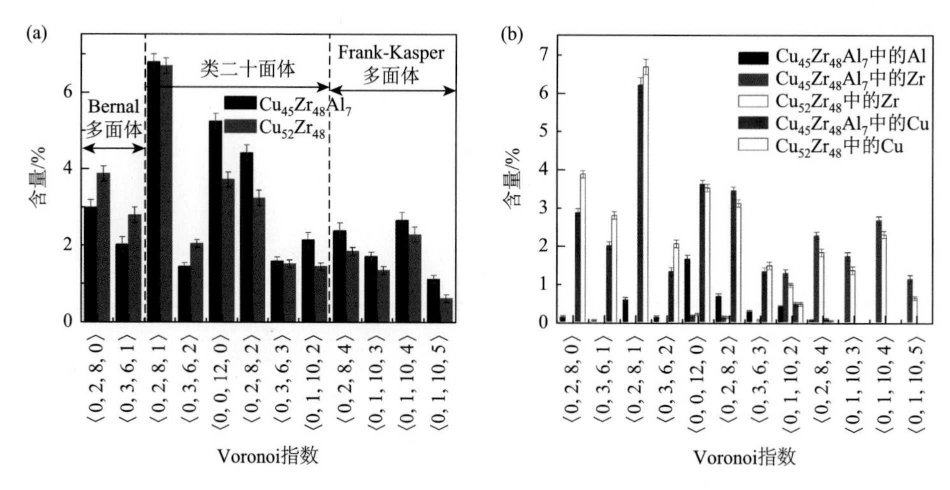

图 3.31 （a）$Cu_{52}Zr_{48}$ 和 $Cu_{45}Zr_{48}Al_7$ 非晶在 300 K 的 Voronoi 多面体指数；（b）$Cu_{52}Zr_{48}$ 和 $Cu_{45}Zr_{48}Al_7$ 非晶在 300 K 的以 Cu、Zr、Al 为中心的 Voronoi 多面体指数

接下来系统分析了 $Cu_{45}Zr_{48}Al_7$ 和 $Cu_{52}Zr_{48}$ 非晶合金中由完整 ISRO 组成的 IMRO。图 3.32 给出了组成最大 IMRO 的原子数（N_t）和组成 IMRO 的 ISRO 个数（N_c）分布情况。由图 3.32（a）可以清楚地看到 $N_t \leqslant 72$ 的小团簇的分布概率差异不明显，然而最大 IMRO 的差异非常明显。在 $Cu_{45}Zr_{48}Al_7$ 中最大的 IMRO 包含了 1365 个原子，而在 $Cu_{52}Zr_{48}$ 非晶中 408 个原子组成了最大的 IMRO。由图 3.32（b）可知，N_c 的分布规律与 N_t 一致。在 $Cu_{45}Zr_{48}Al_7$ 非晶中最大的 IMRO 包含了 167 个 ISRO，而在 $Cu_{52}Zr_{48}$ 非晶中 52 个 ISRO 成了最大的 IMRO。

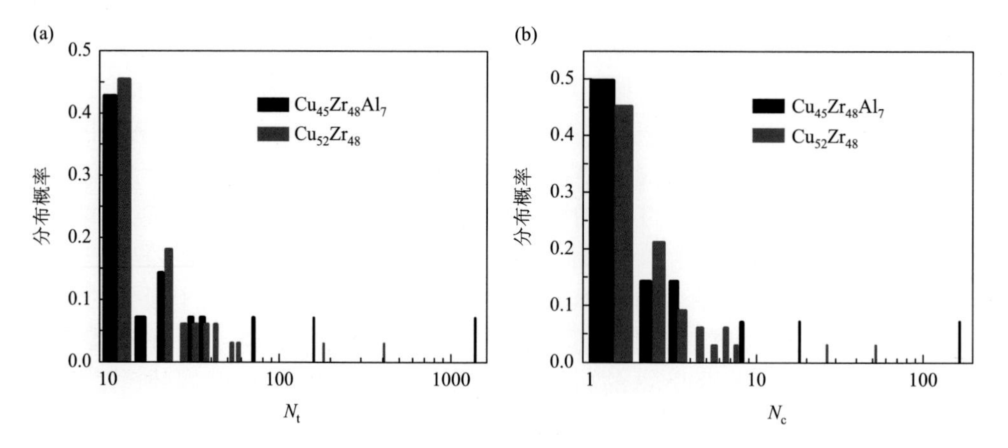

图 3.32 $Cu_{52}Zr_{48}$ 和 $Cu_{45}Zr_{48}Al_7$ 非晶中组成最大 IMRO 的原子数 N_t（a）及完整二十面体个数 N_c（b）的分布概率

为了更加清楚地研究 $Cu_{45}Zr_{48}Al_7$ 和 $Cu_{52}Zr_{48}$ 非晶合金中的最大 IMRO，图 3.33 给出了 IMRO 以及 ISRO 中心原子的空间分布。对于 $Cu_{52}Zr_{48}$ 非晶合金，最大 IMRO 是由 52 个 ISRO（包含 408 个原子）组成的，如图 3.33（a）所示。而在 $Cu_{45}Zr_{48}Al_7$ 非晶合金中最大的 IMRO 是由 1365 个原子组成的（167 个 ISRO），如图 3.33（b）所示。图 3.33（c）和（d）为两种非晶合金中心原子的示意图，其中一些原子成键，表明了多面体之间是通过相互嵌套 IS 的方式连接的。综上，$Cu_{45}Zr_{48}Al_7$ 非晶合金中的 IMRO 比二元非晶的尺寸和范围更大，表明 $Cu_{45}Zr_{48}Al_7$ 合金结构更加稳定，堆积密度更高，有利于 GFA 的提高。

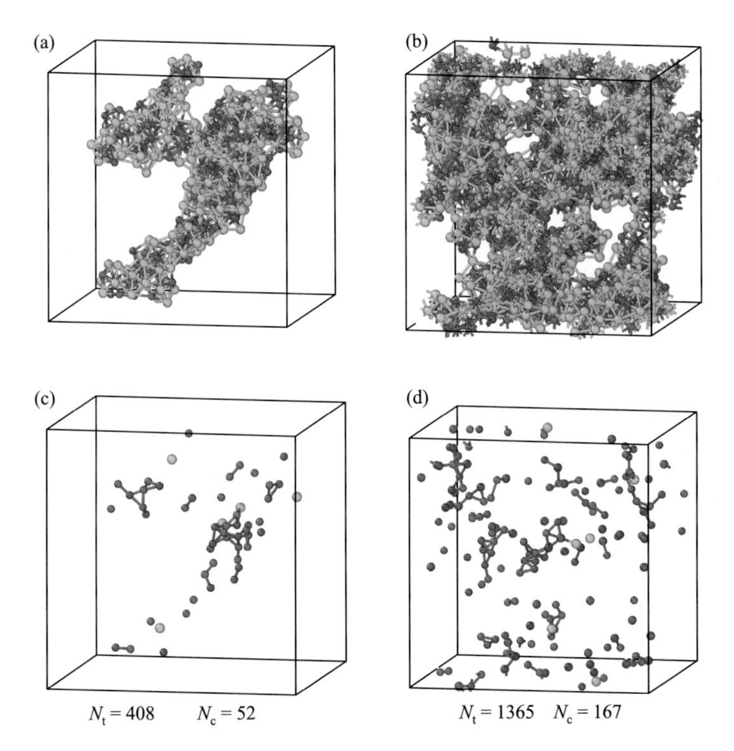

图 3.33　$Cu_{52}Zr_{48}$ 和 $Cu_{45}Zr_{48}Al_7$ 非晶中组成的最大 IMRO（a、b）以及组成 IMRO 的团簇中心原子的空间分布（c、d）

橙色、淡蓝色和粉色分别为 Cu、Zr 和 Al 原子

综上，合金化元素对非晶有序化结构分布研究表明，在 Cu-Zr 二元非晶合金中添加 Al 使得三元非晶合金的能量降低，结构稳定性增强，密堆度和原子数密度增加使得三元非晶更加紧密堆积，Al 取代 Cu 后不但没有降低 Cu 的二十面体短程序的含量，而且还增加了整个体系二十面体短程序和中程序的含量并增大了中程序的范围和尺度，有利于提高合金的 GFA。

3.2 非晶合金及其复合材料成分设计

自从 20 世纪非晶合金问世以来，如何开发具有更大尺寸的合金体系就成为该领域的研究热点。非晶合金的形成过程是合金熔体在足够快的冷却速率下快速通过 CCT（连续冷却转变）曲线或 TTT（等温转变）曲线的鼻尖，抑制晶态相的析出，发生过冷凝固，从而被“冻结”成固体后仍保留了液相的结构和性质。合金熔体的液相稳定性、晶态相的形核长大机制、结晶过程的热力学相变驱动力以及固/液界面能直接决定合金体系能否形成非晶结构。在非晶合金的研究中人们逐渐发现，其形成能力（GFA）与原子尺寸、电负性等因素等有关，并逐渐总结了一系列用于金属玻璃合金的设计理论。

1. 深共晶理论

Cohen 和 Turnbull[42, 43]指出，根据简单的共晶平衡相图，如果以玻璃化转变温度（T_g）作为结合能的度量尺度，大体上 T_g 是与成分无关的，那么玻璃态的约化过冷度在共晶成分处是最大的，因此共晶成分处合金的玻璃形成能力是最强的。实际研究也表明，许多二元合金形成非晶态的成分范围就处于深共晶点附近，如 Au-Si、Pd-Si 等。

从动力学角度考虑，在熔体冷却的过程中，需要经过从液相线（T_L）到 T_g 的过冷液态温度区间，在此温度范围内的过冷液体具有向更稳定的晶体相转化，即发生结晶的趋势。然而结晶过程需要一定的时间，如果熔体从 T_L 到 T_g 经历的时间小于结晶所需的时间，过冷液体就会连续、均匀地转变为玻璃态的固体，形成非晶态结构。在共晶成分附近，T_L 最低，原子活动能力随着温度的降低而下降，结晶过程所需的时间则相应增加；另外，在共晶成分附近，T_L 与 T_g 的间隔较小，从 T_L 到 T_g 经历的时间也较短。在深共晶体系中，上述效应将更为显著，因此，从动力学角度考虑，共晶成分附近的合金更容易形成非晶态结构。

从热力学角度分析，深共晶点附近的熔体更为稳定，结构也更为有序，这可由液体结构的探测结果证明，也可从液体的热力学来分析。液体的比热高于相应的晶态元素混合物，其差值为 ΔC_p，二者的焓差及熵差分别为 ΔH 和 ΔS，随着温度的降低，这些差值逐渐减小。此外，晶化产物（金属间化合物）的形成焓随温度的降低变化很小。所以，从非晶相转化为金属间化合物的晶化焓会明显小于从液体转化为金属间化合物的平衡熔化热，前者仅为后者的 50%～70%，这也表明低温下的熔体更稳定，更有利于抑制结晶，促进非晶相的形成。深共晶往往伴随着陡峭的 T_0 线，T_0 线表示合金液相和固相的等自由能温度曲线，也代表无溶质分配晶化的热力学转变边界，只有在 $T_g > T_0$ 的范围内才有可能形成玻璃。

2. 混淆原理

1993 年，Greer[44]提出了金属玻璃成分设计的混淆原理（confusion principle），合金中包含的元素越多，合金选择合适晶体结构的机会越少，形成玻璃的机会越大。后来的一系列块体 BMG 体系［如 Zr-Ti-Cu-Ni-Be、Mg-Cu-Y、La-Al-Ni、Zr-Al-TM（TM：过渡族金属元素）等］的发现都与该原则相符合，这些合金都至少含有三个组元。Zr-Ti-Cu-Ni-Be 合金的发现就是一个典型的例子：Be 的原子半径很小，它的加入使体系更为混乱，极大地提高了 Zr 基合金的玻璃形成能力。另外，从动力学的角度分析，新组元的加入会提高液体的堆垛密度，从而提高熔体黏度，降低原子活动能力，有利于形成玻璃。但对新组元的选择有一定要求，即不能产生新的更稳定的“竞争”晶体相。

3. 原子尺寸效应

Egami 和 Waseda[45]研究了二元合金中溶质原子应变能变化和溶质溶剂原子尺寸差之间的关系，结果表明在金属玻璃中，局部应力和总应变能用弹性模量约化后的值随溶质浓度的变化不大；而在晶体中，应变能随着溶质浓度的增大而明显增加。因此，在某个临界溶质浓度以上，应变能积累到临界值，就会倾向于形成玻璃。用这种方法不仅可以预测玻璃形成能力，还可以计算玻璃形成的成分范围，推出了下列公式：

$$C_{\mathrm{B}}^{\min}\left|(V_{\mathrm{B}}-V_{\mathrm{A}})/V_{\mathrm{A}}\right|\approx 0.1 \tag{3.1}$$

式中，$C_{\mathrm{B}}^{\min}$ 为形成玻璃所需的最小溶质含量；V_{A} 和 V_{B} 分别为溶质和溶剂的原子体积。可见，溶剂与溶质的原子尺寸差越大，形成玻璃所需的最小溶质含量越小。

Senkov 和 Miracle[46]对 Egami 模型进行了修正，综合考虑了间隙原子和置换原子对晶格失稳的影响，提出当溶质原子引起的应变达到能够改变局域配位数时就会导致晶格失稳，从而引发非晶化转变。由此，他们提出了一个新的拓扑堆垛模型。根据溶质原子与溶剂原子的半径、弹性模量、绝对温度的关系，可以计算出溶质原子处在置换与间隙位置的概率，进而计算出局部应变。当局部应变达到某一临界值时，固溶体就会失稳。

随后，Miracle 等[13, 47, 48]通过分析溶质原子周围第一近邻溶剂原子的几何堆垛，发现当溶质与溶剂原子的半径比为某些定值时，可以使局部堆垛效率达到最大值 1。据此可以预测：如果合金的化学剂量比为某些特定值，就可以提高合金中的原子堆垛效率，从而提高体系的玻璃形成能力。这是因为一方面高效的原子堆垛可以减小体系的体积，降低其体自由能，从而降低非晶态结构的自由能；另一方面，高效的原子堆垛也会提高合金熔体的黏度，抑制原子扩散，从而抑制结晶过程。后来，Miracle 又引入了第二类和第三类拓扑原子来占据八面体和四面体间隙，从而把该模型应用到多组元体系中。

4. 金属玻璃形成经验三规则

在混沌原则和原子尺寸效应的基础上，Inoue 等研究了大量块体金属玻璃（BMG）的组成特征，研究工作表明，尺度不同的相异原子间的相互作用所引起的短程序，将使非晶态的转变温度 T_g 增高，有利于非晶态的形成。原子间相互作用一般随组元素的负电性而增加，并在形成金属化合物的倾向中起主要作用。由过渡金属和类金属所形成的非晶态，不管它们处于熔融状态或金属化合物状态，当由相应的组元形成非晶态合金时，始终显示出负的混合热。这意味着在合金内的相异原子间存在着很强的相互作用，使熔融态或固态合金中存在很高的短程有序。非晶态合金的形成倾向和稳定性随金属含量的增加而提高，这是由过渡金属和类金属原子间的强相互作用引起的。著名的经验三原则[1]如下。

（1）由三种或三种以上的元素组成合金系。

（2）组成合金系的组元之间有着较大的原子尺寸比，且满足大、中、小的原则，其中主要组成元素之间的原子半径差大于 12%。

（3）主要组成元素间混合焓为负值。

满足该经验三规则的多元合金体系的过冷液体具有更高程度的随机密堆结构，从而增加了液固界面能，有利于抑制晶体相的形核，同时也增加了组元长距离重新分布的困难，抑制了晶体的长大。

在这些理论的指导下，一系列具有较强形成能力的非晶合金体系相继被开发出来，如 Pd-Cu-Ni-P 合金系最大非晶合金直径达到 72 mm，Zr-Ti-Cu-Ni-Be 合金系也可以获得 40 mm 以上直径的非晶棒材试样。但上述理论大多是方向性的指导，在开发新的合金体系、优化现有合金成分以提高玻璃形成能力的过程中，仍需要大量而烦琐的成分计算、合金熔炼、成型以及结构的表征工作。最近，南京理工大学陈光教授课题组研究发现，通过探明合金体系中的相竞争关系，可快速、准确地指导非晶合金及其复合材料的成分设计。

3.2.1 Zr-Ti-Cu-Ni-Be 非晶合金及其复合材料成分设计

$Zr_{41.2}Ti_{13.8}Cu_{12.5}Ni_{10}Be_{22.5}$（Vit-1）合金自从被开发以来[49]，由于不含贵金属并具有超强玻璃形成能力，受到了广泛关注。以 Vit-1 合金为模型，陈光教授课题组[50-52]利用定向凝固技术系统研究了抽拉速率（冷却速率）对合金凝固组织的影响，如图 3.34 所示。在高的抽拉速率下，合金为无特征的全非晶结构，随着抽拉速率的降低，非晶基体上开始析出树叶状的共晶组织，随着抽拉速率的进一步降低，合金最终转变为全晶体的共晶组织。图 3.35（a）给出了析出共晶组织的体积分数、晶粒尺寸与抽拉速率之间的关系。可以看出，存在两个临界抽拉速率：一是全非晶形成的临界抽拉速率，即 0.59 mm/s，高于该速率时，可以获得全非晶结构；二是全晶体相结构的临界抽拉速率，即 0.10 mm/s，低于该速率时，合金将全部转变为共晶组织；而当抽拉速率介于两者之间时，则可以获得共晶组织 + 非晶基体的复合材料，其体积分数、晶粒尺寸可以通过抽拉速率来控制。另外非常值得关注的现象是，当抽拉速率低于 0.59 mm/s 时，晶体相的体积分数、尺寸与抽拉速率之间呈近似线性关系，这表明了晶体相形核以后，其进一步生长成为主导，并且生长过程受动力学控制。

图 3.34　不同抽拉速率下 Vit-1 合金的显微组织：(a) 0.83 mm/s；(b) 0.59 mm/s；(c) 0.46 mm/s；(d) 0.33 mm/s；(e) 0.21 mm/s；(f) 0.10 mm/s

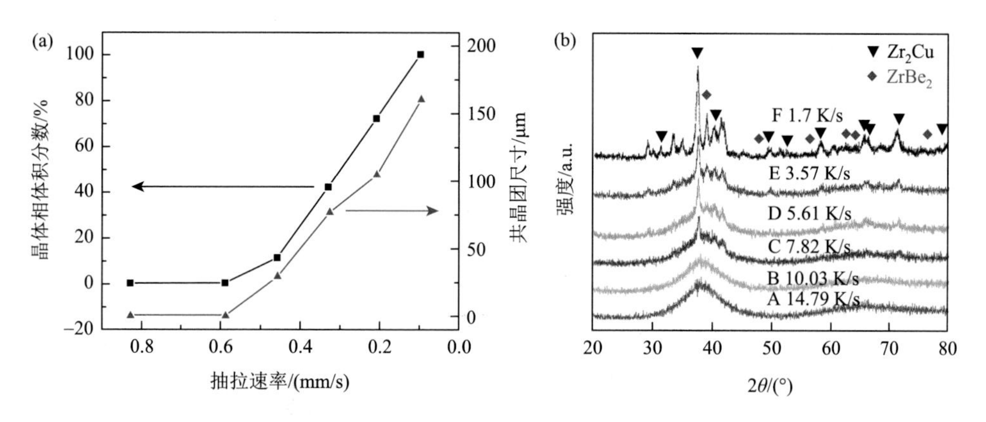

图 3.35　不同抽拉速率下 Vit-1 合金析出晶体相的体积分数和晶粒尺寸（a）及 XRD 图谱（b）

XRD 衍射分析结果[图 3.35（b）]进一步证实了上述结果。0.83 mm/s 和 0.59 mm/s 抽拉速率下的合金呈现出宽化的馒头峰，表现为漫散射非晶体结构特征。而 0.46 mm/s 抽拉速率下的合金，则开始有尖锐的晶体衍射峰出现，表明晶体相的析出。随着抽拉速率的降低，晶体衍射峰的强度逐渐增加，表明析出晶体相的体积分数也随之增大。此外，可注意到，除了衍射强度的变化外，衍射角的位置基本一致，这就表明了析出的晶体相的结构没有随抽拉速率进一步降低而发生改变。对衍射峰标定发现主要是由 Zr_2Cu 和 $ZrBe_2$ 两相组成，另外有少量未标定的其他相。对 Vit-1 合金成分做了进一步分析，由于 Zr、Ti 以及 Cu、Ni 间的结构相似性，可将 Zr-Ti-Cu-Ni-Be 合金简化为(ZrTi)-(CuNi)-Be 伪三元合金，如图 3.36（a）所示。可见 Vit-1 合金恰好分布在$(ZrTi)_2Cu$ 和 $(ZrTi)Be_2$ 的连线上，再结合上面的实验结果，可认为该合金体系主要竞争相为$(ZrTi)_2Cu$ 和$(ZrTi)Be_2$ 及两者构成的共晶组织。为了进一步证实设计并制备了$(Zr_3Ti)_{66.7-x/2}(Cu_5Ni_4)_{33.3-x/2}Be_x$（$x = 15$、18、22.5、26、28、32、36、44）合金，此后的章节中，分别命名为 Be15、Be18、Be22.5、Be26、Be28、Be32、Be36、Be44 合金。

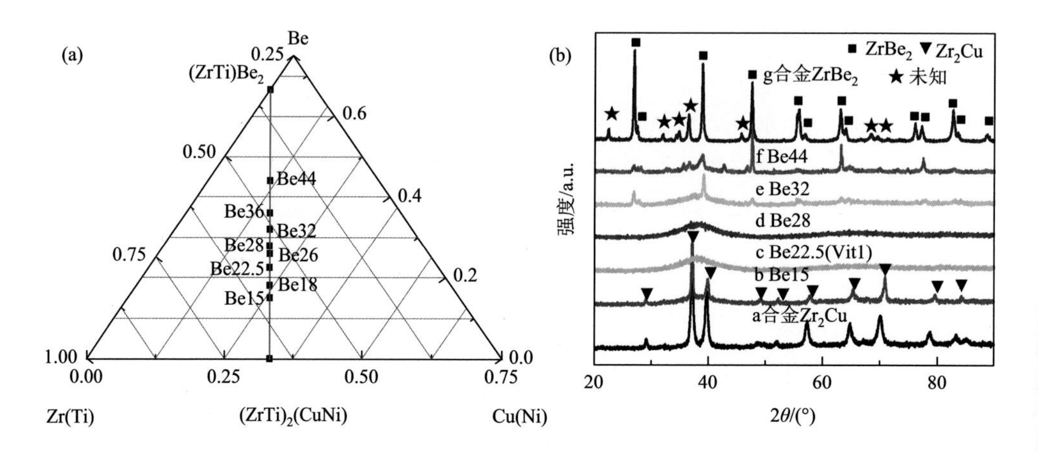

图 3.36　（a）(ZrTi)-(CuNi)-Be 伪三元合金成分设计图；（b）0.59 mm/s 抽拉速率下 $(Zr_3Ti)_{66.7-x/2}(Cu_5Ni_4)_{33.3-x/2}Be_x$、$Zr_2Cu$、$ZrBe_2$ 的 XRD 图谱

图 3.36（b）为 0.59 mm/s 抽拉速率下$(Zr_3Ti)_{66.7-x/2}(Cu_5Ni_4)_{33.3-x/2}Be_x$ 的 XRD 图谱。可以看出，Be15 合金衍射峰的位置和纯的 Zr_2Cu 合金衍射峰位置略有偏移，这是因为 Be15 合金中析出的 Zr_2Cu 相中含有 Ti、Ni 等元素，使其晶格常数略有改变。没有其他衍射峰出现，表明只析出了 Zr_2Cu 结构晶体相，其为 Zr_2Cu/BMG 复合材料。当 Be 含量增加到 22.5 和 28 时，XRD 图谱呈现出典型

的漫散射特征的馒头峰，说明其为不含晶体相的纯非晶的结构。随着 Be 含量进一步增加到 32 时，又出现了尖锐的晶体相衍射峰，对照标准的 XRD 图谱，发现所有的衍射峰位置和 $ZrBe_2$ 相完全吻合，表明该合金为 $ZrBe_2$/BMG 复合材料。当 Be 增加到 44 时，发现除了 $ZrBe_2$ 的衍射峰，又有其他的衍射峰出现，表明开始有其他的结构晶体相析出。此外，又制备了名义成分为 $ZrBe_2$ 的合金，发现 Be44 中的衍射峰都出现在 $ZrBe_2$ 合金中，这就说明 Be44 中析出的另一部分晶体相也是由 Zr、Be 组成的。可见，在相同的抽拉速率下，随着 Be 含量的增加，合金结构由 Zr_2Cu + BMG 非晶复合材料逐渐转变为 BMG 全非晶结构，随后开始转变为 $ZrBe_2$ + BMG 非晶复合材料。

微观组织观察进一步证实了上述结果，如图 3.37 所示。Be15 合金的基体上分布着体积分数大约为 48%的针状 Zr_2Cu 相，其长度约为 50 μm、宽度约为 8 μm。Be18 合金中 Zr_2Cu 相含量大幅度减少，体积分数不足 5%，其尺寸也相应减小。当 Be 含量增加到 22.5 时[图 3.34（b）]，则形成全非晶结构。Be 含量进一步增加到 26、28 时[图 3.37（c）和（d）]，合金仍为全非晶结构。这是一个值得关注的现象，在一些合金体系中，非晶的形成能力对合金成分非常敏感，1%原子配比的变化，就能造成形成能力的巨大差异，而该合金体系从 Be22.5 到 Be28 仍能形成全非晶，具有非常宽的玻璃形成区，从而降低了对合金成分的苛刻要求，这无疑将更有利于工业化生产。

当 Be 含量增加到 32 时，细条状的 $ZrBe_2$ 相开始在非晶基体上析出，其体积分数约为 25%。Be44 合金中析出的 $ZrBe_2$ 相增加到约为 58%，形状也转变为更为粗大的多边形状，即图 3.37（f）中暗色晶体相部分。此外，还有一些不规则的白色晶体相分布在非晶基体上，这和 XRD 图谱结果是一致的。上述实验结果表明，$(Zr_3Ti)_{66.7-x/2}(Cu_5Ni_4)_{33.3-x/2}Be_x$ 合金系在较宽的成分范围内可看作是由$(ZrTi)_2Cu$ 和 $(ZrTi)Be_2$ 构成的伪二元共晶。

进一步研究了$(Zr_3Ti)_{66.7-x/2}(Cu_5Ni_4)_{33.3-x/2}Be_x$ 合金不同抽拉速率下的组织演变，绘制了 L→Zr_2Cu + $ZrBe_2$ 伪二元合金成分-冷却速率-组织关系图，如图 3.38 所示。该图清楚地指明了如何通过调整合金成分和抽拉速率来控制合金的组织结构。另外值得注意的是，该图上存在着两个临界抽拉速率，即 0.59 mm/s 和 0.1 mm/s。当抽拉速率低于 0.59 mm/s 时，不同成分的合金都开始析出共晶组织；而当抽拉速率降低到 0.1 mm/s 时，合金都转变为全晶体结构。这两个临界抽拉速率表明了$(Zr_3Ti)_{66.7-x/2}(Cu_5Ni_4)_{33.3-x/2}Be_x$ 合金的伪二元特性，并且随着 Zr_2Cu 或 $ZrBe_2$ 相的先析出，剩余基体成分向最佳玻璃形成能力合金靠近，从而证明了相选择原理在多元 BMG 合金体系中仍然具有适用性，可以很好地控制先析出相的结构和体积分数，这对于 BMG 复合材料的开发具有重要的指导意义。

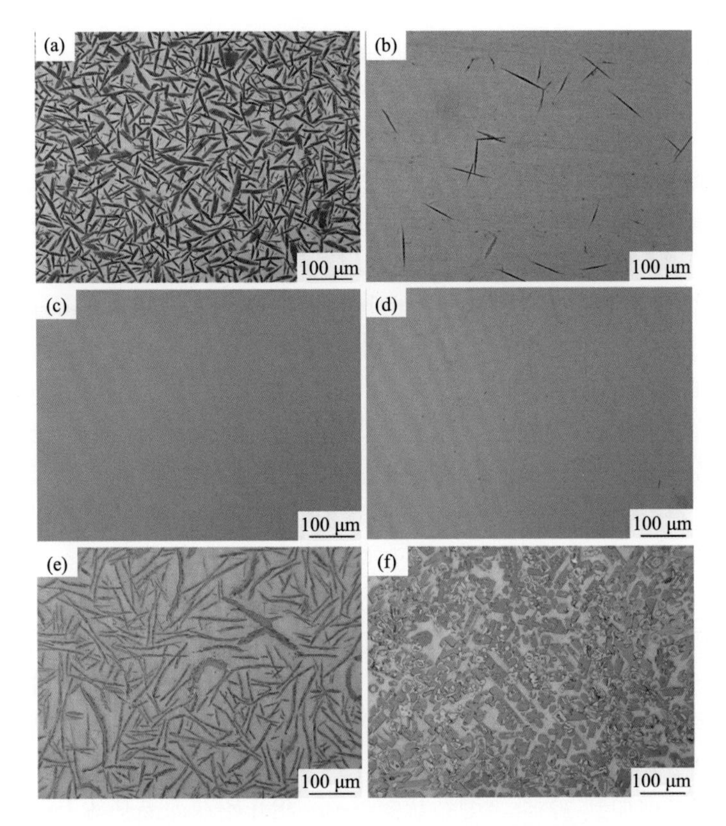

图 3.37　0.59 mm/s 抽拉速率下$(Zr_3Ti)_{66.7-x/2}(Cu_5Ni_4)_{33.3-x/2}Be_x$晶相组织：（a）$x = 15$；（b）$x = 18$；（c）$x = 26$；（d）$x = 28$；（e）$x = 32$；（f）$x = 44$

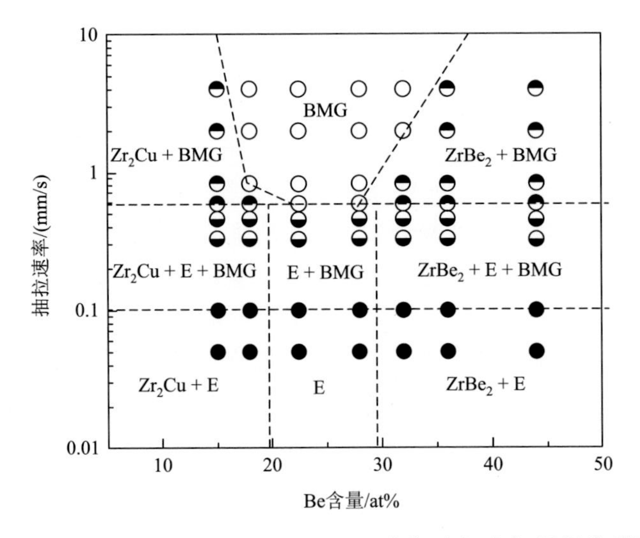

图 3.38　$(Zr_3Ti)_{66.7-x/2}(Cu_5Ni_4)_{33.3-x/2}Be_x$成分-冷却速率-组织关系图

由上述结果可知，$(Zr_3Ti)_{66.7-x/2}(Cu_5Ni_4)_{33.3-x/2}Be_x$ 合金存在 $Zr_2Cu + ZrBe_2$ 构成的共晶点。通过 Zr-Cu 和 Zr-Be 二元合金相图分析，可知在 Zr-Zr_2Cu、Zr-$ZrBe_2$ 之间存在两个共晶点，根据三元合金共晶理论［图 3.39（a）］[53, 54]，在 Zr(Ti)-$(ZrTi)_2$(CuNi)-(ZrTi)Be_2 构成的成分范围内必然存在一个三相共晶点。依据非晶形成的共晶点准则，可推测在 Zr(Ti)-$(ZrTi)_2$(CuNi)-(ZrTi)Be_2 合金中，也存在一个玻璃形成能力较强的合金成分区。因此，只要找到该区域，再将其与 Zr(Ti)、$(ZrTi)_2$(CuNi)、(ZrTi)Be_2 连接起来，根据相选择原理，在其连线上，就可以分别获得三个不同结构的晶体相/BMG 复合材料。再对已报道的 β-Zr/BMG 复合材料成分 $Zr_{56.2}Ti_{13.8}Nb_{5.0}Cu_{6.9}Ni_{5.6}Be_{12.5}$[55]和 $Zr_{60}Ti_{14.7}Nb_{5.3}Cu_{5.6}Ni_{4.4}Be_{10}$[56]合金进行分析，发现如果将其看成 Zr(Ti, Nb)-Cu(Ni)-Be 伪三元合金，它们就是图 3.39（b）中 T5$[(Zr_3Ti)_{75}(Cu_5Ni_4)_{12.5}Be_{12.5}]$、T6$[(Zr_3Ti)_{80}(Cu_5Ni_4)_{10}Be_{10}]$的位置，恰好与 Zr(Ti)在一条直线上。根据相选择原理，最佳玻璃形成能力区应该在这条直线的远离 Zr(Ti)的方向上，因此设计了合金 T4$[(Zr_3Ti)_{70}(Cu_5Ni_4)_{15}Be_{15}]$和 T1$[(Zr_3Ti)_{65}(Cu_5Ni_4)_{17.5}Be_{17.5}]$。对电弧熔炼的母合金进行组织观察发现 T4 为 BMG 复合材料，而 T1 为全非晶结构，这就表明了 T1 进入了最佳玻璃形成能力区。因此，又在 T1-Zr(Ti)Be_2 以及 T1-$Zr(Ti)_2$Cu 的连线上设计了合金 T2$[(Zr_3Ti)_{53.2}(Cu_5Ni_4)_{10.8}Be_{36}]$、T3$[(Zr_3Ti)_{65}(Cu_5Ni_4)_{22}Be_{12.5}]$，如图 3.39（b）所示。为了简便，将上述六种合金分别称为 T1、T2、T3、T4、T5、T6 合金。

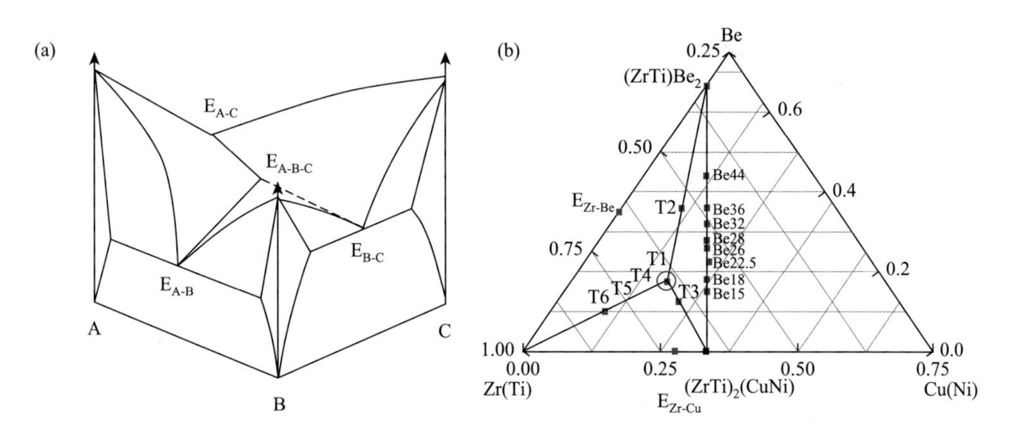

图 3.39　（a）简单三元共晶相示意图[53, 54]；（b）(ZrTi)-(CuNi)-Be 伪三元合金成分设计图

图 3.40 为利用非自耗电弧熔炼纽扣炉炼制的 T1～T6 合金的显微组织金相照片。可见，T1 合金中没有观察到晶体相的存在，呈现出无特征结构，其 XRD 图谱为典型的漫散射馒头峰［图 3.40（a）］，进一步表征了其非晶特性。从图 3.39（b）中可以看出，T1 合金成分已经远离了 Be22.5-Be28 伪二元共晶玻璃形成区，但

仍显示出极强的玻璃形成能力，这表明 T1 合金已经进入了 Zr(Ti)-$(ZrTi)_2$(CuNi)-(ZrTi)Be_2 伪三元共晶的玻璃形成区。T2 合金的显微组织如图 3.40（b）所示，在其非晶基体上均匀分布着体积分数约为 40%的晶体相，其形状和 Be44 合金中 $ZrBe_2$ 相较为相似[图 3.37（f）]。对其进行 XRD 分析（图 3.41），发现除了非晶基体的馒头峰，还存在一些尖锐的晶体衍射峰，进一步标定发现这些衍射峰的位置、强弱与 $ZrBe_2$ 晶体衍射标准卡片恰好一一对应，这表明 T2 合金为 $ZrBe_2$/BMG 复合结构。T3 合金成分位于 T1-$(ZrTi)_2$Cu 的连线上，根据相选择原理，其应为 Zr_2Cu/BMG 复合材料。图 3.40（c）为 T3 的显微组织，可见一些针状的晶体相分布在非晶基体上，这种组织结构与 Be15 合金很相似[图 3.37（a）]。XRD 分析表明，这种针状晶体为 Zr_2Cu 相，与预测完全一致。

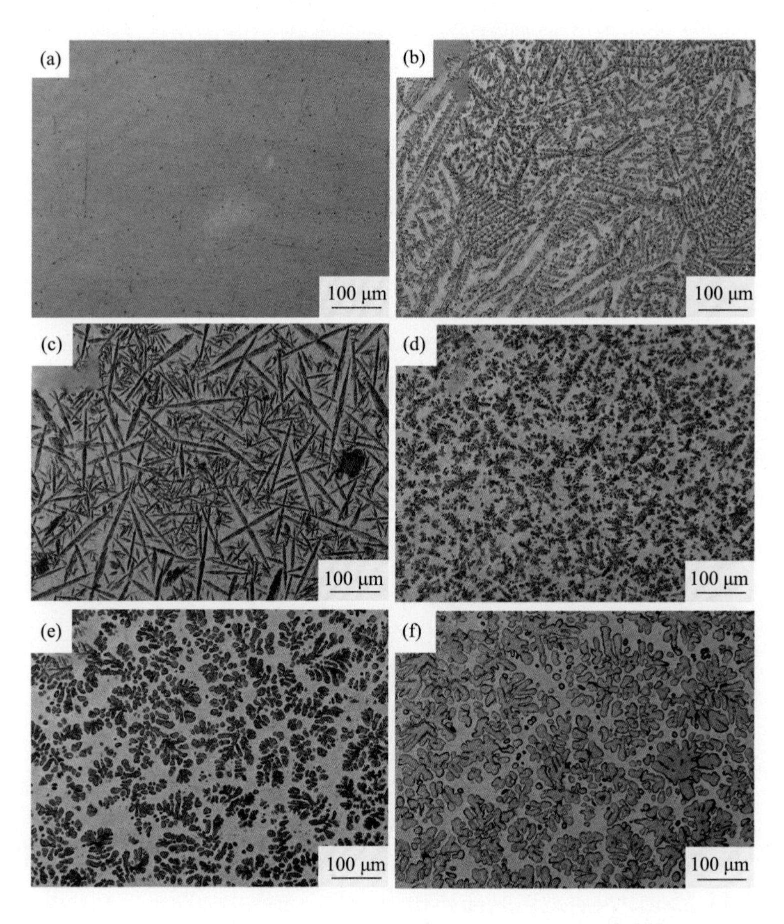

图 3.40　T1（a）、T2（b）、T3（c）、T4（d）、T5（e）、T6（f）电弧熔炼母合金锭显微组织金相照片

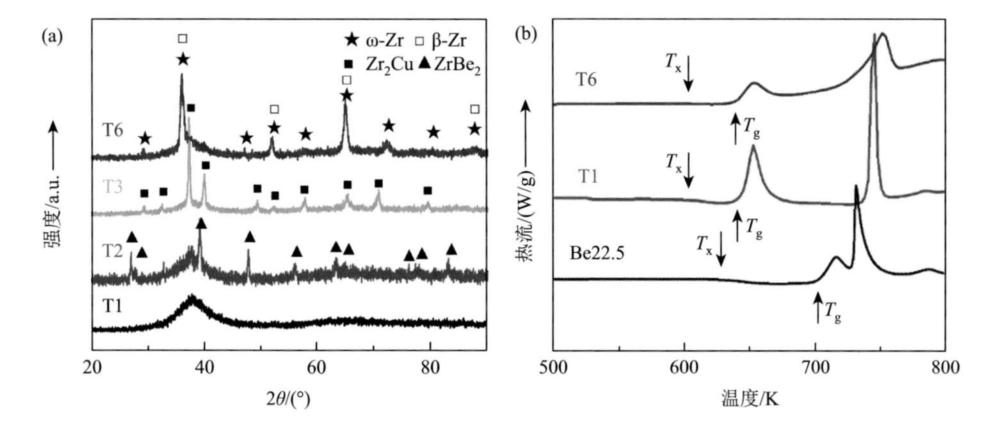

图 3.41 （a）T1、T2、T3、T6 合金的 XRD 谱图；（b）Be22.5、T1、T6 合金的 DSC 曲线

图 3.40（d）、（e）、（f）分别为 T4、T5、T6 合金的显微组织金相照片。从图中可以看出，一些树枝状的晶体相均匀分布在非晶的基体上，其形态同 Zr-Ti-Nb-Cu-Ni-Be 合金中析出的 β-Zr 极为相似[56]。但是，对 T6 合金进行 XRD 分析发现，除了 β-Zr 衍射峰外，还发现了 HCP 结构的 ω-Zr 相的衍射峰，表明这些枝晶是由 β-Zr 和 ω-Zr 两相构成的。这主要是因为 Zr-Ti-Nb-Cu-Ni-Be 合金中析出的 β-Zr 相成分约为 $Zr_{54.4}Ti_{26.6}Nb_{15.4}Cu_{2.2}Ni_{1.4}$，而 T4～T6 中这些枝晶的成分约为 $Zr_{70.1}Ti_{24.9}Cu_{3.5}Ni_{1.5}$，主要区别在于前者具有较高的 Nb 元素含量。根据 Zr-Nb 二元合金相图可知，Nb 元素可提高 β-Zr 相的稳定性，因此使 Zr-Ti-Nb-Cu-Ni-Be 合金中的 β-Zr 相保留至室温，而 T4～T6 的这些枝晶中 β-Zr 相稳定性较差，在冷却过程中分解形成了 ω-Zr 相。此外，从图 3.40 中还可以看出，随着 Zr 含量的增加，枝晶相的体积分数和晶粒尺寸显著增加。T4 合金中的枝晶体积分数约为 36%，T5 合金增加到 45%，T6 合金则达到了 56%。这表明相选择还可以有效地控制先析出相的体积分数。

图 3.41（b）为 Be22.5、T1、T6 电弧熔炼母合金锭 DSC 曲线。可见，T6 合金的非晶基体和 T1 全非晶的玻璃化转变和晶化行为十分相似，其 T_g、T_x、T_{p1} 和 T_{p2} 等特征温度几乎一致，而与 Be22.5 合金有显著的差异。这表明随着富 Zr 枝晶相的析出，T6 合金的玻璃基体成分向 T1 合金靠近。从而进一步证实了 T1 合金位于 Zr(Ti)-$(ZrTi)_2(CuNi)$-$(ZrTi)Be_2$ 伪三元合金中最佳玻璃形成能力区。

综上所述，运用相选择原理进行合理的成分设计，不仅可以获得具有最佳玻璃形成能力的合金，还能获得$(ZrTi)Be_2$/BMG、$(ZrTi)_2(CuNi)$/BMG 及(ZrTi)/BMG 结构的 BMG 复合材料，并且可以控制先析出相的体积分数。这表明在复杂的五元合金中，相选择原理依然具有很好的适用性，能够有效地指导 BMG 及其复合材料的成分设计，优化 BMG 复合材料的组织结构。

3.2.2 氧元素对 Zr-BMG 合金中的相竞争及非晶形成能力的影响

迄今为止，多数的研究结果表明氧元素等对 BMG 形成能力和力学性能存在不利的影响，普遍认为氧元素会促进氧化物的形成，而高熔点的氧化物成为异质形核核心促进晶体相的形核和生长，从而降低了 BMG 合金的形成能力，并使 BMG 脆化。Lin 等[57]通过在合金中加入 ZrO_2，制备了不同氧含量的 $Zr_{52.5}Ti_5Cu_{19.7}Ni_{4.6}Al_{10}$，发现随着氧含量的增加，TTT 曲线明显向左上方移动，鼻尖温度提高，孕育时间缩短，熔体结晶倾向大大提高，形成非晶的临界冷却速率显著增加，玻璃形成能力迅速下降。因此，研究人员通常采用高纯原材料在高真空或高纯惰性气体保护条件下制备 BMG，从而使 BMG 合金的生产成本极其高昂，严重阻碍了其大规模的工业化生产和工程化应用。南京理工大学陈光教授课题组[52, 58, 59]从相选择的角度出发，系统研究氧元素对 Zr-BMG 合金中的相竞争及非晶形成能力的影响。他们首先研究了氧元素对简单 Zr-Cu 二元合金系中相竞争的影响。图 3.42 为不同氧含量电弧熔炼的 $Zr_{50}Cu_{50}$ 母合金金相组织及 XRD 图谱。可见，不加氧的合金基本为单相结构，没有观察到其他组织，XRD 分析也证实其为单斜结构的 ZrCu 相。但氧含量增加到 2000 ppm 时，在 ZrCu 基体上析出了一些针状或条状的晶体相，如图 3.42（b）中红色箭头所指，XRD 分析该晶体相的结构和 Zr_4Ni_2O 相似，是一种未知的富氧铜锆金属间化合物相。当氧含量进一步增加到 10000 ppm，基体 ZrCu 相转变为 ZrCu + $Cu_{10}Zr_7$ 二元共晶组织，而且 Zr_4Ni_2O 型结构的晶体相体积分数和尺寸都有所增加。值得注意的是，在 Zr_4Ni_2O 结构的晶体相上开始析出部分树枝状组织，由于体积分数较少，其结构未能进行表征。这一结果表明，ZrCu 相中氧的固溶度很低，过量的氧元素促进了富氧 Zr_4Ni_2O 型结构的晶体相析出。

图 3.43 为不同氧含量电弧熔炼的 $Zr_{60}Cu_{40}$ 母合金金相组织图片。从中可以看出，不加氧和 10000 ppm 的合金都呈现出典型的过共晶组织，然而先析出相的形态却完全不同。不加氧的合金析出的为棒状的 Zr_2Cu 相，而添加 10000 ppm 氧含量后，这种棒状的 Zr_2Cu 相基本消失了，被一些枝晶形态的晶体相所替代。图 3.44 为不同氧含量电弧熔炼的 $Zr_{66.67}Cu_{33.33}$ 母合金金相组织及 XRD 图谱。可见，不加氧的合金为单相的 Zr_2Cu 结构，而加入 10000 ppm 氧含量的合金则呈现出多相共存的微观组织，XRD 分析表明主要是由 Zr_2Cu、ZrCu 和 α-Zr 三种结构组成。这些结果表明，Zr_2Cu 相中氧的固溶度也很低，溶解的氧元素相当有限，过量的氧元素促进了可以大量固溶氧元素的 α-Zr 相的形成。

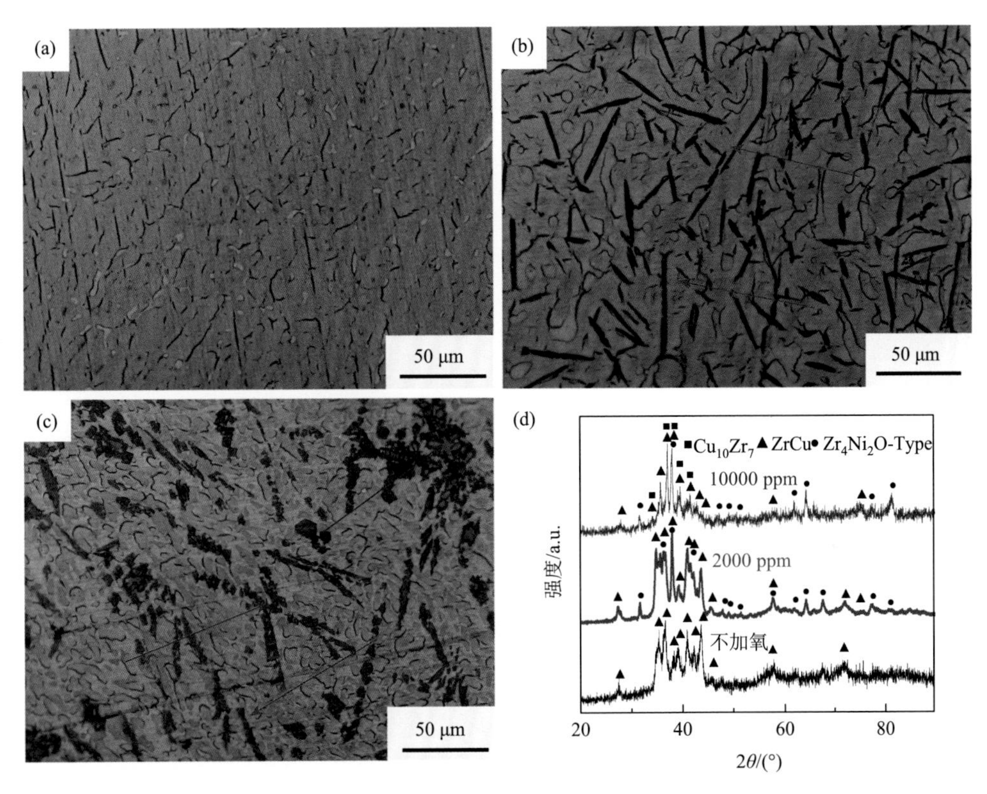

图 3.42　不同氧含量的 $Zr_{50}Cu_{50}$ 合金的金相组织及 XRD 图谱：（a）不加氧；（b）2000 ppm；（c）10000 ppm；（d）XRD 图谱

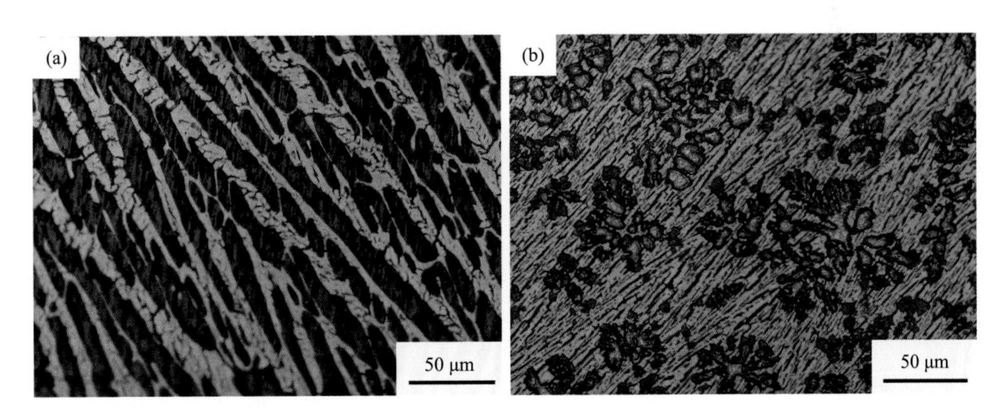

图 3.43　不同氧含量的 $Zr_{60}Cu_{40}$ 合金的金相组织：（a）不加氧；（b）10000 ppm

值得注意的是，尽管加入了 10000 ppm 的氧含量，原子分数超过了 4.5%，然而所有 Zr-Cu 合金中都没有观察到典型的如 ZrO_2、CuO 等氧化物，这与 Chen 等[60]观察结果是一致的。他们对 $Zr_{65}Cu_{15}Al_{10}Pd_{10}$ 非晶薄带进行退火处理，发现氧

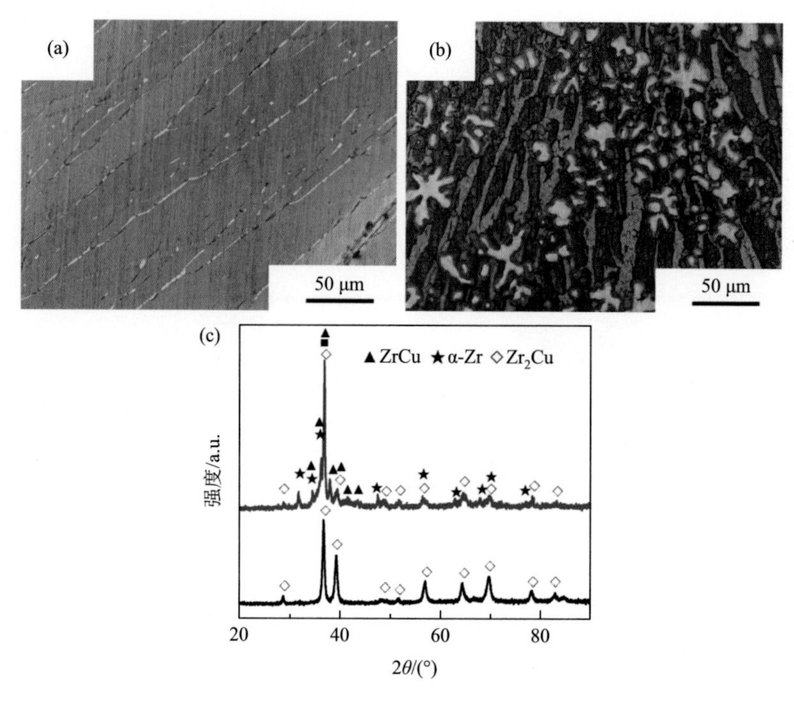

图 3.44 不同氧含量电弧熔炼的 $Zr_{66.67}Cu_{33.33}$ 母合金金相组织及 XRD 图谱：（a）不加氧；（b）10000 ppm；（c）XRD 图谱

元素会偏聚形成一些富氧的纳米晶。同样，Murty 等[61]在 Zr-Cu-O 和 Zr-Cu-Al-O 合金中也发现，对金属玻璃进行退火后，氧元素会偏聚在富 Zr 的纳米晶中。在二元相图中可以发现，氧元素在单相 Cu、Ni 中的固溶度非常小，容易形成氧化物；而氧元素在 α-Zr、α-Ti 相中的固溶度原子分数超过了 30%，质量分数超过了 7%即 70000 ppm，在 β-Zr、β-Ti 中也有着较大的固溶度。此外，O 和 Zr、Ti 元素的亲和力远超过 O 和 Cu、Ni、Be 等元素。例如，ZrO_2、TiO_2 的生成焓分别为−1088 kJ/mol、−921 kJ/mol，而 CuO、NiO、BeO 的生成焓只有−155.2 kJ/mol、−244.3 kJ/mol、−609.4 kJ/mol。因此，氧元素更倾向于与 Zr、Ti 结合，固溶于富 Zr 的晶体相中，而不形成氧化物。

基于上述实验结果，陈光教授课题组进一步研究了氧元素对 Zr-Ti-Cu-Ni-Be 多元复杂合金体系的相竞争及非晶形成能力的影响。图 3.45 为不同氧含量 $Zr_{41.2}Ti_{13.8}Cu_{12.5}Ni_{10}Be_{22.5}$ 合金的金相组织。可见，不加氧的合金呈现出典型的无特征的非晶结构，而添加 2000 ppm（质量分数，以下的章节中未特殊指明的，都为质量分数）氧的合金则在 BMG 基体上析出了部分针状相，其体积分数约为 9%，长度方向平均尺寸约为 29 μm，宽约为 5 μm。当添加的氧含量增加到 10000 ppm 时，这种针状相的体积分数增加到了 18%，尺寸也明显增加，长度方向平均尺寸约为 80 μm，宽约为 14 μm，而基体仍为非晶结构。此外，值得注意的是，图 3.45 中除了这种针状相，并没有发现其他晶体相和未熔氧化物颗粒，这就表明了添加的 ZrO_2 与其他元素很好地完全熔化在一起，没有形成氧化物夹杂。XRD 分析结果[图 3.45（d）]也表明，不加氧合金是典型的非晶漫散射馒头峰，而 2000 ppm 合金在馒头峰上有一些晶体衍射峰出现，随着氧含量增加到 10000 ppm，衍射峰的位置基本不变，但强度随之增加，反映出了晶体相的结构和 2000 ppm 合金相同，只是体积分数有所提高。根据衍射峰的位置和强度对晶体相进一步标定，发现其为正交的 Zr_3NiO 型结构。

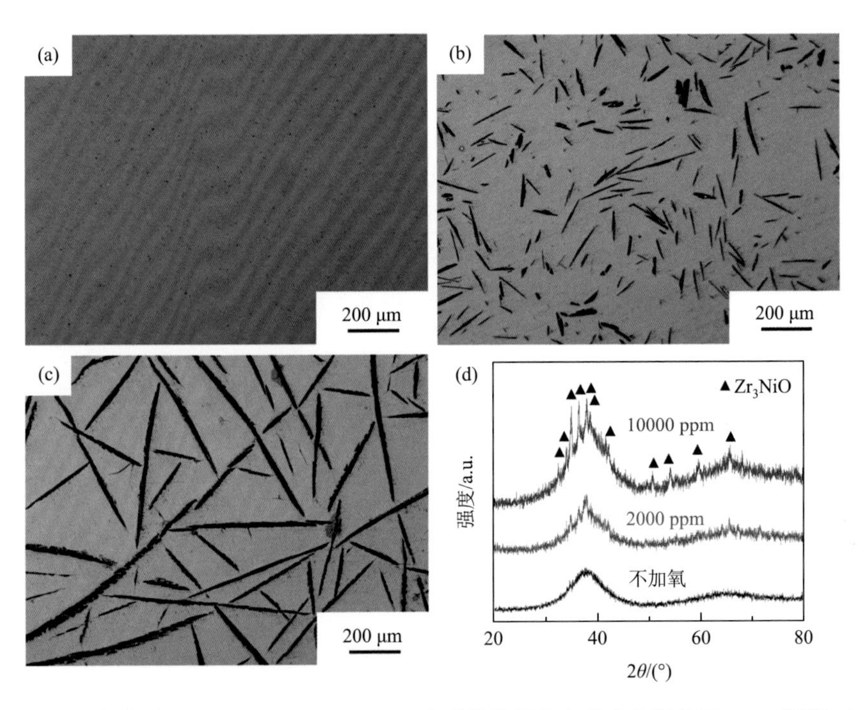

图 3.45　不同氧含量 $Zr_{41.2}Ti_{13.8}Cu_{12.5}Ni_{10}Be_{22.5}$ 电弧熔炼母合金的金相组织及 XRD 图谱：（a）不加氧；（b）2000 ppm；（c）10000 ppm；（d）XRD 图谱

利用电子探针显微分析（EPMA）技术，分别对不含氧和 2000 ppm 氧含量的 $Zr_{41.2}Ti_{13.8}Cu_{12.5}Ni_{10}Be_{22.5}$ 合金进行了成分分析，如表 3.1 所示。可见，不加氧的合金和 2000 ppm 合金玻璃基体中，氧含量较低，超出了 EPMA 的检测范围，而 2000 ppm 合金中晶体相的氧含量质量分数却达到了 2.15%。这表明氧在 $Zr_{41.2}Ti_{13.8}Cu_{12.5}Ni_{10}Be_{22.5}$ 块体玻璃中溶解度相当小，氧主要以 Zr_3NiO 型晶体相析出，剩余的熔体成分接近不加氧的合金，从而具有很强的玻璃形成能力，最终形成玻璃复合材料。

表 3.1　不同氧含量 $Zr_{41.2}Ti_{13.8}Cu_{12.5}Ni_{10}Be_{22.5}$ 合金 EPMA 成分分析

氧含量	相结构	O 质量分数/%
不加氧	BMG	—
2000 ppm	BMG 基体	—
	晶体相	2.15

一些轻元素（O、C、N）在具有 d 电子金属（如 Zr、Ti、Cu、Ni、Fe 等）合金中，固溶于原子间隙中，会促使一些非平衡相稳定形成[62]。Zr_3M（M = Fe、Co、Cu、Ni）相是 Re_3B 型正交结构，不存在于相应的二元合金中，但合金中氧含量多到超过一定界限时，则可以形成稳定的 Zr_3MO_x 具有化学计量比的金属间化合物，从而溶解大量的氧元素，而不会形成氧化物。图 3.46 是根据 Zr_3NiO 的 Wyckoff 占位绘制的结构图，从图中可以看出，O 原子都固溶于由 Zr 原子构成的八面体间隙中。因此，尽管在 $Zr_{41.2}Ti_{13.8}Cu_{12.5}Ni_{10}Be_{22.5}$ 合金中加入 10000 ppm 氧元素（原子分数为 $Zr_{39.7}Ti_{13.3}Cu_{12.04}Ni_{9.64}Be_{21.7}O_{3.62}$），但并没有形成氧化物，而是促进了 Zr_3NiO 型结构晶体相的形成，随着 Zr_3NiO 型结构晶体相的析出，剩余熔体具有很强的玻璃形成能力，从而形成了非晶复合材料。

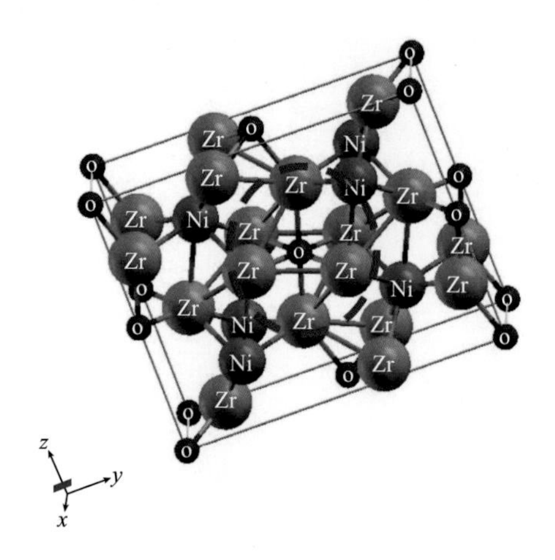

图 3.46　Zr_3NiO 晶体结构

图 3.47 为不同氧含量 $Zr_{41.2}Ti_{13.8}Cu_{12.5}Ni_{10}Be_{22.5}$ 电弧熔炼母合金的 DSC 曲线，表 3.2 给出了其热力学参数特征值。从中可以看出，不同氧含量的合金具有相似的玻璃化转变和晶化行为，这不仅证明了合金基体的非晶特性，还表明 Zr_3NiO 型结构晶体相析出后，2000 ppm 和 10000 ppm 合金的玻璃基体同不加氧的原始合金成分相近，进一步证明了氧基本都固溶于 Zr_3NiO 型结构晶体相中，非晶基体中含氧量很低。而不同氧含量 $Zr_{41.2}Ti_{13.8}Cu_{12.5}Ni_{10}Be_{22.5}$ 合金的熔化 DSC 曲线

有着较大的不同。随着氧含量的增加，熔点 T_m 基本保持不变，但液相线 T_l 则有一定的增加，而 955 K 附近的熔化第一吸热峰更是显著降低。这表明了合金中共晶反应减弱了，即氧含量的增加使合金越来越偏离共晶成分，这可能是 Zr_3NiO 型结构晶体相形成的一个重要原因。

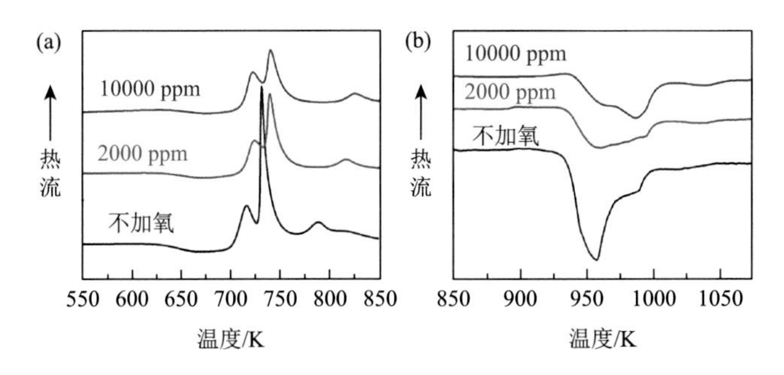

图 3.47　不同氧含量 $Zr_{41.2}Ti_{13.8}Cu_{12.5}Ni_{10}Be_{22.5}$ 电弧熔炼母合金的 DSC 曲线：（a）晶化；（b）熔化

表 3.2　不同氧含量 $Zr_{41.2}Ti_{13.8}Cu_{12.5}Ni_{10}Be_{22.5}$ 电弧熔炼母合金的热力学参数

氧含量	T_g/K	T_x/K	T_m/K	T_l/K	ΔH_x
不加氧	627	702	935	995	114
2000 ppm	632	712	934	1004	75
10000 ppm	635	712	936	1009	65

图 3.48 为不同抽拉速率下的 2000 ppm 氧含量 $Zr_{41.2}Ti_{13.8}Cu_{12.5}Ni_{10}Be_{22.5}$ 合金的金相组织。从 3.48（a）中可以看出，即使在快淬条件下，仍然有部分尺寸较小的 Zr_3NiO 型结构晶体相沉淀在玻璃基体上。0.59 mm/s 抽拉试样中，Zr_3NiO 型结构晶体相的体积分数、尺寸有所增加，但依然没有观察到其他结构的晶体相，如图 3.48（b）所示。当抽拉速率降低到 0.46 mm/s 和 0.33 mm/s 时，除了 Zr_3NiO 结构晶体相外，还发现有部分共晶组织开始从玻璃基体上析出，如图 3.48（c）上红色箭头所示。这些共晶组织形态同不含氧的 $Zr_{41.2}Ti_{13.8}Cu_{12.5}Ni_{10}Be_{22.5}$ 合金中析出的极为相似（图 3.34）。此外，还可以清楚地观察到，这些共晶组织是在非晶基体中独立的形核和长大，并没有以先析出的 Zr_3NiO 型结构晶体相为异质形核核心。而当抽拉速率为 0.1 mm/s 时，合金则转变为全晶体相组织，Zr_3NiO 结构晶体相分布在共晶组织的基体上[图 3.48（e）中蓝色箭头所示]，同样可以看出共晶组织并没有以 Zr_3NiO 型结构晶体相为异质形核核心进行形核和长大。并且与不加氧的 $Zr_{41.2}Ti_{13.8}Cu_{12.5}Ni_{10}Be_{22.5}$ 合金一样，2000 ppm 氧含量合金也存在两个临界抽拉速率，即 0.59 mm/s、0.1 mm/s。低于 0.59 mm/s 时，玻璃基体开始析出共晶组织，

而 0.1 mm/s 时，玻璃基体完全转变为共晶组织。这进一步表明在 2000 ppm 氧含量合金熔体冷却过程中，析出针状 Zr_3NiO 型结构晶体相不会促进共晶组织形核，而是大幅度降低了剩余熔体中的含氧量，使其仍具有极强的玻璃形成能力。图 3.48（f）是 2000 ppm 氧含量 $Zr_{41.2}Ti_{13.8}Cu_{12.5}Ni_{10}Be_{22.5}$ 合金不同抽拉速率下的 DSC 曲线，可见不同抽拉速率下的合金 T_g 基本保持不变，T_x 随着抽拉速率的下降略有降低，这些都表明不同抽拉速率下的非晶基体成分相近。合金的抽拉速率从快淬降低到 0.59 mm/s，晶化焓（ΔH_x）仅仅略有降低，而抽拉速率进一步降低到 0.46 mm/s 及以下时，ΔH_x 则迅速下降。这是因为从快淬到 0.59 mm/s，只析出 Zr_3NiO 型结构晶体相，并且其体积分数仅略有增加，即玻璃基体体积分数下降不多，表现为 ΔH_x 仅仅略有降低；而当抽拉速率低于 0.59 mm/s 时，共晶组织开始形核和长大，并随着抽拉速率的下降，其体积分数增加迅速，使玻璃基体的含量不断降低，从而使 ΔH_x 迅速下降。

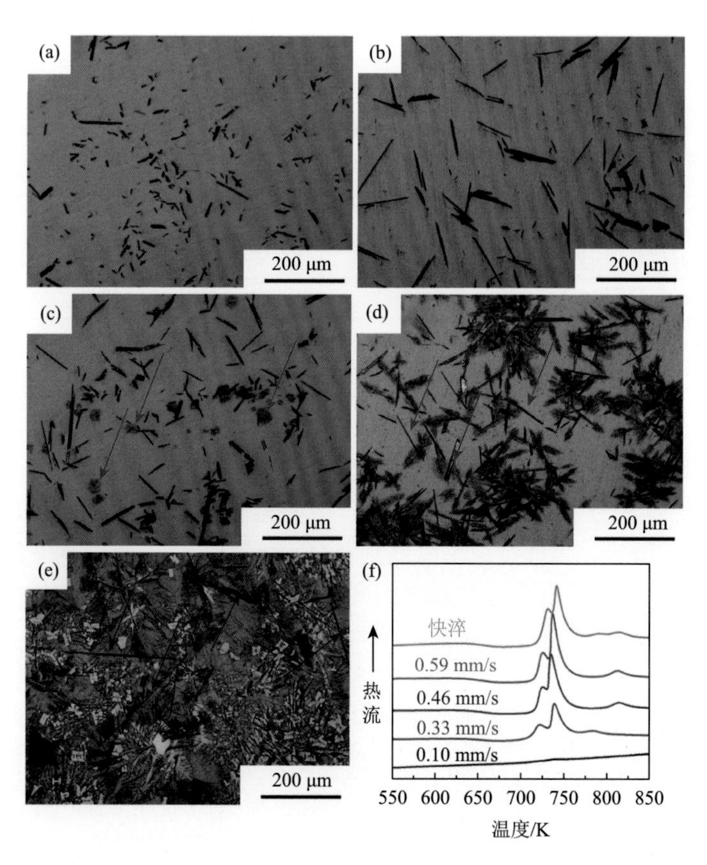

图 3.48 2000 ppm 氧含量 $Zr_{41.2}Ti_{13.8}Cu_{12.5}Ni_{10}Be_{22.5}$ 合金不同抽拉速率下的金相组织及 DSC 图谱：（a）快淬；（b）0.59 mm/s；（c）0.46 mm/s；（d）0.33 mm/s；（e）0.10 mm/s；（f）DSC 图谱

根据上述的研究结果，可知氧元素仅作为微量合金元素，改变了 $Zr_{41.2}Ti_{13.8}Cu_{12.5}Ni_{10}Be_{22.5}$ 合金中相的选择和竞争生长，从而促进了 Zr_3NiO 型结构晶体相的形成，并没有形成高熔点氧化物引起异质形核。那么，在含氧的 ZrTiCuNiBe 合金体系中是否可以通过成分调整，抑制 Zr_3NiO 结构初晶相的析出，获得高氧含量的全非晶结构呢？图 3.49 为 Zr(Ti)-Cu(Ni)-Be 的伪三元合金成分设计图。将 $(ZrTi)_3(CuNi)$成分和 $Zr_{41.2}Ti_{13.8}Cu_{12.5}Ni_{10}Be_{22.5}$ 成分用直线连接起来，根据相选择原理可知，要想抑制 Zr_3NiO 型结构晶体相的析出，合金成分应该沿着直线上远离$(ZrTi)_3(CuNi)$的方向。因此，本节设计了 $Zr_{39}Ti_{13}Cu_{12.2}Ni_{9.8}Be_{26}$ 和 $Zr_{34.9}Ti_{11.6}Cu_{11.9}Ni_{9.6}Be_{32}$ 两个合金成分，并观察了 2000 ppm 氧含量电弧熔炼母合金的组织演变。

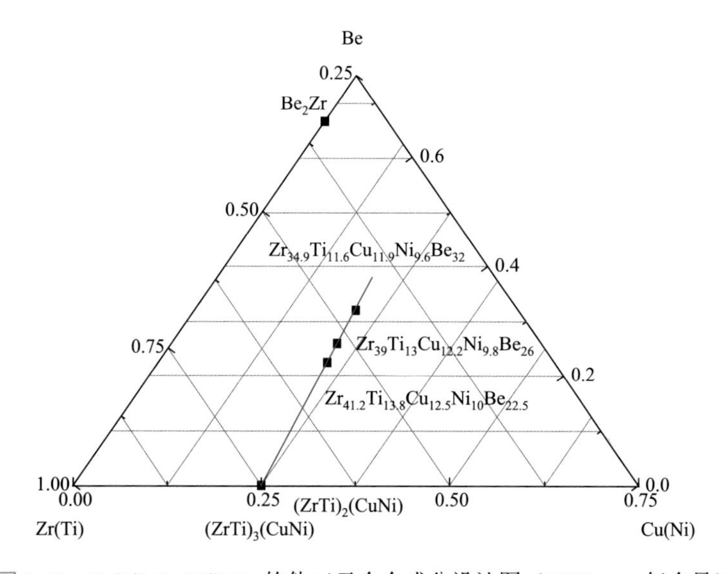

图 3.49　Zr(Ti)-Cu(Ni)-Be 的伪三元合金成分设计图（2000 ppm 氧含量）

图 3.50 是 2000 ppm 氧含量不同成分电弧熔炼母合金金相组织及 XRD 图谱。可见，当合金成分调整到 $Zr_{39}Ti_{13}Cu_{12.2}Ni_{9.8}Be_{26}$ 时，析出的针状 Zr_3NiO 型结构晶体相有所减少，但析出了另一种多边形状晶体相，如图 3.50（b）中红色箭头所示。值得注意的是，这两相是独自形核、生长的，并不是以共晶组织的形式形核长大的。当合金成分继续远离$(ZrTi)_3(CuNi)$，针状的 Zr_3NiO 型结构晶体相消失了，而多边形状的晶体相体积分数增加到约为 15%，尺寸也有所增大，约为 10 μm。从图 3.51 中可以看出，两种晶体相具有完全不同的衍射特征，表征着两种晶体相具有不同的晶体结构，但是未能找到与白色多边形相具有相同衍射特征的 XRD 标准卡片。氧元素的添加，会促进一些非平衡相的形成[66]，因此可推测这种白色多边形相可能是一种亚稳相。

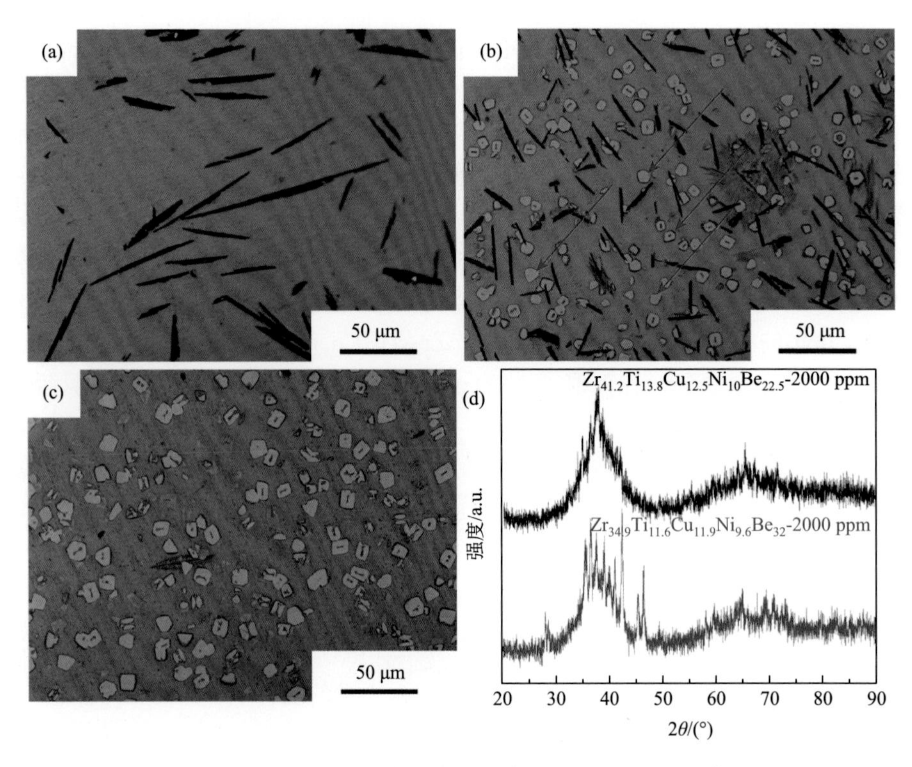

图 3.50 2000 ppm 氧含量不同成分电弧熔炼母合金金相组织及 XRD 图谱：(a) $Zr_{41.2}Ti_{13.8}Cu_{12.5}Ni_{10}Be_{22.5}$；(b) $Zr_{39}Ti_{13}Cu_{12.2}Ni_{9.8}Be_{26}$；(c) $Zr_{34.9}Ti_{11.6}Cu_{11.9}Ni_{9.6}Be_{32}$；(d) XRD 图谱

陈光教授课题组还进一步研究了氧元素对 $Zr(Ti)$-$(ZrTi)_2(CuNi)$-$(ZrTi)Be_2$ 伪三元共晶合金体系中的相竞争的影响。图 3.51 为不同氧含量的 $Zr_{48.7}Ti_{16.3}Cu_{9.7}Ni_{7.8}Be_{17.5}$ 合金的金相组织图，可见原始未添加氧元素的合金表现出全非晶的特征[图 3.51（a）]，随着氧元素的添加，非晶基体上开始析出晶体相，且随着氧含量的增加，晶体相的体积分数和尺寸也有所增加。XRD 分析[图 3.52（a）]表明

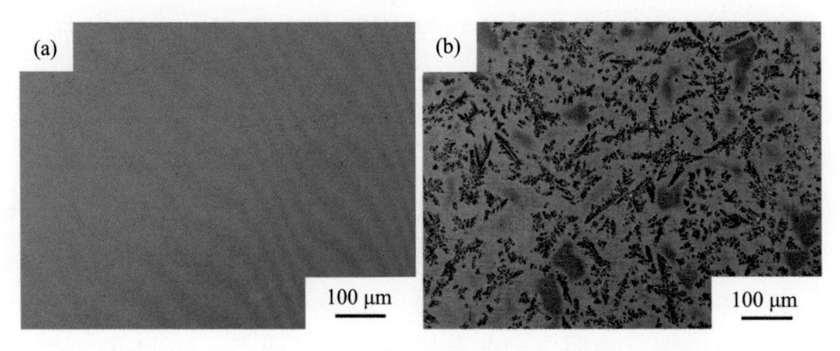

图 3.51 不同氧含量 $Zr_{48.7}Ti_{16.3}Cu_{9.7}Ni_{7.8}Be_{17.5}$ 电弧熔炼母合金的金相组织图：(a) 不加氧；(b) 10000 ppm

析出的晶体相为 α-Zr 结构。DSC 分析[图 3.52（b）]表明，两种合金都具有明显的玻璃化转变和晶化行为，相较不加氧的合金，10000 ppm 氧含量合金的 T_g、T_x 略有增加，但仍表现出相似的晶化特征，这表明随着 α-Zr 的析出，10000 ppm 氧含量合金的玻璃基体成分与不加氧的合金成分相近。

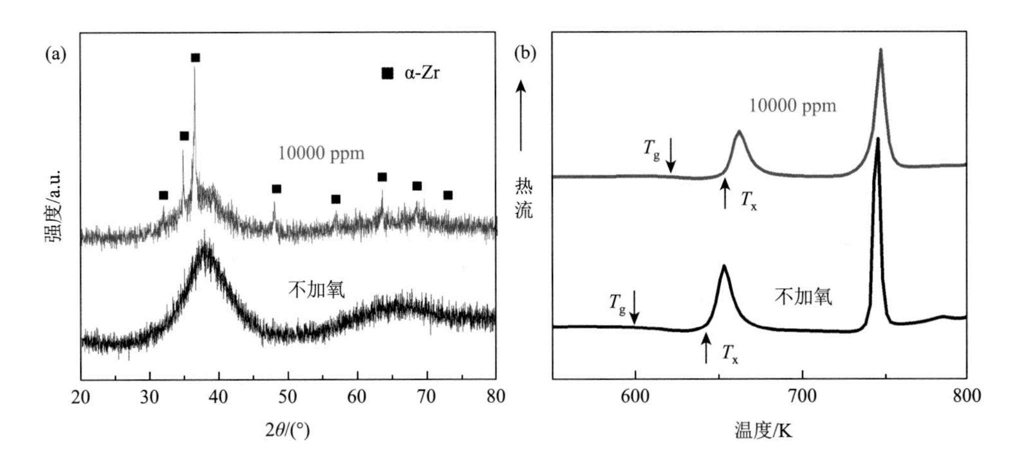

图 3.52　不加氧和 10000 ppm 氧含量 $Zr_{48.7}Ti_{16.3}Cu_{9.7}Ni_{7.8}Be_{17.5}$ 电弧熔炼母合金的 XRD 图（a）和 DSC 图（b）

上述研究结果表明，在 Zr-Ti-Cu-Ni-Be 合金体系中，无论是$(ZrTi)_2(CuNi)$-$(ZrTi)Be_2$ 伪二元还是 Zr(Ti)-$(ZrTi)_2(CuNi)$-$(ZrTi)Be_2$ 伪三元合金，氧元素的添加都不会生成氧化物，也难固溶于玻璃基体中，而是析出与氧具有较大亲和力及固溶度的晶体相。例如在 $Zr_{41.2}Ti_{13.8}Cu_{12.5}Ni_{10}Be_{22.5}$ 合金中析出 Zr_3NiO 型结构晶体相，在 $Zr_{48.7}Ti_{16.3}Cu_{9.7}Ni_{7.8}Be_{17.5}$ 合金中析出 α-Zr 固溶体相，并且随着富氧晶体相的析出，剩余合金熔体仍保持低氧含量，具有强的玻璃形成能力，可获得非晶复合材料。这一发现为消除氧元素的不利影响提供了新思路，即设计和开发非晶复合材料。

3.3　非晶复合材料微观结构调控及力学行为

众所周知，由于缺乏位错、孪生等加工硬化机制，非晶合金塑性变形主要是通过高度局域化的剪切滑移进行的，集中于数量有限、初始厚度仅有几十纳米的剪切带中，且由于局域黏度急剧下降，呈现出剪切软化特征和灾难性的脆性断裂。这种室温脆性与应变软化现象被形象地喻为非晶合金的“阿喀琉斯之踵”。因此，如何实现韧塑化，是非晶合金获得广泛应用所面临的重要挑战。非晶合金韧化的核心是阻碍其高度局域化的剪切行为，研究者首先想到开发 BMG 复合材料，在 BMG 基体中引入第二相，以阻碍单个剪切带的扩展。根据第二相的产生方式不同，块体金属玻璃基复合材料（BMGC）可以分为外加复合和内生复合两种。BMG 外加复合材料是在熔体浇注之前向其中加入颗粒或者纤维状第二相来实现的。由于界面结合问题难以解决，BMG 外加复合材料虽然具有良好的压缩塑性，但在室温拉伸条件下仍然呈脆性断裂。

内生法即原位自生，是通过设计使 BMG 偏离最佳非晶形成能力的合金成分点而得到复合材料；或通过控制冷速、铸造冷凝过程，在非晶基体原位析出具有一定尺寸、形貌和成分范围的塑性相，如纳米晶、准晶、树枝晶和马氏体相等。BMG 内生增强相在基体内部原位生成长大，可有效解决增强相与基体的润湿性问题，降低增强相与基体的界面能。与外加复合相比，内生复合有更强的结合界面，增强相分布更均匀，力学性能更优异。根据内生相的性质又可分为内生塑性第二相和高硬度第二相复合材料。

3.3.1 内生塑性第二相非晶复合材料

1. 熔体冷却条件调控技术

2000 年，加州理工学院 Johnson 课题组[55]在 Zr-BMG 中通过成分设计，使合金熔体在冷却过程中直接析出微米尺度塑性第二相，成功制备出了 β-Zr/Zr-BMG 复合材料，显著提高了非晶合金的室温塑性。2005 年，南京理工大学陈光教授课题组[63, 64]率先发现了第二相的形态和尺度效应。他们利用铜模铸造和水淬法分别制备了成分为 $Zr_{56.2}Ti_{13.8}Nb_{5.0}Cu_{6.9}Ni_{5.6}Be_{12.5}$ 的 50 mm×50 mm×3 mm 板状试样 M 和直径 Φ13.5 mm 的棒状试样 W。水淬法的冷却速率要比铜模铸造低得多，从它们的显微组织可以看出（图 3.53），随着冷却速率的降低，β-Zr 由细小的雪花状转变为发达的树枝状，一次树枝轴长度和二次枝间距都显著增加。室温单轴压缩时，铜模铸造制备试样 M 的断裂塑性应变仅为 7.0%，而水淬法制备试样 W 断裂塑性

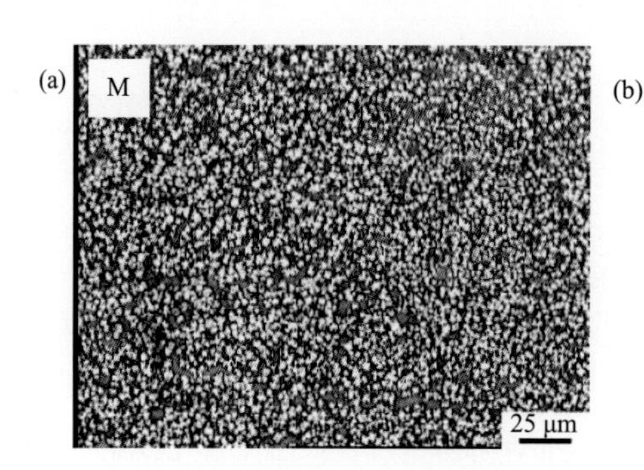

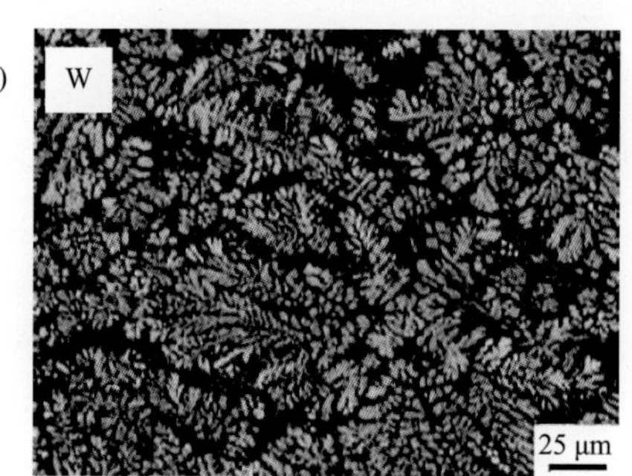

图 3.53 复合材料 M（a）和 W（b）的光学显微组织

应变达到了10.2%，这主要是因为多而粗大的β相树枝晶，更加有利于阻碍剪切带的扩展，从而提高了复合材料的塑性应变。随后，他们还进一步利用定向凝固的方法在不同的抽拉速率下制备了$Mg_{70}Cu_{8.33}Ni_{8.33}Gd_{8.34}Zn_5$内生BMG复合材料，系统研究了内生相尺度、体积分数等微观组织对力学性能的影响[65-67]。

图3.54为$Mg_{70}Cu_{8.33}Ni_{8.33}Gd_{8.34}Zn_5$合金不同抽拉速率下的显微组织金相照片。当抽拉速率为6 mm/s时[图3.54（a）]，组织中没有可以辨别的晶体相存在，XRD衍射花样为典型的“馒头峰”而无明显的晶体衍射峰，表明其为单一的非晶结构。抽拉速率低于6 mm/s时，逐渐有针状的第二相从金属玻璃基体中析出，并且随着抽拉速率降低，析出针状相的尺寸和体积分数都逐渐增加并均匀分布在玻璃基体中，如图3.54（b）～（d）所示。XRD实验结果分析显示该针状组织为α-Mg固溶体相，能量色散X射线（EDX）分析显示其成分约为$Mg_{83.99}Cu_{3.93}Ni_{4.32}Gd_{5.16}Zn_{2.6}$。当抽拉

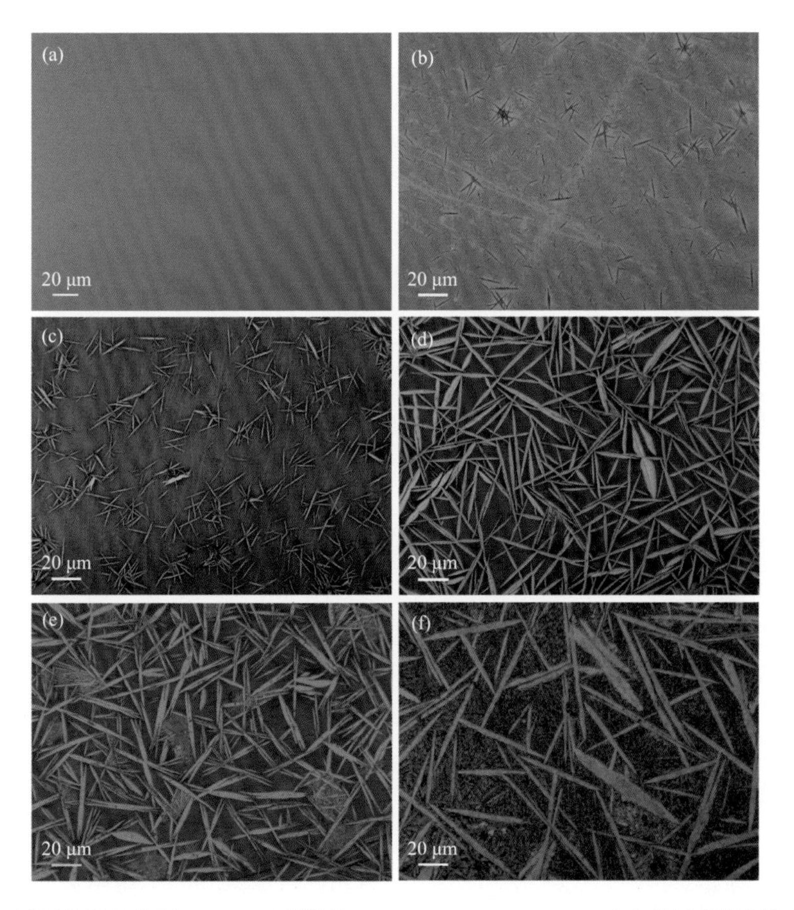

图3.54　不同抽拉速度下Bridgman制得的$Mg_{70}Cu_{8.33}Ni_{8.33}Gd_{8.34}Zn_5$合金的显微组织金相照片：（a）6 mm/s；（b）5 mm/s；（c）4 mm/s；（d）3 mm/s；（e）2 mm/s；（f）1 mm/s

速率低于 2 mm/s，除了针状 α-Mg 相外，玻璃基体中开始析出由 α-Mg + Mg_2Cu 构成的共晶组织，如图 3.54（e）～（f）所示。图 3.55（b）为不同抽拉速率 $Mg_{70}Cu_{8.33}Ni_{8.33}Gd_{8.34}Zn_5$ 试样的室温压缩应力-应变曲线。6 mm/s 抽拉速率下纯非晶合金试样表现为典型纯脆性断裂，没有任何塑性应变，断裂强度为 751 MPa。随着抽拉速率的降低、α-Mg 固溶体相的析出，非晶合金复合材料的塑性显著提高。当抽拉速率为 3 mm/s 时，样品的力学性能达到最佳，样品的断裂强度为 1028 MPa，塑性变形为 12.4%。当进一步降低抽拉速率，玻璃基体中开始析出共晶组织，复合材料的塑性又开始下降。北京科技大学张勇教授课题组[68, 69]利用定向凝固的方法在不同的抽拉速率下制备了 $Zr_{37.5}Ti_{32.2}Nb_{7.2}Cu_{6.1}Be_{17.0}$ 内生树枝晶/BMG 复合材料。他们同样发现，树枝晶的尺寸和体积分数受抽拉速率控制，随着抽拉速率的下降，树枝晶尺寸和体积分数都越来越大，复合材料的塑性也显著提高。当抽拉速率降低到 1 mm/s 时，复合材料的塑性应变达到 28.2%。继续降低抽拉速率，BMG 基体中将会析出脆性金属间化合物，对复合材料的塑性不利。

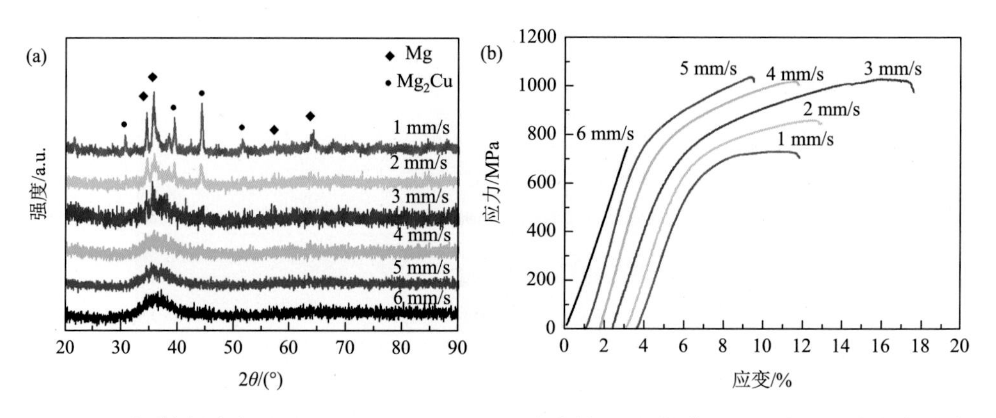

图 3.55 不同抽拉速率下 $Mg_{70}Cu_{8.33}Ni_{8.33}Gd_{8.34}Zn_5$ 合金的 XRD 图谱（a）和室温压缩应力-应变曲线（b）

上述结果表明降低熔体冷却速率，可对第二相的尺寸、体积分数等组织进行调控，进而提高非晶复合材料的室温塑性，获得较好的综合力学性能。但是，降低熔体冷却速率和保持基体的非晶特性存在矛盾，尤其对于玻璃形成能力较弱的合金体系，该方法中可调控的冷却速率窗口较小，控制难度较大。

2. 半固态快速顺序凝固技术

早在 2004 年，陈光教授课题组[56]就首次运用半固态保温处理来制备非晶复合材料，他们先将母合金锭感应加热完全熔化，再放到 900℃电阻炉中保温处理 5 min，然后水淬快速冷却至室温。不同于熔体直接冷却获得的枝晶形态，通过在半固态保温处理后，枝晶转变为粗大的球晶形态，如图 3.56 所示。室温单轴压缩时，其屈服强度和极限断裂强度分别达到了 1350 MPa 和 1800 MPa，塑性应变达到了 12%，与具有相同成分、含有同样 β 相体积分数的枝晶/BMG 复合材料相比，新型复合材料的断裂塑性应变提高了约 20%，屈服强度提高了约 13%。在此研究的基础上，加州理工学院 Johnson 课题组[70, 71]于 2008 年采用电弧熔炼扁长形的母合金锭，然后将合金锭放入石英管中的水冷铜舟中，再感应加热到 800～900℃使合金处于半固态，并保温一段时间，使树枝晶粗化，最后迅速关闭加热电源，水冷铜舟将两相组织快速凝固保留下来。通过此方法制备的 Zr 基、Ti 基 BMG 复合材料具有优异的拉伸力学性能，拉伸屈服强度超过了 1200 MPa，塑性应变达到了 10%，实现 BMG 复合材料拉伸塑性的突破。然而上述研究中，半固态处理后，都是采用急冷的方式使剩余熔体形成非晶基体。在这种急冷的过程中，试样的各部分同时凝固，熔体凝固时的收缩得不到补充，容易形成缩孔、缩松等缺陷，只能切取很小的试样做力学实验。

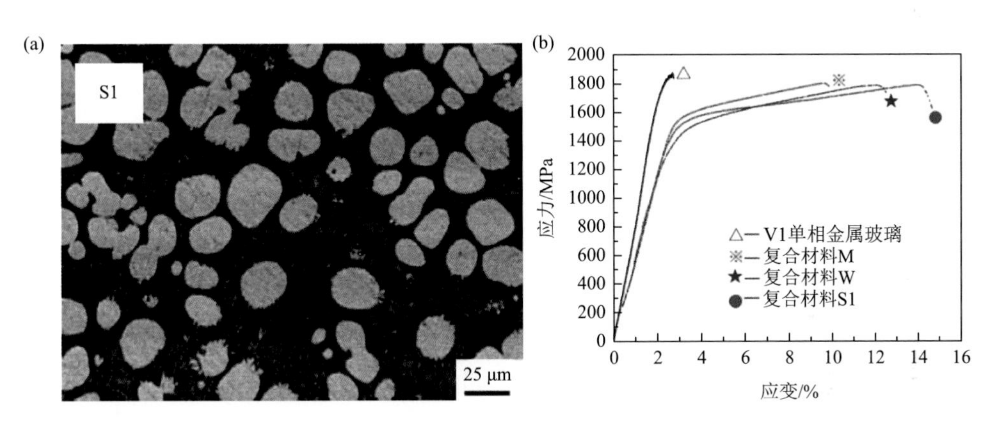

图 3.56　半固态技术制备的 $Zr_{56.2}Ti_{13.8}Nb_{5.0}Cu_{6.9}Ni_{5.6}Be_{12.5}$ 合金显微组织金相照片（a）及室温应力-应变曲线（b）[56]

陈光教授课题组[72, 73]进一步发明了半固态快速顺序凝固技术，集合了半固态技术和定向凝固技术的优点。该技术首先将熔体冷却至固液两相区，通过半固态保温处理控制先析出相的形态、优化组织，不影响剩余熔体的玻璃形成能力；随后通过定向凝固技术使试样从下向上顺序凝固，从而保证凝固过程中具有良好的补缩通道，以消除缩孔、缩松等铸造缺陷。图 3.57 为半固态顺序凝固工艺示意简图及制备的 $Zr_{60}Ti_{14.67}Nb_{5.33}Cu_{5.56}Ni_{4.44}Be_{10}$ 合金试样的宏观形貌。具体工艺条件为：将合金棒材放入石墨坩埚中，感应加热至 1643 K 保温 10 min，使合金完全熔融，随后降低功率，将温度降低至固液两相区保温，再以 4 mm/s 的抽拉速率实施了快速顺序凝固。可以看出采用该技术制备的试样下端，基本上没有铸造缺陷，而在凝固的末端，由于缺少熔体进行有效的补缩，试样存在非常明显的孔洞，如图 3.57 中蓝色箭头所示。这就表明了，半固态快速顺序凝固工艺能够有效地消除凝固过程中由于体积收缩而引起的缩孔、缩松等铸造缺陷，可以获得无铸造缺陷的大尺寸 BMG 复合材料。

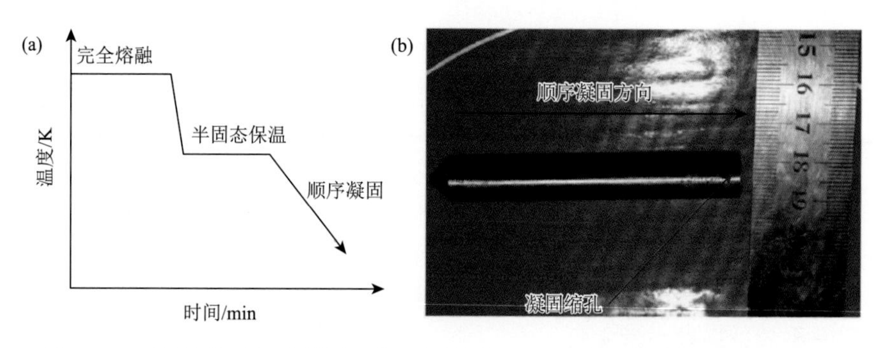

图 3.57 半固态快速顺序凝固工艺示意简图（a）及制备试样的宏观形貌（b）

对 $Zr_{60}Ti_{14.67}Nb_{5.33}Cu_{5.56}Ni_{4.44}Be_{10}$ 合金试样进行了 XRD、DSC 表征、金相组织观察及力学性能测试，如图 3.58 所示。从 XRD 图谱上可以看出，除了体心立方 β-Zr 对应的衍射峰外，没有其他的衍射峰，表明试样是典型 β-Zr 和金属玻璃两相复合材料。DSC 曲线也表现出了明显的玻璃化转变和晶化行为，这进一步证明了其基体的玻璃特性。从其金相照片中可以看出，粗大的近球状 β-Zr 相均匀分布在玻璃基体上，其平均尺寸约为 42.5 μm、体积分数约为 50%。此外，还可以看出，试样表面和心部的组织也相当均匀，并且没有发现缩孔等铸造缺陷。在室温拉伸条件下，该合金表现出优异的力学性能：其屈服强度为 1080 MPa，具有明显的加工硬化行为，抗拉强度达到了 1180 MPa，拉伸塑性应变达到了 6.2%。上述成果攻克了大尺寸、无缺陷非晶复合材料制备难题，对非晶复合材料的工程化应用将起到重要的推动作用。

陈光教授课题组还系统研究了半固态处理过程中塑性第二相组织演变规律以及其对复合材料力学性能的影响。图 3.59 是 $Zr_{39.6}Ti_{33.9}Nb_{7.6}Cu_{6.4}Be_{12.5}$ 合金在 1123 K 保温不同时间的金相组织图。图中清楚地显示了 β-Zr 相的演化过程。当合金熔体以 4 mm/s 抽拉速率直接冷却时，β-Zr 相为非常细小树枝晶弥散分布在金属玻璃基体上，如图 3.59（a）所示。在 1123 K 保温 1～3 min 后，β-Zr 相树枝晶明显粗化，但基本还保持着枝晶形状，如图 3.59（b）、（c）所示。当保温时间延长至 5～10 min 时，枝晶臂开始熔断并逐渐球化，同时晶粒尺寸也进一步增大，如图 3.59（d）、（e）所示。当保温时间超过 20 min 后，β-Zr 相进一步演化成了近球状，并随着保温时间的进一步延长，细小的球形颗粒逐渐消失，粗大的球状颗粒进一步长大，如图 3.59（f）～（h）所示。

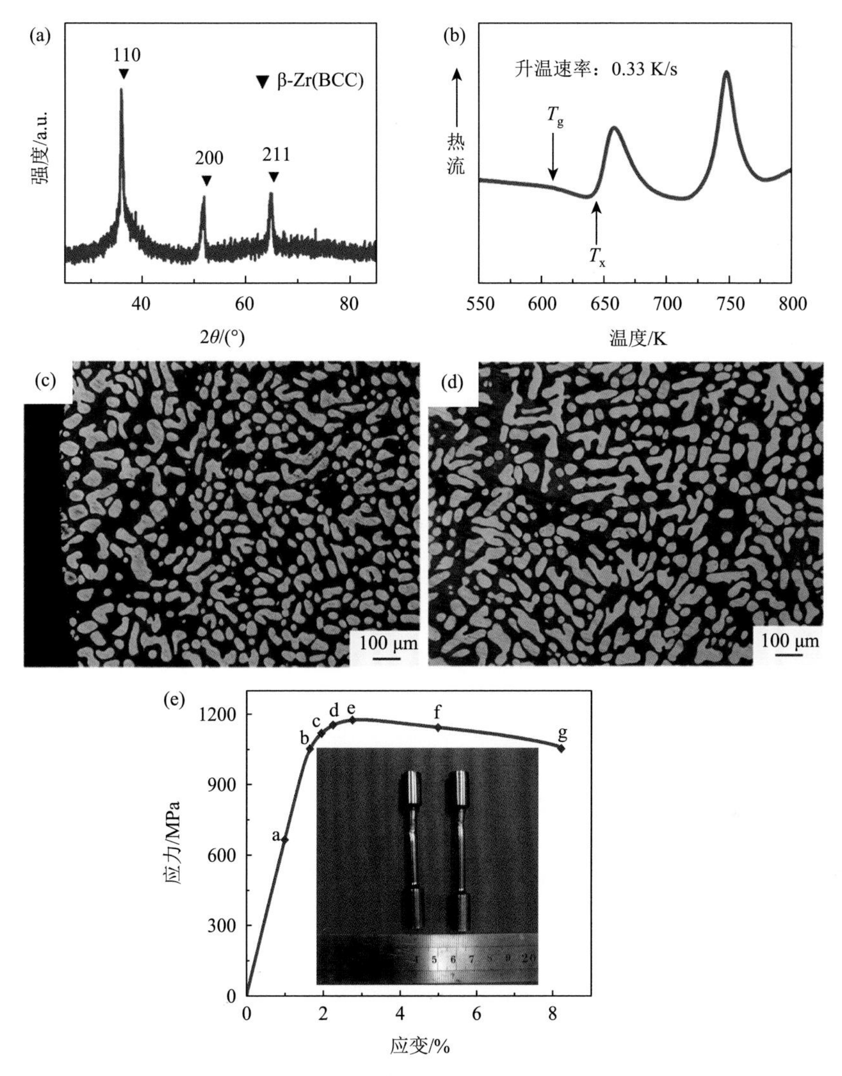

图 3.58　半固态快速顺序凝固技术制备的 $Zr_{60}Ti_{14.67}Nb_{5.33}Cu_{5.56}Ni_{4.44}Be_{10}$ 合金的 XRD（a）、DSC（b）分析和试样表面（c）、心部（d）的显微组织金相照片以及室温应力-应变曲线（e）

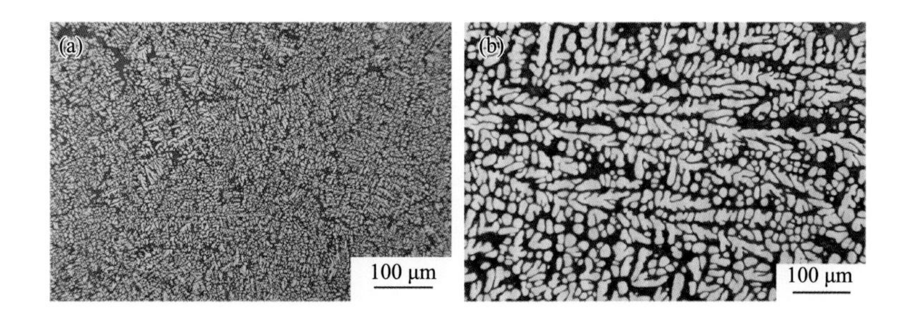

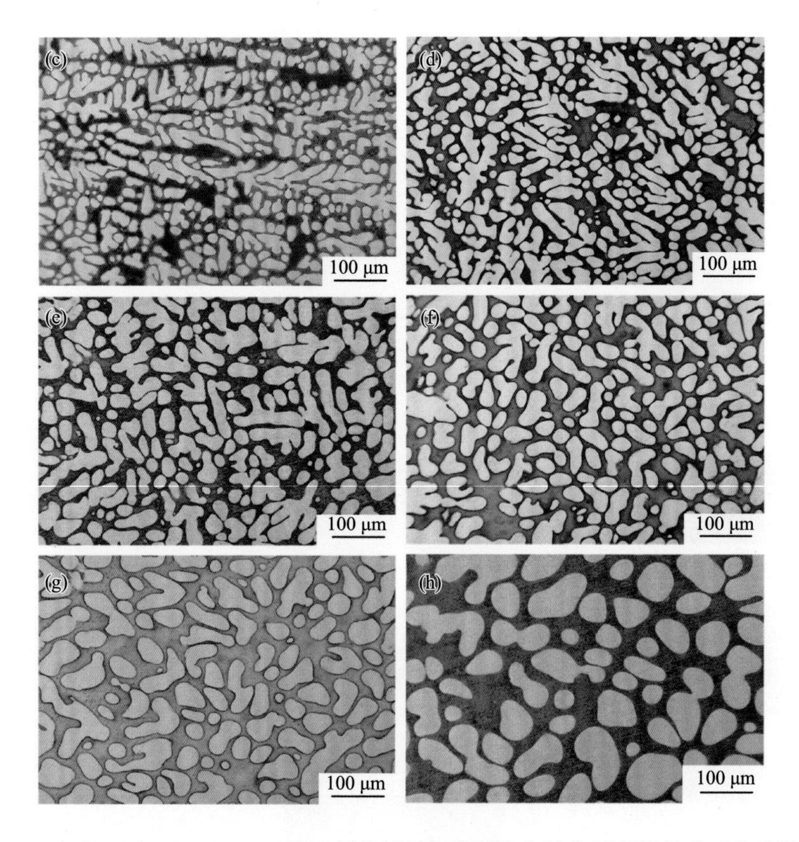

图 3.59 $Zr_{39.6}Ti_{33.9}Nb_{7.6}Cu_{6.4}Be_{12.5}$ BMG 复合材料加热至完全熔化后不同处理工艺的显微组织金相照片：4 mm/s 抽拉速率直接冷却（a），以及 1123 K 保温 1 min（b）、3 min（c）、5 min（d）、10 min（e）、20 min（f）、40 min（g）、200 min（h），再以 4 mm/s 抽拉速率冷却

为了更好地表征不同保温时间下 β-Zr 的尺寸和形态的演变规律，他们还采用了等效直径（D_{eq}）、平均形状因子（SF）进行了定量分析。具体的表达式如下：

$$D_{eq}=\frac{\sum_{i=1}^{N}\sqrt{4A_i/\pi}}{N}\text{；}\quad SF=\frac{\sum_{i=1}^{N}4\pi A_i/P_i^2}{N} \tag{3.2}$$

式中，A_i为第 i 个 β-Zr 颗粒的面积；N为总 β-Zr 颗粒数；P_i为第 i 个 β-Zr 颗粒的周长。可知，当形状为正圆形时，SF = 1。因此，形状因子 S 越大，越接近 1 时，形状越接近圆形。此外，还采用了和第二相形态无关的比表面积（S_v）参数来表征复合材料的粗化过程。S_v的定义[74]与测量如图 3.60 所示。在材料的横截面中，任意画一条直线，直线与相界的交点[如图 3.60（a）中的黑点]个数为 P，直线长度为 L，$S_v=2P/L$。

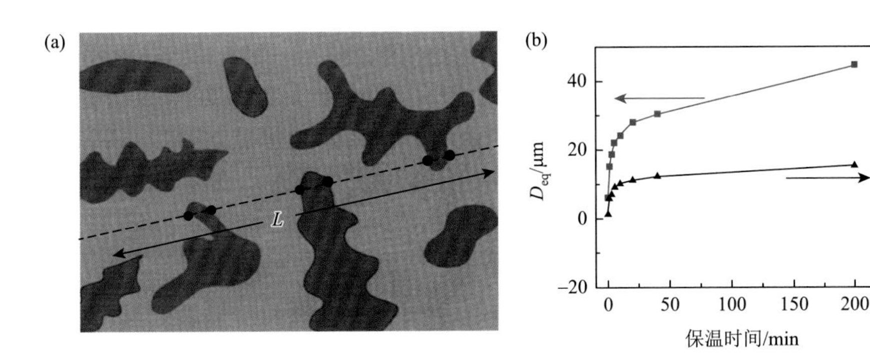

图 3.60 S_V 的测量方法（a）[75]及平均形状因子、平均等效直径随保温时间的变化曲线（b）

运用以上参数，对 $Zr_{39.6}Ti_{33.9}Nb_{7.6}Cu_{6.4}Be_{12.5}$ BMG 复合材料在 1123 K 下保温不同时间的微观组织进行了定量分析，表 3.3 为 β-Zr 相体积分数、平均形状因子、平均等效直径及比表面积倒数等与保温时间的关系。从中可以看出，试样以 4 mm/s 的抽拉速率直接冷却时，β-Zr 相体积分数为 48%，D_{eq}、S_v^{-1} 分别为 6.1 μm、3.6 μm，而在 1123 K 保温 1 min 后，β-Zr 相体积分数增加到 58%，D_{eq}、S_v^{-1} 分别增加到 15.3 μm、5.9 μm。当保温时间再进一步增加时，β-Zr 相体积分数基本保持不变。这表明经过 1 min 保温后，熔体就在该温度下达到固液两相平衡了。平均形状因子、平均等效直径、比表面积倒数则随着保温时间的延长迅速增加，当保温时间超过 10 min 后，这种增加的趋势则变得缓慢得多，如图 3.60（b）所示。

表 3.3 $Zr_{39.6}Ti_{33.9}Nb_{7.6}Cu_{6.4}Be_{12.5}$ BMG 复合材料在 1123 K 下保温不同时间的 β-Zr 相体积分数、平均形状因子、平均等效直径及比表面积倒数

保温时间/min	β-Zr 相的体积分数 ±3/%	平均形状因子 (SF)±0.01	平均等效直径 (D_{eq})±0.5/μm	比表面积倒数 (S_v^{-1})±0.2/μm
4 mm/s 直接冷却	48	0.46	6.1	3.6
1	58	0.56	15.3	5.9
3	58	0.58	18.7	7.9
5	58	0.63	22.1	9.2
10	58	0.65	24.2	11.0
20	59	0.67	28.1	13.0
40	58	0.69	30.5	14.9
200	59	0.76	44.6	23

首先从宏观热力学来分析枝晶粗化的驱动力。当合金开始凝固时，其系统自由能变化为

$$\Delta G = V \cdot \Delta G_V + S\sigma \tag{3.3}$$

式中，S 为固相表面积；σ 为比表面能；V 为固相的体积；$\Delta G_V = G_S - G_L < 0$。

可见当晶体相的体积分数一定时，由于细小晶粒具有更多的表面积，因此总是自发地向大晶粒转变，以降低 Gibbs 自由能。此外，对于单个晶粒来说，只有呈球状时才具有最小表面积，因此晶粒粗化的过程也是球化的过程。所以，细小的树枝晶向粗大球状晶的转变是一个自发的热力学过程。

下面将具体分析枝晶球化是如何进行的。图 3.61 为典型的枝晶形态示意图。枝晶上不同位置的溶质浓度可以用 Gibbs-Thomson 公式来描述：

$$C_L = C_\infty + l_c H \tag{3.4}$$

式中，C_L 为固液界面处溶质的浓度；C_∞ 为无穷远平衡处溶质浓度；l_c 为与固液界面能相关的毛细管长度；H 为固液界面处的平均曲率，可以用下式来表示：

$$H = \frac{1}{2}\left(\frac{1}{R_1} + \frac{1}{R_2}\right) \tag{3.5}$$

式中，R_1、R_2 分别表示最小和最大的主曲率半径。在图 3.61 中，A 处是典型的高度弯曲的尖端凸起区域，此处具有最大的界面曲率。B 处是二次臂的侧面区域，这些区域的平均界面曲率较小。C 处是二次枝晶臂较细的根部部分，此区域较为平坦，界面曲率是负的，但数值很小。D 处是二次枝晶臂与一次枝晶轴的连接部分，其平均曲率比 C 处还要小。那么，根据式（3.4）和式（3.5）可以看出，由于界面处曲率的不同，在 A、B、C、D 区域界面上形成浓度梯度，而这种浓度梯

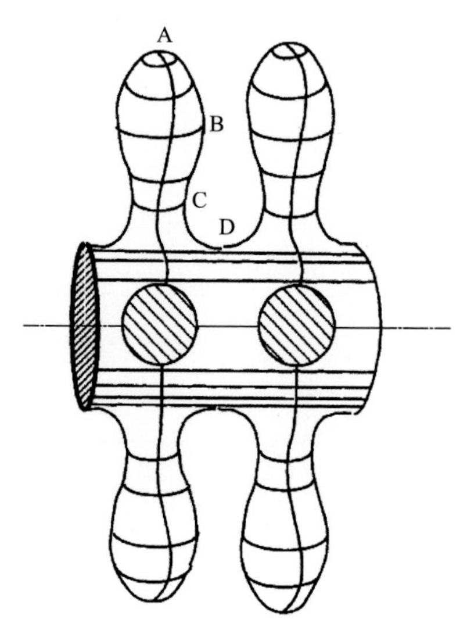

图 3.61　典型的枝晶形态示意图[75]

度的存在会驱动溶质从高浓度 A、B 处向低浓度 C、D 处流动，从而造成二次枝晶臂逐渐消失，β-Zr 相逐渐转变为粗大球状。

通过热力学分析，可知 β-Zr 相球化是由界面能驱动的自发过程。那么球化速率如何描述呢？Lifshitz、Slyozov[76]和 Wagner[77]在稀释的二元合金中，首次提出了 LSW 模型，他们发现 S_v、D_{eq} 和保温时间的关系可用下面的公式加以描述：

$$S_v(t) \approx K_s^{-1/3} t^{-1/3} \tag{3.6}$$

$$D_{eq} \approx K^{1/3} t^{1/3} \tag{3.7}$$

式中，K_s 为表面速率常数；K 为与扩散系数、界面能等其他材料参数相关的速率常数。Calderon 等[78]将 LSW 模型扩展到任意二元合金体系。随后 Umantsev 和 Olson[75]以及 Kuehmann 和 Voorhees[79]又将之扩展到多元合金体系中，他们发现尽管多元合金中元素之间的交互作用更为复杂，但枝晶的特征参数如 S_v、D_{eq} 和时间的 1/3 次方仍然呈线性关系。这在三元合金 Ni-Al-Ta[80]、Al-Cu-Mn[81]、Ni-Al-Nb[82]和 Al-Sc-Yb[83]中得到了验证。

$Zr_{39.6}Ti_{33.9}Nb_{7.6}Cu_{6.4}Be_{12.5}$ 合金中 β-Zr 相的球化行为同样可以用 LSW 模型来描述，这在图 3.62 中得到了证实，S_v^{-1}、D_{eq} 和保温时间立方根呈很好的线性关系，β-Zr 相的球化是由扩散控制的粗化行为。为了进一步证实这一结论，$Zr_{60}Ti_{14.67}Nb_{5.33}Cu_{5.56}Ni_{4.44}Be_{10}$ 合金中保温温度对 β-Zr 相球化速率的影响也进行研究，如图 3.63 所示。可以看出，随着保温温度的提高，β-Zr 相变得更为粗大，也更接近于球状，而图 3.63（c）中细小的枝晶是在随后冷却的过程中析出的。这表明了温度的升高使溶质的扩散系数增加，提高了 β-Zr 相的球化速率，从而进一步证实了 Zr-BMG 复合材料中 β-Zr 相球化行为是由扩散控制的粗化过程。

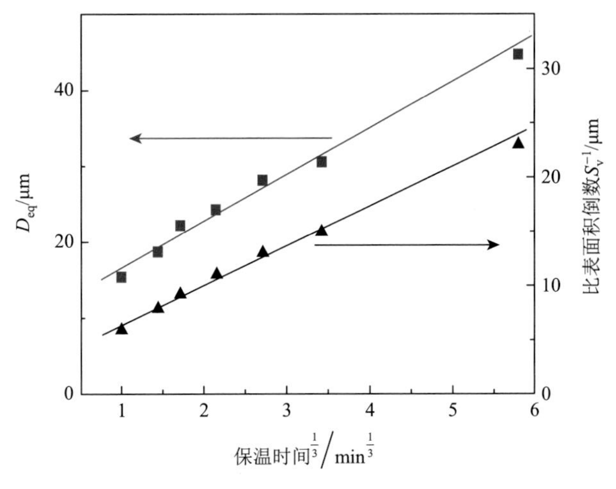

图 3.62　S_v^{-1}、D_{eq} 和保温时间立方根的关系曲线

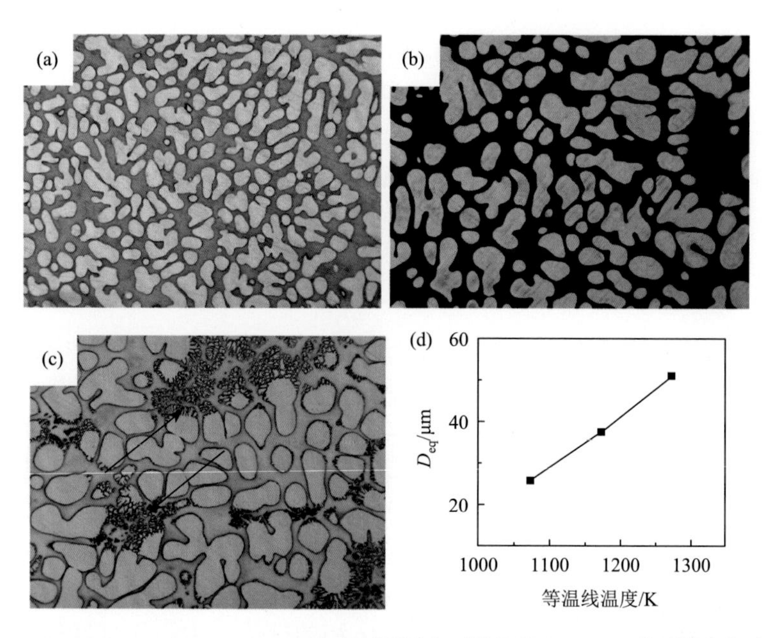

图 3.63　$Zr_{60}Ti_{14.67}Nb_{5.33}Cu_{5.56}Ni_{4.44}Be_{10}$ 合金在不同温度下等温处理 20 min 的显微组织金相照片以及 D_{eq} 与保温温度的关系：（a）1073 K；（b）1173 K；（c）1273 K；（d）D_{eq} 与等温线温度的关系

为了进一步揭示 β-Zr 相的尺寸和形态对金属玻璃复合材料力学性能的影响，对不同保温时间的 BMG 复合材料进行了室温压缩和拉伸力学性能测试。图 3.64 为 $Zr_{39.6}Ti_{33.9}Nb_{7.6}Cu_{6.4}Be_{12.5}$ 合金在 1123 K 保温不同时间的室温压缩及拉伸应力-应变曲线。室温压缩实验结果表明[图 3.64（a）]，4 mm/s 抽拉速率直接冷却的试样（即保温 0 min），其压缩屈服强度、纯塑性应变分别为 1250 MPa 和 10.5%。保温 1 min 的试样，其压缩屈服强度则稍稍降低到 1180 MPa，主要是由于 β-Zr

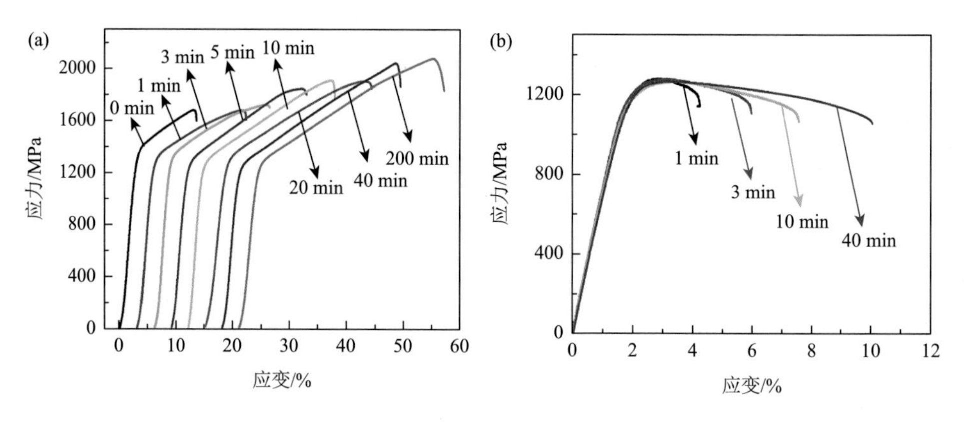

图 3.64　$Zr_{39.6}Ti_{33.9}Nb_{7.6}Cu_{6.4}Be_{12.5}$ 合金保温不同时间下的室温压缩（a）及拉伸（b）应力-应变曲线

相体积分数的增加；而其塑性应变却提高到了 16.2%，是由于 β-Zr 相体积分数的增加和树枝晶粗化的共同作用的结果。而随着保温时间进一步延长，其压缩屈服强度基本保持不变，但塑性应变却始终随保温时间的增加而增加。这时 β-Zr 相体积分数已经保持不变，那么塑性应变的增加就只能归结于 β-Zr 相尺寸和形貌的作用了。Zr-BMG 复合材料的室温拉伸实验也表现出了与室温压缩性能相似的结果，随着保温时间的延长，复合材料表现出了更为良好的塑性应变，如图 3.64（b）所示。

为了更直观地考察 β-Zr 相尺寸和形貌对 BMG 复合材料塑性应变的影响，将表征 β-Zr 相的尺寸、形貌等特征参数 D_{eq}、S_v^{-1} 与塑性应变绘制成曲线，如图 3.65 所示。从图中可以清楚地看出，无论是室温压缩还是拉伸试样中，在开始阶段，随着 D_{eq}、S_v^{-1} 的增加，塑性应变显著增加，而当 D_{eq}、S_v^{-1} 超过一临界值后，这种增加的趋势就变得缓慢了。Hofmann 等[70]提出 BMG 复合材料韧化的两个条件：①在玻璃基体中引入软的弹塑性的第二相，从而诱发剪切带的形核；②第二相特征尺寸要与金属玻璃复合材料的塑性区尺寸相匹配，从而抑制剪切带的失稳扩展，避免裂纹的萌生。对于 Zr-BMG，Hofmann 等[71]认为其塑性变形区尺寸约为 200 μm，而 Xi 等[84]的研究结果表明 Zr-BMG 塑性变形区尺寸要小得多，约为 50 μm。该实验中当 β-Zr 相尺寸平均等效直径 D_{eq} 超过 30 μm 以后，塑性应变的增加趋于缓慢了，这表明 BMG 基体的塑性区在 30～50 μm，与 Xi 等[84]的研究结果较为接近。

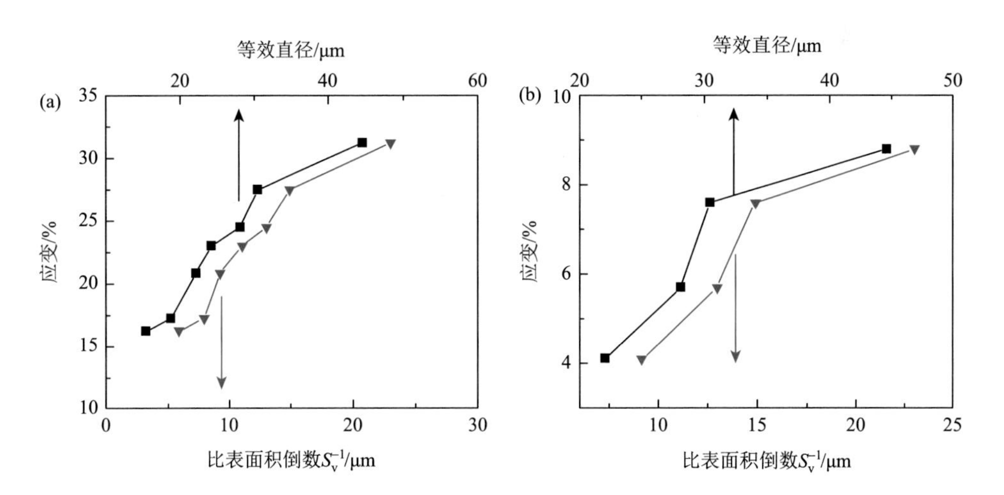

图 3.65　$Zr_{39.6}Ti_{33.9}Nb_{7.6}Cu_{6.4}Be_{12.5}$ BMG 复合材料室温压缩（a）和拉伸（b）实验中塑性应变和 D_{eq}、S_v^{-1} 的关系曲线

图 3.66 为不同 β-Zr 相尺寸的 Zr-BMG 断裂后侧面 SEM 图，可见大尺寸 β-Zr 相复合的 BMG 基体上形成了大量密集的剪切带，这些剪切带大多被粗大的近球形 β-Zr 相颗粒所阻止，少数剪切带扩展到 β-Zr 相颗粒的内部，但几乎没有贯穿整个 β-Zr 相的。同时还看到，一些裂纹的扩展也被大尺寸的 β-Zr 相所阻碍。而在图 3.66（b）中，几乎所有的剪切带都穿过细小的 β-Zr 枝晶相，而且玻璃基体上剪切带密度也远低于图 3.66（a）中所示。因此粗大的球形 β-Zr 相颗粒能更有效地阻碍剪切带的扩展，从而引起更多的多重剪切带的产生，显著地提高复合材料的塑性。此外，当 β-Zr 相已足够阻碍剪切带和裂纹穿过时，再增加 β-Zr 相尺寸，就难以增加 BMG 复合材料的塑性了。上述实验结果和分析表明，半固态顺序凝固工艺不仅能够制备出无缺陷的大尺寸 BMG 复合材料，获得优异的室温拉伸性能，还能够有效地控制 BMG 复合材料的微观组织，从而进一步提高 BMG 复合材料的力学性能。这将有力地推动 BMG 复合材料的工程化应用。

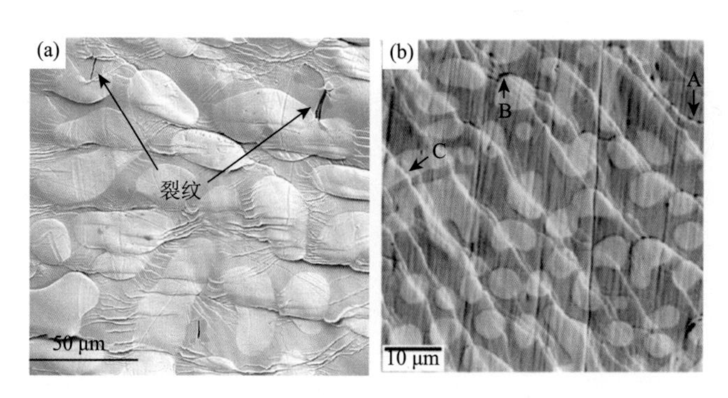

图 3.66 不同 β-Zr 相尺寸的 Zr-BMG 断裂后侧面 SEM 图：（a）$Zr_{39.6}Ti_{33.9}Nb_{7.6}Cu_{6.4}Be_{12.5}$ 合金在 1123 K 保温 40 min；（b）$Zr_{56.2}Ti_{13.8}Nb_{5.0}Cu_{6.9}Ni_{5.6}Be_{12.5}$ 合金水冷铜模直接冷却

3. 内生塑性第二相非晶复合材料室温变形的微观机制

众所周知，单相 BMG 合金在室温下的塑性变形极不均匀，表现为高度局域化的、不均匀的塑性流变，单一剪切带形核并迅速扩展导致其屈服后迅速断裂。而 BMG 复合材料，由于第二相的存在，可以阻碍这种高度局域化的、不均匀的塑性流变，促使多重剪切带的生成，有效地提高塑性应变。但是，关于塑性第二相的变形、玻璃基体中剪切带的形核、扩展以及同第二相的交互作用一直缺乏直接的实验观察。

陈光教授课题组[72]系统研究了 β-Zr/BMG 复合材料拉伸过程中的屈服、加工硬化及颈缩行为。他们将试样分别加载到图 3.58（e）中应力-应变曲线中蓝色图标的 a、b、c、d、e、f 等位置后进行卸载，再通过 SEM 观察变形后试样的侧表面，如图 3.67 所示。内生 β-Zr/BMG 复合材料变形分为三个阶段：①弹性变形阶段；②加工硬化阶段；③颈缩阶段。在弹性变形阶段，β-Zr 相和 BMG 基体只发生弹性变形，卸载后试样恢复原状，如图 3.67（a）所示，在 β-Zr 相和 BMG 基体中没有观察到滑移带和剪切带。纳米压痕测试也表明，卸载样品的 β-Zr 相和 BMG 基体的硬度同未变形样品相比无变化。

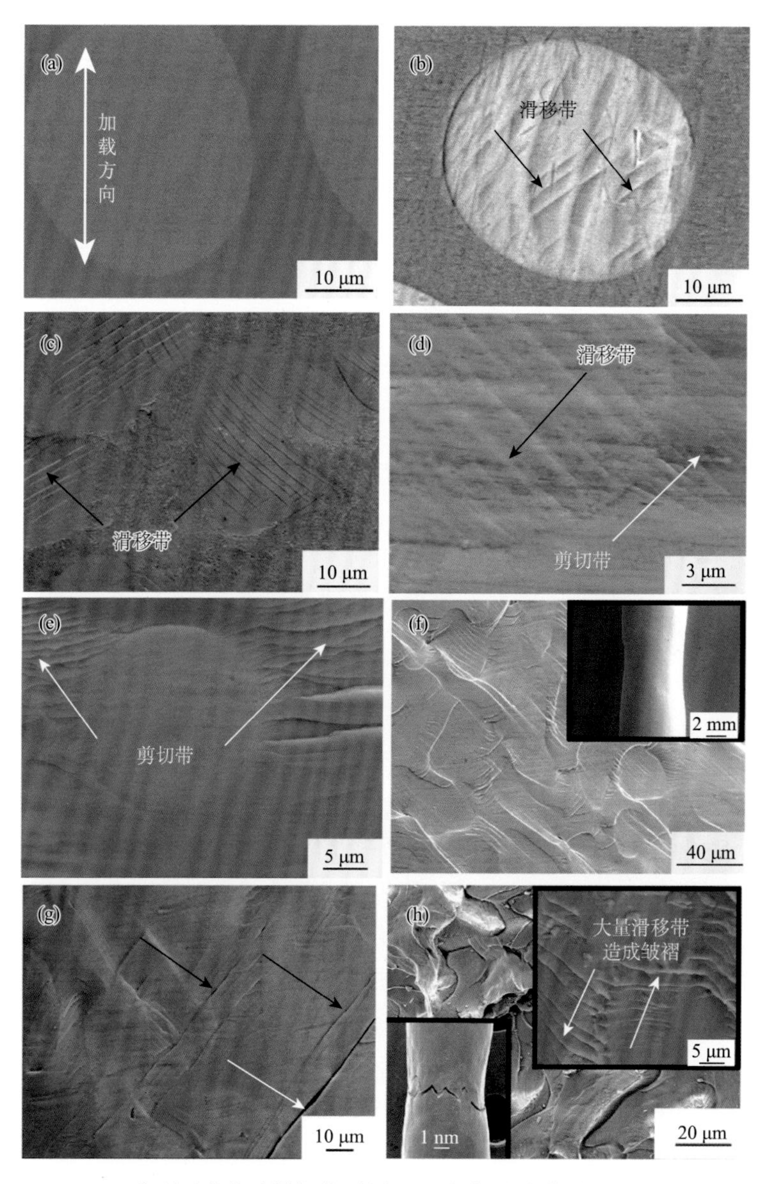

图 3.67 （a）～（g）分别对应将试样加载到图 3.58 应力-应变曲线上 a～g 位置卸载后的试样侧面 SEM 图；（h）试样断裂的表面形貌，左下角插图为断裂试样宏观颈缩相貌，右上角插图为试样断裂后 β-Zr 颗粒内形貌

材料的强度和硬度成正比，由表 3.4 可知，β-Zr 相的强度远低于 BMG 基体。因此，继续变形，当应力-应变超过线弹性阶段到达图 3.58（e）中 b 点位置时，β-Zr 相将率先发生塑性变形，这从图 3.67（b）中得到了证实。可以看到 β-Zr 相中开始出现少量的滑移带，这些滑移带与载荷方向呈大约 53°，如黑色箭头所示，这与 Zhang 和 Eckert[85]认为的非晶合金中最大剪切面相一致。

表 3.4 原始试样及卸载后试样中 β-Zr 相和 BMG 基体纳米压痕硬度的平均值

未加载状态	H（β-Zr 相）/GPa	H（基体）/GPa
未变形	3.4	6.5
a	3.4	6.5
c	3.6	6.5
e	3.7	6.4
f	3.8	6.3
直到断裂	4.0	6.2

进一步加载，BMG 复合材料开始屈服，并且呈现出明显的加工硬化行为。将试样加载到图 3.58（e）中 c 点位置进行卸载，其侧面形貌如图 3.67（c）所示。发现 β-Zr 相中的滑移带密集得多，表明其发生了更剧烈的塑性变形；而 BMG 基体中依然没有产生剪切带，表明其仍处在弹性变形阶段。纳米压痕测试发现变形后的 β-Zr 相硬度值增加到了 3.6 GPa，而 BMG 基体的硬度值仍然与原始未变形样品相同。这一阶段中 BMG 复合材料的加工硬化行为是由 β-Zr 相剧烈的塑性变形引起的，而 BMG 基体仍处于弹性阶段。

为了探明 BMG 基体中剪切带的起源，将试样进一步加载到图 3.58（e）中 d 点位置进行卸载。观察发现剪切带在 β-Zr 和 BMG 基体的界面处开始形核并向 BMG 基体中延伸，如图 3.67（d）中白色箭头所示。这是由于 β-Zr 相的剧烈的塑性变形，导致了在 β-Zr 相和 BMG 基体的界面处产生较大的应力集中，超过了 BMG 基体的屈服强度，从而引起了剪切带的形核。继续加载，BMG 基体开始产生塑性变形，形成更多的剪切带，如图 3.67（e）所示。纳米压痕测试结果表明，这时 β-Zr 相继续表现出加工硬化行为，其硬度进一步增到 3.7 GPa，而 BMG 基体由于塑性变形开始表现出其固有的加工软化特性，硬度值由 6.5 GPa 下降到 6.4 GPa，但此时的 BMG 基体软化效应还不足以抵消 β-Zr 相的加工硬化，所以 BMG 复合材料仍呈现出一定的加工硬化能力。

当变形量继续增加，剪切带进一步扩展并与 β-Zr 相发生交互作用，产生多重剪切，BMG 基体发生了更为剧烈的塑性变形，其引起的加工软化效应逐渐增强，最终达到并超过 β-Zr 相的加工硬化效应。与之相应的是 BMG 复合材料的应力达到最大值，然后开始降低，表现出加工软化效应，如图 3.58（e）中 e 点位置以后的应力-应变曲线所示。继续变形，试样将开始颈缩，如图 3.67（f）所示，变形将集中于颈缩区。β-Zr 相和 BMG 基体遭受了更为剧烈的塑性变形，剪切带与 β-Zr 相产生了更多的交互作用，许多剪切带被大尺寸的 β-Zr 相阻挡，诱发了更多剪切带的形成。当变形进一步加剧，裂纹在剪切带内或界面处等薄弱区萌生，并沿着剪切带扩展，部分裂纹被 β-Zr 相阻挡，另一部分裂纹则穿过了 β-Zr 相，最终失稳扩展，如图 3.67（g）所示。对断裂后试样的纳米压痕测试发现 β-Zr 相硬度增加到 4.0 GPa，而 BMG 基体的硬度却下降到了 6.2 GPa，表明颈缩后至断裂阶段，β-Zr 相和 BMG 基体都发生了非常剧烈的塑性变形。图 3.67（h）为 β-Zr/BMG 复合材料断口形貌。不同于单相 BMG 合金只有一个约 50°方向的单个剪切断裂面，β-Zr/BMG 复合材料呈现出了多个剪切面，这表明 β-Zr 相的存在使其应力分布更为复杂。在 β-Zr/BMG 复合材料的断裂表面上，发现除了 BMG 基体断裂的脉络状，还有大量的莲花状 β-Zr 相断裂特征。对其进一步放大，发现 β-Zr 相内聚集着大量的滑移带。

通过上述分析，可将 β-Zr/BMG 复合材料变形过程总结为：①在弹性阶段，β-Zr 和 BMG 基体都为弹性变形；②当应力超过弹性应力极限，β-Zr 相首先屈服、发生塑性变形，BMG 基体保持弹性变形，BMG 复合材料表现出显著的加工硬化；③进一步增加应力，剪切带开始在界面处形核，表明 BMG 基体开始屈服、产生塑性应变，但此时 BMG 复合材料仍表现为加工硬化；④随着应力进一步增加，BMG 基体塑性变形产生的加工软化继续增强，BMG 复合材料加工硬化能力逐渐降低，当 BMG 基体加工软化效应和 β-Zr 相加工硬化效应相当时，应力达到最大值；⑤继续变形，BMG 复合材料开始加工软化，进入颈缩阶段，塑性变形集中于颈缩区；⑥裂纹在剪切带或界面处萌生，并沿着剪切带扩展，最终导致 BMG 复合材料断裂。

材料的均匀变形能力对其工程化应用有重要的意义，如何提高 BMG 复合材料的均匀变形能力就成为新型 BMG 复合材料开发的重点。上述 β-Zr/ BMG 复合材料变形机理分析表明，塑性第二相的强度和加工硬化能力对 BMG 复合材料的均匀变形能力有决定性的影响。提高第二相的加工硬化能力或在保持第二相加工硬化能力的基础上提高第二相的强度都将增加 BMG 复合材料的均匀变形段，避免或延缓颈缩的发生。这也被最近的研究结果所证明了，Wu 等[86]在 Zr-Cu-Co-Al 合金系中制备了 B2-ZrCu/BMG 复合材料，在室温拉伸变形的过程中，B2 相发生马氏体转变，大幅度提高其加工硬化能力，使复合材料基本上只呈现均匀变形。Hofmann 等[87]通过对 Zr-BMG 复合材料进行冷轧，提高 β-Zr 相的强度，也有效地抑制了过早的颈缩行为，并提高了 BMG 复合材料的屈服强度。

4. 氧元素偏析固溶强化非晶合金复合材料

陈光教授课题组研究发现，在 Zr-BMG 合金中，氧元素的添加将会促进一些富 Zr、富 O 晶体相的析出，尤其是在 $Zr_{48.75}Ti_{16.25}Cu_{9.3}Ni_{7.8}Be_{17.5}$ 合金中，氧元素添加促进了 α-Zr 的析出（具体内容见 3.2 节）。因此，他们进一步提出利用氧元素偏析固溶强化非晶合金复合材料的新思路[52, 88]。图 3.68 为不同氧含量 $Zr_{60}Ti_{14.6}Nb_{5.4}Cu_{5.6}Ni_{4.4}Be_{10}$ 合金 1173 K 保温 40 min 后顺序凝固显微组织金相照片及室温拉伸应力-应变曲线。三个合金的微观组织形态基本相同，体积分数为 50%～55%，晶粒的等效直径约为 42.5 μm，表明尽管氧元素都固溶于 β-Zr 相中，但并没有影响 β-Zr 相在半固态保温状态下的粗化速率。这是由于氧原子半径较小、扩散速率较快，从而对 β-Zr 中其他元素原子的扩散影响较小。室温拉伸实验结果显示，不加氧的合金在 1080 MPa 发生屈服，随后产生明显的加工硬化行为，抗拉强度达到 1180 MPa，并具有约为 6.2%的塑性应变；2000 ppm 合金的屈服强度较不加氧合金提高了 21%，达到了 1302 MPa，其加工硬化行为略有减弱，

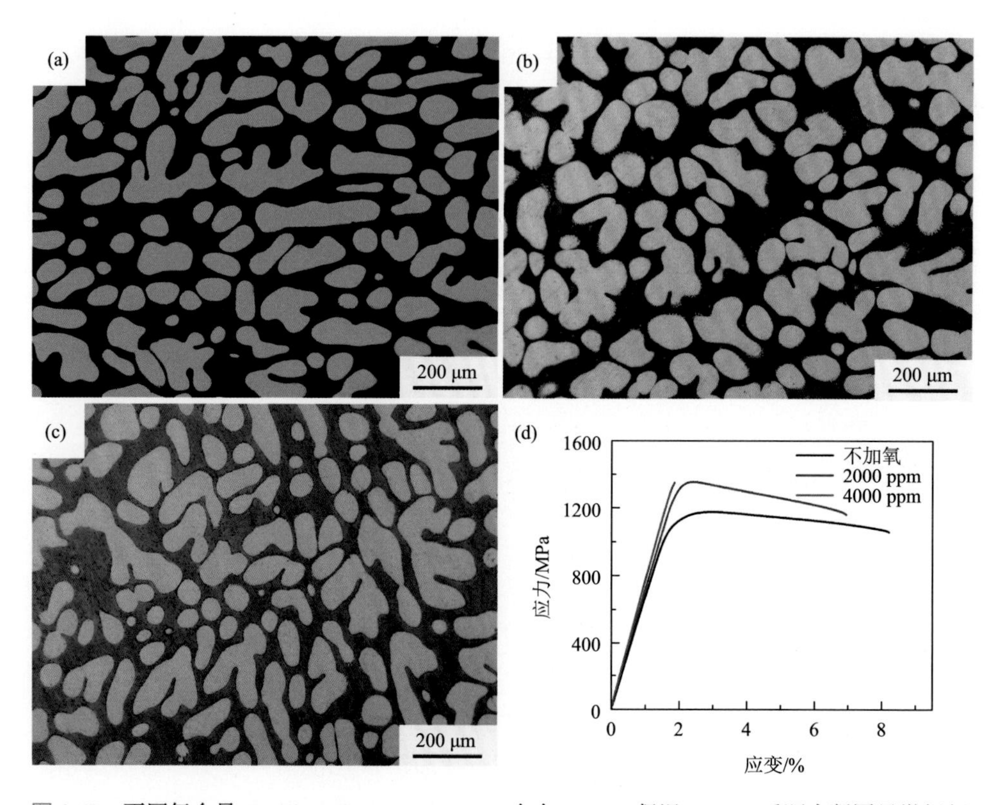

图 3.68 不同氧含量 $Zr_{60}Ti_{14.6}Nb_{5.4}Cu_{5.6}Ni_{4.4}Be_{10}$ 合金 1173 K 保温 40 min 后顺序凝固显微组织金相照片及室温拉伸应力-应变曲线：（a）不加氧；（b）2000 ppm；（c）4000 ppm；（d）应力-应变曲线

抗拉强度约为 1355 MPa，较不加氧合金提高了 15%，而塑性应变略有降低，但仍达到了 5.0%；4000 ppm 合金则呈完全脆性断裂，没有发生屈服行为，断裂强度约为 1349 MPa。

为了探明氧含量对复合材料的影响机理，利用纳米压痕技术分别测量了不同氧含量复合材料中玻璃及 β-Zr 相的显微硬度，如图 3.69 所示。随着氧含量的增加，玻璃基体压痕深度基本保持不变，而 β-Zr 相压痕深度随着氧含量的增加，显著减少。这表明玻璃基体的硬度基本保持不变，而 β-Zr 相的硬度随氧含量增加而显著增加。由于氧元素都偏聚于 β-Zr 相，合金中氧含量的增加引起 β-Zr 相的固溶强化，从而使 β-Zr 相的硬度和强度增加。β-Zr 相强度的增加将会提高复合材料的屈服强度，这就很好地解释了屈服强度随着氧含量增加而提高的现象。

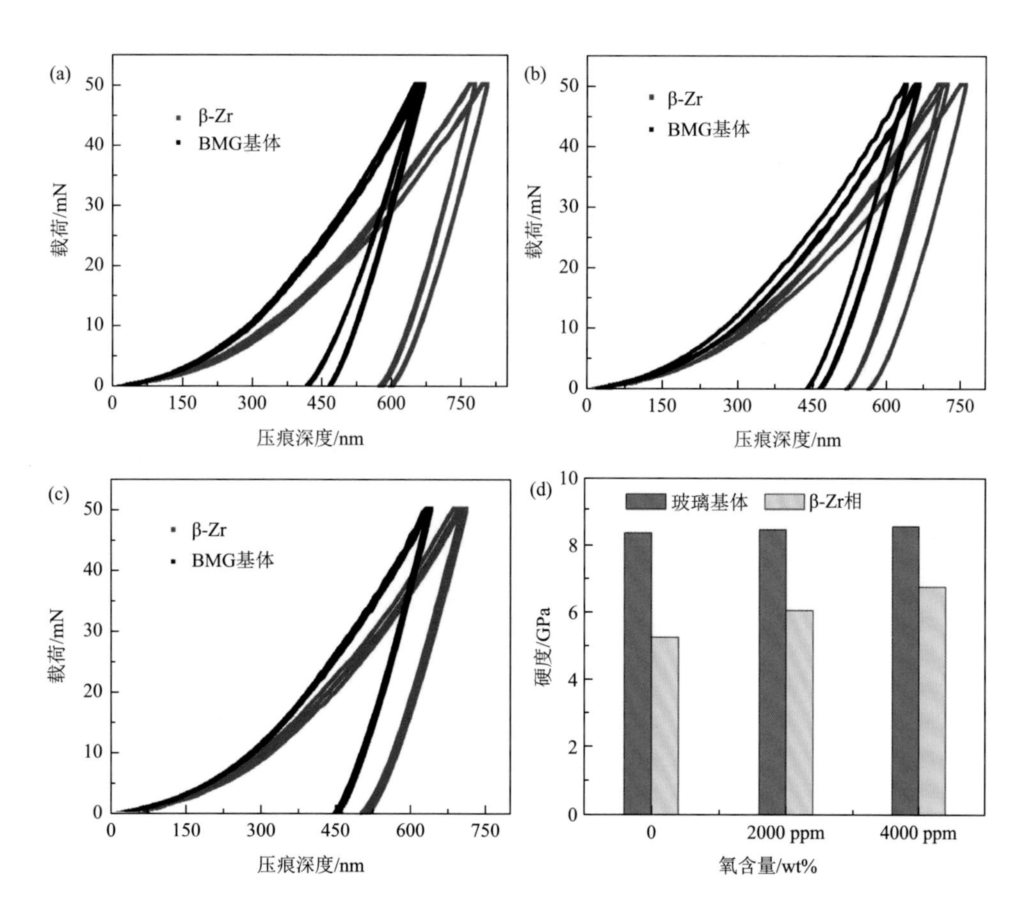

图 3.69　不同氧含量 $Zr_{60}Ti_{14.6}Nb_{5.4}Cu_{5.6}Ni_{4.4}Be_{10}$ 合金纳米压痕载荷-位移曲线及硬度：（a）不加氧；（b）2000 ppm；（c）4000 ppm；（d）不同氧含量的玻璃基体和 β-Zr 相硬度

此外，伴随着这种固溶强化，通常会牺牲材料的部分加工硬化和塑性变形能力。金属玻璃复合材料中，尤其是在拉伸条件下，第二相的塑性变形和加工硬化能力对复合材料的力学性能有着极其重要的影响。当合金中氧含量在适当的范围时，β-Zr 相在固溶强化的同时还具有较大的变形和加工硬化能力，因此不仅提高了复合材料的屈服强度，还依然保持了复合材料的塑性；而当合金中氧含量过多时，虽然 β-Zr 相硬度、强度进一步增加了，但塑性变形和加工硬化能力剧烈下降，从而使复合材料丧失了塑性变形能力，直接脆性断裂。这一发现使低纯、低真空条件下制备高强韧非晶复合材料成为可能。陈光教授课题组选用了工业纯海绵锆、海绵钛、工业纯镍、工业纯铜为原材料，在 10 Pa 工业真空系统中熔炼了 $Zr_{60}Ti_{14.6}Nb_{5.4}Cu_{5.6}Ni_{4.4}Be_{10}$ 母合金锭，随后半固态顺序凝固同样在 10 Pa 工业真空系统中完成，发现仍可获得组织结构均匀的 β-Zr/BMG 复合材料，合金中的氧含量达到了 980 ppm，高于高纯原材料、高真空条件制备合金的 210 ppm。室温拉伸实验结果表明，这种工业纯原料、工业真空系统制备的试样屈服强度达到了 1220 MPa，比高纯原料、高真空试样提高了 13%，抗拉强度达到了 1294 MPa，也大于高纯原料、高真空试样的 1180 MPa，而且塑性应变高达 6.7%，与高纯原料、高真空试样相当。可见，这种工业纯原料、工业真空系统制备的 Zr-BMG 复合材料不仅大幅度降低了生产成本、极大地提高了生产效率，还具有非常优异的综合力学性能。这一研究成果对非晶复合材料工业化生产和工程化应用具有重要的价值。

3.3.2 铸态内生高硬度第二相/BMG 复合材料

内生塑性第二相/BMG 显著提高了室温塑性，然而与纯 BMG 相比，BMG 复合材料的屈服强度有所降低。例如，单相 Zr-Ti-Cu-Ni-Be BMG 合金的拉伸强度可达 1780 MPa，而其相应复合材料的拉伸强度只有 1200～1400 MPa。这显然不利于 BMG 复合材料综合力学性能的提高。对此，陈光教授课题组[89, 90]又相继开发出内生高硬度第二相/BMG 复合材料。图 3.70 为采用水冷铜模铸造制备的 6.7 mm、10 mm 直径 $Zr_{55.0}Ni_{8.0}Cu_{29.0}Al_{8.0}$ 合金的显微组织、XRD 图谱及室温压缩应力-应变曲线。Φ6.7 mm 的样品为典型的全非晶样品，未见晶体相析出，而 Φ10 mm 样品在非晶基体上均匀分布着球形晶体相。经测量，这些球形晶体相的最大尺寸可以达到 530 μm，最小的也有 60 μm，平均尺寸为（220±22.17）μm，晶体析出相的体积分数约为 41.8%。复合材料中第二相与非晶基体之间界面清晰，未发现其他相的出现。SEM 电子探针分析显示球形第二相与 BMG 基体之间的合金成分没有明显差异。因此，可以推测在合金熔体的凝固过程中没有明显的原子长程扩散，在析出晶体相与残余合金液体之间的界面不存在成分过冷，而成分过冷是形成枝晶的必要条件。从 XRD 图谱可以看出，Φ6.7 mm 样品在所扫描的角度范围内仅观察到 37°附近的代表非晶结构的弥散衍射峰，而未观察到代表晶体相的尖锐的 Bragg 衍射峰，说明该样品为完全非晶结构。而 Φ10 mm 的复合材料样品，在弥散的非晶衍射峰上还叠加着三个尖锐的峰，分别对应于 37.28°、39.31°和 70.63°。经查标准衍射卡片，这三个峰分别对应于四方结构 Zr_2Cu 金属间化合物相的(111)、(200)和(311)衍射峰。因此，可以确定 Φ10 mm 圆棒状 $Zr_{55.0}Ni_{8.0}Cu_{29.0}Al_{8.0}$ 复合材料样品是由 BMG 基体和均匀分布于其上的大尺寸铸态内生球形 Zr_2Cu 金属间化合物第二相组成。室温压缩实验结果显示，全非晶样品在加载过程中首先发生弹性变形，断裂之前未见发生明显的屈服和塑性变形。而复合材料样品在加载到 1600 MPa 以上时，开始发生明显的屈服，随后在断裂前发生一定的塑性变形，其屈服强度和断裂强度分别为 1610 MPa 和 1760 MPa，塑性应变达到 4.4%。

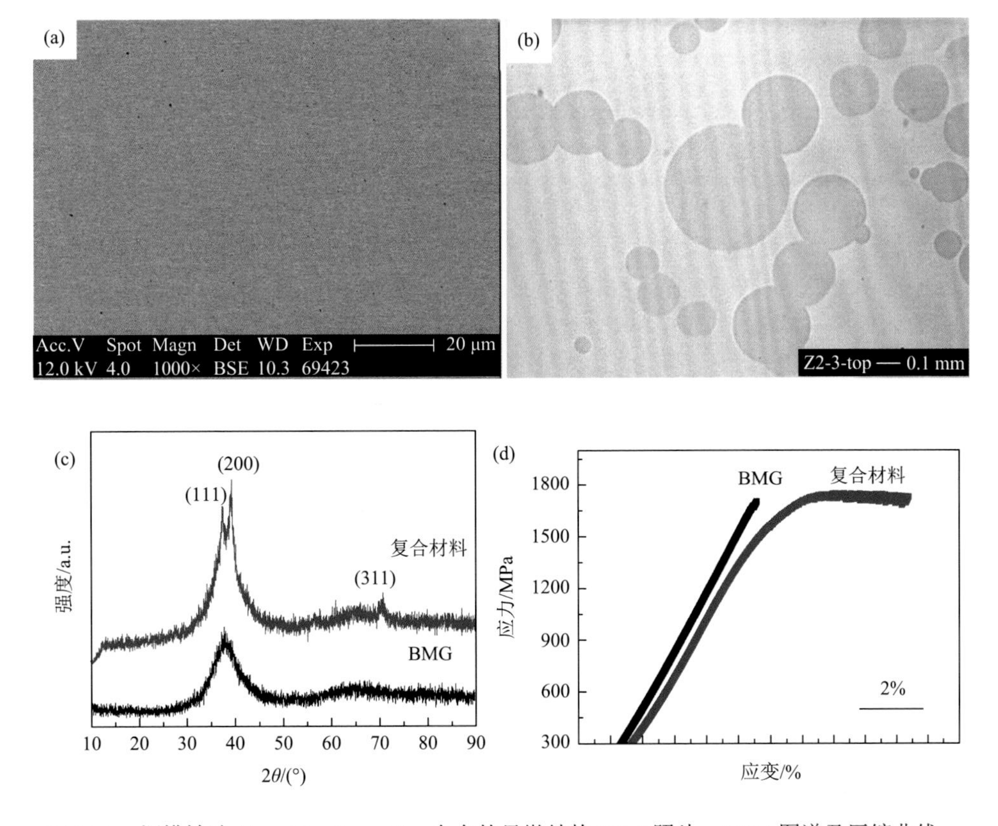

图 3.70　铜模铸造 $Zr_{55.0}Ni_{8.0}Cu_{29.0}Al_{8.0}$ 合金的显微结构 SEM 照片、XRD 图谱及压缩曲线：（a）直径 6.7 mm 试样；（b）直径 10 mm 试样；（c）XRD 图谱；（d）室温压缩应力-应变曲线

有关金属间化合物第二相对于 BMG 材料塑性的影响，已有的研究结果中存在着许多不一致[91-94]。金属间化合物相的尺寸不同，其对于材料性能的影响也显著不同。Sun 等[91]和 Das 等[92]的研究表明，含有纳米尺度 B2 结构相的复合材料可以获得良好的塑性。但是 He 等[93]发现 $Zr_{52.25}Cu_{28.5}Ni_{4.75}Al_{9.5}Ta_5$ 材料的塑性随着试样尺寸的增加而下降，他们认为这是由于大尺寸样品中含有更高比例的细小的脆性 Zr_2Cu 相。Bian 等[94]也发现，在高氧含量的条件下，含有尺寸小于 10 μm 的淬态晶体析出相的 Zr 基 BMG 材料中存在着韧-脆转变现象。总体来看，除了纳米尺度析出以外，脆性的金属间化合物相是不利于 BMG 材料塑性的。

陈光教授课题对大尺寸铸态内生球形金属间化合物/BMG 复合材料的韧化机理进行了研究。他们采用纳米压痕实验测量了复合样品的球形 Zr_2Cu 金属间化合物第二相的显微硬度，多次测量得到其硬度为（9.6±0.3）GPa。根据晶体材料中，材料的显微硬度与材料的屈服强度之比为 3∶1，可以估算出 Zr_2Cu 金属间化合物相的屈服强度约为 2880 MPa，该强度远高于全金属玻璃样品断裂强度（1700 MPa）。在压缩变形初期，复合材料中相对较“软”的金属玻璃基体首先发生变形，直到发生屈服。在该过程中较“硬”的金属间化合物相只是起到传递载荷的作用。金属玻璃基体内发生剪切局域化，这种局域加热效应导致在样品断面上出现随机分布于脉纹状图案上的“熔滴”[图 3.71（a）]。由于金属间化合物相的弹性模量[（121±2）GPa]略大于金属玻璃基体[（112±2）GPa]，相同的载荷下金属间化合物发生较小的弹性变形，因而在金属间化合物与玻璃基体之间会形成应力集中。应力集中和硬质第二相的阻碍使得脉纹状花纹在两相界面处会产生更多的分叉[图 3.71（a）中圈内所示]。当施加载荷超过金属玻璃基体的屈服强度时，在与加载方向呈 45°角左右形成剪切面，高强度的金属间化合物球相当于剪切面上起阻碍作用的“岛”。进一步增加载荷，由于 Zr_2Cu 金属间化合物为高硬度脆性相，自身难以发生塑性变形，因此最终复合材料的失效发生于金属间化合物内部裂纹的形成与扩展[图 3.71（b）]。从这个意义上来说，球形金属间化合物相“激发”了 BMG 基体的本身塑性。铸态内生球形金属间化合物/BMG 复合材料可以在有效提高材料塑性的同时保持高的断裂强度，有利于获得更好的综合性能。

与本研究相比，Bian 和 He 等[93, 94]的研究中晶体第二相尺寸较小，体积分数较低时，剪切带的扩展过程中未必会遭遇到晶体第二相的阻碍，因而不能有效提高材料的塑性。但是，如果这种晶体析出相尺寸非常细小，达到纳米量级而且均匀分布于整个材料中，这些细小且数目众多的晶体相可以作为应力集中的诱发点，激发剪切带广泛形核，从而使得材料具备一定的宏观塑性。那么究竟析出相的尺寸多大时才能起到上述的“岛”的阻碍作用？分析认为，析出相的尺寸大于剪切

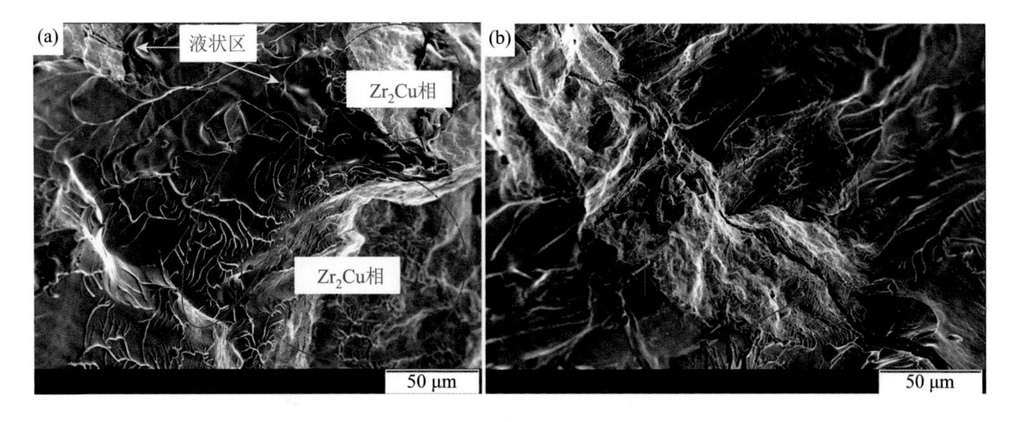

图 3.71　$Zr_{55.0}Ni_{8.0}Cu_{29.0}Al_{8.0}$ 内生金属间化合物/BMG 复合材料室温压缩后的断口 SEM 照片

带的间距时才能够有效阻碍剪切带的扩展。BMG 单相材料在压缩和拉伸实验中都存在显著的“尺寸效应”。Conner 等[95]的研究表明，在弯曲实验时拉伸面的剪切带的间距随着样品厚度的增加近似呈线性增加，其斜率为 1∶10，压缩面也有类似的规律。换言之，与薄带状样品相比，厚的 BMG 样品剪切带的间距更宽。Liu 等[96]在具有一定塑性的 $Zr_{64.13}Cu_{15.75}Ni_{10.12}Al_{10}$ BMG 中发现，随着载荷的增加（弯曲角度增大），剪切带间距减小。对于大多数 Zr 基 BMG 材料，弯曲时，拉伸面的剪切带间距一般为 10～100 μm[95, 96]。一般认为，压缩面的剪切带间距小于拉伸面。考虑到二次剪切带的间距会更小，因此 Zr 基 BMG 中压缩剪切带的间距一般不会超过 100 μm。而本研究所制备的复合材料中，球形金属间化合物第二相的平均尺寸为（220±22.17）μm，远大于 100 μm，剪切带扩展过程中必然会遇到第二相的阻碍，因此能够起到很好的增塑作用。

图 3.72 为复合材料断裂后样品侧面的剪切带的 SEM 照片和同一位置的相应背散射 SEM 照片。从图中可以看出，在球形金属间化合物和金属玻璃基体的界面处，一次剪切带扩展遇到阻碍，由于剪切带扩展难以通过高硬度的金属间化合物第二相而发生转向，同时在箭头所指位置发生增殖，分裂出多个分支。这些分支在围绕第二相扩展时会发生进一步的转向和增殖。剪切带的转向与多剪切带的形成使得复合材料表现出宏观的塑性变形。假如金属间化合物第二相尺寸不够大，小于剪切带的间距，那么很可能剪切带扩展时不会遇到第二相的阻碍。然而，不同合金体系成分的差异以及变形施加方式的不同都可以造成剪切带间距的不同。在内生金属间化合物/BMG 复合材料中，只要金属间化合物第二相的尺寸超过 BMG 基体相应变形条件下剪切带的间距就可以起到有效增塑的作用。

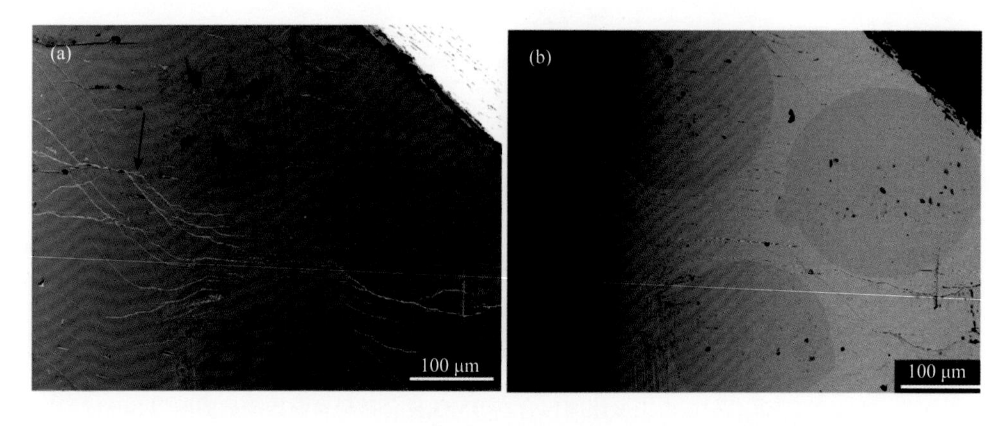

图 3.72 $Zr_{55.0}Ni_{8.0}Cu_{29.0}Al_{8.0}$ 金属间化合物/BMG 复合材料断裂后样品侧面的 SEM 照片（a）及背散射 SEM 照片（b）

因此，BMG 复合材料中的金属间化合物第二相可以根据尺寸划分为三类：①晶粒尺寸为纳米尺寸，依靠应力集中造成大量剪切带形核而提高材料的塑性；②晶粒尺寸大于纳米尺寸，但是小于剪切带的间距，对材料的塑性没有明显提高；③晶粒为微米级，尺寸超过剪切带间距，可以有效阻碍剪切带的扩展，诱发剪切带的转向与增殖，从而提高材料的宏观塑性。

在这一理论的指导下，陈光教授课题组[67, 97]又开发了内生金属间化合物增韧镁基非晶合金复合材料。图 3.73 为 $Mg_{65}Cu_{10}Ni_{10}Zn_5Y_{10}$ 和$(Mg_{65}Cu_{10}Ni_{10}Zn_5Y_{10})_{91}Zr_9$ 合金试样的显微组织金相照片及相应的 XRD 图谱、室温压缩应力-应变曲线。可以看出，$Mg_{65}Cu_{10}Ni_{10}Zn_5Y_{10}$ 为纯非晶特征，未见晶体相析出，XRD 也为典型漫散射。而$(Mg_{65}Cu_{10}Ni_{10}Zn_5Y_{10})_{91}Zr_9$ 合金则表现出典型的复合材料特征，在玻璃基体上均匀分布着一些颗粒状的晶体相，其尺寸为 10～50 μm、体积分数约为 32%。$(Mg_{65}Cu_{10}Ni_{10}Zn_5Y_{10})_{91}Zr_9$ 合金 XRD 图谱，除了典型非晶特征的漫散峰外，还可观察到晶体的衍射峰，与标准 XRD 衍射峰数据比对，析出相可辨别为 NiZr 金属间化合物。采用 EDX 分析图谱如图 3.73（a）所示，表明第二相的平均成分为 $Zr_{51.4}Ni_{48.6}$，这与 XRD 结果中的 NiZr 金属间化合物相对应，基体中的 Zr 含量非常低（用 EDX 无法探测到）。为了进一步验证复合材料的组成为两相而无其他晶体产物存在，对复合材料$(Mg_{65}Cu_{10}Ni_{10}Zn_5Y_{10})_{91}Zr_9$ 进行了透射电镜分析。如图 3.74（b）所示，无衬度的基体衍射为典型金属玻璃漫散环，证实了金属玻璃基体；晶体相的衍射斑点标定证实其为 NiZr 金属间化合物。

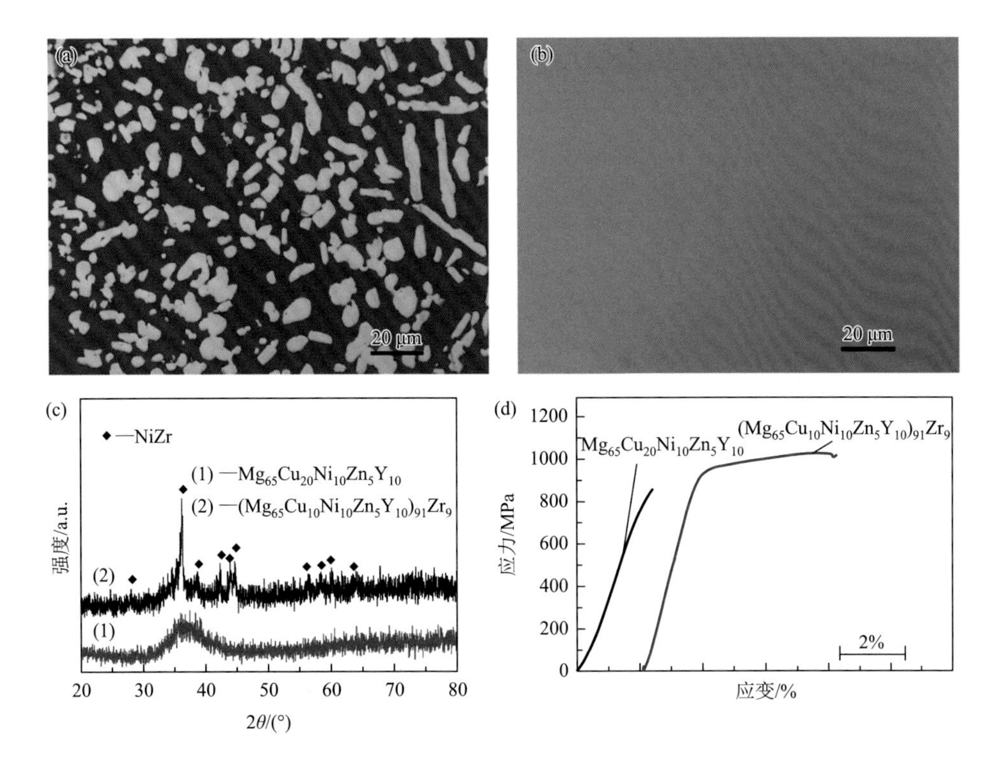

图 3.73　$Mg_{65}Cu_{10}Ni_{10}Zn_5Y_{10}$（a）和$(Mg_{65}Cu_{10}Ni_{10}Zn_5Y_{10})_{91}Zr_9$（b）合金试样的显微组织金相照片及相应的 XRD 图谱（c）以及室温压缩应力-应变曲线（d）

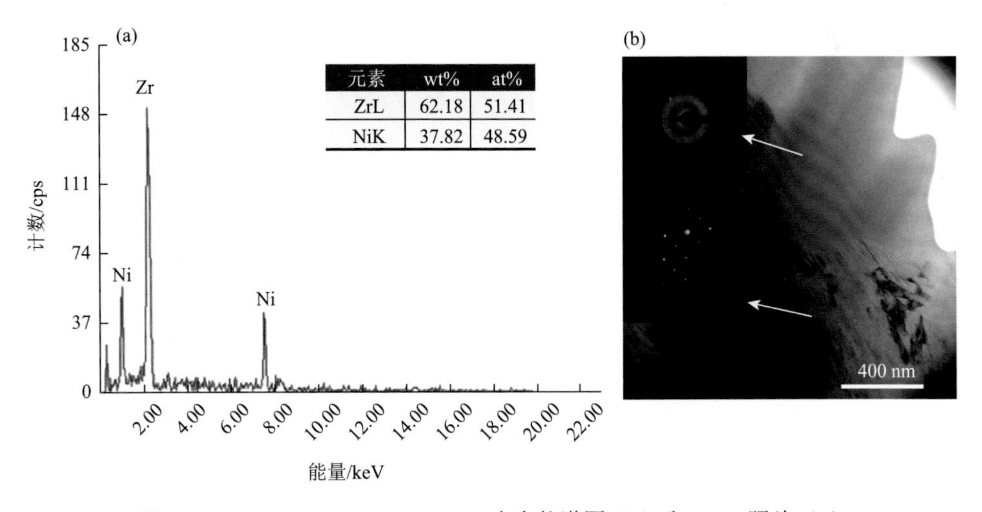

元素	wt%	at%
ZrL	62.18	51.41
NiK	37.82	48.59

图 3.74　$(Mg_{65}Cu_{10}Ni_{10}Zn_5Y_{10})_{91}Zr_9$ 合金能谱图（a）和 TEM 照片（b）

室温压缩实验结果显示，$Mg_{65}Cu_{10}Ni_{10}Zn_5Y_{10}$ 块体金属玻璃只有弹性形变，断裂极限强度在 800 MPa 左右，与文献中的 Mg 基金属玻璃的强度相当，未表现出宏观屈服与塑性形变。压缩断裂形成若干碎片或粉末，这一现象与其他 Mg-BMG 相同。Zr 元素的加入虽然在一定程度上降低了金属玻璃态合金的玻璃形成能力，使金属玻璃基体内部出现了 NiZr 金属间化合物相，但在强度和塑性方面都有了明显的改善。$(Mg_{65}Cu_{10}Ni_{10}Zn_5Y_{10})_{91}Zr_9$ 合金的压缩强度达到了 1039 MPa，相比 $Mg_{65}Cu_{10}Ni_{10}Zn_5Y_{10}$ 合金强度提高了 13%，几乎是传统晶态 Mg 合金的 3 倍左右。值得注意的是，$(Mg_{65}Cu_{10}Ni_{10}Zn_5Y_{10})_{91}Zr_9$ 复合材料在塑性变形能力上也克服了单相 Mg-BMG 脆性特性，塑性应变 $\varepsilon_p \approx 3.5\%$。在以往 Mg-BMG 的韧化研究中，强度和塑性通常是不能兼顾的，在大幅度提高一方面性能的同时经常会使另一方面的性能受到损伤。例如，α-Mg 固溶体增塑的 Mg 基金属玻璃复合材料的强度由 800 MPa 降低为 580 MPa，而该研究中 NiZr 金属间化合物复合 Mg-BMG 实现了同时提高其强度和塑性。

纳米压痕实验测得$(Mg_{65}Cu_{10}Ni_{10}Zn_5Y_{10})_{91}Zr_9$复合材料样品中的 NiZr 金属间化合物第二相的显微硬度和弹性模量分别为（65±2）GPa 和（3.8±0.2）GPa，而金属玻璃基体的分别为（41±2）GPa 和（2.6±0.2）GPa。材料的屈服强度通常与硬度成正比，因而 NiZr 金属间化合物的屈服强度高于金属玻璃基体。金属玻璃复合材料压缩变形初期，相对较“软”的金属玻璃基体首先屈服、变形，直到应力达到较“硬”金属间化合物 NiZr 的屈服强度。由于金属间化合物相 NiZr 的弹性模量大于金属玻璃基体，相同的载荷下金属间化合物 NiZr 发生弹性变形较小，因而在金属间化合物 NiZr 与玻璃基体之间界面处将出现“应变集中区”。这些“应变集中区”随着变形逐渐扩展，导致在金属玻璃基体与第二相的界面处形成众多的剪切带[图 3.75（a）]。同时，由于 NiZr 金属间化合物第二相尺寸大于剪切带的间距，此时高强度的金属间化合物球相当于剪切面上起阻碍作用的

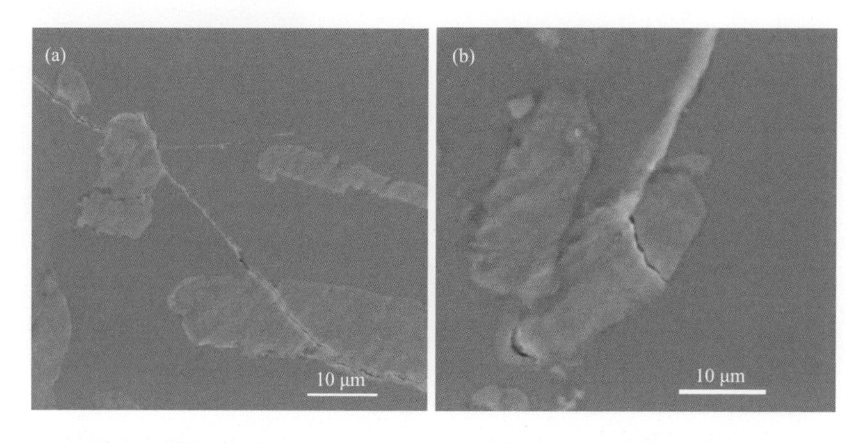

图 3.75 $(Mg_{65}Cu_{10}Ni_{10}Zn_5Y_{10})_{91}Zr_9$ 复合材料样品断裂后侧面 SEM 照片

“岛”，能够有效阻碍剪切带的扩展。图中可以看出，在 NiZr 金属间化合物和金属玻璃基体的界面处，一次剪切带扩展遇到阻碍，由于剪切带扩展难以通过高硬度的金属间化合物第二相而发生转向，同时在箭头所指位置发生增殖，分裂出多个分支。这些分支在围绕第二相扩展时会发生进一步的转向和增殖。此外，可以发现少数剪切带穿过硬质金属间化合物 NiZr[图 3.75（b）]，这个过程吸收了大量的剪切应变能，造成剪切带尖端的载荷快速下降，阻碍了剪切带的扩展，大量的剪切带与第二相产生交互作用，避免了单一剪切带扩展并穿过整个试样，最终提高了$(Mg_{65}Cu_{10}Ni_{10}Zn_5Y_{10})_{91}Zr_9$合金的断裂塑性。

与内生韧性第二相不同，金属间化合物作为高硬度相，自身难以发生塑性变形。在载荷作用下，金属间化合物相促进变形过程剪切带的增殖、分叉，导致塑性应变在多个剪切带内的重新分配，这些高硬度相可以作为晶体剪切带的“形核质点”，这改变了剪切带的分布，促使剪切带增殖。从这个意义上来说，金属间化合物相“激发”了 BMG 基体的本身塑性。内生金属间化合物/BMG 复合材料可以在有效提高材料塑性的同时保持高的断裂强度，有利于获得更好的综合性能。

3.4　非晶复合材料腐蚀行为

非晶合金独特的长程无序结构，不存在晶界、位错和成分偏析等晶体缺陷，因而具有优异的腐蚀性能，特别是镁基非晶合金以其优异的耐蚀性能和良好的生物相容性及力学相容性，已成为生物可降解金属材料的一个重要发展方向，引起了广泛关注。Qin 等[98]发现在人体模拟体液中，Mg-Zn-Ca 非晶合金表现出均匀的腐蚀行为，并较纯镁具有更好的耐蚀性。Gu 等[99]研究结果表明，浸提液和直接法细胞培养均显示 $Mg_{66}Zn_{30}Ca_4$ 及 $Mg_{70}Zn_{25}Ca_5$ 非晶合金对 L-929 和 MG-63 无细胞毒性，细胞在其表面黏附生长良好，生物相容性要优于轧制态纯镁金属。Yu 等[100]通过成骨细胞和成纤维细胞的体外直接和间接培养实验，发现 $Mg_{66}Zn_{30}Yb_4$ 非晶合金具有较好的耐蚀性能，抑制了 Mg 离子的释放以及培养液 pH 的升高，从而使细胞活性增加。Zberg 等[101]分别对 $Mg_{99.0}Y_{0.6}Zn_{0.4}$ 晶态合金和 $Mg_{60}Zn_{35}Ca_5$ 非晶合金进行了活猪体内的植入实验，结果显示，晶态的 Mg 合金氢气释放较快形成了气体空腔，而非晶合金具有更好的耐蚀性，显著降低了氢气释放速率，没有形成氢气泡，表现出更优良的组织相容性。然而上述研究都是集中于单相 Mg-BMG 合金，众所周知，由于缺乏位错、孪生等加工硬化机制，非晶合金以高度局域化的剪切模式进行变形，其室温塑性极差，难以满足临床应用的要求。前面的章节中已阐述非晶复合材料具有良好的室温塑性，但一般认为析出的第二相易与基体构成电偶腐蚀，将导致不均匀腐蚀并加快腐蚀速率。因此，非晶复合材料的腐蚀行为和生物相容性的研究较少，鲜见相关报道。

陈光教授课题组[67, 102, 103]系统研究镁基非晶复合材料腐蚀行为，并与单相Mg-BMG、AZ31 镁合金进行了对比。图 3.76 分别为 $Mg_{65}Cu_{20}Y_{10}Zn_5$ 纯非晶、α-Mg/BMG 复合材料、NiZr/BMG 复合材料及 AZ31 镁合金的显微组织金相照片及相应合金在 300 K 恒温下的 Hanks 模拟体液中的 Tafel 极化曲线。各个样品的电化学参数腐蚀电位 E_p、钝化区宽度 $E_{tp\text{-}p}$ 和腐蚀电流 i_{corr} 列于表 3.5 中。对于 AZ31 试样，当电位升到其自腐蚀电位−1.61 V 后进入阳极极化，随着电位的升高，电流增大，阳极溶解电流密度遵循 Tafel 规律，没有明显钝化现象。$Mg_{65}Cu_{20}Y_{10}Zn_5$ 块体金属玻璃和 $Mg_{75}Cu_{13.33}Y_{6.67}Zn_5$、$(Mg_{65}Cu_{10}Ni_{10}Zn_5Y_{10})_{91}Zr_9$ 块体金属玻璃复合材料具有相似的极化曲线，当电位升到其自腐蚀电位后进入阳极极化，随着电位的升高，电流波动大，进入活化-钝化过渡区。随后出现阳极钝化现象，这时电位进一步上升，电流密度几乎无变化，维钝电流密度很小，处于稳定钝态，钝化电位范围较宽，表现出优良的耐蚀性。单相块体金属玻璃 $Mg_{65}Cu_{20}Y_{10}Zn_5$ 的腐蚀电位为−1.03 V，钝化区宽度为 0.32 V。α-Mg/BMG 复合材料 $Mg_{75}Cu_{13.33}Y_{6.67}Zn_5$ 样品的腐蚀电位为−1.25 V，较单相金属玻璃的腐蚀电位有所下降，且钝化区范围

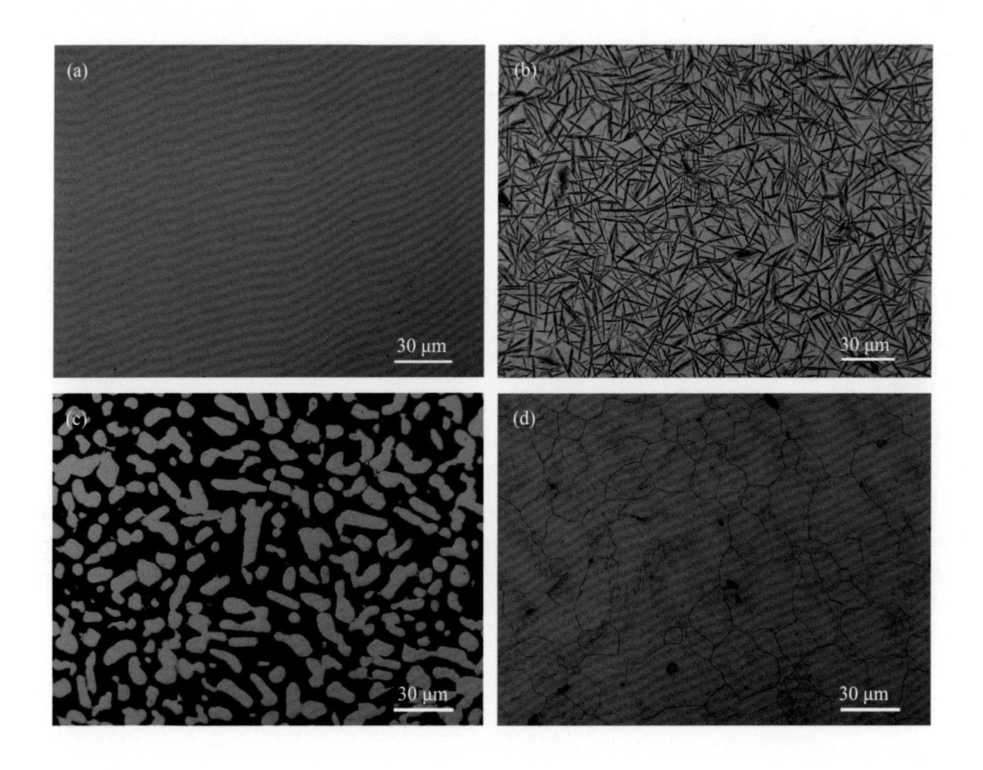

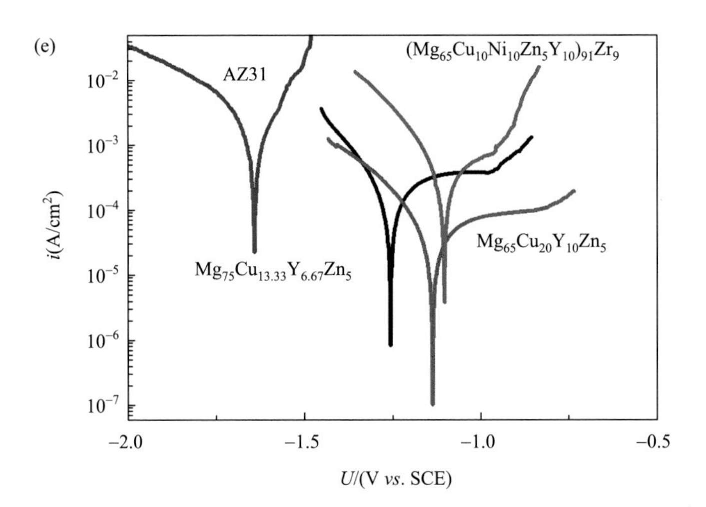

图 3.76　$Mg_{65}Cu_{20}Y_{10}Zn_5$（a）、$Mg_{75}Cu_{13.33}Y_{6.67}Zn_5$（b）、$(Mg_{65}Cu_{10}Ni_{10}Zn_5Y_{10})_{91}Zr_9$(c)和 AZ31 合金（d）的显微组织金相照片及相应合金在 Hanks 溶液中的电化学极化曲线（e）

减小到 0.26 V，说明低电位的 Mg 固溶体相的析出降低了金属玻璃的耐蚀性能。NiZr/BMG 复合材料$(Mg_{65}Cu_{10}Ni_{10}Zn_5Y_{10})_{91}Zr_9$样品的腐蚀电位为–1.10 V，较单相金属玻璃的腐蚀电位有所提高，主要因为合金中的 Ni 元素提高了其腐蚀电位，但其钝化区范围显著降低至 0.06 V，说明 NiZr 金属间化合物相的析出同样降低金属玻璃的耐蚀性能。

通过 Tafel 极化曲线不仅可以测试样品的腐蚀电位，还可以得到样品的腐蚀电流密度，腐蚀电流密度能直接表现样品的腐蚀速率。各个样品的腐蚀电流密度如表 3.5 所示，$Mg_{75}Cu_{13.33}Y_{6.67}Zn_5$金属玻璃复合材料的腐蚀电流密度达到 0.091 mA/cm²，与单相金属玻璃 $Mg_{65}Cu_{20}Y_{10}Zn_5$ 样品的腐蚀电流密度（0.017 mA/cm²）十分接近，$(Mg_{65}Cu_{10}Ni_{10}Zn_5Y_{10})_{91}Zr_9$金属玻璃复合材料的腐蚀电流密度增加到 0.485 mA/cm²，而传统晶态镁合金 AZ31 的腐蚀电流密度最大，达到 1.326 mA/cm²。钝化电流密度越低，合金的耐蚀性越好，这表明 AZ31 的腐蚀速率最大，耐蚀性最差；块体金属玻璃及复合材料样品的腐蚀电流密度均较低，呈现出良好的耐蚀性能。

表 3.5　腐蚀数据，包括腐蚀电位 E_p、钝化区宽度 E_{tp-p} 和腐蚀电流 i_{corr}

样品	$E_p\pm0.01$/(V $vs.$ SCE)	$i_{corr}\pm0.001$/(mA/cm²)	$E_{tp-p}\pm0.02$/(V $vs.$ SCE)
AZ31	−1.61	1.326	—
$Mg_{75}Cu_{13.33}Y_{6.67}Zn_5$	−1.25	0.091	0.26
$(Mg_{65}Cu_{10}Ni_{10}Zn_5Y_{10})_{91}Zr_9$	−1.10	0.485	0.06
$Mg_{65}Cu_{20}Y_{10}Zn_5$	−1.03	0.017	0.32

通过前面电化学极化曲线的测试结果可知，Mg 基块体金属玻璃及复合材料表现出良好的耐蚀性能。为了进一步研究块体金属玻璃及复合材料的电化学特性，进行交流阻抗测试。图 3.77 为 $Mg_{65}Cu_{20}Y_{10}Zn_5$、$Mg_{75}Cu_{13.33}Y_{6.67}Zn_5$、$(Mg_{65}Cu_{10}Ni_{10}Zn_5Y_{10})_{91}Zr_9$ 和 AZ31 样品在 Hanks 模拟体液中的交流阻抗图谱。从图 3.77（a）Nyquist 曲线可以看出，四种合金均存在一个容抗弧，但是 $Mg_{65}Cu_{20}Y_{10}Zn_5$ 块体金属玻璃和 $Mg_{75}Cu_{13.33}Y_{6.67}Zn_5$、$(Mg_{65}Cu_{10}Ni_{10}Zn_5Y_{10})_{91}Zr_9$ 块体金属玻璃复合材料的容抗弧半径要远大于 AZ31 晶态合金，说明金属玻璃态合金的阻抗值更高。一般阻抗值越高，合金的耐蚀性能越好，因此 Mg 基块体金属玻璃及复合材料的耐蚀性能显著优于晶态合金。容抗弧曲线半径的差异同样可以从图 3.77（b）相应的 Bode 曲线中得到体现。块体金属玻璃及复合材料的阻抗模值显著大于 AZ31 晶态合金，同样说明 $Mg_{65}Cu_{20}Y_{10}Zn_5$ 块体金属玻璃和 $Mg_{75}Cu_{13.33}Y_{6.67}Zn_5$、$(Mg_{65}Cu_{10}Ni_{10}Zn_5Y_{10})_{91}Zr_9$ 复合材料具有更强的腐蚀防护能力。

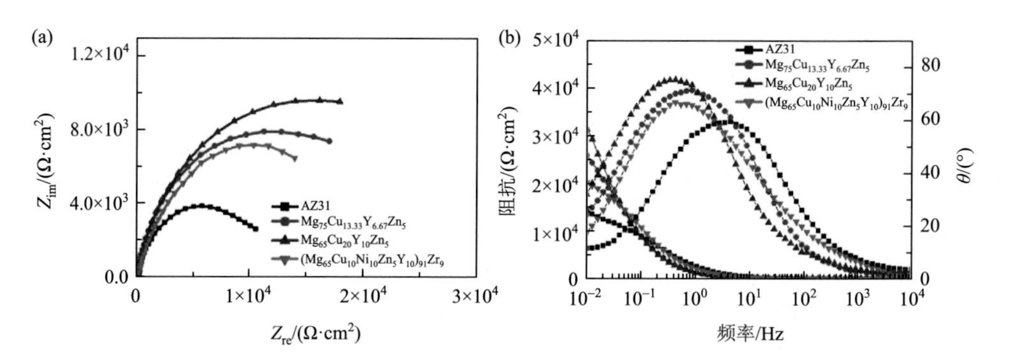

图 3.77 $Mg_{65}Cu_{20}Y_{10}Zn_5$、$Mg_{75}Cu_{13.33}Y_{6.67}Zn_5$、$(Mg_{65}Cu_{10}Ni_{10}Zn_5Y_{10})_{91}Zr_9$ 和 AZ31 合金在 Hanks 溶液中的 Nyquist 曲线（a）和 Bode 曲线（b）

为了进一步研究块体金属玻璃及复合材料的腐蚀防护机制，用 ZsimpWin 软件对图 3.77 的阻抗谱图进行拟合，结果如图 3.78 所示。$R_s(\Omega\cdot cm^2)$表示参比电极至被测电极之间的溶液电阻，它通常用相当于单位电极面积的纯电阻表示。$R_p(\Omega\cdot cm^2)$表示电荷传递电阻，是由电极表面上的法拉第过程所引起的阻抗，R_p 的数值越高表明样品的耐蚀性越好。CPE 是模拟双电层电容。对于一般金属电极来说，非法拉第过程是电极/溶液界面的双电层充放电过程，通常用一个等效电容来表示，但实验中发现，固体电极的双电层的阻抗行为与等效电容的阻抗行为并不完全一致，而是有一定的偏离，这种现象称为“弥散效应”，因此用常相位角元件（CPE）来表示这一等效元件。表 3.6 是按照图 3.78 所示等效电路拟合后的结果。从表中数据可见，$Mg_{65}Cu_{20}Y_{10}Zn_5$ 块体金属玻璃和 $Mg_{75}Cu_{13.33}Y_{6.67}Zn_5$、

$(Mg_{65}Cu_{10}Ni_{10}Zn_5Y_{10})_{91}Zr_9$ 复合材料样品的 R_p 值都显著高于 AZ31 晶态合金，说明 Mg 基块体金属玻璃及复合材料的耐蚀性能显著优于晶态合金。

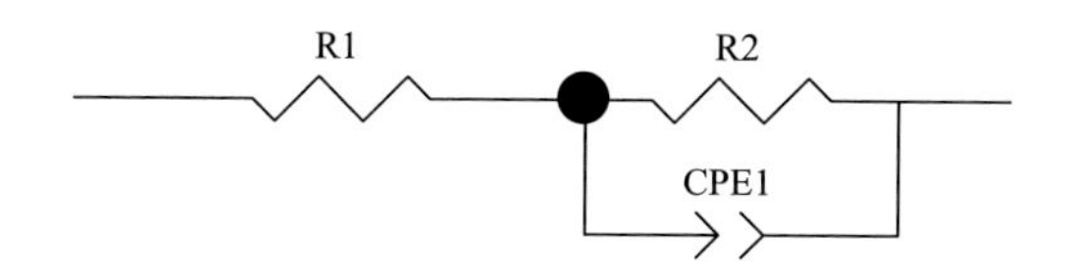

图 3.78　Nyquist 曲线的等效电路图

表 3.6　等效电路元件值

样品	$R_s\pm0.1/(\Omega\cdot cm^2)$	$R_p\pm0.01/(10^4\Omega\cdot cm^2)$	$n\pm0.001$
AZ31	14.1	1.36	0.8616
$Mg_{75}Cu_{13.33}Y_{6.67}Zn_5$	12.8	2.73	0.8424
$(Mg_{65}Cu_{10}Ni_{10}Zn_5Y_{10})_{91}Zr_9$	16.7	2.05	0.8624
$Mg_{65}Cu_{20}Y_{10}Zn_5$	16.4	3.25	0.8998

为进一步观察合金的腐蚀机制，图 3.79 给出了在 300 K 恒温下的 Hanks 模拟体液中浸泡 36 h 后的 $Mg_{65}Cu_{20}Y_{10}Zn_5$、$Mg_{75}Cu_{13.33}Y_{6.67}Zn_5$、$(Mg_{65}Cu_{10}Ni_{10}Zn_5Y_{10})_{91}Zr_9$ 和 AZ31 样品合金表面 SEM 腐蚀形貌。从图 3.79（a）中可以看出，晶态镁合金 AZ31 样品的腐蚀表面出现了明显的点蚀区域，且腐蚀区域分布不匀，形成了大而深的腐蚀坑，合金表面受到了严重的腐蚀。单相 $Mg_{65}Cu_{20}Y_{10}Zn_5$ 块体金属玻璃腐蚀表面平整，腐蚀坑小而浅[图 3.79（b）]，表明合金表现出很强的耐蚀性能。$Mg_{75}Cu_{13.33}Y_{6.67}Zn_5$、$(Mg_{65}Cu_{10}Ni_{10}Zn_5Y_{10})_{91}Zr_9$ 复合材料样品也具有较好的耐蚀性，但腐蚀机理各异。α-Mg/BMG 复合材料有部分点蚀，而 ZrNi/BMG 复合材料非晶基体的腐蚀较为严重。

普通晶态 Mg 合金的保护膜致密度低、易破裂，通常由开始的点蚀发展成大范围的腐蚀。晶态 Mg 合金在 Hanks 溶液中的腐蚀本质是微电偶腐蚀，腐蚀微电池中的电偶对，电位高者为阴极，低者为阳极。当电偶腐蚀发生时，阳极 Mg^{2+}溶入溶液，电子通过阳极传递到阴极，溶液中的 H^+在阴极接收电子以 H_2 排出。腐蚀初期，金属表面腐蚀产物膜尚未形成，Mg 原子离子化，进入溶液阻力小，溶液中的 Mg^{2+}未饱和，扩散动力大。随腐蚀时间延长，腐蚀产物 $Mg(OH)_2$ 沉积于表面并逐渐增厚，增大了 Mg^{2+}进入溶液的阻力，这相当于减少了阳极的面积，减缓了腐蚀的进一步发生。在含 Cl^-的溶液中，$Mg(OH)_2$ 钝化膜是不稳定的，Cl^-能在 Mg 表面吸附使得 $Mg(OH)_2$ 转变为可溶性的 $MgCl_2$，致使 Mg 合金表面发生点蚀。

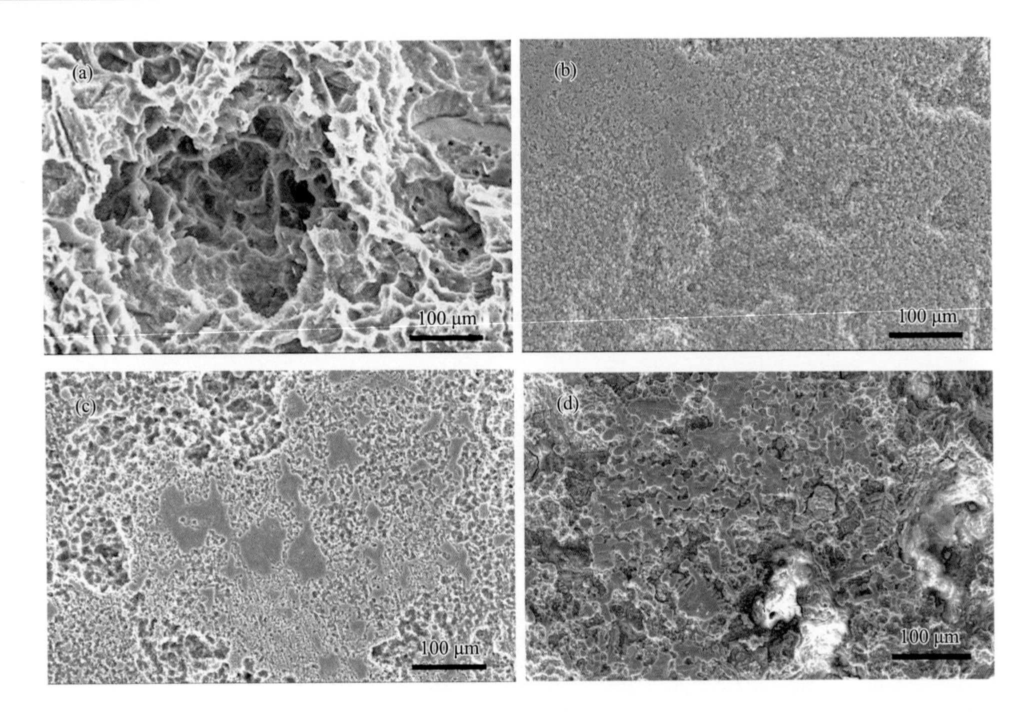

图 3.79 AZ31（a）、$Mg_{65}Cu_{20}Y_{10}Zn_5$（b）、$Mg_{75}Cu_{13.33}Y_{6.67}Zn_5$（c）和$(Mg_{65}Cu_{10}Ni_{10}Zn_5Y_{10})_{91}Zr_9$（d）在 Hanks 溶液中浸泡 36 h 后的腐蚀形貌

块体金属玻璃由于其均一的单相结构，无第二相析出，也无晶界存在，成分均匀，不存在容易诱发腐蚀的夹杂物、位错露头等表面活性点，减少了在腐蚀介质中的微腐蚀电池，并且有利于在表面上形成高度均匀、与基体紧密结合的高耐蚀性能的钝化膜。从电化学实验结果中可以看出，$Mg_{65}Cu_{20}Y_{10}Zn_5$ 块体金属玻璃的耐蚀性明显优于晶态 AZ31 合金。Mg 基块体金属玻璃的化学成分、显微结构均匀，而晶态 AZ31 合金成分分布不均匀，且存在大量的位错、晶界等缺陷，加速了合金的溶解。因此 $Mg_{65}Cu_{20}Y_{10}Zn_5$ 块体金属玻璃表面形成的腐蚀产物膜均匀，并与基体合金结合紧密，晶态合金表面形成的钝化膜不均匀，保护能力高于晶态 AZ31 合金。同时，块体金属玻璃所含的很多合金元素均有利于提高 Mg 基块体金属玻璃的耐蚀性，如稀土元素 Y 等。

$Mg_{75}Cu_{13.33}Y_{6.67}Zn_5$ 和$(Mg_{65}Cu_{10}Ni_{10}Zn_5Y_{10})_{91}Zr_9$ 是由金属玻璃基体与晶体相组成的块体金属玻璃复合材料，由于晶体相与块体金属玻璃基体存在电势差，在腐蚀过程中，块体金属玻璃基体与晶体相会形成腐蚀电偶，从而增加样品的腐蚀速率，因此其腐蚀电流密度大于 $Mg_{65}Cu_{20}Y_{10}Zn_5$ 块体金属玻璃，但是由于析出第二相性质的不同，其腐蚀行为也存在较大的差异。从图 3.79（c）中可以看出在腐蚀过程中，α-Mg 相遭到严重的腐蚀，而金属玻璃基体相保存相当完整，因为 α-Mg

相的腐蚀电位比金属玻璃基体更低，使得 α-Mg 相作为阳极相承受主要的腐蚀。根据以上实验结果，$Mg_{75}Cu_{13.33}Y_{6.67}Zn_5$ 金属玻璃复合材料的腐蚀机理如图 3.80 所示。金属玻璃复合材料合金中 α-Mg 相被金属玻璃基体所包围着，腐蚀首先主要集中于作为阳极的 α-Mg 相，玻璃基体受到了很好的保护，而随着腐蚀的进行，晶体相基本溶解，露出更多的块体金属玻璃基体，由晶体相和玻璃基体组成的腐蚀电偶消失，同时由 α-Mg 相腐蚀所形成的腐蚀产物堆砌于样品的表面有利于表面膜形成与修复，金属玻璃基体具有良好的耐蚀性，因此样品的腐蚀速率下降，呈现较好的耐蚀性能。在 $Mg_{75}Cu_{13.33}Y_{6.67}Zn_5$ 块体金属玻璃复合材料样品的腐蚀过程中，α-Mg 相作为牺牲阳极保护了金属玻璃基体，金属玻璃基体阻碍腐蚀的进一步扩展。

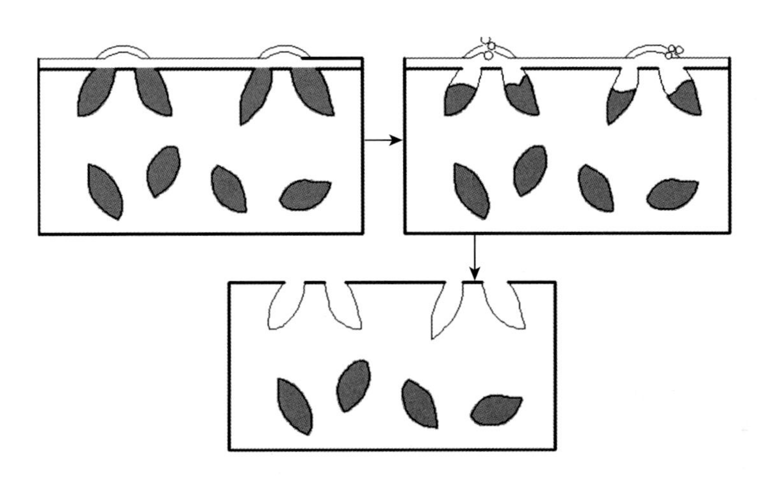

图 3.80　$Mg_{75}Cu_{13.33}Y_{6.67}Zn_5$ 金属玻璃复合材料腐蚀过程示意图

从图 3.79（d）中可以看出，$(Mg_{65}Cu_{10}Ni_{10}Zn_5Y_{10})_{91}Zr_9$ 合金在腐蚀过程中，金属玻璃基体遭到严重的腐蚀，而 NiZr 金属间化合物保存相当完整，这是由于 NiZr 金属间化合物的腐蚀电位高于金属玻璃基体，因此使得金属玻璃基体作为阳极相承受主要的腐蚀。根据以上实验结果，NiZr/Mg-BMG 金属玻璃复合材料的腐蚀机理如图 3.81 所示。在$(Mg_{65}Cu_{10}Ni_{10}Zn_5Y_{10})_{91}Zr_9$ 块体金属玻璃复合材料样品的腐蚀过程中，腐蚀主要集中于金属玻璃基体，金属间化合物相和玻璃基体组成腐蚀电偶，加速了作为阳极的金属玻璃基体的腐蚀速率，合金的耐蚀性能显著下降。

上述研究结果表明 Mg-BMG 复合材料中的第二相对腐蚀行为的影响不同于传统晶态镁合金，调控第二相的结构、成分等微观组织可降低其对腐蚀性能的不利影响，为兼具耐腐蚀、高强韧 Mg-BMG 合金的开发提供新思路。

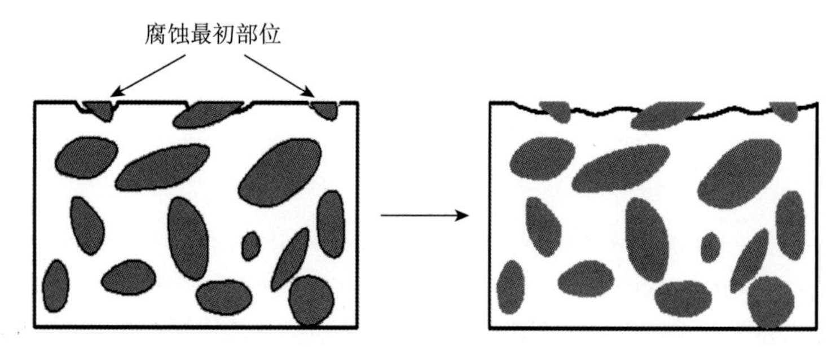

图 3.81 $(Mg_{65}Cu_{10}Ni_{10}Zn_5Y_{10})_{91}Zr_9$ 金属玻璃复合材料腐蚀过程示意图

参考文献

[1] Inoue A. Stabilization of metallic supercooled liquid and bulk amorphous alloys[J]. Acta Materialia，2000，48（1）：279-306.

[2] Wang W H，Dong C，Shek C H. Bulk metallic glasses[J]. Materials Science & Engineering R，2004，44（2-3）：45-89.

[3] Johnson W L. Bulk glass-forming metallic alloys：science and technology[J]. Materials Research Society Bulletin，1999，24（10）：42-56.

[4] 戴道生，韩汝琪. 非晶态物理[M]. 北京：电子工业出版社，1988.

[5] 李德修.非晶态物理讲座 第一讲 非晶态材料的结构[J]. 物理，1982，(11)：700-704.

[6] Nye J F. A dynamical model of a crystal structure[J]. Proceedings of the Royal Society of London，1947，190（1023）：474-481.

[7] Bernal J D. Geometry of the structure of monatomic liquids[J]. Nature，1960，185（4706）：68-70.

[8] Cohen M H，Turnbull D. Metastability of amorphous structures[J]. Nature，1964，203（4948）：964.

[9] Gaskell P H. A new structural model for amorphous transition metal silicides，borides，phosphides and carbides[J]. Journal of Non-Crystalline Solids，1979，32（1-3）：207-224.

[10] Gaskell P H. A new structural model for transition metal-metalloid glasses[J]. Nature，1978，276（5687）：484-485.

[11] Waseda Y，Chen H S. A structural study of metallic glasses containing boron（Fe-B，Co-B，and Ni-B）[J]. Physica Status Solidi（a），1978，49（1）：387-392.

[12] Boudreaux D S，Frost H J. Short-range order in theoretical models of binary metallic glass alloys[J]. Physical Review B，1981，23（4）：1506-1516.

[13] Miracle D B. A structural model for metallic glasses[J]. Nature Materials，2004，3（10）：697-702.

[14] Miracle D B. The efficient cluster packing model-An atomic structural model for metallic glasses[J]. Acta Materialia，2006，54（16）：4317-4336.

[15] Ma D，Stoica A D，Wang X L. Power-law scaling and fractal nature of medium-range order in metallic glasses[J]. Nature Materials，2009，8（1）：30-34.

[16] Sheng H W，Luo W K，Alamgir F M，et al. Atomic packing and short-to-medium-range order in metallic glasses[J]. Nature，2006，439（7075）：419-425.

[17] Tang M B，Zhao D Q，Pan M X，et al. Binary Cu-Zr bulk metallic glasses[J]. Chinese Physics Letters，2004，

21：901-903.

[18] Xu D H，Lohwongwatana B，Duan G，et al. Bulk metallic glass formation in binary Cu-rich alloy series-$Cu_{100-x}Zr_x$（x = 34, 36, 38.2, 40 at.%）and mechanical properties of bulk $Cu_{64}Zr_{36}$ glass[J]. Acta Materialia，2004，52：2621-2624.

[19] Debenedetti P G，Stillinger F H. Supercooled liquid and the glass transition[J]. Nature，2001，410（6825）：259-267.

[20] 徐勇. 非晶态合金的局域结构表征、原子堆垛机制及结晶动力学研究[D]. 北京：北京科技大学，2010.

[21] Lazarev N P，Bakai A S，Abromeit C. Molecular dynamics simulation of viscosity in supercooled liquid and glassy AgCu alloy[J]. Journal of Non-Crystalline Solids，2007，353（32）：3332-3337.

[22] 李峰. 非晶合金结构演变的分子动力学模拟[D]. 南京：南京理工大学，2012.

[23] Honeycutt J D，Andersen H C. Molecular dynamics study of melting and freezing of small Lennard-Jones clusters[J]. Journal of Physical Chemistry，1987，91（19）：4950-4963.

[24] Finney J L. Random packings and the structure of simple liquids. Ⅰ. The geometry of random close packing[J]. Proceedings of the Royal Society A，1970，319（1539）：479-493.

[25] Li F，Liu X J，Lu Z P. Atomic structural evolution during glass formation of a Cu-Zr binary metallic glass[J]. Computational Materials Science，2014，85：147-153.

[26] Li F，Zhang H J，Liu X J，et al. Effects of cooling rate on the atomic structure of $Cu_{64}Zr_{36}$ binary metallic glass[J]. Computational Materials Science，2018，141：59-67.

[27] Fujita T，Konnok K，Zhang W，et al. Atomic-scale heterogeneity of a multicomponent bulk metallic glass with excellent glass forming ability[J]. Physical Review Letters，2009，103（7）：075502.

[28] Li F，Zhang H J，Liu X J，et al. Effect of Al addition on atomic structure of Cu-Zr metallic glass[J]. Journal of Applied Physics，2018，123（5）：055101.

[29] Cheng Y Q，Ma E，Sheng H W. Atomic level structure in multicomponent bulk metallic glass[J]. Physical Review Letters，2009，102（24）：245501.

[30] 赵静锋. ZrCuAl 三元非晶合金局域原子结构研究[D]. 南京：南京理工大学，2018.

[31] Fan C，Ren Y，Liu C T，et al. Atomic migration and bonding characteristics during a glass transition investigated using as-cast Zr-Cu-Al[J]. Physical Review B，2011，83（19）：195207.

[32] Zhang Y，Mattern N，Eckert J. Effect of uniaxial loading on the structural anisotropy and the dynamics of atoms of $Cu_{50}Zr_{50}$ metallic glasses within the elastic regime studied by molecular dynamics simulation[J]. Acta Materialia，2011，59（11）：4303-4313.

[33] Peng H L，Li M Z，Wang W H，et al. Effect of local structures and atomic packing on glass forming ability in CuZr metallic glasses[J]. Applied Physics Letter，2010，96：021901.

[34] Nelson D R. Order，frustration，and defects in liquids and glasses[J]. Physical Review B，1983，28（10）：5515-5535.

[35] Yang L，Guo G Q，Chen L Y，et al. Atomic-scale mechanisms of the glass-forming ability in metallic glasses[J]. Physical Review Letters，2012，109：105502.

[36] Lee S W，Huh M Y，Fleury E，et al. Crystallization-induced plasticity of Cu-Zr containing bulk amorphous alloys[J]. Acta Materialia，2006，54：349-355.

[37] Yu C Y，Liu X J，Lu J，et al. First-principles prediction and experimental verification of glass-forming ability in Zr-Cu binary metallic glasses[J]. Scientific Reports，2013，3：2124.

[38] Guan P F，Fujita T，Hirata A，et al. Structural origins of the excellent glass forming ability of $Pd_{40}Ni_{40}P_{20}$[J].

Physical Review Letters，2012，108：175501.

[39] Hui X，Fang H Z，Chen G L，et al. Atomic structure of $Zr_{41}Ti_{14}Cu_{12.5}Ni_{10}Be_{22.5}$ bulk metallic glass alloy[J]. Acta Materialia，2009，57：376-391.

[40] Wang D，Tan H，Li Y. Multiple maxima of GFA in three adjacent eutectics in Zr-Cu-Al alloy system. A metallographic way to pinpoint the best glass forming alloys[J]. Acta Materialia，2005，53：2969-2979.

[41] Frank F C，Kasper J S. Complex alloy structures regarded as sphere packings. Ⅰ. Definitions and basic principles[J]. Acta Crystallographica，1958，11：184-190.

[42] Cohen M H，Turnbull D. Molecular transport in liquids and glasses[J]. The Journal of Chemical Physics，1959，31：1164-1169.

[43] Cohen M H，Turnbull D. Composition requirements for glass formation in metallic and ionic systems[J]. Nature，1961，189：131-132.

[44] Greer A L. Confusion by design[J]. Nature，1993，366：303-304.

[45] Egami T，Waseda Y. Atomic size effect on the formability of metallic glasses[J]. Journal of Non-Crystalline Solids，1984，64：113-134.

[46] Senkov O N，Miracle D B. A topological model for metallic glass formation[J]. Journal of Non-Crystalline Solids，2003，317：34-39.

[47] Miracle D B，Sanders W S，Senkov O N. The influence of efficient atomic packing on the constitution of metallic glasses[J]. Philosophical Magazine，2003，83：2409-2428.

[48] Miracle D B，Senkov O N. Topological criterion for metallic glass formation[J]. Materials Science and Engineering：A，2003，347：50-58.

[49] Peker A，Johnson W L. A highly processable metallic glass：$Zr_{41.2}Ti_{13.8}Cu_{12.5}Ni_{10.0}Be_{22.5}$[J]. Appled Physics Letters，1993，63：2342-2344.

[50] Cheng J L，Chen G，Gao P，et al. The critical cooling rate and microstructure evolution of $Zr_{41.2}Ti_{13.8}Cu_{12.5}Ni_{10}Be_{22.5}$ composites by Bridgman solidification[J]. Intermetallics，2010，18：115-118.

[51] Cheng J L，Chen G，Fan C，et al. Glass formation，microstructure evolution and mechanical properties of $Zr_{41.2}Ti_{13.8}Cu_{12.5}Ni_{10}Be_{22.5}$ and its surrounding alloys[J]. Acta Materialia，2014，73：194-204.

[52] 成家林. 锆基块体金属玻璃复合材料相选择、氧含量与力学行为研究[D]. 南京：南京理工大学，2012.

[53] Mccartney D G，Hunt J D，Jordan R M. The structures expected in a simple ternary eutectic system：Part Ⅰ. Theory[J]. Metallurgical Transactions，1980，11A：1243-1249.

[54] Mccartney D G，Hunt J D，Jordan R M. The structures expected in a simple ternary eutectic system：Part Ⅱ. The Al-Ag-Cu ternary system[J]. Metallurgical Transactions，1980，11A：1251-1257.

[55] Hays C C，Kim C P，Johnson W L. Microstructure controlled shear band pattern formation and enhanced plasticity of bulk metallic glasses containing *in situ* formed ductile phase dendrite dispersions[J]. Physical Review Letters，2000，84：2901-2904.

[56] Sun G Y，Chen G，Liu C T，et al. Innovative processing and property improvement of metallic glass based composites[J]. Scripta Materialia，2006，55：375-378.

[57] Lin X H，Johnson W L，Rhim W K. Effect of oxygen impurity on crystallion of an undercooled bulk glass forming Zr-Ti-Cu-Ni-Al alloy[J]. Materials transactions JIM，1997，38：473-477.

[58] Cheng J L，Chen G，Zeng Q，et al. Effects of oxygen on the microstructure evolution and glass formation of Zr-based metallic glasses. Journal of Iron and Steel Research[J]. International，2016，38：473-482.

[59] Cheng J L，Chen G，Zhang Z W，et al. Oxygen segregation in the Zr-based bulk metallic glasses[J]. Intermetallics，

2014，49：149-153.
[60] Chen M W，Inoue A，Sakurai T，et al. Impurity oxygen redistribution in a nanocrystallized $Zr_{65}Cu_{15}Al_{10}Pd_{10}$ metallic glass[J]. Applied Physics Letters，1999，74：812-814.
[61] Murty B S，Ping D H，Hono K，et al. Influence of oxygen on the crystallization behavior of $Zr_{65}Cu_{27.5}Al_{7.5}$ and $Zr_{66.7}Cu_{33.3}$ metallic glasses[J]. Acta Materialia，2000，48：3985-3996.
[62] Zavaliya I Y，Černý R，Koval'chucka I V，et al. Hydrogenation of oxygen-stabilized Zr_3NiO_x compounds[J]. Journal of Alloys and Compounds，2003，360：173-182.
[63] Sun G Y，Chen G，Chen G L. Comparison of microstructures and properties of Zr-based bulk metallic glass composites with dendritic and spherical bcc phase precipitates[J]. Intermetallics，2007，15：632-634.
[64] 孙国元. 铸态内生塑性晶体相/大块金属玻璃复合材料研究[D]. 南京：南京理工大学，2006.
[65] Zhang X L，Sun G Y，Chen G. Improving the strength and the toughness of Mg-based bulk metallic glass by Bridgman solidification[J]. Materials Science and Engineering：A，2013，564：158-162.
[66] Zhang X L，Chen G，Du Y L. Synthesis of plastic Mg-based bulk metallic glass matrix composites by the Bridgman solidification[J]. Metallurgical and Materials Transactions A，2012，43：2604-2609.
[67] 张旭亮. Bridgman 法制备 Mg 基块体金属玻璃复合材料及其力学与腐蚀性能研究[D]. 南京：南京理工大学，2012.
[68] Qiao J W，Wang S，Zhang Y，et al. Large plasticity and tensile necking of Zr-based bulk-metallic-glass-matrix composites synthesized by the Bridgman solidification[J]. Applied Physics Letters，2009，94：151905.
[69] 乔珺威. 内生非晶复合材料的制备与室温变形的研究[D]. 北京：北京科技大学，2010.
[70] Hofmann D C，Suh J Y，Wiest A，et al. Designing metallic glass matrix composites with high toughness and tensile ductility[J]. Nature，2008，451：1085-1090.
[71] Hofmann D C，Suh J Y，Wiest A，et al. Development of tough，low-density titanium-based bulk metallic glass matrix composites with tensile ductility[J]. Proceedings of the National Academy of Sciences of the USA，2008，105：20136-20140.
[72] Chen G，Cheng J L，Liu C T. Large-sized Zr-based bulk-metallic-glass composite with enhanced tensile properties[J]. Intermetallics，2012，28：25-33.
[73] Cheng J L，Chen G，Xu F，et al. Correlation of the microstructure and plasticity of Zr-based in-situ bulk metallic glass matrix composites[J]. Intermetallics，2010；18：2425-2430.
[74] Marsh S P，Glicksman M E. Overview of mushy of geometric zones effects on coarsening[J]. Metallurgical and Materials Transactions A，1996，27：557-568.
[75] Umantsev A，Olson G B. Ostwald ripening in multicomponent alloys[J]. Scripta Materialia，1993，29：1135-1140.
[76] Lifshitz I M，Slyozov V V. The kinetics of precipitation from supersaturated solid solutions[J]. Journal of Physics and Chemistry of Solids，1961，11：35-50.
[77] Wagner C Z. Theory of precipitate change by redissolution[J]. Elektrochem，1961，65：581-591.
[78] Calderon H A，Voorhees P W，Murray J L，et al. Ostwald ripening in concentrated alloys[J]. Acta Metall Materialia，1994，42：991-1000.
[79] Kuehmann C J，Voorhees P W. Ostwald ripening in ternary alloys[J]. Metallurgical and Materials Transactions A，1996，27A：937-940.
[80] Peterson P W，Kattamis T Z，Giamei A F. Coarsening kinetics during solidification of Ni-Al-Ta dendritic monocrystals[J]. Metallurgical and Materials Transactions A，1980，11：1059-1065.

[81] Chen M，Kattamis T Z. Dendrite coarsening during directional solidification of Al-Cu-Mn alloys[J]. Materials Science and Engineering：A，1998，247：239-247.

[82] Wang J C，Yang G C. Phase-field modeling of isothermal dendritic coarsening in ternary alloys[J]. Acta Materialia，2008，56：4585-4592.

[83] van Dalen M E，Dunand D C，Seidman D N. Microstructural evolution and creep properties of precipitation-strengthened Al-0.06Sc-0.02Gd and Al-0.06Sc-0.02Yb（at.%）alloys[J]. Acta Materialia，2011，59：5224-5237.

[84] Xi X K，Zhao D Q，Pan M X，et al. Fracture of brittle metallic glasses：brittleness or plasticity[J]. Physical Review Letters，2005，94：125510.

[85] Zhang Z F，Eckert J. Unified tensile fracture criterion[J]. Physical Review Letters，2005，94：094301.

[86] Wu Y，Xiao Y H，Chen G L，et al. Bulk metallic glass composites with transformation-mediated work-hardening and ductility[J]. Advanced Materialia，2010，22：2770-2773.

[87] Hofmann D C，Suh J Y，Wiest A，et al. New processing possibilities for highly toughened metallic glass matrix composites with tensile ductility[J]. Scripta Materialia，2008，59：684-687.

[88] Cheng J L，Chen G，Liu C T，et al. Innovative approach to the design oflow-cost Zr-based BMG composites withgood glass formation[J]. Scientific Reports，2013，3：2097.

[89] Chen G，Bei H，Cao Y，et al. Enhanced plasticity in a Zr-based bulk metallic glass composite with *in situ* formed intermetallic phases[J]. Applied Physics Letters，2009，95：081908.

[90] 曹扬. 块体金属玻璃复合、晶化与性能研究[D]. 南京：南京理工大学，2009.

[91] Sun Y F，Wei B C，Wang Y R，et al. Plasticity-improved Zr-Cu-Al bulk metallic glass matrix composites containing martensite phase[J]. Applied Physics Letters，2005，87：051905.

[92] Das J，Kim K B，Xu W，et al. Ductile metallic glasses in supercooled martensitic alloys[J]. Metallurgical and Materials Transactions，2006，47：2606-2609.

[93] He G，Zhang Z F，Löser W，et al. Effect of Ta on glass formation thermal stability and mechanical properties of a $Zr_{52.25}Cu_{28.5}Ni_{4.75}Al_{9.5}Ta_5$ bulk metallic glass[J]. Acta Materialia，2003，51：2383-2395.

[94] Bian Z，Chen G L. Microstructure and ductile-brittle transition of as-cast Zr-based bulk glass alloys under compressive testing[J]. Materials Science and Engineering：A，2001，316：135-144.

[95] Conner R D，Li Y，Nix W D，et al. Shear band spacing under bending of Zr-based metallic glass plates[J]. Acta Materialia，2004，52：2429-2434.

[96] Liu Y H，Wang W H. Shear bands evolution in bulk metallic glass with extended plasticity[J]. Journal of Non-Crystalline Solids，2008，354：5570-5572.

[97] Chen G，Zhang X L，Liu C T. High strength and plastic strain of Mg-based bulk metallic glass composite containing *in situ* formed intermetallic phases[J]. Scripta Materialia，2013，68：150-153.

[98] Qin F X，Bae G T，Dan Z H，et al. Corrosion behavior of the $Mg_{65}Cu_{25}Gd_{10}$ bulk amorphous alloys[J]. Materials Science and Engineering：A，2007，449-451：636-639.

[99] Gu X N，Zheng Y F，Zhong S P，et al. Corrosion of，and cellular responses to Mg-Zn-Ca bulk metallic glasses[J]. Biomater，2010，(31)：1093-1103.

[100] Yu H J，Wang J Q，Shi X T，et al. Ductile biodegradable Mg-based metallic glasses with excellent biocompatibility[J]. Advanced Functional Materials，2013，23：4793-4800.

[101] Zberg B，Uggowitzer P J，Löffler J F. MgZnCa glasses without clinically observable hydrogen evolution for biodegradable implants[J]. Nature Materialia，2009，8：887-891.

[102] Zhang X L，Chen G，Bauer T. Mg-based bulk metallic glass composite with high bio-corrosion resistance and excellent mechanical properties[J]. Intermetallics，2012，29：56-60.

[103] Zhang X L，Sun J L，Luo J，et al. Mechanical and corrosion behaviour of in situ intermetallic phases reinforced Mg-based glass composite[J]. Materials Science and Technology，2017，33：1186-1191.

第4章

高强韧镁合金

4.1 旋转锻模技术制备大块高强镁锂合金

作为目前世界上最轻的金属结构材料（$\rho \approx 1.35 \sim 1.65\ g/cm^3$），镁锂（Mg-Li）合金在科学和工程领域都受到了广泛的关注。除了轻质化的特点，Mg-Li 合金还具有良好的成型性、较高的比刚度和优越的阻尼能力等，是极具发展潜力的新兴绿色工程材料[1]。众所周知，纯 Mg 晶体为密排六方结构（HCP），室温下塑性变形能力较差。Li 元素的添加不仅可以降低 c/a 轴比，还可以使得晶体结构从 HCP 向具有更活跃滑移系统的体心立方（BCC）转变，大大改善了合金的塑性变形能力[2]。对于 Mg-Li 合金而言，较低的机械强度无法满足工业要求，是限制其应用的主要原因之一[3]。目前国内外的科研工作者在探索如何提高 Mg-Li 合金的强度方面做了大量的工作，主要的强化途径包括大塑性变形（severe plastic deformation，SPD）[4]、固溶强化和沉淀强化[5]。其中 SPD 是强化 Mg-Li 合金的主要方式之一，大量文献利用高压扭转（high-pressure torsion，HPT）、等通道转角挤压（equal channel angular pressing，ECAP）、叠轧（accumulative roll bonding，ARB）等大变形技术在 Mg-Li 合金内部引入极高的应变来调控性能，但是由于位错积累的饱和以及受限于 HCP 结构有限的塑性，强化效果较差。目前 Mg-Li 合金的强度仍集中在 250 MPa 左右，鲜少超过 300 MPa[3, 6]。另外，这些 SPD 技术通常操作复杂、效率低下；制备的样品尺寸限制于厘米甚至毫米尺度，这些缺点成为 SPD 工艺从实验室研究走向工业化应用的瓶颈。

根据经典的 Hall-Petch 公式，孪晶界（TB）通常是阻挡位错运动的有效障碍[7]。孪晶界可以与位错发生反应，进而积累和增殖位错，增加应变硬化能力和断裂延伸率。Fu 等通过工业超高压（ultrahigh pressure，UHP）工艺在 Mg-8Li 和 Mg-13Li 合金中分别引入双重纳米压缩孪晶（DCTW）[8]和压缩孪晶-层错（CTWSF）结构[9]，提高了合金强度。然而上述变形引入的孪晶和层错密度较低，强化效果并不显著。此外，镁合金中的变形孪晶不可避免地会导致剪切局域化和应力集中[10]。因此，如何在避免剪切局域化或应力集中的情况下，在 Mg-Li 合金内部引入高密度的孪晶和层错，进一步提高其力学性能仍然是一个挑战。根据 Hollomon 公式，变形孪晶和层错在高应变速率和低温下容易发生。尽管可以施加高应变，传统 SPD 技术的应变速率太低（$<10^{-1}\,s^{-1}$），从而无法在合金内部引入大量孪晶和层错。作为一种可以制备大块体超细晶材料的经济加工工艺，旋锻（RS）在变形过程中可以产生高达约 100 s^{-1} 的应变速率以及极高的三向压应力。因此，即使是低应变 RS 也可能在 Mg-Li 合金中引入高密度孪晶和层错，同时避免孪晶界附近的应力集中。此外，RS 还具有表面精度高、节省材料、成本低廉等优点。最近，Yang 等在室温下首次利用 RS 技术对 Mg-4Li-3Al-3Zn 合金进行了小应变量变形，制备出了大块高强镁锂合金[11]。

室温下对初始直径为 20.2 mm 的粗晶（CG）Mg-4Li-3Al-3Zn（wt%）棒材进行 RS 变形加工，最终获得直径为 17.2 mm 的 swaged 样品（断面收缩率和等效应变量分别为 27.5%和 0.32）。需要注意的是，变形过程中通过采用多道次小应变量的方式（每道次应变量约 0.02）来避免应力集中和剪切局域化。拉伸实验在室温下进行，拉伸方向与 RS 方向平行，样品的标距尺寸（长×宽×厚）为 10 mm×2.5 mm×1.5 mm，应变速率为 $5\times10^{-4}\,s^{-1}$。每种样品均至少重复三次拉伸实验，以确保结果准确。采用 Bruker D8 X 射线衍射仪对材料物相进行分析，使用的靶材为 Cu 靶，工作电压为 40 kV，工作电流为 40 mA。利用扫描电子显微镜（SEM）和电子背散射衍射（EBSD）对微观组织进行了观察。通过透射电子显微镜（TEM）和高分辨率透射电子显微镜（HRTEM）细致分析了 swaged 样品中的位错组态、孪晶和堆垛层错等晶体缺陷。

4.1.1　力学性能

图 4.1（a）是 RS 的工作原理示意图，锻造时坯料直接从模具入口端送进，四块模具环绕坯料高速旋转的同时对坯料做短冲程、高频率的锤击，直至锻出所需的锻件直径为止。图 4.1（b）是初始（as-received）样品和 swaged 样品的实物图。如图 4.1（c）所示，RS 加工显著提高了 as-received 样品的硬度值。与 as-received 样品相对均匀的硬度（HV）分布（74.5）相比，swaged 样品的硬度值从中心到边缘逐渐增加，整体呈现 U 形分布，边缘硬度值最高可达 115。将中心硬度较低的区域定义为区域Ⅰ，边缘区域则为区域Ⅱ，分别选取这两个区域的样品进行室温拉伸实验。图 4.1（d）为室温下的工程应力-应变曲线，as-received 样品的抗拉强度为 278 MPa，断裂延伸率为 22%。经 RS 处理后，样品的强度得到大幅度提升：YS 和 UTS 最高可增加到 373 MPa 和 405 MPa（红色曲线，swaged-Ⅱ样品），与原始态相比分别增加了 96%和 46%，同时仍保持至少 5%的断裂延伸率。

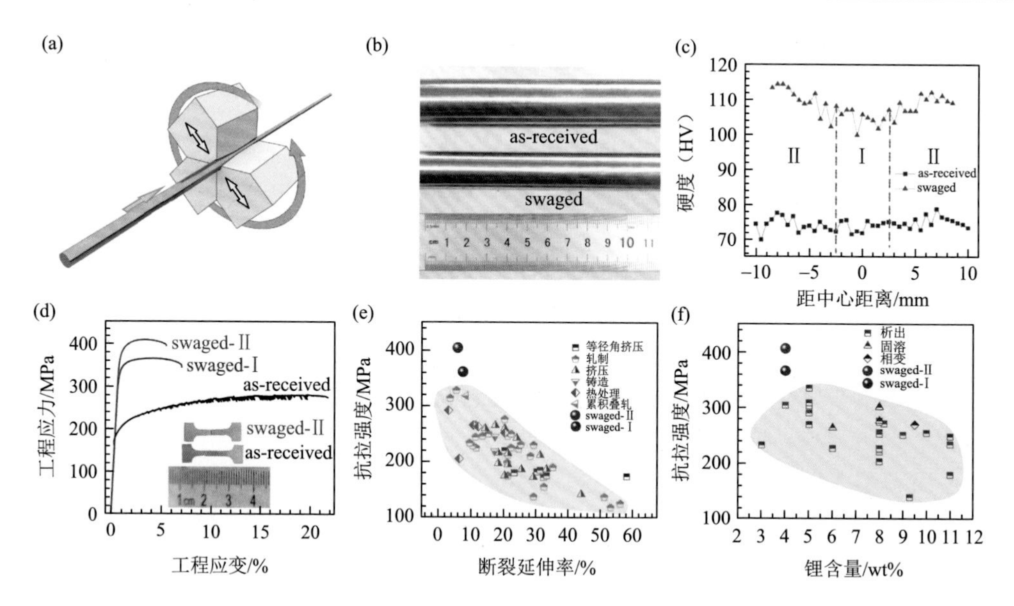

图 4.1（a）旋锻工艺示意图；（b）as-received 和 swaged 样品的实物图；（c）as-received 和 swaged 样品沿直径方向的硬度分布图；（d）as-received 和 swaged 样品的工程应力-应变曲线；（e）swaged 样品与文献中采用不同工艺制备的 Mg-Li-X 合金（X：合金元素）的力学性能对比；（f）Mg-Li 合金体系中 Li 含量和抗拉强度关系图[12, 13]

先前已经有大量文献采用各种方法对 Mg-Li 合金进行了强化研究。图 4.1（e）将 swaged 样品的抗拉强度和断裂延伸率与这些文献中的数据进行了对比。可以看出，大部分经强化处理的 Mg-Li 合金的抗拉强度均在 250 MPa 左右，鲜少超过 300 MPa。而 swaged-Ⅱ样品的抗拉强度最高可达到 405 MPa，远远超出迄今为止报道的所有 Mg-Li 合金。此外，图 4.1（f）进一步将 swaged 样品的抗拉强度与不同 Li 含量的 Mg-Li 合金进行对比，可以看出，镁锂合金的强度随着 Li 元素含量的增加而逐渐降低，这主要是因为合金的晶体结构逐渐从 HCP 向 BCC 结构转变，BCC 结构的 β-Li 相较软且具有更多独立的滑移系。在 Mg-Li 合金体系中，swaged 样品也同样具有明显的性能优势。

4.1.2 显微组织结构表征

图 4.2（a）是合金材料 as-received 样品的微观组织分析。可以看出，基体为单相结构，主要由平均晶粒尺寸约为 30 μm 的等轴粗晶组成，晶界处分布着大量明亮颗粒。根据图 4.2（c）的 XRD 图谱，除了 α-Mg 基体相之外，Al 元素的添加还形成了一定体积分数的 AlLi 相。因此可以推测在 α-Mg 相晶界处观察到的第二相颗粒为 AlLi 相。此外，变形没有导致任何新相的形成。图 4.2（b）为 swaged

样品的微观组织，晶粒沿着 RS 方向被轻微拉长，但是没有发生明显的细化。值得注意的是，如黄色箭头所示，在粗晶内部观察到大量的片层状结构，推测为 Mg 合金中常见的孪晶变形组织。图 4.2（d）和（e）进一步给出了 swaged 样品的 EBSD 表征分析结果，孪晶界处的应力集中，导致部分孪晶界很难被标定，严重影响了标定率。根据晶粒取向差分布图可以进一步确定粗晶内部的片层状结构为变形孪晶，主要包括二次孪晶（DTW）、压缩孪晶（CTW）以及拉伸孪晶（TTW）。其中 86°的峰强度最高，表明变形孪晶中大部分为 TTW。

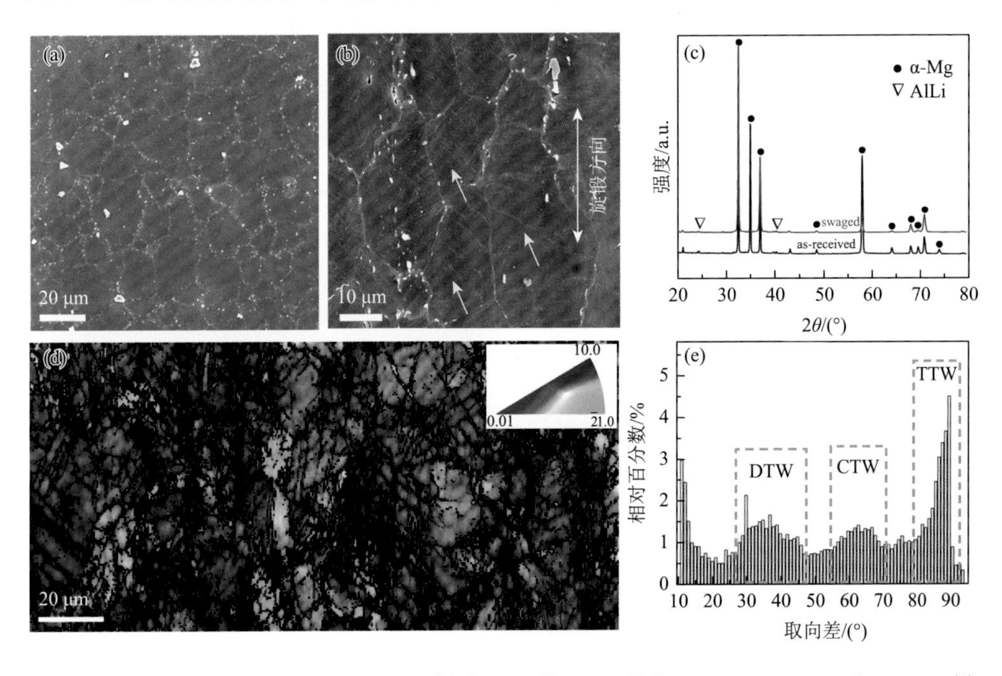

图 4.2　as-received 样品（a）和 swaged 样品（b）的 SEM 照片；（c）as-received 和 swaged 样品的 XRD 图谱；（d）as-received 和 swaged 样品的欧拉角反极图；（e）对应的晶界取向分布图

为了揭示合金强度显著提高的主要原因，对 swaged 样品纵截面的微观组织（UTS 为 405 MPa 的区域Ⅱ）进行了细致的 TEM 和 HRTEM 表征分析。如图 4.3（a）所示，RS 变形处理后，样品晶粒组织产生明显的塑性变形，晶粒内部可以观察到大量孪晶和位错。此外，在较细的变形孪晶内部还可以观察到高密度的纳米间距层错。图 4.3（b）为孪晶内部的位错组态，观察带轴为$[11\bar{2}0]$晶带轴，黄色实线表示(0001)基面。可以看出，大多数位错线平行于基面，这些位错被确定为基面$\langle a \rangle$位错。对于 HCP 结构的镁合金，由于激活基面滑移系所需的临界分切应力（critical resolved shear stress，CRSS）远低于其他非基面滑移系，导致基面$\langle a \rangle$位错在变形过程中最易开启。

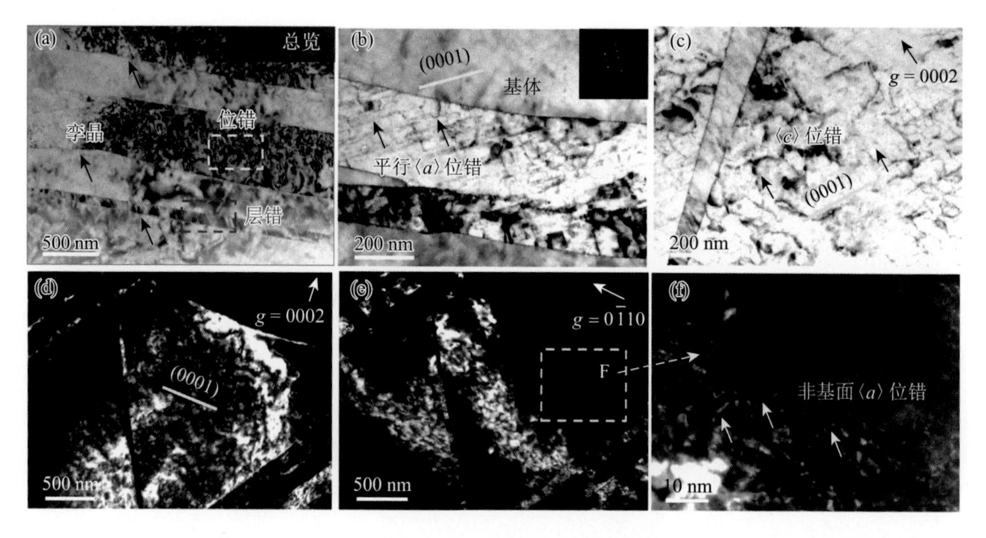

图 4.3 （a）swaged 样品的 TEM 明场像；（b）孪晶内部的位错组态；（c）$\boldsymbol{g}=0002$ 衍射条件下 swaged 样品内的位错组态；（d）、（e）$\boldsymbol{g}=0002$ 和 $\boldsymbol{g}=0\bar{1}10$ 衍射条件下，swaged 样品内另一变形晶粒内的位错组态；（f）（e）中黄色矩形区域的高倍放大图

在 TEM 观察中，可采用双束成像的原理来确定位错类型，其主要依据是 $\boldsymbol{g}\cdot\boldsymbol{b}=0$，其中 $\boldsymbol{g}$ 和 $\boldsymbol{b}$ 分别表示衍射矢量和位错的伯格斯矢量。当 $\boldsymbol{g}=0002$ 时，$\langle c\rangle$ 位错（$\boldsymbol{b}=\langle 0001\rangle$）在 TEM 明暗场像中可见，而 $\langle a\rangle$ 位错（$\boldsymbol{b}=1/3\langle 11\bar{2}0\rangle$）不可见；而当 $\boldsymbol{g}$ 矢量为 $2\bar{1}\bar{1}0$ 或 $0\bar{1}10$ 时，$\langle a\rangle$ 位错可见，而 $\langle c\rangle$ 位错不可见。对于 $\langle c+a\rangle$ 位错（$\boldsymbol{b}=1/3\langle 11\bar{2}3\rangle$）在上述两种矢量下均可见。如图 4.3（c）所示，在 $\boldsymbol{g}=0002$ 衍射条件下，可以观察到高密度的位错线。有研究表明，镁合金中的 $\langle c+a\rangle$ 全位错并不稳定，易分解为 $\langle a\rangle$ 和 $\langle c\rangle$ 位错[14]。因此，黄色箭头所示的高密度位错线可以推测为 $\langle c\rangle$ 位错分量，由锥面 $\langle c+a\rangle$ 位错分解而来。RS 变形过程中，$\langle c+a\rangle$ 滑移的激活可以在强度和塑性方面发挥一定的作用。图 4.3（c）～（e）给出了另外一个变形晶粒内的位错组态，观察带轴同样为$[11\bar{2}0]$晶带轴。图 4.3（c）为 $\boldsymbol{g}=0002$ 条件下的双束暗场像，没有看到任何位错线。图 4.3（d）和（e）则在 $\boldsymbol{g}=0\bar{1}10$ 的衍射条件下，黄色实线表示(0001)基面。结合滑移面轨迹分析，可以看到大量随机分布的非基面 $\langle a\rangle$ 位错，如图 4.3（e）中的黄色箭头所示。

图 4.4（a）～（c）利用 TEM 对 swaged 样品中的变形孪晶做了进一步表征分析，黄色虚线表示孪晶的大致位置。根据右上角相应的选区电子衍射（SAED）图案，可以确定图 4.4（a）和（b）中的孪晶为 Mg 合金中常见的$\{10\bar{1}2\}$TTW 和$\{10\bar{1}1\}$CTW，孪晶晶面与 Mg 基体基面的角度差分别为 86°和 125°。区别于传统孪晶，图 4.4（c）中的片层状结构，界面两侧的取向差为 144°。2015 年，Zhou 等在热轧态 Mg-Gd-Y-Ag 合金中也观察到这种片层结构，将其界面定义为层状晶

界（lamellar grain boundary，LGB），相邻的晶粒共用[$11\bar{2}0$]晶带轴。这种界面结构不具有孪晶界对称的特征，主要是由孪晶内发生多次孪生变形而形成的[15]。在 RS 早期，大量一次孪晶从晶界处成核，形成长而窄的孪晶。随着进一步变形，孪晶尖端产生了应力集中，从而大量的二次孪生在孪晶内部被激活，导致取向发生改变。根据发生多次孪生的孪晶类型和数量的不同，LGB 的角度也会不同。

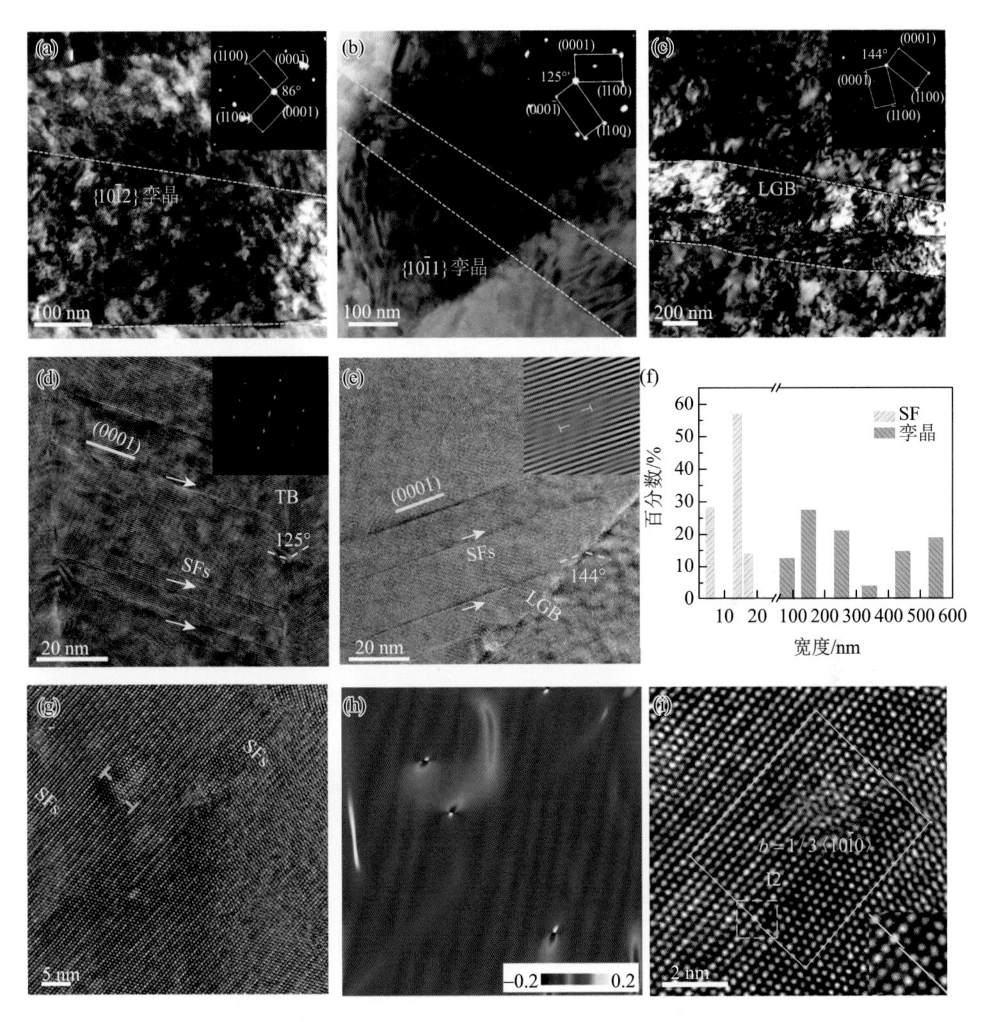

图 4.4　（a）～（c）swaged 样品内变形孪晶的 TEM 明场像，插图为对应的选区电子衍射花样；（d）{$10\bar{1}1$}孪晶内部的基面层错形貌，插图为对应的 FFT 衍射花样；（e）LGB 处发射的基面层错形貌，插图为经反傅里叶变换得到的晶格条纹相；（f）swaged 样品中孪晶和层错的宽度统计；（g）、（h）层错的原子尺度 TEM 图及对应的 GPA 分析；（i）I2 层错的原子尺度 TEM 图以及 Shockley 不全位错的伯格斯回路

如图 4.4（d）所示，$\{10\bar{1}1\}$孪晶内可以观察到高密度的基面层错，插图中的快速傅里叶变换（fast Fourier transform，FFT）衍射花样在$\langle 0001\rangle$方向有明显的条纹线，进一步佐证了堆垛层错的存在。此外图 4.4（e）中，也观察到从 LGB 处发射的数条平行层错，插图为沿(0001)基面方向的晶格条纹像，可以看出弗兰克不全位错核处（用绿色“⊥”符号表示）存在多余的半层原子面，表明这些基面层错属于 I1 型堆垛层错。图 4.4（f）中的统计结果显示，swaged 样品中变形孪晶和纳米层错的平均宽度分别为 289 nm 和 11 nm。为了探索位错与层错的交互作用，图 4.4（g）给出了另外一个晶粒内部的原子结构，并对此进行了几何相位分析（geometric phase analysis，GPA），结果表明位错核附近存在拉、压应变区域。最大应变区（浅红色）在层错界面附近，表明基面层错可以提供与变形孪晶相似的阻碍位错运动的效果。图 4.4（g）中通过在位错核周围绘制伯格斯回路，得到其对应的 Shockley 不全位错伯格斯矢量为 $1/3\langle 10\bar{1}0\rangle$，从而确定 swaged 样品中也存在 I2 型堆垛层错。根据 HRTEM 的表征结果，swaged 样品内观察到的层错为内禀型层错，即 I1 型和 I2 型，没有发现外延型层错。根据之前的文献报道，I1 型和 I2 型层错会分别在 HCP 晶格内引入局部的三层和四层面心立方（FCC）堆垛结构，从而改变堆垛顺序[16]。

4.1.3 讨论分析

上述研究结果表明，在不改变化学成分或相组成的情况下，低应变 RS 变形工艺可以显著提高 Mg-4Li-3Al-3Zn 合金的强度。由于细晶和沉淀强化可以忽略不计，合金强度的提高主要与粗晶内部形成的高密度变形孪晶和纳米层错密切相关。对比之前的研究报道，RS 可以在合金内部激活不同类型的高密度孪晶和层错，这主要是由于 RS 过程中不断变化的剪切应力方向和高应变速率[9, 17]。作为 Mg 合金塑性变形早期加工硬化的主要来源之一，变形孪晶会减少位错滑移的通道并阻碍位错的滑移，导致位错塞积在界面上，从而提高材料的强度。由于 Mg 合金中等偏低的层错能，层错也是其非常重要的变形机制。变形过程中，全位错易分解成不全位错夹层错的结构，使得平行于基面的堆垛层错很常见。当位错遇到层错时，既可能切过层错，也可能在层错附近塞积从而导致加工硬化[14]。根据平行层错的强化模型，合金的室温屈服强度与层错平均间距的倒数呈线性增加的关系。因此孪晶和层错的强化贡献可通过以下公式计算[18]：$\Delta\sigma = m[k_1\lambda^{(-1/2)} + k_2 d^{-1}]$，式中，$\lambda$ 和 d 分别为孪晶和层错的平均宽度，m 是体积分数，k_1 是 Hall-Petch 常数（$0.35\ \text{MPa}\cdot\text{m}^{1/2}$），$k_2$ 是实验常数（3780 MPa·nm）。取 m 为 0.135［根据图 4.2（b）进行统计测量］，孪晶的贡献强度约为 88 MPa，层错对强度的贡献值则约为 46 MPa。根据拉伸实验确定，RS 后合金增加的屈服强度约为 188 MPa。因此孪晶和层错对强度的提升贡献了约 71%，即高密度的变形孪晶和纳米层错是 Mg-Li 合金 RS 过程中的主要强化机制。本小节通过探索低成本 RS 工艺对 Mg-Li 合金微观组织和力学性能的影响，旨在揭示 α-Mg 单相 Mg-Li 合金的变形机制并开发轻质高强的 Mg-Li 合金，提高其应用潜力。

4.1.4　小结

综上所述，通过室温下 RS 工艺，成功制备了轻质高强的大块 Mg-Li 合金。低应变 RS 变形会在晶粒内部引入大量变形孪晶和纳米层错，提高了晶粒内部相干界面的密度，从而可以有效阻碍位错运动，显著提高合金强度。因具有低成本、操作简单和高效率等优点，RS 工艺可以大大促进 Mg-Li 合金在工业化领域的应用。

4.2　镁合金缺陷与界面修饰

近年来，镁合金中溶质元素在缺陷及界面结构的偏析及修饰成为镁合金研究的一个热点。研究发现溶质元素在热驱动或者应力驱动作用下，容易钉扎缺陷和界面，降低缺陷和界面的流动性，提高界面的稳定性；此外还可以细化晶粒，在材料设计和结构性能方面起重要作用。

4.2.1　镁合金的小角度晶界

位错是晶体中的线缺陷。当晶体的一部分区域发生滑移，另一部分区域不发生滑移，这就使得滑移部分与未滑移部分之间的区域发生严重的原子错排，这个区域的原子组态就是位错。在密排六方结构金属的镁合金中，基面$\langle a\rangle$位错是最常见的位错类型，其伯格斯矢量为 $1/3\langle 11\bar{2}0\rangle$。此外，当镁合金能启动 5 个独立滑移系时，位面$\langle c+a\rangle$位错也开始滑移，其伯格斯矢量为 $1/3\langle \bar{1}2\bar{1}3\rangle$。

当位错发生并形成有序排列时，则形成小角度晶界，或称为亚晶界。依据位错的排列情况，我们在 Mg-Ag 合金材料中发现了三种不同类型的小角度晶界[19]。图 4.5 为第一种类型的小角度晶界结构，称为 I 型小角度晶界。图 4.5（a）为 I 型小角度晶界从$[11\bar{2}0]$带轴获得的 HAADF-STEM 图像，从图中可以看出，位错沿着接近镁合金 c 轴的方向形成了有序排列。粉色虚线描绘的 I 型小角度晶界的夹角与基面呈 90°。图 4.5（b）的衍射斑分析表明，I 型小角度晶界是一个错配角（或者说倾转角），为 8°的倾转晶界。图 4.5（c）为局部放大的其中一个位错偏聚的 HAADF-STEM 图像，通过$(1\bar{1}00)$和(0001)面构建的伯格斯回路可知，该位错的伯格斯矢量为 $1/3\langle 1\bar{2}10\rangle$，为基面$\langle a\rangle$位错。

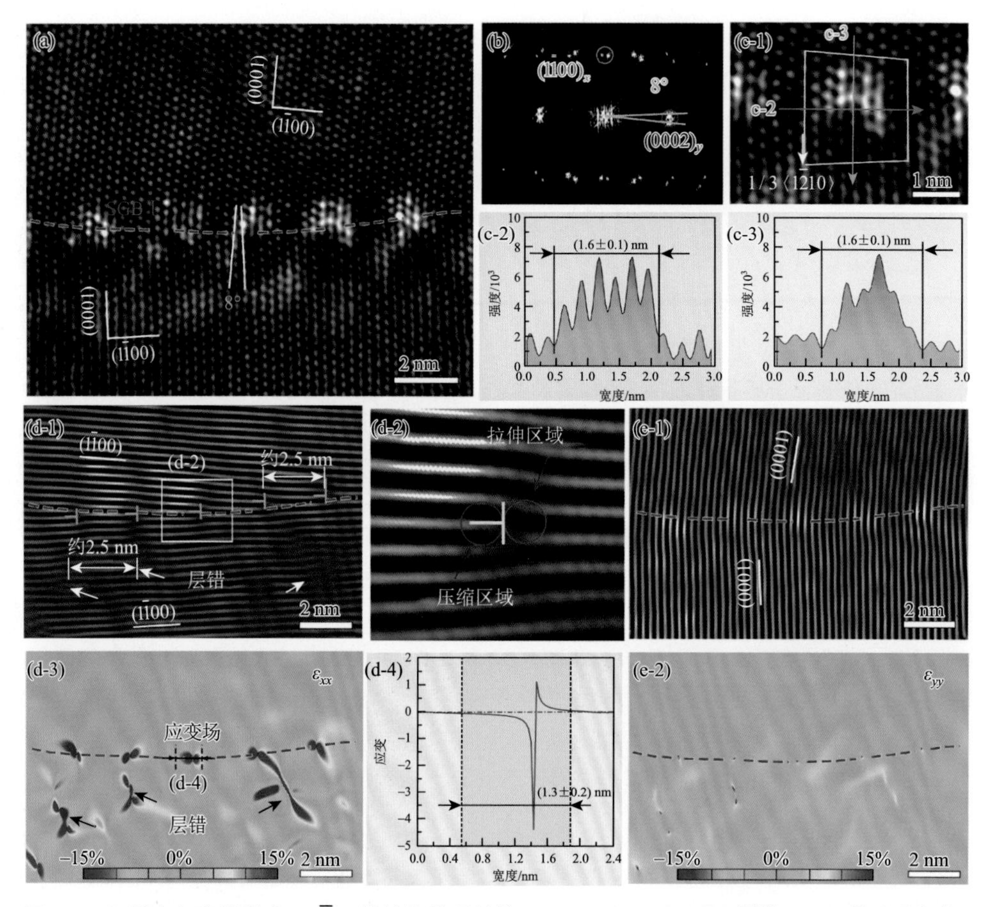

图 4.5　I 型小角度晶界在[11$\bar{2}$0]带轴的微观结构：（a）HAADF-STEM 图像；（b）傅里叶变换；（c-1）局部放大的 HAADF-STEM 图像；（c-2）、（c-3）元素柱的 Z 衬度强度积分分析；（d-1）、（d-2）从{1$\bar{1}$00}衍射获得的反傅里叶变换，其中符号⊥表示位错核心；（d-3）{1$\bar{1}$00}面的应变分布；（d-4）（d-3）中的局部应变；（e-1）从{0001}衍射获得的反傅里叶变换；（e-2）{0001}面的应变分布

由 Z 衬度成像原理可知，I 型小角度晶界主要在位错核心处发生偏析。通过沿着 I 型小角度晶界的方向和穿过晶界的方向的强度积分[图 4.5（c-2）和（c-3）]分析可知，Ag 元素在位错核心处的偏聚尺寸约为 1.6 nm，偏析强度约为 7。通过(1$\bar{1}$00)面的衍射获得的条纹像可以准确定位位错核心的位置，如图 4.5（d-1）中的绿色符号⊥所示。位错核心的平均间距约为 2.5 nm，与基体中如白色箭头所示的层错的间距相近。图 4.5（d-2）中的红色和蓝色小圈分别表示了位错核心处的拉伸区域和压缩区域。利用 GPA 分析图 4.5（a）中的位错偏析与局部应变场的关系，分别将(1$\bar{1}$00)和(0001)定义为 GPA 的 x 轴和 y 轴。图 4.5（d-3）清楚地显示了位错与层错在(1$\bar{1}$00)面的应变。GPA 图中的正应变与负应变分别对应

于位错核心的拉伸区域和压缩区域。进一步分析发现[图 4.5（d-4）]，位错的最大正应变约为 1.5，负应变则高达 4.5。这可能与合金元素的原子半径有关，Ag 的原子半径小于 Mg 的原子半径，Ag 原子更容易进入压缩位置形成偏聚结构，因此，更高的负应变能促进 Ag 元素的进一步偏聚。相反，如图 4.5（e-1）所示，(0001)面的晶格条纹像显示在位错核心处没有多余的半原子面。相应地，图 4.5（e-2）的应变分析也表明在(0001)面的应变的局部应力几乎为 0。

图 4.6（a）为Ⅱ型小角度晶界从[$11\bar{2}0$]带轴获得的 HAADF-STEM 图像，从图中可以看出，晶界几乎垂直于镁合金的 *c* 轴。粉色虚线描绘的Ⅱ型小角度晶界

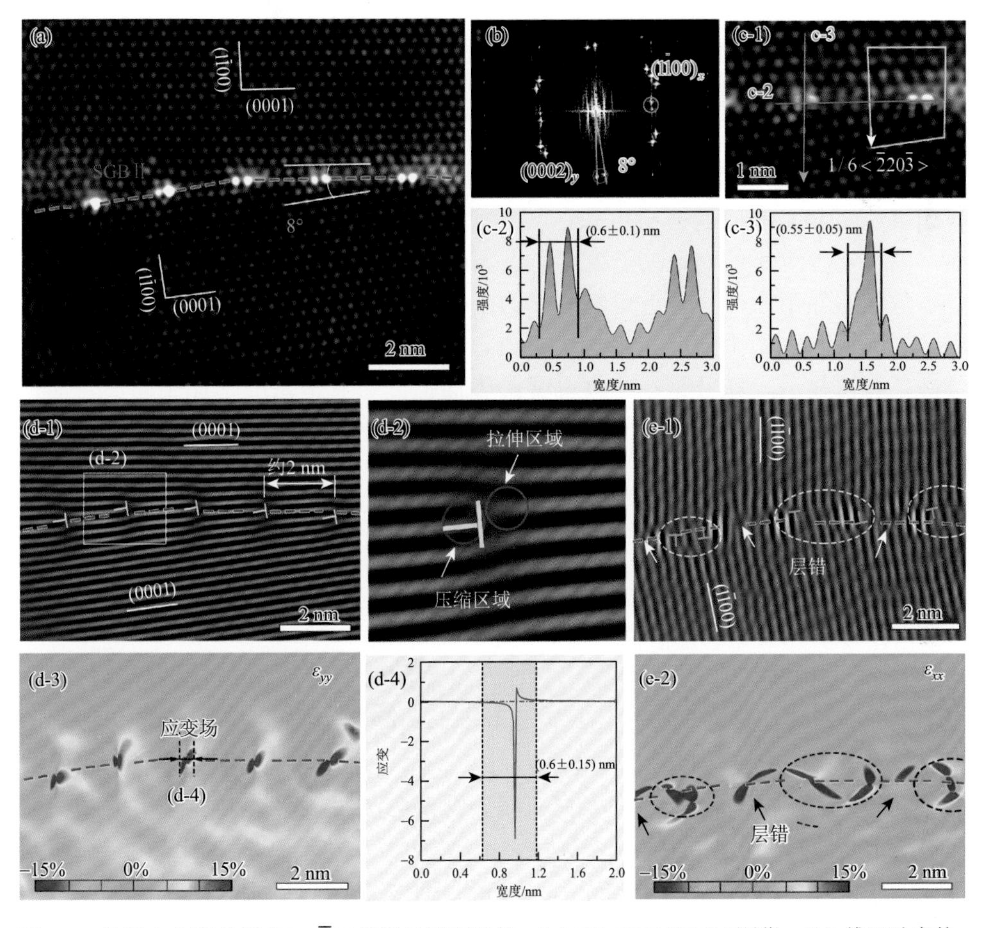

图 4.6　Ⅱ型小角度晶界在[$11\bar{2}0$]带轴的微观结构：(a) HAADF-STEM 图像；(b) 傅里叶变换；(c-1) 局部放大的 HAADF-STEM 图像；(c-2)、(c-3) 元素柱的 *Z* 衬度强度积分分析；(d-1)、(d-2) 从{0001}衍射获得的反傅里叶变换，其中符号⊥表示位错核心；(d-3) {0001}面的应变分布；(d-4) (d-3) 中的局部应变；(e-1) 从{$1\bar{1}00$}衍射获得的反傅里叶变换；(e-2) {$1\bar{1}00$}面的应变分布

的夹角与基面几乎平行。图 4.6（b）的衍射斑分析表明，Ⅱ型小角度晶界与Ⅰ型小角度晶界的衍射斑相同，都是$[11\bar{2}0]$带轴下错配角为 8°的倾转晶界。图 4.6（c）的伯格斯回路分析可知，该位错的伯格斯矢量为 $1/6\langle\bar{2}20\bar{3}\rangle$，为锥面$\langle c+a\rangle$不全位错。由此可知，Ⅱ型小角度晶界与Ⅰ型小角度晶界的界面结构不同，是由不同的位错类型造成的。

从 HAADF-STEM 图的 Z 衬度可知，Ag 元素偏析集中在位错核心处的两个原子柱。图 4.6（c-2）和（c-3）的分析表明，沿着Ⅱ型小角度晶界的 Ag 元素偏析的宽度约为 0.6 nm，远小于Ⅰ型小角度晶界的宽度。而其偏析衬度的强度高达 9.5，高于Ⅰ型小角度晶界。Mg 的原子序数是 12，Ag 的原子序数是 47，根据 Z 衬度成像原理可知，更高强度的衬度意味着更高体积分数的 Ag 的偏聚。图 4.6（d-1）显示了(0001)衍射的位错核心，用黄色的⊥表示。此时位错核心的间距约为 2 nm，略小于Ⅰ型小角度晶界的位错核心间距。图 4.6（d-2）显示了位错核心处的拉伸区域和压缩区域，分别用红色和蓝色小圈表示。由图 4.6（d-3）的应变分布和图 4.6（d-4）的应变分析可知，其正应变小于 1，而负应变则高达 7。同样地，原子半径更小的 Ag 原子更容易进入压缩位置形成偏聚结构。而且，与Ⅰ型小角度晶界相比，Ⅱ型小角度晶界的应力场减小到 0.6 nm，进一步导致更高浓度的 Ag 向Ⅱ型小角度晶界的位错核心处偏聚。图 4.6（e-1）的$(1\bar{1}00)$面的晶格条纹像显示，在Ⅱ型小角度晶界的界面上分布着多余的半原子面。然而，仔细分析发现，这些半原子面以一正一负相反的方向插入，而不是沿着相同的方向插入。GPA 的应变图显示在两个方向均存在应变，但是主要由 y 轴的应变所主导[图 4.6（e-1）]。

另一种由两种位错混合组成的小角度晶界，称为Ⅲ型小角度晶界，如图 4.7（a）所示。图 4.7（b）的衍射分析表明，Ⅲ型小角度晶界的倾转角为 11°。位错的伯格斯回路显示界面处的位错核心处由一个锥面$\langle c+a\rangle$不全位错（$\boldsymbol{b}=1/6\langle\bar{2}20\bar{3}\rangle$）和基面$\langle a\rangle$全位错（$\boldsymbol{b}=1/3\langle\bar{1}2\bar{1}0\rangle$）组成[图 4.7（c-1）]。图 4.7（c-2）和（c-3）显示Ⅲ型小角度晶界的偏析直径约为 1.4 nm。由于图 4.7（c-2）位错间距较小造成的偏析重叠，最终导致测量的偏析尺寸小于图 4.7（c-3）的测量值。由于Ⅲ型小角度晶界的偏析强度大于 9，且具有较大的偏析尺寸，因此溶质元素 Ag 的偏聚明显高于其他两种小角度晶界。图 4.7（d-1）和（e-1）清楚地显示了位错核心的位置，其中$\langle a\rangle$位错用绿色⊥表示，$\langle c+a\rangle$不全位错用黄色⊥表示。由于位错之间的平均间距进一步减小到 1.5 nm，因此导致了更高密度的界面的偏析。图 4.7（d-2）和（e-2）的应变分布图显示全位错和不全位错在界面两侧间隔诱导较大区域的负应变，且其负应变值为 5～6[图 4.7（d-3）和（e-3）]，因此在Ⅲ型小角度晶界处形成了尺寸为 1.4 nm 的片层偏析结构。

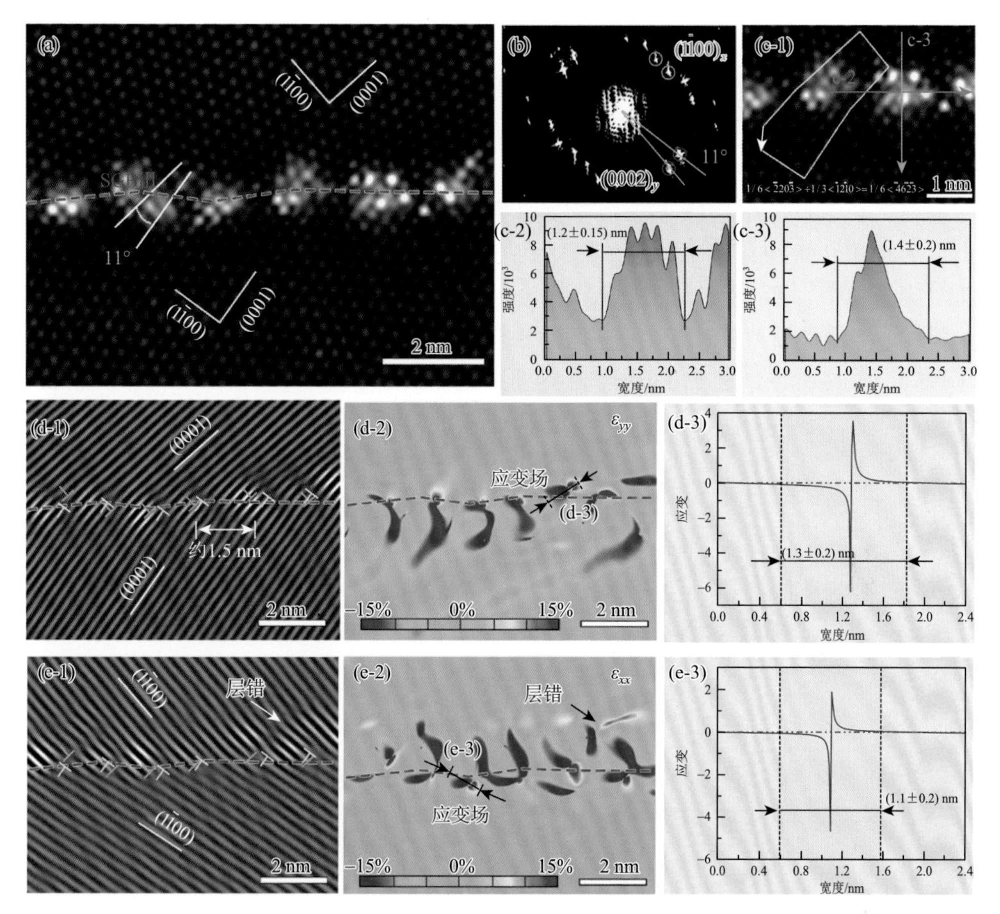

图 4.7　Ⅲ型小角度晶界在[$11\bar{2}0$]带轴的微观结构：(a) HAADF-STEM 图像；(b) 傅里叶变换；(c-1) 局部放大的 HAADF-STEM 图像；(c-2)、(c-3) 元素柱的 Z 衬度强度积分分析；(d-1) 从{0001}衍射获得的反傅里叶变换，其中符号⊥表示位错核心；(d-2)、(d-3) {0001}面的应变分布和应变分析；(e-1) 从{$1\bar{1}00$}衍射获得的反傅里叶变换；(e-2)、(e-3) {$1\bar{1}00$}面的应变分布和应变分析

如果组成小角度晶界的位错具有相同的伯格斯矢量，那么界面能随着错配角的增加而增加。当界面错配角相同时，较大的伯格斯矢量会导致较高的界面能。Ⅲ型小角度晶界具有更大的错配角和伯格斯矢量，因此其具有更高的界面能，由此诱导了更多 Ag 元素在界面处的偏聚。

4.2.2　镁合金的孪晶界

镁合金为密排六方结构，其位错滑移系有限，塑性变形时孪晶也起到十分重要的作用。Mg 合金中的一次孪晶主要包括{$10\bar{1}2$}拉伸孪晶，以及{$10\bar{1}1$}和{$10\bar{1}3$}

压缩孪晶，其相应的孪生面分别如图 4.8 所示。图 4.8（a）为镁的六棱柱原子示意图，图中蓝色小球表示 A 层原子，红色小球表示 B 层原子，它们以 ABAB 的堆垛方式沿[0001]方向排列。图中的蓝色、橙色和紫色平面分别表示$\{10\bar{1}1\}$、$\{10\bar{1}2\}$和$\{10\bar{1}3\}$孪晶平面。图 4.8（b）为六棱柱在$[1\bar{2}10]$带轴下的投影图。该图呈现有心矩形，A 层原子分布在矩形的顶点，B 层原子则分布在矩形的内部。矩形的长边和短边分别平行于[0001]和$[10\bar{1}0]$方向。$(10\bar{1}1)$、$(10\bar{1}2)$和$(10\bar{1}3)$晶面对应着单个、两个和三个矩形沿短轴方向排列所组成图形的对角线，分别如图中蓝线、橙线和紫线所示。由此模型可知，$\{10\bar{1}1\}$和$\{10\bar{1}3\}$孪晶在孪晶界面处具有较好的共格关系，而$\{10\bar{1}2\}$孪晶界面则为非共格孪晶界面。

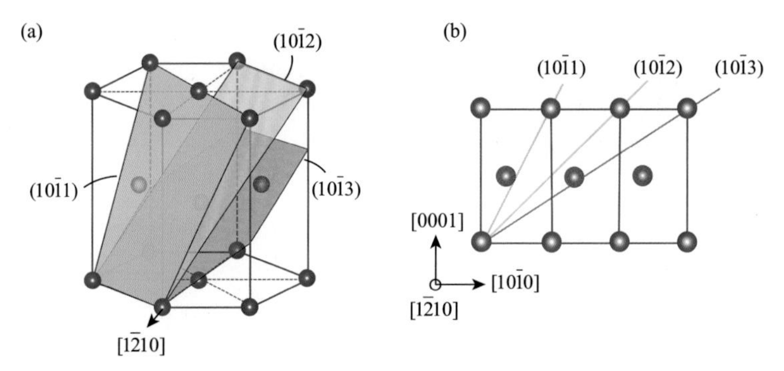

图 4.8 Mg 合金的晶体结构和孪晶结构示意图：（a）晶体结构示意图；（b）$[1\bar{2}10]$带轴下 Mg 晶格示意图，图中蓝色球和红色球分别代表基面的 A 层原子和 B 层原子，蓝色、橙色和紫色的面与线代表$(10\bar{1}1)$、$(10\bar{1}2)$和$(10\bar{1}3)$孪晶面

1. $\{10\bar{1}1\}$孪晶界及孪晶台阶

$\{10\bar{1}1\}$孪晶是镁合金中最常见的压缩孪晶，主要在压应力作用下协调镁合金 c 轴方向的变形。图 4.9（a）为$\{10\bar{1}1\}$孪晶在 TEM 下的低倍形貌，其孪晶界面处所对应的选区电子衍射花样如图 4.9（b）所示。从图中可知，孪晶的衍射花样在$\langle 1\bar{2}10\rangle$带轴下具有两套衍射斑，并且具有重合的$(10\bar{1}1)$衍射斑点。图 4.9（c）为$\{10\bar{1}1\}$孪晶的原子级的界面特征结构，从图中可知镁基体与$\{10\bar{1}1\}$孪晶之间的(0001)面的夹角约为 125°，$\{10\bar{1}1\}$孪晶的界面是完全共格界面[20]。

1）Mg-Ag 合金$\{10\bar{1}1\}$孪晶界面修饰及孪晶台阶

图 4.10（a）是沿着$[1\bar{2}10]$晶带轴观察到的 Mg-Ag 合金中$\{10\bar{1}1\}$孪晶界的低倍 HAADF-STEM 图像[21]。从图中可以看出，孪晶界是不连续的，呈现出锯齿形的形貌。Ag 原子在孪晶界处的偏析清晰可见。图 4.10（b）是$\{10\bar{1}1\}$孪晶界对应的 FFT 衍射斑，分析发现其具有重合的$(10\bar{1}1)$衍射斑，为典型的$\{10\bar{1}1\}$孪晶衍射斑。图 4.10（c）是该孪晶界平直界面的原子级 HAADF- STEM 图像。根据 Z 衬度成像原理可知，Ag 原子柱和 Mg 原子柱在$\{10\bar{1}1\}$孪晶界呈间隔直线

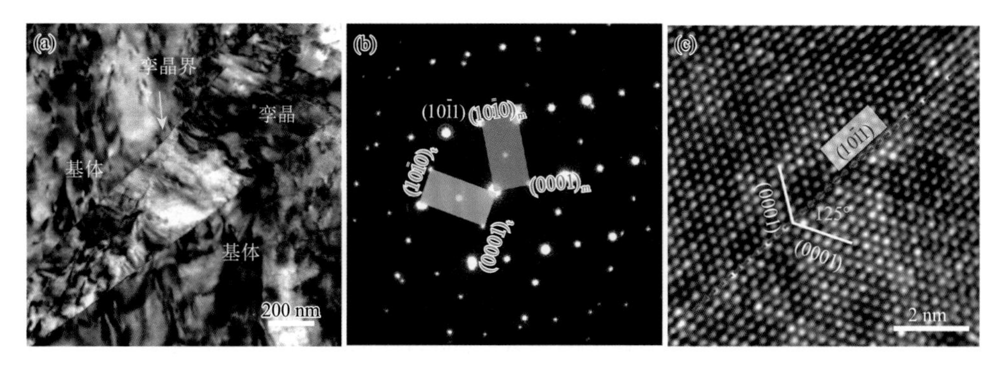

图 4.9　镁合金中的{10$\bar{1}$1}孪晶，电子束的入射方向为[1$\bar{2}$10]带轴：(a) 孪晶形貌；(b) 电子衍射；(c) 孪晶界面的原子结构

型分布。前面虽然提到{10$\bar{1}$1}孪晶界是完全共格界面，但是由于镁合金孪晶界处的原子排列并不是完美的密排六方结构，因此在孪晶界面上存在压缩位置和拉伸位置，并且其压缩位置和拉伸位置在孪晶界的原子排列中是交替的。由于 Ag 的原子半径是 0.144 nm，Mg 的原子半径是 0.160 nm，Ag 原子比 Mg 原子小。为了维持系统能量及界面稳定性，Ag 更趋向于占位在压缩位置，形成了在压缩位置的置换型偏析结构。图 4.10（d）是根据实验结果建立的原子模型。

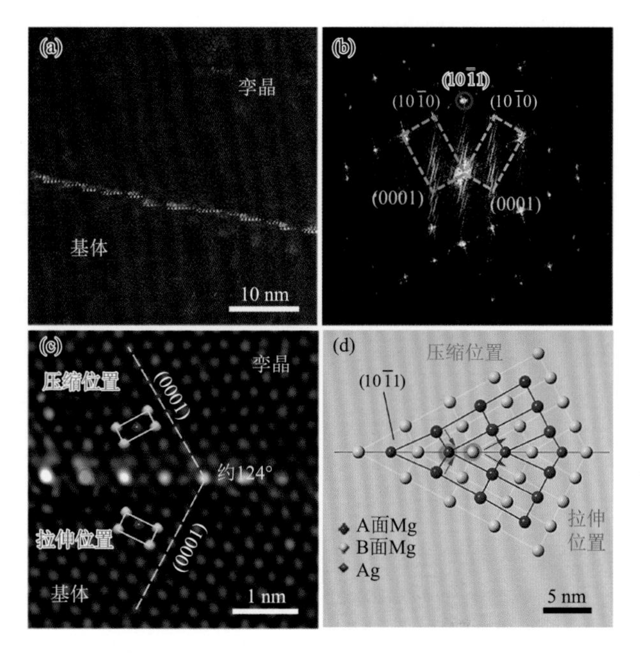

图 4.10　Mg-Ag 合金中{10$\bar{1}$1}孪晶界的置换型偏析：(a) [1$\bar{2}$10]晶带轴的低倍 HAADF-STEM 图像；(b) FFT 衍射斑；(c) 高倍 HAADF-STEM 图像；(d) 原子结构模型

为了验证实验结构的准确性，采用了第一性原理来计算界面偏析结构形成的能量。图 4.11 是运用密度泛函来计算[$1\bar{2}10$]晶带轴上{$10\bar{1}1$}孪晶界面的偏析结构。如图 4.11（a）所示为{$10\bar{1}1$}孪晶界原子结构，粉色平面表示孪晶面，紫色原子属于 Mg 的晶格点阵中的 A 层原子，黄色原子属于 B 层原子。选取孪晶面上原子列Ⅰ～Ⅳ和最靠近孪晶界的一层原子列Ⅴ～Ⅷ，共 8 个原子列。对这 8 个原子列的偏析能进行计算。如图 4.11（b）所示，在原子列Ⅰ和Ⅲ的位置，偏析能最低。计算结果表明，在{$10\bar{1}1$}孪晶界上的原子列Ⅰ和Ⅲ位置上的原子更容易被 Ag 占位，形成置换型偏析结构孪晶界[图 4.11（c）]，红色原子是置换型 Ag 原子。这个计算结果与实验观察到的结果完全吻合。

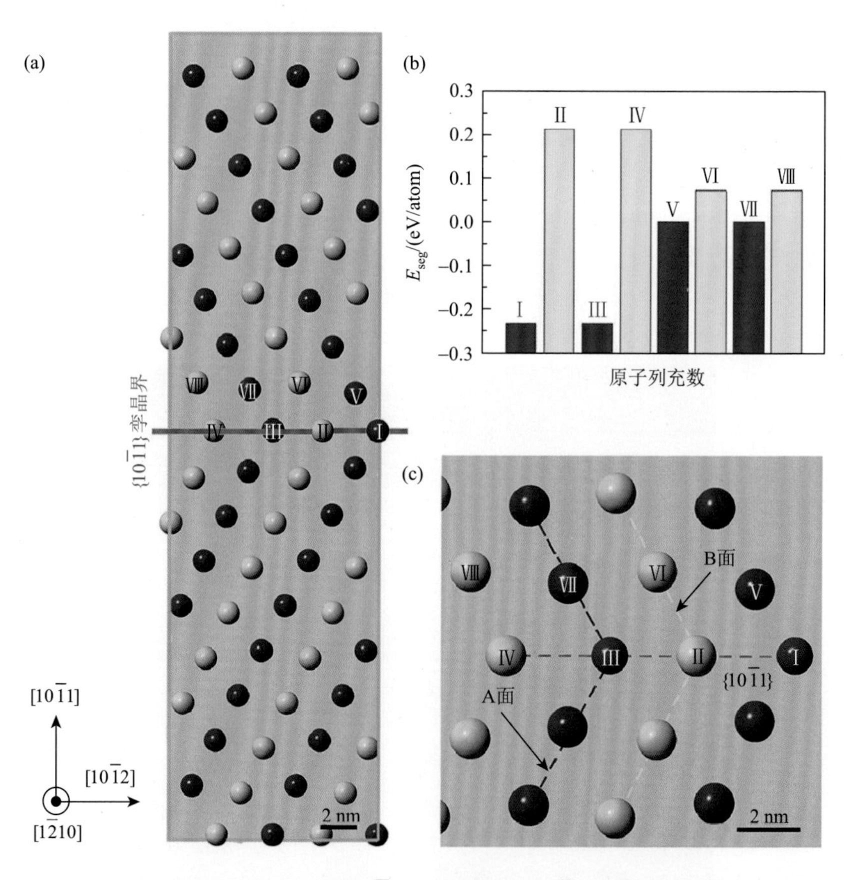

图 4.11　第一性原理计算 Mg-Ag 合金中[$1\bar{2}10$]晶带轴上{$10\bar{1}1$}孪晶的偏析：（a）孪晶界原子结构；（b）计算偏析能；（c）孪晶界偏析结构模型

低倍 HAADF-STEM 图中发现{$10\bar{1}1$}孪晶界面是不连续的，存在很多高度不同的台阶结构，沿着($10\bar{1}1$)面来看，大多数微台阶的高度为两层或四层，分别用

$2d_{(10\bar{1}1)}$ 和 $4d_{(10\bar{1}1)}$ 表示。分子动力学的研究表明，$2d_{(10\bar{1}1)}$ 具有最低的界面能，在界面处最为常见。图 4.12 是$\{10\bar{1}1\}$孪晶界面的 HAADF-STEM 图像，观察方向为$[11\bar{2}0]$带轴，孪晶界用蓝色虚线标记。由图 4.12（a）可知，将孪晶台阶的高度为 $2d_{(10\bar{1}1)}$ 和 $4d_{(10\bar{1}1)}$ 的微台阶分布定义为Ⅰ型微台阶和Ⅱ型微台阶。4.12（b）是利用反傅里叶变换（IFFT）得到的晶格条纹图像，选用的斑点为$(10\bar{1}1)$衍射斑点。孪晶界的锯齿状形貌是由微台阶处的失配位错引起的，因此微台阶被认定为孪生位错，其特征是台阶高度 h 和伯格斯矢量 $\boldsymbol{b}$，用红色符号⊥标记。需要注意的是，根据台阶处是否存在失配位错又可以将微台阶分为两种类型[22]。

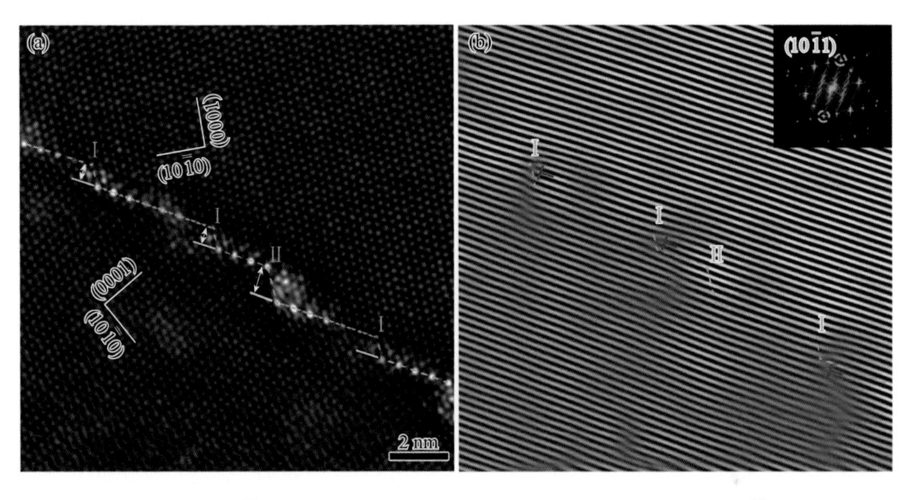

图 4.12 Mg-Ag 合金$\{10\bar{1}1\}$孪晶台阶：（a）HAADF-STEM 图像；（b）$(10\bar{1}1)$衍射斑的晶格条纹图像

图 4.13 是$\{10\bar{1}1\}$孪晶界Ⅰ型微台阶的原子级 HAADF-STEM 图像，观察方向为$[11\bar{2}0]$带轴，蓝色和白色虚线分别表示$(10\bar{1}1)$孪晶面和(0001)基面，以这两个参考面作为参考，在微台阶附近构建位错回路，分析微台阶上是否存在位错。如图 4.13（a）所示，伯格斯回路从孪晶面的 S 点出发，沿着(0001)基面经过 7 个原子列到达 A 点，形成位错回路的第一侧。位错回路的第二侧平行于$(10\bar{1}1)$面，穿过 10 层基面（从 A 点开始，到 B 点结束），剩余的位错回路结构由点 C、D、E、F 构成，此时点 F 没有与初始点 S 重合，这表明矢量 **FS**[图 4.13（a）中用红色箭头标记]为伯格斯矢量 $\boldsymbol{b}=1/3[11\bar{2}0]$的孪生位错。图 4.13（b）则为另一种类型的Ⅰ型微台阶，其位错伯格斯回路是闭合的，点 F 与起始点 S 完全重叠，这表明在微台阶处没有失配位错。有意思的是这两种微台阶上的界面偏析结构是不同的。根据 HAADF-STEM 图像的 Z 对比度成像，图 4.13（a）的结构表明周期性偏析在有位错的微台阶处被打断，绿色箭头所示的三个原子柱没有元素

偏析。相反，Ag 原子偏析未受无位错微台阶的影响，在相同位置的原子柱中具有完整的偏析结构，如图 4.13（b）所示。除了孪生位错的存在外，这两种微台阶的结构几乎一致。因此，界面偏析可能受到位错的影响。

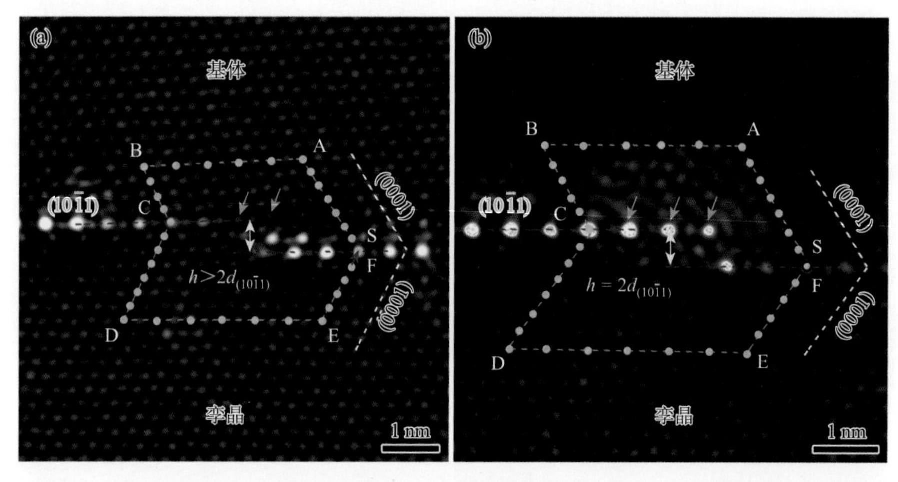

图 4.13 $\{10\bar{1}1\}$孪晶的 I 型微台阶结构：（a）有失配位错的孪晶台阶；（b）无失配位错的孪晶台阶

与高度为 $2d_{(10\bar{1}1)}$ 的 I 型微台阶结果类似，在高度为 $4d_{(10\bar{1}1)}$ 的 II 型微台阶上也观察到类似的现象。如图 4.14（a）所示，在 II 型微台阶上存在孪生位错，伯格斯矢量为 $1/3[11\bar{2}0]$。此外图 4.14（a）的结果显示了孪晶界面的周期性界面偏析

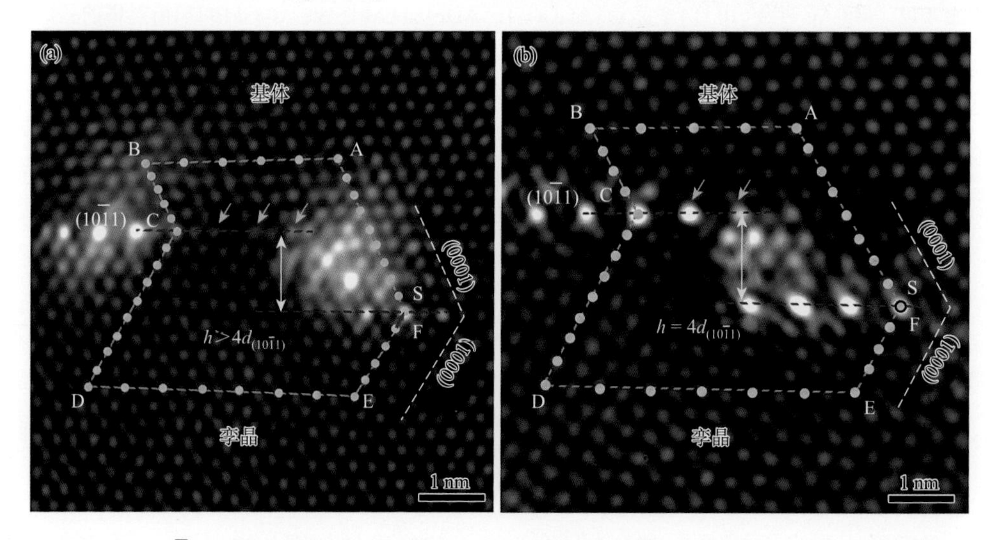

图 4.14 $\{10\bar{1}1\}$孪晶的 II 型微台阶结构：（a）有失配位错的孪晶台阶；（b）无失配位错的孪晶台阶

在位错所处的位置被打断。然而，界面偏析在无孪生位错的台阶处完全有序，如图 4.14（b）所示。通过对晶界偏析的研究发现，溶质原子倾向于向位错核等高应变位置偏析，从而降低界面的总能量，并且可以知道孪生位错核心的吸引作用导致了界面偏析结构的周期性发生改变。

2）Mg-Gd-Y(-Ag)合金$\{10\bar{1}1\}$孪晶界偏析结构

Mg-Gd-Y 和 Mg-Gd-Y-Ag 合金经过 75%的轧制变形，再在 250℃下热处理 30 min 后，在孪晶界面同样具有原子偏析结构。图 4.15 所示的是$[11\bar{2}0]$晶带轴方向的$\{10\bar{1}1\}$的高分辨 HAADF-STEM 图像[23, 24]。如图 4.15（a）和（b）所示，Mg-Gd-Y 和 Mg-Gd-Y-Ag 合金在$\{10\bar{1}1\}$上都显示为单线型周期性原子偏析，

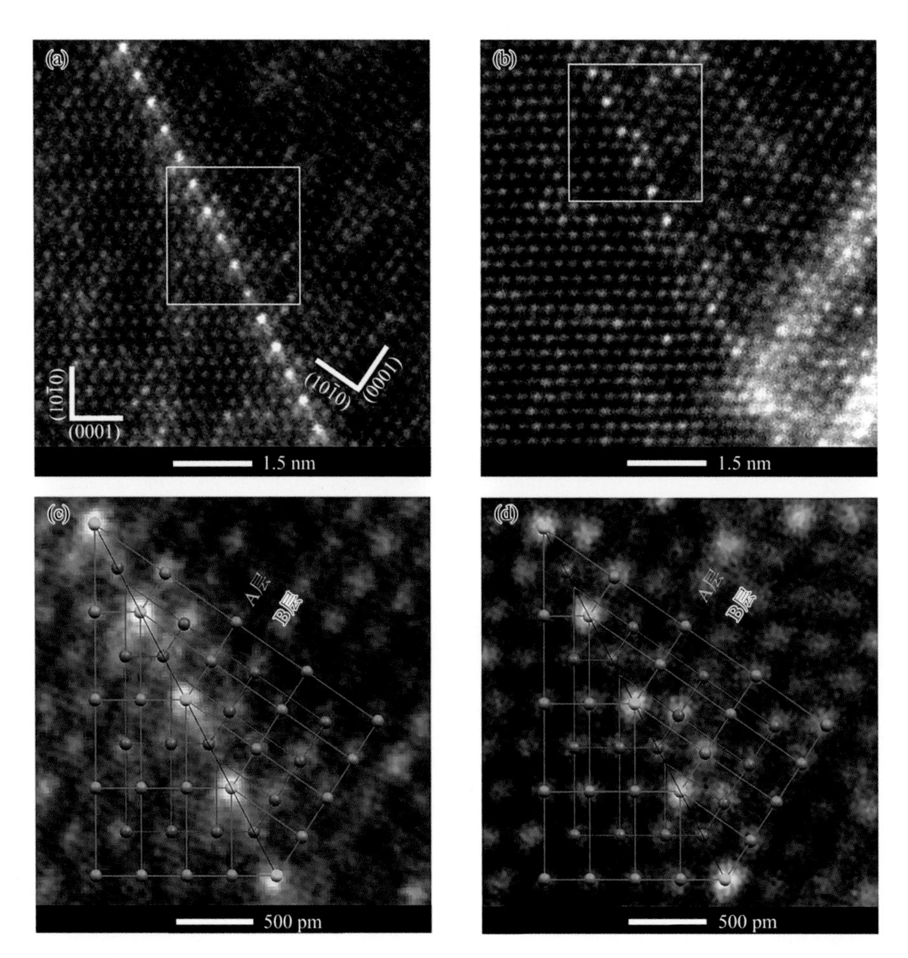

图 4.15　$\{10\bar{1}1\}$孪晶结构：（a）Mg-Gd-Y 合金；（b）Mg-Gd-Y-Ag 合金；（c）、（d）Mg-Gd-Y、Mg-Gd-Y-Ag 合金放大后，并与原子模型叠合的图片。原子模型中绿色和粉色原子分别代表 Mg 基体的 A 层和 B 层，而绿松石色原子代表的是界面上析出的溶质原子

而图 4.15（c）和（d）分别是图 4.15（a）和（b）中白色方框放大后的图像，并且将相应的孪晶原子模型与之叠合。原子模型中绿色和粉色原子分别表示 Mg 基体中的 A 层和 B 层，而绿松石色原子则表示析出的溶质原子。如图所示，$\{10\bar{1}1\}$孪晶的原子堆垛不是完美的 ABAB⋯型密排堆垛方式，虽然孪晶面上的 A 层原子仍在正常的晶格位置，但是 B 层原子却处于一个压缩位置。压缩位置是由晶格畸变导致它们与周围原子间距变小而形成的。与之对应的拉伸位置是指某晶格位置的原子所占空间大于正常晶格中的空间。Mg-Gd-Y 和 Mg-Gd-Y-Ag 合金在$\{10\bar{1}1\}$的孪晶偏析中的周期性偏析方式相同，都是以溶质原子替代孪晶面上 A 层位置原子的方式析出，而孪晶面的 B 层上不发生任何置换析出。

通过分析发现，Mg-Gd-Y 和 Mg-Gd-Y-Ag 合金中$\{10\bar{1}1\}$孪晶的偏析结构完全一致，并且其偏析位置也完全相同。与 Mg-Ag 合金的偏析结构不同的是，Mg-Gd-Y 和 Mg-Gd-Y-Ag 合金中$\{10\bar{1}1\}$孪晶的溶质偏析原子是 Gd 原子，而 Y 和 Ag 几乎不占据界面的原子位置。因为 Gd 的原子半径（0.180 nm）大于 Mg 的原子半径，所以 Gd 原子占据了界面的拉伸位置，Mg 原子则处于界面的压缩位置。

由此可知，溶质元素在镁合金的$\{10\bar{1}1\}$孪晶的偏析主要形成单线型的置换偏析结构，其置换的位置主要受原子半径影响。原子半径大的原子进入界面的拉伸位置，原子半径小的位置则进入界面的压缩位置。

2. $\{10\bar{1}2\}$孪晶界

1）$\{10\bar{1}2\}$孪晶界的三维表征

$\{10\bar{1}2\}$孪晶镁合金中最常见的拉伸孪晶，在较低的应变量下即可产生，其主要是在拉应力作用下协调镁合金 c 轴方向的拉伸变形。图 4.16（a）为$\{10\bar{1}2\}$孪晶的微观形貌，其相应的选区电子衍射花样如插图所示[25]。从图中可知，孪晶的衍射花样在$[11\bar{2}0]$带轴下具有两套衍射斑，具有重合的$(10\bar{1}2)$衍射斑点。图 4.16（b）为$\{10\bar{1}2\}$孪晶的原子级的界面特征结构，从图中可知，$\{10\bar{1}2\}$孪晶是以$(10\bar{1}2)$面为界面结构，如橙色虚线所示，界面平直无台阶，孪晶的(0001)面与基体的(0001)面呈 86°夹角的关系。图 4.16（c）为基于实验观察构建的$\{10\bar{1}2\}$孪晶在$[11\bar{2}0]$带轴下的二维原子模型，其中红色原子为基体晶粒，蓝色原子为孪晶晶粒。其对应的模拟衍射斑[图 4.16（d）]也具有重合的衍射斑点$(10\bar{1}2)$，为典型的$\{10\bar{1}2\}$孪晶衍射斑。

基于晶体学结构以及衍射花样中衍射斑的含义，即衍射花样中的衍射斑点垂直于观察面。换句话说，衍射花样中带有$(10\bar{1}2)$衍射斑点的晶带轴的高分辨观察都可以获得$\{10\bar{1}2\}$孪晶结构更多信息。图 4.17（a）为$[20\bar{2}1]$带轴获得的$\{10\bar{1}2\}$孪晶形貌。从低倍形貌像可以看出，该片层结构与$\{10\bar{1}2\}$孪晶在$[11\bar{2}0]$带轴下的相貌相似。其对应的衍射斑如插图所示，存在重合的衍射斑点$(10\bar{1}2)$，

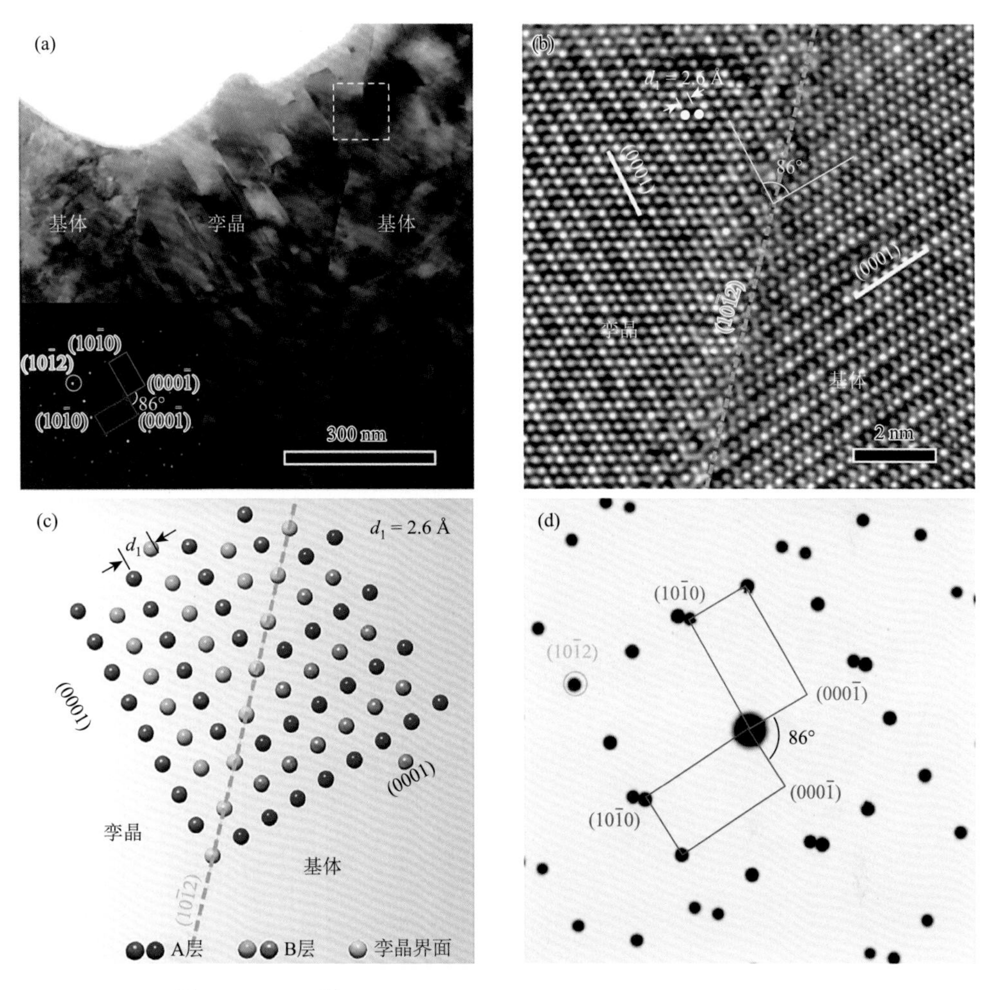

图 4.16　$[11\bar{2}0]$带轴下$\{10\bar{1}2\}$孪晶的界面结构：（a）TEM 明场像；（b）HRTEM 图像；（c）$[11\bar{2}0]$带轴下的二维原子模型；（d）$[11\bar{2}0]$带轴下的模拟衍射斑

这表明基体和孪晶具有共同的$(10\bar{1}2)$面。值得注意的是，在孪晶和基体中还存在另外的$(10\bar{1}2)$衍射斑，基于几何晶体学关系，应为同属于$(10\bar{1}2)$晶面族的$(01\bar{1}2)$衍射，并且$(01\bar{1}2)$在基体和孪晶衍射斑中与$(10\bar{1}2)$孪晶衍射斑为镜面对称关系。图 4.17（b）为孪晶界面处的高分辨图像，其孪晶界面用橙色虚线表示。从图中可以看出，孪晶界面两侧的原子呈镜面对称关系，其$(01\bar{1}2)$之前的面间距 d_2 为 1.6 Å。图 4.17（c）为该带轴下孪晶的二维原子模型，由于黑色小圈标识的两列原子柱的间距太小，很难在高分辨电镜中进行区分，因此这两列原子柱在高分辨图像中呈现一个原子相位。该带轴下的模拟衍射斑与实验结果相一致，如图 4.17（d）所示。

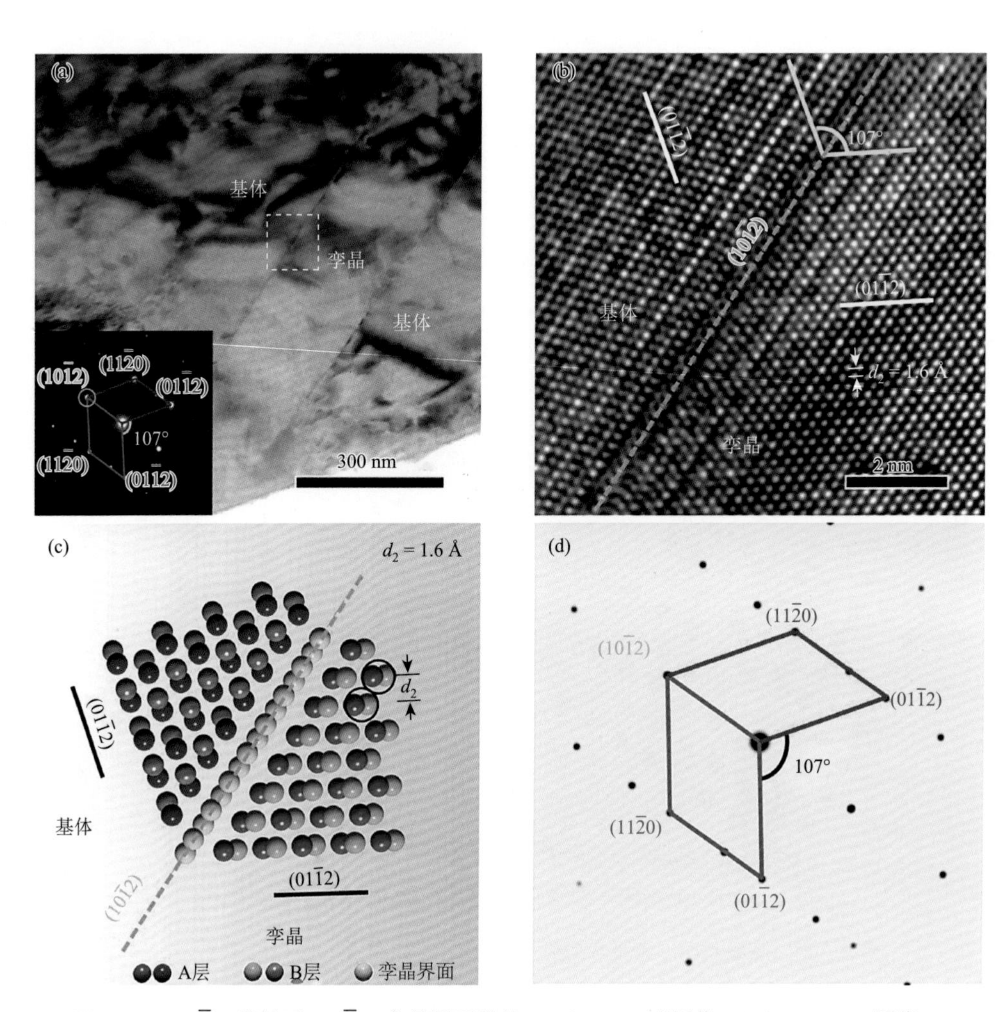

图 4.17 [$20\bar{2}1$]带轴下{ $10\bar{1}2$ }孪晶界面结构：（a）TEM 明场像；（b）HRTEM 图像；（c）[$20\bar{2}1$]带轴下的二维原子模型；（d）[$20\bar{2}1$]带轴下的模拟衍射斑

图 4.18 是{ $10\bar{1}2$ }孪晶在另一个带轴[$4\bar{2}\bar{2}3$]下的微观结构。同样地，在这个带轴下，孪晶面垂直于观察方向。如图 4.18（a）所示，{ $10\bar{1}2$ }孪晶的低倍形貌结构与其他两个带轴类似，为狭长的柳叶形状。插图中的衍射斑显示，($0\bar{1}10$)围绕着($0\bar{1}12$)衍射斑呈对称关系，并且两者之间的夹角为 140°。其界面的高分辨结构如图 4.18（b）所示，橙色虚线为($10\bar{1}2$)孪晶面，($0\bar{1}10$)面的面间距为 2.8 Å，孪晶的($0\bar{1}10$)与基体的($0\bar{1}10$)的夹角为 140°。图 4.18（c）为根据实验观察所构建的二维原子模型，同样，由于样品厚度及电镜状态的限制，黑色小圈的两列原子柱在高分辨图像中呈现为一个原子点。其相应的模拟衍射斑与实验结果相符合，也证实了实验结果的正确性。

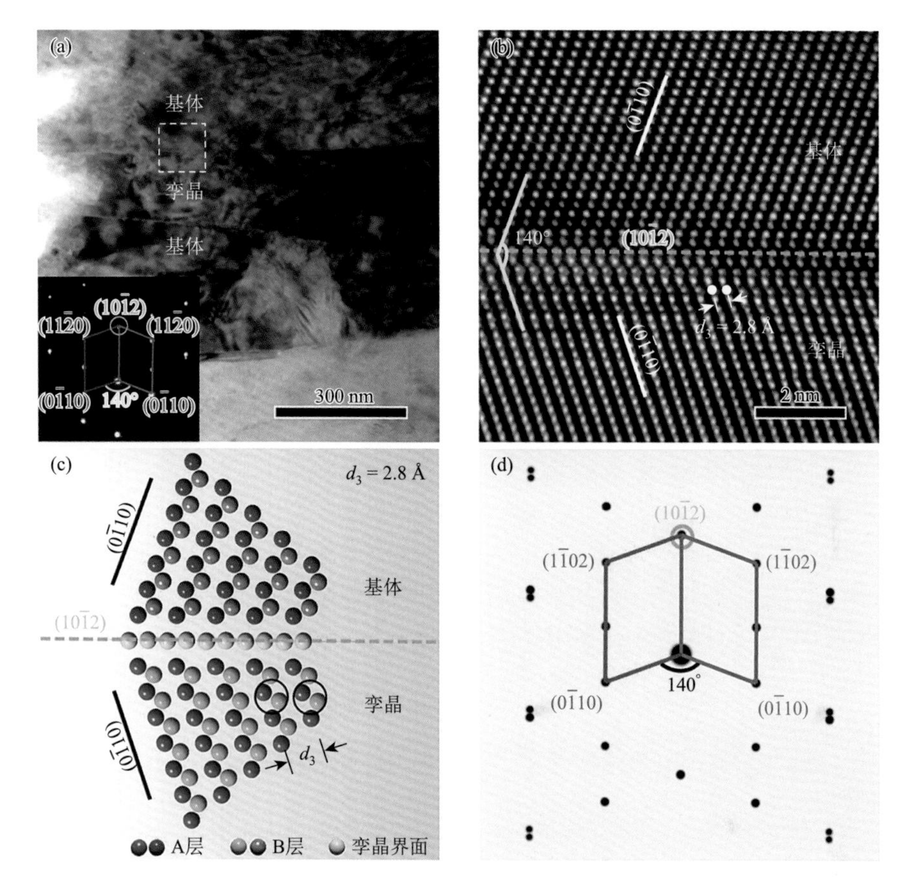

图 4.18　[$4\bar{2}\bar{2}3$]带轴下{$10\bar{1}2$}孪晶界面结构：(a) TEM 明场像；(b) HRTEM 图像；(c) [$4\bar{2}\bar{2}3$]带轴下的二维原子模型；(d) [$4\bar{2}\bar{2}3$]带轴下的模拟衍射斑

基于以上的实验分析和研究，利用晶体学建模软件构建了{$10\bar{1}2$}孪晶的三维原子模型，如图 4.19（a）所示。为了进一步了解孪晶界面，解析各观察带轴的曲线关系，构建了如图 4.19（b）所示的晶体结构示意图。从图中可以看出，镁合金的{$10\bar{1}2$}孪晶与基体共同分析一个($10\bar{1}2$)面。通常，我们从[$11\bar{2}0$]观察孪晶界，因此此时[$11\bar{2}0$]带轴垂直于纸面向里。以($10\bar{1}2$)面为基准，在($10\bar{1}2$)面内进行晶带轴的旋转，逆时针旋转 38°后获得[$20\bar{2}1$]带轴，旋转 67°后获得[$4\bar{2}\bar{2}3$]带轴。

2）Mg-Ag 合金的{$10\bar{1}2$}孪晶偏析

图 4.20（a）是 Mg-Ag 合金在[$1\bar{2}10$]晶带轴的{$10\bar{1}2$}孪晶界的低倍 HAADF-STEM 图像[21]。与 Mg-Ag 合金中的{$10\bar{1}1$}孪晶相同的是，{$10\bar{1}2$}孪晶界也是不连续的，存在一些台阶。在孪晶的界面处，可以清晰地看到 Ag 原子在孪晶界处的偏析。图 4.20（b）的傅里叶变换为典型的{$10\bar{1}2$}孪晶衍射斑。图 4.20（c）为{$10\bar{1}2$}孪晶界在平直界面的原子级图像。与{$10\bar{1}1$}类似，{$10\bar{1}2$}

孪晶界的偏析也呈现沿着一排的一层原子间隔周期性分布。由于$\{10\bar{1}2\}$孪晶界的界面比$\{10\bar{1}1\}$孪晶界的具有更高的界面能，其界面应变更大，因此小原子半径的 Ag 原子同样进入压缩位置置换界面的 Mg 原子。图 4.20（d）是根据实验结果建立的原子模型。其中，紫色原子属于 Mg 的晶格点阵中的 A 层原子；黄色原子属于 B 层原子；红色原子是 Ag 原子，其原子序数比 Mg 大，因此在 HAADF-STEM 图像中显出更亮的衬度。因此，$\{10\bar{1}2\}$孪晶界的偏析也是 Ag 原子在压缩位置的置换型偏析。

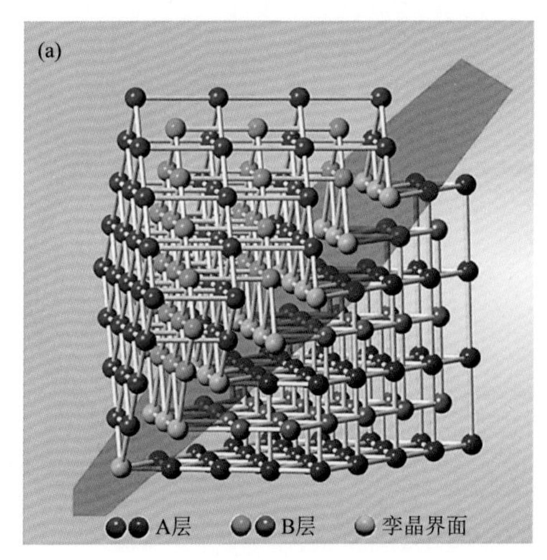

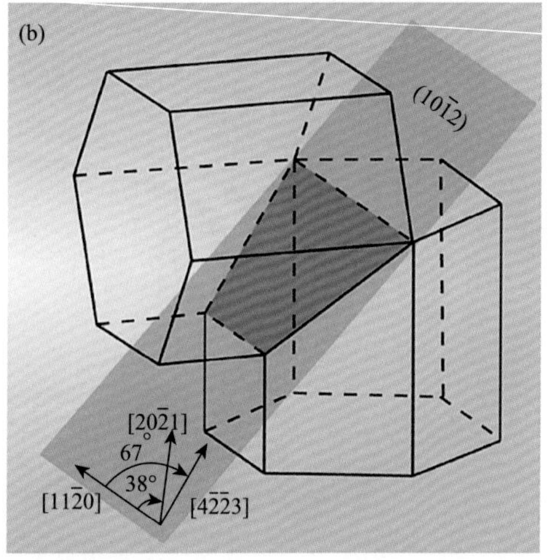

图 4.19　$\{10\bar{1}2\}$孪晶界面的三维结构：（a）三维原子模型；（b）$[11\bar{2}0]$、$[20\bar{2}1]$和$[4\bar{2}\bar{2}3]$轴在晶格模型中的关系

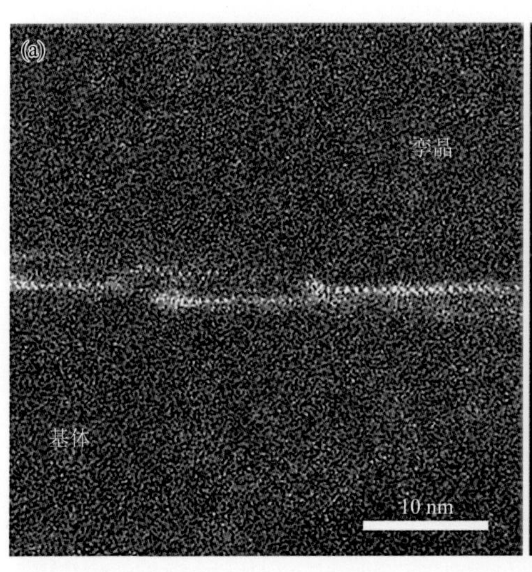

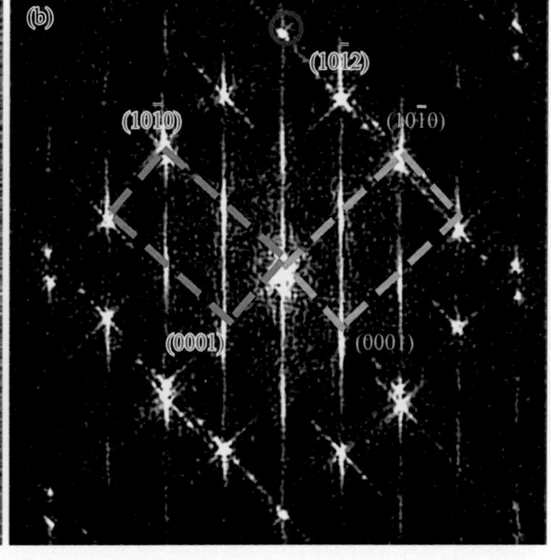

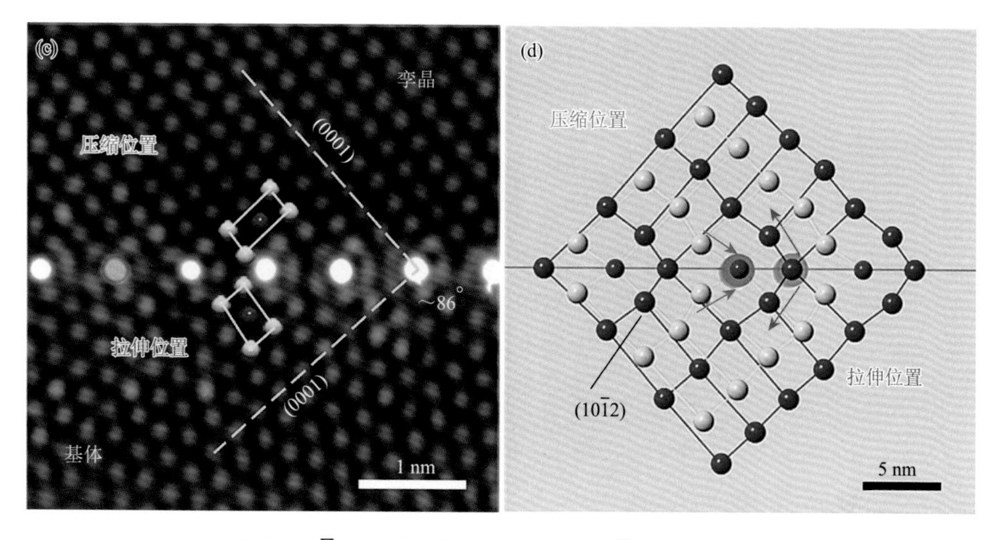

图 4.20　Mg-Ag 合金中{10$\bar{1}$2}孪晶界偏析结构：(a) [1$\bar{2}$10]晶带轴的低倍 HAADF-STEM 图像；(b) FFT 衍射斑；(c) 高倍 HAADF-STEM 图像；(d) 原子结构模型

Mg-Ag 合金的{10$\bar{1}$2}孪晶界面偏析结构的密度泛函计算结果如图 4.21 所示。首先选取了孪晶面上 4 个原子列Ⅰ～Ⅳ和最靠近孪晶界的一层的 4 个原子列Ⅴ～Ⅷ，共 8 个原子列[图 4.21 (a)]。对这 8 个原子列的偏析能进行计算。如图 4.21 (b) 所示，原子列Ⅱ和Ⅳ的偏析能最低。计算结果表明，在{10$\bar{1}$2}孪晶界上的原子列Ⅱ和Ⅳ位置上的原子更容易被 Ag 占位，形成置换型偏析结构孪晶界[图 4.21 (c)]。这个计算结果与实验观察到的结果（图 4.21）完全吻合。

3）Mg-Gd-Y(-Ag)合金{10$\bar{1}$2}孪晶偏析

与{10$\bar{1}$1}孪晶不同的是，Mg-Gd-Y 和 Mg-Gd-Y-Ag 合金中{10$\bar{1}$2}孪晶的偏析情况出现了明显的差异，如图 4.22 (a) 和 (b) 所示，相应的放大原子模型叠加图分别如图 4.22 (c) 和 (d) 所示[23, 24]。原子模型中绿色和粉色原子分别代表 Mg 基体的 A 层和 B 层，而绿松石色原子代表的是界面上析出的 Gd 原子。此外，新增加的蓝色原子表示 STEM 照片中另一种高亮原子，这些原子的亮度比最亮的 Gd 原子低，由此可知，应为 Ag 元素参与了界面的析出。由图 4.22 (a) 可以看出，Mg-Gd-Y 合金{10$\bar{1}$2}孪晶界面上的原子偏析的形貌仍然是像{10$\bar{1}$1}孪晶界面那样的单线型结构，而在含 Ag 的 Mg-Gd-Y-Ag 合金的{10$\bar{1}$2}上却发现了一种特别周期性偏析结构，如图 4.22 (b) 所示。从[11$\bar{2}$0]晶带轴方向看，Mg-Gd-Y-Ag 合金的{10$\bar{1}$2}孪晶界上的周期性偏析像是一条沿着孪晶面的“脊椎骨”。该“脊椎骨”型偏析结构存在两种不同亮度的高亮原子：其中亮度最高的是孪晶面上的直线和两侧最外面的两列原子；其次是被这些原子所围绕的部分的原子较暗，但其亮度依然大于基体 Mg 原子的亮度，即蓝色原子所示的位置，因此其为 Ag 原子。

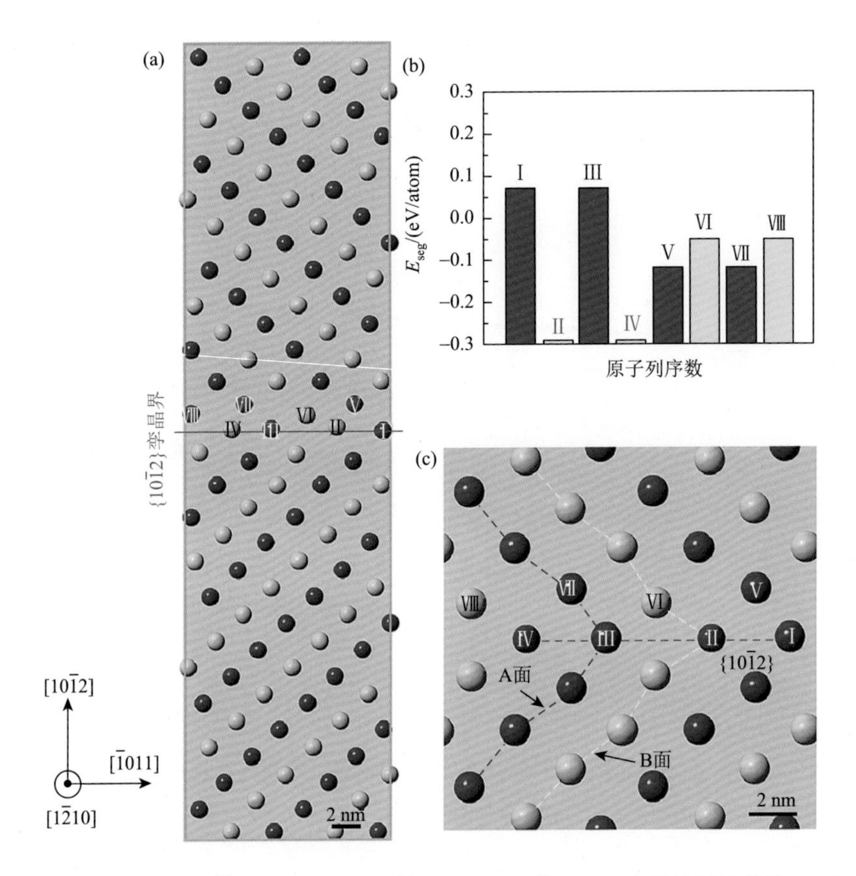

图 4.21　Mg-Ag 合金的[1$\bar{2}$10]晶带轴上{10$\bar{1}$2}孪晶界计算：（a）孪晶界原子结构；（b）计算偏析能；（c）孪晶界偏析结构

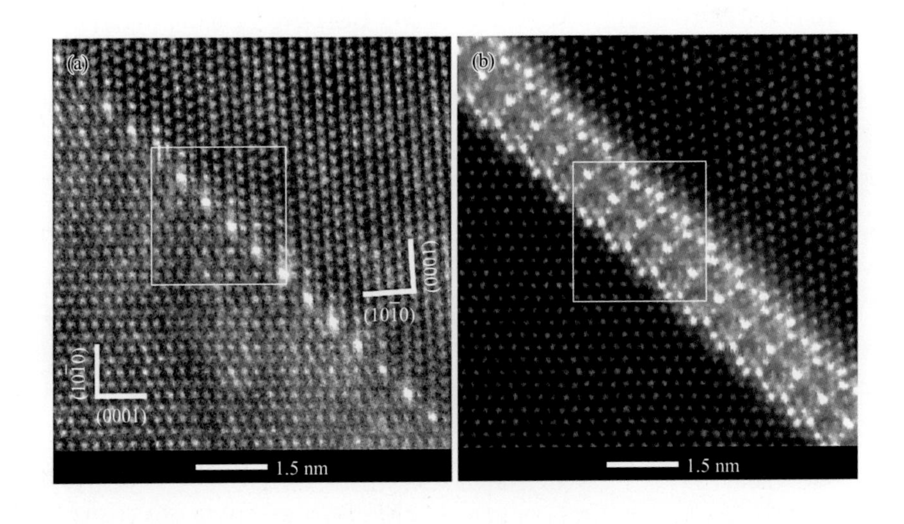

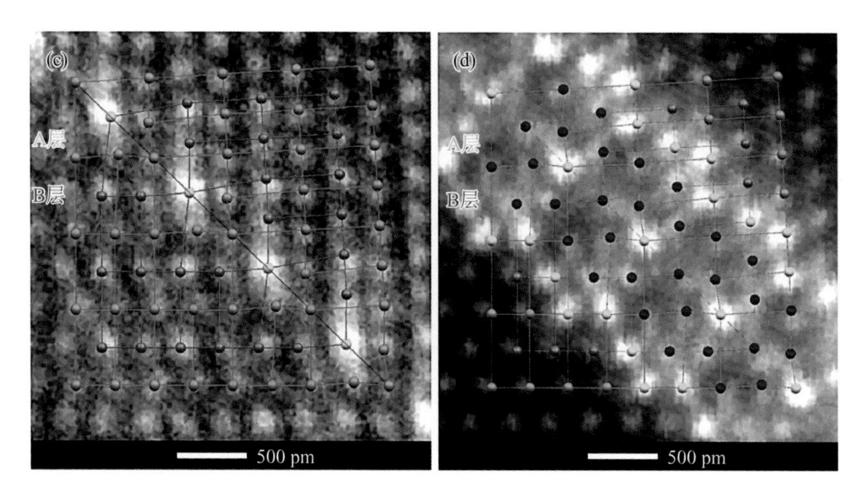

图 4.22　{$10\bar{1}2$}在[$11\bar{2}0$]晶带轴方向的 HAADF-STEM 图像：(a) Mg-Gd-Y 合金；(b) Mg-Gd-Y-Ag 合金；(c)、(d) Mg-Gd-Y 和 Mg-Gd-Y-Ag 合金中的{$10\bar{1}2$}合金放大后，并与原子模型叠合的图片。原子模型中绿色和粉色原子分别代表 Mg 基体的 A 层和 B 层，而绿松石色原子代表的是界面上析出的溶质原子

由于 Ag 元素的增加，多种合金元素在{$10\bar{1}2$}孪晶界的偏析，改变了单一溶质元素偏析的单线型偏析结构，使得其形成了复杂的“脊椎型”偏析结构。由于{$10\bar{1}2$}孪晶界为非共格基面，因此其 A 层原子处于压缩位置，小原子半径的 Ag 则容易进入其中，大原子半径的 Gd 原子则仍然占据拉伸位置。由此改变了{$10\bar{1}2$}孪晶界的偏析结构。并且更多的溶质原子进入了界面，则可以对界面起到钉扎作用，对提高界面的稳定性非常有效。

3. {$10\bar{1}3$}孪晶界

1）{$10\bar{1}3$}孪晶界面结构

{$10\bar{1}3$}孪晶是镁合金中另一压缩孪晶，同样能协调镁合金 *c* 轴方向的压缩变形。图 4.23（a）为{$10\bar{1}3$}孪晶在 TEM 下的低倍形貌，其孪晶片层形貌与{$10\bar{1}1$}和{$10\bar{1}2$}孪晶形貌相似。孪晶界面处所对应的选区电子衍射花样如图 4.23（b）所示。从图中可知，其衍射花样同样在⟨$1\bar{2}10$⟩带轴下具有两套衍射斑，其重合的衍射斑点为($10\bar{1}3$)。图 4.23（c）为{$10\bar{1}3$}孪晶的高分辨界面特征结构，从图中可知{$10\bar{1}3$}孪晶的基体与孪晶之间的(0001)面的夹角约为 64°。与{$10\bar{1}1$}孪晶相同，其界面也是完全共格界面[20]。

2）Mg-Ag 合金{$10\bar{1}3$}孪晶偏析

图 4.24 为 Mg-Ag 合金{$10\bar{1}3$}孪晶的偏析结构及原子模型，其中图 4.24(a) 为 Mg-Ag 的{$10\bar{1}3$}孪晶的低倍形貌，从低倍形貌图中可知{$10\bar{1}3$}孪晶的偏析结构也是线性结构，与{$10\bar{1}1$}和{$10\bar{1}2$}的偏析结构类似。图 4.24（b）为

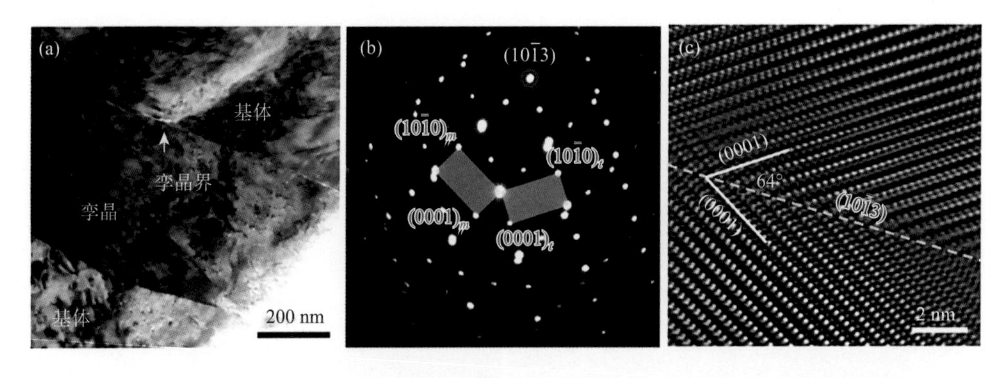

图 4.23　$\{10\bar{1}3\}$孪晶结构：（a）低倍明场像；（b）电子衍射花样；（c）高分辨界面结构

Mg-Ag 的$\{10\bar{1}3\}$孪晶的原子级 HAADF-STEM 图像。图像显示该偏析结构形成了三个溶质原子为结构单元的周期性偏析结构，该结构与$\{10\bar{1}1\}$和$\{10\bar{1}2\}$的孪晶偏析结构截然不同，也不同于文献报道的任何偏析结构类型。因此 Mg-Ag 合金的$\{10\bar{1}3\}$孪晶是一个新型的偏析结构类型[20, 21]。对$\{10\bar{1}3\}$孪晶偏析原子的占位进行分析，如图 4.24（b）中右上角插图所示，其中的两个溶质原子处于 Mg 基体和孪晶中的同一 B 层原子，而红色圆圈所示的溶质原子则处于$(10\bar{1}3)$孪晶面上，但是其原子占位既不位于 A 层原子，也不位于 B 层原子，而是处于孪晶界面上的间隙位置，这表明新型的孪晶偏析结构是一种间隙型偏析。

图 4.24（c）为未偏析的$\{10\bar{1}3\}$孪晶界面的原子模型。$\{10\bar{1}3\}$孪晶界面也存在拉应力位置和压应力位置。但是其界面结构的应力状态与$\{10\bar{1}1\}$孪晶和$\{10\bar{1}2\}$孪晶存在明显的差异。$\{10\bar{1}3\}$孪晶的拉应力位置在孪晶界面上，为 B 层原子，而其压应力分布在基体和孪晶内部的 B 层原子位置，因此$\{10\bar{1}3\}$孪晶界上存在两个压缩位置，这两个压缩位置相对于孪晶界也具有镜面对称关系。理论上当 Ag 原子偏析到孪晶界面时，置换压缩位置的 Mg 原子后形成具有两个亮原子的周期性偏析结构。然而图 4.24（b）的 HAADF-STEM 图像显示$\{10\bar{1}3\}$孪晶形成了一种与其他合金元素截然不同的偏析结构。其原子模型如图 4.24（d）所示。究其原因是，Ag 元素偏析到$\{10\bar{1}3\}$孪晶界面后，首先置换了处于压缩位置的 Mg 原子，形成了两个溶质原子的偏析结构。并且由于 Ag 的原子半径比较小，发生置换偏析后，在孪晶界面上的 A 层原子、B 层原子及两个溶质原子之间形成了一个较大的三维空间，增加了系统的能量。为了进一步降低系统的能量，溶质原子在这个三维空间发生偏析，形成间隙原子，降低系统能量，维持了界面结构的稳定性，最后形成了$\{10\bar{1}3\}$孪晶独特的偏析结构。

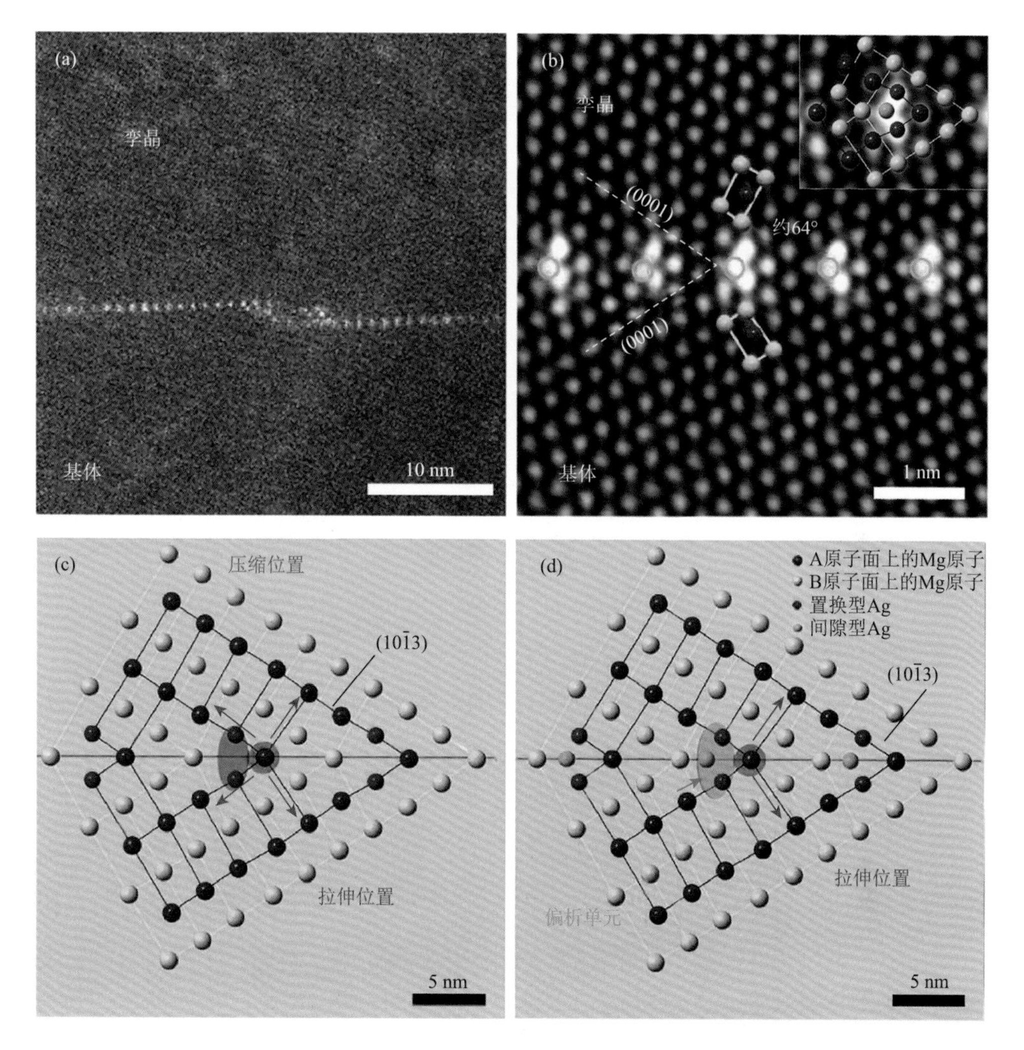

图 4.24 Mg-Ag 合金的{10$\bar{1}$3}孪晶偏析结构：（a）低倍 HAADF-STEM 图像；（b）高倍 HAADF-STEM 图像；（c）置换偏析模型；（d）混合型偏析模型。红色小球代表 Ag 原子，紫色小球代表 Mg 基面的 A 层原子，黄色小球代表 Mg 基面的 B 层原子

运用密度泛函理论计算[1$\bar{2}$10]晶带轴上{10$\bar{1}$3}的偏析势能，如图 4.25 所示。图 4.25（a）为正常的{10$\bar{1}$3}孪晶界，选取孪晶面上 4 个原子柱Ⅰ～Ⅳ和最靠近孪晶界的一层的 4 个原子柱Ⅴ～Ⅷ，共 8 个原子列进行偏析能计算。其计算结果如图 4.25（b）所示，原子柱Ⅴ和Ⅶ的偏析能最低。这表明 Ag 元素更容易进入{10$\bar{1}$3}孪晶界上的原子列Ⅴ和Ⅶ位置，形成如图 4.25（c）所示的置换型偏析结构孪晶模型。

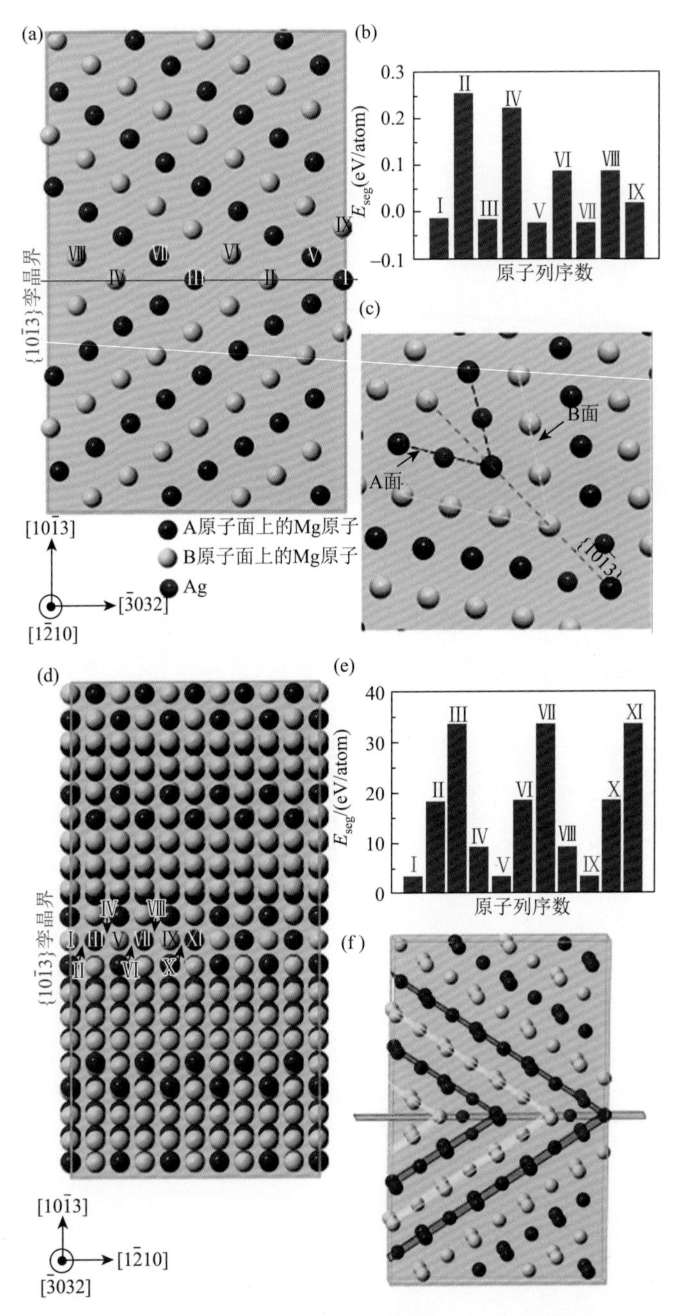

图 4.25 Mg-Ag 合金$\{10\bar{1}3\}$孪晶偏析结构的计算分析：（a）$[11\bar{2}0]$晶带轴的$\{10\bar{1}3\}$孪晶模型；（b）$\{10\bar{1}3\}$孪晶界占位原子的偏析能；（c）$\{10\bar{1}3\}$孪晶界正常位置的置换偏析结构；（d）$[\bar{3}032]$晶带轴的$\{10\bar{1}3\}$孪晶模型；（e）特定界面位置的偏析能；（f）$\{10\bar{1}3\}$孪晶的三维偏析结构

与其他偏析结构不同的是，HAADF 图像显示 Mg-Ag 合金的$\{10\bar{1}3\}$孪晶界的偏析，除了原有原子占位的置换型偏析外，在非原子位置还出现了 Ag 元素的富集，这种间隙型的偏析结构是首次发现。由于间隙偏析结构的出现，无法预测间隙偏析原子的实际位置，因此利用密度泛函理论从另一个晶带轴方向进行计算。图 4.25（d）是$\{10\bar{1}3\}$孪晶在$[\bar{3}032]$晶带轴的原子模型。由于间隙原子的占位不确定，因此对图中孪晶界上的 6 个原子列以及它们之间的 5 个空位进行计算，分别标示为 Ⅰ～Ⅺ。如图 4.25（e）所示，原子列 Ⅰ、Ⅴ、Ⅸ的偏析能最低。因此，该位置溶质被 Ag 原子所占据，形成间隙型原子偏析结构。值得注意的是，置换型偏析 Ag 原子取代的是离孪晶界最近原子层的 A 层 Mg 原子的占位，而间隙型偏析 Ag 原子占据了孪晶面上 A 层原子和 B 层原子之间的间隙，并且每两列间隙 Ag 原子之间间隔两列 Mg 原子列。再结合图 4.25 的实验结果，由此构建了 Ag 原子在$\{10\bar{1}3\}$孪晶界的三维偏析结构，如图 4.25（f）所示。

4.2.3　镁合金的大角度晶界及界面相结构

1. 镁合金同轴大角度晶界结构

除孪晶片层外，在镁合金的晶粒内部还存在大量的层状结构。如图 4.26（a-1）～（d-1）所示，这些片层板条结构（LB）的平均宽度约为 300 nm，其形貌与孪晶相似。此外，片层结构与孪晶有相似的取向关系，两个相邻晶粒也具有相同的$[11\bar{2}0]_\alpha$带轴。但是其衍射斑点表明，片层结构的取向偏差分别为 102°、109°、142°和 149°[图 4.26（a-2）～（d-2）]，这与任何报道的孪晶界的角度都不同[20]。图 4.26（a-3）～（d-3）为对应片层结构的模拟衍射图，其中基体和片层的衍射斑点分别以黑点和红点区分。从图中可知，这些基体和片层结构分别具有重合衍射斑$(20\bar{2}3)$、$(30\bar{3}4)$、$(30\bar{3}2)$和$(20\bar{2}1)$，这表明两侧的晶粒共用一个特定的平面，通常具有重合的衍射斑点被定义为孪晶衍射斑。但是由于孪晶取向角度与常见的孪晶角度不同，因此，需要深入分析，以确定它们是否是迄今为止未知的孪晶界。

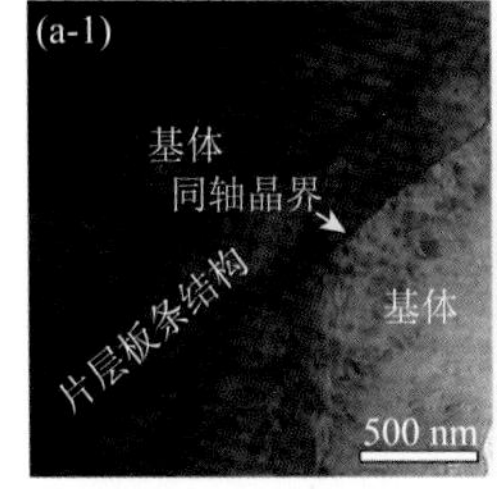

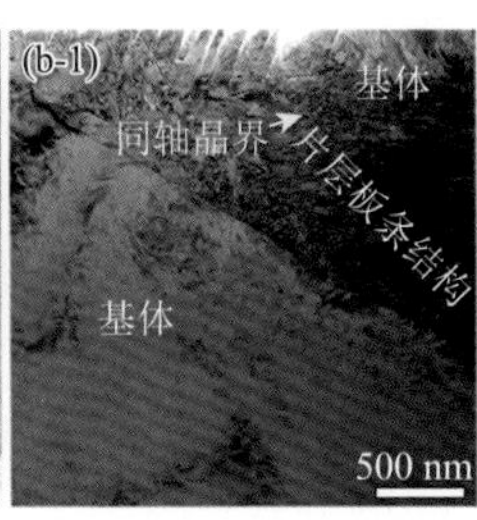

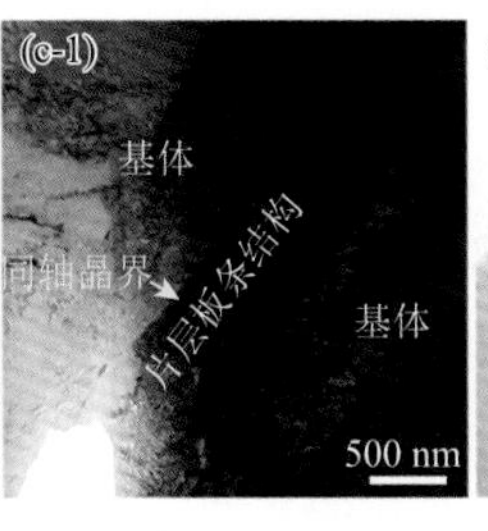

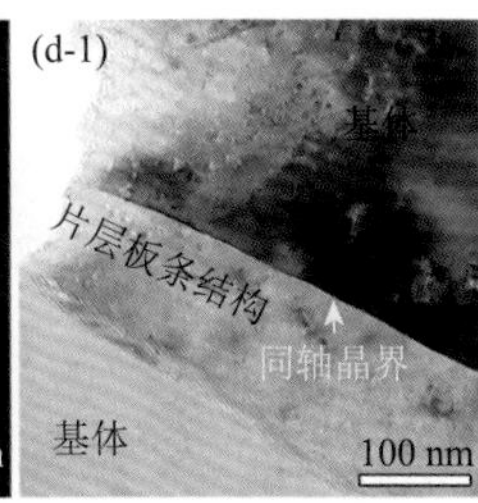

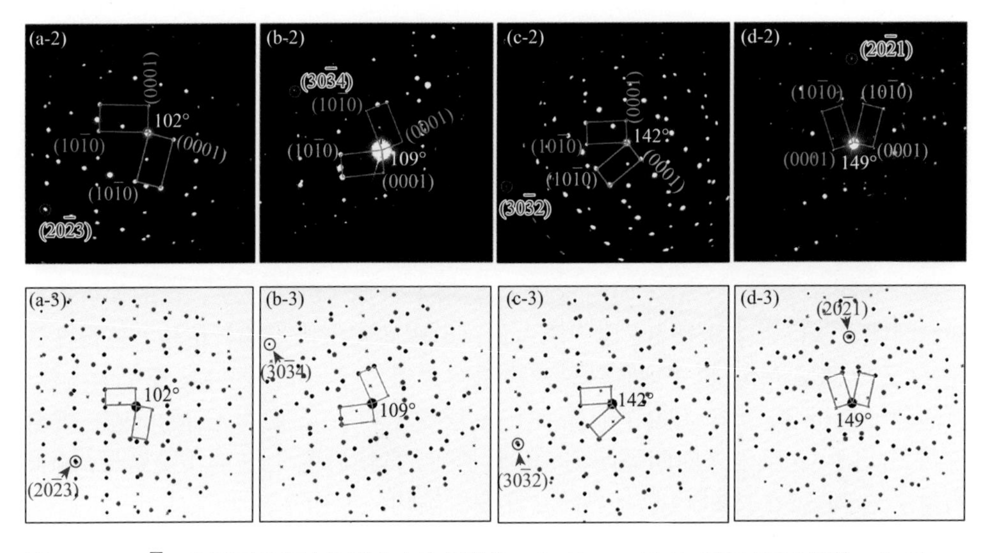

图 4.26 [$11\bar{2}0$]带轴下观察冷轧镁合金片层结构：（a-1）～（d-1）明场 TEM 照片；（a-2）～（d-2）相应的衍射斑点；（a-3）～（d-3）模拟衍射斑点，分别显示($20\bar{2}3$)、($30\bar{3}4$)、($30\bar{3}2$)和($20\bar{2}1$)的重叠衍射斑

HRTEM 观察分析表明，图 4.26 所示的片层结构不是孪晶结构。图 4.27（a）为取向差为 149°片层界面的原子结构，图中黄色曲折的虚线描绘的是界面结构，由此可知，其晶界结构的实际界面是非共格界面，而不是由红色虚线标记的($20\bar{2}1$)晶面。因此，虽然这个片层两侧的晶粒共享[$11\bar{2}0$]晶带轴，也具有独特的取向关系[重合的($20\bar{2}1$)衍射斑]，但是其界面结构不是沿着($20\bar{2}1$)面呈镜面对称的关系，因此其不具有孪晶关系，而是一种特殊的晶界结构，称为同轴晶界（coaxial grain boundary，GGB）。图 4.27（a）中黄色虚线显示在晶界处存在许多台阶，这些台阶将晶界分成了小的片段，统计显示两片段之间的平均原子层数为 5 层[图 4.27（b）]。对台阶处的结构分析可知，如图 4.27（c）所示，在每一个台阶处都存在界面位错。其晶界应变分布如图 4.27（d）所示，沿着界面处具有一定的应力场，而在界面台阶处呈现出位错的应变特征。在含有位错的台阶处和晶界片段处其应变特征具有较大的差异，如图中黑框所示的区域。分析可知，台阶处的位错核心[图 4.27（e）]的最大负应变约为 0.7，而正应变（1.3）几乎是负应变的两倍。位错核上附加的半原子平面导致了成对的“正对负”应变，这些应变远高于同轴晶界界面上其他位置的局部应变，如Ⅱ区[图 4.27（f）]。

图 4.28（a）～（c）为三个典型的同轴晶界的 HRTEM 图像，分别为 149°、138°和 115°。虽然同轴晶界Ⅰ、Ⅱ和Ⅲ的偏移方向不同，但有趣的是，我们发现所有图中所示的上面晶粒的基面与晶界的夹角 θ 相同，几乎都与晶界片段垂直。如图 4.28（d-1）所示，用另一种色系来反映晶粒中基面(0001)的应变分布，其中

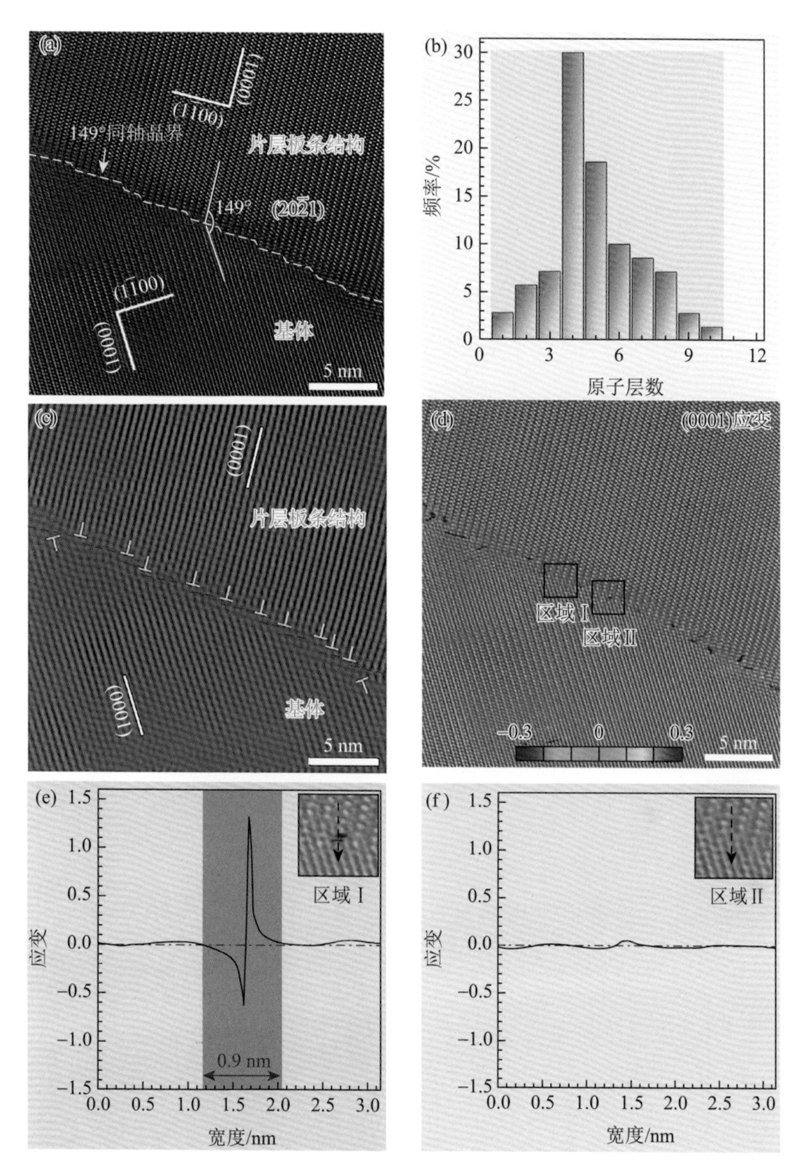

图 4.27　取向差为 149°的同轴晶界的原子微观结构：(a) HRTEM 图像；(b) 同轴晶界台阶的宽度分布；(c) 沿同轴晶界的位错及位错核；(d) 图 (a) 的 GPA 应变分布图；(e)、(f) 沿图 (d) 标记的同轴晶界 I 区和 II 区局部应变的线性分析

零应变的颜色为白色。很显然，上面晶粒的应变场要小得多，表明缺陷密度低。应变主要集中在下面的晶粒中。界面处上面晶粒的 A 区和下面晶粒的 B 区的应变统计分布如图 4.28 (d-2) 所示。下面晶粒的位错在界面处耦合及相互作用增加了界面的局部应变，从而使 B 区的应变峰变宽。图 4.28 (d-3) 为用二维原子模型标

记的同轴晶界 I 的局部放大图。从图中可以看出，虽然该段界面结构存在台阶，但是其界面上侧晶粒的晶格排列仍然较好。相反，下侧界面的晶格的有序度则较低。我们认为这种界面的无序是由基面与界面的夹角引起的。如图 4.28（d-3）所示，同轴晶界 I 与上侧基面夹角接近 90°。当基面几乎垂直于界面时，棱柱面平行于界面，减少了与界面的失配。

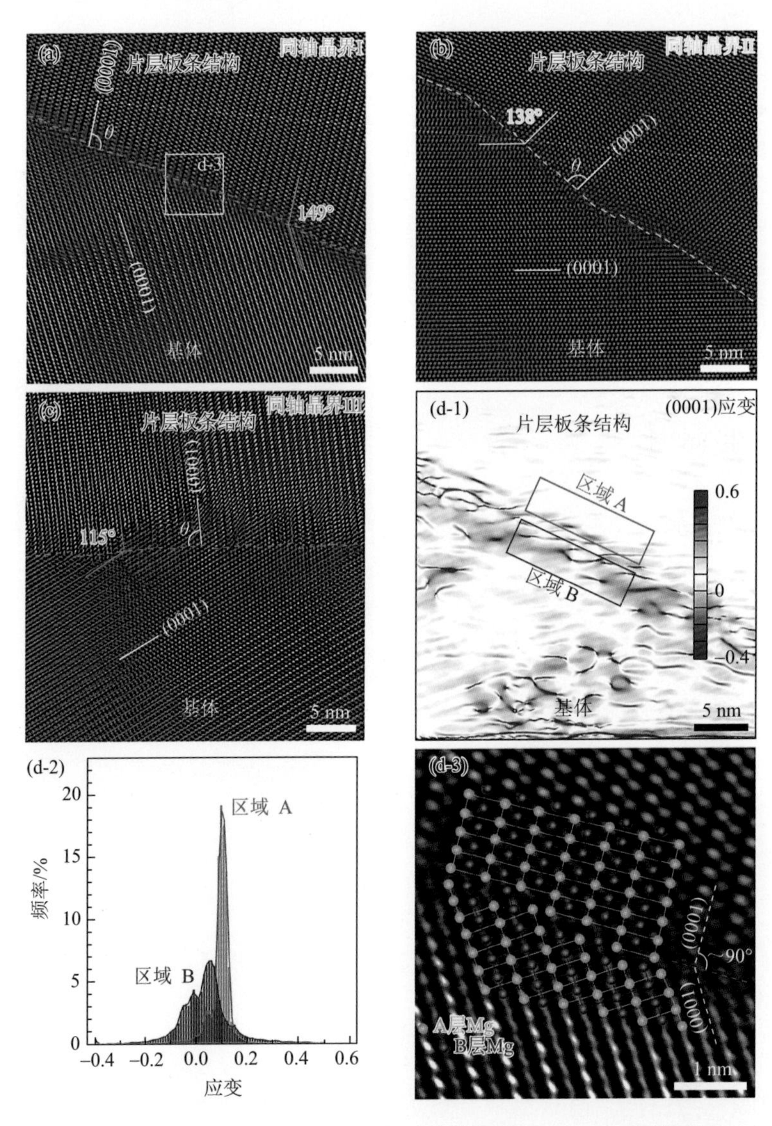

图 4.28　同轴晶界独特的取向差及其对界面局部应变的影响：(a) 149°同轴晶界；(b) 138°同轴晶界；(c) 115°同轴晶界；(d-1) 149°同轴晶界的应变分布图；(d-2) 图 (d-1) 中 A 区和 B 区的应变统计分布图；(d-3) 149°同轴晶界的局部放大图及二维晶格模型图

上述同轴晶界具有两个重要特征。首先，同轴晶界的相邻晶粒具有相同的 $[11\bar{2}0]$ 带轴，因此可以在 HRTEM 图像中获得与镁合金孪晶界相同的原子结构。其次，同轴晶界与界面一侧晶粒基面的夹角 θ 接近 90°的独特取向关系，这表明同轴晶界的形成机制与变形孪晶密切相关。

2. 镁合金同轴大角度晶界的形成机理

图 4.29 为 172°同轴大角度晶界的 TEM 图像。图 4.29（a）为一个孪晶片层的低倍形貌。图 4.29（b）为图 4.29（a）中黑色方框所示的孪晶尖端的放大图。由图 4.29（b）的高分辨图像可知，在孪晶的尖端存在三个不同的界面结构，即 172°同轴大角度晶界及两个 $\{10\bar{1}2\}$ 孪晶[20]。图 4.29（c）则为图 4.29（b）经傅里叶变换所得的衍射分析，蓝色虚线框对应于 172°同轴晶界，而黄色和红色虚线框分别对应于一次孪晶和二次孪晶的衍射分析。由图 4.29 可以推测 172°同轴晶界是由 $\{10\bar{1}2\}$-$\{10\bar{1}2\}$ 二次孪晶形成的。其形成机理如下：在晶粒发生变形之前，晶粒内部无界面结构。当晶粒经历塑性变形过程后，在基体中形成一次 $\{10\bar{1}2\}$ 孪晶，这个孪晶的形成使得基面旋转了 86°，如图 4.29（b）中黄线所示。随着塑性变形继续进行，在一次孪晶的孪晶部分形成二次孪晶，使得一次孪晶的(0001)面再次发生 86°旋转形成二次孪晶，如图 4.29（b）中红线所示。经过两次孪晶变形后，最后二次孪晶的(0001)面与基体的(0001)面所形成的夹角为 172°。此时在晶界两边的晶粒都处于 $\langle 11\bar{2}0\rangle$ 带轴，因此 172°同轴大角度晶界是同一晶粒经两次 $\{10\bar{1}2\}$ 孪生变形而形成的。

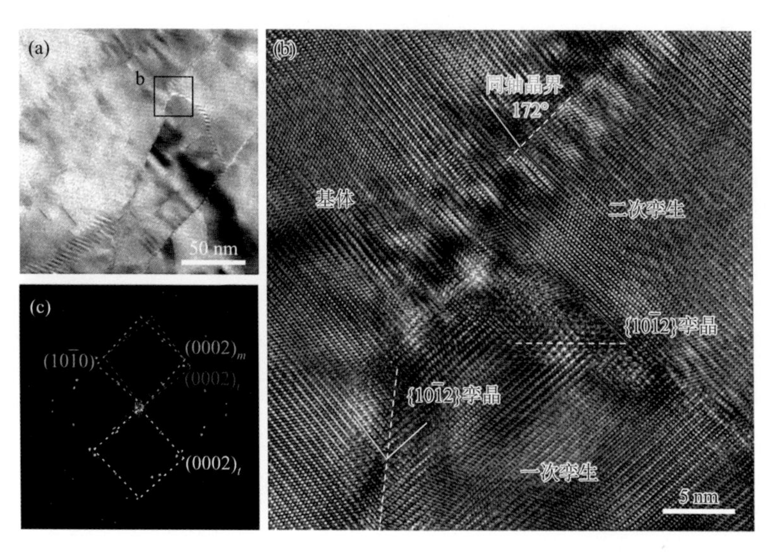

图 4.29　$\{10\bar{1}2\}$-$\{10\bar{1}2\}$ 二次孪晶形成的 172°同轴大角度晶界的 TEM 图像：（a）低倍形貌；（b）界面结构的高分辨图像；（c）电子衍射分析

图 4.30 为 138°同轴大角度晶界结构[20]。由图 4.30（a）可知，基体中基面(0001)面呈水平方向，经过一次$\{10\bar{1}2\}$孪晶变形（孪晶界面如白色虚线所示），基体的(0001)面的方向发生改变。在$\{10\bar{1}2\}$孪晶中再次发生孪晶变形，形成二次$\{10\bar{1}1\}$孪晶，如蓝色虚线所示。$\{10\bar{1}1\}$孪晶的形成再次改变了(0001)面的方向，使得$\{10\bar{1}1\}$孪晶的(0001)面与基体的(0001)面的夹角为 138°，如黄色虚线所示。图 4.30（b）～（d）分别为图 4.30（a）中白色、蓝色、黄色虚线所示的界面结构经过傅里叶变换所得的衍射花样，这表明经过$\{10\bar{1}2\}$和$\{10\bar{1}1\}$两次孪晶变形后形成了 138°同轴大角度晶界。图 4.30（e）～（g）为 138°同轴大角度晶界的形成过程示意图。在未发生塑性变形过程时，晶粒内部不存在界面结构，其初始的基面为水平方向，用橙黄色表示[图 4.30（e）]。经过一次塑性变形在初始晶粒的内部形成了$\{10\bar{1}2\}$孪晶，用图 4.30（f）中的蓝色区域原子表示。随着塑性变形的再次发生，在蓝色区域内部形成$\{10\bar{1}1\}$二次孪晶，用图 4.30（g）中的绿色区域原子表示。最后这个绿色区域部分的(0001)面和黄色基体的(0001)面的夹角为 138°，其界面结构则为 138°同轴晶界。

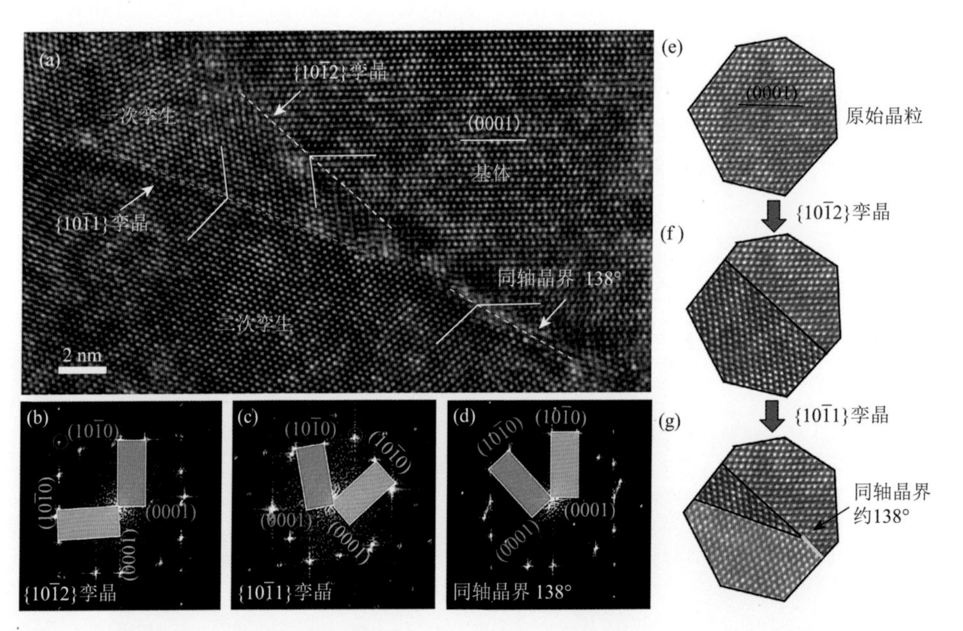

图 4.30　$\{10\bar{1}2\}$-$\{10\bar{1}1\}$二次孪晶形成的 138°同轴大角度晶界：（a）高分辨图像；（b）～（d）$\{10\bar{1}2\}$孪晶、$\{10\bar{1}1\}$孪晶和 138°同轴晶界的 FFT 衍射分析；（e）～（g）138°同轴晶界的形成示意图

图 4.31（a）所示的区域显示出$\{10\bar{1}2\}$、$\{10\bar{1}1\}$和 144°同轴大角度晶界，并且形成了一定的偏析结构[23, 24]。其同轴大角度晶界的形成示意图如图 4.31（b）

所示。首先假设存在一个[$11\bar{2}0$]轴与纸面垂直的初始晶粒，其基面如图 4.31（b）中的蓝色平行直线所示。当合金经受轧制变形时，产生了一个{$10\bar{1}1$}孪晶，改变了右侧晶粒内的取向，这时孪晶界两边的基面的夹角为 125°。随着变形的继续进行，在右侧晶粒内又形成了第二次孪晶。假设这次形成的是一个{$10\bar{1}2$}孪晶，它再次改变了右侧局部晶粒的取向。这时，红色标注部位的界面就成了一条有特殊取向的片层晶粒结构，由于孪晶形成过程中，界面两侧晶粒的[$11\bar{2}0$]轴没有发生偏转，所以这条取向差为 149°左右的片层晶粒的左右两侧都能像孪晶那样得到[$11\bar{2}0$]的正轴。由于晶界中位错及台阶的存在，界面两边的取向差会发生轻微的变动，因此 TEM 中实际测得的片层晶粒的夹角可能会与计算值有轻微的偏差。

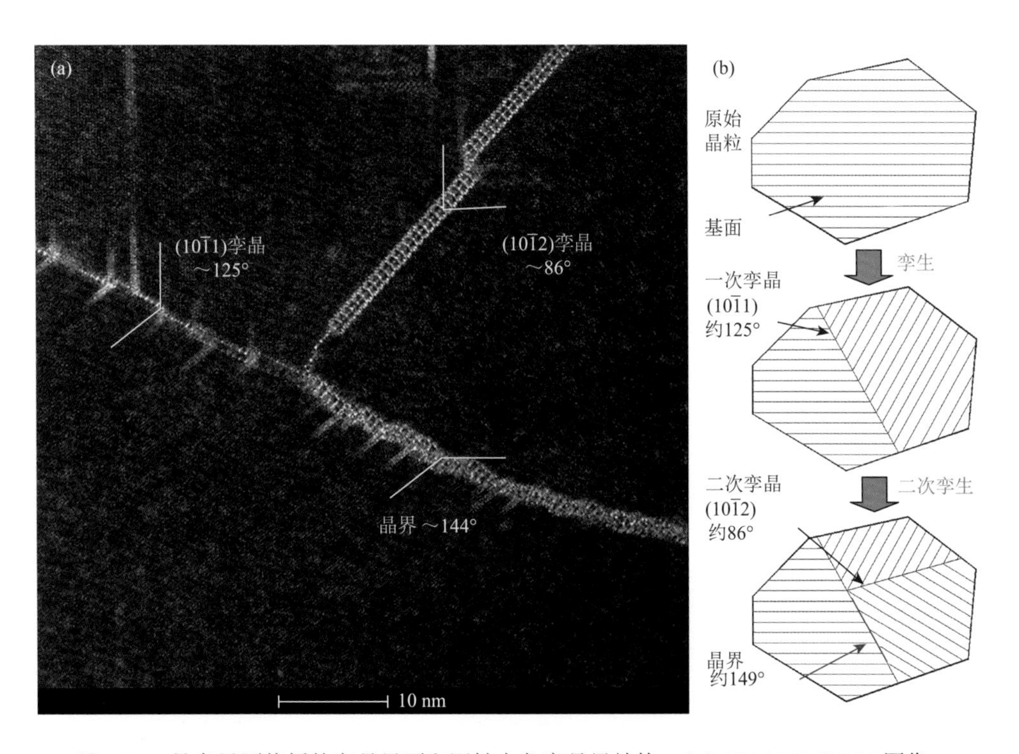

图 4.31　具有界面偏析的孪晶界面和同轴大角度晶界结构：（a）HAADF-STEM 图像；（b）同轴大角度晶界的形成示意图

需要注意的是，图 4.30 中的 138°同轴大角度晶界和图 4.31 所示的 144°同轴大角度晶界均是由{$10\bar{1}2$}和{$10\bar{1}1$}孪晶变形产生的。这表明{$10\bar{1}2$}-{$10\bar{1}1$}孪晶形成的大角度晶界的取向差不是一个固定值。这可能是由孪晶类型的产生顺序以及孪晶界面台阶的位错类型不一定而导致的。表 4.1 所示总结和归纳了实验过程中已经观察到的不同角度的同轴大角度晶界及其衍射特征[20]。

表 4.1 实验中已观察到的同轴大角度晶界及其特征分析

晶界角度/(°)	衍射特征	与孪晶的关系
102	$\{20\bar{2}3\}$孪晶	$\{10\bar{1}2\}$-$\{10\bar{1}2\}$-$\{10\bar{1}2\}$三次孪晶
109	$\{30\bar{3}4\}$孪晶	$\{10\bar{1}1\}$-$\{10\bar{1}1\}$二次孪晶
115	$\{10\bar{1}3\}$孪晶	$\{10\bar{1}2\}$-$\{10\bar{1}2\}$-$\{10\bar{1}1\}$三次孪晶
138	$\{10\bar{1}5\}$孪晶	$\{10\bar{1}2\}$-$\{10\bar{1}1\}$二次孪晶
142	$\{30\bar{3}2\}$孪晶	$\{10\bar{1}2\}$-$\{10\bar{1}1\}$二次孪晶
144	—	$\{10\bar{1}2\}$-$\{10\bar{1}1\}$二次孪晶
149	$\{20\bar{2}1\}$孪晶	$\{10\bar{1}2\}$-$\{10\bar{1}1\}$二次孪晶
164	—	$\{10\bar{1}1\}$-$\{10\bar{1}1\}$-$\{10\bar{1}1\}$三次孪晶
172	—	$\{10\bar{1}2\}$-$\{10\bar{1}2\}$二次孪晶

3. 镁合金同轴大角度晶界的偏析结构

1）86°同轴大角度晶界

大角度晶界由于具有更高的错配度及界面能，因此其偏析结构比孪晶复杂得多。由以上可知，镁合金的孪晶界面的交互作用可以形成同轴大角度晶界。部分$\{10\bar{1}2\}$孪晶界面由于在变形过程中吸收了较大应变，因此破坏了其对称性，使得其界面分别平行于基面或柱面。将孪晶晶粒中基面平行于基体晶粒中柱面的界面称为 BP（basal-prismatic）界面，孪晶晶粒内部的柱面平行于基体晶粒中基面的界面称为 PB（prismatic-basal）面。这些 BP 面或 PB 面的存在使得$\{10\bar{1}2\}$孪晶偏离$(10\bar{1}2)$孪晶面，不再具有镜面对称的特性，形成了 86°同轴大角度晶界结构。图 4.32 是 Mg-Ag 合金中 86°同轴大角度晶界的界面结构，电子束的入射方向平行于$[1\bar{2}10]$。图中的黄线表示界面两边晶粒的(0001)面，晶界由红色虚线、蓝色虚线、绿色虚线组成，其中红色虚线表示$(10\bar{1}2)$孪晶面，蓝色虚线表示界面平行于基面(0001)的 BP 面，绿色虚线表示界面平行于基面(0001)的 PB 面。对图中界面结构分析可知，晶界与两边的(0001)面的夹角均为 86°，但是晶界结构非常无序，形成了锯齿状的界面结构。锯齿状的界面结构特征使得 86°晶界在整体上不具有对称性关系。由图中分析可知 86°同轴大角度晶界由$(10\bar{1}2)$面、BP 面和 PB 面组成。BP 面和 PB 面所占比例越大，其界面结构越不对称，晶界弯曲越严重。并且BP 面和PB 面的存在使得晶界处的错配增大，加剧了晶界应力的不均匀分布，进而导致了 Ag 元素的无规则的偏析。

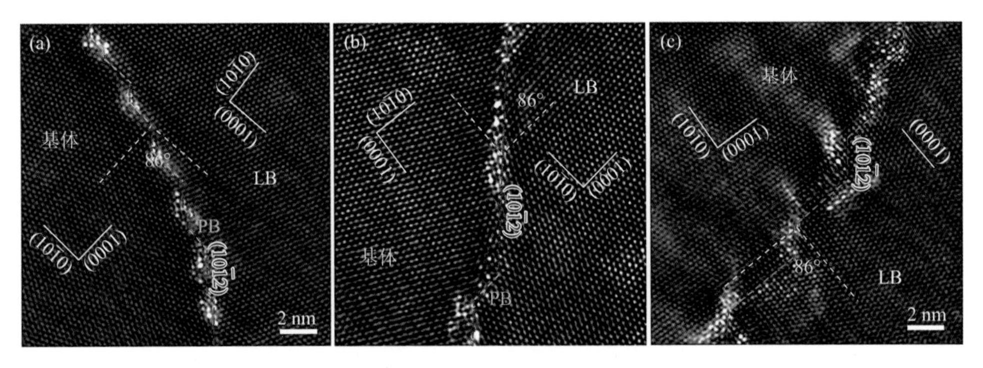

图 4.32　86°同轴大角度晶界的偏析结构：(a) 有(10$\bar{1}$2)孪晶面和 PB 面；(b) 有(10$\bar{1}$2)孪晶面、BP 面和 PB 面；(c) 有(10$\bar{1}$2)孪晶面和 BP 面

2）102°同轴大角度晶界

由图 4.26 可知，102°大角度晶界具有重合衍射斑(20$\bar{2}$3)，图 4.33 则为 Mg-Ag 合金中 102°同轴大角度晶界的周期性偏析结构[20]。如图所示，黄色虚线分别为基体与片层结构中的(0001)面，两者的夹角为 102°，其中蓝色虚线为(20$\bar{2}$3)面，由此可知，其晶界界面偏离了(20$\bar{2}$3)面。从界面 Ag 元素的偏析情况来看，红色虚线圈中的两个原子表现为一定的周期性，且都平行于蓝色虚线所示的晶界。但是从图中可知 102°同轴大角度晶界的偏析结构不具备明显的周期性，其偏析结构单元的间距及原子占位没有明显的规律性。

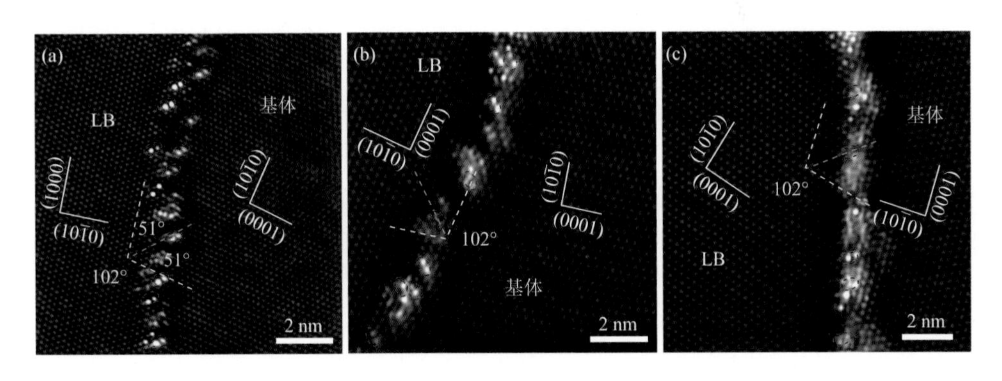

图 4.33　102°同轴大角度晶界的偏析结构

3）144°同轴大角度晶界

图 4.34 是 Mg-Gd-Y 和 Mg-Gd-Y-Ag 合金在 144°大角倾转晶界上的偏析情况。与{10$\bar{1}$2}孪晶的情况相似，在两种合金的大角度晶界处其偏析结构也具有差异性。图 4.34（a）所示的 Mg-Gd-Y 的大角度晶界有溶质元素的富集，其富集的占位没有呈现良好的周期性结构。相比二元合金，Mg-Gd-Y-Ag 合金的偏析结构更

复杂，呈现非连续的偏析结构。仔细分析发现，这种偏析结构与{10$\bar{1}$2}孪晶的“脊椎骨”析出结构相似，是沿着半个{10$\bar{1}$2}孪晶角度 43°向某一侧晶粒内部生长的，该方向即为(10$\bar{1}$2)孪晶面方向。但是，大角度晶界界面的方向与(10$\bar{1}$2)孪晶面方向不同，因此就导致形成了这些小片段“脊椎骨”状析出结构。

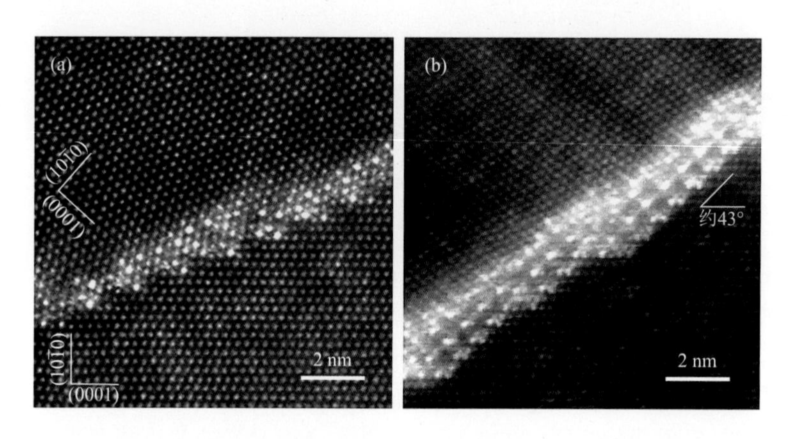

图 4.34　144°同轴大角度晶界偏析结构：（a）Mg-Gd-Y 合金；（b）Mg-Gd-Y-Ag 合金

4. 镁合金的同轴大角度晶界的界面相

图 4.35（a）是 Mg-Gd-Y-Ag-Zr 合金多个界面交叉的低倍 HAADF 形貌图[20, 26]。从图中可以看出，大量的溶质原子偏析到晶界和孪晶界处形成了晶界相，如图中箭头所示。图 4.35（b）～（d）分别是图中红色、蓝色和绿色箭头所示的放大图。在图 4.35（b）中的晶界相结构是一个由多段周期性脊椎骨状的偏析结构组成，这种周期性结构与 Mg-Gd-Y-Ag-Zr 合金中{10$\bar{1}$2}孪晶的偏析结构相似。而图 4.35（c）和（d）为界面相结构向着晶界内部应变较高的一侧进行生长，形成了大面积的周期性界面相。

图 4.35（c）和（d）显示了晶界相结构在三叉节点等畸变较大的区域形成了大面积的偏析结构。图 4.35（c）对应于图 4.35（a）中蓝色箭头所示的三叉节点的晶界相结构。图 4.35（d）显示了一个大的楔形结构的界面相，界面相尺寸比图 4.34（b）及图 4.35（b）中的界面相结构的尺寸大，从图中分析可知该界面相结构不是位于三叉交点处，但是在界面相的边界存在一个残余的{10$\bar{1}$2}孪晶，如图中的黄色箭头所示。由此可以推测图中的这个大楔形结构的界面相是由一个{10$\bar{1}$2}孪晶转变而成。此外，大量的表征观察和分析可知，在晶界附近产生强烈的应力场会促使晶界相结构的转变，并且图中所示的界面相结构主要在{10$\bar{1}$2}孪晶和 142°同轴大角度晶界处产生，由此可知 142°界面相结构的形成与{10$\bar{1}$2}孪晶具有一定的关系。

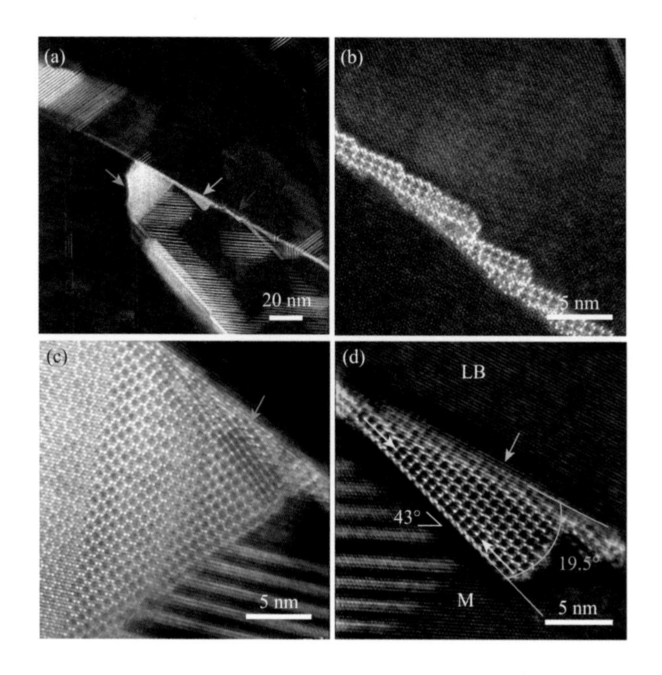

图 4.35　Mg-Gd-Y-Ag-Zr 合金中的晶界相结构，电子束的入射方向为$[1\bar{2}10]_{\alpha}$带轴：(a) 高分辨的 HAADF-STEM 图像；(b) ～ (d) 图 (a) 中的红色、蓝色和绿色箭头所示区域的放大图

图 4.36 为 Mg-Gd-Y-Ag-Zr 合金中$\{10\bar{1}2\}$孪晶、142°同轴晶界和 142°界面相的 HAADF-STEM 图像[20]。图中的红色和蓝色小球表示不同衬度的原子柱，所组成的图形表示孪晶结构的偏析单元。与孪晶偏析结构相比，同轴晶界的楔形结构具有更多的溶质原子偏析，该偏析结构的脊椎骨与基体呈一定的孪晶关系，具有与孪晶相同的偏析结构单元，如图中的红色和蓝色小球所示的结构单元。相比于孪晶结构和同轴晶界的偏析结构，图 4.36 (c) 中的界面相结构是由几十个甚至几百个周期性排列的结构单元组成的。从图中可知，在界面相结构的边缘具有残余$\{10\bar{1}2\}$孪晶界孪晶结构，由此可以认为周围晶界产生的强烈的应力场作用使得残余$\{10\bar{1}2\}$孪晶结构发生了完全的结构转变，形成图中六角结构的蜂窝状结构的界面相。

图 4.37 为界面相结构二维原子排列形成的示意图。图 4.37 (a) 为孪晶及晶界偏析结构，黄色箭头所示为孪晶界。从图中可知，晶界偏析结构沿孪晶界具有二维对称性。图中的红色小球代表原子序数大的原子，蓝色小球代表原子序数较小的原子。对于沿 142°同轴晶界形成的界面相结构，与孪晶偏析结构具有一些相似的特征，即靠近基体的部分具有一半的孪晶结构。而在远离基体的地方则由于富集了大量的溶质原子发生了原子的重排，形成了一种新的蜂窝结构，如图 4.37 (b) 中黑色实线表示。这种新形成的蜂窝结构涉及多层原子偏析结构

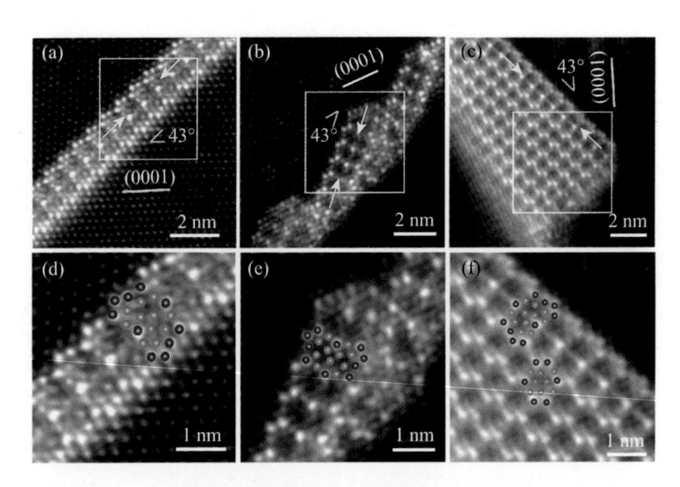

图 4.36 Mg-Gd-Y-Ag-Zr 合金中偏析结构的 HAADF-STEM 图像：（a）、（d）$\{10\bar{1}2\}$孪晶偏析结构；（b）、（e）142°同轴晶偏析结构及结构单元；（c）、（f）142°同轴晶界相

的转变及重构。晶界相的形成释放了晶界的局部应变，从而降低局部能量。值得注意的是，这种偏析结构是一种新的析出结构，迄今为止还没有文献进行相关的报道。

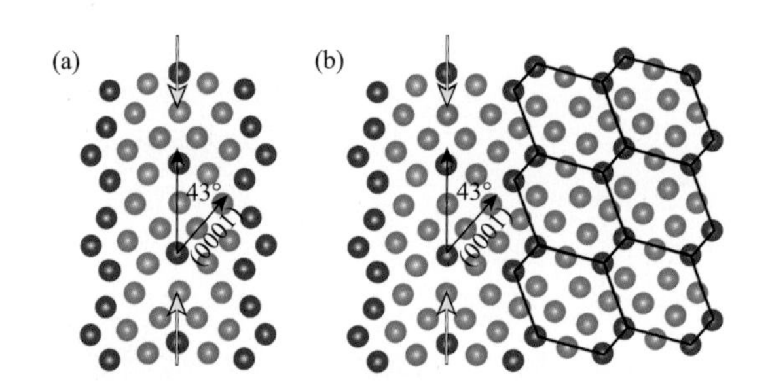

图 4.37 界面相结构的二维原子排列示意图：（a）初始$\{10\bar{1}2\}$孪晶界；（b）142°界面相

为了研究界面相的形成机理，获取界面结构的成分信息十分必要，如图 4.38 为 60 kV 下获得的晶界相的元素面扫描分析。从图 4.38（a）的 HAADF-STEM 图像可知，在孪晶台阶处形成了大面积的界面相结构，在晶粒内部界面相的边缘附近还存在一些析出相。与析出相的元素成分含量相比，界面相结构具有更亮的溶质元素衬度，由此可以推测界面相的形成具有更多的重元素参与。图 4.38（b）和（c）分别为元素 Gd 和元素 Ag 的 EDS 元素信息。从图中可知，在界面相的相同位置具有大量的 Gd 元素和 Ag 元素的富集，并且这两种元素富集的形状和尺寸大小与界面相十分吻合。除此以外，在析出相的区域也具有 Gd 和 Ag 的富集。但是从元素的富集程度来看，晶内析出相中含有的 Gd 元素和 Ag 元素的比例远远低于

界面相。图 4.38（d）和（e）分别为 Y 元素和 Zr 元素的富集情况。从 EDS 面扫描结果可知，Y 元素和 Zr 元素在整个区域内没有明显的偏析情况，这表明 Y 元素和 Zr 元素不参与析出相的生成[20, 26]。

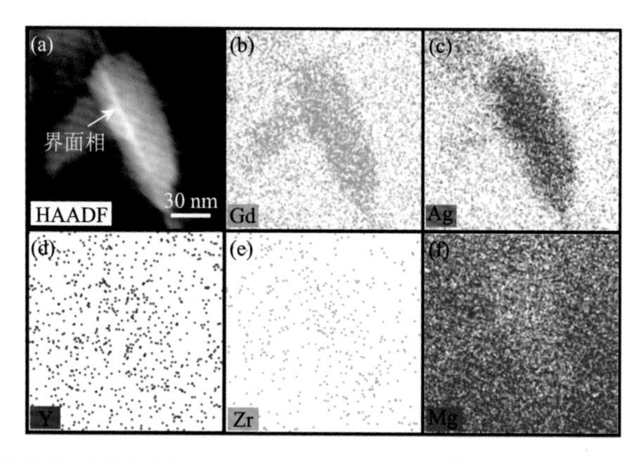

图 4.38　界面相结构的元素分析：（a）HAADF-STEM 图像；（b）Gd 元素；（c）Ag 元素；（d）Y 元素；（e）Zr 元素；（f）Mg 元素

为了获得界面相的准确结构，必须获取至少三个带轴的高分辨信息。由于镁合金 HCP 结构的低对称性，所选取的带轴一定要具有两个相互垂直的带轴，即必须获取$[11\bar{2}0]_{\alpha}$和$[0001]_{\alpha}$带轴的界面结构。由于这两个带轴相互垂直，因此不能在 TEM 中实现界面结构的原位倾转。其界面结构的鉴定就需要晶体结构参数的相互自洽。为了验证界面结构的准确性，就选定了与$[11\bar{2}0]_{\alpha}$取向呈 30°夹角的$[10\bar{1}0]_{\alpha}$带轴。通过$[11\bar{2}0]_{\alpha}$、$[0001]_{\alpha}$和$[10\bar{1}0]_{\alpha}$三个带轴进行了 HAADF-STEM 的相关表征并根据相应的原子柱的强度积分来推测合金元素在不同带轴的原子占位，如图 4.39 所示[20]。图 4.39（a）为$[11\bar{2}0]_{\alpha}$带轴的低倍 HAADF-STEM 图像。由低倍形貌像可知，在如黄色箭头所示孪晶的台阶处有大量溶质原子的富集，从而形成了独特的蜂窝状结构。此外在晶粒内部还有析出相 β′和 γ″的存在。图 4.39（c）和（e）分别为$[0001]_{\alpha}$和$[10\bar{1}0]_{\alpha}$带轴获得的界面相的低倍形貌。从三个观察带轴的 HAADF-STEM 图像可知，界面相的原子亮度在每个带轴都表现为周期性亮度，这表示每一原子柱中溶质原子的堆垛顺序也具有周期性。由于该合金为 Mg-Gd-Y-Ag-Zr 合金，因此其原子序数顺序为 Gd(64)＞Ag(47)＞Zr(40)＞Y(39)，都大于 Mg(12)。图 4.38 的 EDS 分析结果表明，Y 和 Zr 元素不参与界面相的形成。因此可以推测具有亮原子衬度的原子柱含有 Gd 原子和 Ag 原子。根据 HAADF-STEM 的 *Z* 衬度成像原理可知，Gd 原子比 Ag 和 Mg 具有更大的亮度。因此可以合理推测在高分辨 HAADF-STEM 图中具有最亮原子衬度的原子柱包含最重的 Gd 原子，可以将其作为标记原子来推测界面相结构在不同带轴的原子占位。

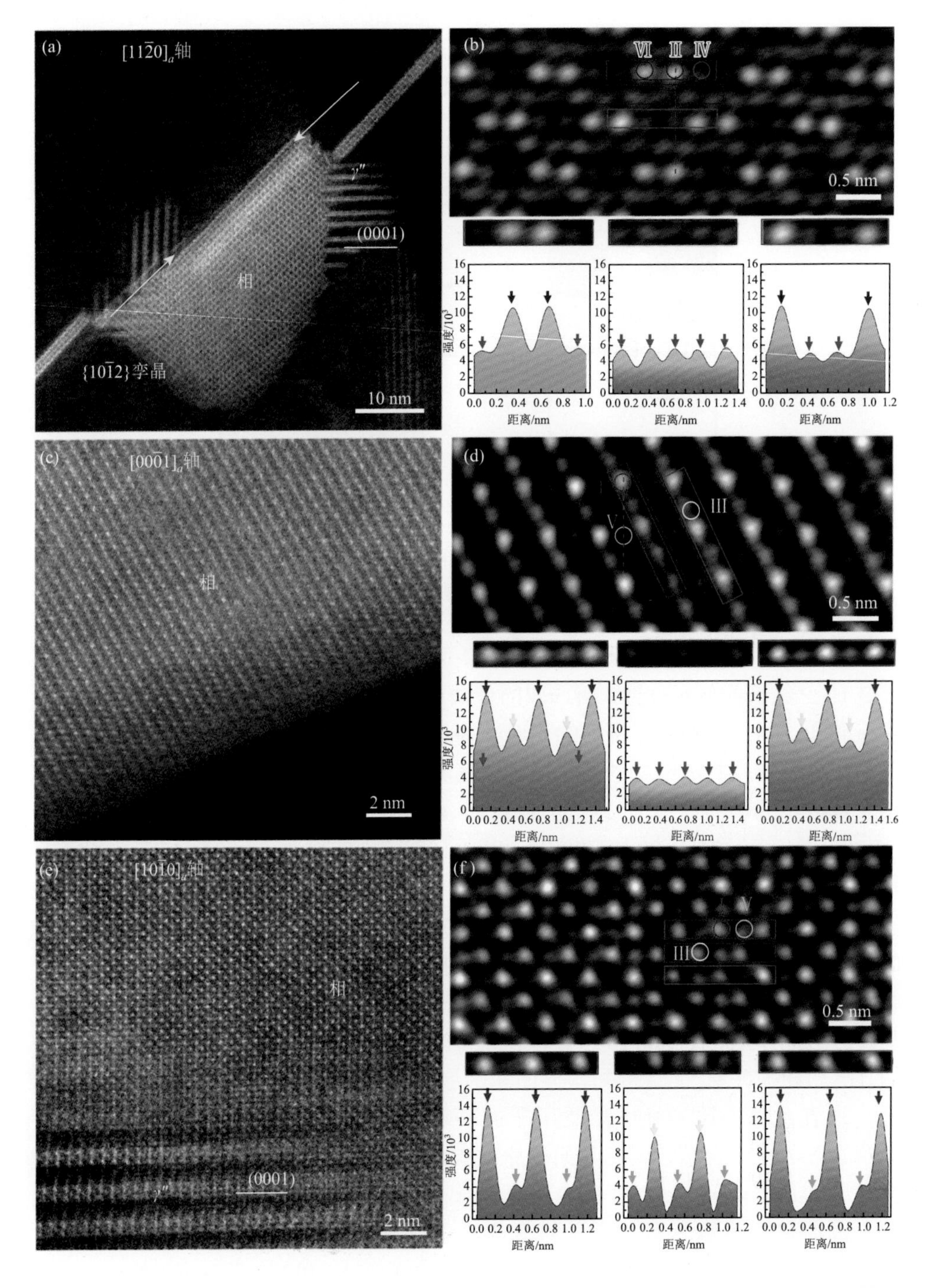

图 4.39 Mg-Gd-Y-Ag-Zr 合金界面相结构：(a) 和 (b)、(c) 和 (d)、(e) 和 (f) 分别为$[11\bar{2}0]_\alpha$带轴、$[0001]_\alpha$带轴和$[10\bar{1}0]_\alpha$带轴的 HAADF-STEM 图像和相应原子的强度积分

图 4.39（b）、（d）和（f）分别为$[11\bar{2}0]_{\alpha}$、$[0001]_{\alpha}$和$[10\bar{1}0]_{\alpha}$带轴的高分辨图及相应原子柱强度积分。在同一带轴的溶质原子柱的强度值都是以纯 Mg 原子柱的强度值为参考。仔细分析会发现，在每一个带轴下原子柱的周期都非常短，并且在三个方向呈现为两种亮度变化。这就意味着每一个原子柱中包含的元素种类不会超过两种，并且这两种元素的比例接近 1∶1。由图中所获得的强度积分可知，在三个带轴上一共观察到有四种原子柱的衬度大于纯 Mg 的衬度。表 4.2 列出了 HAADF-STEM 图像呈现的周期性亮度推导出来的元素占位的可能性组成[20, 26]。这些原子柱可能为 Gd、Gd&Ag、Gd&Mg、Ag 和 Ag&Mg 等五种比 Mg 强的原子柱，其强度顺序依次降低。HAADF-STEM 图像中呈现的强度峰分别用红色、紫色、黄色、绿色和蓝色箭头表示。

表 4.2　$[11\bar{2}0]_{\alpha}$、$[0001]_{\alpha}$和$[10\bar{1}0]_{\alpha}$的 HAADF-STEM 图像推导出来的原子柱可能的组成

强度	可能性 1	可能性 2	可能性 3	可能性 4	可能性 5
Ⅰ（红）	Gd	Gd	Gd	Gd	Gd&Ag
Ⅱ（紫）	Gd&Ag	Gd&Ag	Gd&Ag	Gd&Mg	Gd&Mg
Ⅲ（黄）	Gd&Mg	Gd&Mg	Ag	Ag	Ag
Ⅳ（蓝）	Ag	Ag&Mg	Ag&Mg	Ag&Mg	Ag&Mg
Ⅴ（绿）	α-Mg	α-Mg	α-Mg	α-Mg	α-Mg

基于最亮的原子柱含有 Gd 原子，因此将图 4.39（d）和（f）中最亮的原子标记为Ⅰ，用红色小圈表示，对应于红色箭头所示的强度峰。同时，图 4.39（d）中的原子柱Ⅰ平行于[0001]方向，对应于图 4.39（b）中的红色点线方向。而图 4.39（b）中的红色点线明显穿过了蓝色箭头所示的衬度较低的原子点。而相应的蓝色箭头所示的原子柱包含对应于 Ag 原子柱或 Ag&Mg 原子柱。因此原子柱Ⅰ为 Gd&Ag 原子柱。由于从原子柱Ⅰ到原子柱Ⅴ的亮度是递减排列的，因此表 4.2 中可能性 5 应该是合理的成分占位。对于表 4.2 中可能性 5 的占位，粉色小圈标记的原子柱Ⅱ为富集 Gd&Mg 的原子柱，黄色小圈表示的原子柱Ⅲ为富集 Ag 的原子柱。上文提到富集 Gd&Mg 和富集 Ag 的原子柱亮度非常接近，因此为了避免实验上的错误，需要特别关注图 4.39（b）和（d）中这两种原子柱占位的合理性。图 4.39（b）中粉色小圈标记的原子柱Ⅱ平行于$[11\bar{2}0]$方向，在图 4.39（d）中则表现为沿着蓝色点线的方向。因为蓝色点线穿过了绿色小圈标记的富含 Mg 的原子柱，因此原子柱Ⅱ不可能为只含 Ag 的原子柱，那就只能是 Gd&Mg 原子柱。由此推测在实验上和理论计算上可能性 5 都具有其合理性。

基于对$[11\bar{2}0]_{\alpha}$、$[0001]_{\alpha}$和$[10\bar{1}0]_{\alpha}$三个带轴的原子占位信息的分析，构建了界

面相的三维原子模型及在三个方向的二维投影，如图 4.40 所示[20, 26]。图 4.40（a）为界面相的三维原子模型，绿色、红色和黄色小球分别表示 Mg、Gd 和 Ag 原子。从图中可以发现，即使在 HAADF-STEM 图像中具有相同的亮度，其原子堆垛顺序在界面结构的投影方向仍有差异，如图 4.40（a）中的原子柱Ⅱ和Ⅵ所示。由此可知界面结构的对称性比 HAADF-STEM 图像中呈现的对称性更低。图 4.40（b）和（d）为界面结构在$[11\bar{2}0]_\alpha$和$[10\bar{1}0]_\alpha$带轴的二维投影。从图中分析可知，该界面结构存在如图中所示平行于(0001)面的镜面对称操作。由于 Gd&Mg、Gd&Ag 和 Ag&Mg 等混合溶质原子柱的堆垛顺序不同，使得垂直方向不存在镜面对称。在图 4.40（c）的$[0001]_\alpha$带轴的二维投影中，不具有镜面对称操作，而存在一个如图所示的二次旋转轴。由于$[11\bar{2}0]_\alpha$带轴和$[10\bar{1}0]_\alpha$带轴都垂直于$[0001]_\alpha$带轴，则表明二次旋转轴垂直于镜面，因此该界面相结构的点群应为 $2/m$。对图 4.40（a）中的三维原子模型用模拟软件 Materials Studio 进行对称性分析，得出其空间群为 $C2/m$。

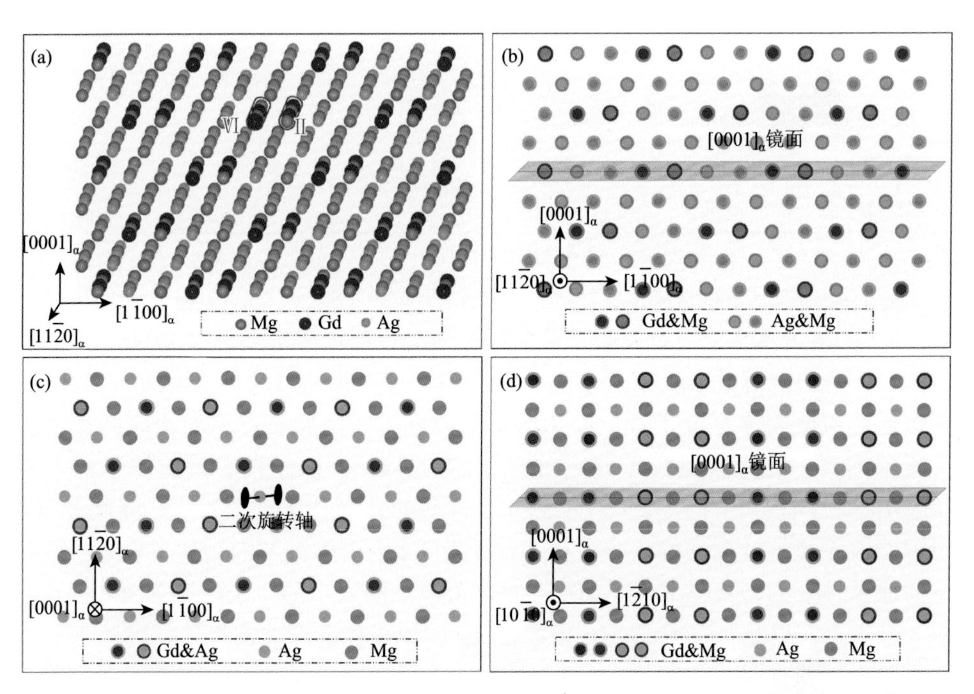

图 4.40 界面相的对称性分析：（a）界面相的三维原子模型；（b）～（d）界面相在$[11\bar{2}0]_\alpha$、$[0001]_\alpha$和$[10\bar{1}0]_\alpha$带轴的二维投影

图 4.41 为界面相结构在$[11\bar{2}0]_\alpha$、$[0001]_\alpha$ 和$[10\bar{1}0]_\alpha$ 三个带轴的原子级 HAADF-STEM 图像，HAADF-STEM 模拟及界面相的一个单胞在相应带轴上的投影。图 4.41（a）为$[11\bar{2}0]_\alpha$带轴的原子级 HAADF-STEM 图像，图中的 d_1

为 10.4 Å，其长度为纯 Mg 在 c 轴方向的 2 倍。沿(0001)基面方向能重复的最小周期性距离标记为 d_2，长度为 12.0 Å。因此界面相在$[11\bar{2}0]_\alpha$带轴的最小重复单元如图 4.41（a）中黄色虚线方框所示。图 4.41（c）为界面相结构在[101]方向的二维投影。图 4.41（d）为 Mg 基体的$[0001]_\alpha$带轴观察到的界面相的 HAADF-STEM 图像。从图中可知，界面相的最小重复单元如图 4.41（d）中黄色虚线平行四边形框所示，与图 4.41（f）为界面相单胞在[010]方向的二维投影相同。黄色虚线所示的平行四边形的一个边长为 12.0 Å，等于从$[11\bar{2}0]_\alpha$带轴观察的长度 d_2。另一边长为 d_3（15.9 Å），黄色平行四边形的一个夹角为 139.1°。此外标记了一个特征距离 d_4，为 5.2 Å。在这个方向还可以获得沿$[11\bar{2}0]_\alpha$方向的长度 d_5（10.4 Å）。图 4.41（g）和（i）分别为 Mg 基体$[10\bar{1}0]_\alpha$带轴的原子级 HAADF-STEM 图像和界面相单胞在[302]带轴的二维投影。从图 4.41(g)中$[10\bar{1}0]_\alpha$带轴的原子级 HAADF-STEM 图像中可以获得图 4.41（a）

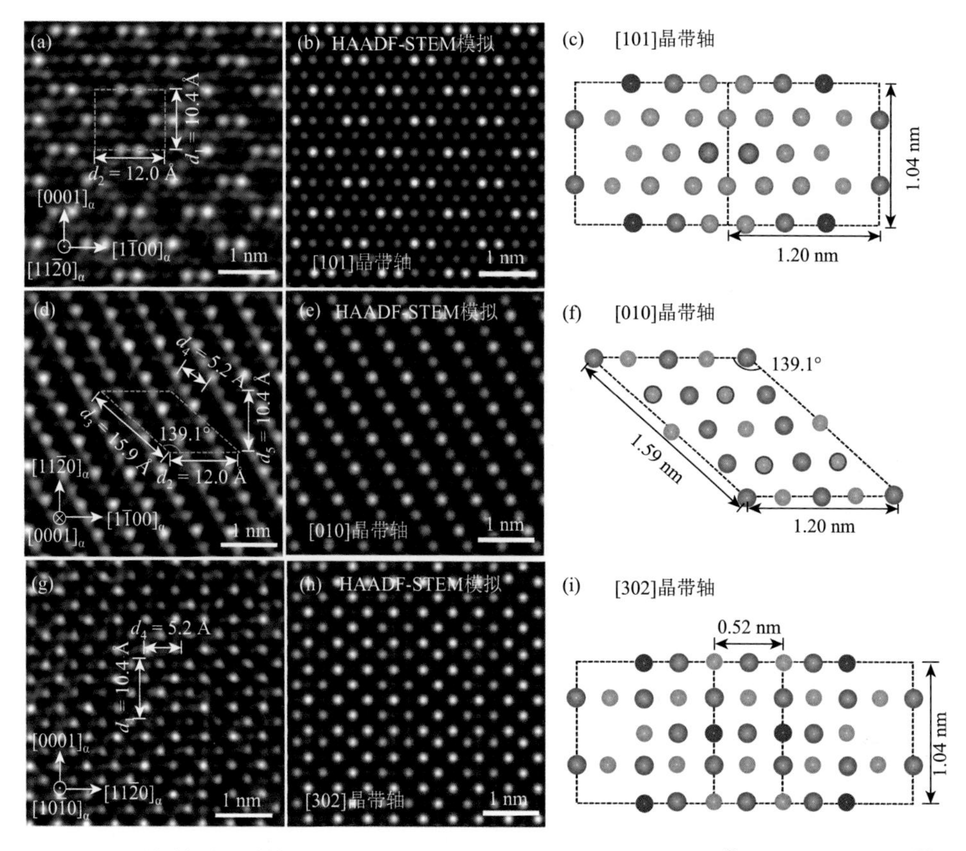

图 4.41 界面相的原子结构：(a)、(b)、(d)、(e)、(g)、(h) 界面相在$[11\bar{2}0]_\alpha$、$[0001]_\alpha$和$[10\bar{1}0]_\alpha$带轴的 HAADF-STEM 图像；(c)、(f)、(i) 界面相单胞分别在[101]、[010]和[302]带轴的二维投影

中沿 c 轴方向的长度 d_1，此外还可以获得图 4.41（d）中标记的特殊间距 d_4。由于$[10\bar{1}0]_\alpha$带轴与$[11\bar{2}0]_\alpha$带轴呈 30°角，因此其 d_4 的长度为 d_5 的一半。其所得的界面相结构的晶格常数在 Mg 基体的$[11\bar{2}0]_\alpha$、$[0001]_\alpha$和$[10\bar{1}0]_\alpha$三个观察方向上完全自洽。因此确定该界面相是一个单斜结构。其晶格常数 a = 12.0 Å，b = 10.4 Å，c = 15.9 Å，β = 139.1°。图 4.41（b）、（e）和（h）分别为界面相结构在[101]、[010]和[302]带轴的 HAADF-STEM 模拟图。图中所示的结构及衬度与图 4.41（a）、（c）和（f）中的$[11\bar{2}0]_\alpha$、$[0001]_\alpha$和$[10\bar{1}0]_\alpha$三个带轴所呈现图像的衬度相吻合，再次证明了界面相结构及占位的正确性。并由此得出界面相与 Mg 基体的取向关系为：$[101]//[11\bar{2}0]_\alpha$、$[302]//[10\bar{1}0]_\alpha$和$(010)//(0001)_\alpha$。

根据以上 HAADF-STEM 图像所示的晶体结构和相应的原子占位分析，获得了界面相的三维原子结构，如图 4.42（a）所示。图中红色、绿色和黄色小球分别代表 Gd、Mg 和 Ag 原子。该界面相结构是单斜结构，其中 β = 139.1°。界面相的空间群是 $C2/m$，化学式是 Mg_4GdAg_3，其晶格常数为 a = 1.20 nm，b = 1.04 nm，c = 1.59 nm。图 4.42（b）为界面相和 Mg 基体的取向关系示意图。界面相与 Mg 基体的取向关系为：$[101]//[11\bar{2}0]_\alpha$，$[302]//[10\bar{1}0]_\alpha$，$(010)//(0001)_\alpha$。

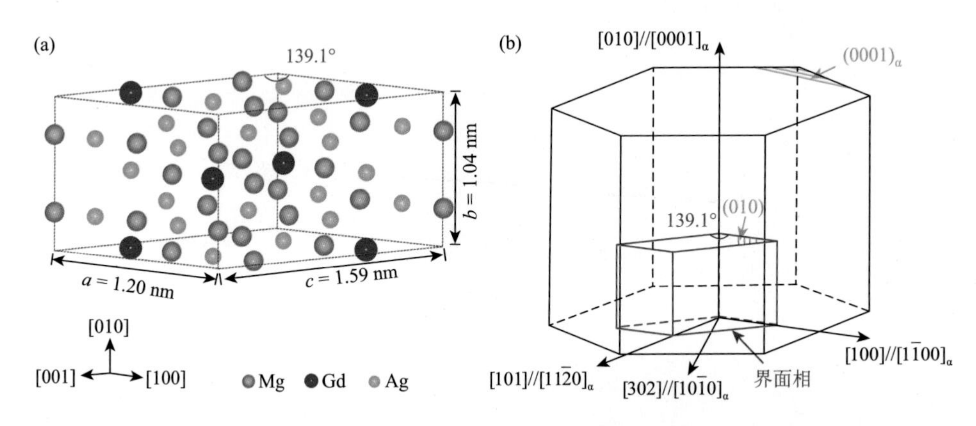

图 4.42 Mg-Gd-Y-Ag-Zr 合金界面相的晶体结构：（a）三维原子模型，其中红色、绿色和黄色小球分别代表 Gd、Mg 和 Ag 原子；（b）界面相与 Mg 基体的取向关系示意图

4.2.4 缺陷及界面修饰的作用

图 4.43 为 Mg-Gd-Y-Ag-Zr 合金中的 142°同轴晶界在不同热处理状态下的晶界偏析结构[20, 26]。图 4.43（a）和（b）所示为 Mg-Gd-Y-Ag-Zr 合金热轧变形后 HAADF-STEM 图像。从图中可以看出在 142°同轴晶界处存在大量溶质元素的偏析，这是因为轧制变形是在 450℃下进行的，高温热诱导使得原子发生了强烈的偏析作用。当热轧变形后的材料在 250℃、300℃和 350℃经过 30 min 的退火处理

后的形貌特征分别如图 4.43（c）～（h）所示。从图中对比分析可知，经过时效退火处理后，界面偏析结构的尺寸和宽度都没有发生明显的变化。但是与轧制变形后的晶界偏析结构相比，经过退火处理后的晶界偏析结构结晶度更好，其偏析结构更加完整。经过 250℃和 300℃时效退火处理后，在晶粒的内部还出现了高密度柱面析出相 β′和基面析出相 γ″，这些析出相的尺寸约几十纳米。在 350℃下退火 30 min 后的 HAADF-STEM 图像表明，晶粒内部没有析出相衬度，这表明晶粒内部的析出相结构已消失，而晶界偏析结构仍然稳定存在，如图 4.43（g）和（h）所示。此外还进行了 400℃和 450℃的退火处理，其中 400℃的界面结构与 350℃的结构相似。而当温度升高到 450℃时，在晶粒内部发生了明显的再结晶过程，这就使得轧制变形的缺陷结构完全消失，晶粒发生细化，同时伴随着晶界相的溶解。由此可以推测，这种晶界偏析结构比 β′相和 γ″相的耐高温性能更好，且至少可以稳定到约 400℃，此外这种偏析结构沿着界面结构出现而不会向晶粒内部进行生长。

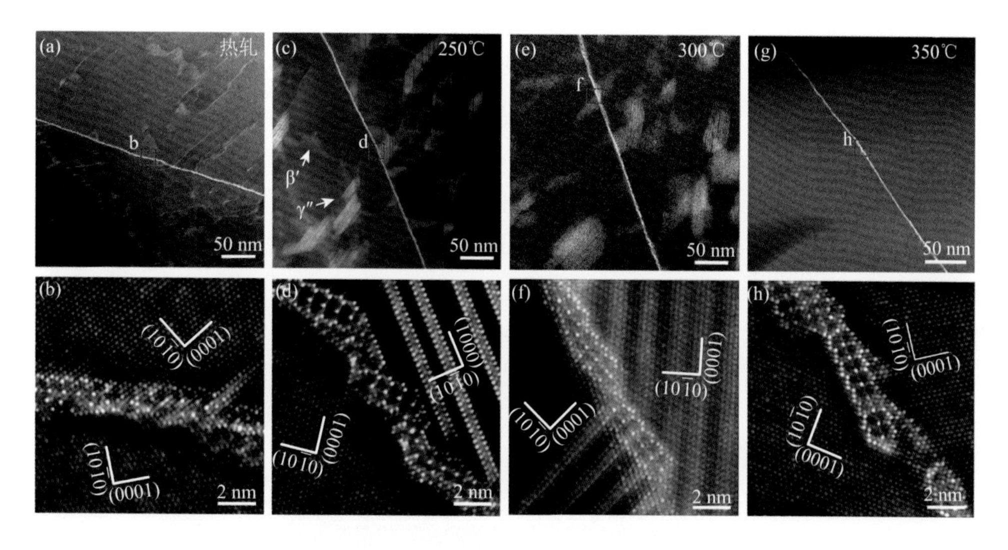

图 4.43 Mg-Gd-Y-Ag-Zr 合金不同热处理状态的大角度晶界析出结构：（a）、（b）热轧退火；（c）、（d）250℃退火 30 min；（e）、（f）300℃退火 30 min；（g）、（h）350℃退火 30 min

这种界面结构具有高温稳定性的原因是大量溶质原子在界面的富集偏析，一方面降低了系统的能量，降低了界面的流动性；另一方面，溶质元素对界面具有钉扎作用，提高了界面的稳定性。这种界面偏析结构为人们设计和制备新型镁合金材料提供了一定的思路。

基于溶质元素偏析提高镁合金界面结构稳定性，本研究设计和制备了新型纳米晶镁合金材料。为了研究其形成机理，利用纯镁作为对比，选择了 Mg-Ag 二元合金为模型材料，开展了相关的研究[20, 27]。图 4.44 为纯 Mg 和 Mg-Ag 合金在不同状态下的微观结构。图 4.44（a）和（e）分别为纯 Mg 和 Mg-Ag 合金的初始微观结构。从图中可知，纯 Mg 和 Mg-Ag 的初始晶粒尺寸分布均匀，晶粒内部存在少量的孪晶等变形结构，为典型的等轴晶结构。根据统计可得，纯 Mg 的平均晶粒尺寸为 25.5 μm，Mg-Ag 的平均晶粒尺寸为 28.1 μm。两种材料的晶粒形貌及晶粒尺寸基本一致，可以作为材料的初始状态，以便进行后续实验的研究及对比分析。图 4.44（b）和（f）分别为纯 Mg 和 Mg-Ag 合金在室温下进行 55%冷轧变形后的微观结构。从图中可知，经室温冷轧变形后，等轴晶粒形状变化不大，但是等轴晶粒内部的缺陷密度急剧增加。为了系统地研究退火过程中的再结晶行为，对室温轧制变形后的纯 Mg 和 Mg-Ag 合金进行 15 min 的等时退火处理，设置温度分别为 150℃、200℃、250℃、300℃、325℃、350℃。经光镜观察可知，当退火温度为 150℃时，Mg-Ag 合金具有非常明显的晶粒细化效果，如图 4.44（g）所示。此时 Mg-Ag 合金的晶粒尺寸小于 1 μm，超出了光学显微镜的分辨率。因此，后面将用分辨率更高的透射电镜对这一状态的 Mg-Ag 合金进行微观结构表征。为了获得纯 Mg 的再结晶温度，我们继续升高退火温度。图 4.44（c）和（d）为纯 Mg 在 300℃和 325℃退火 15 min 的微观结构。从图中对比可知，纯 Mg 直到 325℃时才具有明显的再结晶过程。图 4.44（h）为纯 Mg 在 325℃经过 15 min 退火后再结晶晶粒尺寸的统计图。从图中可知，此时获得的纯 Mg 的晶粒尺寸分布也相当均匀，再结晶后的平均晶粒尺寸约 9.7 μm。

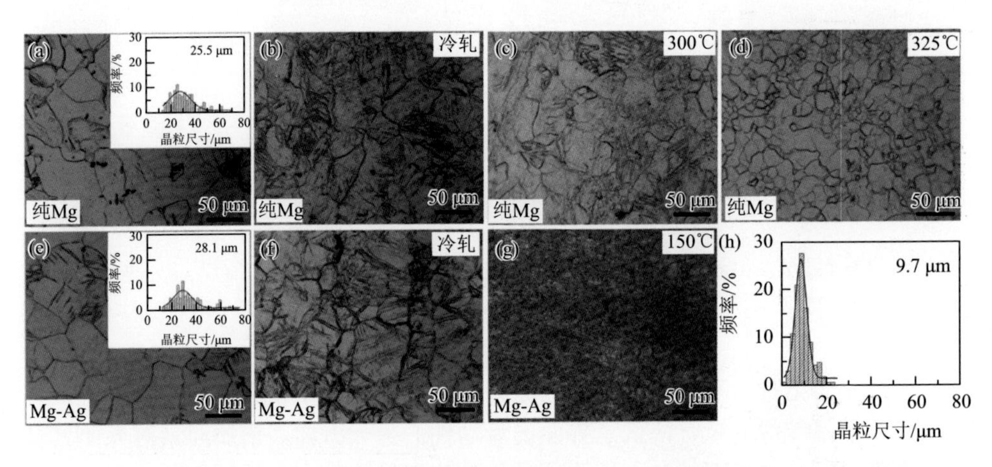

图 4.44　Mg 和 Mg-Ag 合金不同状态的光学微观结构：（a）初始状态的 Mg；（b）Mg 在冷轧 55%的微观结构；（c）Mg 冷轧 55%后在 300℃退火 15 min；（d）Mg 冷轧 55%后在 325℃退火 15 min；（e）Mg-Ag 合金的初始状态；（f）Mg-Ag 合金冷轧 55%的微观结构；（g）Mg-Ag 合金冷轧 55%后在 150℃退火 15 min；（h）Mg 冷轧变形后在 325℃退火 15 min 后的晶粒尺寸分布

从以上结果可知，Ag 元素的添加使得 Mg-Ag 合金的再结晶温度从纯 Mg 的 325℃降低到 150℃，同时极大地细化了镁合金的晶粒尺寸，这说明 Ag 元素对晶粒长大有较强的抑制作用。可见，Ag 元素分别在促进再结晶的发生和抑制再结晶晶粒长大两个机制中扮演着重要的角色，其具体的微观结构机理将会在下文中进行详细的讨论。

由于图 4.44（g）中获得的 Mg-Ag 合金再结晶的晶粒尺寸已经超出了光学显微镜的分辨率，因此对该状态的 Mg-Ag 合金进行了透射电镜表征，图 4.45 为冷轧变形 55%的 Mg-Ag 经 150℃退火 15 min 后获得的微观形貌及晶粒尺寸统计。由图 4.44 可知，轧制变形的晶粒尺寸仍较为粗大，而经过 150℃退火 15 min 后 Mg-Ag 合金再结晶的低倍形貌如图 4.45（a）所示。从图中分析可知，Mg-Ag 合金再结晶情况良好，晶粒尺寸十分均匀，无明显的位错变形结构。图 4.45（b）为

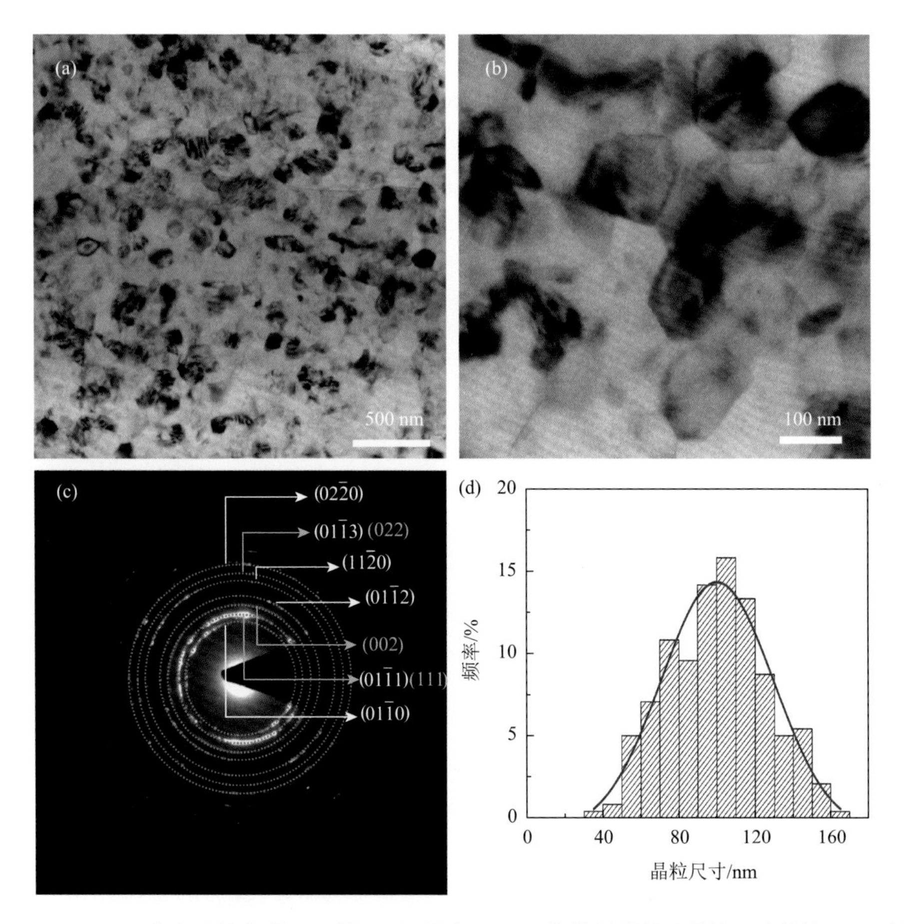

图 4.45　Mg-Ag 合金冷轧变形 55%经 150℃退火 15 min 的微观形貌及晶粒尺寸统计：（a）低倍 TEM 形貌；（b）高倍 TEM 形貌；（c）电子衍射花样；（d）晶粒尺寸统计直方图

相应的高倍形貌，从图中可知，所获得的再结晶晶粒的晶界结构明显，且晶粒内部比较干净，观察不到位错等缺陷的衬度，是典型的再结晶等轴晶粒。图 4.45（c）为相应的电子衍射花样，对其衍射环的晶面间距分析发现，第一至七个衍射环的间距分别为0.274 nm、0.241 nm、0.208 nm、0.189 nm、0.158 nm、0.147 nm、0.137 nm。其中第一、二、四、五、六、七衍射环的晶面间距分别对应于 Mg 的$(01\bar{1}0)$、$(01\bar{1}1)$、$(01\bar{1}2)$、$(11\bar{2}0)$、$(01\bar{1}3)$、$(02\bar{2}0)$面。第三个衍射环的晶面间距与 Mg 的晶面间距不相符。经分析发现，第二、三、六衍射环分别对应于 Ag 的(111)、(002)、(022)面。这表明在 Mg-Ag 的再结晶样品中有 Ag 元素的单独存在。对图 4.43（a）中的晶粒进行尺寸统计得图 4.45（d）晶粒尺寸统计直方图，蓝线为相应的高斯拟合。从晶粒尺寸统计图可知，晶粒尺寸分布主要在 60～120 nm，平均晶粒尺寸为100 nm，该再结晶晶粒尺寸的统计分布符合正态分布。

因此，通过添加 Ag 元素和调整变形工艺，我们成功地在 55%的变形量下获得了大块均匀的纳米晶镁合金板材。这一方法与常规的 SPD 技术相比，无须累积特别高的应变量，更加适合制备镁合金这种 HCP 结构的金属材料。在工艺实现和设备需求上，也比 SPD 简单很多，相同条件下制备的样品尺寸远大于 SPD 技术，更符合工业应用的需求。从细化效果上看，100 nm 的平均晶粒几乎可以与细化效果最好的大塑性变形 HPT 相媲美。可见，该技术非常适合于镁合金的晶粒细化。并且该工艺的轧制变形及退火工艺都是常用的技术手段，无实验工艺的创新性，因此推测该方法在技术原理上有重要的创新，因此探索其相关的形成机理。

图 4.46 为纯 Mg 和 Mg-Ag 合金冷轧变形 30%前后微观结构的 TEM 图像[20]。为了清楚地观察和分析位错，采用$[1\bar{2}10]$带轴 $g = 10\bar{1}1$ 的双束条件进行观察，如右上角插图所示。图 4.46（a）和（b）分别为纯 Mg 和 Mg-Ag 合金初始状态的位错形貌。从图中可知位错相对较少，具有合金材料典型的退火特征。图 4.46（c）和（d）为经过相同轧制变形工艺的纯 Mg 和 Mg-Ag 的微观结构。从图中可知，轧制变形使得晶粒内部产生了大量的位错。仔细分析发现，图 4.46（c）中纯 Mg 的位错线比较长，并且位错排列相对整齐，仅有少量的位错缠结。比较不同的是，Mg-Ag 合金经过轧制变形后位错排列比较混乱，出现了大量的位错缠结现象，并且在相同视场的观察区域内，具有更高的位错密度。由于纯 Mg 和 Mg-Ag 合金的初始形貌相同，经过相同的轧制变形工艺，具有不同的位错密度和不同的位错形貌，因此可以推测 Ag 元素在轧制变形过程中影响了位错的形貌和位错密度。也就是说 Ag 更容易促进位错的形成，容易使位错发生缠结。发生的位错缠结对镁合金再结晶起着促进作用，主要表现在以下两方面：一方面是位错缠结形成的位错网络钉扎位错，增加了轧制变形过程后的位错密度；另一方面是缠结的位错可能是再结晶过程中潜在的形核质点，高密度的位错缠结增加了再结晶过程的形核速率，使得再结晶温度降低。

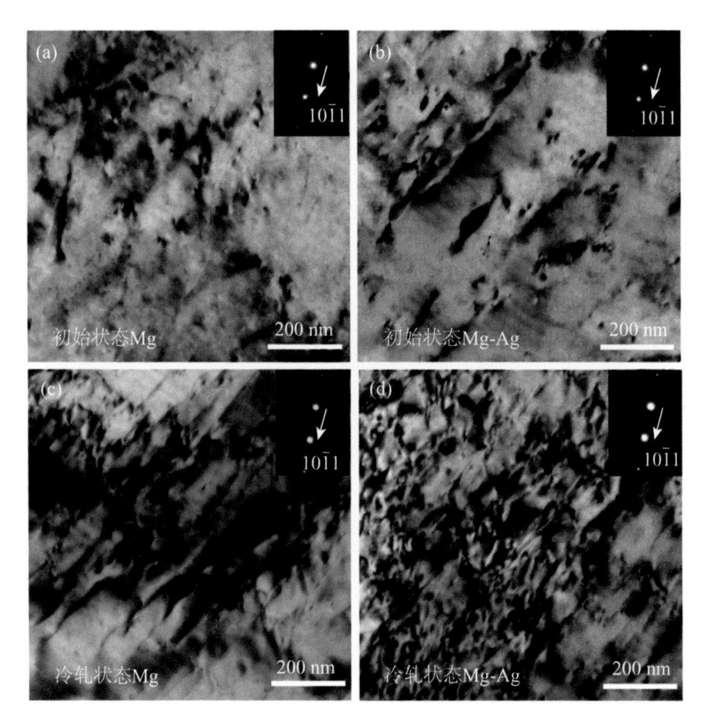

图 4.46　TEM 明场像：（a）、（b）纯 Mg 和 Mg-Ag 合金的初始状态；（c）、（d）纯 Mg 和 Mg-Ag 合金经过 30%冷轧变形的状态

在另一衍射条件下观察冷轧变形的 Mg-Ag 合金的位错结构，如图 4.47 所示。微观形貌发现这些位错结构相互缠结形成了位错墙，并且这些缠结的位错墙形成了尺寸约为 100 nm 的位错胞结构。这种缠结的位错墙与位错胞的结构与典型的纯镁基面 $\langle a \rangle$ 平行排列的位错形貌具有较大差异，推测 Mg-Ag 合金中的位错类型主要为 $\langle c+a \rangle$ 位错。这是因为 $\langle c+a \rangle$ 位错能在锥面上发生交滑移，因此容易发生位错的缠结，形成位错胞和位错墙。

由纯 Mg 和 Mg-Ag 合金两种材料的再结晶过程前后的形貌变化表明，在同样变形条件及热处理时间内，纯 Mg 的再结晶温度为 325℃，而 Mg-Ag 合金的再结晶温度为 150℃，远低于纯 Mg 的再结晶温度，并且 Mg-Ag 合金的晶粒细化效果非常明显，由初始的微米级细化到了纳米晶。由此可知，Ag 元素在镁合金晶粒细化和抑制晶粒长大两个方面都起重要作用。并且由图 4.46 和图 4.47 的 TEM 对比研究可知，Ag 元素激活了 Mg-Ag 合金 $\langle c+a \rangle$ 位错的产生和滑移。此外，纳米晶的衍射分析表明 Ag 元素可能以单质的形式存在于 Mg 基体中。因此探索 Ag 元素在再结晶过程中的作用是探索小变形量制备纳米晶材料形成机理的关键。

图 4.47　冷轧变形的 Mg-Ag 合金的位错结构

运用先进表征技术 HAADF-STEM 结合 EDS 分析来探索 Ag 元素在纳米晶形成过程中的作用。将初始状态的 Mg-Ag 样品进行 HAADF-STEM 研究，其结构如图 4.48（a）所示。此时的样品状态晶粒尺寸较大，晶粒内部缺陷结构较少，因此从[$1\bar{2}10$]带轴所获得的 HAADF-STEM 图像中 Mg 基体晶格排列为严格的 ABAB 堆垛排列，无位错和层错等缺陷结构。根据 Z 衬度的成像原理可知，此时基体整体衬度一致，没有明显的亮暗衬度的差异，没有元素的偏析和富集，为典型的固溶状态形貌。对轧制变形后的 Mg-Ag 合金进行 HAADF-STEM 表征，其结构如图 4.48（b）和（c）所示。经过冷轧变形后的材料，在基体内部原子的堆垛排列仍为 ABAB。但是与轧制变形前相比，冷轧变形后 Mg 基体中出现了大量尺寸为 1～2 nm 的亮原子团，如白色箭头所示。由此可知在 Mg 基体中形成了尺寸为 1～2 nm 的 Ag 原子团簇。由于在轧制变形后的基体中存在大量的位错等缺陷，因此容易发生 Ag 原子团簇与位错的相互作用。如图 4.48（c）所示，其中水平方向为(0001)面，如图中白线所示。在尺寸约为 1 nm 的溶质原子处，存在一个多余的半原子面，如图中黑色符号⊥所示。位错的伯格斯回路如图中白色环线所示，伯格斯矢量如图中红色箭头所示。经分析该位错伯格斯矢量大小为 $1/6\langle 2\bar{2}03\rangle$，为锥面 $\langle c+a\rangle$ 不全位错。由于 Mg 合金的滑移系比较少，$\langle c+a\rangle$ 位错难以产生。而在本研究中发现 $\langle c+a\rangle$ 位错，并且由于 $\langle c+a\rangle$ 的存在才形成位错墙和位错胞，由此也证明了 Ag 元素激活了 $\langle c+a\rangle$ 位错，并促进 $\langle c+a\rangle$ 的滑移。

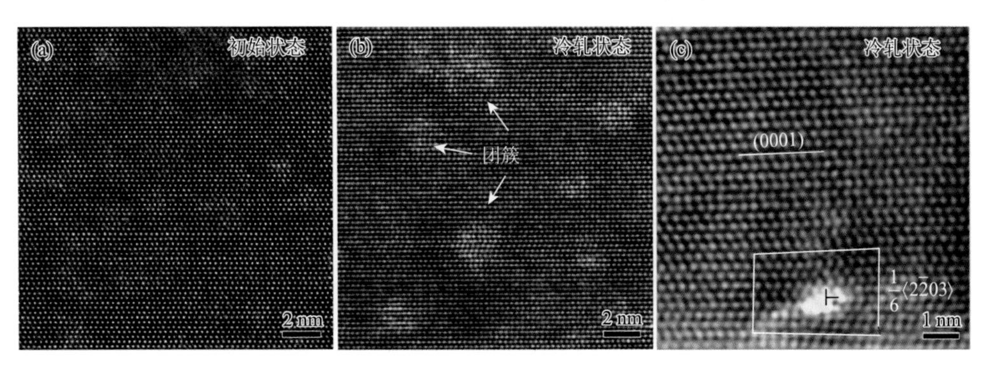

图 4.48　Mg-Ag 合金不同状态的 HAADF-STEM 图像，电子束的入射方向是[$1\bar{2}10$]带轴：（a）初始状态；（b）、（c）冷轧变形状态

图 4.49 为冷轧变形的 Mg-Ag 合金在 150℃退火 1 min 后的 HAADF-STEM 图像及相应区域的 EDS 分析[27]。图 4.49（a）和（b）中存在的亮原子团为 Ag 元素的富集，其尺寸为 2～5 nm。图 4.49（b）中的原子级 HAADF 研究表明在[$1\bar{2}10$]带轴下这些亮原子团不占据 Mg 基体的格点，没有发生晶格原子的替换。也就是说这些亮原子团不是析出相的生成，而是形成了原子的团簇。与冷轧变形相比，经短时退火后的原子团簇具有更高的密度，并且溶质团簇的尺寸更大，这是因为热诱导使得在应力集中区域的元素偏析增加。利用 EDS 技术对图 4.49（a）中蓝色方框区域做深入分析，如图 4.49（c）和（d）所示。结果证明了这些 HAADF 图像中的亮原子确实是 Ag 元素团簇［图 4.49（c）］，而基体 Mg 则呈现均匀分布。

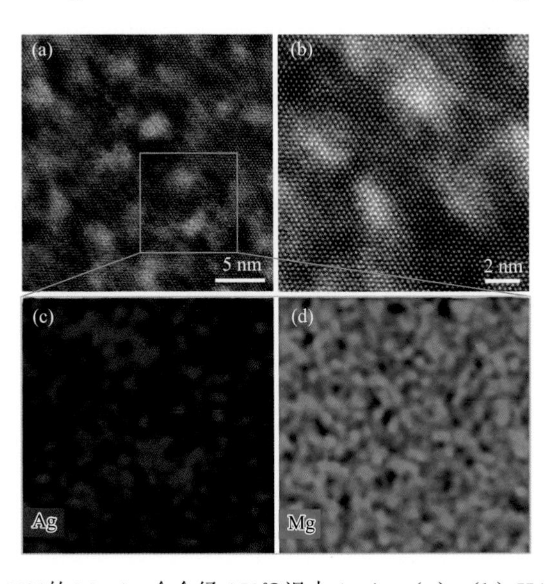

图 4.49　冷轧变形 55%的 Mg-Ag 合金经 150℃退火 1 min：（a）、（b）HAADF-STEM 图像；（c）Ag Kα；（d）Mg Kα

当 Mg-Ag 合金在 150℃退火 5 min 时，Mg-Ag 合金开始出现类似纳米晶特征，如图 4.50（a）所示。对图 4.50 中黄色区域进行衍射分析，发现该区域为典型的单晶衍射信息，这表明该区域内都为统一取向，因此推测这些类似于纳米晶结构的形貌为冷轧变形过程中形成的位错胞结构。对这些位错胞结构进行 HAADF 表征，如图 4.50（c）所示，这些位错胞具有 Ag 元素的偏析，并且呈现典型的位错线特征，而非晶界特征。这些 Ag 元素偏析形成的位错胞围成了一个类似晶粒结构，其尺寸约为 100 nm。

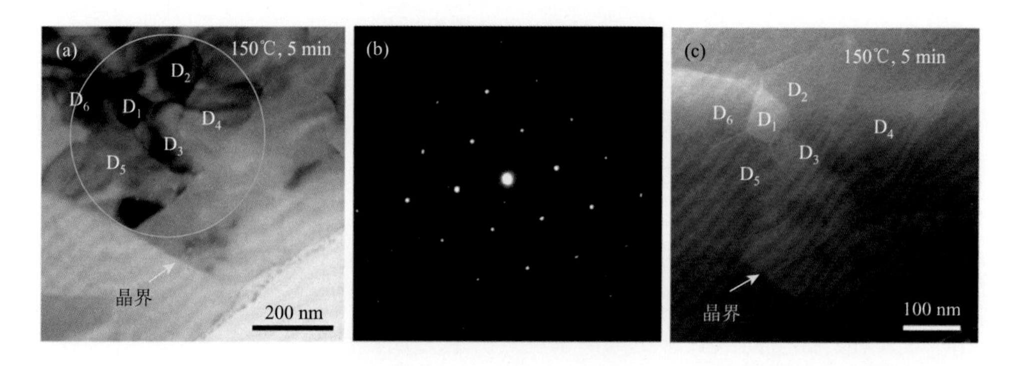

图 4.50　冷轧变形 55%的 Mg-Ag 合金经 150℃退火 5 min：（a）TEM 明场像；（b）图（a）黄色圆圈所示区域的选区电子衍射；（c）HAADF-STEM 图像

经过更长时间（15 min）的退火处理后，位错胞晶界转变为典型的等轴晶结构，如图 4.51 所示。从图 4.51（a）和（b）可知，获得的再结晶晶粒尺寸约为 100 nm，此时晶粒和晶界处没有明显的析出相结构的生成，在纳米晶的晶界处具有明显的衬度。对图 4.51(a)中白色方框的区域进行 EDS 元素分析，图 4.51(b)～(d) 分别为相应的 HAADF-STEM 图、Ag 元素和 Mg 元素分布。其中 Mg 元素分布整体比较均匀，没有明显的元素偏析情况。仔细分析发现，在图 4.51（d）的上半部分相对于下半部分区域的亮度较暗，这是由样品厚度不均匀引起的元素整体信号收集量的差异。由图 4.51（c）可知，在 HAADF-STEM 图像中亮度较大的晶界处具有明显的 Ag 元素的富集，在晶粒内部的 Ag 元素比晶界少，但其分布比较均匀。Ag 元素富集形成的轮廓明显，与纳米晶的结晶形状和尺寸相吻合。这表明在退火过程中，大量的 Ag 元素偏聚到晶界处，形成了具有 Ag 元素偏析的纳米晶结构。

透射菊池衍射（TKD）分析表明，轧制变形的 Mg-Ag 合金经过 150℃、15 min 的退火处理后确实获得了均匀的纳米晶结构，如图 4.52（a）所示，该结果与图 4.45 的 TEM 观察结果一致[27]。此外，通过 TKD 结果可以获取晶粒之间的取向差信息。

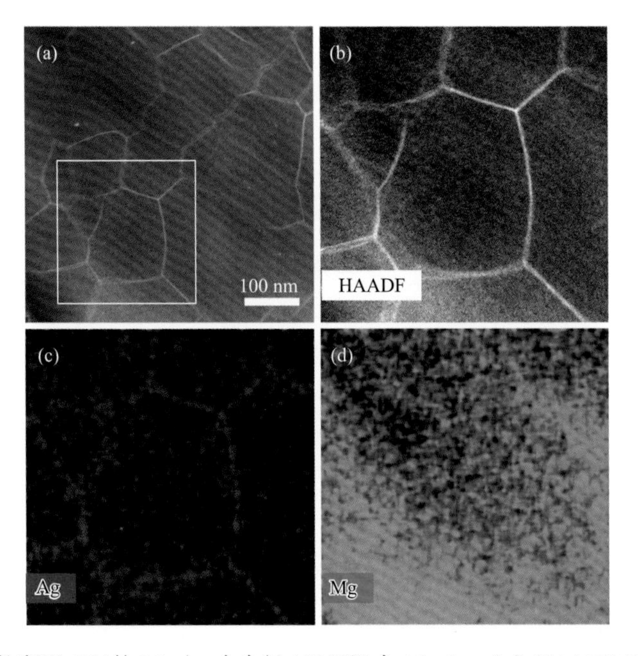

图 4.51　冷轧变形 55%的 Mg-Ag 合金经 150℃退火 15 min：（a）HAADF-STEM 图像；（b）高倍的 HAADF-STEM 图像；（c）Ag 元素分布；（d）Mg 元素分布

如图 4.52（a）所示，大量的晶粒结构具有相似的取向差，分别标记了Ⅰ～Ⅴ个典型的区域 Domain。并对其中的 DomainⅠ、Ⅱ、Ⅲ的晶粒之间的取向差结构进行了详细的分析，分别如图 4.52（c）～（e）所示。统计发现，在 Domain 区域的内部，晶粒的取向差主要小于 15°，为小角度晶界（银线所示）。而在 Domain 的界面处，如蓝线所示的晶粒取向差则大于 15°，为大角度晶界。由此可知，该 Mg-Ag 纳米晶结构与其他典型的纳米结构不同，其晶界存在大量的小角度晶界。

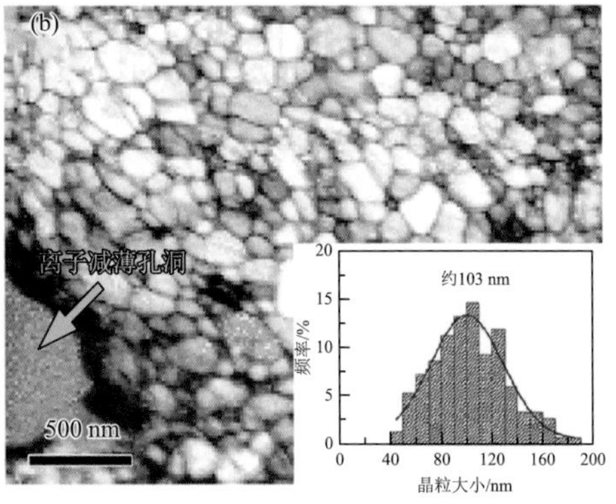

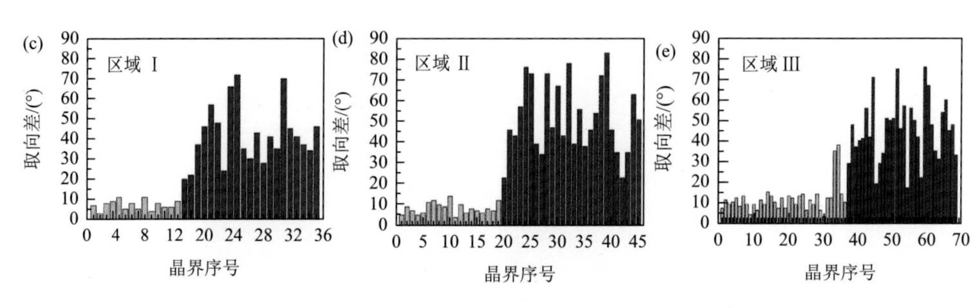

图 4.52 Mg-Ag 合金经 150℃退火 15 min 后 TKD 分析：（a）TKD 图；（b）对应的衬度图；（c）～（e）区域Ⅰ、Ⅱ和Ⅲ的晶界错配度统计图。其中大角度晶界用蓝线表示，小角度晶界用银线表示

由以上研究发现，溶质元素在 Mg-Ag 合金纳米晶的形成过程中起着重要的作用，其形成示意图如图 4.53 所示。在轧制变形前，Mg-Ag 合金晶粒内部缺陷密度较低。轧制变形后，Ag 元素的添加激活 $\langle c+a\rangle$ 位错大量形成，$\langle c+a\rangle$ 位错发生交滑移，并相互缠结形成位错墙和位错胞结构。由于位错核心的应力作用，合金元素 Ag 容易沿着位错核心通道发生富集，由此钉扎位错，阻碍位错滑移，进一步阻碍位错的高温回复。当进行退火处理时，Ag 元素在热驱动作用下发生在位错核心进一步的偏析，并且在热处理过程中，位错墙发生重构，取向差逐渐增加，转变为小角度晶界。最终这些小角度晶界形成等轴晶结构，由此将粗大晶粒划分为纳米尺度晶粒。

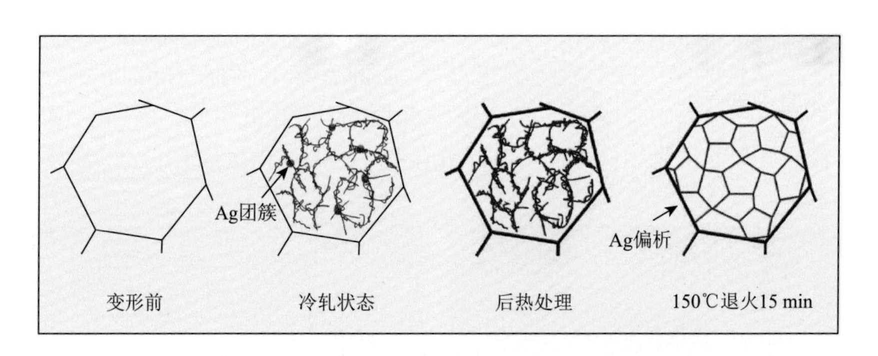

图 4.53 溶质元素诱导 Mg-Ag 合金纳米晶形成示意图

4.3 镁合金塑性变形机制与合金化设计

4.3.1 镁合金塑性变形机制的研究概述

进入 21 世纪以来，由于环境和能源问题日趋严重，汽车轻量化已成为推动汽

车工业可持续发展的重要手段。镁合金作为最轻的金属结构材料，具有密度低、尺寸稳定性高、无磁性、可用于电磁屏蔽、热导率高、耐磨性好等物理性能的优点，同时随着新成型技术的不断创新，已引起汽车行业的广泛关注。近年来，镁合金的研究与开发已成为金属材料领域的研究热点[28-30]。随着镁合金加工技术以及塑性成型技术的不断发展，镁合金的生产成本不断降低，质量不断提高。然而，传统方法设计和制造出的镁合金在室温下的拉伸强度和塑性很低，难以满足当今工程应用的要求，严重限制了镁合金在工业上的进一步应用。因此对镁合金塑性变形机制进行深入研究，对拓宽镁合金应用领域是非常有必要的[31-33]。

金属材料的塑性与其结构中所具有的可动滑移系的数目密切相关。镁是密排六方结构，密排面是基面，只能提供两个独立滑移系，远低于米塞斯屈服准则所规定的材料发生任意均匀变形时，至少需要五个独立滑移系统才能实现良好的成型性能的要求。锥面 $\langle c+a\rangle$ 位错能提供五个独立滑移系，因此促进锥面 $\langle c+a\rangle$ 滑移系的开启是改善多晶镁合金塑性变形能力的重要思路。从结构上看，基面 $\langle a\rangle$ 位错和柱面 $\langle a\rangle$ 位错均无法协调 c 轴方向上的变形，只有 $\langle c+a\rangle$ 位错可以容纳 c 轴应变从而为滑移过程提供充足的滑移系。因此提高镁合金塑性的方法就是要增加锥面滑移促进 $\langle c+a\rangle$ 滑移系的启动。从能量上看，基面滑移的不稳定层错能很低，位错的运动能力强，所以容易形核。加入合金元素后，虽然可以影响其不稳定层错能而改变其形核的难易程度，但是起主导作用的却是因加入合金元素而引入的气团或者第二相颗粒带来的钉扎效应，所以合金元素对基面位错通常起的是强化作用。而对于不稳定层错能较高的非基面滑移，位错的运动能力弱，很难通过滑移直接形成。最近的分子动力学研究表明，金属镁塑性低的原因在于，锥面 II 型 $\langle c+a\rangle$ 位错可以分解成可动的柱面 $\langle c\rangle$ 位错和固定的基面 $\langle a\rangle$ 位错，而固定的基面 $\langle a\rangle$ 位错会阻碍位错的运动[29]。

$\langle c+a\rangle$ 位错的伯格斯矢量为 $\langle a\rangle$ 位错的 2 倍，这意味着形成 $\langle c+a\rangle$ 全位错的能量非常高。只有在受高应力作用下及晶体取向不利于基面滑移和柱面滑移的条件下，沿 $\langle 11\bar{2}3\rangle$ 方向的滑移才可以启动。利用第一性原理和分子动力学模拟方法，对金属镁锥面 $\langle c+a\rangle$ 位错结构进行研究后[34-36]，发现锥面全位错同样可以分解为两个不全位错。但是对于其分解方式，不同的研究者提出了多种分解方式[31, 32, 36]：

$$1/3\langle 11\bar{2}3\rangle \rightarrow 1/6\langle 20\bar{2}3\rangle + 1/6\langle 02\bar{2}3\rangle$$

$$1/3\langle 11\bar{2}3\rangle \rightarrow 1/3\langle 10\bar{1}0\rangle + 1/3\langle 01\bar{1}3\rangle$$

$$1/3\langle 11\bar{2}3\rangle \rightarrow 1/6\langle 11\bar{2}3\rangle + 1/6\langle 11\bar{2}3\rangle$$

对上面三种分解形式加以讨论后，发现前面两种分解虽然能量上是可行的，但分解过程中必然伴随着原子的塌缩或空位的形成，所以结构上并不合理。Ghazisaeidi 等[33]对第三种分解方式进行了仔细研究，认为该分解过程在结构上是合理的，并认为锥面全位错只有按此式进行分解的两个不全位错才是可动的，即 $\langle c+a\rangle$ 位错在$(11\bar{2}2)$面上分解为两个伯格斯矢量完全相同的不全位错。但是第一性原理计算的广义层错能（GSFE）曲线表明，这个位错在稳定层错位置分解后，拖尾不全位错的滑移过程中存在一个能量很高的全局不稳定层错能，使得滑移过程难以实现，即此位错的分解过程从能量上看是不合理的。另外，合金元素对不同滑移系的作用不完全相同，只从单一滑移系出发很难全面解释合金元素在塑性变形中的作用。在正确理解合金元素对单一滑移系作用的前提下，研究不同滑移系之间的协同作用机制，进一步加深对镁合金中层错形成机理的研究，探讨其在外力作用下的滑移模式和启动机制，寻找同步提高镁合金强度与塑性的方法，这是目前关于镁合金变形理论研究中遇到的一个迫切需要解决的难题[37]。

4.3.2 锥面Ⅱ型$\langle c+a\rangle$位错的形成和分解机制

最近的实验证实，在 Mg 中添加稀土元素可以激活锥面 $\langle c+a\rangle$ 位错的启动进而提高 Mg 在室温下的塑性[31, 38, 39]。通过比较 Mg 和 Mg-Y 合金在拉伸变形后的微观结构，Sandlöbes 等[31, 36]发现在 Mg 中添加 Y 更容易激活非基面滑移和压缩孪晶等非基面变形模式，从而提高其在室温下的塑性。SEM 结果表明，在 Mg-Y 合金中存在大量的基面（I1 和 I2）层错，同时出现了大量的 $\langle c+a\rangle$ 位错。结合实验和第一性原理计算的结果，他们认为 I1 层错是 $\langle c+a\rangle$ 位错的位错源，添加 Y 可以降低基面 I1 层错的层错能，从而激发大量的 $\langle c+a\rangle$ 位错启动。Wu 等[38]的研究也表明，添加 Y 可以促进 $\langle c+a\rangle$ 位错的形成从而提高塑性，但却不能解释 Y 元素对 $\langle c+a\rangle$ 位错形成的促进作用，同时还认为 I1 层错只是 $\langle c+a\rangle$ 位错形成过程中的一个附属产物。

虽然实验证实，在 Mg 合金塑性提高的过程中 $\langle c+a\rangle$ 位错的出现起到了非常重要的作用，但是目前的研究工作对于 $\langle c+a\rangle$ 位错的形成和启动机制的解释还存在争议。除了实验观察和解释外，理论计算上也有很多人基于 GSFE 曲线来研究稀土元素对 Mg 塑性的促进作用[36, 40]。Pei 等[32]利用密度泛函理论（DFT）和分子动力学（MD）两种方法，系统研究了 Mg 和 Mg-Y 合金中五个滑移系的 GSFE 曲线。结果表明，在 Mg 中添加 Y 后，基面的不稳定层错能和稳定层错能都降低了，即添加 Y 可以促进基面滑移；锥面的不稳定层错能确实先降低（局域不稳定层错能附近）后升高（全局不稳定层错能附近）。由此给出的结论是添加 Y 并不能促进 $\langle c+a\rangle$ 滑移的启动，这与实验中看到的大量 $\langle c+a\rangle$ 位错相矛盾。显然，研究合金元素的添加与不同滑移系统的 GSFE 之间的关系有助于揭示该合金的变形机理。至于 $\langle c+a\rangle$ 位错的分解过程，一个普遍的观点就是这个位错会在稳定层错位置分解为两个不全位错。由第一性原理计算和分子动力学模拟方法都可以给出的典型的分解方式是一个$(11\bar{2}2)\langle11\bar{2}3\rangle$位错沿$\langle11\bar{2}3\rangle$方向分解为两个共线的不全位错 $\lambda/3\langle11\bar{2}3\rangle$[32, 34, 41, 42]，但是给出的稳定位置却差别很大（λ 的值从 0.35b 变化到 0.5b）；同时，目前的第一性原理和分子动力学计算的 GSFE 曲线表明，这一位错的形成需要翻越能量很高的全局不稳定层错能，从能量上看很难形成。分子动力学模拟还给出了其他的分解模式，如$\langle c+a\rangle$位错分解成$\langle c\rangle$位错和$\langle a\rangle$位错[43]，以及分解成两个沿$\langle20\bar{2}3\rangle$方向的不全位错的分解方式[36]。最近的研究工作还认为$\langle c+a\rangle$位错可以分解成三个基面相关的不可动位错，这些不可动位错阻碍其他沿 c 轴方向位错的运动，导致了 Mg 的高强度和低塑性[29]。综上所述，虽然有很多理论和实验工作来研究$\langle c+a\rangle$位错的形成和分解过程，但还没有形成统一的结论。

针对这一问题，利用第一原理计算方法，系统研究了 Mg 以及 Mg-Y 合金中$(11\bar{2}2)\langle11\bar{2}3\rangle$滑移系的 GSFE 曲线。在 GSFE 的计算方法上，我们采用的是超胞直接滑移的刚性位移方法，结构模型如图 4.54 所示。结合前面文献中所讨论的结果，考虑到不同结构优化方法对结果的影响非常大，定义了三种不同的结构优化方法：①只弛豫每个原子的 z 坐标（称为 z 弛豫）；②同时弛豫原子的 x 和 z 坐标（称为 xz 弛豫）；③原子的三个坐标都弛豫（称为全弛豫）。在结构优化的方法上，不同的参考文献中基于不同的弛豫方法给出的稳定层错能和非稳定层错能值差别很大，位置也有差别。文献中给出的稳定层错能的值为 221～399 mJ/m^2，其差值达到了 178 mJ/m^2。全局不稳定层错能的值为 463～1080 mJ/m^2，差值达到 617 mJ/m^2。另外，从稳定层错能的位置来看，Wen 等[42]和 Pei 等[32]认为应该位于 0.4b 处。Ghazisaeidi 等[33]和 Nogaret 等[44]认为应该在 0.33b 处。Agnew 等[45]则认为应该位

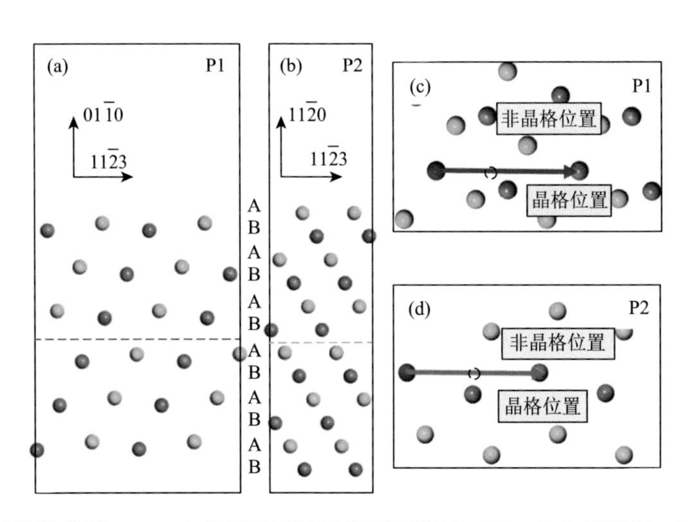

图 4.54　用于计算锥面$\langle c+a\rangle$广义层错能计算的超胞模型：(a)、(b) 侧视图；(c)、(d) 俯视图。侧视图中的点画线表示滑移面，俯视图中的两个箭头分别表示$\langle\bar{1}100\rangle$和$\langle11\bar{2}3\rangle$两个滑移方向；P1 表示锥面 I；P2 表示锥面 II

于 0.5b 处。从实验的角度看，Agnew 等[45]的透射电镜的实验表明，$\langle 11\bar{2}3\rangle$ 位错以扩展位错的形式存在。且该位错在$(11\bar{2}2)$面上分解为两个伯格斯矢量相等的不全位错，同时两个不全位错之间是一个$(11\bar{2}2)$层错。由于两个不全位错的伯格斯矢量相等，可以判断稳定层错能点应该出现在 0.5b 处。这些差别严重限制了人们对锥面滑移的理解。也有参考文献对这一现象加以讨论，指出造成这一差异的原因在于不同的研究者在晶胞弛豫时采用了不同的弛豫方法。

稳定层错能的位置对于位错的分解和形核有非常重要的作用，控制着滑移所需的 Peierls 力、位错能量及位错的分解。所以确定稳定层错能的位置及其大小对进一步分析位错形核及分解是非常重要的。Yin 等[46]利用原子坐标全弛豫的方法对六种常见的 HCP 结构金属（Mg、Ti、Zr、Re、Zn、Cd）中基面、柱面和锥面滑移系中稳定层错能的位置进行了系统的研究。结果表明，尽管六种金属的电子结构不同，其稳定层错位置和结构却非常相似。在基面滑移中，稳定层错能的位置依然就在其滑移系的方向上，而柱面和锥面滑移系中，稳定层错能的位置则偏离了滑移方向甚至略微偏出了滑移面。

在计算中我们考虑了两种弛豫方法。首先，利用只弛豫与滑移面相垂直的方向（z 弛豫）来计算 Mg 和 Mg-Y 合金$(11\bar{2}2)\langle 11\bar{2}3\rangle$ 滑移系的 GSFE 曲线。如图 4.55（a）所示，从图中可以看出整个曲线上有两个最大值，两个最大值中间还有一个最小值，两个最大值分别称为局域不稳定层错能和全局不稳定层错能，最小值对应着稳定层错能，其位置在 0.35b 处。为了与文献[32, 41]结果相比较，我们同样计算了 PBE（Perdew-Burke-Ernzerh）的结果，图中给出的 PBE 计算的结果和文献中的结果是一致的。与纯 Mg 的 GSFE 曲线相比，添加 Y 后，GSFE 曲线的整体变化趋势是先减小后增加。即添加 Y 后局域不稳定层错能和稳定层错能都比 Mg 的要小，而全局不稳定层错能要大于 Mg，这个过程将阻碍 $\langle c+a\rangle$ 位错的形成，与实验中观察到的现象矛盾。同时，在 Mg-Y 合金中稳定层错能周围的能量都与稳定层错能非常接近，即稳定层错能的位置并不存在，这将阻碍 $\langle c+a\rangle$ 位错的形成和分解。

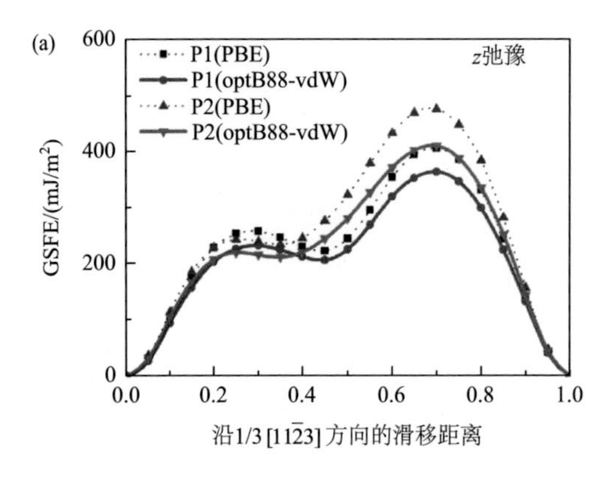

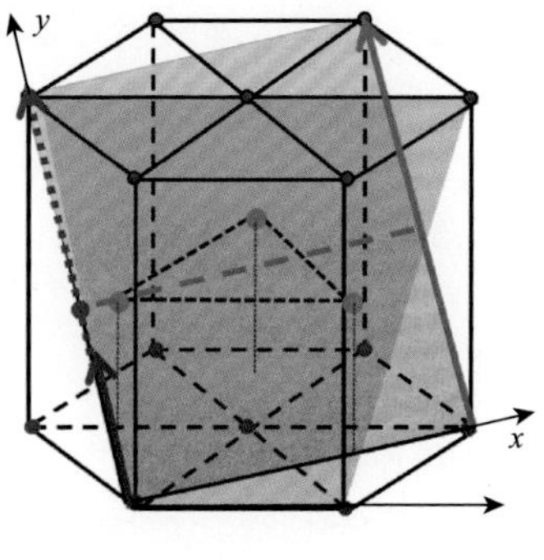

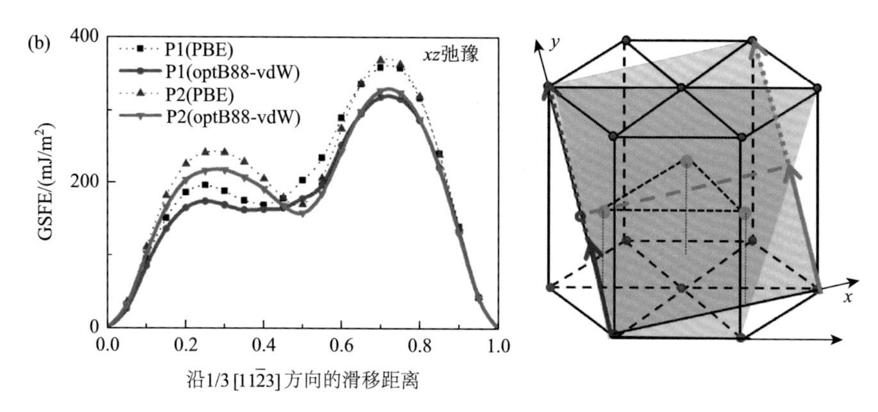

图 4.55　利用 z 弛豫(a)和 xz 弛豫(b)两种结构优化方法计算的 Mg 和 Mg-Y 合金$(11\bar{2}2)\langle 11\bar{2}3\rangle$ 滑移系的广义层错能曲线。曲线中的最小值表示稳定层错能。曲线右侧的对应图分别表示其对应的滑移路径。图中红色实箭头、绿色虚箭头以及蓝色实箭头分别表示领先不全位错、拖尾不全位错和层错集体运动；optB88-vdW：包含范德瓦耳斯力修正的方法

最近的研究表明，传统的只弛豫与滑移面垂直方向的方法对于锥面滑移并不适用，甚至会得到错误的稳定层错位置[47]。为了进一步研究弛豫方向对 GSFE 曲线的影响，在弛豫过程中，除了弛豫与滑移面相垂直的方向（$\langle 11\bar{2}0\rangle$）外，还弛豫了滑移面上与滑移方向垂直的方向（即 $\langle\bar{1}100\rangle$）。这种方法已经被应用于很多关于 HCP 金属的研究工作中，而且可以给出更合理、与实验更符合的结果[48]。为了考虑层错面内原子弛豫对层错能的影响，利用 xz 弛豫方法重新计算了 Mg 和 Mg-Y 的 GSFE 曲线，结果如图 4.55（b）所示。从图中可以看出整个曲线中包含两个不稳定层错能和一个稳定层错能。与 z 弛豫方法相比，滑移面内的弛豫不仅可以降低稳定层错能和不稳定层错能的值，还可以改变稳定层错能的位置。Mg 的稳定位置由 z 弛豫的 $0.35b$ 变化为 $0.5b$。这与文献中利用 xz 弛豫方法给出的稳定位置是一致的。添加稀土元素 Y 后，稳定层错能的位置依然存在。且局域不稳定层错能和稳定层错能的大小都减小了，同时稳定层错能的位置由 $0.5b$ 变化到 $0.45b$。但是与前面提到的矛盾一样，Mg-Y 合金的全局不稳定层错能大于 Mg，将阻碍 $\langle c+a\rangle$ 位错的形成。

除了合金元素对 GSFE 曲线有影响外，还可以发现范德瓦耳斯力对 GSFE 曲线也有非常重要的影响。考虑范德瓦耳斯力后，optB88-vdW 方法给出的曲线与 PBE 相比有明显的下降趋势，这个降低不仅表现在不稳定层错位置，同样也出现在稳定层错能位置。这表明范德瓦耳斯力对 $\langle c+a\rangle$ 位错的形成和分解过程都有非常重要的作用。从结构上看，稳定层错能的位置应该由材料的结构决定，而与结构优化过程中选择的弛豫方法无关。所以利用原子坐标全弛豫的方法对晶体结构进行几何优化是可以找到滑移面上稳定层错能的位置的。为了找到正确的稳定层

错能的位置，我们构建了 Mg 和 Mg-Y 在滑移过程 0.35*b*、0.45*b* 和 0.5*b* 三个位置的模型，并利用全弛豫的方法对其结构加以优化。结果表明 Mg 三个位置结构优化后的结构都对应着滑移方向上 0.5*b* 的位置，即该位置为稳定层错所在的位置。同时，这种方法计算出的稳定层错能的位置与实验结果更符合。对于 Mg-Y 合金三种结构，优化后的结构都对应着滑移方向上 0.45*b* 的位置，即该位置为稳定层错所在的位置。即在 Mg 中添加 Y 不仅降低了 $\langle c+a\rangle$ 滑移的不稳定层错能的值，还改变了其位置。

下面从三种优化方法给出的 Mg（图 4.56）在 0.45*b* 和 0.5*b* 处的电荷分布图对上面的结果加以解释。从图 4.56 中可以看到 Mg 的两个位置在全弛豫方法下的电荷分布完全相同，即优化后的结构为稳定层错位置的结构，这些结构和 0.5*b* 位置利用 *xz* 弛豫方法得到的电荷分布图基本一致。从这三个结构中可以看出，层错面附近聚集的电荷是所有优化后的图中最多的，这表明在金属 Mg 中 0.5*b* 点

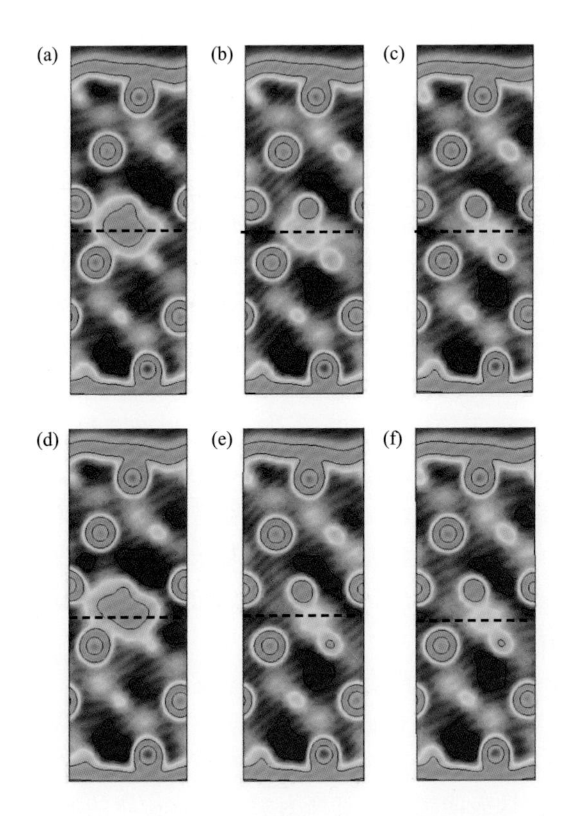

图 4.56　利用三种几何优化方法对 Mg 在 0.45*b* 处（a～c）和 0.5*b* 处（d～f）的结构进行优化后得到的电荷分布图：(a)、(d) *z* 弛豫；(b)、(e) *xz* 弛豫；(c)、(f) 全弛豫。在图中，红色表示高电荷密度区域，虚线表示滑移面。由图可知，利用全弛豫方法得到的电荷分布图中在层错面的电荷数最多，对应着能量最低的状态

更接近稳定层错位置。总结上面的结论，利用 xz 弛豫方法可以得到稳定层错能的位置，所以对于 GSFE 曲线而言，利用 xz 弛豫方法得到的结果比 z 弛豫方法得到的结果更可靠。

更为重要的是，对比 $0.5b$ 位置利用不同弛豫方法优化后的结构（图 4.57），可以发现虽然 $0.5b$ 的位置为稳定位置，但是利用全弛豫方法优化后的结构与优化前的相比，在滑移面上有明显的垂直于滑移方向的移动（$\langle\bar{1}100\rangle$），而且在相同的原子层上原子的运动趋势是相同的，我们称之为“层错集体运动”。这种现象和文献中所说的“原子微小移动”现象非常相似，在该文献中，Itakura 等利用大尺度第一性原理计算方法讨论了金属镁锥面中螺形位错模型，他们发现当锥面上的原子滑移到稳定层错附近时，它们所在的位置并不在晶格点上，处在这个位置的原子会在它的周围做一个微小的移动，移动的结果是原子可以从非晶格点移动到晶格点。他们把这样一个原子从非晶格点移动到晶格点的过程称为“微小移动”。他们虽然发现了稳定位置附近原子的移动，但是并没有注意到在这个移动过程中整个滑移面上原子的整体运动，同时这种整体运动会降低滑移过程中的层错能甚至改变滑移路径。上面所说的原子运动现象表明在稳定层错附近存在一个平的势能面，势能面的存在使得原子可以在滑移面上做集体移动，进一步的原子的集体运动会改变锥面Ⅱ型 $\langle c+a\rangle$ 位错的滑移模式。同样地，对比 Mg-Y 合金利用不同弛豫方法优化后的结构，可以发现虽然 $0.45b$ 的位置为稳定位置，但是全弛豫优化后的结构与优化前的相比，在滑移面上有明显的垂直于滑移方向的移动（$\langle\bar{1}100\rangle$），即同样存在原子集体运动的现象。更为重要的是，在 Mg-Y 合金中 $0.45b$ 和 $0.5b$ 两个位置的能量非常接近，表明在 Mg-Y 合金中的势能面更宽了，而势能面变大本身就可以容纳更多的原子运动，从而提高塑性。

为了进一步证实层错的集体运动以及稳定层错能附近势能面的存在，我们利用经典的分子动力学模拟方法来研究这一结构。分子动力学模拟利用的是 LAMMPS 软件，选用了 MEAM 势函数。优化后的晶格常数为 $a=3.194$ Å、$c=5.178$ Å，构建了沿$[\bar{1}100]$、$[11\bar{2}3]$、$[11\bar{2}0]$三个方向的超胞共 8600 个原子。在这里把完整晶体结构和稳定层错位置的结构都弛豫 10000 步，总时间为 10 ns。分子动力学模拟的优点是可以观察不同结构中不同时刻原子位置的变化。在弛豫的过程中选用 NPT 系综设定体系的温度为 300 K。如图 4.58 所示，完整晶体弛豫的过程中原子基本上保持在原来的位置，随着热振动在原子的中心振动。相反地，稳定层错位置的结构弛豫过程中，相同原子层上的原子不停地在其稳定位置附近做集体运动。为了更细致地表示这种层错的集体运动，选取了在不同时刻的局部结构图，结果表明，层错可以从非晶格点移动到晶格点，同时在这个面上做整体运动。

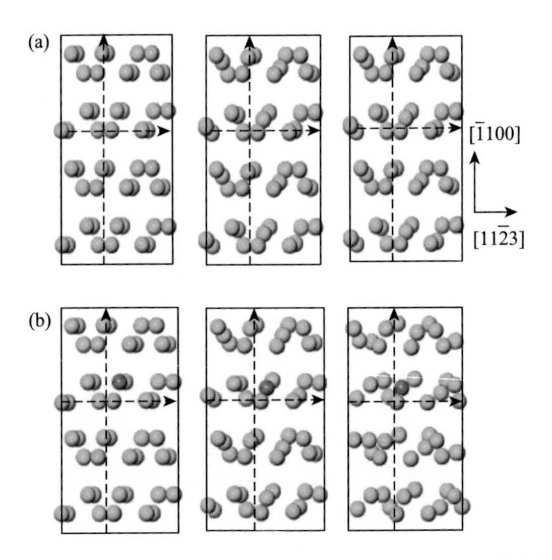

图 4.57 利用三种几何优化方法对 Mg（a）和 Mg-Y（b）在 0.5b 处的结构进行优化后得到的结构图。由图可知，滑移面上的原子有明显的垂直于滑移方向的移动，而且在相同的原子层上原子的运动趋势是相同的，我们把这种现象称为“层错的集体运动”

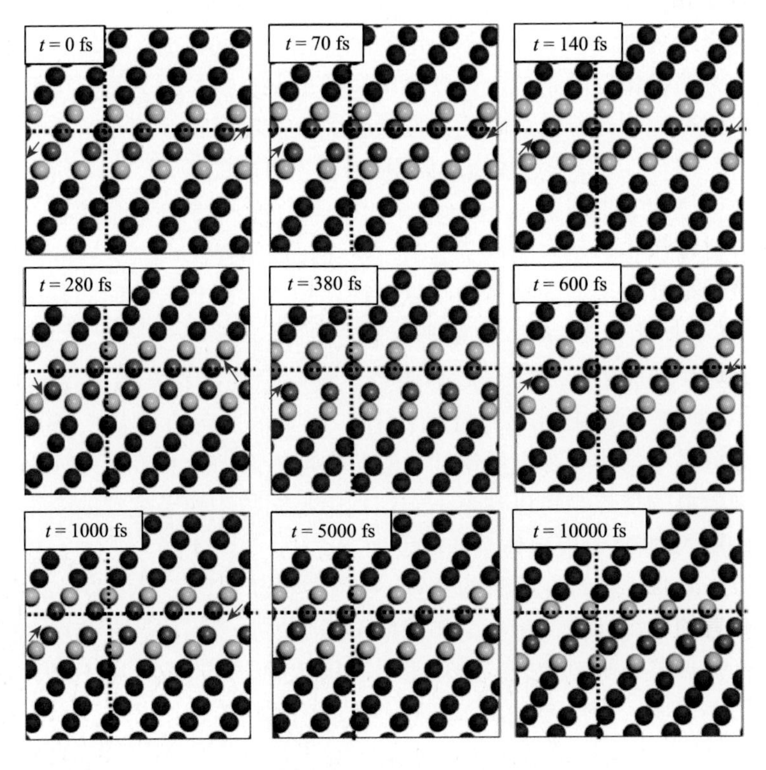

图 4.58 利用分子动力学方法模拟的稳定层错位置的镁在弛豫过程中不同时刻的结构图

可以发现在稳定层错位置附近存在势能面，使得原子从非晶格位置向晶格位置移动。图中褐色和蓝色小球分别表示层错面和此近邻面上的原子。红色箭头表示层错面上原子下一时刻的运动趋势。

稳定层错能的存在表明 $\langle c+a\rangle$ 位错会在这个位置分解成两个不全位错。在前面部分曾经指出，基于第一性原理计算和分子动力学模拟方法，$\langle c+a\rangle$ 位错只有沿 $\langle 11\bar{2}3\rangle$ 方向的组态分解为两个不全位错才是可动的[34]，即 $(11\bar{2}2)\langle 11\bar{2}3\rangle$ 位错的分解方式为：

$$1/3\langle 11\bar{2}3\rangle \rightarrow \lambda/6\langle 11\bar{2}3\rangle + (1-\lambda)/6\langle 11\bar{2}3\rangle$$

这里 λ 是由稳定层错位置决定的常数。不同文献中给出的 λ 值不同(0.35～0.5)。本章计算的结果表明，稳定层错能的位置应该在 $0.5b$ 附近，即 λ 值应该为 0.5，这与实验给出的结果是一致的。但是这个形成过程没有把层错的集体移动包括进来。同时如果把这个过程运用到 Mg-Y 合金中，会发现在 Mg-Y 合金中全局不稳定层错能比 Mg 更高，会阻碍 $\langle c+a\rangle$ 位错的形成，这与实验中发现添加 Y 后合金中会出现大量 $\langle c+a\rangle$ 位错相矛盾。另外，还需要注意的是，HCP 金属基面位错的分解以及 FCC 晶体中 $\langle c+a\rangle$ 位错的分解总是沿着两个不同的方向，而这里的分解中两个分位错是沿着一个方向，如果滑移能够形成，虽然有稳定层错能的存在也完全可以不分解。

综合以上的讨论，结合计算的结果，同时考虑到在稳定层错位置锥面上的集体运动（SFCM），锥面Ⅱ型 $\langle c+a\rangle$ 位错可以通过下面三个步骤来形成：①位错沿 $\langle 11\bar{2}3\rangle$ 方向滑移，移动到稳定层错位置并加以分解，这一滑移过程形成领先不全位错；②稳定层错位置的原子在 SFCM 下由非晶格位置迁移到晶格位置；③随后的拖尾不全位错从晶格位置出发，其滑移过程是第一个过程的逆过程。经过这样的过程，整个滑移中不需要经历能量很高的全局不稳定层错能。滑移过程和广义层错能曲线如图 4.59 所示。基于这个过程，锥面Ⅱ型 $\langle c+a\rangle$ 位错的分解过程是以下面的方式进行的：

$$1/3\langle 11\bar{2}3\rangle \rightarrow 1/6\langle 11\bar{2}3\rangle + \mathrm{SFCM} + (1-\lambda)1/6\langle 11\bar{2}3\rangle$$

在这个位错的形成过程中，锥面Ⅱ型 $\langle c+a\rangle$ 位错分解成两个对称分位错。重要的是，这个过程从能量上是可行的，结构上也是连续变化的。如果把这个过程运用到 Mg-Y 合金中，之前遇到的 DFT 结果与实验相矛盾的问题可以很好地解决。锥面Ⅱ型 $\langle c+a\rangle$ 位错首先沿 $\langle 11\bar{2}3\rangle$ 方向滑移，移动到稳定层错位置并加以分解；稳定层错位置的原子在 SFCM 下由非晶格位置迁移到晶格位置；拖尾不全位错从晶格位置出发，其滑移过程是第一个领先不全位错的逆过程。经过这样的过程，整个滑移中不需要经历能量很高的全局不稳定层错能。这很好地解释了实验中添加 Y 后出现大量 $\langle c+a\rangle$ 位错的现象。同时，添加 Y 元素后稳定层错位置周围的势能面变大，从而增大了原子运动的范围，这对镁塑性的提高有明显的促进作用。

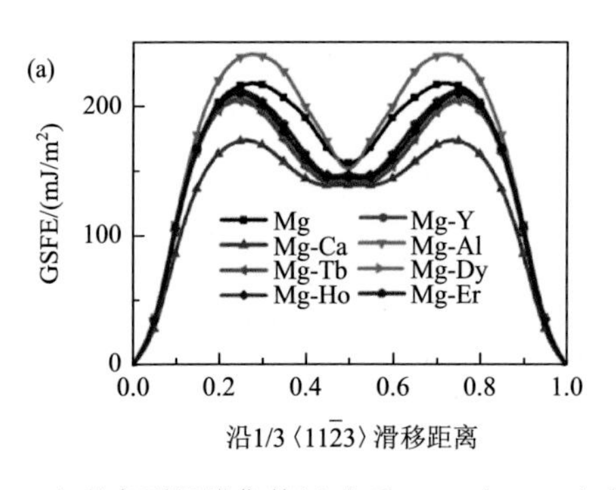

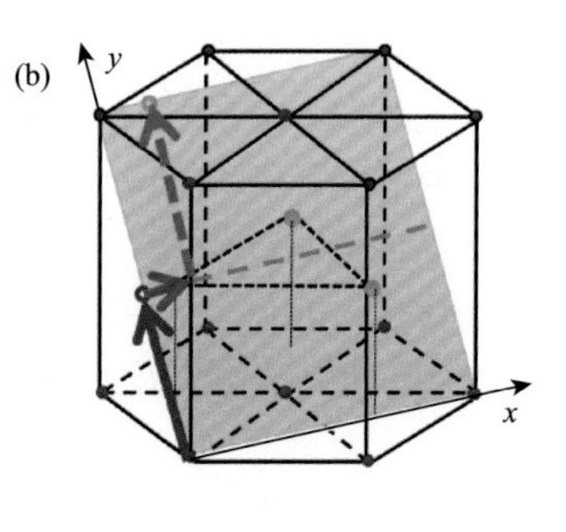

图 4.59 在考虑到层错集体运动后，Mg 与 Mg 合金的广义层错能曲线。曲线右侧的对应图分别表示其对应的滑移路径。图中红色实箭头、绿色虚箭头以及蓝色实箭头分别表示领先不全位错、拖尾不全位错和层错集体运动

4.3.3 镁合金中锥面滑移系开启的多能垒判断标准

虽然实验证实，在镁合金塑性提高的过程中$\langle c+a\rangle$位错的出现起到了非常重要的作用，但是目前的研究工作对于合金元素在$\langle c+a\rangle$形成中的作用还存在争议。因此，正确理解合金元素对$\langle c+a\rangle$位错的影响，对于高塑性镁合金材料的设计具有非常重要的作用。理论计算上传统的方法都是基于广义层错能曲线中全局不稳定层错能研究合金元素对$\langle c+a\rangle$位错的作用[40, 46]。Pei 等[32]利用 DFT 和 MD 两种方法，系统研究了 Mg 和 Mg-Y 合金中五个滑移系的广义层错能曲线。结果表明，在 Mg 中添加 Y 后，全局不稳定层错能增大。由此给出的结论是添加 Y 并不能促进$\langle c+a\rangle$滑移的启动，这与实验中看到的大量$\langle c+a\rangle$位错相矛盾。在前面的工作中，我们发现稳定层错附近存在层错集体运动，基于层错集体运动，可以有效降低全局不稳定层错的能垒，从而解决了这一矛盾。这也提出了如何正确描述合金元素对$\langle c+a\rangle$位错影响的新问题。

为了研究合金元素对镁合金锥面$\langle c+a\rangle$位错的影响，本研究计算了镁合金锥面Ⅰ以及锥面Ⅱ型$\langle c+a\rangle$位错的 GSFE 曲线。GSFE 曲线包括稳定层错能（SFE）和不稳定层错能（USFE）。USFE 与位错的滑移过程紧密联系，决定滑移系启动的难易程度；SFE 与滑移过程中的稳定位置密切相关，决定位错的分解。由于$\langle c+a\rangle$位错的伯格斯矢量远大于$\langle a\rangle$位错，$\langle c+a\rangle$位错的形成通常在稳定层错位置分解。对于$(10\bar{1}1)$面（锥面Ⅰ），由于该面是一种波浪型的结构，每一层原子由基面 A 原子以及基面 B 原子组合而成，因此合金元素存在两种取代位置。如图 4.60（a）和（b）所示，原子半径大于镁的合金元素（Ca、Dy、Er、Ho、Tb、Y、Gd、Tm）位于 A 位置使稳定层错消失，原子半径小于镁的合金元素（Al、Sn、Ag、Zn）位于 A 位置存在稳定层错；正好相反，原子半径小于镁的合金元素位于 B 位置使稳定层

错消失，原子半径大于镁的合金元素位于 B 位置存在稳定层错，如图 4.60（c）和（d）所示。值得注意的是，无论合金元素位于 A 位置还是 B 位置，在 Mg-Li 合金的 GSFE 曲线中都存在稳定层错。这一现象可以归结于 Li（1.52 Å）原子与 Mg（1.60 Å）原子相似的原子半径。然而，Sn 原子的原子半径（1.51 Å）与 Li 原子相似，Mg-Sn 合金却展现出与 Mg-Li 合金完全不同的性质。为了理解这一现象，我们对 Mg、Mg-Li 和 Mg-Sn 合金的电荷分布图进行分析。正如图 4.60（e）所示，Mg-Li 的电荷分布与纯 Mg 电荷分布比较近似，然而 Mg-Sn 的电荷分布图却与前两者完全不同。考虑到合金元素的电负性差距，Li（0.98）和 Sn（1.96），电荷在 Mg-Li 合金中更倾向于围绕在 Mg（1.31）原子周围。这导致 Li 和 Sn 元素对 Mg 合金的影响完全不同。

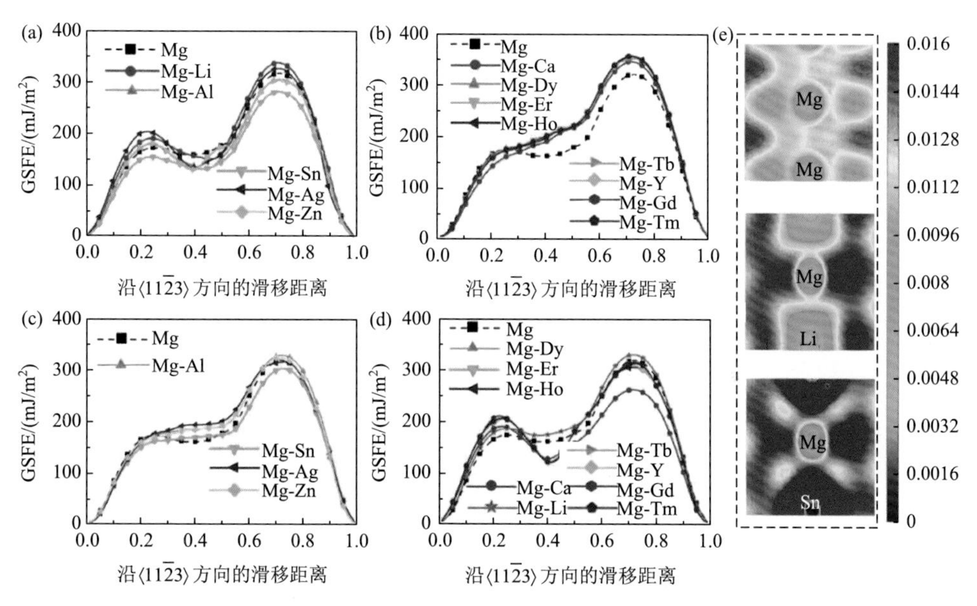

图 4.60　镁合金锥面 I ⟨$c+a$⟩ 滑移系的广义层错能曲线：(a)、(b) 合金元素位于 A 位置；(c)、(d) 合金元素位于 B 位置；(e) Mg、Mg-Li 和 Mg-Sn 的电荷分布图，其中红色代表电荷密集区域，蓝色代表电荷稀疏区域

进一步地，我们计算合金元素位于 A 位置及 B 位置的结合能以确定更合理的结构，结果显示合金元素位于 A 位置与 B 位置的结合能几乎相同，这意味着合金元素完全随机分布在 A、B 位置。为了准确表达合金元素对锥面 GSFE 曲线的影响，我们建立了一个 2 倍超胞的模型，将 2 个合金元素同时置于 A 和 B 位置并计算其 GSFE 曲线。结果如图 4.61（a）所示，所有的镁合金体系都存在稳定层错位置，这意味着所有的镁合金锥面 I 型 ⟨$c+a$⟩ 位错都可以在稳定层错位置分解领先不全位错和拖尾不全位错。

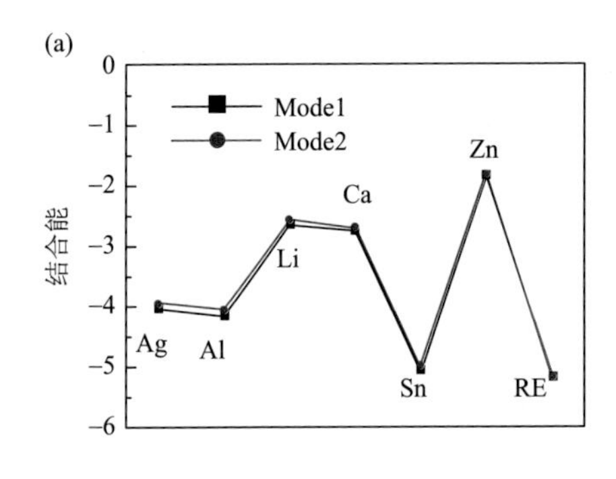

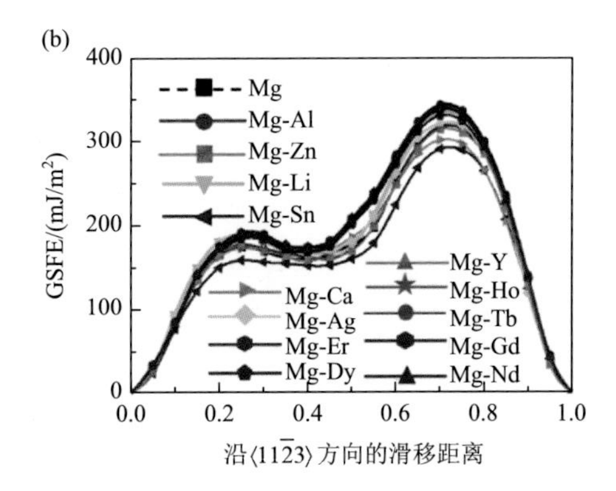

图 4.61 （a）合金元素位于 A、B 位置时体系的结合能；（b）合金元素同时放在 A、B 位置的镁合金锥面 I ⟨$c+a$⟩ 滑移系的广义层错能曲线

前面的计算结果表明，对于⟨$c+a$⟩位错而言，基于 GSFE 曲线中的 GSFE 数值大小来判断合金元素对于相应滑移系开启的影响这一判断方法忽略了稳定层错的位置。我们首先确定了 Mg 及其合金中不同滑移系开启需要克服的能量 γ（图 4.62）。对于⟨a⟩滑移系而言，对应于 GSFE 曲线中不稳定层错能（$\gamma=\gamma_G$）。对于锥面⟨$c+a$⟩滑移系，镁合金锥面⟨$c+a$⟩位错会在稳定层错位置分解为领先不全位错和拖尾不全位错。领先不全位错的能垒为 γ_L；拖尾不全位错的能垒为 $\gamma_G-\gamma_S$；其总能垒为 $\gamma=\gamma_L+\gamma_G-\gamma_S$。

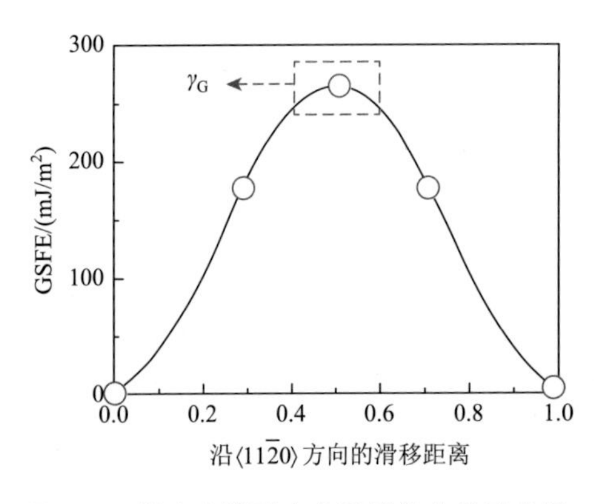

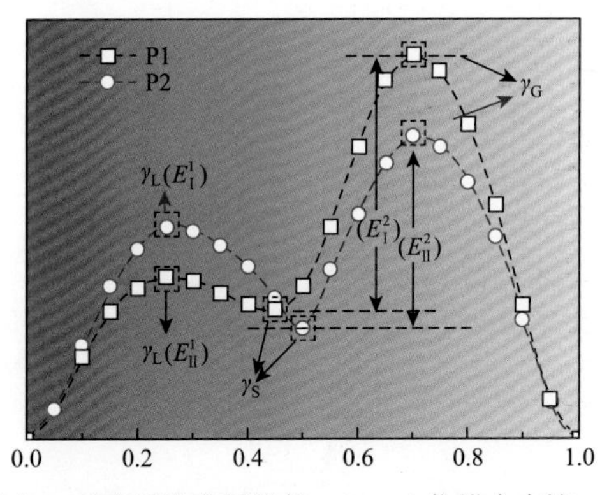

图 4.62 镁合金锥面广义层错能曲线示意图，其中 γ_S 对应于稳定层错能，⟨$c+a$⟩位错会在这一位置分解为领先不全位错和拖尾不全位错。领先不全位错的能垒为 γ_L；拖尾不全位错的能垒为 $\gamma_G-\gamma_S$

图 4.63 列出了合金元素对于镁合金分能垒及总能垒的影响，结果表明：①添加 Sn 和 Ca 元素可以同时促进锥面 I 型⟨$c+a$⟩位错中领先不全位错与拖尾不全位错的形成。②添加 Al、Li 和稀土元素（RE）会同时阻碍锥面 I 型⟨$c+a$⟩

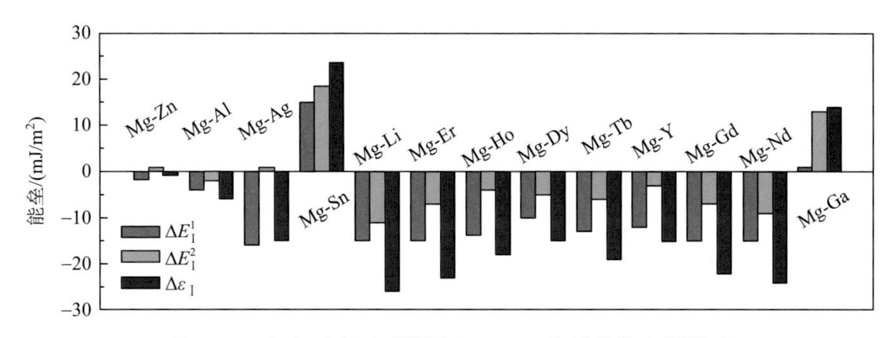

图 4.63　合金元素对于锥面 I $\langle c+a\rangle$ 位错分能垒的影响

位错中领先不全位错与拖尾不全位错的形成。③添加 Zn 和 Ag 会促进领先不全位错的形成，但是阻碍拖尾不全位错的形成。进一步比较总能垒，添加 Ca 和 Sn 元素会促进锥面 I 型 $\langle c+a\rangle$ 位错的形成。

在讨论完合金元素对于锥面 I 型 $\langle c+a\rangle$ 位错形成的影响，我们计算了锥面 II $\langle c+a\rangle$ 位错的广义层错能曲线。不同于锥面 I，锥面 II 是一个平面，所有原子的位置是等价的，因此合金元素的位置对于广义层错能曲线没有影响。在最近的工作中，我们发现了锥面 II 上有一个平缓的势能面，在这个势能面上原子可以自由移动，这一势能面导致了稳定层错在锥面 II 上的集体运动（SFCM），导致了镁合金在锥面 II 上的 GSFE 曲线是一种完全对称的曲线。如图 4.64（a）所示，SFCM 极大地降低了镁合金滑移所需要的能垒，更重要的是，当 SFCM 发生时，添加 Y 元素可以使得锥面 $\langle c+a\rangle$ 位错滑移的能垒下降，符合实验的结果。图 4.64（a）列出来所有镁合金在锥面 II 包含了 SFCM 的 GSFE 曲线，所有的镁合金都存在稳定层错，因此所有镁合金的锥面 II $\langle c+a\rangle$ 位错都会分解为领先不全位错和拖尾不全位置。图 4.64（b）列出了合金元素对于镁合金分能垒及总能垒的影响，结果表明添加 Sn、Li、Ca 以及全部稀土元素（Y、Er、Ho、Dy、Tb、Gd 和 Tm）可以促进锥面 II 型 $\langle c+a\rangle$ 位错的形成。

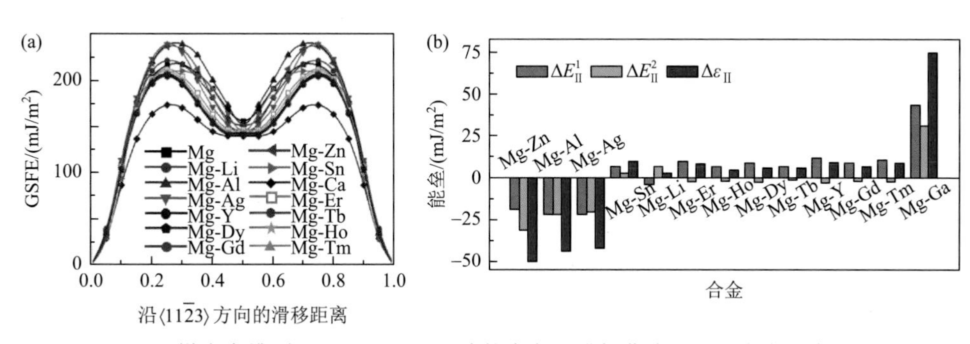

图 4.64　（a）镁合金锥面 II $\langle c+a\rangle$ 滑移对称的广义层错能曲线；（b）合金元素对于锥面 II $\langle c+a\rangle$ 位错分能垒的影响

Mg 与其合金之间的总能垒差异决定了合金元素对于锥面 $\langle c+a\rangle$ 位错形成的影响。根据合金元素对于两种锥面滑移系的影响，我们将合金元素分为三类，如图 4.65 所示：当添加 Zn、Al 和 Ag 时，锥面 Ⅰ 和 Ⅱ $\langle c+a\rangle$ 位错的形成能都大于 Mg，这意味着开启锥面 Ⅰ 和 Ⅱ $\langle c+a\rangle$ 位错都会被阻碍；添加 Li、Y、Er、Ho、Dy、Tb、Gd 和 Tm 时，锥面 Ⅱ $\langle c+a\rangle$ 位错的形成能小于 Mg，这意味着 Li、Y、Er、Ho、Dy、Tb、Gd 和 Tm 的添加可以促进锥面 Ⅱ $\langle c+a\rangle$ 位错的开启；当添加 Sn 和 Ca 时，锥面 Ⅰ 和 Ⅱ $\langle c+a\rangle$ 位错的形成能都小于 Mg，因此添加 Sn 和 Ca 可以同时促进锥面 Ⅰ 和 Ⅱ $\langle c+a\rangle$ 位错的开启，上述结果均与实验的结果一致。

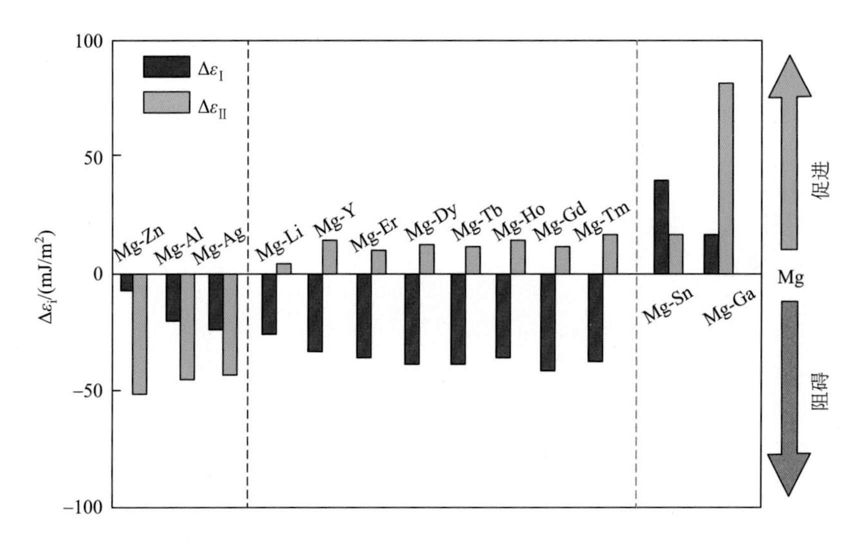

图 4.65　合金元素对于镁合金锥面 $\langle c+a\rangle$ 滑移系开启的影响，其中正值代表促进锥面 $\langle c+a\rangle$ 位错的开启；负值代表阻碍锥面 $\langle c+a\rangle$ 位错的开启

为了进一步理解合金元素对于位错能垒的影响，我们建立了合金元素的原子半径与分位错能垒之间的关系。如图 4.66 所示，明显地，锥面 Ⅰ $\langle c+a\rangle$ 分位错的能垒与原子半径之间无相关性，而锥面 Ⅱ $\langle c+a\rangle$ 分位错的能垒与原子半径层呈明显的负相关性。这一现象与不同锥面的原子排布有关，锥 Ⅰ 面的原子呈波浪形排布，原子之间间距较大，所以掺杂合金元素的原子半径大小对结构的影响不大；而锥面 Ⅱ 的原子呈平面排布，原子间的间距较小，当原子半径较大的合金元素掺杂会造成严重的晶格畸变从而降低位错形成的能垒，这一结论可以为包含锥面 $\langle c+a\rangle$ 位错的高塑性镁合金的设计带来新的思路。

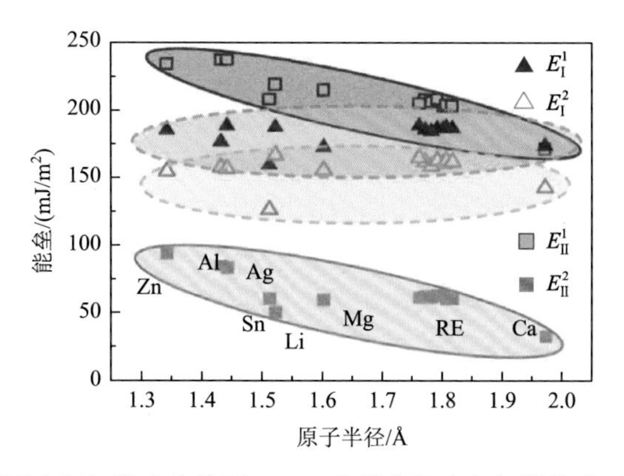

图 4.66　合金元素原子半径与镁合金锥面⟨c + a⟩位错分能垒之间的关系。锥面Ⅱ⟨c + a⟩分位错的能垒与原子半径呈负相关

4.3.4　多滑移系协同作用及综合效应

镁的塑性低源于不同滑移系的各向异性临界分切应力。金属镁单晶的研究表明，镁中不同滑移系之间的临界分切应力差别非常大。基于单晶镁的实验和理论计算表明，室温下柱面⟨a⟩滑移和锥面Ⅱ型⟨c + a⟩滑移的临界分切应力大约是基面的 100 倍[42, 43, 45]。所以，在室温下，金属镁中基面滑移总是优先启动，柱面和锥面滑移却很难形成。最近的实验表明，在塑性变形过程中，外界应力对滑移系的开启有很大影响。在低应力条件下，基面滑移最先发生在适当取向的晶粒上，随后在较大的应力下逐渐激活柱面和锥面滑移系。因此，Mg 及其合金的塑性应该来自包括基面⟨a⟩、柱面⟨a⟩、锥面Ⅰ（Py-Ⅰ）⟨a⟩、Py-Ⅰ⟨c + a⟩和锥面Ⅱ（Py-Ⅱ）⟨c + a⟩在内的所有滑移系的综合影响。因此，在评价合金元素对 Mg 塑性的影响时，应该考虑合金元素对所有滑移系的综合效应。尽管在单滑移系统中发表了许多关于合金化效应的研究，但多滑移系统对镁合金塑性的综合影响却很少被关注。

除了位错激活能垒外，滑移系激活概率可以更为有效地判断合金元素对不同滑移系的影响。我们可以通过阿伦尼乌斯公式得到位错激活的概率：$P = A\exp[-\bar{\gamma}/(kT)]$。在上面的式子中，$\bar{\gamma} = \gamma/N$，是归一化后的不同滑移系激活能量。$N$ 是超胞中滑移面原子数目（基面、柱面和锥面Ⅱ为 4，锥面Ⅰ为 8）。T 和 k 分别表示温度和玻尔兹曼常数。前置因子 A 用不同滑移系独立滑移系的数目来表示（基面、柱面⟨a⟩滑移系为 2，柱面⟨a⟩滑移系为 4，锥面⟨c + a⟩滑移系为 5）。基于 Mg（P_{Mg}）和 Mg 合金（$P_{Mg\text{-}X}$）的激活概率，在温度 T 下，合金元素对不同滑移系的激活作用可用 Mg 和 Mg 合金激活概率的比值 κ 来表示，定义为：$\kappa = P_{Mg-X} - P_{Mg} = \exp[-(\bar{\gamma}_{Mg-X} - \bar{\gamma}_{Mg})/(kT)]$。

考虑到⟨a⟩滑移系和⟨c + a⟩滑移系的广义层错能曲线具有不同的形貌，同时对应的激活能量也具有不同的定义，我们将 ⟨a⟩ 位错和 ⟨$c+a$⟩ 位错分开来讨论。首先计算 Mg 三个 ⟨a⟩ 滑移系的激活能量 γ 和激活概率 P。如图 4.67 所示，⟨a⟩ 滑移系的激活能量对应着 GSFE 曲线中不稳定层错能（$\gamma=\gamma_G$）。结果如表 4.3 所示，已知文献中计算的 Mg 不同滑移系的激活能量 γ' 同样列在表中作为比较。我们利用 optB88-vdW 计算的激活能量小于文献中利用标准 PBE 泛函计算的结果。这和我们之前文章中发现的范德瓦耳斯力降低不稳定层错能的结果是一致的[49]。进一步计算三个 ⟨a⟩ 滑移系的激活概率表明，基面 ⟨a⟩ 滑移系的激活概率比柱面和锥面 ⟨a⟩ 位错的激活概率高 2 倍，比锥面 ⟨a⟩ 位错高 3 个数量级，这与实验中观察到的结果室温下基面 ⟨a⟩ 滑移系最容易开启相一致。

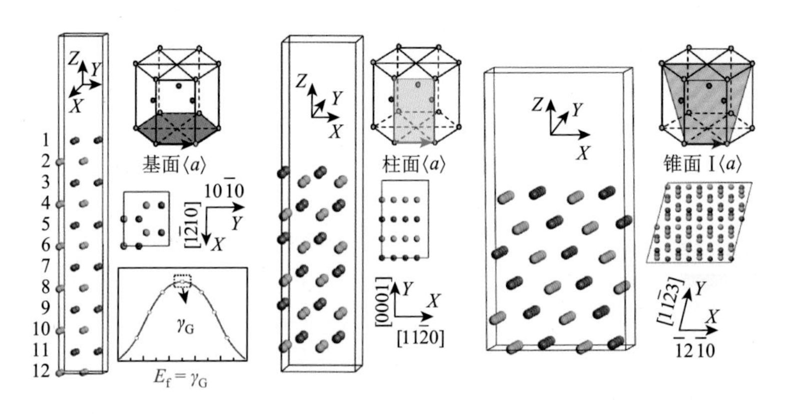

图 4.67 用于计算基面、柱面和锥面 I 滑移系 GSFE 曲线的超胞

表 4.3 金属 Mg 五个不同滑移系的激活能量 γ 和激活概率 P，以及已知文献中计算的 Mg 不同滑移系的激活能量 γ'

滑移系	层错能	γ；γ'	P
基面 ⟨a⟩	248	276[5]；288[25]	9.93×10^{-3}
柱面 ⟨a⟩	232	231[5]；236[26]；351[19]	1.81×10^{-4}
Py-Ⅰ⟨a⟩	284	343[5]；389[19]	9.86×10^{-6}
Py-Ⅰ⟨$c+a$⟩	331	235[14]	1.45×10^{-6}
Py-Ⅱ⟨$c+a$⟩	282	239[14]；318[5]；223[19]	5.05×10^{-5}

接下来我们关注合金元素对 ⟨a⟩ 滑移系的激活能量和激活概率比值的影响。计算结果如表 4.4 所示：一方面，大多数 Mg 合金的 γ 低于 Mg 中基面和 Py-Ⅰ面中纯 Mg 的 γ。另一方面，原子半径接近或大于 Mg 的合金元素会降低形成能并增

加柱面中位错的形成速率。重要的是，Mg-RE（稀土）和 Mg-Ca 的形成速率几乎可以增加 2 个数量级，这与实验结果一致，即添加 RE 可以激活 Mg 合金的柱面 ⟨*a*⟩ 滑移系。为了比较不同滑移系的合金化效应，三种滑移系的形成能根据合金元素的原子半径进行总结。基面和 Py-Ⅰ面的合金元素分布图中形状看起来是一种粗糙的三角形带；而在柱面中观察到合成元素的形成能和原子半径之间呈负相关关系。虽然对于大多数镁合金，我们计算的形成能量与之前的理论研究吻合，但这些结果仅与镁合金塑性的实验报告部分一致。如图 4.68 所示，Mg-X（X = Ag、Li、Zr 和 Sc）的形成能量的差值在基面上是正的，这显然不符合添加 Li、Zr 和 Sc 元素提高镁合金塑性的实验结果。对于 Py-Ⅰ面，Mg-Li 和 Mg-Zr 的形成能量差值为正，这仍然与实验结果相矛盾。对于柱面，Mg-X（X = Be、Cu、Zn、Ga、Al、Ag、Cd、Sn 和 In）的形成能量差值为正；Mg-X（X = Zr、Sc、Pb、Er、Ho、Dy、Tb、Y、Gd 和 Ca）的形成能差值为负。然而，在柱面上激活 ⟨*a*⟩ 位错仅增加了两个独立的滑移系统，这不符合 von-Mises 准则。基于上述讨论，可得出结论，仅基面 ⟨*a*⟩ 滑移系统无法准确评估合金化对镁塑性的影响。

表 4.4 镁合金三个 ⟨*a*⟩ 滑移系和两个 ⟨*c*+*a*⟩ 滑移系的激活能量 γ 和激活概率 κ

合金	基面 ⟨*a*⟩		柱面 ⟨*a*⟩		锥面Ⅰ⟨*a*⟩		锥面Ⅰ⟨*c*+*a*⟩		锥面Ⅱ⟨*c*+*a*⟩	
	γ	κ	γ	κ	γ	κ	γ	κ	γ	κ
纯 Mg	248	1	232	1	284	1	331	1	282	1
Mg-Be	214	2.07	278	0.16	275	1.51	308	2.85	375	0.02
Mg-Cu	224	1.67	281	0.14	282	1.10	325	1.31	363	0.04
Mg-Zn	224	1.67	264	0.28	277	1.37	332	0.96	334	0.12
Mg-Ga	215	2.03	257	0.37	268	2.07	307	2.98	318	0.23
Mg-Al	239	1.21	260	0.33	275	1.51	337	0.76	326	0.17
Mg-Ag	250	0.96	282	0.13	288	0.83	346	0.51	324	0.18
Mg-Cd	230	1.47	253	0.43	275	1.51	318	1.81	295	0.59
Mg-Sn	201	2.73	235	0.89	252	4.28	298	4.48	272	1.50
Mg-Li	260	0.77	232	1	293	0.66	357	0.31	279	1.13
Mg-Zr	284	0.46	188	5.84	348	0.06	453	0.004	375	0.02
Mg-Sc	254	0.88	181	7.74	316	0.23	399	0.04	320	0.21
Mg-In	217	1.94	240	0.73	264	2.48	302	3.74	311	0.31
Mg-Tl	203	2.62	230	1.08	260	2.98	288	7.07	261	2.36
Mg-Pb	195	3.11	217	1.83	247	5.38	280	10.16	249	3.84

续表

合金	基面 $\langle a\rangle$		柱面 $\langle a\rangle$		锥面 I $\langle a\rangle$		锥面 I $\langle c+a\rangle$		锥面 II $\langle c+a\rangle$	
	γ	κ	γ	κ	γ	κ	γ	κ	γ	κ
Mg-Er	190	3.46	130	59.88	295	0.61	355	0.34	270	1.63
Mg-Ho	183	4.02	127	67.54	293	0.66	349	0.44	268	1.77
Mg-Dy	177	4.58	121	85.93	292	0.70	346	0.51	271	1.57
Mg-Tb	170	5.31	117	100.89	289	0.80	350	0.42	274	1.39
Mg-Y	176	4.67	118	96.92	262	2.72	348	0.46	269	1.70
Mg-Gd	162	6.30	111	128.35	287	0.87	354	0.35	273	1.44
Mg-Ca	149	8.31	117	100.89	261	2.85	316	1.97	217	14.18

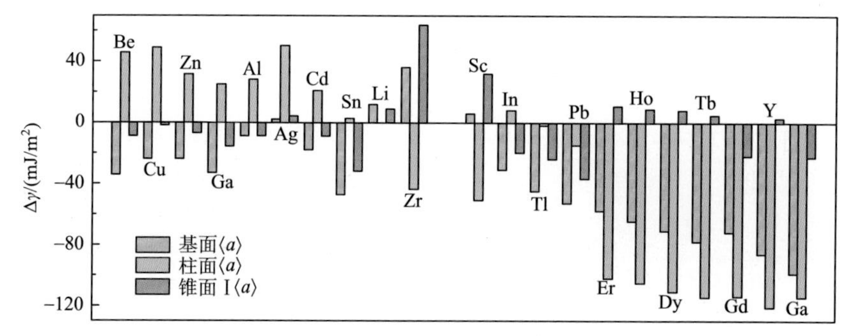

图 4.68 Mg 与其基面 $\langle a\rangle$、柱面 $\langle a\rangle$ 和 Py-I $\langle a\rangle$ 滑移系的合金之间的形成能差值。负值意味着促进位错的形成

激活锥面的 $\langle c+a\rangle$ 位错可以提供五个独立的滑移系统，对材料塑性有很大贡献。对于锥面 $\langle c+a\rangle$ 滑移系，镁合金锥面 $\langle c+a\rangle$ 位错会在稳定层错位置分解为领先不全位错和拖尾不全位错。领先不全位错的能垒为 γ_L；拖尾不全位错的能垒为 $\gamma_G-\gamma_S$；其总能垒为 $\gamma=\gamma_L+\gamma_G-\gamma_S$（图 4.69）。计算 Mg 两个 $\langle c+a\rangle$ 滑移系的激活能量 γ 和激活概率 P，如表 4.3 所示。已知文献中计算的 Mg 不同滑移系的激活能量 γ'同样列在表中作为比较。我们计算的激活能量和文献中报道的结果存在非常大的差异，造成这一结果的原因在于，文献中的结果只考虑了广义层错能曲线中的全局不稳定层错能，而我们的结果中考虑了稳定层错能、局域不稳定层错能和全局不稳定层错能的共同作用。根据计算得到的激活能量，我们计算了常温下两个 $\langle c+a\rangle$ 滑移系的激活概率，结果表明，基面 $\langle a\rangle$ 滑移系的激活概率比锥面 $\langle c+a\rangle$ 位错的激活概率高 2～3 个数量级，相比较而言，$\langle c+a\rangle$ 位错在室温下很难开启，这与实验中观察到的结果相一致。

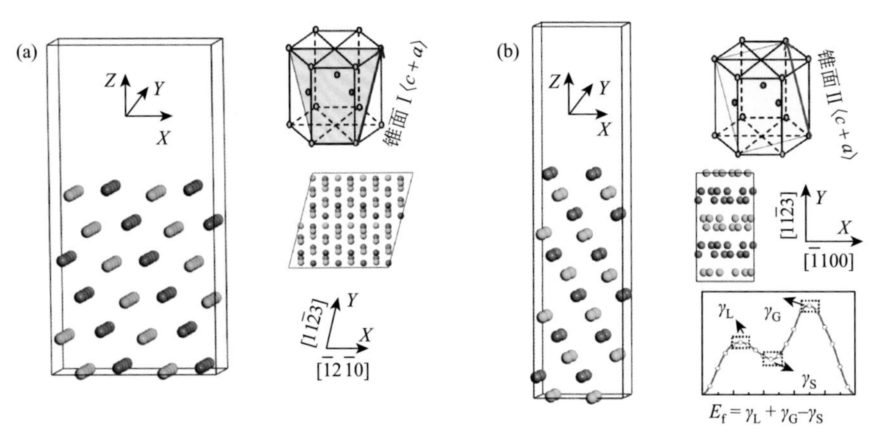

图 4.69　用于锥面 I 和锥面 II $\langle c+a \rangle$ 滑移系统的 GSFE 曲线的超胞

最后我们关注合金元素对 $\langle c+a \rangle$ 滑移系的激活能量和激活概率比值的影响。计算结果如表 4.4 所示：为了比较不同滑移系的合金化效应，两种 $\langle c+a \rangle$ 滑移系的形成能量按照合金元素的原子半径排列。Mg 及其合金的形成能量差异如图 4.70 所示，对于 Py-Ⅰ $\langle c+a \rangle$ 位错，添加 Be、Cu、Ga、Cd、Sn、In、Tl、Pb 和 Ca 可以降低形成能，这显然与实验观察结果不一致，即合金化稀土元素可以显著提高 Mg 的可塑性。与柱面 $\langle a \rangle$ 位错类似，我们的计算表明，原子半径接近或大于 Mg 的元素可以降低 Py-Ⅱ $\langle c+a \rangle$ 位错的形成能。值得注意的是，我们的结果与实验结果一致，即合金化 Sn、Li、Tl、Pb、Ca 和 RE 可以激活 $\langle c+a \rangle$ 滑移系。然而，考虑到柱面 $\langle a \rangle$、Py-Ⅰ $\langle a \rangle$ 和 Py-Ⅰ $\langle c+a \rangle$ 滑移系在实验中已被观察到，我们无法仅通过一个 $\langle c+a \rangle$ 滑移系来预测镁合金的塑性。因此，在评估合金元素对镁合金塑性的精确影响时，应考虑多滑移系统而非单滑移系统的综合影响。我们的计算表明，

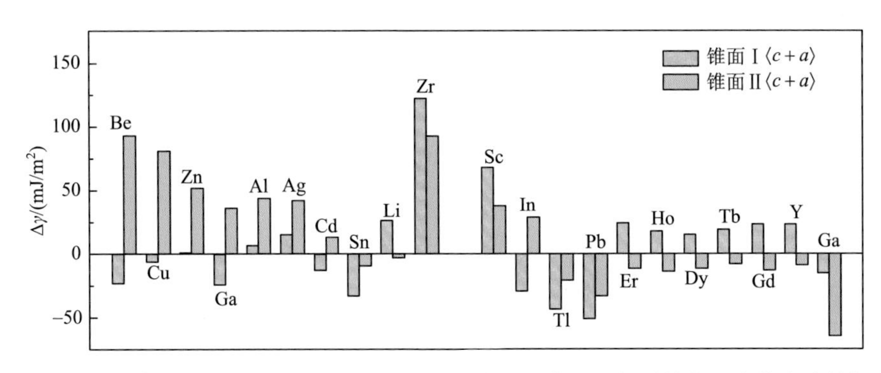

图 4.70　Mg 及其锥面 I 和锥面 II $\langle c+a \rangle$ 滑移系合金之间的形成能量差值。负值意味着促进位错的形成

合金化效应可以通过位错形成能和激活概率来描述。基于形成能差值和形成速率比值，我们发现 Py-II $\langle c+a \rangle$ 滑移系统将是提高镁塑性的主导滑移系统。此外，溶质 Ca 可以将 Py-II $\langle c+a \rangle$ 滑移系统的活化概率提高一个数量级，并有效地提高 Mg 的塑性。

参考文献

[1] Knochel P. A flash of magnesium[J]. Nature Chemistry，2009，1（9）：740.

[2] Zhang C H，Huang X M，Zhang M L，et al. Electrochemical characterization of the corrosion of a Mg-Li alloy[J]. Materials Letters，2008，62（14）：2177-2180.

[3] Liu Y，Wu Y H，Bian D，et al. Study on the Mg-Li-Zn ternary alloy system with improved mechanical properties，good degradation performance and different responses to cells[J]. Acta Biomaterialia，2017，62：418-433.

[4] Mineta T，Sato H. Simultaneously improved mechanical properties and corrosion resistance of Mg-Li-Al alloy produced by severe plastic deformation[J]. Materials Science and Engineering A，2018，735：418-422.

[5] Li Y F，Wang J H，Ma H B，et al. An investigation on the precipitates in T5 treated high vacuum die-casting AE44-2 magnesium alloy[J]. Materials Research Express，2022，9（2）：020005.

[6] Cao F R，Xue G Q，Xu G M. Superplasticity of a dual-phase-dominated Mg-Li-Al-Zn-Sr alloy processed by multidirectional forging and rolling[J]. Materials Science and Engineering：A，2017，704：360-374.

[7] Lu L，Chen X，Huang X，et al. Revealing the maximum strength in nanotwinned copper[J]. Science，2009，323（5914）：607-610.

[8] Fu H，Ge B C，Xin Y C，et al. Achieving high strength and ductility in magnesium alloys via densely hierarchical double contraction nanotwins[J]. Nano Letters，2017，17（10）：6117-6124.

[9] Yan X，Gao C F，Wang T B，et al. New phase behavior of *n*-undecane-tridecane mixtures confined in prous materials with pore sizes in a wide mesoscopic range[J]. RSC Advances，2013，3（39）：18028-18035.

[10] Barnett M R. Twinning and the ductility of magnesium alloys. Part Ⅱ. “Contraction” twins[J]. Materials Science and Engineering A，2007，464（1-2）：8-16.

[11] Yang Y，Chen X，Nie J F，et al. Achieving ultra-strong magnesium-lithium alloys by low-strain rotary swaging[J]. Materials Research Letters，2021，9（6）：255-262.

[12] Li C Q，Xu D K，Yu S，et al. Effect of icosahedral phase on crystallographic texture and mechanical anisotropy of Mg-4%Li based alloys[J]. Journal of Materials Science and Technology，2017，33（5）：475-480.

[13] Zhao J，Li Z，Liu W，et al. Influence of heat treatment on microstructure and mechanical properties of as-cast Mg-8Li-3Al-2Zn-*x*Y alloy with duplex structure[J]. Materials Science and Engineering A，2016，669：87-94.

[14] Wu Z，Ahmad R，Yin B，et al. Mechanistic origin and prediction of enhanced ductility in magnesium alloys[J]. Science，2018，359（6374）：447-452.

[15] Zhou H，Cheng G M，Ma X L，et al. Effect of Ag on interfacial segregation in Mg-Gd-Y-(Ag)-Zr alloy[J]. Acta Materialia，2015，95：20-29.

[16] He C，Zhang Y，Liu C Q，et al. Unexpected partial dislocations within stacking faults in a cold deformed Mg-Bi alloy[J]. Acta Materialia，2020，188：328-343.

[17] Zhong L Y，Liu W J，Cao F H，et al. Effect of cerium and lanthanum alloying on microstructure and corrosion behavior of AZ91 magnesium alloy[J]. Corrosion Science and Protetion Technology，2009，21（2）：91-93.

[18] Peng Q M，Sun Y，Ge B C，et al. Interactive contraction nanotwins-stacking faults strengthening mechanism of Mg

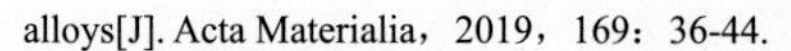

alloys[J]. Acta Materialia，2019，169：36-44.

[19] Xiao L R，Chen X F，Wei K，et al. Effect of dislocation conFig.uration on Ag segregation in subgrain boundary of a Mg-Ag alloy[J]. Scripta Materialia，2021，191：219-224.

[20] 肖礼容. Mg-Ag 系合金及界面结构及界面偏析研究[D]. 北京：北京工业大学，2018.

[21] Chen X F，Xiao L R，Ding Z G，et al. Atomic segregation at twin boundaries in a Mg-Ag alloy[J]. Scripta Materialia，2020，178：193-197.

[22] Liu Y，Chen X F，Wei K，et al. Effect of micro-steps on twinning and interfacial segregation in Mg-Ag alloy[J]. Materials，2019，12：1307.

[23] Zhou H，Cheng G M，Ma X L，et al. Effect of Ag on interfacial segregation in Mg-Gd-Y-(Ag)-Zr alloy[J]. Acta Materialia，2015，95：20-29.

[24] 周浩. 大塑性变形 Mg-Gd-Y 系合金组织结构演变和力学性能研究[D]. 上海：上海交通大学，2015.

[25] Li L，Wang S Z，Xiao L R，et al. Atomic-scale three-dimensional structural characterization of twin interface in Mg alloys[J]. Philosophical Magazine Letters，2020，100：392-401.

[26] Xiao L R, Cao Y, Li S, et al. The formation mechanism of a novel interfacial phase with high thermal stability in a Mg-Gd-Y- Ag-Zr alloy[J]. Acta Materialia，2019，162：214-225.

[27] Xiao L R，Chen X F，Cao Y，et al. Solute segregation assisted nanocrystallization of a cold-rolled Mg-Ag alloy during annealing[J]. Scripta Materialia，2020，177：69-73.

[28] Pollock T M. Weight loss with magnesium alloys[J]. Science，2010，328（5981）：986-987.

[29] Wu Z，Curtin W A. The origins of high hardening and low ductility in magnesium[J]. Nature，2015，526（7571）：62-67.

[30] Zhang Y J，Yang Y T，Liu Y，et al. A novel approach to the synthesis of CoPt magnetic nanoparticles[J]. Journal of Physics D：Applied Physics，2011，44（29）：295003.

[31] Sandlöbes S，Friák M，Neugebauer J，et al. Basal and non-basal dislocation slip in Mg-Y[J]. Materials Science and Engineering：A，2013，576：61-68.

[32] Pei Z，Zhu L F，Friak M，et al. *Ab initio* and atomistic study of generalized stacking fault energies in Mg and Mg-Y alloys[J]. New Journal of Physics，2013，15：043020.

[33] Ghazisaeidi M，Hector Jr L G，Curtin W A. First-principles core structures of $\langle c+a\rangle$ edge and screw dislocations in Mg[J]. Scripta Materialia，2014，75：42-45.

[34] Agnew S R，Capolungo L，Calhoun C A. Connections between the basal I1 “growth” fault and $\langle c+a\rangle$ dislocations[J]. Acta Materialia，2015，82：255-265.

[35] Modi K B，Raval P Y，Parekh D J，et al. Fe^{3+}-substitution effect on the thermal variation of J-E characteristics and DC resistivity of quadruple perovskite $CaCu_3Ti_4O_{12}$[J]. Journal of Semiconductors，2022，43（3）：032001.

[36] Sandlöbes S，Friák M，Zaefferer S，et al. The relation between ductility and stacking fault energies in Mg and Mg-Y alloys[J]. Acta Materialia，2012，60（6-7）：3011-3021.

[37] Sandlöbes S，Pei Z，Friák M，et al. Ductility improvement of Mg alloys by solid solution：*Ab initio* modeling, synthesis and mechanical properties[J]. Acta Materialia，2014，70：92-104.

[38] Wu Z，Ahmad R，Yin B，et al. Mechanistic origin and prediction of enhanced ductility in magnesium alloys[J]. Science，2018，359（6374）：447-452.

[39] Moitra A，Kim S G，Horstemeyer M F. Solute effect on the $\langle a+c\rangle$ dislocation nucleation mechanism in magnesium[J]. Acta Materialia，2014，75：106-112.

[40] Itakura M，Kaburaki H，Yamaguchi M，et al. Novel cross-slip mechanism of pyramidal screw dislocations in

magnesium[J]. Physical Review Letters，2016，116（22）：225501.

[41] Li B，Ma E. Pyramidal slip in magnesium：Dislocations and stacking fault on the {1011} plane[J]. Philosophical Magazine，2009，89：1223-1235.

[42] Wen L，Chen P，Tong Z F，et al. A systematic investigation of stacking faults in magnesium via first-principles calculation[J]. The European Physical Journal B：Condensed Matter and Complex Systems，2009，72（3）：397-403.

[43] Peng G，Nelson C T，Jokisaari J R，et al. Direct observations of retention failure in ferroelectric memories[J]. Advanced Materials，2012，24（8）：1106-1110.

[44] Nogaret T，Curtin W A，Yasi J A，et al. Atomistic study of edge and screw $\langle c+a \rangle$ dislocations in magnesium[J]. Acta Materialia，2010，58（13）：4332-4343.

[45] Agnew S R，Horton J A，Yoo M H. Transmission electron microscopy investigation of $\langle c+a \rangle$ dislocations in Mg and α-solid solution Mg-Li alloys[J]. Metallurgical and Materials Transactions A，2002，33（3）：851-858.

[46] Yin B，Wu Z，Curtin W A. Comprehensive first-principles study of stable stacking faults in hcp metals[J]. Acta Materialia，2017，123：223-234.

[47] Ding Z G，Liu W，Li S，et al. Contribution of van der Waals forces to the plasticity of magnesium[J]. Acta Materialia，2016，107：127-132.

[48] Muzyk M，Pakiela Z，Kurzydlowski K J. Generalized stacking fault energy in magnesium alloys：Density functional theory calculations[J]. Scripta Materialia，2012，66（5）：219-222.

[49] Moitra A，Kim S G，Horstemeyer M F. Solute effect on basal and prismatic slip systems of Mg[J]. Journal of Physics：Condensed Matter，2014，26（44）：445004.

关键词索引